Haken

Grundlagen der Kraftfahrzeugtechnik

Fahrzeugtechnik

Karl-Ludwig Haken

Grundlagen der Kraftfahrzeugtechnik

5., aktualisierte Auflage

Mit 141 Bildern und 36 Tabellen
sowie 20 Übungsaufgaben

HANSER

Herausgeber:
Prof. Dr.-Ing. Karl-Ludwig Haken
Prof. Dipl.-Ing. Werner Klement
Hochschule Esslingen, Fakultät Fahrzeugtechnik

Autor:
Prof. Dr.-Ing. Karl-Ludwig Haken
Hochschule Esslingen, Fakultät Fahrzeugtechnik

Bibliografische Information der Deutschen Nationalbibliothek

Die Deutsche Nationalbibliothek verzeichnet diese Publikation in der Deutschen Nationalbibliografie; detaillierte bibliografische Daten sind im Internet über http://dnb.d-nb.de abrufbar.

ISBN 978-3-446-45412-5
E-Book-ISBN 978-3-446-45570-2

Bild Seite 2: Daimler AG

www.hanser-fachbuch.de
Lektorat: Ute Eckardt
Herstellung: Katrin Wulst
Satz: Beltz Bad Langensalza GmbH, Bad Langensalza
Druck und Bindung: Kösel, Krugzell
Printed in Germany

Vorwort

Das Kraftfahrzeug ist über 130 Jahre alt, dennoch kann seine Entwicklung keinesfalls als abgeschlossen betrachtet werden. Es gilt nach wie vor, die Sicherheit und die Umweltverträglichkeit weiter zu steigern. Hierbei ergeben sich durch die immer noch wachsenden Möglichkeiten der Elektronik auf der einen Seite und durch die Entwicklung neuer Materialien auf der anderen Seite ständig weitere Entwicklungsmöglichkeiten. Der Beruf der Fahrzeugingenieure bleibt daher spannend.

Dennoch können die Ingenieure die neuen Möglichkeiten nur nutzen, wenn sie die Grundlagen des Kraftfahrzeugs beherrschen. Mit einem Beispiel möchte ich dies verdeutlichen: Durch den Einsatz einer Unterbodenverkleidung lässt sich der Luftwiderstand reduzieren, auf der anderen Seite erhöht sich hierdurch die Fahrzeugmasse. Ein geringerer Luftwiderstand führt zu einer Verbrauchsreduzierung, eine Erhöhung der Fahrzeugmasse hingegen zu einer Vergrößerung des Verbrauchs. Möchte man nun bereits während der Entwicklung des Fahrzeugs die Auswirkung dieser Maßnahme auf den Verbrauch richtig abschätzen, muss man den Fahrwiderstand in Abhängigkeit vom Fahrzustand berechnen können. Hieraus lässt sich dann die jeweils erforderliche Motorleistung bestimmen. Je nach gewählter Übersetzung von Achs- und Schaltgetriebe ergeben sich eine andere Motordrehzahl, damit ein anderer Betriebspunkt im Motorkennfeld und auch ein anderer Streckenverbrauch. Ich denke, dieses Beispiel zeigt deutlich, dass man die Zusammenhänge verstehen muss, um diese Aufgabe erfolgreich lösen zu können. Daher werden bei der Ausbildung von Fahrzeugingenieuren nach wie vor die Grundlagen des Kraftfahrzeugs ausgiebig behandelt.

Als Dozent werde ich häufig nach Büchern zu den Grundlagen des Kraftfahrzeugs gefragt. Meine Empfehlungen diverser Bücher zum Thema Kraftfahrzeug stellten meine Studierenden nicht immer voll zufrieden. Entweder waren ihnen die Bücher zu spezifisch auf einzelne Spezialgebiete ausgerichtet oder erschienen ihnen zu theoretisch. So entstand dieses vorliegende Buch, das sich in erster Linie an Studierende richtet, aber sicherlich auch im späteren Berufsleben noch öfters hilfreich sein dürfte. Dem Wunsch, unterschiedlichen Ansprüchen gerecht zu werden, soll dadurch Rechnung getragen werden, dass vereinfachte und wissenschaftlich möglichst exakte Betrachtungen in jeweils separaten Unterkapiteln zusammengefasst sind.

Herzlich bedanken möchte ich mich bei allen, die zum Gelingen dieses Buches beigetragen haben. Dies sind alle genannten und nicht genannten Firmen und die dahinter stehenden Personen, die mir geeignete Bilder und technische Beschreibungen zur Verfügung gestellt haben. Besonderer Dank gilt dem Carl Hanser Verlag, vertreten durch *Ute Eckardt* und *Katrin Wulst*, die mich mit Geduld, Rat und Tat bei der Gestaltung des Buches unterstützt haben. Bedanken möchte ich mich auch bei meinem Kollegen und Mitherausgeber *Werner Klement* und bei meinen Studierenden, die mich ermutigt haben, dieses Buch zu schreiben. Ganz besonders bedanken möchte ich mich bei meiner Familie und meinen Freunden für die Rücksichtnahme und für die Korrektur meines Manuskripts.

Falls Sie Anregungen zur Verbesserung dieses Buches haben, lassen Sie es mich wissen. Nun wünsche ich Ihnen viel Spaß beim Lesen!

Esslingen, im Dezember 2017 *Karl-Ludwig Haken*

Inhaltsverzeichnis

1 Einführung

Was verstehen wir unter dem Begriff „Kraftfahrzeug“? Um es von anderen Verkehrsmitteln zu unterscheiden, wird es wie folgt definiert:

Ein **Kraftfahrzeug** ist ein
- maschinell angetriebenes
- selbstfahrendes (automobiles)
- nicht schienengebundenes

} Landfahrzeug.

In diesem Buch sind die Grundlagen zu **Personenkraftwagen**, **Lastkraftwagen** und **Omnibussen** erläutert. Um den Umfang nicht zu sprengen, werden Motorräder und Anhänger nur am Rande behandelt.

Einteilung in Fahrzeugklassen

Straßenfahrzeuge dienen zum Transport von Personen und Gütern, dennoch werden sehr unterschiedliche Anforderungen an sie gestellt. Bei **Nutzfahrzeugen** spielen ökonomische Geschichtspunkte eine dominante Rolle, d. h., hier sind Nutzraum und Nutzlast zu maximieren sowie Energieverbrauch und Unterhaltsaufwendungen zu minimieren. Die Fahrleistungen und die Fahrsicherheit werden hierbei auch unter ökonomischen Gesichtspunkten gesehen, da durch kürzere Fahrzeiten Kosten gespart werden können.

Bei Pkws sind die Kundenwünsche weit vielfältiger. So sind neben dem Nutzraum auch Design, Fahrleistungen, Fahrverhalten, Image, Insassenunfallschutz und Komfort wichtige Kriterien, die von jedem Kunden sehr unterschiedlich gewichtet werden. Besonders an Bedeutung zugenommen haben aktive Systeme, die das Fahrverhalten in kritischen Situationen verbessern und damit zur Vermeidung von Unfällen beitragen können. Sämtliche fahrzeugseitigen Maßnahmen, die zur Vermeidung von Unfällen beitragen, werden unter dem Begriff **„aktive Sicherheit“** zusammengefasst. Die **„passive Sicherheit“** dient hingegen dazu, die Folgen für die Insassen bei einem Unfall so gering wie möglich zu halten. Hierzu zählen beispielsweise die Fahrzeugkarosserie mit definierten Knautschzonen, Airbags, und aktive Pre-crash-Maßnahmen, die heute auch eindeutig Kaufkriterien sind. Die Aufteilung in aktive und passive Sicherheit wurde übrigens erst 1964 von dem italienischen Journalisten Luigi Locati vorgeschlagen. Obwohl diese Begriffe unter Wissenschaftlern umstritten sind, haben sie sich rasch im Kraftfahrzeug-Vokabular etabliert.

Um diesen unterschiedlichen Kundenwünschen Rechnung zu tragen, existiert eine Vielzahl von unterschiedlichen **Antriebs-** und **Fahrwerkskonzepten** sowie **Aufbauten**. Diese werden in den Kapiteln 3, 4 und 5 behandelt. Darüber hinaus werden Straßenfahrzeuge für stark unterschiedliche Einsatzzwecke (z. B. Personenbeförderung, Warentransport, Arbeitsmaschinen) gebaut. Damit die Gesetzgebung diesem gerecht werden kann, wurden die Straßenfahrzeuge von der **Economic Commission of Europe** (ECE) nach folgendem Schema eingeteilt:

Klasse L:

Kraftfahrzeuge mit weniger als 4 Rädern: **Krafträder**, **Dreiräder**

Stufung	Bauart	Hubraum	Höchstgeschwindigkeit
L_1	Zweirädrig	$\leq 50\ cm^3$	≤ 50 km/h
L_2	Dreirädrig	$\leq 50\ cm^3$	≤ 50 km/h
L_3	Zweirädrig	$> 50\ cm^3$	> 50 km/h
L_4	dreirädrig, asymmetrisch zur Fahrzeuglängsachse	$> 50\ cm^3$	> 50 km/h
L_5	dreirädrig, symmetrisch zur Fahrzeuglängsachse	$> 50\ cm^3$	> 50 km/h

Klasse M:

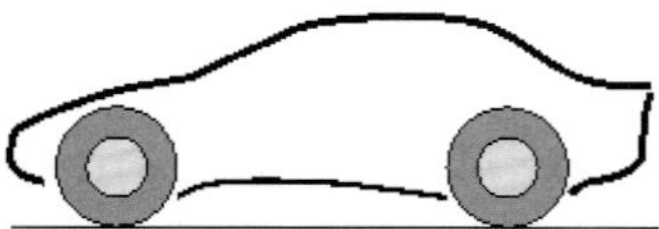

Zur Personenbeförderung bestimmte Kraftfahrzeuge mit mindestens 4 Rädern

Stufung	Führersitz + Sitzplätze	Gesamtmasse
M_1	1 ≤ 9	
M_2	> 9	≤ 5 t
M_3	> 9	> 5 t

Fahrzeuge der Klassen M_2 und M_3 werden noch weiter unterteilt (bei Bedarf bitte beachten!).

Klasse N:

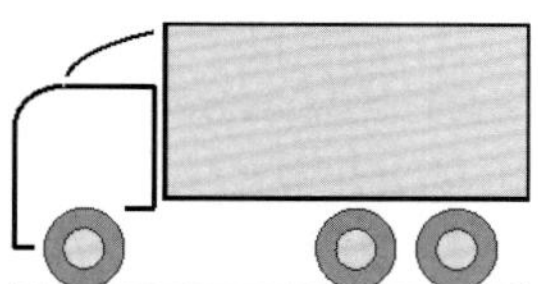

Zur Güterbeförderung bestimmte Kraftfahrzeuge mit mindestens 4 Rädern.

Stufung	Gesamtmasse
N_1	≤ 3,5 t
N_2	> 3,5 t und ≤ 12 t
N_3	> 12 t

Klasse O:
Anhänger und **Sattelanhänger**

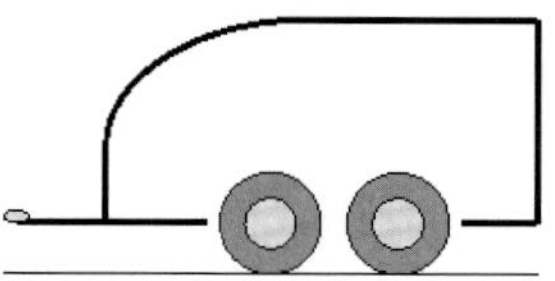

Stufung	Gesamtmasse
O_1	≤ 0,75 t
O_2	> 0,75 t und ≤ 3,5 t
O_3	> 3,5 t und ≤ 10 t
O_4	> 10 t

Fahrzeuge der Klassen M, N oder O können für spezielle Aufgaben ausgerüstet sein (z. B. Caravan).

Weitere Klasseneinteilungen gibt es für Land- und Forstwirtschaftsfahrzeuge und für Offroadfahrzeuge (Klasse G).

Bei den jeweiligen Gesetzen werden diese Bezeichnungen verwendet, ohne die Abkürzungen Pkw, Nkw usw. anzugeben.

2 Gesamtfahrzeug

2.1 Koordinatensysteme

Beim Fahrzeug benötigen wir ein Koordinatensystem, wenn wir zum Beispiel die Fahrzeugbewegung beschreiben oder in der Konstruktion die Lage der einzelnen Bauteile definieren wollen. Aufgrund der stark variierenden Anwendungsfälle sind hierbei unterschiedliche Koordinatensysteme gebräuchlich, wobei stets

- der Ursprung auf die Fahrzeugmittelebene gelegt wird,
- die x-Achse der Fahrzeuglängsachse entspricht,
- die y-Achse der Fahrzeugquerachse und
- die z-Achse der Fahrzeughochachse.

In der Berechnung und beim Fahrzeugversuch bietet sich das in der **DIN 70000** definierte Koordinatensystem an, vgl. Bild 2.1 links. Der Ursprung liegt im Schwerpunkt, die x-Achse zeigt in Fahrtrichtung, die y-Achse nach links und die z-Achse nach oben.

Dieses Koordinatensystem kann allerdings in der Fahrzeugkonstruktion nicht angewendet werden, da zunächst die Lage des Schwerpunkts nicht bekannt ist. Daher wird in der Konstruktion gewöhnlich ein Punkt im Bereich der Fahrzeugfront als Ursprung verwendet, z. B. die Vorderachse. Damit die Koordinaten der meisten Bauteile positive Werte haben, zeigt jetzt die x-Achse nach hinten, die y-Achse nach rechts und die z-Achse nach oben, vgl. Bild 2.1 Je nach Fahrzeughersteller können allerdings auch von diesen abweichende Koordinatensysteme angewendet werden. Daher muss bei der Angabe von Fahrzeugkoordinaten stets das dazugehörige System angegeben werden.

Da ein Körper im Raum 3 **translatorische** und 3 **rotatorische Freiheitsgrade** hat, betrachten wir zur Beschreibung der Fahrzeugbewegung die Bewegung in Richtung der 3 Achsen und die Drehung um die 3 Achsen. Die hierbei üblichen Begriffe zur Bezeichnung dieser Bewegungen sind in Tabelle 2.1 zusammengefasst.

Tabelle 2.1: *Definitionen zur Beschreibung der Fahrzeugbewegung*

	x-Achse	y-Achse	z-Achse
Bewegung in Richtung der	Fahren (Zucken, Rucken)	Schieben	Federn
Drehung um die	**Wanken** bzw. Rollen → Wankwinkel φ	**Nicken** → Nickwinkel θ	**Gieren** → Gierwinkel ψ

In diesem Buch wird der Ursprung in den Schwerpunkt gelegt, die x-Achse zeigt in Fahrtrichtung, die y-Achse nach rechts und die z-Achse nach unten. Durch diese Wahl entsteht beim Beschleunigen ein positiver **Nickwinkel**, wie in Bild 2.2 erkennbar ist.

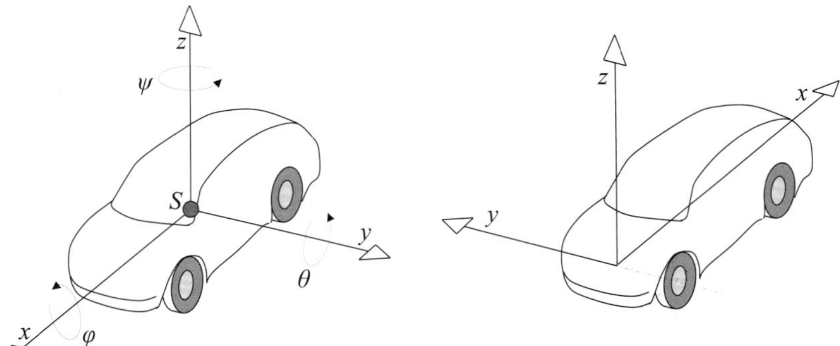

Bild 2.1: *Koordinatensystem entsprechend DIN 70000 (links) und in der Konstruktion angewendetes Koordinatensystem (rechts)*

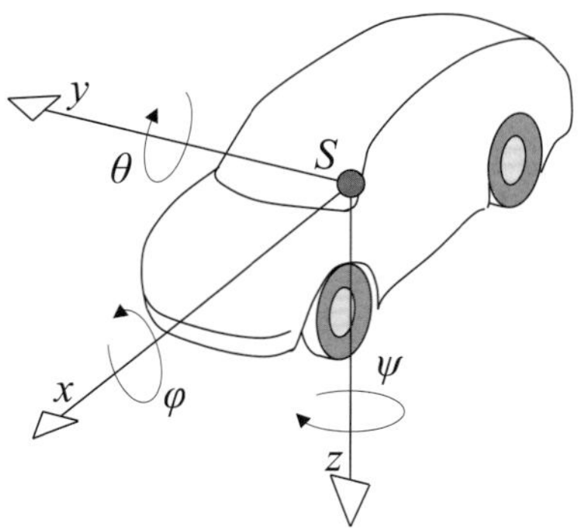

Bild 2.2: *In diesem Buch verwendetes Koordinatensystem*

2.2 Wichtige Maße

In Bild 2.3 sind die wichtigsten Maße am Fahrzeug eingetragen. Bei den Hauptabmessungen ist zu beachten, dass die Fahrzeugbreite ohne Außenspiegel bestimmt wird.

Für die Fahrdynamik interessieren der **Radstand** l, die **Spurweiten** b und die Lage des **Schwerpunkts**. Da die Räder nicht zwingend senkrecht zur Fahrbahn stehen, sondern unter einem **Sturzwinkel** (vgl. Kap. 4.1.6 und 4.3.3), werden die Spurweiten auf Höhe der Fahrbahn zwischen den theoretischen Radaufstands-Mittelpunkten ermittelt, vgl. Bild 2.3. Die Lage des Schwerpunkts wird durch die **Schwerpunktshöhe** und die in x-Richtung gemessenen Abstände des Schwerpunkts zur Hinter- und Vorderachse angegeben, die mit l_h und l_v bezeichnet werden. Vereinfacht wird der Schwerpunkt als in der Fahrzeugmittelebene liegend angenommen.

Möchte man auch den Einfluss der **Aerodynamik** auf die **Fahrdynamik** berücksichtigen, so benötigt man neben den Windkräften auch deren Angriffspunkte. Diese werden idealisiert in einem Punkt angenommen, der als **Druckpunkt** D bezeichnet wird. Bei einer symmetrischen Karosserie wirkt die Luftwiderstandskraft ohne Seitenwind in Fahrzeugmitte. Daher wird D auf die Fahrzeugmittelebene gelegt. Bei Seitenwind interessiert die Lage des Druckpunkts in x-Richtung. Je weiter der Druckpunkt vor dem Schwerpunkt liegt, desto größer wird das erzeugte **Giermoment**, das das Fahrzeug aus dem Wind dreht. Die Seitenwindempfindlichkeit nimmt damit zu. Daher wird der Abstand zwischen D und S in x-Richtung zur Lagebeschreibung des

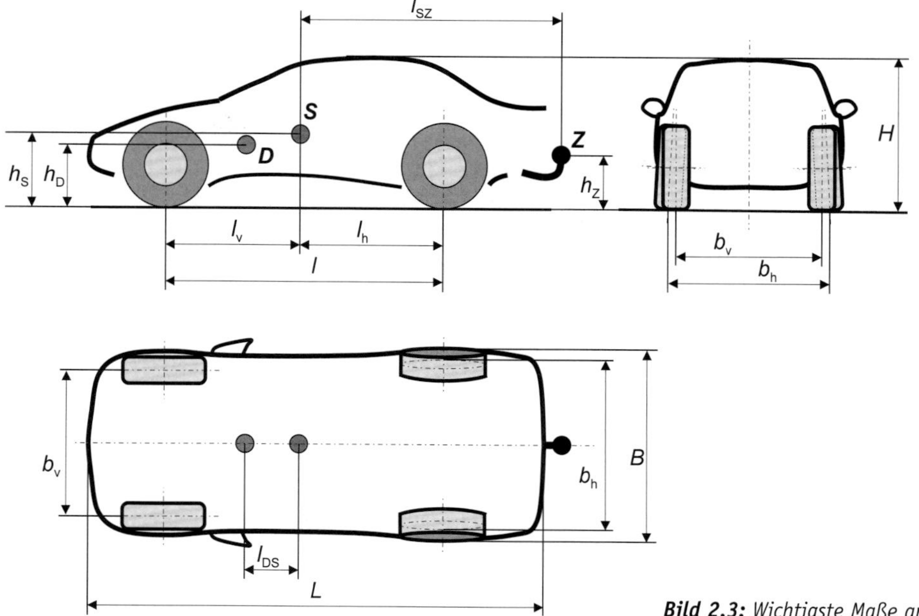

Bild 2.3: *Wichtigste Maße am Fahrzeug*

Druckpunkts verwendet und mit l_{DS} bezeichnet. Im Druckpunkt wirkt zusätzlich die gesamte **Auftriebskraft.** Aus der resultierenden Kraft aus Luftwiderstand und Auftrieb und den tatsächlich an den Achsen auftretenden Auftriebskräften lässt sich die Höhe des Druckpunkts relativ zur Fahrbahn ermitteln, die mit h_D bezeichnet wird.

Im Anhängerbetrieb wirken zusätzliche Kräfte auf das Zugfahrzeug. Diese greifen im Anhängekugelkopf an, den wir als **Zughaken** Z bezeichnen. Zur Beschreibung der Lage von Z werden der Abstand in x-Richtung zum Schwerpunkt, der mit l_{ZS} bezeichnet wird, und die Höhe h_Z oberhalb der Fahrbahn verwendet. (Da die Anhängevorrichtung in Fahrzeugmittelebene angebaut wird, entfällt eine Angabe in Fahrzeugquerrichtung).

Weiter interessieren uns die in Bild 2.4 dargestellten Abmessungen am Rad. Der **Außendurchmesser** D_a ist zusammen mit der **Reifenbreite** interessant bei der Gestaltung des Radhauses und führt durch die **Reifeneinfederung** f zu dem **Abstand** r_{stat} zwischen Radachse und Fahrbahn. Dieser Abstand nimmt aufgrund der Fliehkraft mit steigender Geschwindigkeit etwas zu. Statisch steht daher nur im Gegensatz zum **dynamischen Radhalbmesser** r_A (häufig auch mit r_{dyn} bezeichnet), der aus dem **Abrollumfang** U_A berechnet wird:

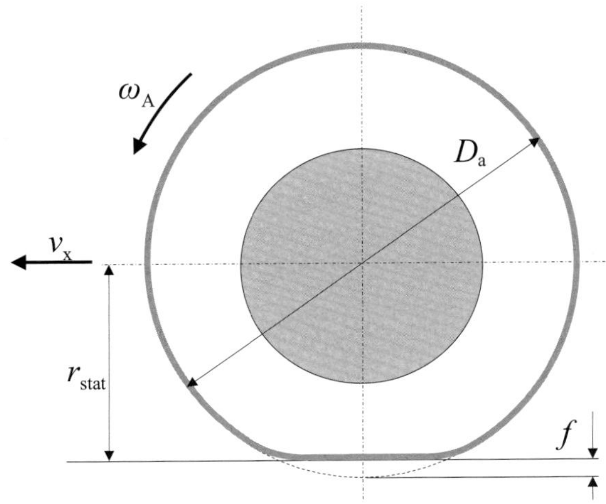

Bild 2.4: *Abmessungen am Rad*

$$r_A = \frac{U_A}{2\pi} \quad (= r_{dyn}) \qquad \text{(Gl. 2.1)}$$

Für Fahrleistungsbetrachtungen interessiert nur der dynamische Radius r_A. Wollen wir nämlich die **Fahrgeschwindigkeit** v_x aus der **Radkreisfrequenz** ω_R berechnen, so gilt unter Vernachlässigung des **Schlupfes** (vgl. Kap. 4.1.6):

$$v_x = \omega_R \cdot r_A \, . \qquad \text{(Gl. 2.2)}$$

Bei der Fahrleistungsrechnung interessiert häufig die Umrechnung zwischen dem an der Antriebsachse anliegenden **Antriebsmoment** M_A und der **Antriebskraft** F_A. Wie wir aus der Physik wissen, gilt für die Leistung:

$$P = F_A \cdot v_x = M_A \cdot \omega_R \qquad \text{(Gl. 2.3)}$$

bzw. mit Gl. (2.2)

$$F_A = M_A \cdot \frac{\omega_R}{v_x} = \frac{M_A}{r_A} \qquad \text{(Gl. 2.4)}$$

d. h., auch hier müssen wir den dynamischen Radhalbmesser r_A verwenden.

Am Beispiel eines Reifens der Dimension 195/65 R15, der nach Norm auf eine Felge der Größe 6J × 15 montiert wird, zeigt sich der Unterschied zwischen den einzelnen Radhalbmessern. Die im Folgenden grau unterlegt angegebenen Werte können der DIN 70020 bzw. den Tabellenhandbüchern der Reifenhersteller entnommen werden.

Außendurchmesser D_a = 645 mm → Außenradhalbmesser $r_a = \frac{645}{2}$ mm = 322,5 mm

Abrollumfang U_A = 1935 mm → dynamischer Radhalbmesser $r_A = \frac{1935}{2\pi}$ mm ≈ 308 mm statischer Radhalbmesser r_{stat} = 290 mm

Wir erkennen: $r_a > r_A > r_{stat}$.

Setzen wir den dynamischen Radhalbmesser auf 100 %, so beträgt der Außenradhalbmesser 104,7 % und der statische Radhalbmesser 94,2 %. Durch Einsetzen des falschen Radhalbmessers können wir bei der Fahrleistungsrechnung einen Fehler von ca. 5 % verursachen.

Wer es genauer betrachten möchte:
Gelegentlich wird in der Literatur zur Umrechnung von Antriebsmoment in Antriebskraft die Verwendung des Abstandes zwischen Radachse und Fahrbahn vorgeschlagen, da sich dies aus der Momentenbeziehung am starren Rad ergibt. Hierbei wird aber außer Acht gelassen, dass sich der Reifen unter der Einwirkung einer Längskraft verformt. Dadurch wandert der Angriffspunkt der von der Fahrbahn auf den Reifen wirkenden Normalkraft in Längsrichtung und erzeugt ein zusätzliches Moment, wie in Kap. 7.1.1 im Zusammenhang mit dem Rollwiderstand gezeigt wird.

2.3 Aufteilung in Baugruppen

Das **Gesamtfahrzeug** wird häufig in folgende **Baugruppen** aufgeteilt:

- Karosserie,
- Antrieb,
- Fahrwerk.

Zusätzlich sind noch die **Elektrik** und **Elektronik** in allen drei Baugruppen integriert. In Tabelle 2.2 sind die wichtigsten **Fahrzeugbauteile** den genannten Baugruppen zugeordnet. Bei bestimmten Bauteilen, wie der Pedalerie ist eine eindeutige Zuordnung nicht möglich, diese Bauteile sind in der Tabelle kursiv gedruckt.

Tabelle 2.2: *Aufteilung des Fahrzeugs in drei Baugruppen*

Karosserie	Antrieb	Fahrwerk
Rohkarosserie inkl. Türen, Hauben und evtl. Verdeck Verglasung Dichtungen Tür- und Haubenschlösser Scheibenwischanlage Beleuchtungseinrichtungen Zierleisten Stoßfänger Instrumente Sitze Innenausschlag und -verkleidungen, Teppiche Heizung und Klimatisierung *Pedalerie* *Batterie, Elektrik und Elektronik*	Motor inkl. Ansaug- und Auspufftrakt Motorkühlung Energiespeicher Drehzahl-Drehmomentwandler (z. B. Kupplung und Schaltgetriebe) evtl. Kardanwelle Achsgetriebe Antriebswellen *Elektrik und Elektronik*	Reifen und Räder Radführungen Federn und Dämpfer Bremsanlage Lenkung *Elektrik und Elektronik*

Die **Karosserie** trägt mit knapp 50 % zum Fahrzeuggesamtgewicht bei. Der **Antrieb** macht ca. 30 % aus, das restliche Gewicht kann dem **Fahrwerk** zugeordnet werden.

3 Antrieb

Durch die Erfindung von **Kraftmaschinen** in den letzten beiden Jahrhunderten waren die Voraussetzungen für die Erfindung des Kraftfahrzeugs geschaffen. Auch heute nach über 100 Jahren Automobilbau kann die Entwicklung des **Fahrzeugantriebs** noch keinesfalls als abgeschlossen betrachtet werden. An den Antrieb werden einige Anforderungen gestellt. Die wichtigsten sind nachfolgend zusammengefasst. Der Begriff „**ausreichende Antriebsleistung**" kann sehr unterschiedlich interpretiert werden. Die hier angegebenen Werte sind so gewählt, dass die zulässigen Geschwindigkeiten auch auf Straßen mit üblichen Steigungen gefahren werden können. Bei Nutzfahrzeugen liegen die auf die Fahrzeugmasse bezogenen Leistungen deutlich darunter, hier ist ein Abfall der Geschwindigkeit in der Steigung normal.

Anforderungen an den Antrieb:

- ausreichende Leistung (Leistungsgewicht heute bei Pkw üblich: < 25 kg/kW),
- maximale Leistung möglichst wenig geschwindigkeitsabhängig,
- Leistungsabgabe schnell variierbar (von Schubbetrieb bis Volllast),
- hohe Leistungsdichte des Antriebs (Leistung/Bauraum),
- geringes Leistungsgewicht des Antriebs (Gewicht Antriebsaggregat/Leistung),
- hohe Energiedichte des Energiespeichers,
- guter Wirkungsgrad,
- geringe Schadstoffemission,
- geringe Geräuschemission,
- geringe Schwingungen,
- zuverlässig,
- hohe Lebensdauer,
- günstig herstellbar,
- recyclebar,
- ungefährlich.

In Kapitel 3.1 wird zunächst auf **Antriebskonzepte** mit **Verbrennungsmotor** eingegangen. Die folgenden Unterkapitel befassen sich mit den einzelnen Bauteilen des **Antriebstrangs.** Hierbei wird auch die **Speicherung der Antriebsenergie** betrachtet.

3.1 Antriebskonzepte

Die heute gebräuchlichen Antriebskonzepte verwenden einen **Verbrennungsmotor**, der über **Getriebe** und Wellen die Fahrzeugräder zumindest einer Achse antreibt. Die erforderliche Raddrehzahl ergibt sich aus der Fahrgeschwindigkeit. Da die Leistung des Verbrennungsmotors stark drehzahlabhängig ist (vgl. Kap. 8.3), benötigen wir einen **Drehzahl-/Drehmomentwandler** (vgl. Kap. 3.4), um im gesamten Geschwindigkeitsbereich fahren zu können. Bei Fahrzeugen in den USA wird hierzu fast ausschließlich ein **automatisch schaltendes Stufengetriebe,** kombiniert mit einem **hydrodynamischen Wandler,** verwendet. In Europa wird hingegen ein vom Fahrer **mechanisch zu schaltendes Stufengetriebe,** kombiniert mit einer **mechanischen Reibkupplung,** bevorzugt. Stufenlose Getriebe gewinnen in letzter Zeit an Bedeutung.

Wie in Bild 3.1 dargestellt ist, wird der Motor beim Pkw je nach gewähltem Konzept vorn (im Bereich der Vorderachse), vor der Hinterachse (man spricht dann von Mittelmotor) oder im Fahrzeugheck (hinter der Hinterachse) angeordnet.

Je nach Wahl der Motorlage und Einsatzzweck des Fahrzeugs ist es sinnvoll, die Vorder-, die Hinterachse oder alle Räder anzutreiben. Gebräuchlich sind hierbei folgende Konzepte, die nach Häufigkeit der in Deutschland zugelassenen Pkw sortiert sind:

Frontantrieb:

- Motor und Drehzahl-/Drehmomentwandler vorn, angetriebene Vorderachse,
- Motor wahlweise längs vor oder hinter der Achse angeordnet oder quer eingebaut.

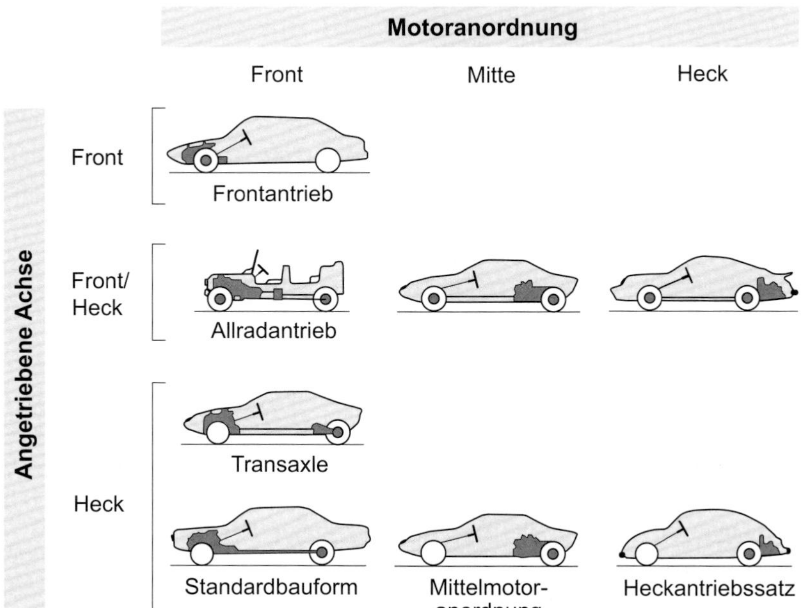

Bild 3.1: *Typische Anordnungen für Motor, Getriebe und angetriebene Achsen*

Standardantrieb:
- Motor und Drehzahl-/Drehmomentwandler vorn längs eingebaut,
- angetriebene Hinterachse.

Allradantrieb:
- alle Räder angetrieben,
- Motor und Drehzahl-/Drehmomentwandler meist vorn angeordnet, um eine günstige dynamische Achslastverteilung beim Beschleunigen/Steigungsfahrt zu erreichen (vgl. Kap. 11.1.1),
- Mittelmotor- oder Heckmotoranordnung nur in Ausnahmefällen bei sehr sportlichen Fahrzeugen.

Heckantrieb:
- Motor hinter der Hinterachse,
- Drehzahl-/Drehmomentwandler hinter oder im Bereich der angetriebenen Hinterachse.

Mittelmotorkonzept:
- Motor vor der Hinterachse längs oder quer angeordnet,
- Drehzahl-/Drehmomentwandler direkt vor oder im Bereich der Hinterachse,
- Hinterachse angetrieben.

Transaxle-Konzept:
- Motor vorn längs eingebaut,
- Drehzahl-/Drehmomentwandler im Bereich der Hinterachse,
- angetriebene Hinterachse.

Um Verwechslungen auszuschließen, sollte man bei einer angetriebenen Hinterachse (z. B. bei Standardantrieb) von **Hinterradantrieb** und **nur,** falls der Motor ebenfalls im Heck angeordnet ist, von **Heckantrieb** sprechen.

Die Einbaulage von Motor und Getriebe wirkt sich nicht nur auf die Raumausnutzung aus, sondern auch auf die Schwerpunktslage und das Trägheitsmoment um die Fahrzeughochachse. Die sich daraus zusammen mit der Wahl der angetriebenen Räder ergebenden wichtigsten Unterschiede sind in Tabelle 3.1 zusammengefasst.

Bei regelmäßigen Fahrbahnunebenheiten kann die Antriebseinheit zu Vertikalschwingungen relativ zum Fahrzeugaufbau angeregt werden. Wird hierbei die Eigenfrequenz angeregt, so führen diese Schwingungen zu merklichen Vertikalschwingungen des Aufbaus: man spricht von **Stuckern**. Bei Kon-

__Tabelle 3.1:__ Vergleich der Antriebskonzepte

Antriebskonzept/ Kriterium		**Front-**	**Standard-**	**Allrad-**	**Heck-**	**Mittel-motor-**	**Transaxle-**
Traktionsvermögen:							
bei geringer Griffigkeit	Fzg. leer	+	– / 0	++	+	+	0
	vollbeladen	– / 0	0 / +	++	+	0 / +	+
bei hoher Griffigkeit	Fzg. leer	– / 0	0	++	+/++	+	0 / +
	vollbeladen	– –	0 / +	++	+	+	+
Fahrverhalten:							
Tendenz Eigenlenkverhalten (vgl. Kap. 11)		unter-steuernd	leicht unter-steuernd	unter-steuernd bis neutral	über-steuernd	neutral	unter-steuernd bis neutral
Seitenwindempfindlichkeit		++	+	+	– –	–	+
Lastwechselreaktion		++	–	+	– –	– –	–
Agilität		0	0	–	+	++	–
Tendenzielles Verhalten im Grenzbereich		gutmütig	gutmütig	gutmütig	kritisch	giftig[5])	sehr[6]) gutmütig
Reifenverschleiß an VA Vorderachse HA Hinterachse		VA >> HA	VA ≈ HA	VA ≥ HA	VA << HA	VA < HA	VA ≈ HA
Raumökonomie		++	+	+	– / 0[3])	– / 0[3])	0 / +
Komfort		Stuckern möglich[2])	Kardanwelle kann bei hohen Geschwindigkeiten schwingen	mehr Bauteile, die Geräusche und Schwingungen verursachen	Stuckern möglich[2])	Stuckern möglich[2]), Innenraum laut und warm	schnelllaufende Transaxle-Welle
Konstruktionsaufwand		+[1])	0	– –	+[1])	0[1])[4])	–

Legende: ++ sehr günstig, + günstig, 0 mittel, – ungünstig, – – sehr ungünstig

[1]) Achs- und Schaltgetriebe bilden eine Einheit

[2]) Motorlager müssen relativ hart ausgeführt werden, da das durch die Achsgetriebeübersetzung verstärkte Achsantriebsmoment abgestützt werden muss

[3]) bei Unterflurmotoranordnung

[4]) Schaltgestänge, Auspuffanlage und Innenraum-Dämmung zusätzlicher Aufwand

[5]) geringes Trägheitsmoment um die Hochachse, da Antrieb nahe dem Schwerpunkt

[6]) hohes Trägheitsmoment um die Hochachse

zepten in Tabelle 3.1, für die [2]) gilt, führen die relativ harten Motorlager zu einer relativ hohen Eigenfrequenz, die z. B. bei Fahrgeschwindigkeiten um ca. 150 km/h auf Autobahnen mit Asphaltbeton durch die Trennfugen angeregt werden kann.

Zusätzlich sollte noch auf folgende besondere Eigenschaften der Konzepte verwiesen werden:

- Beim Frontantrieb ist der Antrieb in der Lenkung „spürbar“.

- Der Antriebsstrang des Allradantriebs baut schwerer und hat größere Verluste. Hieraus ergeben sich bei gleicher Motorleistung geringere Fahrleistungen und bei gleicher Fahrweise ein höherer Kraftstoffverbrauch.
- Bei der Mittelmotoranordnung ist der Motor nur schwer zugänglich. Dies ist bezüglich der Wartung von deutlichem Nachteil.
- Beim Transaxle dreht die Transaxle-Welle mit Motordrehzahl. Diese muss sehr sorgfältig gelagert werden, damit z. B. im 1. und 2. Gang keine störenden Schwingungen auf die Karosserie übertragen werden. Im direkten Gang (meist 4. Gang) dreht zwar bei Standardantrieb die Kardanwelle auch mit Motordrehzahl, hierbei sind aber die Fahrgeschwindigkeiten und damit auch das sonstige Fahrgeräusch erheblich größer.

Die aufgeführten konzeptbedingten Eigenschaften lassen sich durch konstruktive Maßnahmen und Veränderung des Packagings, wie in den verschiedenen Kapiteln gezeigt wird, in weiten Grenzen verändern. Somit lassen sich konzeptbedingte Nachteile teilweise vermeiden.

Bei **Nutzfahrzeugen** ist Standardantrieb und Allradantrieb gebräuchlich, **Omnibusse** haben hingegen meist Heckantrieb. Interessanterweise ist auch bei Gelenkbussen häufig die hinterste Achse angetrieben, d. h., der vordere Teil des Omnibusses wird im Antriebsfall über das Gelenk geschoben.

3.2 Ausführungen und Kombinationen von Antriebsmaschinen

Der heute im Fahrzeug gebräuchliche Motor ist der mit **Benzin**, **Diesel** oder teilweise mit **Gas** betriebene Verbrennungsmotor. Da die Beschreibung zur Auslegung und Technik des Verbrennungsmotors selbst mehrere Bücher füllen kann, beschränken wir uns im Folgenden nur mit einer kurzen Funktionsbeschreibung des **4-Takt-Motors**. In Bild 3.2 ist der

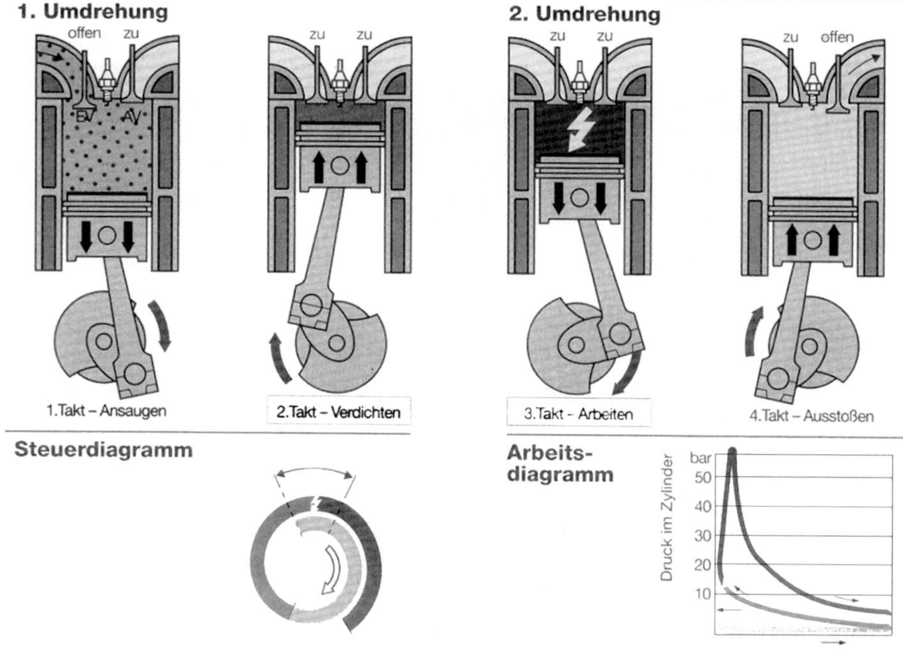

Bild 3.2: Arbeitsprinzip des 4-Takt-Verbrennungsmotors [Adam Opel AG]

Motor im Schnitt für die vier **Arbeitstakte** schematisch dargestellt. Im **Motorgehäuse** sind die **Zylinder** eingearbeitet. In diesen Zylindern bewegen sich die **Kolben** auf und ab. Da der Kolben über die **Pleuelstange** mit der **Kurbelwelle** beweglich verbunden ist, wird die Auf- und Abbewegung des Kolbens in der Zylinderlaufbahn in eine Drehbewegung der Kurbelwelle umgewandelt. Oberhalb des Motorgehäuses befindet sich der **Zylinderkopf** mit **Ventilen** und **Ein-** und **Auslasskanal.** Der Einlasskanal ist mit dem Ansaugtrakt verbunden, in dem das **Luft-Kraftstoff-Gemisch** durch **Vergaser** oder **Einspritzanlage** aufbereitet wird. Am Auslasskanal ist der **Auspuffstrang** mit **Abgasnachbehandlung** durch **Katalysator** usw. angebracht. Die dargestellten Ventile öffnen und schließen die Verbindung von Einlass- und Auslasskanal zum Raum oberhalb des Kolbens, der als **Brennraum** bezeichnet wird. Die Steuerung der Ventile erfolgt durch **Nockenwellen**, die mit halber Kurbelwellendrehzahl drehen.

Betrachten wir den **1. Takt**: Das Einlassventil ist geöffnet, und der Kolben bewegt sich nach unten. Da das Auslassventil geschlossen ist, saugt der Motor Luft-Kraftstoff-Gemisch an.

Kurz nach Erreichen der tiefsten Stellung des Kolbens, der als **unterer Totpunkt** bezeichnet wird, wird das Einlassventil ebenfalls geschlossen. Jetzt befinden wir uns im **2. Takt**. Der Kolben bewegt sich nach oben, das Luft-Kraftstoff-Gemisch wird verdichtet.

Kurz vor Erreichen des **oberen Totpunkts** wird das Luft-Kraftstoff-Gemisch beim Ottomotor durch einen Zündfunken an der **Zündkerze** gezündet, es beginnt der **Arbeitstakt.** Durch die explosionsartige Verbrennung des Luft-Kraftstoff-Gemischs entstehen ein hoher Druck im Brennraum und somit eine große Kraft auf den Kolben. Durch den **Zündverzug** befindet sich der Kolben jetzt bereits wieder in der Abwärtsbewegung und überträgt die Kraft mit der Pleuelstange auf die Kurbelwelle. Es entsteht ein Antriebsmoment an der Kurbelwelle.

Kurz vor Erreichen des unteren Totpunkts wird das Auslassventil geöffnet, damit im **4. Takt** das verbrannte Luft-Kraftstoff-Gemisch ausströmen kann.

Kurz bevor der obere Totpunkt erreicht ist, wird das Einlassventil geöffnet, und es beginnt wieder der 1. Arbeitstakt. Das Auslassventil wird erst nach Passieren des oberen Totpunkts geschlossen. Da beide Ventile zeitweise gleichzeitig offen sind, spricht man von **Ventilüberschneidung.** Hierdurch wird die angesaugte Luft-Kraftstoff-Menge vergrößert und damit die Leistungsausbeute des Motors verbessert. Da die optimalen **Steuerzeiten** der Ventile drehzahl- und lastabhängig sind, werden bei modernen Verbrennungsmotoren die Steuerzeiten durch zusätzliche Verstelleinrichtungen am **Ventiltrieb** variabel gestaltet.

Wie wir in Kap. 3.3 sehen werden, bietet der mit Benzin oder Diesel arbeitende Verbrennungsmotor – verglichen mit dem Elektromotor – trotz des schlechten Wirkungsgrads die größte **Reichweite,** bezogen auf **Speichergröße** und **-gewicht.** Die fossilen Brennstoffe sind aber begrenzt, und durch den CO_2-Ausstoß bei der Verbrennung werden Veränderungen der Atmosphäre hervorgerufen. Daher ist es kurzfristig notwendig, den Wirkungsgrad des Antriebs mit Verbrennungsmotor zu steigern. Eine Möglichkeit besteht im **Hybridantrieb.** Der Verbrennungsmotor wird mit einem Elektromotor und einer **Batterie** zur Zwischenspeicherung elektrischer Energie kombiniert.

Hierbei sind zwei Anordnungen gebräuchlich (vgl. Bild 3.3):

B Batterie E Elektromotor G Generator VM Verbrennungsmotor

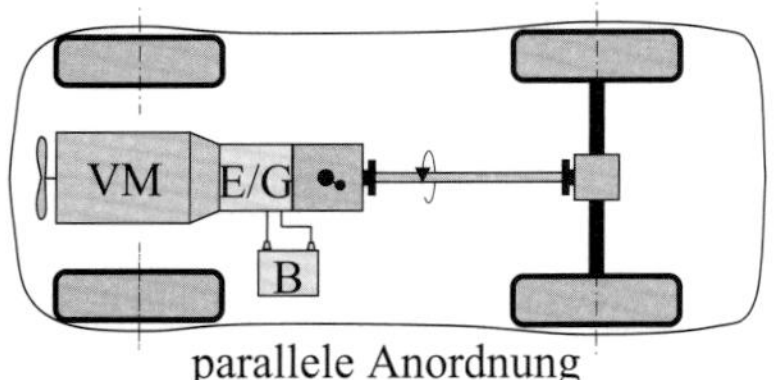

parallele Anordnung

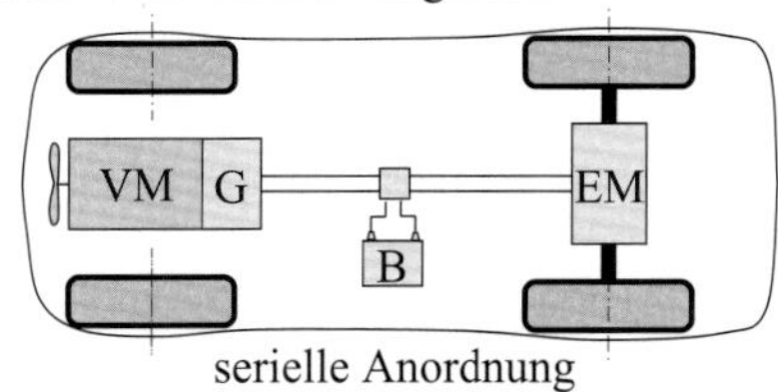

serielle Anordnung

Bild 3.3: *Hybridantrieb serielle und parallele Anordnung*

Serielle Anordnung:
Der Verbrennungsmotor arbeitet mit konstanter Drehzahl und Last in einem Betriebspunkt mit hohem Wirkungsgrad und treibt den **Generator** an. Die elektrische Energie des Generators dient zum Speisen des Antriebsmotors. Je nach momentanem Leistungsbedarf des Antriebsmotors wird entweder die überschüssige Leistung des Generators zum Laden der Batterie verwendet oder zusätzliche Leistung für den Antriebsmotor, z. B. zum schnellen Beschleunigen mit hohem Leistungsbedarf, aus der Batterie entnommen. Im Schubbetrieb wird der Antriebsmotor ebenfalls als Generator geschaltet und lädt ebenfalls die Batterie. Um die Batterie nicht zu überladen, wird der Verbrennungsmotor zwischenzeitlich abgeschaltet. Der Verbrennungsmotor muss hierbei so stark ausgelegt werden, dass bei Fahrt mit vorgesehener Dauergeschwindigkeit die vom Generator abgegebene Leistung zum Speisen des Antriebsmotors ausreicht. Der Antriebsmotor wird hingegen stärker ausgelegt, damit ein zügiges Beschleunigen möglich ist und im Generatorbetrieb möglichst viel Bremsenergie zurückgewonnen werden kann. Der günstigste Wirkungsgrad ergibt sich beim Betrieb mit maximaler Dauergeschwindigkeit, wenn der Generator genau die Energie erzeugt, die der Antriebsmotor benötigt. In diesem Fall gilt für den Wirkungsgrad der Antriebseinheit:

$$\eta_{\text{max}} = \eta_{\text{VM\_opt}} \cdot \eta_{\text{G}} \cdot \eta_{\text{EM}} \approx 0{,}35 \cdot 0{,}92 \cdot 0{,}87 \approx 0{,}28 \qquad \text{(Gl. 3.1)}$$

Der ungünstigste Wirkungsgrad liegt vor, wenn der Generator die Batterie zunächst lädt und der Antriebsmotor später bei abgeschaltetem Verbrennungsmotor aus der Batterie gespeist wird:

$$\eta_{\text{min}} = \eta_{\text{VM\_opt}} \cdot \eta_{\text{G}} \cdot \eta_{\text{Laden}} \cdot \eta_{\text{Entladen}} \cdot \eta_{\text{EM}} \approx 0{,}35 \cdot 0{,}92 \cdot 0{,}85 \cdot 0{,}85 \cdot 0{,}87 \approx 0{,}20 \qquad \text{(Gl. 3.2)}$$

Im praktischen Betrieb liegt der Wirkungsgrad zwischen diesen beiden Extremen. Er ist abhängig vom **Fahrprofil** und der Auslegung der Regelung.

Parallele Anordnung:
Verbrennungsmotor und Elektromotor sind beide über ein mechanisches Getriebe mit den Antriebsrädern verbunden. Denkbar ist hierbei auch, eine Achse vom Verbrennungsmotor und die zweite elektrisch anzutreiben. Der Verbrennungsmotor ist so stark ausgelegt, dass ein alleiniger Fahrbetrieb mit dem Verbrennungsmotor auch bei der vorgesehenen maximalen Dauergeschwindigkeit möglich ist. Ist der Elektromotor ähnlich stark ausgelegt, so spricht man vom **Vollhybrid**. Um bereits in den Genuss einiger Vorteile des Hybridantriebs zu gelangen, genügt es, den herkömmlichen **Anlasser** und die herkömmliche **Lichtmaschine** durch einen so genannten **Starter-Generator** mit ca. 10 kW Leistung zu ersetzen. Nun bieten sich verschiedene Betriebszustände, je nach momentan geforderter Leistung und Ladezustand der Batterie an:

1. Zum scharfen Beschleunigen werden kurzzeitig Verbrennungsmotor und Elektromotor gleichzeitig eingesetzt – man spricht vom **Booster-Betrieb**, da der Elektromotor für zusätzliche Beschleunigung sorgt.
2. Im Bereich der Höchstgeschwindigkeit wird der Verbrennungsmotor allein eingesetzt, hier ergeben sich keine Vorteile durch den Hybridantrieb.
3. Im Teillastbereich, beispielsweise bei konstanter Fahrt auf der Landstraße, arbeitet beim herkömmlichen Antrieb der Verbrennungsmotor im **Teillastbereich** mit einem ungünstigen Wirkungsgrad. Beim Hybridantrieb mit paralleler Anordnung wird die Last des Verbrennungsmotors zyklisch variiert, vgl. Bild 3.4. Der Verbrennungsmotor arbeitet zunächst mit hoher Last und somit günstigem Wirkungsgrad. Da weniger Leistung für den Antrieb notwendig ist, wird der Elektromotor auf Generatorbetrieb geschaltet, und die Batterie wird geladen. Sobald die Batterie annähernd maximal geladen ist, wird der Elektromotor als Antriebsmotor eingesetzt und der Verbrennungsmotor heruntergeregelt und – falls möglich – sogar abgeschaltet. Durch diese Strategie wird der mittlere Wirkungsgrad des Antriebs gesteigert.

Im Stadtbetrieb wird zum Anfahren der Verbrennungsmotor eingesetzt. Er läuft hierbei mit hoher Last, um einen günstigen Wirkungsgrad zu erzielen. Der Elektromotor kann hierdurch im Generatorbetrieb arbeiten und die Batterie laden. Sobald eine konstante Geschwindigkeit und ein ausreichender Ladungszustand der Batterie erreicht sind, übernimmt der Elektromotor die Antriebsaufgabe, und der Verbrennungsmotor wird abgeschaltet. Die notwendige Antriebsleistung beträgt in der Ebene im Stadtbetrieb nur wenige Kilowatt, sodass sogar der Starter-Generator als Antriebsmotor ausreicht. Beim nächsten Anhaltevorgang wird die Batterie wieder geladen (Schubbetrieb). Erst zum nächsten Anfahrvorgang wird der Verbrennungsmotor wieder gestartet. Im Stadtbetrieb sind dadurch die größten Einsparungen gegenüber herkömmlichen Antrieb mit Verbrennungsmotor erzielbar.

Im **Schubbetrieb**, also bei Bergabfahrten oder beim Verzögern des Fahrzeugs, wird mit dem Elektromotor im **Generatorbetrieb** gebremst und damit die kinetische Energie zumindest teilweise zurückgewonnen. Die Betriebsbremse des Fahrzeugs wird nur zusätzlich eingesetzt, wenn eine höhere Bremsverzögerung vom Fahrer gewünscht wird oder ein Generatorbetrieb aufgrund einer bereits voll geladenen Batterie nicht möglich ist. Je nach Größe von Batterie und Elektromotor lassen sich hierdurch bei durchschnittlichem Fahrbetrieb ca. 5 bis 10 % Verbrauchseinsparungen erzielen.

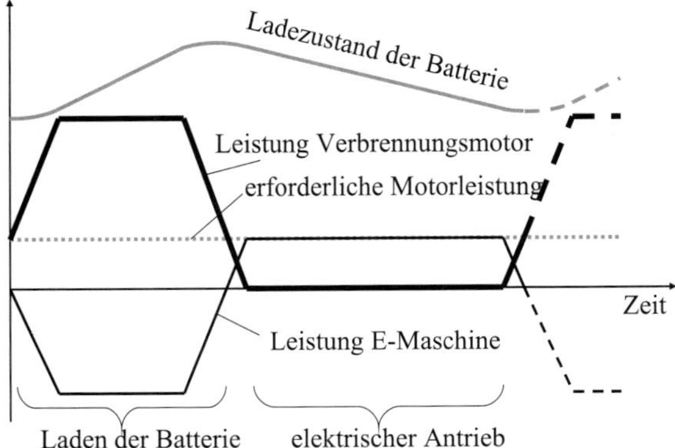

Bild 3.4: *Verbrauchsoptimierte Lastregelung für konstante Fahrt im Teillastbereich bei Hybridantrieb mit paralleler Anordnung*

Durch den **Hybridantrieb** ergeben sich somit folgende Vorteile:

- Der Verbrennungsmotor arbeitet in Betriebspunkten mit höherem Wirkungsgrad und kann zeitweise abgeschaltet werden.
- **Rekuperation**: Der Elektromotor arbeitet im Bremsbetrieb als Generator und speist die Batterie, sodass ein Teil der Bremsenergie zurückgewonnen wird.
- **Booster-Betrieb** bei paralleler Anordnung von Verbrennungsmotor und Elektromotor: Zum kurzzeitigen schnelleren Beschleunigen arbeiten beide Motoren gleichzeitig. Hierdurch kann der Verbrennungsmotor kleiner und verbrauchsgünstiger ausgelegt werden.

Erkauft werden diese Vorteile allerdings durch mehr Gewicht auf Grund des zusätzlich erforderlichen Elektromotors und der Batterie, was wiederum zu einer Erhöhung des **Fahrwiderstands** führt.

Langfristig werden die Energiequellen zum Fahrzeugantrieb direkt oder indirekt aus der Sonnenenergie stammen müssen. Es können sowohl nachwachsende Rohstoffe zur Speisung des Verbrennungsmotors verwendet als auch elektrische Energie erzeugt werden. Die Speicherung der elektrischen Energie ist nach heutigem Stand für Fahrzeuge nur bedingt geeignet, wie wir in Kap. 3.3 sehen werden. Alternativ bietet es sich daher an, die elektrische Energie durch Elektrolyse in Wasserstoff umzuwandeln. Das Fahrzeug wird mit Wasserstoff betankt und der Wasserstoff mit Hilfe der **Brennstoffzelle** in elektrische Energie umgewandelt, die den Elektromotor des Fahrzeugantriebs speist (vgl. Bild 3.5). Denkbar ist auch die Verwendung des Wasserstoffs als Brennstoff für den Verbrennungsmotor, wie es z. B. BMW an Versuchsfahrzeugen seit einigen Jahren zeigt. Der Wirkungsgrad des Verbrennungsmotors mit Wasserstoff ist zwar günstiger als bei Verwendung von Benzin, aber geringer als der Wirkungsgrad der Brennstoffzelle (ca. 60 %) und des Elektromotors (ca. 90 %). Dafür ist die Fertigung der Brennstoffzelle nach heutigem Stand noch extrem teuer. Der Bauraumbedarf für Brenn-

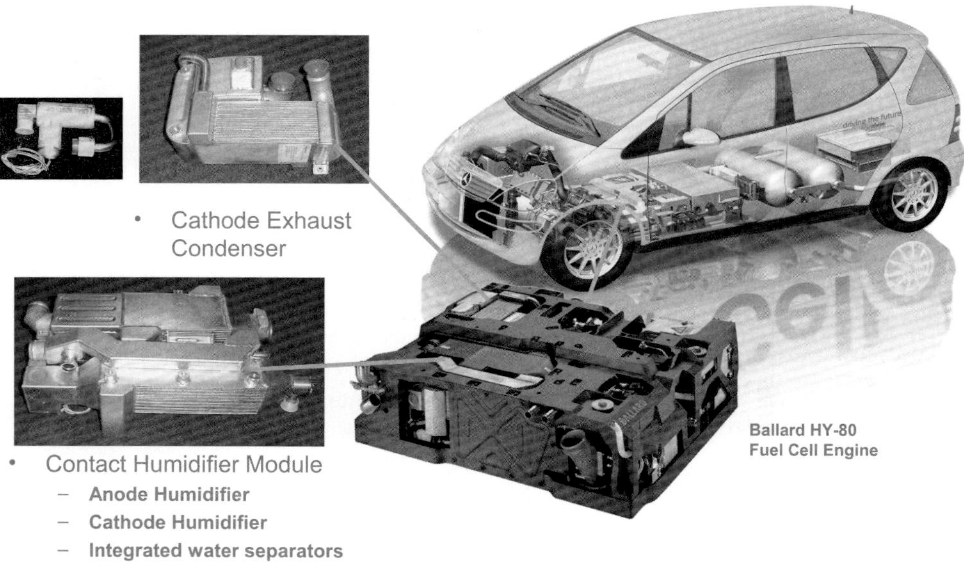

Bild 3.5: *Fahrzeugantrieb mit Brennstoffzelle und Elektromotor [Ballard]*

stoffzelle und Elektromotor ist zur Zeit ebenfalls noch größer als für den Antrieb mit Verbrennungsmotor.

3.3 Speicherung der Antriebsenergie

Beim Kraftfahrzeug muss im Gegensatz zum schienengebundenen Fahrzeug die Antriebsenergie im Fahrzeug gespeichert werden. Die heutzutage für den Fahrzeugantrieb verwendeten Brennstoffe bieten eine hohe **Energiedichte**. Sie werden aber überwiegend aus fossiler Primärenergie gewonnen, die begrenzt ist. Daher werden in der folgenden Tabelle die derzeit gängigen und die alternativen Brennstoffarten und Energiequellen bezüglich ihrer Energiedichte gegenübergestellt. Bei Verwendung von Brennstoffen wird die **chemische Energie** mit Hilfe eines Verbrennungsmotors in **mechanische Energie** gewandelt. Aus Wasserstoff kann alternativ mit Hilfe der Brennstoffzelle **elektrische Energie** erzeugt werden. Die elektrische Energie, die auch in der Batterie gespeichert werden kann, wird mit Hilfe des Elektromotors in mechanische Energie gewandelt. Bei der Gegenüberstellung des Speicheraufwands interessiert uns, wie viel **Speichermasse** und wie viel **-volumen** ist notwendig, um eine bestimmte mechanische Energie zu erhalten. Daher wird in Tabelle 3.2 der Wirkungsgrad des Antriebs mit berücksichtigt. Die angegebenen Werte sind hierbei nur Anhaltswerte, da der Wirkungsgrad von Verbrennungsmotoren in starkem Maße vom Betriebspunkt abhängt.

Die **Energiedichte** des Kraftstoffs, bezogen auf die Masse und auf das Volumen, wird zunächst ohne und anschließend inklusive Speicher betrachtet. Bei den flüssigen Kraftstoffen erhöht sich das erforderliche Volumen mit Speicher in erster Linie durch das Vorsehen von Ausgleichsvolumen für die Ausdehnung des Kraftstoffs bei Temperaturerhöhung und für die Belüftungseinrichtungen. Bei Wasserstoff sind drei Speicherarten denkbar:

- gasförmig,
- flüssig,
- Metallhydrid.

Tabelle 3.2: *Dichte des Energiespeichers*

Kraftstoff	Benzin	Diesel	Erdgas	Alkohole		Wasserstoff			Batterie	
				Methanol	Ethanol	gasf.	flüssig	Hydrid	Pb	Li-Ionen
Energiedichte des Kraftstoffs [MJ/kg]	43	42,5	ca. 48	20	27	120	120	120		
[MJ/l]	32,3	35,3	24,9	15,6	21,2					
Energiedichte incl. Speicher [MJ/kg]	37	36	14*)	17	23	4,0	24	1,5	0,15	≈1,5
[MJ/l]	28	30	17	13	18	1,9	3,5	2,9	0,25	≈0,6
Gesamtwirkungsgrad η	0,2	0,3	0,25	0,12	0,22	0,5[+])	0,5[+])	0,5[+])	0,7	0,7
Arbeit am Rad [MJ/kg]	7,4	10,8	3,5*)	3,7	5,1	2,0[+])	12[+])	0,8[+])	0,1	0,42
[MJ/l]	5,6	9,0	4,3	2,9	4,0	1,0[+])	1,8[+])	1,5[+])	0,17	1,05
bezogene Speichermasse	1	0,7	2,1*)	2,0	1,5	3,7[+])	0,6[+])	9,3[+])	74	17,6
bezogenes Speichervolumen	1	0,6	1,3	1,9	1,4	5,6[+])	3,1[+])	3,7[+])	32,9	5,33

*) bei Verwendung eines GFK-Tanks, mit Stahltank nur ca. 50 % der angegebenen Werte

[+]) bei Brennstoffzellen, mit Verbrennungsmotor nur ca. 40 % der angegebenen Werte

Die Energiedichte ist beim gasförmigen Wasserstoff, bezogen auf das Volumen, sehr gering. Die hier angegebenen Werte beziehen sich auf die Speicherung in Drucktanks mit 300 bar. Angestrebt werden in Zukunft Drücke bis ca. 750 bar, um die Energiedichte zu erhöhen. Aus Gewichtsgründen bestehen die Drucktanks aus einem gasdichten metallischen Innenbehälter, der mit hochfesten Fasern umwickelt wird, um die mechanische Festigkeit sicherzustellen.

Verflüssigter Wasserstoff bietet eine erheblich höhere Energiedichte. Da er bei Umgebungsdruck bereits bei –253 °C siedet, kann er nur in Tanks mit sehr wirkungsvoller Isolation gelagert werden. Verwendet werden hierzu doppelwandige Tanks mit so genannter **Vakuum-Superisolation**. Hierbei werden Drücke bis ca. 4 bar zugelassen. Trotzdem verbleiben aber Abdampfverluste in der Größenordnung von 1 bis 2 % des Inhalts pro Tag.

Gasförmiger Wasserstoff wird von Metallpulver, das sich in Rohren befindet, absorbiert. Es entstehen so genannte **Hydride**. Dabei wird Wärme frei, d. h., beim Betanken wird Wärme abgegeben. Umgekehrt muss Wärme zugeführt werden, um den Wasserstoff zu entnehmen. Daher wird der **Metallhydrid-Wasserstoffspeicher** als Röhrenwärmetauscher ausgeführt. Der in Metall eingelagerte Wasserstoff wird von Wasser umgeben, das den Wärmeaustausch beim Befüllen und Entnehmen übernimmt. Der Metallhydrid-Speicher hat den Nachteil des sehr hohen Gewichts.

Multipliziert man die Energiedichte inklusive Speicher mit dem Gesamtwirkungsgrad, so erhält man die Arbeit am Rad, bezogen auf die Speichermasse bzw. auf das Speichervolumen. Um einen Vergleich zu ermöglichen, werden in Tabelle 3.3 die erforderliche Speichermasse und das erforderliche Speichervolumen auf den in Deutschland noch am häufigsten eingesetzten Pkw-Antrieb – Verbrennungsmotor mit Benzin – bezogen. Nur bei Verwendung des Dieselmotors und bei Verwendung der Brennstoffzelle und in flüssiger Form gespeicherten Wasserstoffs kann die Speichermasse reduziert werden. Bei einem elektrischen Antrieb und Speicherung der Energie in Bleibatterien beträgt die Spei-

Tabelle 3.3: Speichergewicht und Speichervolumen bei Speicherung von 1000 MJ ≈ 280 kWh und damit erzielbare Reichweite beim Pkw

Brennstoff/Antrieb	Speichermasse in kg	Speichervolumen in ℓ	Reichweite in km
Benzin	27	36	250 ... 800
Diesel	28	34	410 ... 1250
Autogas	70	59	300 ... 1000
Methanol	59	77	270 ... 90
Ethanol	43	56	270 ... 900
Wasserstoff, gasförmig (300 bar)	250	525	260 ... 1450
Wasserstoff, flüssig (–255 °C)	42	290	270 ... 1600
Wasserstoffmetallhydrid	670	350	240 ... 1350
Blei-Batterie	6250	4000	330 ... 700
Hochenergie-Batterie ($NaNiCl_2$ – ZEBRA)	2500	2500	490 ... 1200

chermasse das 75-Fache! Beim Speichervolumen können wir erkennen, dass alle alternativen Kraftstoffe und Energiequellen ein erheblich größeres Speichervolumen benötigen.
In Tabelle 3.3 sind Speichergewicht und Speichervolumen bei Speicherung von 1000 MJ gegenübergestellt. Bei der Berechung der damit erzielbaren Reichweite wurde der Einfluss des Speichers auf Fahrzeuggröße und -gewicht berücksichtigt. Der Pkw mit Bleibatterie hätte dann ein Gesamtgewicht von ca. 10 Tonnen. Daher wäre die Reichweite des Fahrzeugs mit Elektroantrieb und Bleibatterie, trotz des erheblich höheren Wirkungsgrads des Elektromotors vergleichbar mit dem Fahrzeug mit benzingespeistem Verbrennungsmotor.

3.4 Antriebsstrang, Kennungswandler für Verbrennungsmotoren

Der Verbrennungsmotor läuft nur ab einer Mindestdrehzahl und bietet nur in einem engen Drehzahlbereich die optimale Leistung, wie wir in Kap. 8 genauer betrachten werden. Daher benötigt man

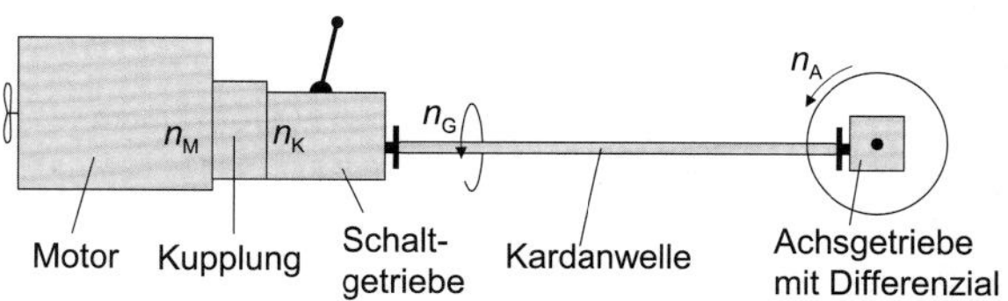

Bild 3.6: *Schematisch dargestellte Anordnung des Antriebs bei Standardantrieb*

eine **Drehzahl-/Drehmomentwandlung** zwischen Motor und Antriebsachse.

3.4.1 Anordnung, Aufbau, Funktion

In Bild 3.6 ist die Anordnung von Motor und Antriebsstrang bei **Standardantrieb** mit mechanischer Reibkupplung und Stufengetriebe dargestellt.

Die **mechanische Kupplung** hat zwei Aufgaben:
- Ermöglichen des Anfahrens aus dem Stillstand,
- Zugkraftunterbrechung zwischen Motor und Antriebsstrang zum Schalten.

Das **Stufengetriebe** hat die Aufgabe einer Drehzahl-/Drehmomentwandlung je nach Bedarf. Soll mit dem Fahrzeug eine große Steigung bei geringer Geschwindigkeit gefahren werden, so ist eine Übersetzung ins Langsame erforderlich, um das Antriebsmoment zu erhöhen. Bei hohen Fahrgeschwindigkeiten ist hingegen aufgrund der begrenzten Motordrehzahl eine direkte Übersetzung erforderlich, vgl. auch Kap. 8.

Bei Fahrzeugen mit **Automatikgetriebe** ist die Anordnung prinzipiell gleich, statt einer mechanischen Reibungskupplung ist ein hydrodynamischer Wandler verbaut und anstelle des mechanisch schaltbaren Getriebes ist ein Automatikgetriebe oder ein stufenloses Getriebe vorhanden.

Die **Kardanwelle** ist nur bei Standardantrieb und Allradantrieb zur Übertragung des Getriebeausgangmoments auf das Achsgetriebe erforderlich. In allen anderen Fällen bilden Stufengetriebe und Achsgetriebe eine Einheit. Allerdings wird beim Transaxle ebenfalls eine Welle zur Übertragung des Motormoments auf das Getriebe benötigt. in diesem Fall spricht man von der **Transaxle-Welle.** Die Kardanwelle verfügt beim Lkw über 2 **Kardangelenke.** Bei der Drehübertragung über ein Kardangelenk entsteht eine vom **Beugewinkel** abhängige **Drehgeschwindigkeitsungleichförmigkeit.** Bei Verwendung von 2 Gelenken kann diese Ungleichförmigkeit bzgl. der gesamten Welle „aufgehoben" werden. Hierzu sind die in Bild 3.7 dargestellten Anordnungen möglich, die als **W-** und **Z-Anordnung** bezeichnet werden. Nur wenn die Beugewinkel an beiden Gelenken gleich groß sind, laufen Kardanwelleneingang und -ausgang synchron.

Beim Pkw wird zur Schwingungsisolierung zumindest eines der beiden Kardangelenke durch eine **Hardy-Scheibe** ersetzt, vgl. Bild 3.8.

Bei Verwendung von nur einem Kardangelenk muss der Beugewinkel klein gehalten werden. Die geringen verbleibenden Drehungleichförmigkeiten werden von der Elastizität der Hardyscheibe aufgefangen.

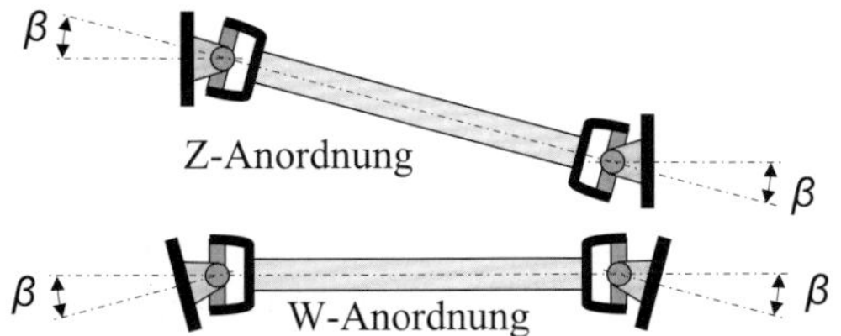

Bild 3.7: *Mögliche Anordnungen der Kardanwelle zur Vermeidung einer Drehgeschwindigkeits-Ungleichförmigkeit*

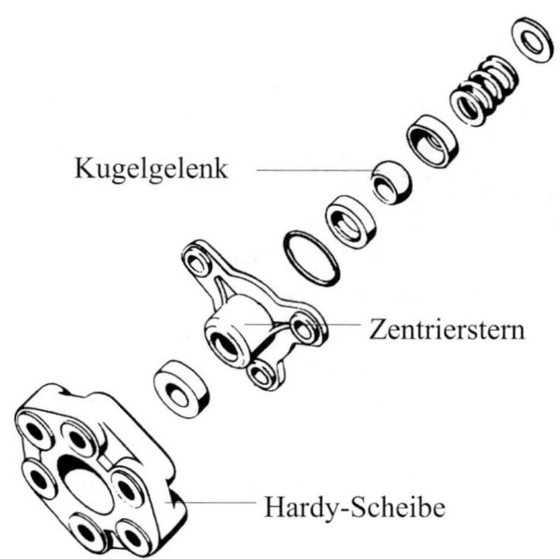

Bild 3.8: *Hardy-Scheibe zur elastischen Drehübertragung des Getriebeausgangmoments auf die Kardanwelle*

Das **Achsgetriebe** übersetzt die Drehzahl ins Langsame, damit die Übersetzung im Stufengetriebe reduziert werden kann. Bei längs eingebautem Motor dient es zusätzlich zur Drehrichtungsumlenkung um 90°. Das im Achsgetriebe integrierte **Differenzial** ermöglicht unterschiedliche Drehzahlen der beiden Antriebsräder bei Kurvenfahrt.

Die Antriebswellen ermöglichen die Übertragung des Moments vom Achsgetriebe zu den Rädern. Sie werden beim Pkw heutzutage üblicherweise als **homokinetische Antriebswellen** nach RZEPPA ausgeführt, vgl. Bild 3.9.

Die homokinetische Antriebswelle ermöglicht eine gleichförmige Übertragung der Drehbewegung unabhängig vom Beugewinkel. Die Momentenübertragung erfolgt an den Gelenken über 6 Kugeln, die in halbkreisförmigen Kugelbahnen laufen. Durch einen Gummibalg werden die Gelenke jeweils hermetisch geschlossen. Sie sind damit vor Umweltbelastungen geschützt und können mit Dauerfett zur Schmierung gefüllt werden. Die homokinetischen Gelenke sind somit wartungsfrei. Die Gelenke erlauben einen Beugewinkel bis 40°. Genügen Beugewinkel von max. 18°, so können die Kugelbahnen so ausgeführt werden, dass ein Längenausgleich über das Gelenk erfolgen kann.

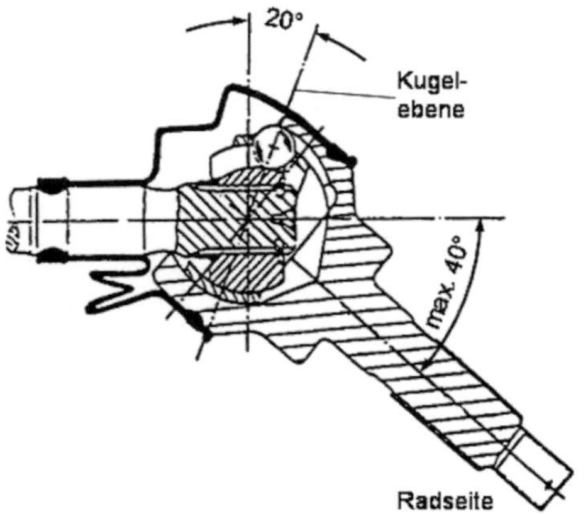

Bild 3.9: *Rzeppa-(Birfield-)Gleichlaufgelenk*

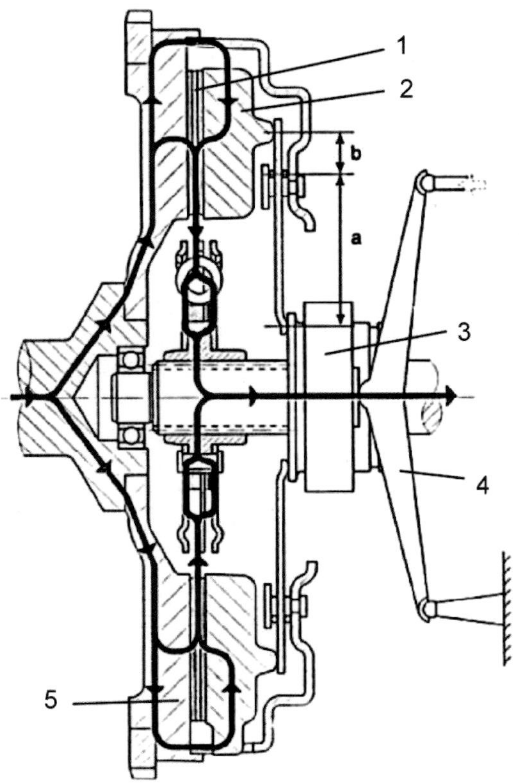

Bild 3.10: *Funktionsprinzip der mechanischen Reibkupplung [1]*

3.4.2 Ausführungen von Kupplungen und Wandlern

In Bild 3.10 ist das Funktionsprinzip der **mechanischen Reibkupplung** dargestellt.

Sie besteht aus der **Kupplungsscheibe** (1), der **Druckplatte** (2), dem **Ausrücklager** (3) und dem **Ausrückmechanismus** (4). Die auf der Kurbelwelle des Motors sitzende **Schwungscheibe** (5) bildet eine weitere Komponente der Kupplung. Die Kupplungsscheibe sitzt auf der **Getriebeeingangswelle.** Damit sie axial verschiebbar ist, das Drehmoment aber formschlüssig übertragen werden kann, ist auf der Getriebeeingangswelle ein Außenkeilprofil und auf der Kupplungsscheibe ein Innenkeilprofil angebracht, vgl. Bild 3.12. Die Kupplungsscheibe ist meist mehrteilig ausgeführt. Der innere Teil mit dem Keilwellenprofil ist gegenüber der Scheibe mit den aufgenieteten oder aufgeklebten Reibbelägen drehbar. Die Momentenübertragung erfolgt über radial angeordnete Schraubenfedern, die beim ruckartigen Einkuppeln einfedern und damit Drehmomentstöße vermeiden.

Die Reibbeläge der Kupplungsscheibe werden im nicht betätigten Zustand durch die Druckplatte an die Reibflächen auf der Schwungscheibe und an der Druckplatte gepresst. Die Flächenpressung liegt hierbei zwischen 0,15 und 0,5 N/mm^2. Die höheren Werte beziehen sich auf die Pkw-Kupplung. Beim Lkw werden geringere Werte gewählt, um eine Lebensdauer der Kupplung von mindestens 400 000 km bei üblichem Einsatz sicherzustellen. Die Anpresskraft der Druckplatte erfolgt heutzutage mit einer **Membranfeder.** Gegenüber früheren Ausführungen mit **Schraubenfedern** bietet die Kennlinie der Membranfeder erhebliche Vorteile, wie Bild 3.11 zeigt. Mit zunehmendem Verschleiß nimmt bei der Schraubenfeder die Anpresskraft ab. Bei der Membranfeder bleibt die Anpresskraft bei Verschleiß hingegen annähernd gleich. Zum Öffnen der Kupplung wird das Ausrücklager in Richtung Schwungscheibe bewegt. Dies erfolgt mit Hilfe der **Ausrück-**

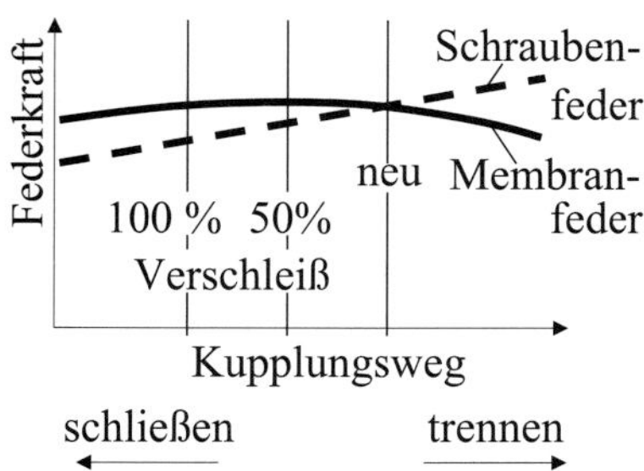

Bild 3.11: *Vorteile der Membranfeder gegenüber der früheren Kupplungsausführung mit Schraubenfedern bei Kupplungsverschleiß und beim Betätigen der Kupplung auf Grund ihrer Kennlinie*

mechanik, die über Seilzug oder Hydraulikzylinder und Leitungen vom **Kupplungspedal** betätigt wird. Da die Membranfeder zwischen der Druckplatte und dem Ausrücklager an der Schwungscheibe gelagert ist, wird sie deformiert und wirkt ähnlich wie ein Kipphebel. Die Druckplatte wird von der Schwungscheibe weggezogen, und die Kupplungsscheibe kann sich jetzt frei zwischen Schwungscheibe und Druckplatte bewegen. Die Membranfeder wird mit zunehmender Durchbiegung weicher, d. h., die notwendige Kraft zum Öffnen der Kupplung wird mit zunehmendem Pedalweg geringer, vgl. Bild 3.11.

Damit das Ausrücklager nur im Bedarfsfall rotiert, berührt es die Membranfeder nur bei Betätigung des Kupplungspedals. Beim Auskuppeln muss daher das Ausrücklager durch das Reibmoment an der Membranfeder von null auf die Motordrehzahl beschleunigt werden. Es wird daher häufig an der Berührfläche zur Membranfeder mit einer verschleißarmen Beschichtung aus PTFE oder ähnlichen Kunststoffen versehen.

Bei der **automatisierten Kupplung** wird der Ausrückmechanismus elektronisch durch einen Stellmotor geregelt und einen Pneumatik- oder einen Hydraulikzylinder betätigt. Hierbei wird die Motordrehzahl in Abhängigkeit der vom Fahrer durch das **Fahrpedal** vorgegebenen **Drosselklappenstellung** während des Anfahrvorgangs geregelt. Je schneller der Fahrer anfahren will, desto höher wird die Drehzahl gewählt. Zur Vermeidung von unnötigem Verschleiß sollte die Drehzahl, bei der der Motor

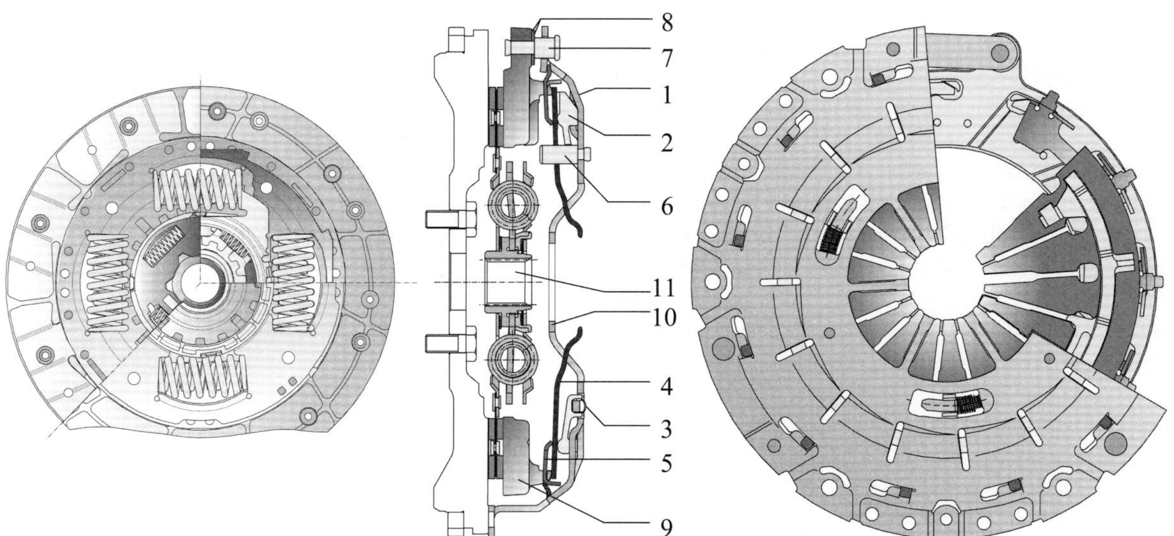

Bild 3.12: *Ausgeführte mechanische Ein-Scheiben-Trockenkupplung mit Membranfeder [LUK]*

1 Deckel, 2 Verstellring (Rampenring), 3 Druckfeder, 4 Tellerfeder, 5 Sensor-Tellerfeder, 6, 7 Bolzen, 8 Blattfeder, 9 Anpressplatte, 10 Anschlag, 11 Kupplungsscheibe

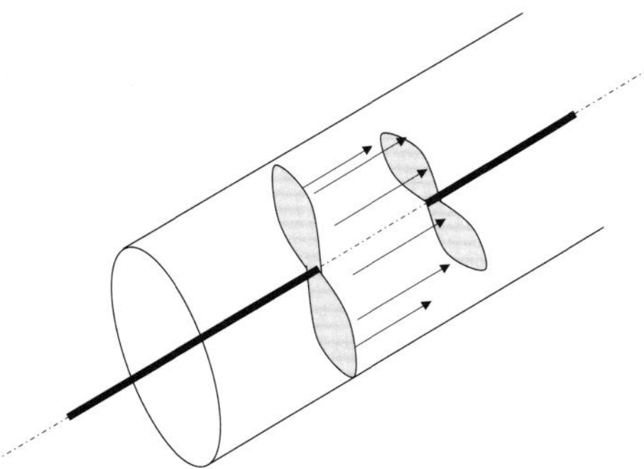

Bild 3.13: *Wirkprinzip einer hydrodynamischen Kupplung*

sein maximales Moment abgibt, nicht überschritten werden.

Wenn wir das Trägheitsmoment der Kupplungsscheibe vernachlässigen, gilt bei konstanter Motordrehzahl: $M_K = M_M$. Die Kupplung ist damit ein reiner **Drehzahlwandler**.

Bild 3.13 zeigt das Wirkprinzip einer **hydrodynamischen Kupplung**. Das Drehmoment wird durch die Trägheitskräfte einer Flüssigkeit übertragen. Hierbei ergeben sich folgende Vorteile gegenüber einer mechanischen Reibkupplung:

- nahezu Verschleißfreiheit,
- Drehmomentstöße und Schwingungen werden weggedämpft.

Als Nachteile ergeben sich:

- schlechter Wirkungsgrad, da zur Drehmomentübertragung immer Schlupf erforderlich ist,
- keine vollständige Momentenunterbrechung, das nachgeschaltete Getriebe muss daher lastschaltbar sein.

Aufbauend auf der hydrodynamischen Kupplung wurde der **Trilok-Wandler** entwickelt und 1929 in Deutschland zum Patent angemeldet. Beim Trilok-Wandler wird das Ausgangsmoment gegenüber dem Eingangsmoment erhöht, wenn die Ausgangsdrehzahl deutlich kleiner als die Eingangsdrehzahl ist. Daher spricht man von einem Wandler und nicht von einer Kupplung. Der prinzipielle Aufbau eines Trilok-Wandlers ist in Bild 3.14 dargestellt.

Vereinfacht können wir uns seine Funktion folgendermaßen vorstellen: Das Öl wird im **Pumpenrad** beschleunigt und trifft auf die Schaufeln des **Turbinenrads**. Durch die Umlenkung des Öls an den Schaufeln entstehen ein Impuls und somit das Antriebsmoment. Das Öl trifft nun auf das feststehende **Leitrad**. Dort wird es stark umgelenkt. Ein Teil des Öls trifft erneut auf das Turbinenrad und verstärkt damit das Antriebsmoment. Mit zunehmendem Verhältnis Turbinenraddrehzahl M_T zu Pumpenraddrehzahl M_P wird die Differenzgeschwindigkeit zwischen Turbinenrad und dem aus dem Leitrad strömenden Öl geringer. Dadurch nimmt die Drehmomentüberhöhung ab. Je nach Auslegung der Schaufelgeometrie ist bei einem Drehzahlverhältnis $M_T/M_P \approx 0{,}85$ die Differenzgeschwindigkeit null, d. h., es findet keine Drehmomentüberhöhung mehr statt. Bei weiter steigendem Drehzahlverhältnis würde das Öl aus dem Leitrad das Antriebsmoment gegenüber dem Motormoment abschwächen. Damit dies nicht passiert, ist das Leitrad über einen **Freilauf** mit dem Gehäuse verbunden. Das Leitrad läuft jetzt frei mit und erzeugt keinerlei Impuls. Der Wandler arbeitet in diesem Bereich als hydrodynamische Kupplung.

Der Anfahrvorgang mit Wandler wird in Kap. 8.8 betrachtet.

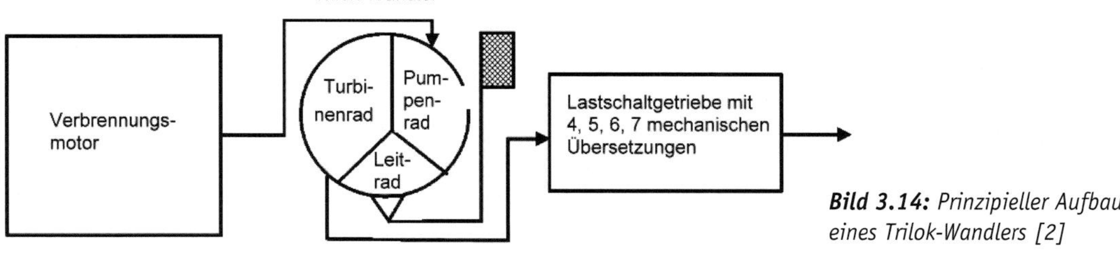

Bild 3.14: *Prinzipieller Aufbau eines Trilok-Wandlers [2]*

3.4.3 Ausführungen von Getrieben

Als Fahrzeuggetriebe eignen sich die folgenden Bauarten:

- Stufengetriebe,
  - Stirnradgetriebe,
  - Planetengetriebe,
- stufenlose Getriebe,
  - Umschlingungsgetriebe,
  - Reibradgetriebe,
  - hydrodynamische Getriebe,
  - elektrische Getriebe.

Weiter können die Stufengetriebe nach Art der Schaltung unterteilt werden in:

- mechanisch schaltende (Handschalt-)Getriebe,
- automatisch schaltende Getriebe,
- Automatikgetriebe.

Die **Handschaltgetriebe** werden als **Stirnradgetriebe** ausgeführt. Die Schaltung erfolgt durch den **Schalthebel**, der über Gestänge oder Seilzüge mit der Schaltmechanik im Getriebe verbunden ist. Beim automatisch schaltenden Getriebe handelt es sich ebenfalls um ein Stirnradgetriebe. Das Einlegen der Gänge erfolgt hier automatisiert über elektrische, pneumatische oder hydraulische Einrichtungen.
Automatikgetriebe werden üblicherweise als **Planetengetriebe** ausgeführt. Eine Ausnahme stellt das sog. **Doppelkupplungsgetriebe** dar, das auf einem Stirnradgetriebe basiert.
Die unterschiedlichen Getriebebauarten sind in [2] sehr ausführlich behandelt. Daher werden im Folgenden nur die wichtigsten Bauarten kurz vorgestellt.

Stirnradgetriebe
Ein Beispiel für ein Stirnradgetriebe ist in Bild 3.15 dargestellt. Es handelt sich hierbei um ein 6-Gang-Getriebe für ein Fahrzeug mit Standardantrieb. Das Kupplungsmoment wird über ein Keilwellenprofil auf die **Getriebeeingangswelle** übertragen. Durch eine Stirnradverzahnung wird die so genannte **Zwischenwelle** (auch **Vorgelegewelle** genannt) angetrieben. Die Zahnräder werden hierbei so gewählt, dass eine Übersetzung ins Langsame erfolgt. Auf der Zwischenwelle sind mehrere Zahnräder für die Gangstufen eins, zwei und drei fest angebracht. Auf der koaxial zur Getriebeeingangswelle eingebauten **Getriebeausgangswelle** befinden sich mehrere über Nadellager frei drehbar gelagerte Zahnräder, die von der Zwischenwelle angetrieben werden. Um einen Kraftfluss zwischen Getriebeeingangs- und -ausgangswelle herzustellen, wird jeweils eines dieser Zahnräder über eine **Klauenkupplung** mit der Getriebeausgangswelle gekoppelt. Die Klauenkupplungen werden durch **Schaltgabeln** mechanisch betätigt. Hierdurch ergeben sich die in Bild 3.15 unten dargestellten Gangstufen eins bis drei. Da im 1. Gang das Abtriebsmoment am größten ist, sitzt das Zahnrad des 1. Gangs am nächsten zum Getriebeausgang, das Zahnrad des 2. Gangs am zweitnächsten usw. Hierdurch wird die Tordierung der Getriebeausgangswelle minimiert. Zur Erzeugung des 4. Gangs, der als direkter Gang ausgeführt ist, wird die Getriebeeingangs- mit der Getriebeausgangswelle über eine Klauenkupplung verbunden. Beim in Bild 3.15 dargestellten Getriebe sind feste und schaltbare Zahnräder des 5. und 6. Gangs umgekehrt angeordnet. Die Klauenkupplung für den 5. und 6. Gang sitzt auf der Zwischenwelle. Zur Erzeugung der Drehrichtungsumkehr im **Rückwärtsgang** ist ein weiteres Zahnrad erforderlich. Bei älteren Getrieben wird zum Einlegen des Rückwärtsgangs dieses Zahnrad auf der Welle verschoben und der Eingriff mit den entsprechenden Zahnrädern auf der Zwischenwelle und auf der Getriebeausgangswelle hergestellt. Durch diese Schaltmethode laufen die Zahnräder des Rückwärtsgangs beim Vorwärtsfahren nicht mit. Sie können daher als **Geradverzahnung** ausgeführt werden. Hierdurch erzeugt der Rückwärtsgang allerdings ein singendes Geräusch. Im vorliegenden Fall wird auch der Rückwärtsgang über eine auf der Getriebeausgangswelle sitzende Klauenkupplung geschaltet. Die Zahnräder sind alle schräg verzahnt ausgeführt. Dies ist in der Herstellung teurer, aber aus Geräuschgründen erforderlich. Durch die **Schrägverzahnung** erfolgt beim Abwälzen der Zähne ein kontinuierlicher und nicht ein sprungartiger Wechsel von Zahn zu Zahn.
Durch die unterschiedlichen Übersetzungsstufen drehen sich während der Fahrt die Zahnräder auf der Getriebeausgangswelle mit unterschiedlichen

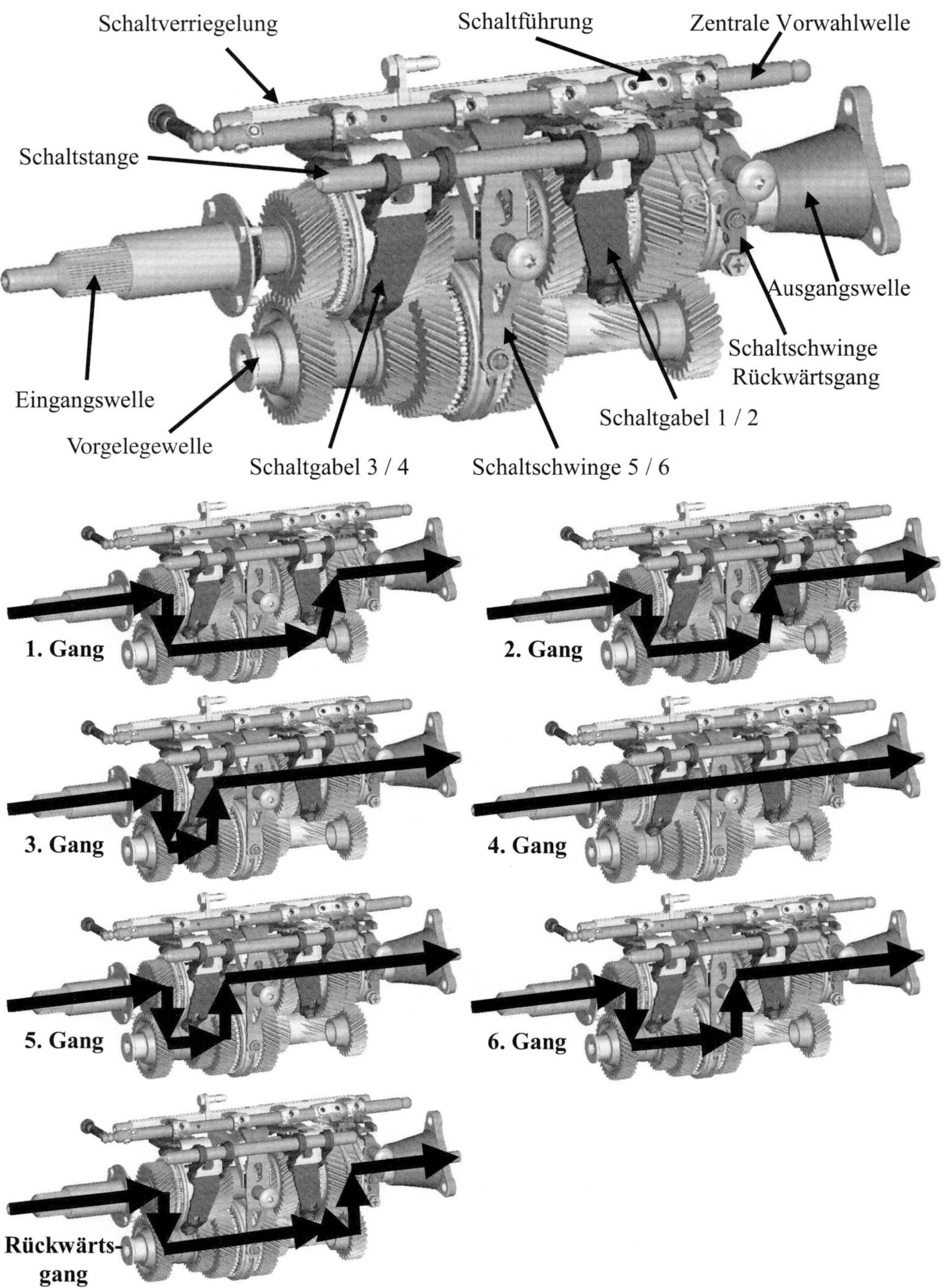

Bild 3.15: *Aufbau eines 6-Gang-Schaltgetriebes mit Darstellung des Momentenflusses in den einzelnen Gangstufen [Getrag]*

Drehzahlen. Lediglich das Zahnrad des eingelegten Gangs dreht mit Getriebe-Ausgangswellendrehzahl. Beim Schaltvorgang bleibt die Getriebe-Ausgangswellendrehzahl erhalten, da diese nur von der Fahrgeschwindigkeit abhängt. Beim Hochschalten nimmt die Getriebe-Eingangswellendrehzahl ab bzw. beim Runterschalten zu. Damit die Klauenkupplung verschleißfrei schaltet, wird das zu schaltende Zahnrad während des Schaltvorgangs durch ein Reibelement auf die gleiche Drehgeschwindigkeit wie die Getriebeausgangswelle gebracht und damit die Getriebeeingangswelle drehverzögert bzw. drehbeschleunigt. Man spricht von **Synchronisation**. Durchgesetzt hat sich die so genannte **Sperrsynchronisierung**, die ein Schalten der Klauenkupplung erst bei Erreichen einer Drehzahlgleichheit zulässt.

Beim **Doppelkupplungsgetriebe** werden zwei Vorgelegewellen verwendet (Bild 3.16). Der Kraftschluss zwischen Motor und den beiden Stirnrädern, welche die Vorgelegewellen antreiben, kann durch jeweils eine Kupplung unterbrochen werden. Zum Anfahren im 1. Gang werden zunächst die Stirnräder des 1. Gangs geschaltet, dann wird die Kupplung K2 geschlossen. Je nach Bauart des Getriebes dient diese Kupplung entweder als **Anfahrkupplung** oder es ist, wie in Bild 3.16 dargestellt, noch ein Wandler zwischen Motor und diesen Kupplungen zwischengeschaltet. Gleichzeitig kann bereits der 2. Gang vorgewählt werden. Da die Kupplung K1 geöffnet ist, genügt zum Voreinlegen eine herkömmliche Synchronisation. Zum Wechsel vom 1. in den 2. Gang wird die Kupplung K2 geöffnet und die Kupplung K1 nahezu zeitgleich geschlossen, sodass ein zugkraftunterbrechungsfreier Schaltvorgang entsteht. Der 3. Gang kann jetzt wieder vorgewählt werden und durch anschließendes Öffnen der Kupplung K1 und Schließen der Kupplung K2 geschaltet werden usw. Da die Kupplung K2 für die ungeraden Gänge 1, 3 und 5 zuständig ist und die Kupplung K1 für die geraden Gänge, sind nur zugkraftunterbrechungsfreie Gangwechsel zwischen geraden und ungeraden Gängen möglich. Dies kann ein Nachteil sein, wenn zum Beispiel mit ca. 60 km/h und konstanter Geschwindigkeit im verbrauchsgünstigen 6. Gang gefahren wird und für einen Überholvorgang in den 2. Gang zurückgeschaltet werden soll.

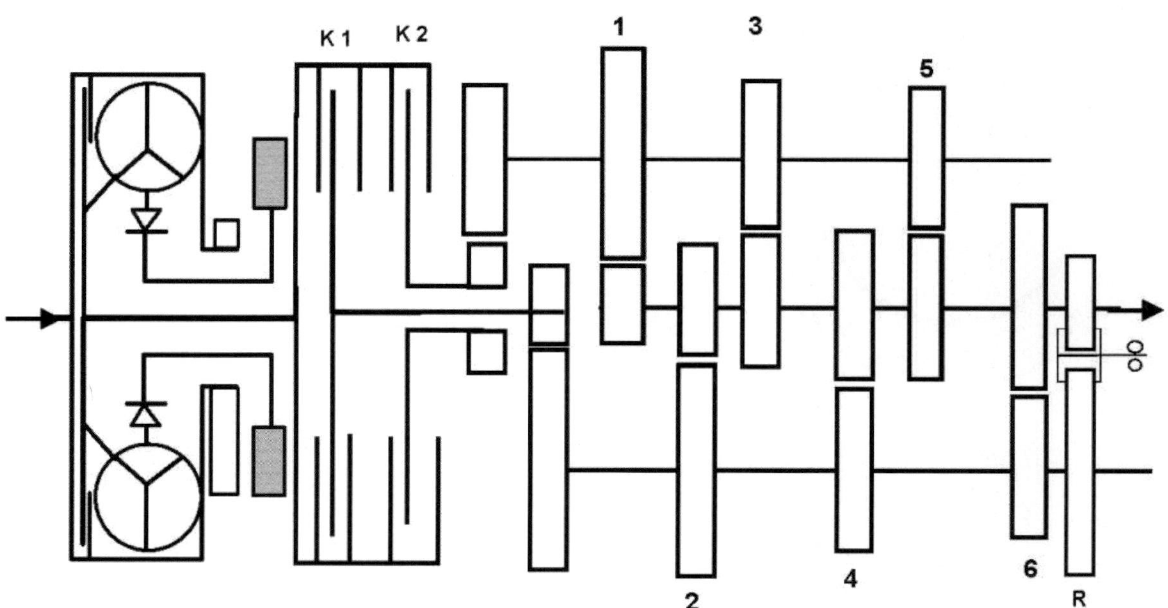

Bild 3.16: *Prinzip eines Doppelkupplungsgetriebes mit Trilok-Wandler [2]*

In diesem Fall muss bei geöffneten Kupplungen der Gangwechsel auf der gleichen Welle mit großen Drehzahlunterschieden für die Synchronisierung erfolgen. Um die Synchronisation nicht durch zu schnelles Schalten zu überfordern, ist die Zugkraftunterbrechung länger als beim herkömmlichen Automatikgetriebe. Hier muss zum ruckfreien Schalten nur während des Hochbeschleunigens des Motors die Zugkraft unterbrochen werden. Ein weiterer Nachteil des Doppelkupplungsgetriebes ergibt sich daraus, dass der Fahrerwunsch nicht grundsätzlich vorhersehbar ist, d. h., sobald die Getriebesteuerung erkennt, dass hoch- oder runtergeschaltet werden soll, muss zunächst der passende Gang vorgewählt werden, bevor der eigentliche Gangwechsel erfolgen kann. Andererseits genügen beim Doppelkupplungsgetriebe – anders als bei herkömmlichen Automatikgetrieben – zwei (Schalt-)Kupplungen unabhängig von der Anzahl der Gänge des Automatikgetriebes.

Planetengetriebe

Das Planetengetriebe bietet gegenüber dem Stirnradgetriebe folgende Vorteile:

- wegen der **Leistungsverzweigung** sind hohe Drehmomente bei kleiner Baugröße möglich,
- die koaxiale Bauweise begünstigt die Anordnung von **Reibelementen** (Kupplungen und Bremsen) zum automatisierten Schalten ohne Zugkraftunterbrechung,
- es treten keine **freien Lagerkräfte** auf.

Zur Erläuterung der Funktionsweise eines Planetengetriebes ist in Bild 3.17 ein einfaches einstufiges Planetengetriebe dargestellt. Das außen laufende **Hohlrad** wird auch als **Außenrad** bezeichnet. Das innen laufende Zahnrad wird als **Sonnenrad** bezeichnet, da die auf dem Sonnenrad abrollenden Zahnräder sich wie Planeten um die Sonne bewegen. Diese als **Planetenräder** bezeichneten Zahnräder sitzen auf dem so genannten **Planetenträger.** Um die mit einem einstufigen Planetengetriebe erzielbaren Getriebestufen einfach bestimmen zu

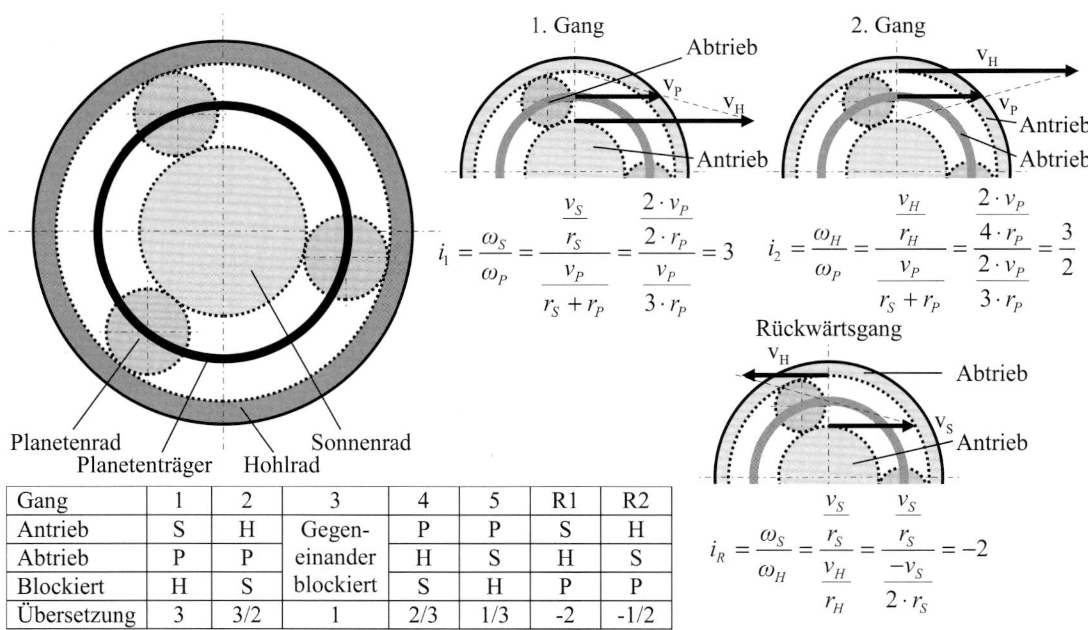

$$i_1 = \frac{\omega_S}{\omega_P} = \frac{\frac{v_S}{r_S}}{\frac{v_P}{r_S + r_P}} = \frac{\frac{2 \cdot v_P}{2 \cdot r_P}}{\frac{v_P}{3 \cdot r_P}} = 3 \qquad i_2 = \frac{\omega_H}{\omega_P} = \frac{\frac{v_H}{r_H}}{\frac{v_P}{r_S + r_P}} = \frac{\frac{2 \cdot v_P}{4 \cdot r_P}}{\frac{2 \cdot v_P}{3 \cdot r_P}} = \frac{3}{2}$$

Gang	1	2	3	4	5	R1	R2
Antrieb	S	H	Gegen-	P	P	S	H
Abtrieb	P	P	einander	H	S	H	S
Blockiert	H	S	blockiert	S	H	P	P
Übersetzung	3	3/2	1	2/3	1/3	-2	-1/2

$$i_R = \frac{\omega_S}{\omega_H} = \frac{\frac{v_S}{r_S}}{\frac{v_H}{r_H}} = \frac{\frac{v_S}{r_S}}{\frac{-v_S}{2 \cdot r_S}} = -2$$

Bild 3.17: *Einfachstes einstufiges Planetengetriebe und die damit realisierbaren Getriebestufen*

können, ist im vorliegenden Beispiel der Radius r_H des Hohlrads doppelt so groß gewählt wie der Radius r_S des Sonnenrads. Damit gilt für den Radius r_P der Planetenräder: $r_P = r_S/2 = r_H/4$.

Der 1. Gang wird durch Blockieren des Hohlrads und Antreiben des Sonnenrads erzeugt. Bei der hier gewählten Zahnradgröße ergibt sich eine Übersetzung von 3, wie in Bild 3.17 dargestellt. Im 2. Gang wird das Sonnenrad blockiert. Das Hohlrad wird angetrieben, und der Planetenträger dient als Abtrieb. Wie in Bild 3.17 dargestellt, ist damit die Umfangsgeschwindigkeit des Hohlrads doppelt so hoch wie die des Planetenträgers. Mit den gewählten Zahnradgrößen ergibt sich eine Übersetzung von 3/2.

Im 3. Gang werden z. B. Sonnenrad und Planetenträger zueinander blockiert, alle Elemente drehen sich gleich schnell, d. h., man erhält die Übersetzung 1,0.

4. und 5. Gang entstehen durch Tauschen von Antrieb und Abtrieb aus dem 2. und 1. Gang. Damit gilt für die Übersetzungen: $i_4 = 1/i_2 = 2/3$ und $i_5 = 1/i_1 = 1/3$.

Die mit diesem einfachen Planetengetriebe erzielbaren Stufen sind für ein Fahrzeug nicht direkt geeignet, wie wir in Kap. 8 sehen werden. Daher werden in der Praxis mehrere Planetengetriebe, die zum Teil auch mehrstufig ausgeführt sind, hintereinander geschaltet. Wie aufwendig der Aufbau eines Automatikgetriebes werden kann, zeigt das in Bild 3.18 dargestellte 7-Gang-Automatikgetriebe der Mercedes S-Klasse.

Das zum Schalten erforderliche Kuppeln zwischen Hohlrad, Sonnenrad oder Planetenträger erfolgt über **Lamellenkupplungen**. Das Blockieren einzelner Räder geschieht ebenfalls durch am Gehäuse angebrachte Lamellenkupplungen oder über **Bremsbänder**.

Umschlingungsgetriebe

Als **stufenloses Getriebe** (**CVT** = Continuous Variable Transmission) hat sich beim Pkw das in Bild 3.19 schematisch dargestellte Umschlingungsgetriebe etabliert. Eine **Schubgliederkette** oder **Laschenkette** überträgt das Drehmoment zwischen den **Keilscheiben**. Durch axiales Verschieben der Keilscheiben kann der Umschlingungsradius entsprechend Bild 3.19 variiert werden. Um eine Übersetzung ins Langsame zu erzeugen, werden die Keilscheiben des Antriebs auseinandergezogen und die des Abtriebs zusammengeschoben. Hierdurch entsteht ein kleiner Abrollradius am Antrieb und ein großer am Abtrieb. Zur Erzeugung einer Übersetzung

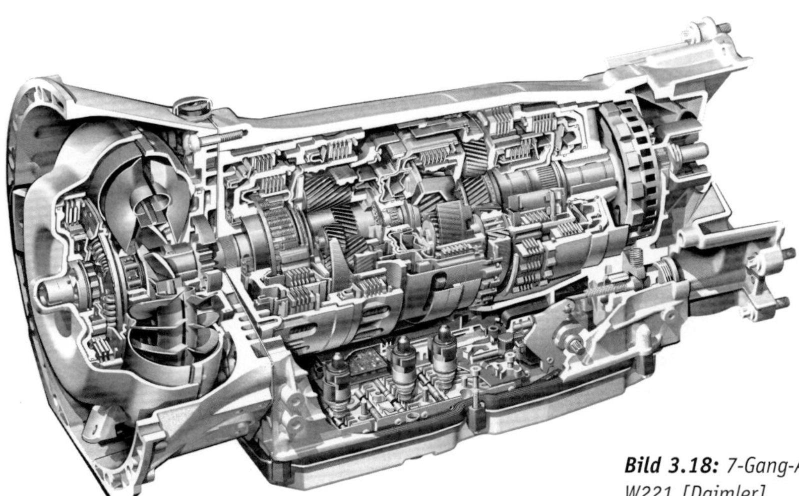

Bild 3.18: *7-Gang-Automatikgetriebe der Mercedes S-Klasse W221 [Daimler]*

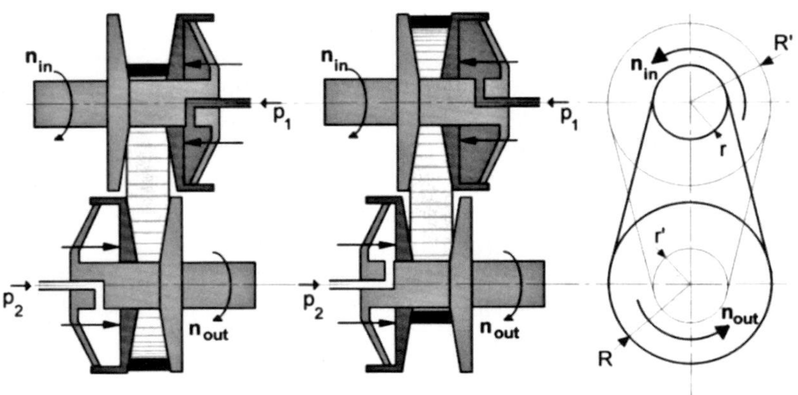

Bild 3.19: *Prinzipieller Aufbau eines stufenlosen Umschlingungsgetriebes aus [CGI]*

ins Schnelle wird analog der Abstand der Keilscheiben am Antrieb reduziert und am Abtrieb vergrößert. Das stufenlose Getriebe wird normalerweise direkt mit Motordrehzahl angetrieben. Die Anpassung der Motordrehzahl an die Raddrehzahl erfolgt mit einem weiteren Stirnradgetriebe, das ins Langsame übersetzt. Hierdurch wird das Moment, das im stufenlosen Getriebe übertragen wird, relativ klein gehalten.

Da ein Durchrutschen der Kette nach kürzester Zeit zu einem Schaden führt, müssen die Keilscheiben dennoch ausreichend stark vorgespannt werden. Hierdurch ergibt sich beim Abwälzen der Kette eine relativ hohe Reibung. Dies führt zu einem schlechten Wirkungsgrad im Teillastbereich. Um diesen Nachteil zu vermeiden, kann die Vorspannung an das Motordrehmoment angepasst werden, d. h., die Vorspannung wird proportional zur Last geregelt. Jetzt besteht allerdings die Gefahr, dass z. B. nach einem Durchdrehen der Räder auf Glatteis beim anschließenden Befahren der trockenen Fahrbahn ein Drehmomentstoß entsteht und die Kette kurzzeitig durchrutscht. Dies lässt sich wiederum durch Einbau einer Lamellenkupplung zwischen Achsgetriebe und stufenlosem Getriebe vermeiden. Das Rutschmoment dieser Kupplung wird synchron geregelt, sodass im Bedarfsfall stets die Kupplung und nicht die Kette durchrutscht.

3.4.4 Ausführung des Differenzials

Bei Kurvenfahrt ist die zurückgelegte Strecke am kurveninneren Rad geringer als am kurvenäußeren, vgl. Bild 3.20. Würden beide Räder dennoch gleich schnell drehen, entstünde am kurvenäußeren Rad Bremsschlupf und am kurveninneren Rad Antriebsschlupf. Das Fahrzeug würde kurvenunwillig, und bei engen Kurven würde ein hoher Verschleiß an den Rädern und ein großes Moment in den Antriebswellen entstehen.

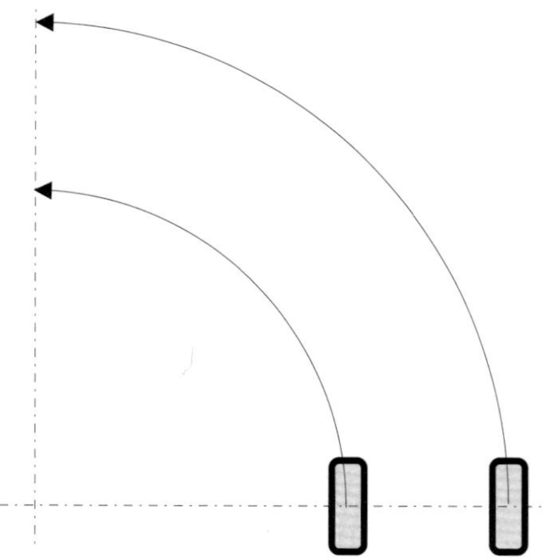

Bild 3.20: *Zurückgelegte Strecken an den beiden Antriebsrädern bei Kurvenfahrt*

In Bild 3.21 ist das Achsgetriebe mit Differenzial eines Fahrzeugs mit Standardantrieb dargestellt. Das von der Kardanwelle angetriebene **Kegelrad** (1) treibt das **Tellerrad** (2). Das Tellerrad ist direkt mit dem Differenzialgehäuse (3) verbunden. Im Differenzialgehäuse ist eine Welle (4) angebracht, auf der die **Ausgleichsräder** (5) laufen. Die Ausgleichsräder übertragen das am Differenzialgehäuse anliegende Moment auf die mit den Antriebswellen (7) verbundenen **Kegelräder** (6). Drehen sich bei Geradeausfahrt beide Antriebswellen gleich schnell, so bleiben die Ausgleichsräder (5) auf den Wellen (4) stehen, und Differenzialgehäuse und beide Antriebswellen drehen gleich schnell. Bei Kurvenfahrt dreht die mit dem kurveninneren Rad verbundene Antriebswelle langsamer. Die Ausgleichsräder drehen sich jetzt auf den Wellen. Die kurvenäußere Antriebswelle dreht sich hierdurch schneller als das Differenzialgehäuse. Für die Drehzahlen gilt:

$$n_{\text{Tellerrad}} = \frac{n_{\text{links}} + n_{\text{rechts}}}{2} \qquad \text{(Gl. 3.3)}$$

Vernachlässigt man die Reibung im Differenzial so gilt für das Moment:

$$M_{\text{links}} = M_{\text{rechts}} = \frac{M_{\text{Tellerrad}}}{2} \qquad \text{(Gl. 3.4)}$$

Das Antriebsmoment ist somit theoretisch an beiden Rädern immer gleich groß. Dies kann bei Kurvenfahrt mit stark unterschiedlicher Radlast oder auf einseitig glatter Fahrbahn allerdings zu Problemen führen. Die übertragbare Antriebskraft wird einseitig sehr gering, und das z. B. auf glatter Fahrbahn laufende Rad fängt an durchzudrehen. Das an diesem Rad übertragbare Antriebsmoment wird ebenfalls sehr gering. Da das Differenzial gleiche Momente an beiden Rädern zur Verfügung stellt, nimmt das Antriebsmoment am Rad auf griffiger Fahrbahn genauso ab. Dieses Rad bleibt im Extremfall stehen, und das Rad auf glattem Untergrund dreht mit doppelter Differenzialdrehzahl. Das Fahrzeug bewegt sich nicht mehr vorwärts. Zur Vermeidung dieses Problems werden **Differenzialsperren** verwendet, die beispielsweise über Kupplungselemente die Ausgleichsräder abbremsen oder blockieren. Eine weitere Möglichkeit bietet ein einseitiger Bremseingriff, wie er bei einer **Antriebsschlupfregelung** (ASR) verwendet wird, vgl. auch Kap. 11.4. Das auf glatter Fahrbahn laufende Rad wird abgebremst. Hierdurch nimmt das an diesem Rad erforderliche Antriebsmoment zu. Das Differenzial überträgt auf das gegenüberliegende Rad das erhöhte Moment, das jetzt ein Fortbewegen des Fahrzeugs ermöglicht.

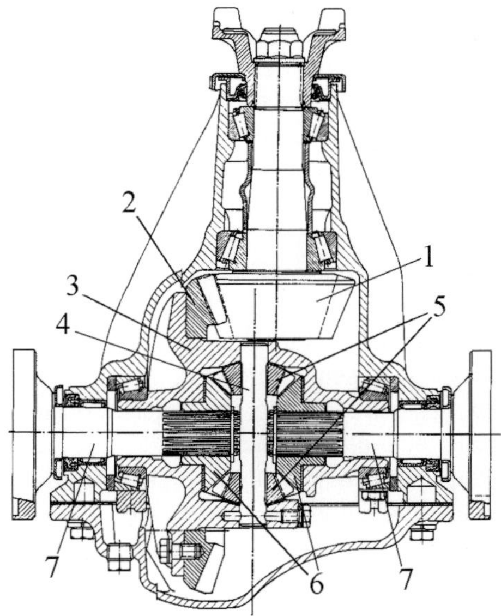

Bild 3.21: *Aufbau eines konventionellen Differenzials bei einem Fahrzeug mit Standardantrieb*

4 Fahrwerk

In den folgenden Unterkapiteln werden Aufbau und Funktion der Komponenten des Fahrwerks beschrieben.

4.1 Räder und Reifen

Im Folgenden wird zunächst auf den Aufbau von Reifen und Rad eingegangen, und anschließend werden die für die Fahrdynamik wichtigen Reifeneigenschaften ausgiebiger behandelt.

4.1.1 Anforderungen an den Reifen

Die Reifen übernehmen den Kontakt zwischen Fahrzeug und Fahrbahn. Abgesehen von den Windkräften werden sämtliche Kräfte, die beim Beschleunigen, Kurvenfahren usw. notwendig sind, über diese Kontaktzone übertragen, die pro Rad ungefähr die Größe einer Postkarte hat. Die Windkräfte führen außer beim Bremsen eher zu größeren Kräften: Durch den Luftwiderstand erfordern sie höhere **Antriebskräfte**, bei Seitenwind entsprechende **Reifenseitenkräfte** zur Kompensation der hierdurch entstehenden Störung. Die Kraftübertragung sollte sowohl bei trockener als auch bei nasser Fahrbahn und bei entsprechendem Anforderungsprofil des Reifens auch bei schnee- oder eisbedeckter Fahrbahn zufriedenstellend möglich sein.

Darüber hinaus dienen die Reifen zur Filterung kleiner Fahrbahnunebenheiten. Sie müssen so ausgelegt werden, dass sie auch bei der Fahrt auf steinigen Feldwegen nicht verletzt werden, damit sie die grundsätzlich erforderliche Hochgeschwindigkeitsfestigkeit das Reifenleben lang erfüllen.

Die beim Abrollen des Reifens unvermeidlichen Geräusche sollten so gering wie möglich gehalten werden. Zur Erfüllung gesetzlicher Geräuschemissions-Vorschriften des Gesamtfahrzeugs wird in Europa bei Fahrzeugen mit mindestens vier Rädern der Schallpegel bei der **beschleunigten Vorbeifahrt** nach ECE-R 51 gemessen. Hierzu ist ein geringes Reifengeräusch auch im Antriebsfall erforderlich, was keinesfalls selbstverständlich ist.

Der Fahrzeugnutzer wünscht sich eine lange Lebensdauer und einen geringen Rollwiderstand, damit der Kraftstoffverbrauch seines Fahrzeugs gering ist. Seit einigen Jahren wird auch auf eine Gewichtsreduzierung Wert gelegt. Hierdurch wird nicht nur das Fahrzeuggesamtgewicht reduziert, sondern auch das Gewicht der sog. **ungefederten Massen**. Dies ist günstig für Fahrkomfort und Fahrsicherheit, wie wir in Kap. 11.3 sehen werden.

Sämtliche Anforderungen können bei einem Reifen nicht alle gleichzeitig optimal erfüllt werden, daher wird der Reifen je nach Fahrzeugkategorie und Anwendung unterschiedlich ausgelegt, wie in Bild 4.1 exemplarisch für einen **Hochgeschwindigkeitsreifen** für ein sportliches Fahrzeug, für einen typischen Alltags-Pkw-**Sommerreifen** und für einen **Winterreifen** dargestellt ist.

Beim Hochgeschwindigkeitsreifen muss der Aufbau so steif gestaltet werden, dass der **Rollwiderstand** erst bei sehr hohen Geschwindigkeiten merklich zunimmt. Hierdurch wird verhindert, dass sich der Reifen bei hohen Geschwindigkeiten zu stark erwärmt. Durch zu starke Erwärmung ändert der Gummi seine Eigenschaften, und der Reifen kann durch die Fliehkräfte zerstört werden. Üblicherweise sind Hochgeschwindigkeitsreifen für sportliche Fahrzeuge vorgesehen. Somit wird großer Wert auf die Fahrsicherheit bei Trockenheit und Nässe gelegt. Durch entsprechende Gestaltung des Profils wird eine gute **Wasserdränage** erreicht, um die Gefahr des Aufschwimmens des Reifens auf nasser Fahrbahn, das so genannte **Aquaplaning**, auch bei breiten Reifen so klein wie möglich zu halten. Bei Laufleistung und Rollwiderstand wird ein Kompromiss in Kauf genommen, und auf gute Wintereigenschaften wird vollkommen verzichtet. Mit Hochgeschwindigkeitsreifen ist daher ein Fahren auf winterglatter Fahrbahn fast unmöglich.

Beim Alltags-Pkw-Sommerreifen der **Geschwindigkeitsklasse** T (bis 190 km/h) wird großer Wert auf

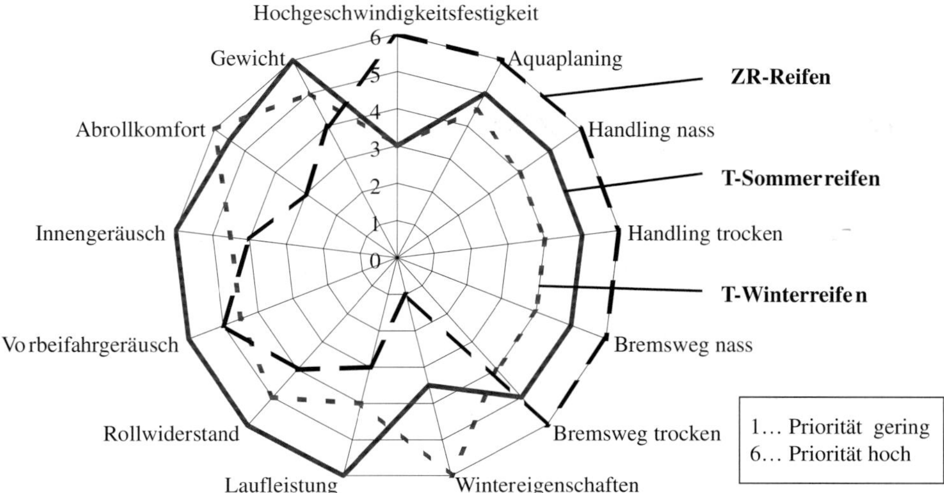

***Bild 4.1:** Anforderungsprofile unterschiedlicher Pkw-Reifen*

eine hohe Laufleistung, geringen Rollwiderstand, geringes Gewicht und geringes Abrollgeräusch gelegt. Bezüglich Fahrverhalten bei Nässe und Trockenheit werden dafür geringe Kompromisse und beim Winterverhalten größere Abstriche in Kauf genommen.

Beim Winterreifen wird natürlich zunächst besonders großer Wert auf gute Wintereigenschaften gelegt. Hierfür sind weichere Gummimischungen erforderlich, die ihre optimale Griffigkeit bereits bei Temperaturen um den Gefrierpunkt erreichen. Hierdurch sind bei den restlichen Eigenschaften, insbesondere bei der Hochgeschwindigkeitsfestigkeit und der Laufleistung, Kompromisse notwendig. Durch die **Lamellentechnologie** kann man heute auch bei Winterreifen auf sehr grobstolliges Profil verzichten. Damit ist es bei verbesserten Wintereigenschaften gelungen, das Abrollgeräusch fast auf das Niveau von Sommerreifen zu senken.

4.1.2 Reifenaufbau

Der Reifen besteht in der Hauptsache aus Gummi und Stahldrähten. Die **Gummimischung** ist hierbei von großer Bedeutung für die Reifeneigenschaften. In den Anfängen des Fahrzeugbaus waren die Reifen noch weiß und sehr unbeständig. Seit Anfang des 20. Jahrhunderts wird dem Gummi Ruß beigemischt. So konnten die Gummifestigkeit und damit die Lebensdauer erheblich verbessert werden. Hierdurch entsteht auch die schwarze Farbe des Reifens. Bei heutigen Reifen ist der Rußanteil deutlich zurückgegangen und durch moderne **Silica-Mischungen** ersetzt. Diese bieten günstigere Dämpfungseigenschaften. Da die für den Rollwiderstand verantwortliche Dämpfung in einem anderen Frequenzbereich liegt als die für die Griffigkeit notwendige Dämpfung, kann durch die Verwendung von Silica-Mischungen mit anderen Dämpfungseigenschaften der Rollwiderstand reduziert und gleichzeitig die Griffigkeit erhöht werden.

In Bild 4.2 ist der **Aufbau** eines **Stahlgürtelreifens** dargestellt. Diese Bauart wurde von Michelin patentiert und 1946 in Serie eingeführt. Sie ist zumindest in Europa seit ca. 1970 beim Pkw Standard.

Ausgehend von der Felge ist zunächst der **Kern** (7), der aus vielen Stahldrahtlitzen besteht, erkennbar. Dieser stabile Ring ist erforderlich, damit der Reifen die Kräfte auf die Felge übertragen kann und eine luftdichte Verbindung zwischen Reifen und Felge entsteht. Der Kern wird von den **Karkasslagen** (2, 3) und dem **Kernprofil** (6) umhüllt. Das Kernprofil begünstigt die Fahrstabilität und das Komfortverhalten. Die Karkasslagen sind durch **Textilcordeinlagen** (2) verstärkt, damit der Reifen auch bei hohem Innendruck seine Form beibehält. Durch das **Wulstleinen** (5) wird der Reifen im Bereich am Übergang zur Felge verstärkt. Damit wird die Kraftübertragung zwischen Reifen und Felge verbessert. Zwischen den Karkasslagen und dem Laufstreifen befindet sich der mehrlagige **Stahlgürtel** (10). Die Fäden des Stahlgürtels stehen in einem Winkel von ca. 20° zur Laufrichtung und sind von Lage zu Lage kreuzweise angeordnet. Durch die annähernd radiale Anordnung der Fäden wird diese Bauart als **Radialreifen** bezeichnet. Die Anordnung begünstigt die Fahrstabilität, da der Gürtel eine sehr hohe Biegesteifigkeit senkrecht zur Laufrichtung aufweist, und sorgt für einen geringen Rollwiderstand, da er sich leicht durchbiegen lässt. Zwischen dem **Laufflächenprofil** (12) und dem Stahlgürtel befindet sich die so genannte **Bandage** (11), die zur Verbesserung der Hochgeschwindigkeitsfestigkeit notwendig ist. Die an der Reifenaußenseite angebrachte **Seitenwand** (1) wird mittlerweile relativ dünn und weich gewählt, um das Reifengewicht und den Walkwiderstand beim Abrollen zu reduzieren. Die **Innenseele** (8) besteht ebenfalls aus Gummi und sorgt für die Luftdichtheit des Reifens. Da der Reifen auch zur Felge eine luftdichte Verbindung bildet, werden Pkw-Reifen heute ausschließlich ohne Schlauch montiert.

Die fahrdynamischen Eigenschaften des Reifens werden bei Trockenheit besonders stark vom Unterbau und von der Gummimischung beeinflusst. Bei nasser Fahrbahn wirken sich die Gummieigenschaften noch stärker aus, und mit zunehmender Wasserfilmhöhe hat die Profilierung ebenfalls starken Einfluss. Zur Erzielung eines günstigen **Abrollgeräuschs** sollte eine Querprofilierung vermieden werden, damit die Profilelemente kontinuierlich einlaufen. Der Abstand der einzelnen Profilelemente über dem Reifenumfang ist bewusst ungleichförmig, damit nicht einzelne Frequenzen angeregt werden, sondern ein Frequenzgemisch, das die Akustiker als **weißes Rauschen** bezeichnen.

4.1.3 Reifenabmessungen und Reifenkennzeichnungen

Damit die Reifen unterschiedlicher Hersteller kompatibel sind, werden die **Reifenabmessungen** und **-kennzeichnungen** in der DIN 70 020 genormt und sind in **Reifentabellen-Handbüchern** der Reifenhersteller nachlesbar. Daher werden im Folgenden nur die wichtigsten Größen behandelt. In Bild 4.3 sind der Reifen im Schnitt dargestellt und die Haupt-

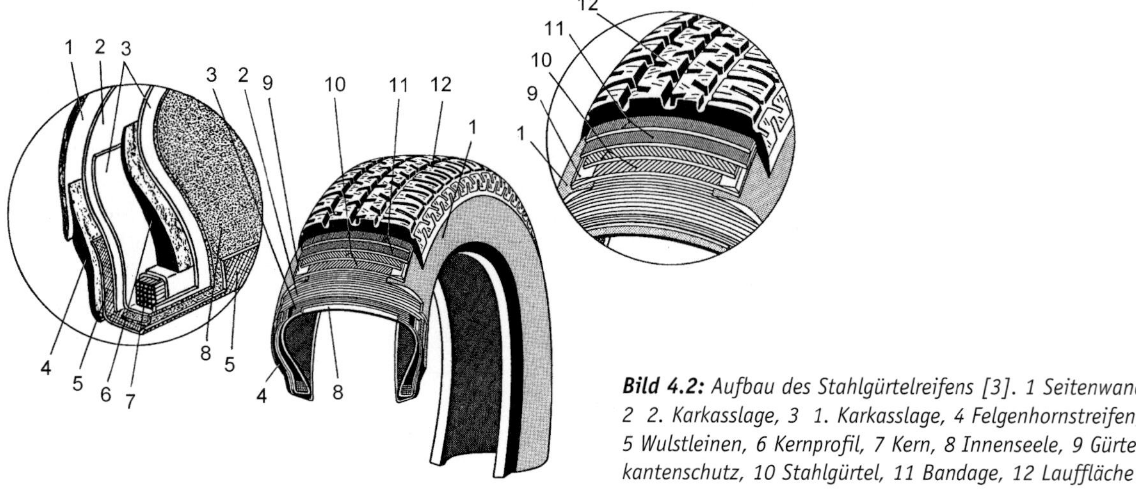

Bild 4.2: *Aufbau des Stahlgürtelreifens [3]. 1 Seitenwand, 2 2. Karkasslage, 3 1. Karkasslage, 4 Felgenhornstreifen, 5 Wulstleinen, 6 Kernprofil, 7 Kern, 8 Innenseele, 9 Gürtelkantenschutz, 10 Stahlgürtel, 11 Bandage, 12 Lauffläche*

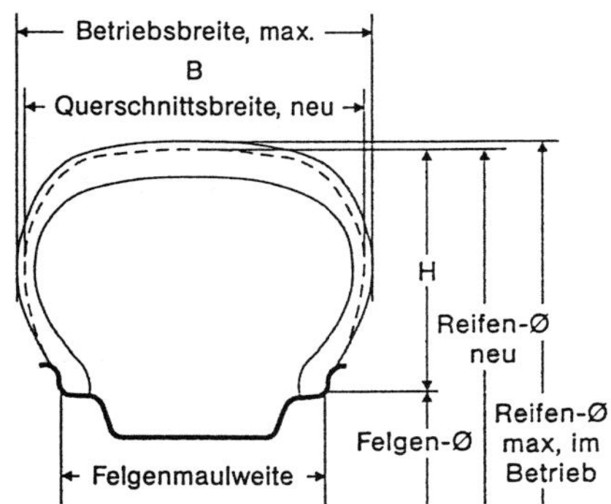

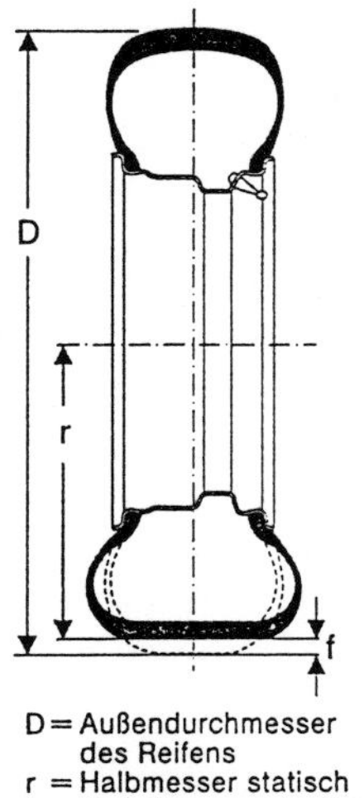

Bild 4.3: *Reifenabmessungen [Continental]*

abmessungen eingetragen. Alle genormten Reifenmaße werden in Deutschland in Millimeter angegeben, der Felgendurchmesser hingegen in Zoll.

- Der **Außendurchmesser** *D* ist der maximal zulässige Durchmesser. Die Maximal-Maße sind für Fahrzeugkonstrukteure bindend. Hierdurch kann eine Kollision zwischen Radhaus und Reifen sicher vermieden werden.
- Der statische **Halbmesser** *r* bzw. r_{stat} ist der Abstand der Radmitte von der Aufstandsfläche unter Maximallast bei zugehörigem Luftdruck unter Sturz null. Die Maximallast ergibt sich aus dem **Lastindex**, der später in diesem Kapitel behandelt wird.
- Der dynamische Halbmesser r_A bzw. r_{dyn} berechnet sich aus dem Abrollumfang. Dieser ist die Wegstrecke einer Radumdrehung und wird bei 60 km/h nach DIN 70020 bestimmt.
- Die maximale **Betriebsbreite** *B* bezieht sich auf den unbelasteten Reifen unter Betriebsdruck inklusive **Wachstum**, aber exklusive dynamische Verformungen, die z. B. beim Kurvenfahren auftreten. In den ersten Betriebsstunden des Reifens bewirken die Fliehkraft und die zwischen Reifen und Fahrbahn wirkenden Kräfte eine Ausdehnung des Reifens. Dieser Vorgang wird als Wachstum bezeichnet und ist abgeschlossen, sobald sich die einzelnen Stahlfäden im Reifenunterbau exakt gerade ausgerichtet haben.
- Das **Reifen-Querschnittsverhältnis** *H/B* gibt die Reifenhöhe, gemessen ab dem Felgendurchmesser, im Verhältnis zur Reifenbreite an. Dieses Verhältnis hat bei der Entwicklung neuer Reifen stetig abgenommen, wie Bild 4.4 zeigt.

Die Reifenkennzeichnung erfolgt auf der Reifenseitenwand (Bild 4.5).
An dieser Stelle soll lediglich auf die in Bild 4.5 mit 4 und 5 angegebene Kennzeichnung eingegangen werden, da sie die Hauptabmessungen, die zulässige Geschwindigkeit und die zulässige Last angibt.

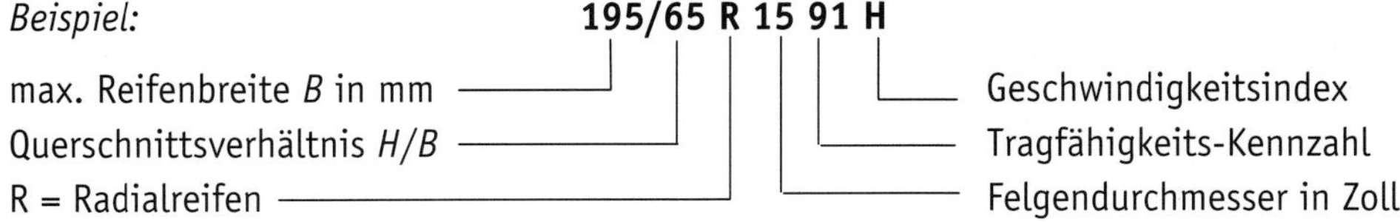

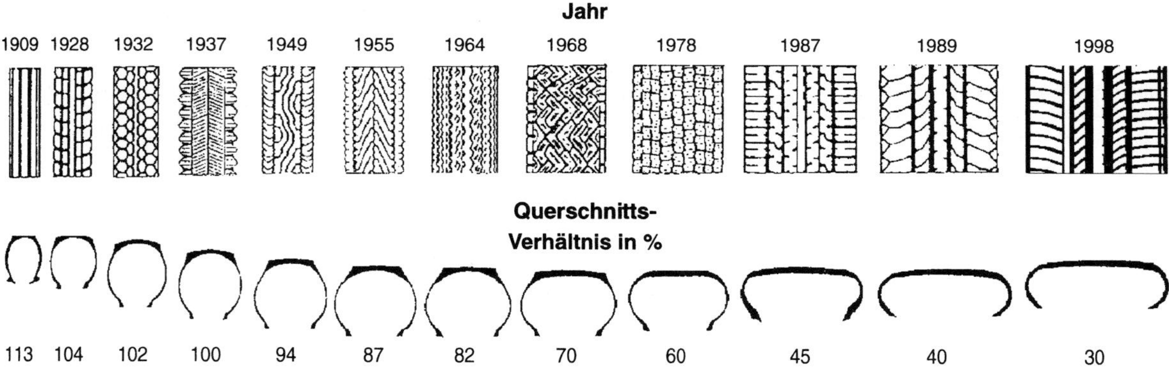

Bild 4.4: *Entwicklung des Reifen-Querschnittsverhältnisses H/B [5]*

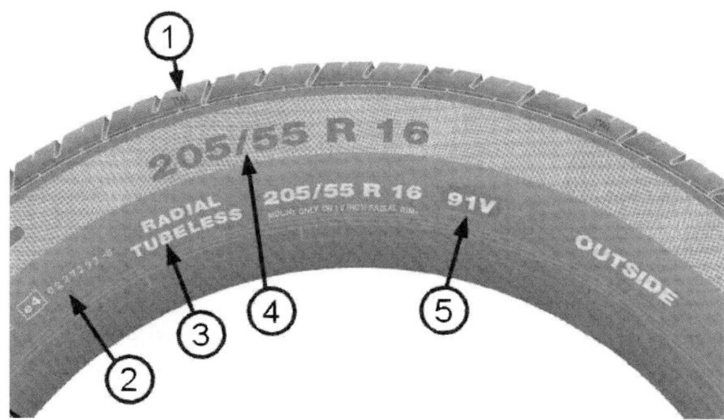

Bild 4.5: *Reifen-Seitenwandkennzeichnung [Continental]. 1 Profilabnutzungsanzeiger, 2 Genehmigungsnummer, 3 schlauchloser Radialreifen, 4 Reifennennbreite 205 mm, Reifenhöhe beträgt 55 % der Breite, Radialreifen (R), Felgendurchmesser 16 Zoll, 5 Tragfähigkeits-Kennzahl 91, Geschwindigkeitsindex V (bis 240 km/h)*

Die Bezeichnung R wurde mit der stärkeren Verbreitung des Gürtelreifens, der auch als **Radialreifen** bezeichnet wird, eingeführt. Er löste in den 70er-Jahren des letzten Jahrhunderts den **Diagonalreifen** in Europa weitgehend ab, der eine tragende Struktur aus diagonal angeordneten Fäden hatte, die meist aus Nylon hergestellt wurden.

Die Kennzeichnung der Tragfähigkeit erfolgt mithilfe der **Tragfähigkeits-Kennzahl**, die entsprechend Tabelle 4.1 in die zulässige Belastung pro Einzelrad umgeschlüsselt werden kann, wobei dynamische Achslasterhöhungen durch Kurvenfahrt bei der Auswahl des Reifens nicht beachtet werden müssen. Diese sind bei der Auslegung der Reifen bereits berücksichtigt. Allerdings ist zu beachten, dass die maximale Tragfähigkeit nur bei einem bestimmten Reifeninnendruck gilt. Aus Komfortgründen wird von den Fahrzeugherstellern meist ein geringerer Druck vorgeschrieben, was zur Folge hat, dass eventuell Reifen höherer Tragfähigkeit, als es der zulässigen Achslast entspricht, in die Fahrzeugpapiere eingetragen und damit vorgeschrieben sind. Reifen höherer Tragfähigkeit dürfen montiert werden.

Aus dem **Geschwindigkeitssymbol** kann entsprechend Tabelle 4.2 die zulässige Höchstgeschwindigkeit ermittelt werden. Einzige Ausnahme bildet die Geschwindigkeitsklasse ZR. Sie wurde für Fahrzeuge, deren Höchstgeschwindigkeit über 240 km/h ist, eingeführt und kann individuell auf die Fahrzeughöchstgeschwindigkeit abgestimmt werden. Dies führt allerdings dazu, dass nur ganz bestimmte Reifen der Geschwindigkeitsklasse ZR jeweils für ein Fahrzeug zugelassen werden können. Bei Hochgeschwindigkeits-Winterreifen ist die oben aufgeführte Tabelle nur bedingt gültig. So gibt es z. B. heute Winterreifen in der Geschwindigkeitsklasse V, die nur bei einer teilweisen Auslastung tatsächlich bis 240 km/h betrieben werden dürfen. Bei einer höheren Achslast, die immer noch unterhalb der entsprechenden Tragfähigkeits-Kennzahl liegt, wird die Höchstgeschwindigkeit in Abhängigkeit der Auslastung nach einer neuen Regelung herabgesetzt.

Tabelle 4.1: Maximale Belastung pro Einzelreifen in Abhängigkeit der Reifen-Tragfähigkeits-Kennzahl (Load-Index LI) (Auszug aus Tabelle)

LI	Q_T [kg]	LI	Q_T [kg]	LI	Q_T [kg]	LI	Q_T [kg]	LI	Q_T [kg]	LI	Q_T [kg]
0	45	56	224	72	355	88	560	104	900	160	4500
5	51,5	57	230	73	365	89	580	105	925	165	5150
10	60	58	236	74	375	90	600	106	950	170	6000
15	69	59	243	75	387	91	615	107	975	175	6900
20	80	60	250	76	400	92	630	108	1000	180	8000
25	92,5	61	257	77	412	93	650	109	1030	185	9250
30	105	62	265	78	425	94	670	110	1060	190	10600
35	121	63	272	79	437	95	690	115	1215	195	12150
40	140	64	280	80	450	96	710	120	1400	200	14000
45	165	65	290	81	462	97	730	125	1650	210	19000
50	190	66	300	82	475	98	750	130	1900	220	25000
51	195	67	307	83	487	99	775	135	2180	230	33500
52	200	68	315	84	500	100	800	140	2500	240	45000
53	206	69	325	85	515	101	835	145	2900	250	60000
54	212	70	335	86	530	102	850	150	3350	260	80000
55	218	71	345	87	545	103	875	155	3875	270	106000

Grundsätzlich dürfen Reifen einer höheren Geschwindigkeitsklasse verwendet werden. Die Verwendung einer geringeren Geschwindigkeitsklasse ist nur bei Winterreifen zulässig. In diesem Fall muss der Fahrer durch einen entsprechenden Hinweis am Armaturenbrett auf die geringere zulässige Höchstgeschwindigkeit hingewiesen werden.

Tabelle 4.2: Bestimmung der zulässigen Höchstgeschwindigkeit aus dem Geschwindigkeitssymbol (GSY)

GSY	Pkw-Reifen km/h	GSY	Nfz-Reifen km/h
M	130	K	110
P	150	L	120
Q	160	M	130
R	170	N	140
S	180	P	150
T	190	Q	160
H	210	R	170
V	240	S	180
W	270	T	190
Y	300	H	210
ZR	> 240		

Das am 1. November 2012 in Kraft getretene **EU-Reifenlabel** informiert den Kunden über die wichtigen Eigenschaften Rollwiderstand, Nasshaftung und Abrollgeräusch. Die Laufleistung wird nicht betrachtet, obwohl diese sicherlich die Kaufentscheidung stark beeinflussen würde. Die praxisrelevante Ermittlung dieses ökologisch ebenfalls wichtigen Kriteriums ist allerdings aufwendig, da es z. B. Reifen gibt, die bei extremer Beanspruchung durch scharfe Kurvenfahrten unterdurchschnittlich verschleißen, im Alltag mit viel Geradeausfahrt dennoch eine vergleichsweise geringe Laufleistung erreichen.

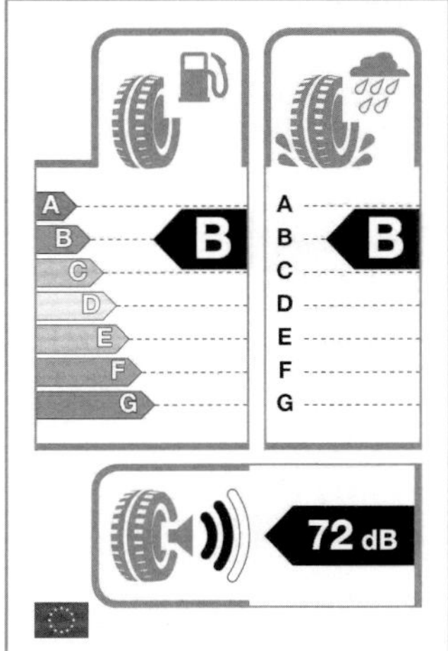

4.1.4 Räder

Die Fahrzeugräder bestehen aus dem **Scheibenrad** und dem darauf montierten **Reifen.** In Bild 4.6 ist ein Pkw-Rad im Schnitt dargestellt.

Im oberen Teil des Bildes ist das Scheibenrad vergrößert dargestellt. Hierbei ist erkennbar, dass das Stahl-Scheibenrad aus zwei Teilen besteht, der **Felge** (4) und der **Radschüssel** (7), die miteinander verschweißt sind. Im Kraftfahrzeug-Teilehandel versteht man allerdings unter Felge das komplette Scheibenrad. Die Bezeichnungen von Scheibenrädern sind ebenfalls genormt, wie am folgenden Beispiel für ein modernes Pkw-Scheibenrad erläutert werden soll.

Die **Felgenmaulweite** (*M*) wird entsprechend Bild 4.6 zwischen den beiden **Felgenhörnern** in Zoll (1 Zoll = 25,4 mm) gemessen (im Beispiel oben 6½ Zoll). Hierbei ist eine Abstufung in ½-Zoll-Schritten vorgesehen. Die **Schrägschulter** (2) entspricht einem Konus. Beim Aufpumpen des montierten Reifens rutscht dieser auf diesem Konus nach außen – hierdurch entsteht eine hohe Flächenpressung zwischen Reifen und Felge. Dies verhindert einen Luftverlust zwischen schlauchlosem Reifen und Felge. Der **Hump** 3 verhindert ein seitliches Rutschen des Reifens auf der Felge durch hohe Seitenkräfte, die in schnell gefahrenen Kurven auftreten.

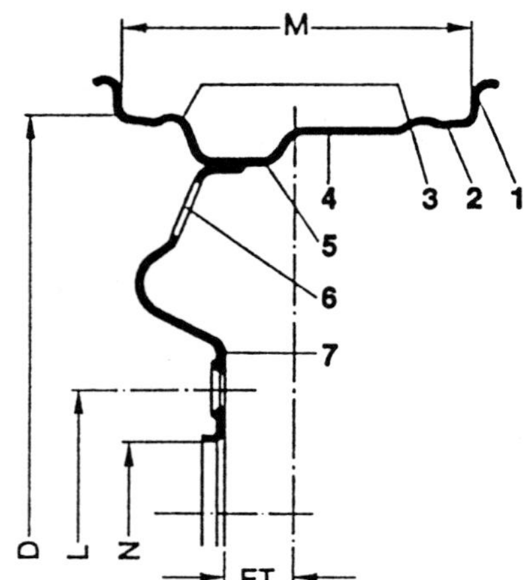

1 Horn
2 Schrägschulter (5°)
3 (Doppel-)Hump
4 Felge
5 Tiefbett
6 Belüftungsloch
7 Radschüssel
8 Steilschulter (15°)
M Felgenmaulweite
D Felgendurchmesser
L Lochkreisdurchmesser
N Mittenlochdurchmesser
ET Einpresstiefe

Pkw-Humpfelge nach DIN 7817

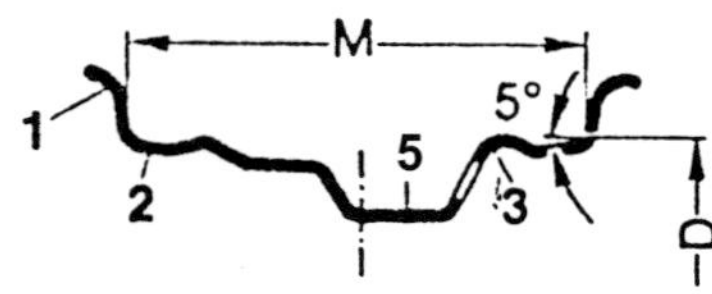

Lkw-Steilschulterfelge (schlauchlos) nach DIN 78 022

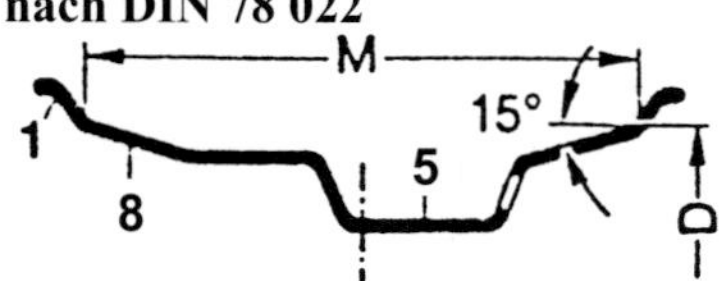

Bild 4.6: *Pkw- und Lkw-Scheiben-Rad*

Beispiel:

6½ J × 15 H2 ET41

Felgenmaulweite in Zoll — 6½
Form des Felgenhorns — J
x für Tiefbettfelge — ×
Felgendurchmesser in Zoll — 15
H2 für Doppelhump — H2
Einpresstiefe in mm (41 mm) — ET41

Hierdurch wird ein Entlüften des schlauchlosen Reifens zuverlässig verhindert. Daher ist die Montage von schlauchlosen Reifen nur auf Felgen zulässig, die zumindest an der Außenseite einen Hump haben. Bei modernen Pkw-Felgen ist die **Doppelhump-Form** Standard (im Beispiel oben H2). Das **Tiefbett** (5) ist bei einer einteiligen Felge erforderlich, um den Reifen montieren zu können. Die **Belüftungslöcher** (6) dienen zur Kühlung der Radbremse. Der **Felgendurchmesser** (*D*) wird in Zoll gemessen (im Beispiel oben 15 Zoll). Hier ist eine ganzzahlige Abstufung anzutreffen. Der **Lochkreisdurchmesser** (*L*) wird vom Fahrzeughersteller individuell festgelegt. Er wird häufig in Kombination mit der Anzahl der Radmuttern oder -bolzen angegeben (z. B. 5 × 112). Der **Mittenlochdurchmesser** (*N*), ebenfalls vom Fahrzeughersteller abhängig, dient zur Zentrierung des Rades auf der Radnabe. Die **Einpresstiefe** (*ET*) wird in Millimetern angegeben. Sie gibt den Abstand zwischen Radmittelebene und Flanschfläche des Scheibenrads an. Liegt die Radmittelebene näher an der Fahrzeugmittelebene als die Flanschfläche, so ist die *ET* positiv. Im anderen Fall wird eine negative *ET* angegeben.

Im rechten Teil des Bildes 4.6 ist das heute übliche Felgensystem für Lkws gezeigt. Die Lkw-Felge unterscheidet sich von der Pkw-Felge vor allem durch eine **Steilschulter** mit einem Winkel von 15°.

4.1.5 Eigenschaften des Reifens bezüglich des Kraftschlusses

Die Kraftübertragung zwischen Fahrbahn und Rad erfolgt über den Reifen. Durch Reibung in der Kontaktfläche zwischen Fahrbahn und der Laufstreifenoberfläche entstehen Tangentialkräfte, die über die Struktur des Reifens an die Felge weitergeleitet werden. Wir werden uns daher zunächst mit der Reibung in der Kontaktzone befassen, bevor wir die Kraftübertragung im Reifen betrachten. Die Kontaktfläche wird auch als **Reifenaufstandsfläche** oder **Latsch** bezeichnet.

Aufgrund der **Viskoelastizität** von Gummi gelten die klassischen Reibungsgesetze nach COLOUMB für die Reibung zwischen dem Reifengummi und der Fahrbahn nicht. KUMMER und MEYER haben Anfang der 60er-Jahre des letzten Jahrhunderts die Reibung zwischen Gummi und rauen festen Oberflächen systematisch untersucht. Hierbei stellten Sie die in Bild 4.7 dargestellten Zusammenhänge fest.

> Der Reibbeiwert (die Reibungszahl) von Gummi ist (im Gegensatz zu den Annahmen der klassischen Reibungsgesetze) nicht konstant, sondern
> - nimmt mit zunehmender Flächenpressung ab,
> - ist abhängig von der Gleitgeschwindigkeit,
> - ist abhängig von der Temperatur.

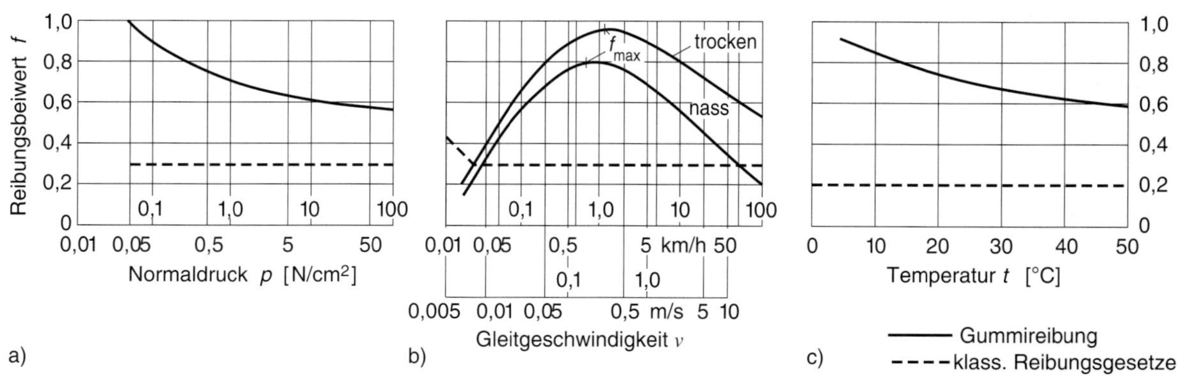

***Bild 4.7:** Vergleich der Reibungsgesetze für Gummi mit den „klassischen Reibungsgesetzen" [6]*

Mit zunehmender Flächenpressung nimmt der Reibbeiwert ab. Dies erklärt, warum im Rennsport sehr breite Reifen verwendet werden. Durch die größere Aufstandsfläche reduziert sich die Flächenpressung, d. h., es steht bei trockener Fahrbahn ein größerer Kraftschlussbeiwert zur Verfügung.

Mit zunehmender Gleitgeschwindigkeit nimmt der Reibbeiwert zunächst zu, erreicht ein Optimum und nimmt danach wieder ab. Dies hat eine gewisse Ähnlichkeit mit der klassischen Reibung: Der Gleitbeiwert ist geringer als der Haftbeiwert. Allerdings nimmt bei Gummi der Gleitbeiwert mit zunehmender Gleitgeschwindigkeit stetig ab. KUMMER und MEYER können bei der Ermittlung des mittleren Diagramms allerdings keine typischen Verhältnisse, wie sie beim Autoreifen vorkommen, eingestellt haben, sonst könnten wir gar nicht an einem steilen Hang parken. Bei einer Gefällestrecke mit 10 % benötigen wir ca. einen Reibbeiwert von 0,2, da die Feststellbremse nur zwei Räder blockiert. Würde die Gleitgeschwindigkeit die aus dem Diagramm abgelesenen 0,02 km/h betragen, so stünde das Fahrzeug nach einer Stunde 20 m weiter unten. Wir können aus unserer Erfahrung davon ausgehen, dass es auch bei der Gummireibung eine Art Haftbeiwert gibt. Mit beginnendem Gleiten nimmt der Reibungsbeiwert aber zunächst zu.

Im dargestellten rechten Diagramm nimmt mit zunehmender Temperatur der Reibbeiwert ab. Dieses Verhalten ist allerdings in starkem Maße von der Gummimischung abhängig. Bei typischen Pkw-Sommerreifen-Gummimischungen führt eine Temperaturerhöhung auf ca. 50 ... 60 °C zu einer Erhöhung der Griffigkeit, danach nimmt die Griffigkeit wieder ab. Die Reifenhersteller bemühen sich hierbei, Gummimischungen herzustellen, die nur wenig temperaturabhängig sind. Die Temperaturabhängigkeit erschwert übrigens die Reproduzierbarkeit von Reifen- und Fahrversuchen.

Zur Erklärung dieser besonderen Reibungseigenschaften von Gummi haben KUMMER und MEYER folgende Theorie aufgestellt, die unter Fachleuchten auch heute noch anerkannt ist:

> Die Gummireibung setzt sich aus zwei Komponenten zusammen:
> - Adhäsion und
> - Hysterese.

Die **Adhäsion** wird damit erklärt, dass einige der außenliegenden Atome in direktem Kontakt mit den regelmäßig angeordneten Atomen der Gleitfläche stehen und Verbindungen bilden. Durch die Gleitgeschwindigkeit zwischen Gummi und Gleitfläche dehnen sich diese Ketten, und es werden teilweise bestehende Bindungen auseinandergerissen. Nach dem Zerreißen ziehen sich die Kettenmoleküle zusammen und bilden wieder eine neue Bindung mit anderen Atomen der Gleitfläche. Dieser Vorgang wiederholt sich ständig in der Gleitfläche. Vielleicht ist auch das hierzu in Bild 4.8 dargestellte **Männlein-Weiblein-Modell** von WEBER besonders anschaulich und einprägsam. Beim periodischen Dehnen und Entspannen der Molekülketten wird Energie verbraucht, d. h., betrachten wir die gesamten Bindungskräfte zwischen den beiden Stoffen, so erhalten wir im Mittel eine der Bewegungsrichtung entgegengesetzte resultierende Kraft. Diese ist die **Adhäsionskomponente** F_a (vgl. Bild 4.9). Die Adhäsionskomponente erreicht bereits bei etwa 0,1 km/h (je nach Gummimischung und Temperatur) ihr Maximum.

Bild 4.8: *Männlein-Weiblein-Modell nach Weber zur Erklärung der Adhäsionskomponente [Weber]*

Die **Hysteresekomponente** wird durch die Deformation des Gummis hervorgerufen, wenn dieser über eine Unebenheit bewegt wird. Durch die innere Dämpfung des Gummis wird mehr Energie zum Komprimieren des Gummis benötigt, als er beim Expandieren abgibt. Wie in Bild 4.9 am Beispiel des Gleitens über eine einzelne Unebenheit zu erkennen ist, entsteht hierdurch eine sehr ungleichmäßige Flächenpressungsverteilung. Die resultierende Kraft, die von der Fahrbahn auf den Gummi wirkt, bekommt damit eine Komponente gegen die Bewegungsrichtung, die als Hysteresekomponente F_h bezeichnet wird.

Damit werden die Größe der Adhäsion und der Hysterese von der Größe der inneren Dämpfung des Gummis beeinflusst. Das Verhältnis von Adhäsions- zu Hystereseanteil hängt hingegen stark von der Fahrbahnoberfläche und der Gleitgeschwindigkeit ab.

Zur Beschreibung der Struktur der Fahrbahnoberfläche verwenden die Straßenbauer die Begriffe, **Mikro-**, **Makro-** und **Megarauheit.** Als Mikrorauheit werden die Unebenheiten im µm-Bereich (5 ... 500 µm) bezeichnet. Häufig spricht man auch von **Schärfe**, da diese Unebenheiten z. B. durch Gesteinskuppen oder Mörtelflächen mit Anteilen scharfkantigen Sandes hervorgerufen werden. Sie ähneln damit feinem Sandpapier (ungefähr Körnung 600). Von Makrorauheit spricht man bei einer Korngröße im Millimeterbereich. Megarauheit bildet den Übergang zu Fahrbahnunebenheiten, da hier alle Unebenheiten zwischen ca. 5 und 50 cm gemeint sind. Erst wenn die Länge einer Unebenheit größer als die der Reifenaufstandsfläche ist, spricht man von **Fahrbahnunebenheit.** Der Übergang zwischen den einzelnen Rauheiten ist fließend.

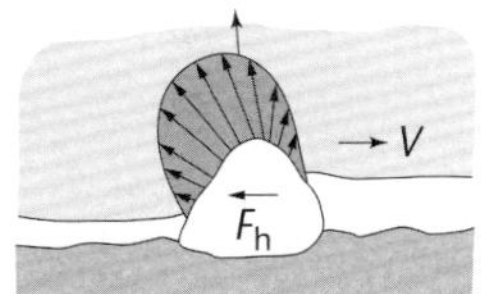

Hysterese:
Wellenlänge λ im Bereich der Straßenrauigkeit

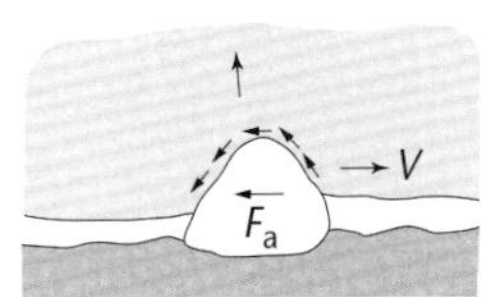

Adhäsion:
Wellenlänge λ im molekularen Bereich

Bild 4.9: *Komponenten der Gummireibung [6]*

Wie in Bild 4.10 dargestellt, nimmt mit zunehmender Gleitgeschwindigkeit die Hysteresekomponente zu. Die Hysteresekomponente verlangt nach Makrorauheit, also einer grobrauen Fahrbahnoberfläche.

Die Adhäsionskomponente bei Trockenheit ist hingegen umso größer, je glatter die Oberfläche ist. Auf einer Glasplatte können mit herkömmlichen Reifen Reibbeiwerte von 2 und mehr erreicht werden! Die Reibungskraft entsteht hierbei fast ausschließlich durch die Adhäsion, da die Hysteresekomponente auf sehr glatten Oberflächen annähernd null ist. Bei Nässe benötigt die Adhäsionskomponente hingegen eine mikroraue Oberfläche, da diese größere Druckgradienten in der Reifenaufstandsfläche hervorruft und damit eine lokale Durchdringung des Wasserfilms sichert und somit größere Molekularkräfte hervorruft.

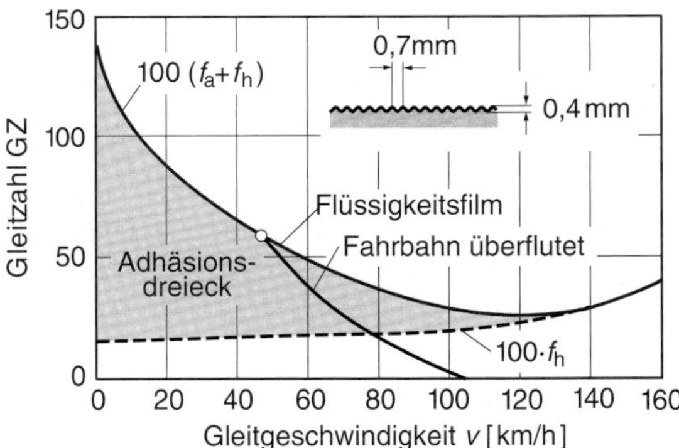

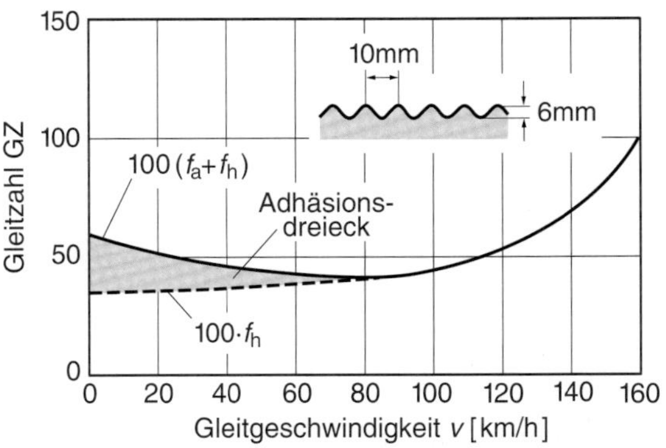

Bild 4.10: *Das Reibungsverhalten von Gummi auf einer Adhäsion und Hysterese erzeugenden Oberfläche [8]*

Bei zunehmender Fahrgeschwindigkeit muss mehr Wasser verdrängt werden. Jetzt wirkt sich auch eine zusätzliche Makrorauheit positiv auf die Adhäsionskomponente aus, da hierdurch Inselflächen unter der Reifenaufstandsfläche gebildet werden, die das zu verdrängende Wasser aufnehmen können.

4.1.6 Reifenverhalten bei reiner Längs- oder Seitenkraft

Nachdem wir uns jetzt mit der Reibung in der Reifenaufstandsfläche befasst haben, werden wir uns das Verhalten des gesamten Reifens ansehen. Hierzu sind zunächst einige Definitionen notwendig. Gedanklich können wir uns das in Bild 4.11 dargestellte Rad als rechtes Vorderrad bei einem Fahrzeug mit Frontantrieb in einer Linkskurve vorstellen. Die eingezeichneten Kräfte wirken von der Fahrbahn auf den Reifen.

Schräglaufwinkel α:
Das Rad bewegt sich im Allgemeinen nicht exakt in Richtung seiner Radmittelebene. Der in der Fahrbahnebene gemessene Winkel zwischen Radmittelebene und Bewegungsrichtung wird mit Schräglaufwinkel α bezeichnet.

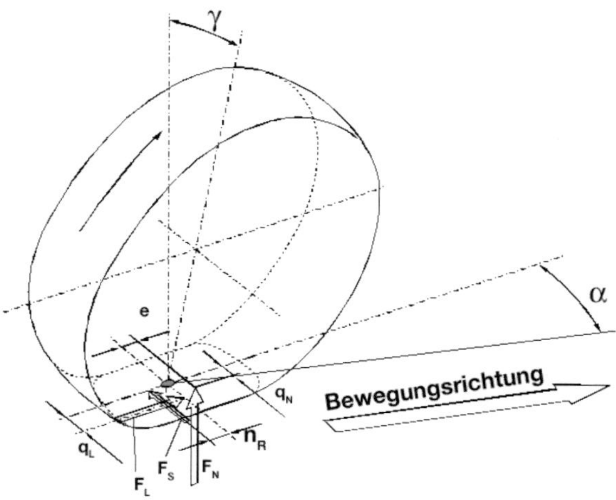

Bild 4.11: *Definition der Kräfte, die in der Reifenaufstandsfläche eines Rades wirken, das unter Sturz, Schräglaufwinkel und Schlupf abrollt [7]*

Schlupf λ:
Ein angetriebenes oder gebremstes Rad dreht sich schneller bzw. langsamer als im freirollenden Zustand. Der relative Drehzahlunterschied wird als Schlupf bezeichnet. Zur Entstehung des Schlupfes betrachten wir Bild 4.12. In diesem Beispiel bewegt sich das Rad nach links und ist angetrieben. Das Antriebsmoment wird über den Reifenaufbau und die Profilelemente auf die Fahrbahn übertragen. Durch die Reaktionskraft der Fahrbahn entsteht eine Vortriebskraft auf das Fahrzeug. Damit die Profilelemente die Kraft übertragen können, müssen sie sich verformen, da Gummi elastisch ist.

Im Einlauf der Aufstandsfläche trifft das zunächst unverformte Profilelement auf die Fahrbahn. Da es eine Antriebskraft übertragen muss, verformt es sich beim Weiterrollen. Sobald das Profilelement den Auslauf der Aufstandsfläche erreicht hat, lassen die Normalkräfte und damit auch die Tangentialkräfte nach, und es federt wieder zurück in die Ausgangslage. Durch die Verformung der Profilelemente in der Aufstandsfläche bewegt sich der Stahlgürtel relativ zur Fahrbahn. Hierdurch wird im angetriebenen Fall die **Radumfangsgeschwindigkeit** größer als die Fahrgeschwindigkeit. Unter Verwendung der Radumfangsgeschwindigkeit v_A und der Fahrgeschwindigkeit v_x können wir den Schlupf definieren:

Antriebsschlupf λ_A: $$\lambda_A = \frac{v_A - v_x}{v_A} \text{ (in \%)} \qquad \text{(Gl. 4.1)}$$

Der **Antriebsschlupf** ist damit bei vorwärts angetriebenen Rädern immer größer null und erreicht den Wert 100 % bei stehendem Fahrzeug und durchdrehenden Rädern. Bei rückwärts rutschendem Fahrzeug und vorwärts drehenden Rädern wird der Schlupf größer 100 %.

Bremsschlupf λ_B: $$\lambda_B = \frac{v_x - v_A}{v_x} \text{ (in \%)} \qquad \text{(Gl. 4.2)}$$

Der **Bremsschlupf** ist bei Vorwärtsfahrt und gebremsten Rad immer größer null und erreicht den Wert 100 % bei blockiertem Rad.

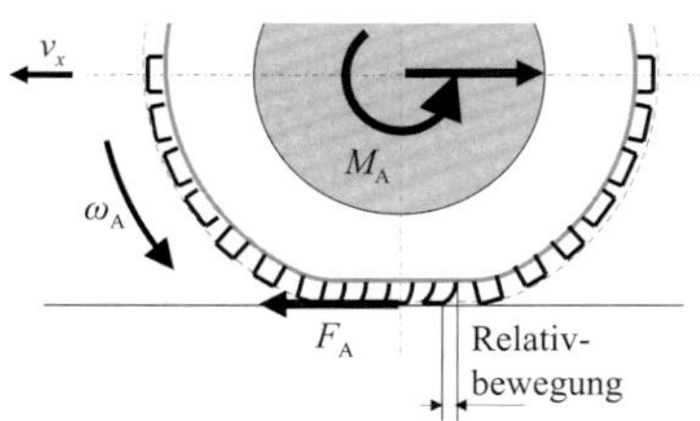

Bild 4.12: *Einfaches Modell zur Erklärung der Entstehung von Antriebsschlupf*

In der Fahrdynamiksimulation und bei der Ermittlung von Reifenkennfeldern hat eine einheitliche Definition zum Teil Vorteile. In diesem Fall wird der Schlupf folgendermaßen definiert: $\lambda = \frac{v_A - v_x}{v_x}$ (in %). Hierdurch wird der Schlupf im Antriebsfall größer null, im Bremsfall negativ und erreicht bei blockiertem Rad den Wert –100 %. Wir verwenden in diesem Buch aber nicht diese Definition, da wir auch den Fall des stehenden Fahrzeugs mit durchdrehenden Rädern behandeln wollen. In diesem Fall geht der Schlupf bei der einheitlichen Definition gegen unendlich.

Sturzwinkel γ_F:

Zur Beschreibung der Lage des Rades relativ zur Fahrbahn dient der Sturzwinkel γ_F. Er ist definiert als der Winkel zwischen der Radmittelebene und einer Lotrechten zur Fahrbahn. Wir werden später sehen, dass der Sturzwinkel γ_F deutlichen Einfluss auf die übertragbare Seitenkraft hat.

Radlast oder Normalkraft F_N, Strecke *e* und Querversatz der Radlast q_N:

Durch die Radlast entsteht eine Kraft, die senkrecht zur Fahrbahn auf den Reifen wirkt. Diese Kraft wird daher als Normalkraft F_N bezeichnet. Diese Normalkraft greift nicht exakt im Radmittelpunkt, sondern aufgrund des Rollwiderstands (vgl. Kap. 7.1.1) und der Verformung unter Antriebskräften um die Strecke *e* versetzt vor dem Radmittelpunkt an. Durch den Sturzwinkel γ_F und durch die Reifenverformung beim Auftreten einer Seitenkraft F_S wirkt die Radlast nicht exakt in der Radmittelebene, sondern um die Strecke q_N versetzt. Misst man zusätzlich zur Radlast und Seitenkraft auch das Sturzmoment (Moment um die Radlängsachse) und den Abstand Radmitte/Fahrbahn kann der Querversatz q_N bestimmt werden.

Seitenkraft F_S, Rückstellmoment M_R und Reifennachlaufstrecke n_R:

Bei Kurvenfahrt benötigen wir die Seitenkraft F_S. Die Seitenkraft steht direkt im Zusammenhang mit dem Schräglaufwinkel α, wie wir uns später klarmachen werden. Die Seitenkraft wirkt ebenfalls nicht direkt im Radmittelpunkt, sondern greift um die Reifennachlaufstrecke n_R versetzt hinter dem Radmittelpunkt an. Die Reifennachlaufstrecke kann nicht direkt gemessen werden. Beim freirollenden Rad, also einem weder angetriebenen noch gebremsten Rad, kann bei Sturz null die Nachlaufstrecke n_R durch Messen des Rückstellmoments M_R und der Seitenkraft bestimmt werden:

$$n_R = \frac{M_R}{F_S} \qquad \text{(Gl. 4.3)}$$

Das Rückstellmoment M_R ist hier allgemein definiert als ein auf das Rad wirkendes Moment um eine Lotrechte zur Fahrbahn. Ein positives Rückstellmoment ist von oben gesehen rechtsdrehend. Damit ergibt eine positive Seitenkraft zusammen mit einer positiven Nachlaufstrecke n_R ein positives Rückstellmoment, vgl. Bild 4.13.

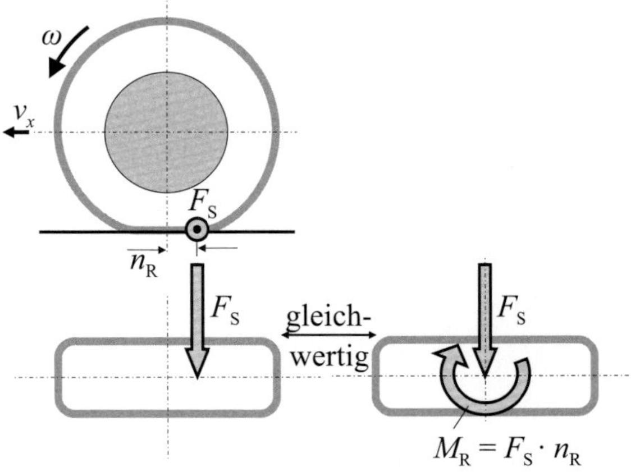

Bild 4.13: *Zusammenhang zwischen Seitenkraft, Rückstellmoment und Nachlaufstrecke am freirollenden Rad*

Längskraft F_L, Querversatz q_L:
Im Antriebsfall wirkt eine Längskraft in der Reifenaufstandsfläche, wie Bild 4.11 zeigt. Wir erkennen, dass auch die resultierende Längskraft nicht zwingend in der Mitte der Reifenaufstandsfläche wirkt, sondern um die Strecke q_L seitlich versetzt. Dieser Versatz hat mit der ungleichförmigen Flächenpressung zu tun. Der Querversatz der Normalkraft und der Längskraft sind somit sehr ähnlich. Durch den Querversatz q_L trägt auch die Längskraft zum Rückstellmoment bei. Daher kann nur beim freirollenden Rad ($F_L \approx 0$) die Reifennachlaufstrecke aus dem Rückstellmoment bestimmt werden. Eine exakte Bestimmung von q_L ist hingegen praktisch kaum möglich, da ein Querversatz nur bei Sturz, Schräglaufwinkel oder konischer Reifenkontur auftritt. In diesem Fall ist im Allgemeinen auch die Seitenkraft ungleich null, und ein Teil des Rückstellmoments wird von der Seitenkraft verursacht. Durch eine Längskraft verformt sich die Reifenaufstandsfläche, sodass sich der Reifennachlauf beim angetriebenen Rad reduziert und beim gebremsten Rad verstärkt. Hierdurch ist auch ein einfaches Aufteilen des Rückstellmoments in „verursacht durch Seitenkraft“ und „verursacht durch Längskraft“ nicht möglich.
Um den Zusammenhang zwischen Schräglaufwinkel, Seitenkraft und Rückstellmoment verstehen zu können, betrachten wir Bild 4.14. Die Bewegungsrichtung des dargestellten Rades zeigt nach oben. Nun können wir uns entweder vorstellen, wir haben eine Glasplatte als Fahrbahn und schauen von unten auf das Rad und den Reifenlatsch, oder wir schauen von oben auf den Reifen und haben die Fähigkeit, durch den Reifen hindurch die Kontaktfläche zwischen Reifen und Fahrbahn zu sehen.

Zunächst rollt das Rad in Richtung der Radmittelebene (Bild 4.14a). Jetzt beginnen wir, es einzulenken. Hierdurch entsteht ein Winkel zwischen Radmittelebene und Bewegungsrichtung, der als Schräglaufwinkel α bezeichnet wird (Bild 4.14b). Wir betrachten exemplarisch ein Profilelement in der Mitte der Reifenaufstandsfläche. Das Profilelement trifft im Einlauf des Latsches auf die Fahrbahnoberfläche. Durch die Reibung zwischen Pro-

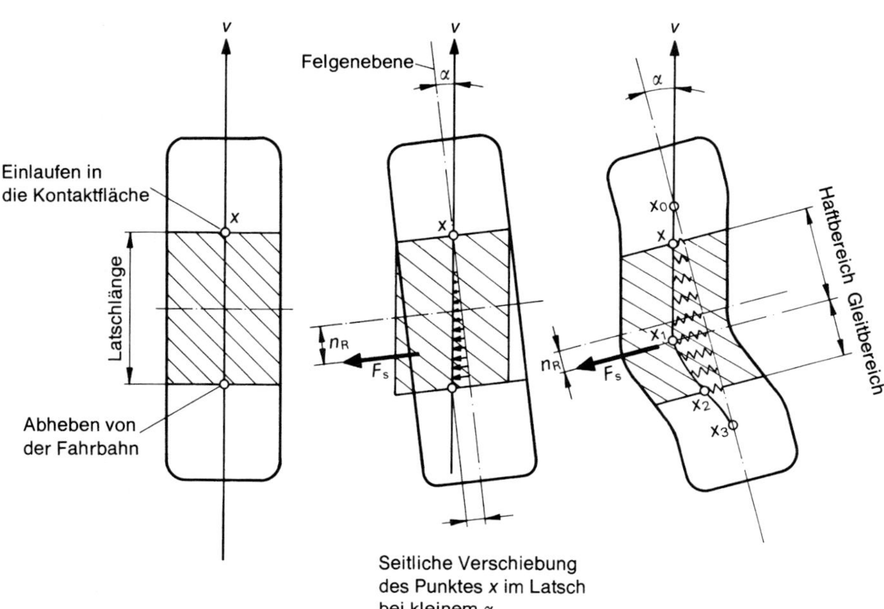

Bild 4.14: *Reifenmodell mit Elementarfedern zur Erklärung der Schräglaufcharakteristik [9]*

filelement und Fahrbahn bewegt sich dieses Element nicht mehr relativ zur Fahrbahn. Durch das schräge Abrollen des Rades wird der Reifenlatsch zunehmend seitlich verformt, was durch die kleinen Pfeile in Bild 4.14b angedeutet ist. Kurz vor dem Abheben des Profilelements lassen die Flächenpressung und damit die Reibungskraft nach, und das Profilelement federt wieder in die Ausgangslage. Durch die seitliche Verformung des Latsches relativ zur Felge entsteht eine resultierende Seitenkraft. Geht man vereinfacht davon aus, die Seitenkraft nimmt mit der Auslenkung linear zu wie bei einer linearen Feder, so nimmt auch die Schubspannung in der Aufstandsfläche linear vom **Reifeneinlauf** bis zum **-auslauf** zu. Die Resultierende der Seitenkraft greift damit um den Reifennachlauf n_R versetzt hinter der Latschmitte an. Theoretisch gilt bei kleinen Schräglaufwinkeln für die Nachlaufstrecke n_R:

$$n_R \approx \frac{1}{6} \cdot l_{Latsch} \qquad \text{(Gl. 4.4)}$$

Da die Auslenkung proportional zum Schräglaufwinkel ist, nimmt die Seitenkraft zunächst linear mit dem Schräglaufwinkel zu, vgl. Bild 4.15a. Bei einer annähernd konstanten Nachlaufstrecke steigt somit auch das Rückstellmoment proportional zur Seitenkraft bzw. zum Schräglaufwinkel, vgl. Bild 4.15b.

Lenken wir das Rad, wie in Bild 4.14c dargestellt, weiter ein, so wird der Reifen stärker seitlich ausgelenkt. Hierdurch steigen die Schubspannungen in der Kontaktzone zwischen Reifen und Fahrbahn weiter an. Bewegt sich nun das betrachtete Profilelement Richtung Auslauf, so wird die Schubspannung so groß, dass es relativ zur Fahrbahn zu gleiten beginnt. Mit zunehmender Gleitgeschwindigkeit nimmt die Schubspannung zunächst noch etwas zu (vgl. Theorie von Kummer und Meyer) und dann ab. Da zusätzlich die Flächenpressung im Reifenauslauf abnimmt, sinkt somit auch die Schubspannung im Bereich des Auslaufs deutlich ab. Hierdurch reduziert sich der Reifennachlauf, er kann sogar negative Werte annehmen. Die Seitenkraft nimmt mit zunehmendem Schräglaufwinkel nur noch degressiv zu und das Rückstellmoment bereits wieder ab. Mit weiter steigendem Schräglaufwinkel erhöht sich die mittlere Gleitgeschwindigkeit in der Aufstandsfläche weiter. Die Seitenkraft erreicht ein Maximum und sinkt mit weiter zunehmendem Schräglaufwinkel wieder ab. Es ergibt sich der in Bild 4.15a dargestellte Verlauf für die Seitenkraft als Funktion des Schräglaufwinkels.

Durch Erhöhen der Radlast wird die Reifenaufstandsfläche länger. Daher wird die Seitenkraft mit zunehmendem Schräglaufwinkel größer. Betrachten wir die maximale Seitenkraft in Abhängigkeit der Radlast, so erhalten wir eine degressive Kurve, vgl. Bild 4.16. Erklären können wir uns dies mit der Theorie von Kummer und Meyer: Mit zunehmender Radlast erhöht sich die Flächenpressung, und damit nimmt der Kraftschlussbeiwert ab. Das Rückstellmoment steigt mit zunehmender Radlast hingegen exponentiell an (Bild 4.16), da mit der Radlast sowohl die übertragbare Seitenkraft als auch die Latschlänge und damit die Nachlaufstrecke zunehmen. Würden beide Größen linear mit der Radlast zunehmen, würden wir eine Parabel erhalten. Durch die o. g. Degression gilt näherungsweise:

$$M_{R\,max} \approx c \cdot F_N^k \qquad \text{(Gl. 4.5)}$$

c ist eine reifenabhängige Konstante und $k = 1{,}5 \ldots 1{,}8$.

Betrachten wir den Zusammenhang zwischen Schlupf und Längskraft, so erkennen wir, dass auch hier die Auslenkungen der Profilelemente mit zunehmender Längskraft zunehmen. Die Schubspannungen steigen innerhalb des Latsches in Richtung Auslauf. Daher erhalten wir einen qualitativ ähnlichen Verlauf für die Längskraft als Funktion vom Schlupf, d. h., die Längskraft nimmt zunächst mit zunehmendem Schlupf linear zu, mit weiter zunehmendem Schlupf wird die Kurve degressiv, die Längskraft erreicht ein Maximum und mit weiter steigendem Schlupf nimmt die Längskraft wieder ab, wie auch die Bilder im Folgenden zeigen werden.

Seitenkraftsteifigkeit C_S und Längskraftsteifigkeit C_L:

Wie wir in Bild 4.15a gesehen haben, nimmt die Seitenkraft mit zunehmendem Schräglaufwinkel zunächst linear zu. Zur Beschreibung dieses linearen

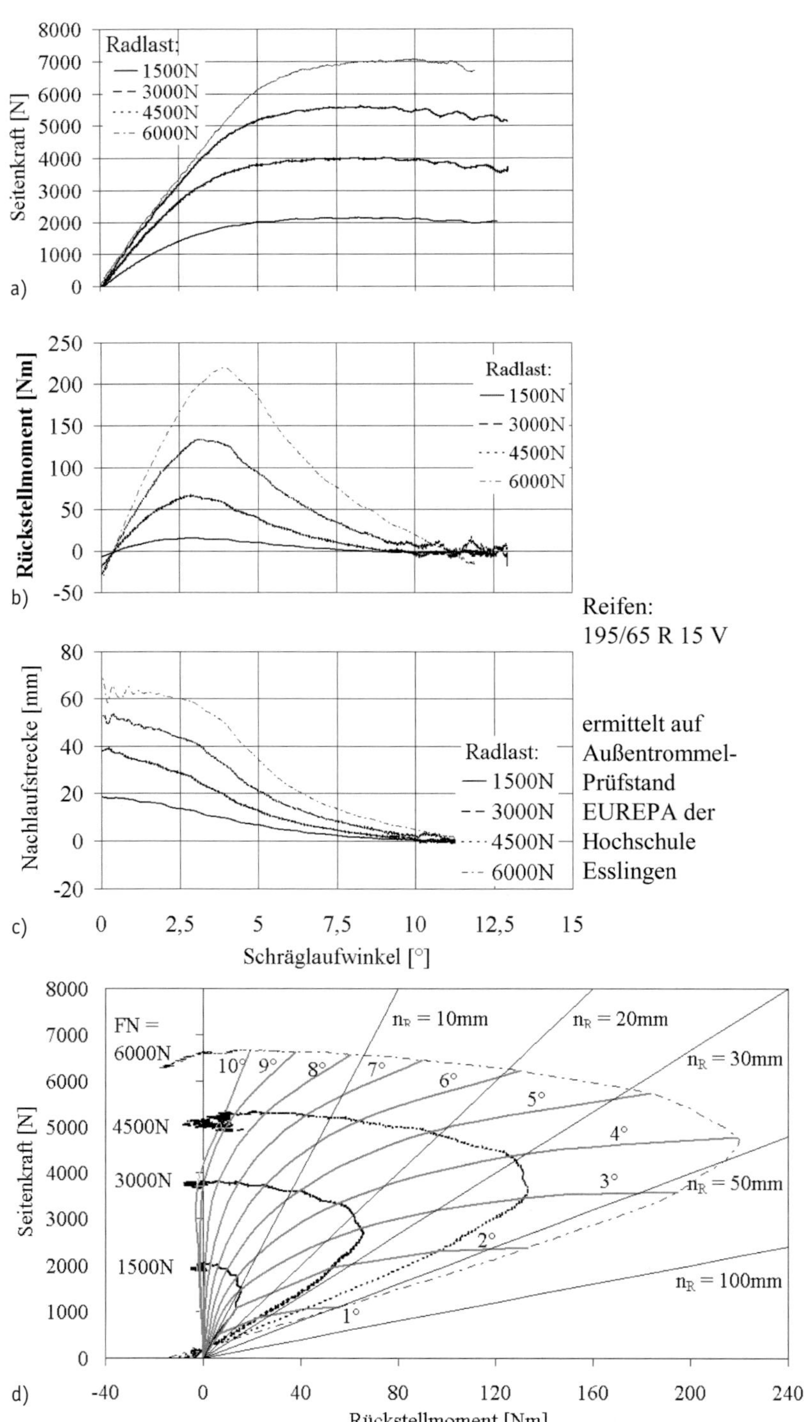

Bild 4.15: *Gough-Diagramm – Seitenkraft, Rückstellmoment und Nachlaufstrecke als Funktion von Schräglaufwinkel und Radlast*

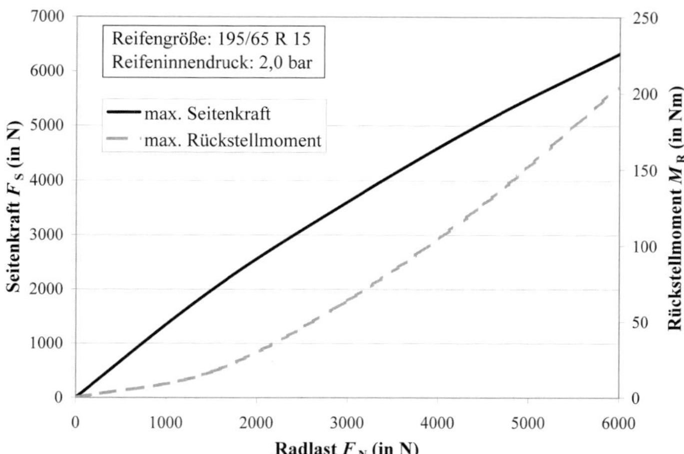

Bild 4.16: *Maximale Seitenkraft und maximales Rückstellmoment als Funktion der Radlast*

Bereichs genügt daher die Steigung der Kennkurve für kleine Schräglaufwinkel. Diese wird als Seitenkraftsteifigkeit C_S bezeichnet. Bis zu einer Querbeschleunigung von ca. 4 m/s² liegen die auftretenden Schräglaufwinkel in diesem Bereich. Da dies auch der Querbeschleunigungsbereich ist, der im normalen Fahrbetrieb auftritt, genügt zur analytischen Betrachtung dieser Fahrmanöver die Kenntnis der Seitenkraftsteifigkeit. Analog wird die Steigung der Kennkurve Längskraft als Funktion vom Schlupf als Längskraftsteifigkeit C_L bezeichnet.

Kraftschlussbeiwert μ, Längskraftbeiwert μ_L, Seitenkraftbeiwert μ_S und bezogenes Rückstellmoment:

Häufig werden Längskraft, Seitenkraft und Rückstellmoment auf die Radlast bezogen. Man erhält die Beiwerte:

$$\mu_L = \frac{F_L}{F_N}, \; \mu_S = \frac{F_S}{F_N} \qquad \text{(Gl. 4.6)}$$

und das bezogene Rückstellmoment:

$$M_{R\_bez} = \frac{M_R}{F_N} \qquad \text{(Gl. 4.7)}$$

Aus dem Längskraft- und dem Seitenkraftbeiwert kann der resultierende Kraftschlussbeiwert μ, der prinzipiell dem Reibungsbeiwert entspricht, bestimmt werden:

$$\mu = \sqrt{\mu_L^2 + \mu_S^2} \qquad \text{(Gl. 4.8)}$$

Bei reiner Längs- oder Seitenkraft entspricht damit der Längskraft- bzw. Seitenkraftbeiwert dem Kraftschlussbeiwert.

Beziehen wir den Verlauf in Bild 4.15a auf die Radlast, so erhalten wir den in Bild 4.17 qualitativ dargestellten Verlauf des Seitenkraftbeiwerts als Funktion vom Schräglaufwinkel. Dieses Bild gilt damit auch für den qualitativen Verlauf des Längskraftbeiwerts als Funktion vom Schlupf.

Aus dieser Kennkurve lassen sich für die Fahrdynamik wichtige Kenngrößen ableiten, die in Bild 4.17 ebenfalls eingetragen sind und im Folgenden behandelt werden:

Maximaler Kraftschlussbeiwert μ_{max}, Gleitbeiwert μ_G, bezogene Seitenkraftsteifigkeit c_S, bezogene Längskraftsteifigkeit c_L:

Der maximale Kraftschlussbeiwert μ_{max} entspricht bei Vernachlässigung der Windkräfte der theoretisch maximal möglichen **Längs-** oder **Querbeschleunigung**, wie wir in Kap. 11 sehen werden.

Der Gleitbeiwert μ_G entspricht dem Längskraftbeiwert bei blockierten Rädern oder bei im Stillstand durchdrehenden Rädern, bzw. dem Seitenkraftbei-

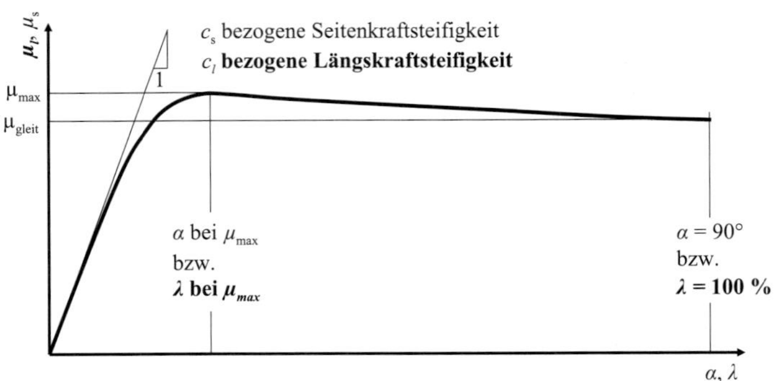

***Bild 4.17:** Typische Reifenkennkurve und hieraus abgeleitete charakteristische Kenngrößen (fett: Verhältnisse bei Längskraft, sonst bei Seitenkraft)*

wert bei 90° Schräglaufwinkel. Letzteres tritt nur beim schleudernden und nicht gebremsten Fahrzeug auf. Der Gleitbeiwert gibt damit näherungsweise die Längs- oder Querbeschleunigung an, die auch ohne elektronische Hilfsmittel theoretisch immer erreicht werden kann. Das Verhältnis zwischen Gleitbeiwert und maximalem Kraftschlussbeiwert hat starken Einfluss auf die Fahrdynamik im Grenzbereich.

Für die bezogene **Seitenkraftsteifigkeit** c_S gilt:

$$c_S = \frac{C_S}{F_N} \quad \text{(Gl. 4.9)}$$

Analog gilt für die bezogene **Längskraftsteifigkeit** c_L:

$$c_L = \frac{C_L}{F_N} \quad \text{(Gl. 4.10)}$$

Die bezogenen Steifigkeiten sind z. B. bei der Wahl der Reifengröße passend zum Fahrzeuggewicht bzw. zur Achslast hilfreich. Sie werden mit abnehmender Profiltiefe größer, wie Bild 4.18 zeigt. Dies lässt sich anschaulich leicht nachvollziehen, da sich ein flacherer Profilstollen bei der Übertragung der gleichen Kraft schwächer verformt. Durch einen **Wasserfilm** wird die Längskraftsteifigkeit nicht merklich beeinflusst, solange die Reifen nicht partiell aufschwimmen (Aquaplaning), d. h., auch auf nasser Straße hat der Reifen mit geringer Profiltiefe (zunächst) eine höhere Steifigkeit. Allerdings geht der maximale Längskraftbeiwert bei nasser Fahrbahn mit abnehmender Profiltiefe zurück, da die

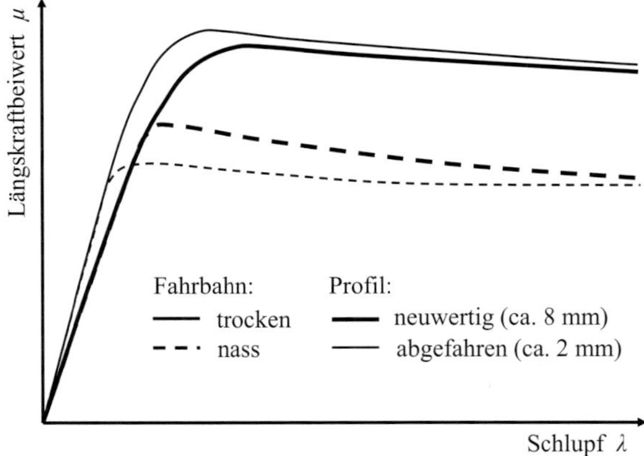

***Bild 4.18:** Längskraftbeiwert als Funktion von der Profiltiefe und der Wasserfilmhöhe für Sommer- und Winterreifen*

Adhäsionskomponente abnimmt, vgl. auch Bild 4.10. Auf trockener Fahrbahn steigt hingegen mit abnehmender Profiltiefe der maximale Längskraftbeiwert, da durch die geringere Verformung der Profilelemente die Kontaktzone zwischen Reifen und Fahrbahn größer wird.

Als Nächstes betrachten wir in Bild 4.19 den **Einfluss der Wasserfilmdicke** auf den maximalen Längs- und Seitenkraftbeiwert. Bei trockener Fahrbahn kann mehr Längskraft als Seitenkraft übertragen werden. Mit zunehmender Wasserfilmdicke nimmt allerdings der maximale Längskraftbeiwert stärker ab, sodass in diesem Beispiel ab einer Wasserfilmdicke von ca. 1 mm mehr Seitenkraft übertragen werden kann. Bei einer höheren Fahrgeschwindigkeit tritt dieser Effekt bereits bei einer

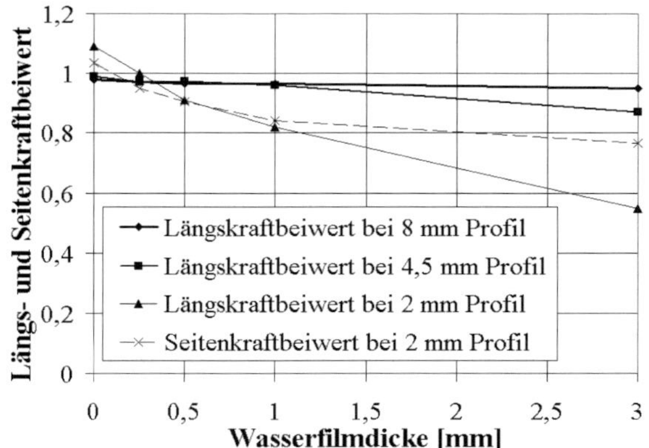

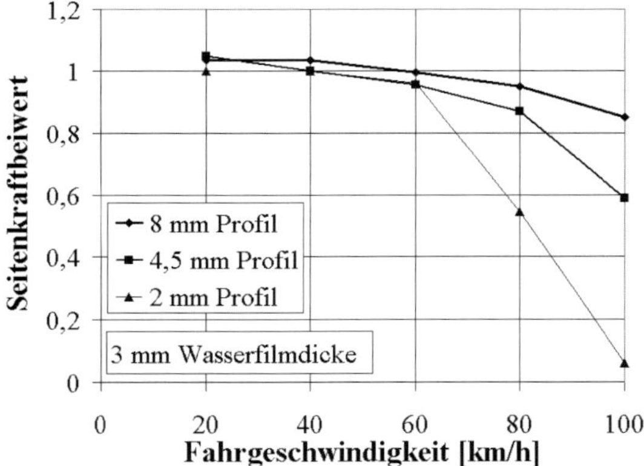

Bild 4.19: *Wechselseitiger Einfluss von Wasserfilmdicke und Fahrgeschwindigkeit auf maximalen Seiten- und maximalen Längskraftbeiwert*

geringeren Wasserfilmdicke auf. Wie können wir uns das erklären? Beim Bremsen oder Antreiben ist die Verformung des Reifens gering, d. h., wir haben eine relativ gleichmäßige Druckverteilung in der Reifenaufstandsfläche. Dies ist auf trockener Straße günstig zur Übertragung der Längskraft. Bei Kurvenfahrt verformt sich der Reifen in seitlicher Richtung. Hierdurch wird die Flächenpressungsverteilung sehr inhomogen und im Mittel höher. Wie wir bei der Theorie von KUMMER und MEYER gesehen haben, nimmt mit zunehmender Flächenpressung der Reibbeiwert ab, d. h., der Reifen kann bei Trockenheit weniger Seitenkraft als Längskraft übertragen. Bei Nässe hingegen bewirkt die höhere Flächenpressung eine bessere Verdrängung des Wassers und damit einen besseren Kontakt zur Fahrbahn.

Auch der maximale Seitenkraftbeiwert nimmt auf trockener Fahrbahn mit abnehmender Profiltiefe leicht zu, vgl. Bild 4.19. Allerdings bewirkt bei einer Profiltiefe von 2 mm und einer Fahrgeschwindigkeit von 80 km/h bereits ein geringer Wasserfilm eine deutliche Abnahme der übertragbaren Seitenkraft. Bei einer Profiltiefe von 8 mm wirkt sich hingegen bei gleicher Fahrgeschwindigkeit sogar eine Wasserfilmdicke von 3 mm (tritt normalerweise nur in Spurrinnen auf) kaum aus! Erhöht man bei 3 mm Wasserfilmdicke die Geschwindigkeit (vgl. Bild 4.19), so kommt es bei 2 mm Profiltiefe bereits zu einem nahezu vollständigen Aufschwimmen des Reifens. Der Reifen mit 8 mm Profil bietet hingegen noch über 80 % des Kraftschlusses, bezogen auf die trockene Straße. Beim Reifen mit mittlerer Profiltiefe ist auch eine deutliche Abnahme des Kraftschlusses bei Steigerung der Geschwindigkeit von 80 auf 100 km/h erkennbar.

Betrachten wir die typischen Straßenbeläge des deutschen Straßennetzes, so ergeben sich bei trockener Fahrbahn bzgl. der übertragbaren Längs- oder Seitenkräfte kaum Unterschiede über 10 %. Auf nasser Fahrbahn ist hingegen eine Streuung von ca. 50 % normal (Bild 4.20).

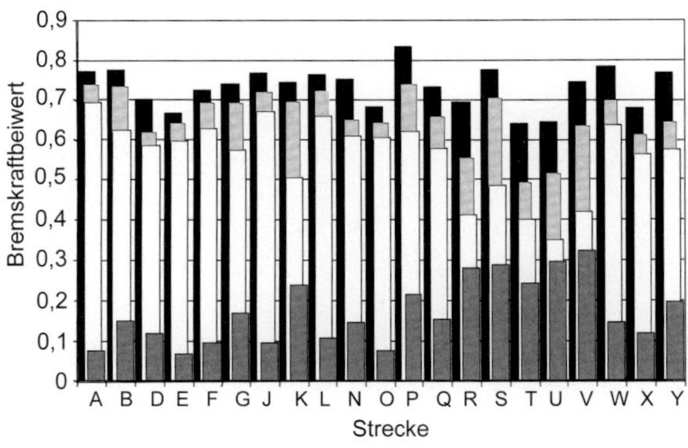

Bild 4.20: *Erzielbare Kraftschlussbeiwerte auf unterschiedlichen Fahrbahnoberflächen (ermittelt mit dem PIARC-Reifen bei ca. 10 % Bremsschlupf, 1 mm Wasserfilmdicke und 3500 N Radlast) [10]*

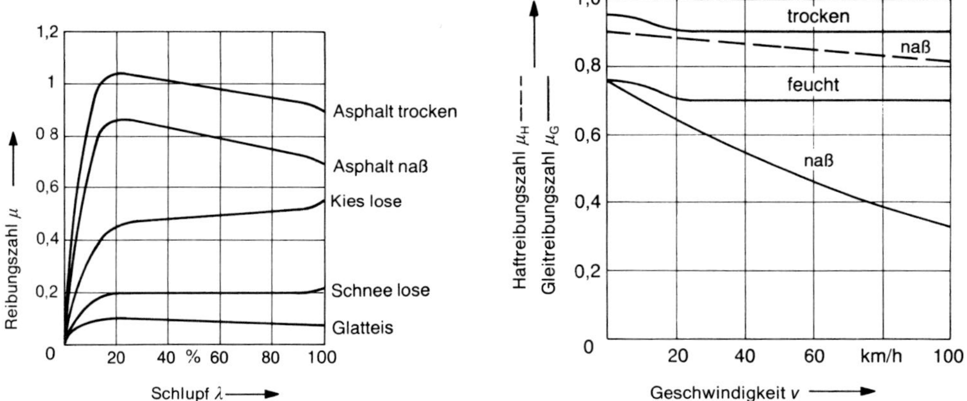

Bild 4.21: *Längskraftbeiwert als Funktion von Schlupf, Fahrbahnoberfläche und Geschwindigkeit [9]*

Auf Glatteis beträgt der maximale Kraftschluss nur ca. 0,1 ... 0,15, vgl. Bild 4.21. Der Kurvenverlauf ist prinzipiell ähnlich wie auf trockener Fahrbahn. Bei losem Schnee oder Kies hingegen entsteht bei hohem Schlupf ein Keil vor dem Reifen, sodass hier der Kraftschlussbeiwert mit zunehmendem Schlupf steigt und der Gleitbeiwert den größten Kraftschluss bietet.

Durch Verändern des **Reifeninnendrucks** können wir großen Einfluss auf das Seitenkraftverhalten des Reifens nehmen. Bei einer geringen Radlast von 1200 N nimmt die Seitenkraftsteifigkeit mit zunehmendem Reifeninnendruck deutlich ab, wie wir aus Bild 4.22 erkennen können. Mithilfe unseres Reifenmodells aus Bild 4.14 können wir uns das leicht erklären. Durch den höheren Reifeninnendruck verkürzt sich die Reifenaufstandsfläche. Bei gleichem Schräglaufwinkel verspannen sich dadurch die Profilelemente weniger und erzeugen eine geringere Seitenkraft. Der Hebelarm der Seitenkraft wird ebenfalls geringer, daher nimmt das Rückstellmoment deutlich ab.

Bei einer Radlast von 6000 N (vgl. Bild 4.23) bewirkt eine Erhöhung des Reifeninnendrucks hingegen eine größere Schräglaufsteifigkeit. Wie können wir uns das erklären? Bei einer hohen Reifenauslastung wird der Reifen mit dem geringen Reifeninnendruck von 1,2 bar zu weich. Die Seitenkraft führt zu einer starken Verformung des Reifens, es können sich kaum Schubspannungen aufbauen. Mit

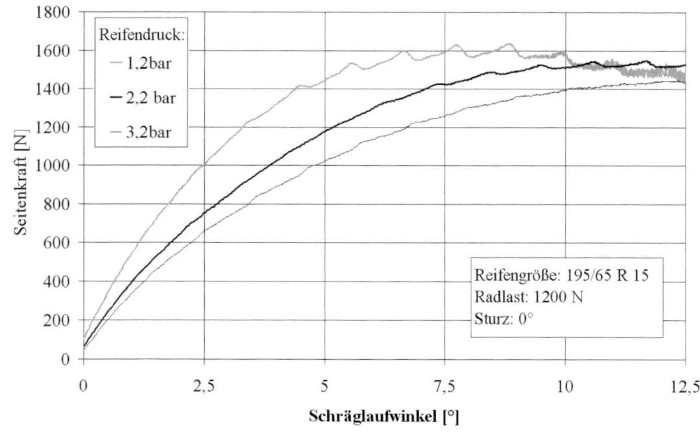

Bild 4.22: *Einfluss des Reifeninnendrucks auf die übertragbare Seitenkraft und das Rückstellmoment bei einer geringen Radlast von 1200 N*

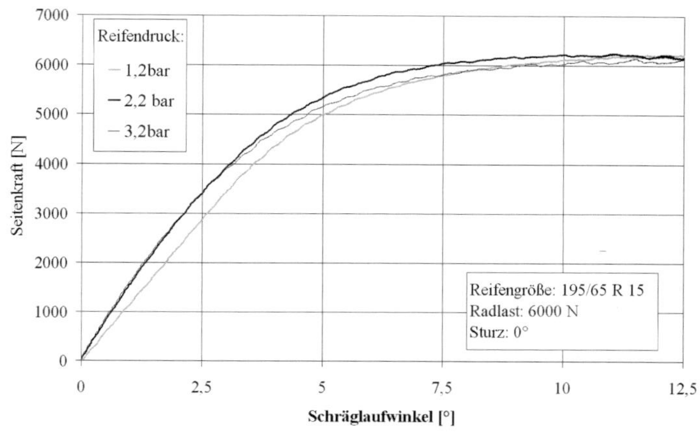

Bild 4.23: *Einfluss des Reifeninnendrucks auf die übertragbare Seitenkraft bei einer hohen Radlast von 6000 N*

zunehmendem Schräglaufwinkel steigt die Seitenkraft sogar progressiv – der Reifen ist jetzt so stark verformt, dass die innere Seitenwand nahezu horizontal liegt und nur noch eine geringe weitere seitliche Verformung möglich ist. Das Rückstellmoment nimmt nach wie vor mit höherem Innendruck ab, da der Hebelarm der Seitenkraft kleiner wird. Wir können damit zusammenfassen:

- Zur Erzielung von maximaler Schräglaufsteifigkeit und maximaler Seitenkraft muss der Reifeninnendruck näherungsweise proportional zur Radlast erhöht werden.
- In der Praxis sind beim Kurvenfahren die Radlasten unterschiedlich, vgl. Kap. 11.2.3. Da das kurvenäußere Rad mit der höheren Radlast auch den größeren Anteil zur Seitenkraft beiträgt, kann im Allgemeinen durch Erhöhen des Reifeninnendrucks die Schräglaufsteifigkeit der kompletten Achse gesteigert werden.
- Das Rückstellmoment nimmt mit zunehmendem Reifendruck generell ab.

Der Einfluss des Reifeninnendrucks auf die Längskraft ist weniger stark ausgeprägt. Hier gilt analog, dass die Längskraftsteifigkeit mit zunehmendem Rei-

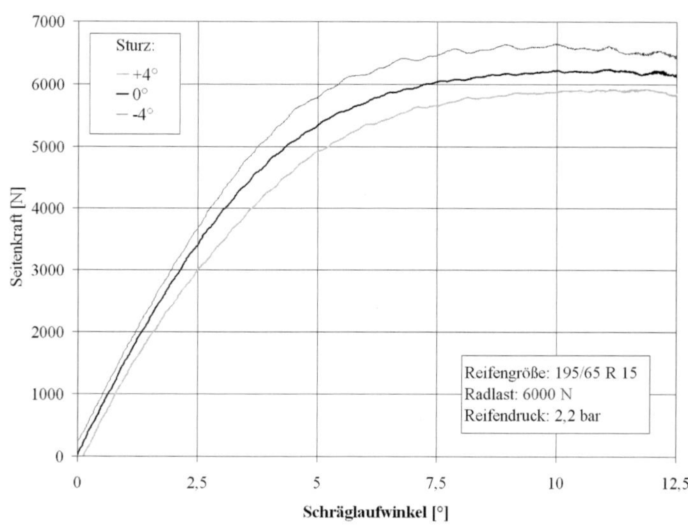

Bild 4.24: *Einfluss des Sturzes auf die übertragbare Seitenkraft*

feninnendruck abnimmt, da die Reifenaufstandsfläche kürzer wird.
Bei Nässe führt ein geringer Reifeninnendruck zu einem schnelleren Aufschwimmen des Reifens. Damit ist ein höherer Reifeninnendruck tendenziell für die Fahrsicherheit günstig. Aus Komfortgründen sollte hingegen der Reifendruck eher gering gewählt werden. In der Praxis werden die vom Fahrzeughersteller gewählten Reifendruckangaben experimentell bestimmt, um einen günstigen Kompromiss zwischen Fahrsicherheit und Fahrkomfort zu erreichen.

Bild 4.24 zeigt die gemessene Seitenkraft als Funktion des Schräglaufwinkels für unterschiedliche Sturzwinkel. Wir erkennen, dass ein negativer Sturz bereits bei Schräglaufwinkel null eine positive Seitenkraft erzeugt.

Zur anschaulichen Erklärung dieses Phänomens betrachten wir Bild 4.25. Die eingezeichnete Verlängerung der Radachse durchstößt die Fahrbahn. Wir erkennen, das Rad entspricht einem Kegelstumpf. Lassen wir diesen Kegelstumpf frei rollen, so dreht er sich in der Draufsicht im Kreis um diesen Durchstoßpunkt, wie in Bild 4.25 gestrichelt eingezeichnet ist. Zwingen wir nun dieses Rad geradeaus – also mit Schräglaufwinkel null – zu rollen, so wirkt eine Seitenkraft von der Fahrbahn auf den Reifen, die in Richtung Fahrzeugmitte zeigt.

Aus Bild 4.24 können wir weiter erkennen, dass die gesamte Kurve annähernd parallel verschoben ist, d. h., auch die maximal übertragbare Seitenkraft wird durch negativen Sturz vergrößert. Um dies zu verstehen, betrachten wir die Reifenquerschnittsfläche im Latsch in Bild 4.26. Durch die Einwirkung der Seitenkraft wird der Latsch seitlich verformt. Die Seitenwände kippen und bewirken unter Sturz null (Bild 4.26a), dass der Reifen in erster Linie nur noch auf der kurvenäußeren Seite trägt. Durch ausreichend negativen Sturz wird nun die Reifenquerschnittsfläche gedreht, und die komplette Lauffläche liegt annähernd gleichmäßig auf, vgl. Bild 4.26b. Hierdurch kann ein größerer Kraftschluss erzeugt werden. Im Falle von positivem Sturz trägt nur noch ein schmaler Streifen der Lauffläche, und bei hoher Seitenkraft läuft der Reifen teilweise sogar auf der kurvenäußeren Seitenwand. Bei längerer Kreisfahrt

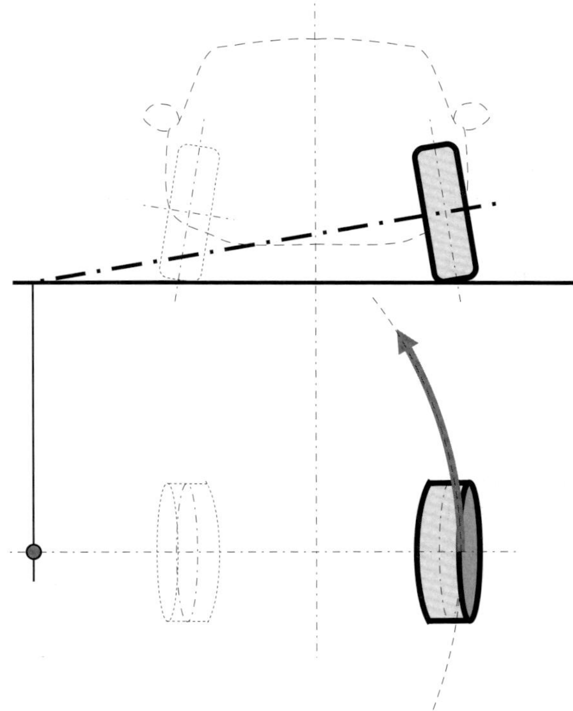

Bild 4.25: *Modell des Kegelstumpfes zur Erklärung der Seitenkraft durch Sturz*

mit hoher Querbeschleunigung ist dies deutlich am Reifenverschleiß an dieser Stelle erkennbar. Die übertragbare Seitenkraft geht zurück.

Untersuchungen bei stärkerer Nässe zeigen den gleichen Sturzeinfluss bei Schräglaufwinkel null. Bei großen Schräglaufwinkeln bewirkt hingegen ein negativer Sturz eine Seitenkraftabschwächung! Die breitere Aufstandsfläche schwimmt teilweise auf, während bei Sturz null die hohe Flächenpressung in der Kontaktzone ein Durchdringen des Wasserfilms leichter ermöglicht.

4.1.7 Reifenverhalten bei Überlagerung von Längs- und Seitenkraft

Bisher haben wir die Seitenkraft und die Längskraft nur getrennt betrachtet. In der Praxis müssen wir z. B. in der Kurve bremsen, d. h., wir benötigen Längs- und Seitenkraft. Der Reifen rollt unter

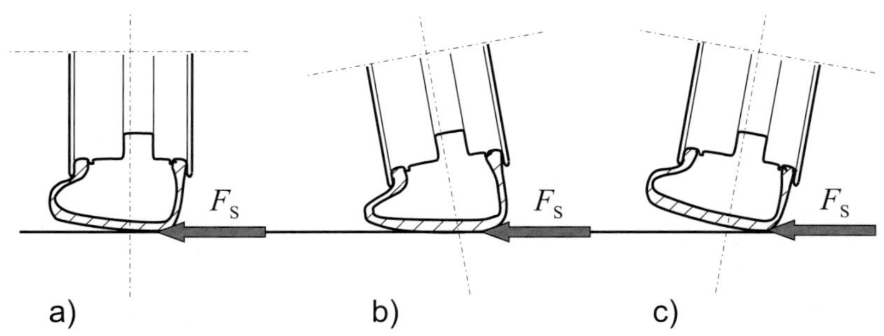

Bild 4.26: *Schematisch dargestellte Reifenquerschnittsfläche im Latsch bei Verformung durch Seitenkraft und Sturz. A) Sturz null, b) negativer Sturz, c) positiver Sturz*

Längsschlupf und Schräglaufwinkel. Unter der vereinfachten Annahme, der maximale Kraftschluss in Längs- und Querrichtung ist gleich, erhalten wir den von WUNNIBALD KAMM erstellten Reibungskreis, der daher als **Kammscher Kreis** bezeichnet wird.

Er besagt, dass die Resultierende F_{Res} aus Seiten- und Längskraft begrenzt ist durch den maximalen Kraftschluss multipliziert mit der Radlast:

$$F_{Res} = \sqrt{F_L^2 + F_S^2} \leq \mu_{max} \cdot F_N \qquad \text{(Gl. 4.11)}$$

In Bild 4.27 ist als Beispiel die Seitenkraft eingetragen, die während einer bestimmten Kurvenfahrt notwendig ist. Mithilfe des Kammschen Kreises wird dann die während der Kurvenfahrt noch mögliche Längskraft, die zum Beschleunigen oder Bremsen verwendet werden kann, näherungsweise bestimmt.

Um auch den Zusammenhang zwischen Schräglaufwinkel, Längsschlupf und übertragenen Kräften anschaulich darzustellen, hat WEBER den so genannten **Reibungskuchen** eingeführt, vgl. Bild 4.28. Hierbei werden Schräglaufwinkel und Schlupf in der horizontalen Ebene orthogonal zueinander aufgetragen. Über der Schräglaufwinkelachse wird die Seitenkraft aufgetragen und über der Schlupfachse die Längskraft. Nun wird die vereinfachte Annahme getroffen, dass die Funktionen „Seitenkraft über Schräglaufwinkel α" und „Längskraft über Schlupf λ" identisch sind und dies auch für die resultierende Kraft bei jeder Kombination aus Schräglaufwinkel und Schlupf gilt. Man erhält für die resultierende Kraft R als Funktion von α und λ eine rotationssymmetrische Funktion, die der Form eines Kuchens sehr nahekommt. In Bild 4.28 ist jetzt die Bestimmung der Längskraft und Seitenkraft am Beispiel für den Schräglaufwinkel α_1 und den Längsschlupf λ_1 dargestellt. Es wird die resultierende Kraft R_1 grafisch ermittelt. Hieraus werden dann Längskraft F_{L1} und Seitenkraft F_{S1} errechnet:

$$F_{L1} = R_1 \cdot \cos\beta\,,\ F_{S1} = R_1 \cdot \sin\beta \quad \text{mit}$$

$$\beta = \arctan\left(\frac{\alpha_1}{\lambda_1}\right) \qquad \text{(Gl. 4.12)}$$

In Bild 4.19 haben wir gesehen, dass der Reifen bei Trockenheit mehr Längskraft als Seitenkraft übertragen kann und bei Nässe umgekehrt. Außerdem sind Längs- und Seitenkraftsteifigkeit stark unterschiedlich. Daher sind sowohl der Kammsche Kreis als auch der Reibungskuchen nach WEBER nur für qualitative Betrachtungen geeignet!

Durch Variation von Schlupf und Schräglaufwinkel erhalten wir das Diagramm „Seitenkraftbeiwert als

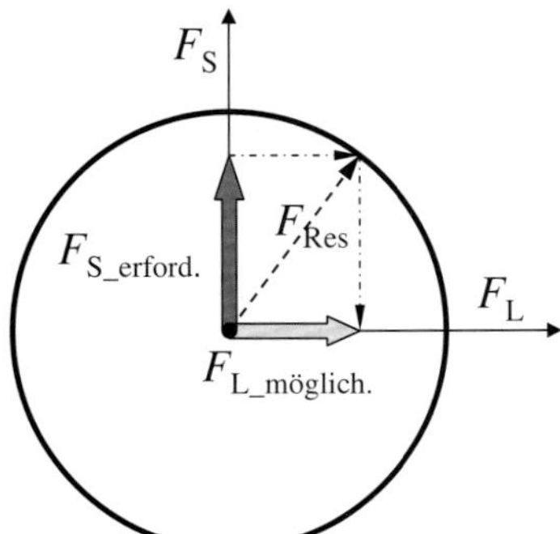

Bild 4.27: *Kammscher Kreis – Ermittlung der möglichen Längskraft bei vorgegebener Seitenkraft*

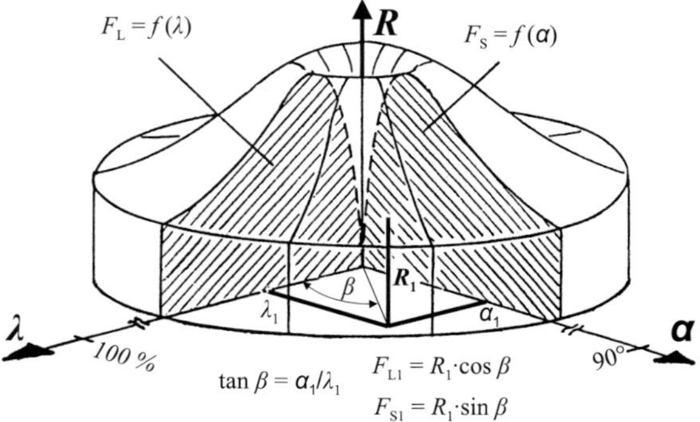

Bild 4.28: *Reibungskuchen nach Weber*

Funktion des Längskraftbeiwerts" in Bild 4.29. Die gestrichelt eingezeichnete Ellipse stellt die Umhüllende aller gemessenen Kurven dar. Bei nasser Fahrbahn nimmt der Längskraftbeiwert mit zunehmender Wasserfilmdicke oder zunehmender Fahrgeschwindigkeit stärker ab (vgl. Bild 4.19). Die Form der Ellipse ändert sich: Zunächst entsteht tatsächlich ein Kreis, und anschließend hat die Ellipse ihre Hauptausdehnung in Richtung der Seitenkraft.

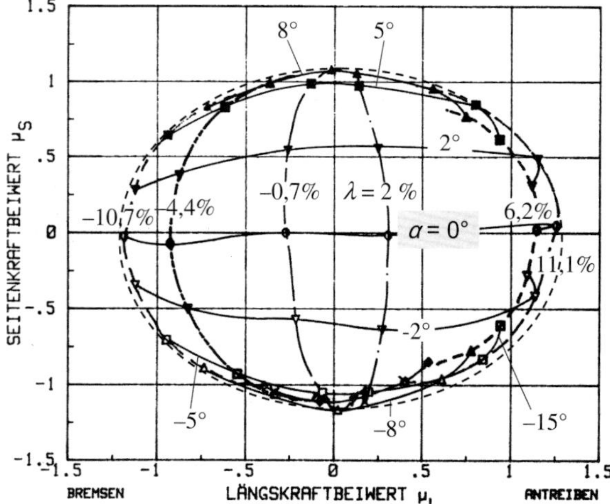

Bild 4.29: *Seitenkraftbeiwert als Funktion des Längskraftbeiwerts, ermittelt auf öffentlicher Straße mithilfe des Universellen Reibungsmessers URM II.*

Wir können folgende drei Erkenntnisse ableiten:

- Die Umhüllende entspricht einer Ellipse und gibt das Kraftschlusspotenzial wieder.
- Bei konstantem Schlupf nimmt mit zunehmendem Schräglaufwinkel die Seitenkraft bis zu einem Maximum zu, während die Längskraft stetig abnimmt.
- Bei konstantem Schräglaufwinkel nimmt mit zunehmendem Schlupf die Längskraft bis zu einem Maximum zu, während die Seitenkraft stetig abnimmt.

Dies bedeutet, dass zur Bestimmung des Kraftschlusspotenzials die Messung der maximalen Längskraft bei Schräglaufwinkel null und der maximalen Seitenkraft am freirollenden Rad ausreichend ist. Die Reduzierung der übertragbaren Seitenkraft durch Längsschlupf wird bei der **Fahrdynamikregelung** ausgenutzt, vgl. Kap. 11.4.

4.1.8 Dynamisches Reifenverhalten

In kritischen Situationen muss der Fahrer entweder schnell bremsen oder lenken. In diesem Fall wird der Schlupf bzw. der Schräglaufwinkel dynamisch verändert. In Bild 4.30 sind **Schräglaufwinkel** und **Seitenkraft** über der Zeit für drei Radlasten dargestellt. Der Schräglaufwinkel wird in ca. 0,5 s von 0° auf 2° verstellt, wobei die maximale Verstellgeschwindigkeit ca. 6°/s beträgt. Die Geschwindigkeit wurde mit 5 km/h bewusst sehr gering gewählt. Wie wir aus dem Verlauf der Seitenkraft über der Zeit erkennen können, baut sich die Seitenkraft verzögert auf. Zunächst weicht der Reifen seitlich aus, bis er die stationär erreichbare Seitenkraft überträgt. Da er mit zunehmender Radlast eine größere stationäre Seitenkraft übertragen kann, verformt sich hierbei der Reifen auch stärker, d. h., der Seitenkraftaufbau erfolgt entsprechend später.

In Bild 4.31 ist der Seitenkraftaufbau für 6 kN Radlast bei unterschiedlichen Fahrgeschwindigkeiten dargestellt. Bei einer Geschwindigkeit von 100 km/h ist der zeitliche Verzug zwischen Seitenkraft- und Schräglaufwinkeländerung auf dem Dia-

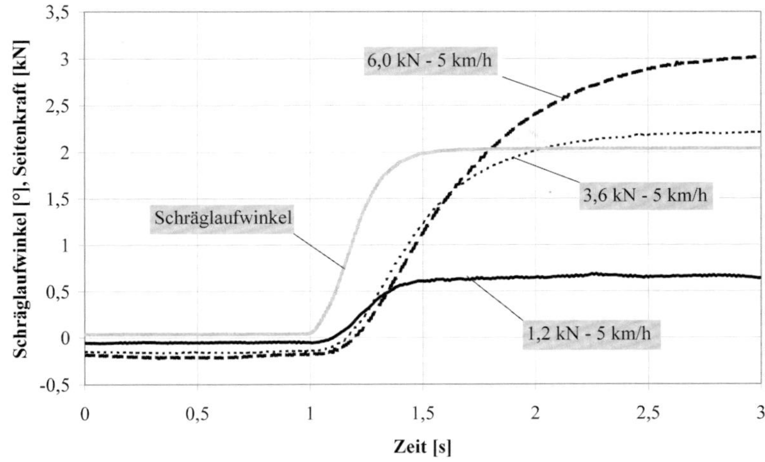

Bild 4.30: *Schräglaufwinkel und Seitenkraft als Funktion der Zeit, ermittelt bei einer Geschwindigkeit von 5 km/h bei drei unterschiedlichen Radlasten*

gramm kaum erkennbar. Verdoppeln wir die Fahrgeschwindigkeit von 5 auf 10 km/h bzw. von 10 auf 20 km/h, so halbiert sich jeweils in guter Näherung der Zeitverzug. Dies bedeutet, dass eine bestimmte Abrolllänge (**Einlaufstrecke**) erforderlich ist, bis die Seitenkraft stationär aufgebaut ist.

Wir erkennen, dass die Einlaufstrecke mit zunehmender Radlast annähernd proportional zunimmt. Bei dem hier untersuchten Reifen ergibt sich bei 6 kN Radlast eine Einlaufstrecke von ca. 60 cm – dies entspricht annähernd einer drittel Radumdrehung.

Wir können zusammenfassen:

- Bei dynamischen Schräglaufwinkeländerungen erfolgt der Seitenkraftaufbau verzögert.
- Für den Seitenkraftaufbau muss in erster Näherung eine bestimmte Strecke (Einlaufstrecke) zurückgelegt werden. Mit zunehmender Fahrgeschwindigkeit wird die Seitenkraft schneller aufgebaut.
- Die Einlaufstrecke nimmt mit der Radlast annähernd proportional zu.

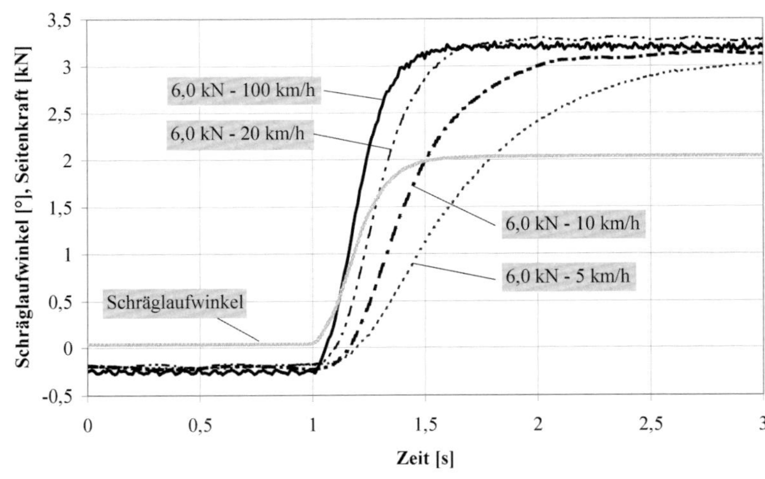

Bild 4.31: *Schräglaufwinkel und Seitenkraft als Funktion der Zeit, ermittelt bei einer Radlast von 6 kN bei unterschiedlichen Geschwindigkeiten*

Auch die Längskraft wird bei Änderung des Schlupfes verzögert aufgebaut, allerdings sind hierbei die Verzögerungszeiten erheblich geringer, da in erster Linie nur die Profilelemente verformt werden müssen.

4.1.9 Federeigenschaften des Reifens

Wie wir wissen entsteht durch die Radlast eine **Abplattung** des Reifens und damit die **Reifenaufstandsfläche**.
In Bild 4.32 ist die gemessene **Reifeneinfederung** in Abhängigkeit von der Radlast aufgetragen. Zunächst betrachten wir die dick eingezeichneten Linien, die mit stehendem Rad ermittelt wurden. Wir erkennen, dass mit zunehmender Radlast die Reifeneinfederung in etwa linear erfolgt. Bei geringerem Reifeninnendruck erhalten wir – wie wir ja auch aus Erfahrung wissen – eine stärkere Abplattung des Reifens bei gleicher Radlast. Unter der Annahme, dass nur der Reifeninnendruck trägt, müssten wir bei proportionaler Erhöhung von Radlast und Reifeninnendruck die gleiche Reifeneinfederung erhalten. Hierzu sind in Bild 4.32 Linien für die Radlasten 3,4 kN, 4,4 kN und 5,4 kN eingetragen (der Zahlenwert entspricht jeweils 2 × Zahlenwert des Reifeninnendrucks). Wie wir erkennen können, ist die Einfederung bei 3,4 kN und 1,7 bar geringer als bei 4,4 kN und 2,2 bar und noch geringer als bei 5,4 kN und 2,7 bar, d. h., neben dem Reifeninnendruck trägt auch die Reifenstruktur.

Bei 200 km/h verhält sich der Reifen ähnlich, vgl. dünne Linien in Bild 4.32. Allerdings nimmt die Reifeneinfederung ab und die **Reifenfedersteifigkeit** zu. Zusätzlich hat sich durch die Fliehkraft der Außendurchmesser um ca. 4 mm vergrößert, was allerdings dem Diagramm nicht entnommen werden kann.

Ermitteln wir die Steigung der Linien aus Bild 4.32, so erhalten wir die Reifenfedersteifigkeit als Funktion der Radlast, vgl. Bild 4.33. Wir erkennen, die Federsteifigkeit nimmt zunächst mit der Radlast degressiv zu. Ab einer Radlast von ca. 60 % der zulässigen Tragfähigkeit (beim gemessenen Reifen ab ca. 3,6 kN) können wir die Reifenfedersteifigkeit als konstant betrachten.

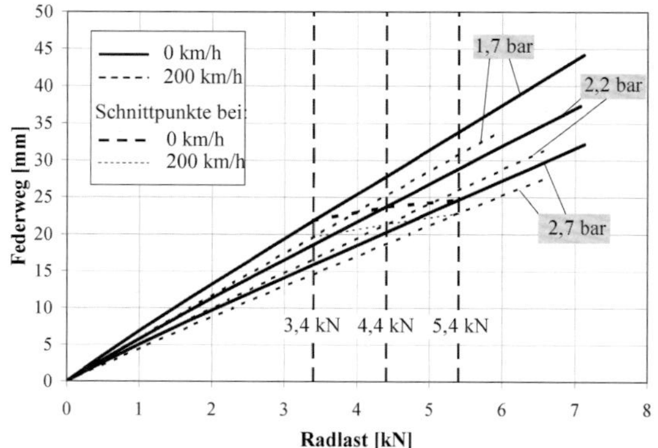

Bild 4.32: *Reifeneinfederweg als Funktion der Radlast bei stehendem Rad und bei 200 km/h*

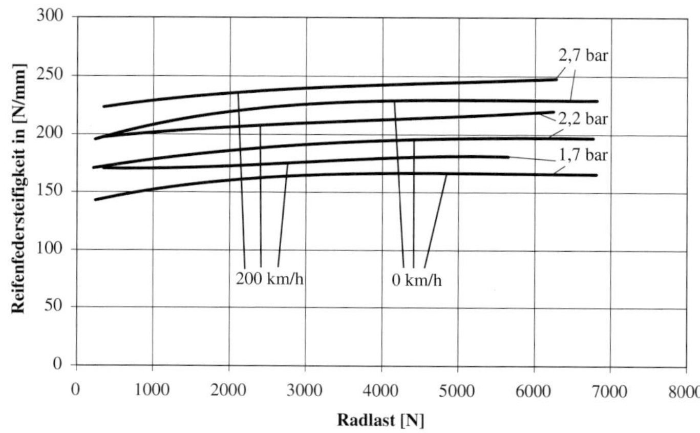

Bild 4.33: *Reifenfedersteifigkeit als Funktion der Radlast bei unterschiedlichem Reifendruck*

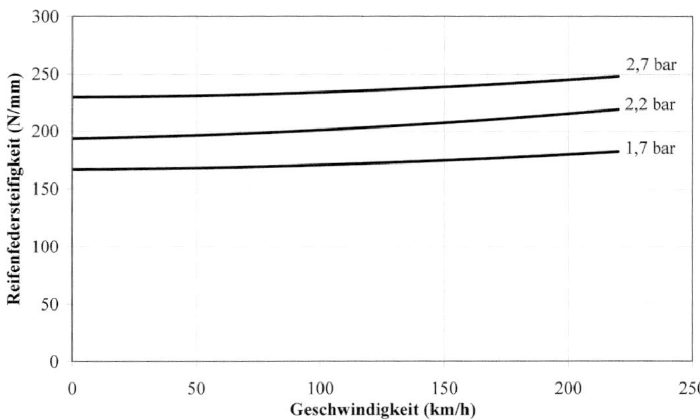

Bild 4.34: *Einfluss der Geschwindigkeit auf die Reifenfedersteifigkeit bei 0° Schräglaufwinkel*

Im folgenden Bild 4.34 betrachten wir daher die mittlere Reifenfedersteifigkeit ab 3,6 kN Radlast als Funktion der Geschwindigkeit. Mit zunehmender Geschwindigkeit nimmt die Reifenfedersteifigkeit parabelförmig zu, was aufgrund der mit dem Quadrat der Geschwindigkeit ansteigenden Fliehkraft zu erwarten ist. Ein zusätzlicher Schräglaufwinkel führt zu einer Absenkung der Reifenfedersteifigkeit.

Da der Reifen mit Luft gefüllt ist, kann man vereinfacht davon ausgehen, die Flächenpressung in der Reifenaufstandsfläche entspricht in etwa dem Reifeninnendruck.

Wir fassen die gewonnenen Erkenntnisse zusammen:
Die Federsteifigkeit des Reifens

- ist im mittleren Radlastbereich nahezu unabhängig von der Radlast, d. h., die Reifenfederung kann als linear betrachtet werden,
- nimmt mit steigendem Reifendruck weniger als proportional zu,
- nimmt mit der Fahrgeschwindigkeit progressiv zu,
- nimmt unter Schräglaufwinkel ab.

4.2 Bremsen

4.2.1 Einteilung

Je nach Fahrzeuggröße und Aufgabe werden unterschiedliche Bauarten von Bremsanlagen eingesetzt. Nach Art der Aufgabe werden sie eingeteilt in:

- Betriebsbremsanlage,
- Hilfsbremsanlage,
- Feststellbremsanlage,
- Dauerbremsanlage.

Die **Betriebsbremsanlage** wird mit dem **Bremspedal** betätigt und – wie es der Name sagt – im Fahrbetrieb zum Bremsen eingesetzt. Je nach Art der Betätigung unterscheidet man

- Fußkraft-Bremsanlage,
- Hilfskraft-Bremsanlage,
- Fremdkraft-Bremsanlage.

Bei der **Fußkraft-Bremsanlage** wird die vom Fahrer auf das Bremspedal ausgeübte Kraft über eine Kraftübertragung an die **Radbremsen** weitergeleitet. In den Anfängen des Automobilbaus erfolgte die Kraftübertragung rein mechanisch durch Gestänge oder Seilzüge. Die Reibungsverluste im Gestänge und das aufwendige Nachstellen zum Ausgleich des **Bremsbelagverschleißes** erwiesen sich hierbei als Nachteil. Die **Bremsbetätigungskräfte** waren hoch, und häufig zogen die Bremsen schief. Malcolm Loughead hat sich daher eine durch **Bremsflüssigkeit** betätigte **hydraulische Bremse** für Autos ausgedacht und 1920 patentieren lassen. Diese bis heute übliche Bauform löste in den 20er- bis 50er-Jahren des letzten Jahrhunderts die **mechanisch betätigte Bremse** ab. Wie in Bild 4.35 dargestellt, betätigt der Fahrer über das Bremspedal einen Kolben im so genannten **Hauptbremszylin-**

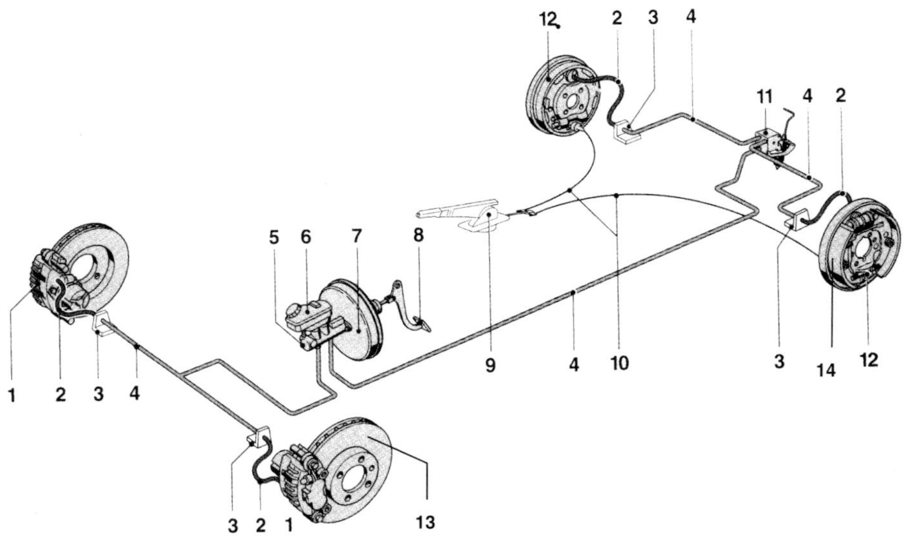

Bild 4.35: *Einfachste hydraulische Fußkraft-Bremsanlage [11]. 1 Radbremse Vorderräder (Scheibenbremse), 2 Bremsschlauch, 3 Anschlussstück zwischen Bremsleitung und Bremsschlauch, 4 Bremsleitung, 5 Hauptzylinder, 6 Ausgleichsbehälter (für Bremsflüssigkeit), 7 Bremskraftverstärker, 8 Bremspedal, 9 Handbremshebel (Feststellbremse), 10 Bremsseil (Feststellbremse), 11 Bremskraftminderer, 12 Radbremse Hinterräder (Trommelbremse), 13 Bremsscheibe, 14 Bremsbelag*

der. Hierdurch wird die Bremsflüssigkeit aus dem Hauptbremszylinder über Leitungen und Schläuche, die wegen der Feder- und Lenkbewegung der Räder notwendig sind, an die Radbremsen übertragen. Die Radbremsen verfügen ebenfalls über hydraulische Zylinder. Die in diesen Zylindern laufenden Kolben bewirken bei Betätigung der Bremse eine so genannte **Spannkraft.** Durch die Spannkräfte werden die Reibbeläge an die mit den Rädern rotierenden **Bremsscheiben** oder **-trommeln** gedrückt und verursachen das gewünschte **Bremsmoment** (vgl. unten – Radbremsen). Um einen Totalausfall der Bremse bei einem Fehler in der Hydraulik zu vermeiden, sind heute **Zweikreis-Bremsanlagen** vorgeschrieben.

Bei der **Hilfskraft-Bremsanlage** wird die vom Fahrer über das Bremspedal ausgeübte Bremskraft durch einen **Bremskraftverstärker** (siehe weiter unten) proportional vergrößert.

Bei der **Fremdkraft-Bremsanlage** dient die vom Fahrer über das Bremspedal ausgeübte **Fußkraft** (bzw. der in etwa proportional zur Kraft aufgebrachte Pedalweg) nur als Steuersignal zum Ansteuern der Bremsanlage. Die notwendige Energie zum Betätigen der Betriebsbremse wird vom Antriebsmotor des Fahrzeugs aufgebracht und gespeichert. Als Arbeitsmittel dient Luft, die von einem Kompressor unter Druck gesetzt und in Druckluftbehältern gespeichert wird. Als **Radbremszylinder** dienen **Membranzylinder.**

Die **Hilfsbremsanlage** wird bei Ausfall der Betriebsbremsanlage betätigt. In Pkws dient üblicherweise der zweite Kreis der Betriebsbremsanlage als Hilfsbremsanlage. Früher wurde hierzu bei Fahrzeugen mit Einkreis-Bremsanlage die dosierbare Feststellbremsanlage genutzt.

Die **Feststellbremsanlage** verhindert ein unbeabsichtigtes Wegrollen des geparkten Fahrzeugs. Sie wird rein mechanisch (d. h. ohne Hydraulik) entweder mit dem Handbremshebel oder einem separaten Pedal betätigt. Zunehmend wird die Betätigungskraft elektrisch erzeugt, damit der Fahrer mit einem Schalter die Feststellbremse auslösen kann.

Die **Dauerbremsanlage** wird bei Omnibussen und schwereren Nutzfahrzeugen zur Entlastung der Betriebsbremse eingesetzt. Sie arbeitet verschleißfrei.

Standard ist das **Motorbremssystem**. Beim konventionellen Motorbremssystem wird im Auspuffstrang motornah eine Klappe eingebaut. Wird diese geschlossen, so baut sich im 4. Arbeitstakt ein Druck im Brennraum auf, vgl. Bild 4.36a. Es entsteht ein verstärktes Motorbremsmoment. Zur Verbesserung der Motorbremswirkung wird seit einigen Jahren die **Auspuffklappe** durch ein **Dekompressionsbremssystem** ergänzt. In 4.36b ist als Beispiel die „**Konstantdrossel**" dargestellt. Diese ist parallel zum Auslassventil angeordnet und wird im 2. Arbeitstakt, d. h. während des Verdichtens, geöffnet. Durch den reduzierten Druck wird das im anschließenden Arbeitstakt auch im Schubbetrieb abgegebene Antriebsmoment reduziert und somit das im Mittel aufgebrachte Motorbremsmoment verstärkt.

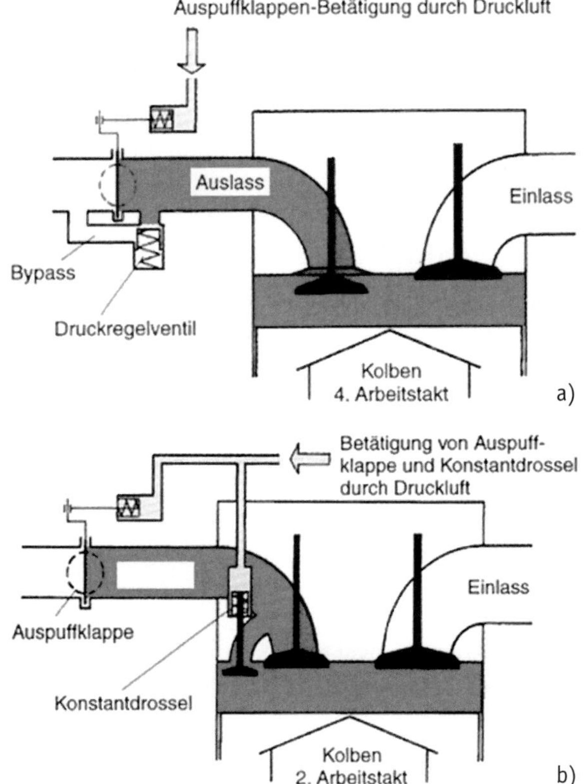

Bild 4.36: *Motorbremssysteme. a) Auspuffklappe, b) Auspuffklappe und Konstantdrossel [12]*

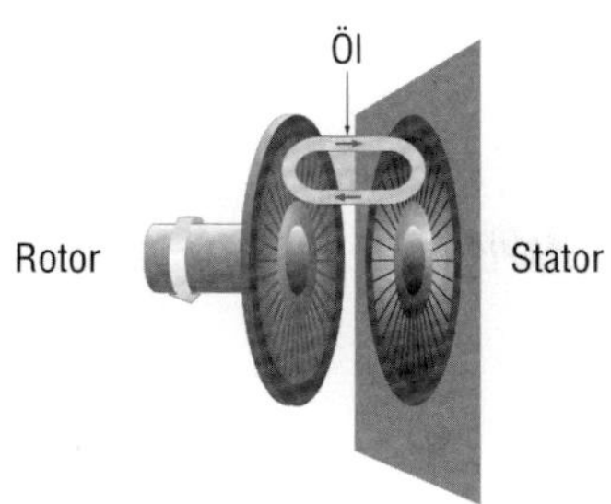

Bild 4.37: *Prinzipieller Aufbau eines hydrodynamischen Retarders [Voith]*

Zur Verbesserung der Bremswirkung kann die Motorbremse mit einem so genannten **Retarder** ergänzt werden. Hierbei sind hydrodynamische und elektrodynamische Retarder gebräuchlich.

Beim **hydrodynamischen Retarder** wird die mechanische Antriebsenergie über einen Rotor in kinetische Energie einer Flüssigkeit gewandelt. Die bewegte Flüssigkeit trifft auf einen Stator, und die kinetische Energie wird in Wärme umgewandelt (Bild 4.37). Damit die Flüssigkeit nicht zu warm wird, erfolgt z. B. durch einen Wärmetauscher ein Temperaturausgleich mit dem Motorkühlsystem. Die Bremsleistung kann durch Variation der Flüssigkeitsmenge im Arbeitsraum gesteuert werden. Bei einer fest eingestellten Flüssigkeitsmenge steigt das Bremsmoment mit zunehmender Drehzahl. Daher kann eine gute Bremswirkung bei geringen Geschwindigkeiten nur erreicht werden, wenn der Retarder mit der Motordrehzahl (**Primärretarder**) und nicht mit Kardanwellendrehzahl (**Sekundärretarder**) angetrieben wird. Durch Herunterschalten bewirkt die Getriebeübersetzung eine entsprechende Momenterhöhung.

Beim **elektrodynamischen Retarder** (auch **Wirbelstrombremse** genannt) sind an gehäusefesten Scheiben (Stator) Erregerspulen angebracht. In Bild 4.38 ist der Aufbau wiedergegeben. Auf der durchgehenden Antriebswelle ist zu beiden Seiten des Stators je ein Rotor befestigt. Beim Bremsen erzeugen die Erregerspulen, die mit Strom versorgt werden, ein magnetisches Feld. Beim Drehen der Bremsscheiben in diesem Magnetfeld werden in ihnen Wirbelströme induziert. Dies führt zu einem

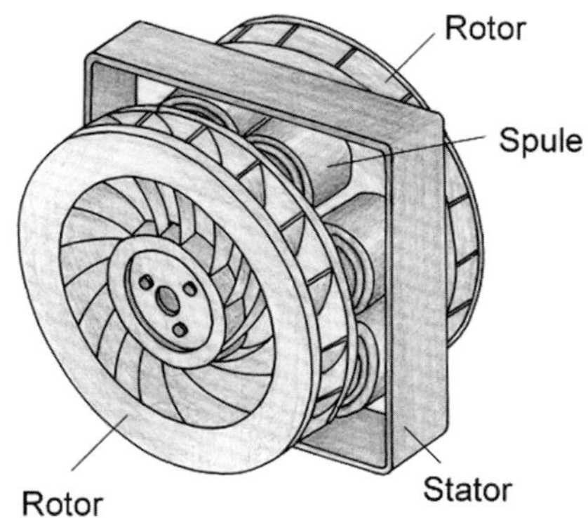

Bild 4.38: *Prinzipieller Aufbau eines elektrodynamischen Retarders*

Bremsmoment, das von der Erregung der Statorspulen und der Antriebsdrehzahl abhängig ist.

4.2.2 Aufgaben der Bremsanlage

Bevor wir uns mit den einzelnen Komponenten der Bremsanlage befassen, betrachten wir noch die typischen Aufgaben der Bremsanlage. Diese sind:

- Verzögerungsbremsung,
- Beharrungsbremsung,
- Festhaltebremsung.

Die **Verzögerungsbremsung** ist der typische Bremsvorgang, der zur Reduzierung der Fahrgeschwindigkeit eingesetzt wird. Das ist die Hauptaufgabe der Betriebsbremse. Bei einer Vollbremsung auf trockener Straße beträgt die Bremsleistung bei 200 km/h für ein Mittelklassefahrzeug ca. 600 kW. Bis zum Stillstand wird innerhalb von ca. 6 s eine Bewegungsenergie von ca. 0,5 kWh an der Bremse in Wärme umgesetzt. Dies stellt entsprechende Anforderungen an die einzelnen Komponenten der Bremsanlage.

Bei der **Beharrungsbremsung** wird in der Gefällefahrt mithilfe der Bremse die Geschwindigkeit konstant gehalten, falls die Bremswirkung des Motors hierzu nicht ausreicht. Beim Pkw kann die Beharrungsbremsung nur im Gebirge zu einer kritischen Erwärmung führen. Bei Nutzfahrzeugen hingegen ergeben sich aufgrund der wesentlich größeren Fahrzeugmasse erheblich höhere Bremsenergien, die bei einer reinen Reibbremse zu unzulässig starken Erwärmungen führen können. Daher verwendet man neben der herkömmlichen Betriebsbremse noch die oben beschriebenen Dauerbremsanlagen. In der Praxis vermischen sich häufig Beharrungs- und Verzögerungsbremsung.

Bei der **Festhaltebremsung** ist die Fahrgeschwindigkeit null. Mithilfe der so genannten Feststellbremse wird das Fahrzeug beim Parken am Wegrollen gehindert. Hält der Fahrer z. B. an einer am Hang liegenden Kreuzung das Fahrzeug mit der Betriebsbremse, so bezeichnet man diesen Vorgang auch als Festhaltebremsung.

Alle drei Bremsarten können mit der Betriebsbremse durchgeführt werden. Die Feststellbremse ist hingegen bei modernen Fahrzeugen mit Mehrkreisbremsanlage nur als Festhaltebremse gedacht.

Zur Sicherstellung einer ausreichenden Wirkung der Bremsanlage existiert eine Vielzahl gesetzlicher Vorschriften. Diese sind zum Teil sehr unterschiedlich, je nachdem in welchem Land das Fahrzeug zugelassen werden soll. In Europa sind die wichtigsten Vorschriften in der **Richtlinie 71/320/EWG** und in der **ECE-Regelung 13** enthalten.

4.2.3 Aufbau der Bremsanlage

Bild 4.39 zeigt schematisch den Aufbau einer modernen Pkw-Bremsanlage. Der Fahrer betätigt über das **Bremspedal** (1) einen Kolben im **Hauptbremszylinder** (3). Der dazwischengeschaltete **Bremskraftverstärker** (2) verstärkt die vom Fahrer aufgebrachte Kraft proportional. Er arbeitet mit Unterdruck, der beim Ottomotor im Schubbetrieb am Saugrohr anliegt. Bei Dieselfahrzeugen und teilweise auch bei Fahrzeugen mit Ottomotor und Direkteinspritzung ist eine vom Motor angetriebene Unterdruckpumpe erforderlich. Der im Hauptbremszylinder erzeugte hydraulische Druck wird über Leitungen (5) und elastische Schläuche (6) an die Radbremskolben weitergeleitet. Um Regeleingriffe vornehmen zu können, ist zwischen Hauptbremszylinder und Radbremsen eine **elektronisch geregelte Hydraulikeinheit** (4) zwischengeschaltet. Um die Bremskraftverteilung vorn/hinten an die Verzöge-

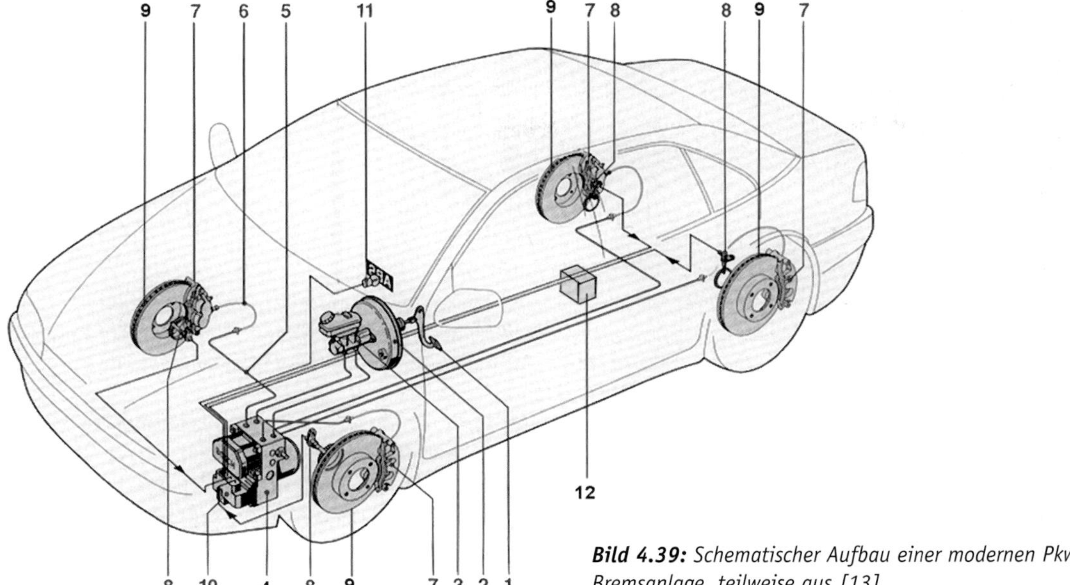

Bild 4.39: *Schematischer Aufbau einer modernen Pkw-Bremsanlage, teilweise aus [13]*

rung und auch an die Beladung anzupassen, ist eventuell in die Leitungen zur Hinterradbremse ein **Bremskraftminderer** (12) eingebaut. Der hydraulische Druck in den Radbremszylindern (7) erzeugt eine Spannkraft, die die Bremsbeläge an die Scheibe bzw. Trommel der Radbremse (9) drücken und somit ein Bremsmoment erzeugen. Die für die **ABS-Regelung** neben dem Hydraulikaggregat zusätzlich erforderlichen Teile sind die **Raddrehzahlsensoren** (8) und das **ABS-Steuergerät** (10), das hier direkt am Hydraulikaggregat angebaut ist.

Für die einzelnen Bauteile existiert eine Vielzahl von Ausführungsformen. Um den Rahmen des Buches nicht zu sprengen, werden im Folgenden jeweils nur die besonders gebräuchlichen Ausführungsformen exemplarisch besprochen.

Der Hauptbremszylinder ist als so genannter **Tandem-Hauptbremszylinder** ausgeführt, siehe Bild 4.40. Üblicherweise zeigt die in Bild 4.40 linke Seite in Fahrtrichtung. An den beiden oberen Anschlüssen ist der **Bremsflüssigkeitsbehälter** (Ausgleichsbehälter) angebracht bzw. angeschlossen. Der Fahrer betätigt über den Bremskraftverstärker die Druckstange. Hierdurch wird der hintere Kolben nach vorne bewegt. Die durch die so genannte **Schnüffelöffnung** hergestellte Verbindung zwischen Kammer und Ausgleichsbehälter wird durch die **Dichtmanschette** überfahren und somit geschlossen. Es kann sich Druck im Zylinderraum vor dem betätigten Kolben aufbauen. Hierdurch entsteht auch auf den zweiten Kolben eine Druckkraft. Er bewegt sich auch nach vorn. Die Verbindung zum Vorratsbehälter wird ebenfalls geschlossen, wobei beim dargestellten Zylinder hierfür das **Bodenventil** dient, das auch als **Zentralventil** bezeichnet wird. Im unbetätigten Zustand wird das Bodenventil durch Anschläge (Zylinderstifte) offen gehalten. Durch den Wegfall der Schnüffelöffnung wird die Kolbenmanschette geschont.

Jetzt baut sich auch in der vorderen Kammer Druck auf. Unter der vereinfachten Annahme, dass sich der Kolben reibungsfrei bewegt, herrscht in beiden Druckräumen der gleiche hydraulische Druck. Durch die Anschlüsse wird die Bremsflüssigkeit und somit der hydraulische Druck an die Radbremsen weitergeleitet. Die zwei getrennten Druckkammern ermöglichen eine so genannte **Zweikreisbremsanlage**, d. h. zwei getrennte hydraulische Kreise. Fällt

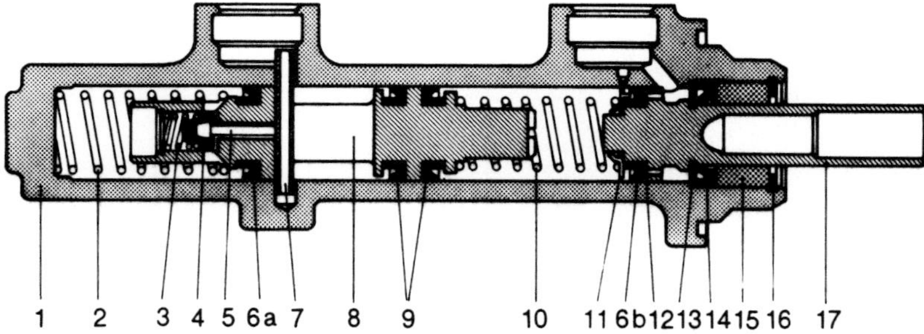

Bild 4.40: *Tandem-Hauptbremszylinder im Schnitt [14]. 1 Zylindergehäuse, 2 Druckfeder, 3 Ventilfeder, 4 Ventildichtung, 5 Ventilstift, 6 Primärmanschette, 7 Spannhülse, 8 Zwischenkolben, 9 Trennmanschette, 10 Druckfeder, 11 Stützring, 12 Füllscheibe, 13 Anschlagscheibe, 14 Sekundärmanschette, 15 Kunststoffbuchse, 16 Sicherungsring, 17 Druckstangenkolben*

der zur vorderen Kammer gehörende Bremskreis aus, wird der schwimmende Kolben zunächst bis zur Anlage am Gehäuse verschoben. Jetzt kann sich Druck in der hinteren Kammer aufbauen. Fällt der zur hinteren Kammer gehörende Bremskreis aus, kann der hintere Kolben zunächst ohne merklichen Widerstand bewegt werden, bis er sich an den schwimmenden Kolben anlegt. Jetzt baut sich in der vorderen Kammer hydraulischer Druck auf. Das Verhältnis zwischen Druck und Pedalkraft bleibt jeweils gleich, allerdings nimmt der Pedalweg im Falle des Bremskreisausfalls erheblich zu.

Für die Aufteilung der Bremskreise gibt es sehr unterschiedliche Varianten. Meist verbreitet sind:

- die **„Schwarz-Weiß"-Aufteilung**. Die Vorderachsbremsen bilden einen Bremskreis. Der zweite Bremskreis versorgt die Hinterradbremsen.
- die **Diagonal-Aufteilung**. Linke Vorderrad- und rechte Hinterradbremse bilden einen Kreis. Die beiden anderen Radbremsen den zweiten Kreis.

Wo liegen nun die Vorteile? Für den Ausfall eines hydraulischen Kreises gibt es drei prinzipielle Ursachen:

- Undichtigkeit durch mechanische Beschädigung der Verbindungen oder Verschleiß von Kolbendichtungen und Kolben (bei Scheibenbremsen) bzw. Zylindern (bei Trommelbremsen).
- thermische Überbeanspruchung der Bremsflüssigkeit – die Reibarbeit führt bei längerer Talfahrt mit Betriebsbremse zu einer starken Erwärmung der Radbremsen. Die Bremsflüssigkeit kann ihren Siedepunkt erreichen („Dampfblasenbildung"), vgl. spätere Anmerkung zur Bremsflüssigkeit. Geht der Fahrer kurzzeitig von der Bremse, drückt das sich bildende Gas die Flüssigkeit in den Vorratsbehälter. Beim erneuten Betätigen der Bremse verhindert das kompressible Gas einen merklichen Druckaufbau im Bremskreis mit siedender Bremsflüssigkeit.
- thermische Überbeanspruchung der mechanischen Komponenten – im Extremfall kann es z. B. zu einem Ablösen des Reibbelags von der Trägerplatte kommen.

Wie wir in Kap. 11.1.5 sehen werden, wird beim Bremsen die Vorderachse be- und die Hinterachse entlastet. Zur Erzielung einer ausgewogenen Kraftschlussausnutzung an Vorder- und Hinterachse muss somit die Vorderradbremse das **größere Bremsmoment** erzeugen und wird stärker thermisch beansprucht. Kommt es zu einer Dampfblasenbildung in den Vorderradbremsen, so können bei der diagonalen Aufteilung beide Kreise ausfallen, während bei der „Schwarz-Weiß"-Aufteilung der Bremskreis mit der Hinterradbremse intakt bleibt. In diesem Fall garantiert also nur die „Schwarz-Weiß"-Aufteilung die Erhaltung einer Bremswirkung. Allerdings ist diese bei üblicher Fußkraft aufgrund der o. g. Bremskraftverteilung mit alleiniger Funktion der Hinterachse sehr gering. Bei anderen Ausfallursachen wird hingegen bei der diagonalen Aufteilung jeweils noch die halbe Bremswirkung bei gleich bleibender Fußkraft erreicht.

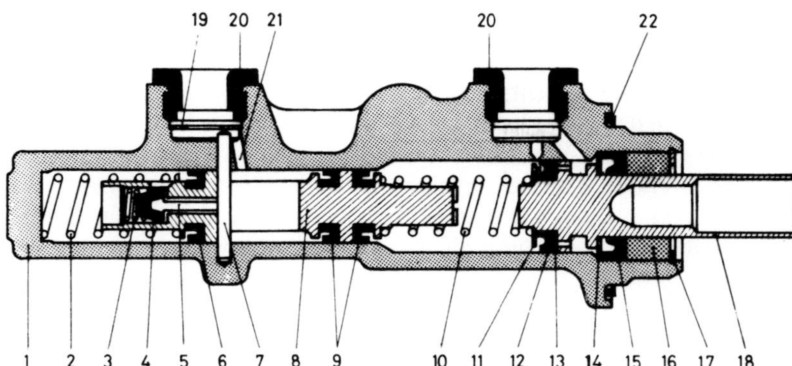

Bild 4.41: *Stufentandem-Hauptbremszylinder im Schnitt [14]. 1 Zylindergehäuse, 2 Druckfeder, 3 Ventilfeder, 4 Ventildichtung, 5 Ventilstift, 6 Primärmanschette, 7 Zylinderstift, 8 Zwischenkolben, 9 Trennmanschette, 10 Druckfeder, 11 Stützring, 12 Primärmanschette, 13 Füllscheibe, 14 Anschlagscheibe, 15 Sekundärmanschette, 16 Kunststoffbuchse, 17 Sicherungsring, 18 Druckstangenkolben, 19 Scheibe, 20 Behälterstopfen, 21 Nachlaufbohrung, 22 Dichtring*

Durch Verwendung des in Bild 4.41 dargestellten **Stufentandemzylinders** lässt sich die Bremskraft an der Hinterachse bei Ausfall des Vorderachsbremskreises steigern. Die Vorderradbremsen sind an der hinteren Kammer angeschlossen und die Hinterradbremsen an der vorderen Kammer, die durch den schwimmenden Kolben mit geringerem Durchmesser mit Druck beaufschlagt wird. Bei intakter Bremse herrscht bei Vernachlässigung der Reibung zwischen schwimmenden Kolben und Zylinderwand der gleiche Druck in beiden Kammern. Für den Druck p als Funktion der Betätigungskraft F gilt bei Vernachlässigung der Reibung:

$$p_{2\_ok} = p_1 = \frac{F}{(\pi/4) \cdot D_1^2}, \qquad \text{(Gl. 4.13)}$$

D Kolbenfläche, 1 Vorderachsbremskreis, 2 Hinterachsbremskreis

Kommt es zu einem Ausfall des Bremskreises der Vorderradbremse, legt sich der mechanisch betätigte Kolben an den schwimmenden Kolben, der schwimmende Kolben wird direkt mechanisch betätigt. Hierdurch gilt für den Druck im Hinterachsbremskreis als Funktion der Betätigungskraft F:

$$p_{2\_Ausfall} = \frac{F}{(\pi/4) \cdot D_2^2} \qquad \text{(Gl. 4.14)}$$

Da $D_2 < D_1$, gilt bei $F = \text{const.}$:

$$p_{2\_Ausfall} > p_{2\_ok} \qquad \text{(Gl. 4.15)}$$

Bei gleicher Betätigungskraft wird der Bremsdruck im Hinterachsbremskreis bei Ausfall des Vorderachsbremskreises größer. Die so verstärkte Bremskraft kann aber im Falle einer Gefahrenbremsung bei Ausfall des Vorderachsbremskreises zu einem Blockieren der Hinterräder führen. Hierdurch wird ein instabiler Fahrzustand erreicht. Geringste Störungen führen zu einem Schleudern des Fahrzeugs, wie wir in Kap. 11.1.5.1 sehen werden. Diese Gefahr besteht bei der diagonalen Bremskreisaufteilung nie, da bei Ausfall eines Kreises auch beim Bremsen mit blockierten Rädern jeweils ein Rad an beiden Achsen dreht und somit Seitenführungskräfte aufbauen kann. Das Fahrzeug bleibt lenkfähig. Bei Ausfall des Hinterachsbremskreises bei „Schwarz-Weiß"-Aufteilung ist hingegen mit blockierten Rädern lediglich ein stabiles Geradeausfahren möglich, vgl. ebenfalls Kap. 11.1.5.1.

Zur Reduzierung der erforderlichen Fußkraft werden **Unterdruck-** und **Hydraulik-Bremskraftverstärker** eingesetzt. Wir betrachten hier die Funktionsweise des stark verbreiteten Unterdruck-Bremskraftverstärkers. Wie in Bild 4.42 dargestellt, besteht dieser aus einem pneumatischen Kolben, der zur reibungsarmen Betätigung als Membranteller mit **Rollmembran** ausgeführt ist. Zur Ansteuerung dienen die **Ventileinheit** und die **Gummireaktionsscheibe**. Um Verunreinigungen zu vermeiden, wird die Luft durch einen Filter aus dem Fahrzeuginnenraum angesaugt. Die Funktionsweise kann durch die drei charakteristischen Stellungen erläutert werden:

Lösestellung: Im unbetätigten Zustand (Bild 4.42a) herrscht auf beiden Seiten des Membrantellers der gleiche Unterdruck, der vom Fahrzeugmotor über den Saugrohrunterdruck oder eine Unterdruckpumpe erzeugt wird. Der Bremskraftverstärker wird durch die Spiralfeder in Ruhelage gehalten.

Teilbremsstellung: Durch Betätigen des Bremspedals wird die Kolbenstange in Richtung Hauptbremszylinder bewegt. Das in der Ventileinheit enthaltene Tellerventil schließt zunächst die Unterdruckverbindung der pedalseitigen Arbeitskammer. Bei weiterer Pedalbewegung wird der **Außenluftkanal** geöffnet. Hierdurch strömt Außenluft in die pedalseitige Arbeitskammer. Es entsteht eine Druckdifferenz im Pneumatikzylinder und dadurch eine Kraft in Richtung Tandem-Hauptzylinder, die die Pedalkraft unterstützt. Bremspedal und Membranteller bewegen sich nach vorn und verschieben die Kolben im Hauptbremszylinder. Es wird hydraulischer Druck im Bremssystem aufgebaut. Bei konstanter Pedalkraft stellt sich jetzt ein Gleichgewichtszustand ein, vgl. Bild 4.42b. Der vom Pedal über die Kolbenstange betätigte Ventilkolben und das mit der Membranscheibe mitbewegte Steuergehäuse drücken auf die Gummireaktionsscheibe. Erreicht der Deformationsweg durch das Steuergehäuse die gleiche Größe des Weges des Ventilkolbens, so wird der Außenluftkanal geschlossen. Die Druckdifferenz und die dadurch verursachte Verstärkungskraft bleiben jetzt konstant. Die Verstärkung entspricht dabei dem Verhältnis der Fläche der Gummireaktionsscheibe zu der Querschnittsfläche des Ventilkolbens.

Wird die Pedalkraft weiter gesteigert, wird zunächst die Gummireaktionsscheibe durch den Ventilkolben stärker deformiert. Hierdurch öffnet der Außenluftkanal. Die Druckdifferenz im Pneumatikzylinder steigt, und die Unterstützungskraft nimmt zu. Hierdurch wird die Gummireaktionsscheibe durch das Steuergehäuse ebenfalls weiter verformt. Bei gleicher Verformung schließt wieder der Außenluftkanal. Die Verstärkungskraft hat proportional zur Pedalkraft zugenommen, vgl. Bild 4.43.

Bei einer Reduzierung der Pedalkraft verschiebt sich zunächst der Ventilkolben nach hinten, während das Steuergehäuse in Ruhe bleibt. Der Verschiebe-

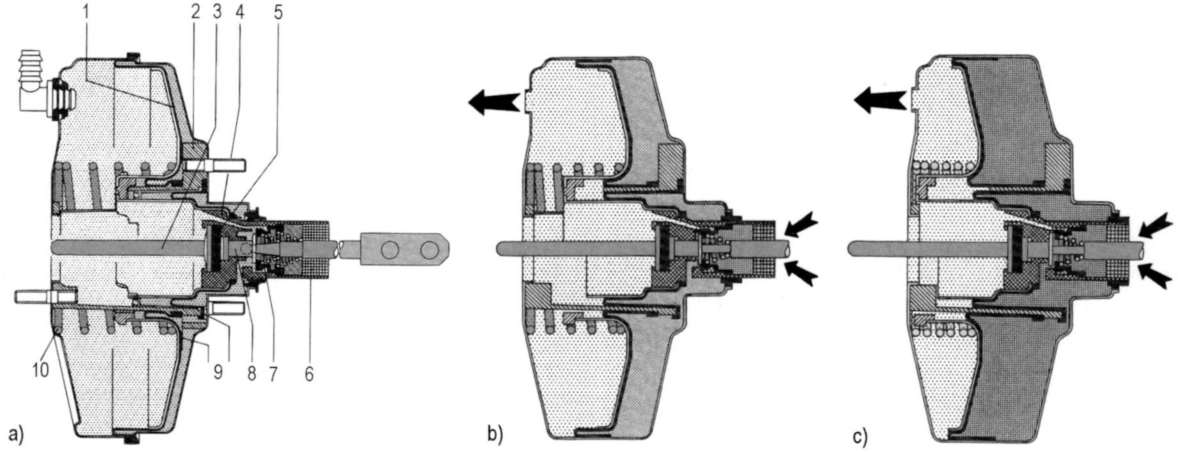

Bild 4.42: *Funktionsweise eines Unterdruck-Bremskraftverstärkers. a) Lösestellung, b) Teilbremsstellung, c) Vollbremsstellung. 1 Membranteller, 2 Zentralrohr, 3 Kolbenstange, 4 Steuergehäuse, 5 Reaktionsscheibe, 6 Luftfilter, 7 Tellerventil, 8 Ventilkolben, 9 Rollmembrane, 10 Druckfeder [14]*

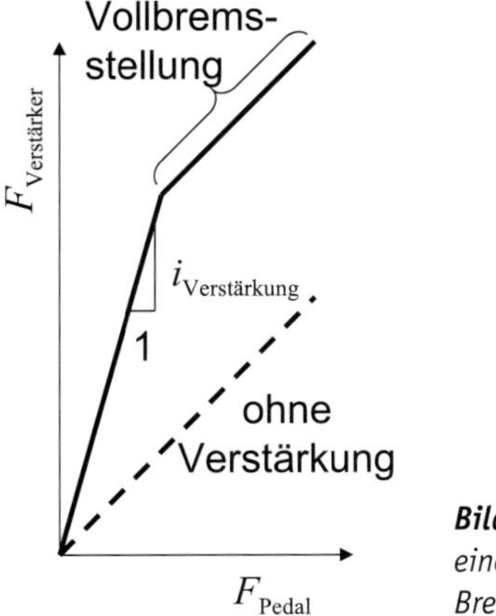

Bild 4.43: *Kennlinie eines Unterdruck-Bremskraftverstärkers*

weg bewirkt jetzt ein Öffnen der Verbindung zwischen Unterdruckkammer und pedalseitiger Kammer. Hierdurch wird der Druck in der pedalseitigen Kammer reduziert, bis wieder der o. g. Gleichgewichtszustand erreicht wird. Beim vollständigen Lösen bleibt der Außenluftkanal geschlossen, und die Verbindung zwischen Unterdruckkammer und pedalseitiger Kammer wird vollständig geöffnet. Es wird die Lösestellung angefahren.

Vollbremsstellung: Bei einer Vollbremsung mit hoher Pedalkraft ist die Verbindung zwischen pedalseitiger Arbeitskammer und Unterdruckkammer vollständig geschlossen und der Außenluftkanal geöffnet, wie in Bild 4.42c dargestellt. Hierdurch herrscht maximaler Druckunterschied am Pneumatikkolben, es ist die max. mögliche Verstärkung erreicht, vgl. auch Bild 4.43. Dieser Zustand wird **Aussteuerpunkt** genannt.

Die Verbindung zwischen unbeweglichen Hydraulikkomponenten erfolgt durch **Bremsrohrleitungen**, die meist aus Stahl gefertigt und durch galvanische Verzinkung und Kunststoffbeschichtung korrosionsgeschützt sind. In Europa sind ein Außendurchmesser von 4,75 mm und eine Wandstärke von 1 mm meist gebräuchlich. Die Schraubverbindungen werden auf die Leitung aufgeschoben, und die Enden werden anschließend gebördelt. Leitungen aus Kupferlegierungen, die im Oldtimerbereich eingesetzt werden, bieten zwar optimalen Korrosionsschutz, können aber zu Schwingbrüchen neigen.

Die wegen der Lenk- und Federbewegungen der Räder notwendigen **Bremsschläuche** bestehen aus einem Innenschlauch, einem zweilagigen Gewebe und einer äußeren Gummischicht. Durch das Gewebe sind sie für die im Bremssystem auftretenden Drücke bis ca. 200 bar geeignet. An den Enden sind Schraubverbindungen aufgepresst. Alternativ zu diesen Schläuchen werden so genannte **Stahlflexleitungen** eingesetzt. Diese bestehen aus Polytetrafluorethylen-(PTFE-)Leitungen und einem Edelstahlgeflecht als Druckträger. Gegebenenfalls wird ein weiteres thermoplastisches Elastomer als äußere Schutzschicht aufgebracht. Stahlflexleitungen zeichnen sich gegenüber Schläuchen durch eine geringere Aufweitung aus, sind aber eher für Verbindungen mit geringer Bewegung geeignet.

Die **Bremsflüssigkeiten** sind genormt und müssen einige Anforderungen an Siedepunkt, Viskosität, Wasserverträglichkeit, Korrosionsverhalten gegenüber einigen Metallen und Verhalten gegenüber den im Bremssystem verwendeten Elastomeren erfüllen. Die in Europa zulässigen Bremsflüssigkeiten sind auf Polyglykol-Basis und damit hygroskopisch. Hierdurch wird z. B. vermieden, dass sich im Bremssystem Kondenswasser separieren und im Winter einfrieren kann. Feuchtigkeit, die über die Entlüftungsöffnung am Ausgleichsbehälter eindringt, wird somit von der Bremsflüssigkeit aufgenommen. Hierdurch senkt sich aber der Siedepunkt der Bremsflüssigkeit (ca. 270 ... 300 °C im Neuzustand), da Wasser bekanntlich unter Normbedingungen bei 100 °C siedet. Bereits bei einem Wassergehalt von 3 % fällt der Siedepunkt auf 155 ... 200 °C. Um das Risiko eines Ausfalls der Bremse durch Dampfblasenbildung zu minimieren, sollte die Bremsflüssigkeit alle 2 Jahre gewechselt werden, da der Wassergehalt nach dieser Zeit bereits 3 ... 6 % beträgt.

4.2.4 Bauarten von Bremsanlagen

Seit Anfang des 20. Jahrhunderts wird im Fahrzeugbau die **Trommelbremse** als Radbremse eingesetzt. Diese ist in Bild 4.44 bei abgenommener **Bremstrommel** dargestellt. Der so genannte **Brems-**

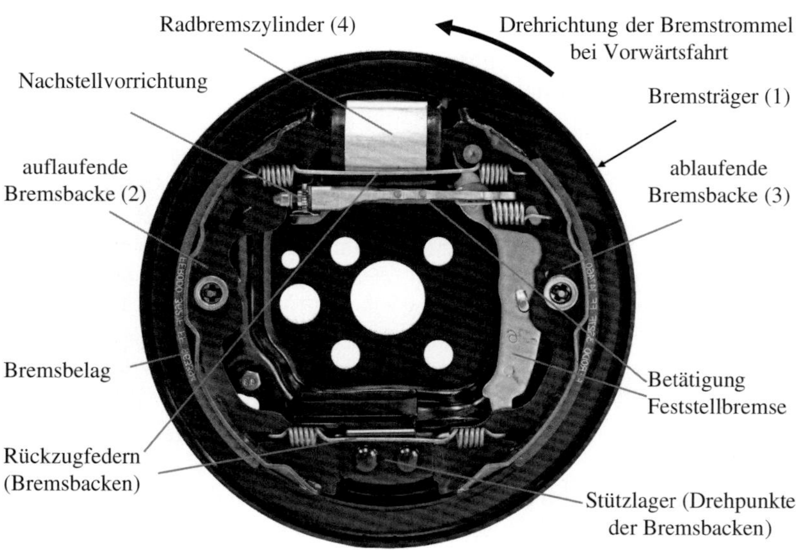

Bild 4.44: *Aufbau einer Trommelbremse [Bosch]*

träger (1) ist an der Achse montiert (bei der dargestellten Bremse über vier Schrauben). An diesem sind die **Bremsbacken (2) und (3)** über das Stützlager drehbar gelagert und ist der **Radbremszylinder (4)** zur Betätigung montiert. Um die Bremsbeläge nach Bremsbetätigung zurückzuziehen, sind Spiralfedern vorgesehen. Die nicht dargestellte Radnabe sitzt zwischen Bremsträger und Bremstrommel. Die Radnabe wird über die dargestellte zentrale Bohrung relativ zur Bremsträgerplatte definiert montiert. Die Bremstrommel wird nach Zusammenbauen der Radbremse über die Bremsbacken geschoben und mit ihrem zentrischen Loch auf der Radnabe zentriert. Die Radnabe ragt über die Bremstrommel nach außen, damit auch das Rad hiermit zentriert wird. Nach der Montage des Rades befindet sich die Bremstrommel zwischen Rad und Radnabe. Zum Anbringen der Radbolzen sind in der Bremstrommel Durchgangslöcher angebracht. Das Bremsmoment wird durch Reibschluss direkt von der Bremstrommel auf das Rad übertragen. Bei nicht angetriebenen Rädern werden teilweise auch Radnabe und Bremstrommel als ein Bauteil ausgeführt.

Die **Bauarten der Trommelbremse** unterscheiden sich bzgl. Anordnung, Lagerung und Betätigung der Bremsbacken. Die am meisten verbreiteten sind:

- Simplexbremse,
- Duplex-/Duo-Duplexbremse,
- Servo-/Duo-Servobremse.

Bezüglich der **Backenführung** unterscheidet man zwei Bauarten:

- Bremsbacken mit festem Drehpunkt,
- Bremsbacken als Gleitbacken, parallel oder schräg geführt.

Simplexbremse:

Die an der Hinterachse meist verbreitete Bauart ist die Simplexbremse. Wie in Bild 4.45 dargestellt, betätigt ein doppelt wirkender Radzylinder (5) die Bremsbacken (6, 7).

Bei der angegebenen Drehrichtung wird durch die Reibkraft die Anpresskraft der Bremsbacke 6 verstärkt – man spricht von auflaufender Backe –, die Anpresskraft der Bremsbacke 7 wird abgeschwächt, vgl. Bild 4.46. Daher wird diese als ablaufende Bremsbacke bezeichnet. Die Resultierende aus der Tangentialkraft erzeugt jeweils ein Moment um den Drehpunkt der Bremsbacke, das bei der auf-

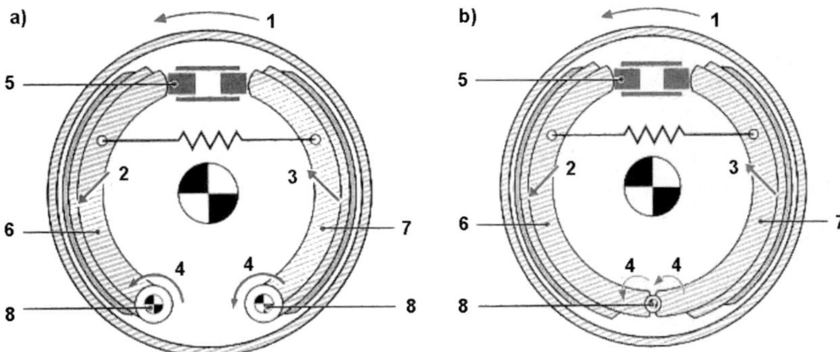

Bild 4.45: *Simplexbremse [11].*
a) Einfachdrehpunkt, b) Doppeldrehpunkt. 1 Drehrichtung der Bremstrommel (Vorwärtsfahrt), 2 Selbstverstärkung, 3 Selbsthemmung, 4 Drehmoment, 5 doppelt wirkender Radzylinder, 6 auflaufende Bremsbacken, 7 ablaufende Bremsbacken, 8 Anstützpunkt (Drehpunkt)

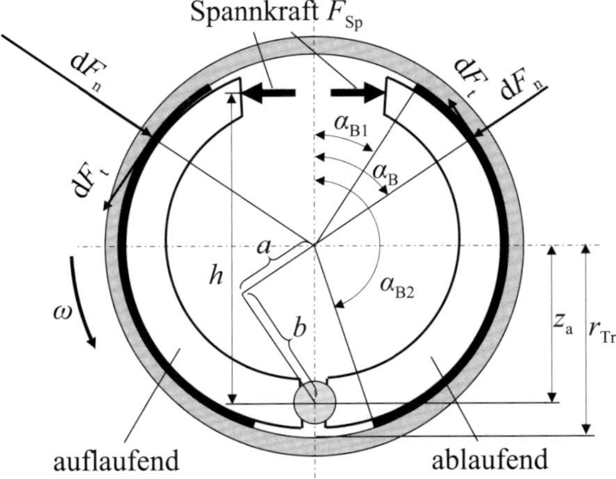

Bild 4.46: *Entstehung der Selbstverstärkung/-abschwächung an der Trommelbremse*

laufenden Backe in die gleiche Richtung wie das Betätigungsmoment wirkt. Bei der ablaufenden Backe erzeugt die Tangentialkraft ein Moment um den Drehpunkt. Hierdurch entsteht eine Kraft, die der Betätigungskraft entgegenwirkt und damit die Anpresskraft des Belags reduziert.

Duplex-/Duo-Duplexbremse:

Die Duplexbremse enthält zwei Bremszylinder, die jeweils nur eine Bremsbacke betätigen. Hierdurch entstehen, wie in Bild 4.47a dargestellt, bei der eingezeichneten Drehbewegung zwei auflaufende Bremsbacken. Bei umgekehrter Drehrichtung werden beide Bremsbacken zu ablaufenden, d. h., die Bremswirkung wird bei gleicher Betätigungskraft stark abgeschwächt. Um auch bei Rückwärtsfahrt eine selbstverstärkende Wirkung zu erreichen, werden bei der Duo-Duplexbremse die beiden einfach wirkenden Radzylinder durch doppelt wirkende er-

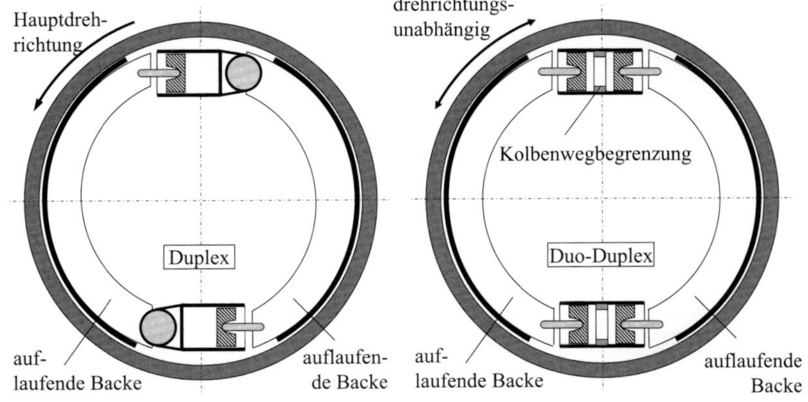

Bild 4.47: *Duplex-/Duo-Duplexbremse*

setzt, die mit Anschlägen versehen sind. Dreht sich die Bremstrommel im Uhrzeigersinn (Bild 4.47b), neigen die Bremsbacken bei Betätigung der Bremse dazu, sich mit der Trommel mitzudrehen. Die Bremskolben werden im oberen Radbremszylinder nach rechts und die unteren nach links verschoben, bis die Anschläge am Bremskolben zum Einsatz kommen. Jetzt stützt sich die linke Backe am oberen Ende und die rechte Bremsbacke am unteren Ende ab. Wir haben auch bei der dargestellten Drehung der Trommel im Uhrzeigersinn eine Duplexbremse mit Selbstverstärkung.

Servo-/Duo-Servobremse:
Im Gegensatz zur Simplexbremse ist hier der gemeinsame untere Lagerpunkt der Bremsbacken nicht an der Bremsträgerplatte fixiert, sondern schwimmend gelagert. Bei Betätigung der Bremse stützt sich, wie in Bild 4.48 dargestellt, die linke auflaufende Bremsbacke an der rechten Bremsbacke ab. Hierdurch wird die rechte Bremsbacke mit der Abstützkraft betätigt, die gegenüber der Bremszylinderkraft verstärkt ist. Diese stützt sich am Radbremszylinder ab und wird dadurch ebenfalls zu einer auflaufenden Backe. So ergibt sich insgesamt eine noch größere Selbstverstärkung als bei einer Duplexbremse, vgl. Bild 4.51. Wie bei der Duo-Duplexbremse wird auch bei der Duo-Servobremse ein doppelseitiger Radbremszylinder mit beidseitigen Anschlägen verwendet, sodass die Selbstverstärkung in beiden Drehrichtungen zum Tragen kommt.

Scheibenbremse:
Seit den 50er-Jahren des letzten Jahrhunderts wird die Trommelbremse zunehmend durch die Scheibenbremse ersetzt, da sie bezüglich der thermischen Standfestigkeit große Vorteile bietet. Bei heutigen Fahrzeugen ist die Vorderachse ausschließlich mit Scheibenbremsen ausgerüstet. Die Bremsscheibe wird an der Radnabe montiert. Damit genügend Bauraum zwischen Felge und Scheibe für die Bremszange verbleibt, ist die Bremsscheibe im Bereich der Nabe topfförmig.

Bei der Scheibenbremse wird zwischen den drei, in Bild 4.49 dargestellten Bauarten unterschieden:

- Festsattelbremse,
- Faustsattelbremse,
- Schwimmrahmensattelbremse.

Festsattelbremse:
Bei der so genannten Festsattelbremse sind die Radbremszylinder über die Bremszange fest mit dem Radträger verbunden, vgl. Bild 4.50. Je ein Kolben (8) auf der Innen- und Außenseite der Bremsscheibe bewegt bei Druckbeaufschlagung die klotzförmigen Bremsbeläge (5) gegen die dazwischen liegende **Bremsscheibe** (6). Um ein Austreten von Bremsflüssigkeit auszuschließen, ist jeweils ein **Kolbendichtring** (3) mit Vierkantprofil angebracht, der in einer eingearbeiteten Nut im Gehäuse sitzt. Diese Ringe werden beim Bremsen durch die Bewegung der Kolben vorgespannt und verformt. Zum Lösen der Bremse wird der Druck im System weggenommen, und die Vorspannung in den Dichtringen ge-

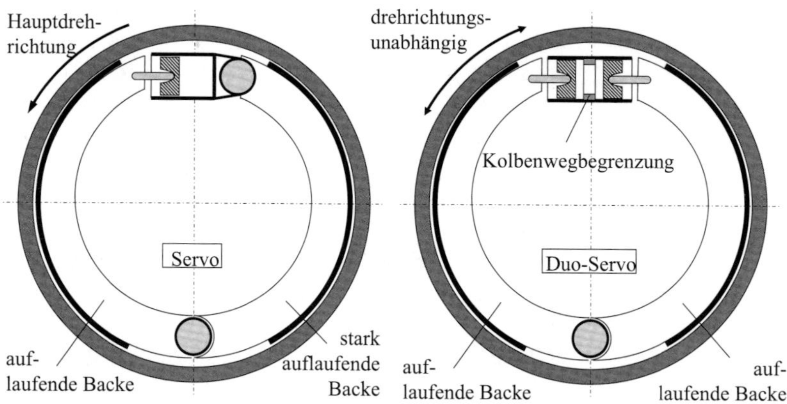

***Bild 4.48:** Servo-/Duo-Servobremse*

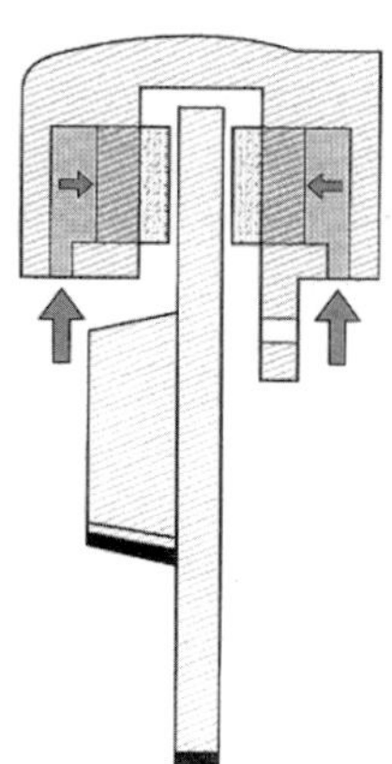
Festsattelbremse

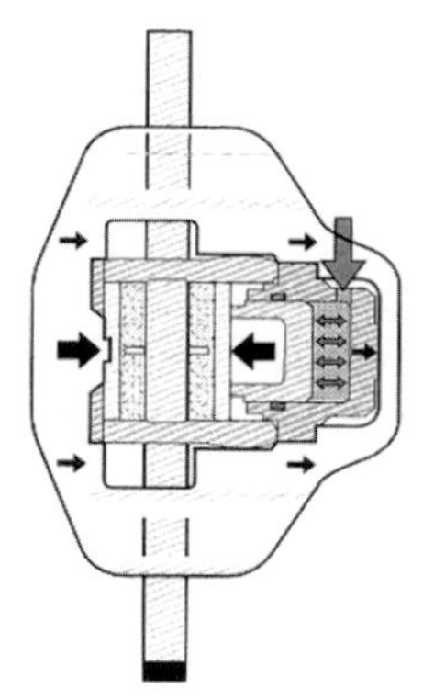
Schwimmrahmen-Sattelbremse

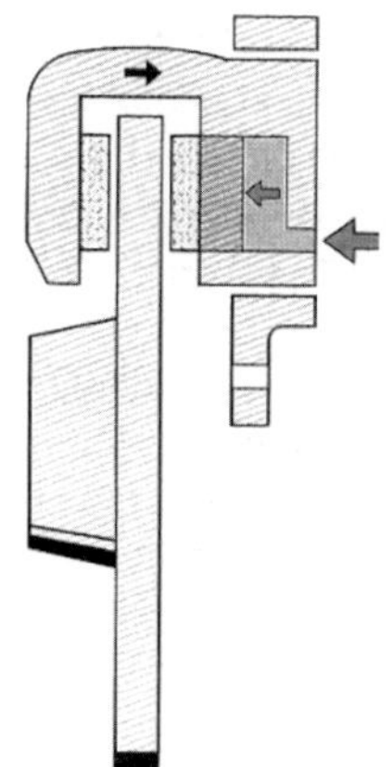
Faustsattelbremse

Bild 4.49: *Bauarten von Scheibenbremsen [11]*

nügt, um den Kolben zurückzudrücken. Bei Abnutzung des Bremsbelags muss der Kolben weiter in Richtung Bremsscheibe bewegt werden. In diesem Fall rutscht er bei Bremsbetätigung etwas auf dem Dichtring. Hierdurch ergibt sich eine **automatische Nachstellung**.

Der in Bild 4.50 im Schnitt dargestellte **Bremssattel** besteht aus zwei Gussteilen, die über Schrauben (2) miteinander verbunden sind. Die Zylinderbohrungen und die Führungen der Bremsbeläge werden mechanisch nachbearbeitet. Die beiden Kolben sind durch einen Verbindungskanal (4) miteinander verbunden. Zum Anbringen der Bremsleitung bzw. des Bremsschlauchs ist bei (10) ein entsprechendes Gewinde (üblich: M 10 × 1) im Gehäuse eingearbeitet.

Der Vorteil der Festsattelbremse ist die hohe mechanische Festigkeit. Daher wird diese Bauart häufig bei schweren und schnellen Pkws und bei Nutzfahrzeugen eingesetzt. Bei dieser Bremsenbauart ist es von Nachteil, wenn die Verbindungsleitung zwischen den beiden Kolben im Gehäuse sitzt. Die von der Bremsscheibe abstrahlende Wärme führt zu einer starken Erwärmung des Gehäuses im Bereich der Verbindungsleitung. Hierdurch wird bei großen Beanspruchungen die Bremsflüssigkeit stärker erwärmt.

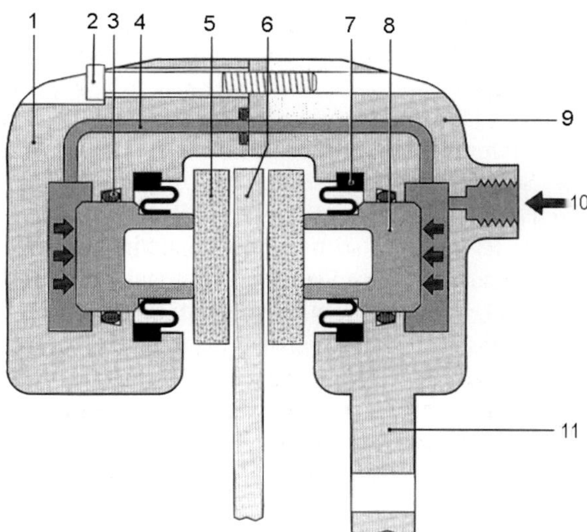

Bild 4.50: *Festsattelbremse [11]. 1 Gehäuse-Flanschteil, 2 Gehäuseverbindungsbolzen, 3 Kolbendichtring, 4 Hydraulik-Verbindungskanal, 5 Bremsbelag, 6 Bremsscheibe, 7 Schutzkappe, 8 Kolben, 9 Gehäuse-Deckelteil, 10 Anschluss, 11 Befestigungsschlauch*

Faustsattelbremse:

Bei der Faustsattelbremse ist am Radträger ein Halter angebracht, der den Faustsattel führt, vgl. Bild 4.49. Der Faustsattel lässt sich in dieser Führung in Radachsrichtung, also senkrecht zur Bremsscheibe, verschieben. Im Faustsattel ist ein Radbremszylinder eingearbeitet, der direkt mit dem Hydraulikdruck beaufschlagt wird. Hierdurch drückt der Bremskolben den kolbenseitigen Bremsbelag gegen die Bremsscheibe. Die Reaktionskraft am

Faustsattel bewirkt eine Verschiebung des Sattels auf der Führung. Der zweite am Sattel angebrachte Bremsbelag wird dadurch auch an die Bremsscheibe gedrückt. Bei Vernachlässigung der Reibung in der Führung ist theoretisch die Anpresskraft beider Beläge gleich groß.

Vorteil der Faustsattelbremse gegenüber der Festsattelbremse ist der erheblich geringere Bauraumbedarf zwischen Bremsscheibe und Rad. Als Nachteil kann die nicht vermeidbare Reibung in der Gleitführung angesehen werden. Hierdurch sind während des Bremsvorgangs die Anpresskräfte unterschiedlich, und nach dem Lösen der Bremse läuft der Belag an der Radaußenseite nicht sofort vollständig frei. Hierdurch ist der Belagverschleiß der beiden Beläge unterschiedlich. Gelegentlich werden die Belagsflächen innen und außen unterschiedlich groß gewählt, um diese Effekte teilweise zu kompensieren.

Schwimmrahmen-Sattelbremse:

Die Schwimmrahmen-Sattelbremse ist ähnlich wie die Faustsattelbremse aufgebaut. Statt des Faustsattels ist hier ein so genannter **Schwimmrahmen** parallel zur Radachse verschiebbar angebracht, vgl. Bild 4.49. Dieser Schwimmrahmen stützt sich an der Radaußenseite am Bremsbelag und an der Radinnenseite an einem separaten Radbremszylinder ab. Zwischen Radbremszylinder und Bremsscheibe sitzt der zweite Bremsbelag, der im Schwimmrahmen geführt wird.

Die Vor- und Nachteile der Schwimmrahmenbremse sind die gleichen wie bei der Faustsattelbremse. Darüber hinaus wird ein sehr gutes Abkühlverhalten erreicht, da die Hydraulikbauteile frei von Luft umströmt werden können. Andererseits verschmutzen die Führungen für den Schwimmrahmen leicht, was zu größerer Reibung und unterschiedlicher Anpresskraft außen und innen führen kann.

Die zwischen Bremsbelägen und Trommel bzw. Scheibe erzeugte Reibkraft ist, bei Vernachlässigung von Verlusten, proportional zur Betätigungskraft an den Radbremszylindern, die auch als **Spannkraft** bezeichnet wird. Daher wird dieses Verhältnis als **innere Übersetzung *C** der Radbremse** bezeichnet:

$$C^* = \frac{\text{Umfangskraft}}{\text{Spannkraft}} \tag{Gl. 4.16}$$

Da die Scheibenbremse über keine Selbstverstärkung verfügt, entspricht die Spannkraft der Anpresskraft. Die Umfangskraft ist zusätzlich abhängig vom Belagsreibwert μ_B. Weil zwei Beläge an die Scheibe gepresst werden, gilt:

$$C^*_{\text{Scheibenbremse}} = 2 \cdot \mu_B \tag{Gl. 4.17}$$

Bei der Trommelbremse ist die innere Übersetzung abhängig von der Bauart. Bei einer auflaufenden Backe wird die Selbstverstärkung mit zunehmendem

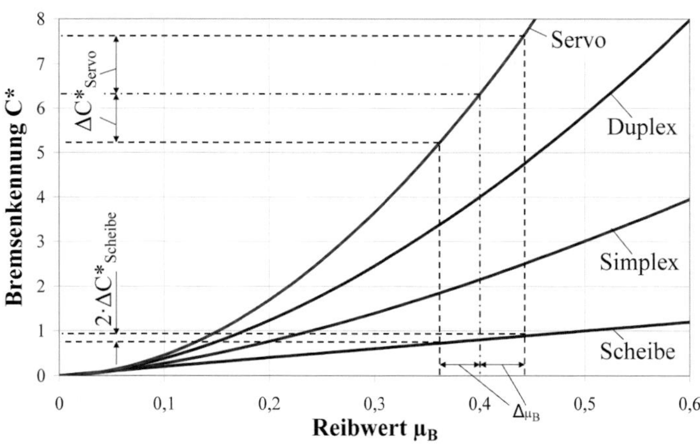

***Bild 4.51:** Innere Übersetzung als Funktion des Belagreibwerts für unterschiedliche Bremsbauarten*

Belagsreibwert größer, da die Umfangskraft bei gleicher Spannkraft steigt. Analoges gilt für die ablaufende Backe. Hierdurch ist die innere Übersetzung der Trommelbremse nichtlinear vom Reibwert abhängig. In Bild 4.51 ist die innere Übersetzung für verschiedene Trommelbremsbauarten und die Scheibenbremse aufgetragen. Die Werte für die Trommelbremse sind nur Anhaltswerte, da diese zusätzlich von der geometrischen Auslegung abhängen.

In Tabelle 4.3 werden Trommel- und Scheibenbremse miteinander verglichen. Bei der Trommelbremse entsteht die Wärme an der inneren Reibfläche der Trommel. Die Abfuhr der Wärme erfolgt über die Außenseite der Trommel und über die Flanschfläche. Zur besseren Kühlung werden gelegentlich die Bremstrommeln außen verrippt. Dennoch führt die verbleibende Erwärmung der Trommel zu einer Ausdehnung. Durch die stärkere Wärmeabfuhr und die höhere Steifigkeit an der Flanschfläche entsteht eine konische Innenfläche, wie in Bild 4.52 schematisch dargestellt. Da die Bremsbacken nicht mehr optimal aufliegen, nimmt die Bremswirkung bei gleicher Spannkraft ab. Man spricht von **Fading** (thermisch bedingtes Nachlassen der Bremswirkung).

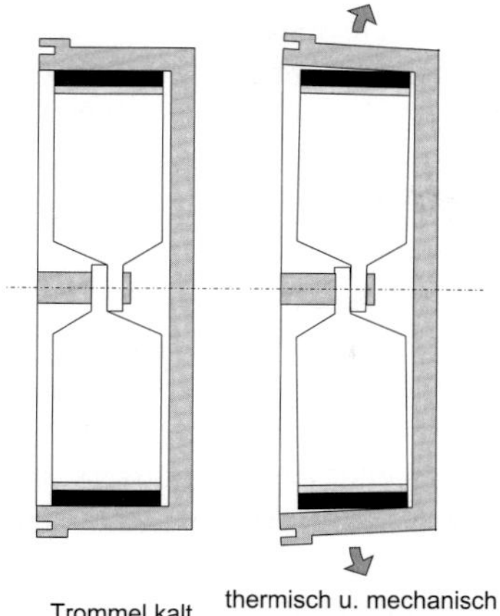

Bild 4.52: *Verformung der Bremstrommel unter mechanischer und thermischer Beanspruchung*

Tabelle 4.3: *Vergleich von Trommel- und Scheibenbremse*

Kriterium	Trommelbremse	Scheibenbremse
Thermische Standfestigkeit	–	+
Gefahr des thermischen Verzugs von Trommel/Scheibe	–	+
Notwendige Spannkraft	+	–
Einfluss Reibwertschwankung auf Bremsmoment	–	+
Feinstaubbelastung der Umwelt durch den Bremsenstaub	+	–
Selbstreinigung der Bremse	–	+
Bremswirkung bei Nässe	+	–
Standzeit Trommel/Scheibe	+	–
Standzeit Belag	+	–
Aufwand beim Belagwechsel	–	+
Integration der Feststellbremse	+	–

Bei der Scheibenbremse entsteht die Wärme an beiden Außenseiten. Diese werden von der Kühlluft direkt angeströmt. Zusätzlich verfügen die so genannten innenbelüfteten Bremsscheiben über innere Kühlkanäle. Durch die Formgebung dieser Kanäle führt die Radrotation zu einer Durchströmung. Durch die weitgehend symmetrische Erwärmung und Kühlung der Bremsscheibe bleibt ihre Form bei Erwärmung quasi unverändert. Ein Fading tritt bei der Scheibenbremse erst bei erheblich höherer Bremsleistung auf und ist in diesem Fall in erster Linie durch das Nachlassen des Belagreibwerts bei Temperaturen ab ca. 550 °C bedingt.

Wird mit einer stark erwärmten Bremse eine **Festhaltebremsung** durchgeführt, so ist dies bei einer Scheibenbremse im Allgemeinen unkritisch, da die Spannkräfte keine Verformung der Bremsscheibe hervorrufen. Eine Bremstrommel wird hingegen im Bereich der Beläge aufgeweitet. Dies erfolgt normalerweise im elastischen Bereich. Eine heiß gefahrene Trommel wird durch Veränderung des Metallgefüges weich. Wird jetzt die Feststellbremse betätigt, so führt die Abkühlung der Trommel zu einem Schrumpfen. Da die festgestellten Bremsbacken nicht zurückweichen wird die Anpresskraft so hoch, dass sich die Trommel bleibend verformt. Sie wird zu einem „Ei".

Durch die Selbstverstärkung der Trommelbremse ist die erforderliche Fußkraft zur Erzeugung des notwendigen Bremsmoments geringer. Daher konnte in der Vergangenheit zumindest bei leichteren Fahrzeugen, die an der Vorderachse mit Duplex- oder Servobremsen ausgestattet waren, auf die Verwendung eines Bremskraftverstärkers verzichtet werden.

Nachteil der Selbstverstärkung ist andererseits die starke Abhängigkeit des Bremsenkennwerts von **Reibwertschwankungen**, wie in Bild 4.51 dargestellt ist. Während bei einer Scheibenbremse eine Schwankung des Reibwerts von ±10 % auch zu einer Bremskraftschwankung von ±10 % führt, beträgt bei einer Servobremse die hervorgerufene Bremskraftschwankung ca. ±20 %. Leicht abweichende Reibwerte zwischen der linken und rechten Radbremse führen somit bei der Trommelbremse schnell zu einem spürbaren Schiefziehen der Bremse. Da die Bremsbeläge mit dem höheren Reibwert schneller verschleißen, führt die veränderte Geometrie häufig zu einer Erhöhung der Selbstverstärkung und damit zu einem zunehmendem Schiefziehen der Bremse.

Während bei der Scheibenbremse der Bremsstaub abgeschleudert wird, verbleibt er bei der Trommelbremse in der Trommel. Dies ist bezüglich der Feinstaubbelastung der Umwelt und der Felgenverschmutzung von Vorteil. Der Staub kann andererseits den Reibwert beeinflussen und damit eine Veränderung der Bremswirkung hervorrufen.

Bei nasser Fahrbahn wird die Bremsscheibe mit Nässe beaufschlagt, während die weitgehend geschlossene Trommelbremse im Allgemeinen trocken bleibt. Der Nässefilm kann zu einem verzögerten Einsetzen der Bremswirkung führen, wobei dies besonders ausgeprägt auftritt, wenn der Wasserfilm mit Streusalz angereichert ist. Bei modernen, elektronisch geregelten Bremsanlagen werden daher bei Nässe die Scheibenbremsen regelmäßig betätigt. Der Bremsdruck wird hierbei so gering wie möglich gewählt, damit der Fahrer dies nicht wahrnimmt.

Da die von der Fahrbahn aufgewirbelte Nässe mit Schmutz angereichert ist, entstehen an den Bremsscheiben nach kurzer Betriebszeit deutlich sichtbare Riefen, die aber die Bremswirkung nicht beeinträchtigen. Dennoch ist die Standzeit der Bremsscheiben meist deutlich geringer als die der Bremstrommeln. Gleiches gilt auch für die Beläge. Da andererseits der Belagwechsel bei Scheibenbremsen mit geringerem Zeitaufwand verbunden ist, sind die Arbeitszeitkosten für die Wartung der Bremse vergleichbar.

Die **Scheibenbremse** hat sich beim Pkw zumindest an der Vorderachse vor allem aufgrund der wesentlich besseren thermischen Stabilität und der geringeren Empfindlichkeit gegen Reibwertschwankungen durchgesetzt.

Bei leistungsschwachen Pkws werden auch heute noch gern an der Hinterachse Trommelbremsen verwendet, da sie günstige Voraussetzungen zur Integration der Feststellbremse bieten, wie in Bild 4.44 und Bild 4.53 dargestellt. Die Betätigung erfolgt über Seilzug, der am Hebel 1 eingehängt ist. Das Seil wird nach links bewegt und führt zu einer Rechtsdrehung des Hebels 1. Hierdurch wird der Bügel 2 nach links geschoben. Da dieser am linken Bremsbelag 3 gelagert ist, wird dieser Belag gegen die Trommel gedrückt. Jetzt entsteht eine Druckkraft auf den Bügel 2. Hierdurch wird jetzt der Hebel 1 nach rechts gedrückt. Da das obere Ende des Hebels 1 am rechten Bremsbelag 4 gelagert ist, wird nun auch der rechte Bremsbelag gegen die Trommel gedrückt, und die Feststellbremse ist betätigt.

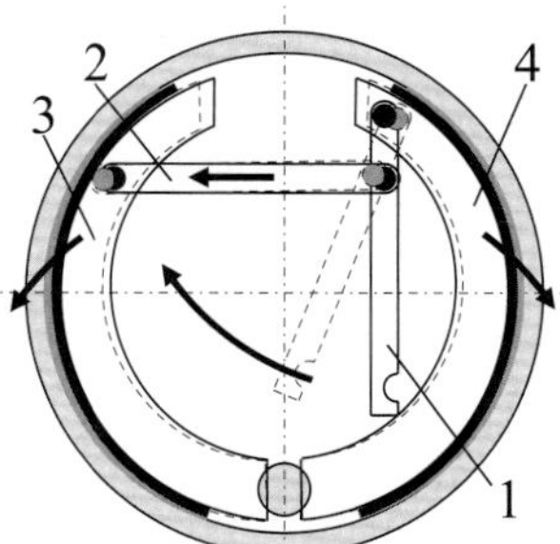

Bild 4.53: *Funktionsprinzip der Feststellbremsanlage bei einer Trommelbremse*

Bei Fahrzeugen, die auch an der Hinterachse mit Scheibenbremsen ausgerüstet sind, gibt es zwei Möglichkeiten, die Feststellbremse zu realisieren:

- in der hinteren Bremsscheibe ist eine kleine Trommelbremse integriert, die lediglich als Feststellbremse dient,
- in der Bremszange der Scheibenbremse ist eine Mechanik integriert, die, mit Seilzug bewegt, zumindest einen Bremsbelag gegen die Bremsscheibe drückt.

Bei einer elektrisch betätigten Feststellbremse wird die gleiche Mechanik verwendet, lediglich der Seilzug wird über einen elektrischen Aktuator betätigt. Üblich ist hierbei ein Elektromotor, der mit einem Schneckengetriebe kombiniert ist, da durch die Selbsthemmung sichergestellt ist, dass sich die Bremse im stromlosen Zustand nicht lösen kann. Durch diese Methode werden die gesetzlichen Anforderungen nach einer mechanischen Betätigung erfüllt.

Die modernste, auf dem Markt befindliche Pkw-Bremsanlage ist die **elektrohydraulische Bremsanlage** (**EHB**). Bei dieser Bremsanlage gibt der Fahrer mit dem Bremspedaldruck den Bremswunsch vor. Durch eine elektrisch angetriebene Hydraulikpumpe wird der Hydraulikdruck erzeugt und entsprechend dem Fahrerwunsch und der jeweiligen Fahrsituation über Hydraulikventile an die Radbremsen weitergeleitet. Um die Zulassungsvorschriften zu erfüllen, benötigt das Bremssystem eine **hydraulische Rückfallebene**. Bei der EHB wird daher mit dem Bremspedal eine Nothydraulik betätigt, die beim Ausfall der hydraulischen Pumpe die Vorderradbremsen klassisch mit Druck beaufschlagt.

Vorteile dieser Art der Bremsanlage sind:

- leichtere Integration von **ABS**, **ASR**, **ESP** und **Bremsassistent** (vgl. Kap. 11.1.5.6),
- in Abhängigkeit der jeweiligen Fahrsituation und dem Beladungszustand können die Bremsdrücke an den einzelnen Rädern individuell eingesteuert werden,
- das Verhältnis zwischen Fußkraft und Bremsverzögerung kann variiert und auch nichtlinear ausgelegt werden.

Der Vorteil der individuellen Ansteuerung der einzelnen Radbremsen soll am Beispiel der Kurvenfahrt erläutert werden. Bei einer herkömmlichen Bremsanlage werden beide Vorderräder und beide Hinterräder jeweils gleich stark gebremst. Bei Kurvenfahrt wird das kurveninnere Rad entlastet und das kurvenäußere belastet. Hierdurch kommt es am kurveninneren Rad schnell zu einem Überbremsen, und die ABS-Regelung muss eingreifen. Bei der EHB werden bei Kurvenfahrt stets die kurvenäußeren Räder stärker und die kurveninneren schwächer gebremst. Hierdurch entsteht ein Giermoment, vgl. Kap. 11.4. Das Fahrzeug wird weniger kurvenwillig. Dies ist durchaus erwünscht, da bei einer herkömmlichen Bremsanlage das Fahrzeug zum Hineindrehen in die Kurve neigt: Durch die dynamische Entlastung der Hinterachse, vgl. Kap. 11.1.1, überträgt die Hinterachse weniger Seitenkraft, d. h., das Fahrzeug tendiert dazu, mit dem Heck auszubrechen. Beim Bremsen reduziert sich die Fahrgeschwindigkeit, und bei konstantem Kurvenradius muss damit auch die Giergeschwindigkeit abnehmen. Aufgrund des Trägheitsmoments um die Hochachse erfolgt dies ebenfalls verzögert.

Seit vielen Jahren werden auch elektrische Bremssysteme, die mit **„Brake by wire“** bezeichnet werden, entwickelt. Die Radbremsen werden hierbei durch **elektrische Aktuatoren** betätigt. Im Gegensatz zur EHB entfällt hier das hydraulische System. Dies wäre auch bei der Fahrzeugendmontage und beim Fahrzeugrecycling von Vorteil. Zur Zeit ist eine derartige Bremsanlage aufgrund der fehlenden hydraulischen Rückfallebene nicht zulassungsfähig.

Bremskraftminderer und Anti-Blockier-System (ABS) werden im Zusammenhang mit der Auslegung der Bremsanlage in Kap. 11.1.5.3 behandelt.

4.3 Radführungen

Die Radführungen müssen die Kräfte und Momente, die von der Fahrbahn auf das Fahrzeugrad wirken, an die Karosserie weiterleiten. Da die Fahrbahnen nie absolut eben sind, ist es zur Schonung von Fahrzeug, Fahrzeuginsassen und auch der Fahrbahn erforderlich, die Räder so aufzuhängen, dass Vertikalbewegungen zwischen Rad und Fahrzeugaufbau möglich sind und die Räder die Vertikalkraft über **Federn** und **Dämpfer** an den Fahrzeugaufbau weiterleiten. Zusätzlich müssen die vorderen Räder lenkbar sein.

4.3.1 Aufbau von Radführungen

Pro Fahrzeugrad wird ein **Radträger,** bestehend aus **Radnabe** und **Radlagerung**, benötigt. Bei nicht angetriebenen Achsen nimmt der Radträger immer auch die Radbremse auf. In Bild 4.54 ist beispielhaft ein Radträger für ein nicht angetriebenes Rad mit Scheibenbremse dargestellt. Bei angetriebenen Achsen wird zusätzlich ein Anschluss für eine **Antriebswelle** benötigt. Bei einer angetriebenen Achse ist es damit möglich, die **Radbremse innenliegend** anzuordnen, und nicht wie in Bild 4.54 **außenliegend.** In diesem Fall ist die Radbremse am Getriebe angebracht, und das Bremsmoment wird über die Antriebswelle übertragen. Vorteile dieser Anordnung sind der geringere Platzbedarf im Rad und die geringere ungefederte Masse (vgl. hierzu Kap. 4.5). Bei modernen Bremsanlagen ist allerdings die dynamische Beanspruchung der Antriebswelle bei einer ABS-geregelten Bremsung sowohl im Hinblick auf die Lebensdauer der Antriebswelle als auch auf die Regelung des ABS problematisch. Durch die elastische Verdrehung der Antriebswelle kann es zu Drehschwingungen zwischen Radbremse und Rad kommen.

Bild 4.54: *Ausgeführter Radträger*

4.3.2 Bauarten von Radführungen

Zur Anbindung dieser Radträger an die Karosserie haben sich drei grundsätzliche Bauarten von Radführungen im Laufe der Fahrzeugentwicklung herauskristallisiert.

Starrachsen:
Die beiden Radträger einer ungelenkten Starrachse sind durch ein starres Element fest miteinander verbunden. Hierdurch haben die beiden Räder eine feste Relativlage zueinander. Damit beide Räder unabhängig voneinander ein- und ausfedern können, sind zwei **Freiheitsgrade** erforderlich – ein primär translatorischer Freiheitsgrad in vertikaler Richtung und ein rotatorischer in Fahrzeuglängsrichtung – vgl. Bild 4.55a. Bei Nutzfahrzeugen sind häufig auch gelenkte Achsen als Starrachsen ausgeführt, hier sind die Radträger über Lenkachsen mit der starren Achse verbunden. Die beiden Lenkachsen (Spreizachse) der Räder haben damit eine feste Relativlage zueinander, ebenfalls die Räder, solange die Räder nicht gelenkt werden, vgl. Bild 4.55b.

Einzelradführung:
Die beiden Radträger einer Achse sind unabhängig von einander aufgehängt, d. h., beim Einfedern eines Rades wird die Lage des zweiten Rades zur Karosserie nicht beeinflusst. Jeder Radträger hat damit relativ zur Karosserie einen Freiheitsgrad primär in vertikaler Richtung, vgl. Bild 4.55c, und jeder gelenkte Radträger zwei Freiheitsgrade, vgl. Bild 4.55d.

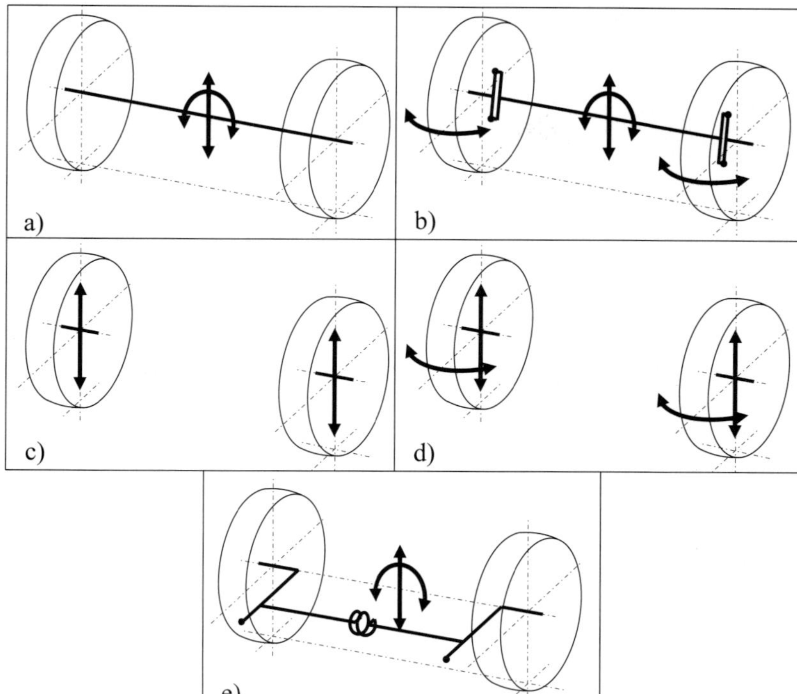

***Bild 4.55:** Grundsätzliche Radführungskonzepte und ihre Freiheitsgrade*

Verbundlenkerachse:
Verbundlenkerachsen wurden bisher nur an ungelenkten Achsen realisiert. Bei Verbundlenkerachsen besteht eine wechselseitige Beeinflussung beim Einfedern eines Rades auf die Stellung des gegenüberliegenden Rades, wobei keine feste Relativlage zwischen den beiden Rädern einer Achse vorhanden ist. In der Praxis gibt es zwei Möglichkeiten zur Realisierung:

- Die Achse ist so aufgehängt, dass die Kinematik, abgesehen von den Raddrehungen, nur einen Freiheitsgrad zulässt. Sie ist aber so elastisch ausgeführt, dass durch Verformung der Achse der zweite Freiheitsgrad zum einseitigen Einfedern besteht, vgl. Beispiel in Bild 4.55e.
- Die Achse besteht aus zwei Einzelradführungen mit jeweils zwei Freiheitsgraden. Durch zwei zusätzliche Bindungen zwischen diesen beiden Radführungen verbleiben für die gesamte Achse zwei Freiheitsgrade, durch die Koppelung der beiden Achshälften ist jetzt die Relativlage der beiden Radträger eine Funktion der Einfederwege der beiden Räder.

Um mögliche Ausführungsformen selbst herleiten zu können, betrachten wir zunächst die typischen Bindungselemente bei Radführungen entsprechend Tabelle 4.4.

Wie wir aus der Technischen Mechanik wissen, hat jeder Körper im Raum drei translatorische und drei rotatorische Freiheitsgrade. Verbinden wir einen Körper durch ein **Bindungselement** mit einem raumfesten Gebilde, so reduzieren wir den Freiheitsgrad des Körpers um die Anzahl der Bindungen. Umgekehrt können wir aus der Anzahl der Freiheitsgrade, die ein Element zulässt, auf die Anzahl der Bindungen schließen. Ein **Drehgelenk** ohne Axialführung lässt eine Drehung um die Achse und eine Verschiebung in Richtung der Achse zu, d. h., wir haben 2 Freiheitsgrade bzw. $6 - 2 = 4$ Bindungen.

Tabelle 4.4: Bindungselemente bei Radführungen

Bezeichnung	Anzahl Bindungen	Symbolische Darstellung	Beispiel für praktische Ausführung
Drehgelenk ohne Axialführung	4		Erste Einzelrad-aufhängung vorne
Drehgelenk mit Axialführung	5		Schräglenker-Hinterachse
Schraubführung	5		Schraublenker-Hinterachse
Kugelgelenk	3		Lagerung des Achsschenkels
Stablenker	1		Mehrlenker-radführungen
Kardangelenk	4		
Dreieckslenker	2		Querführung Starrachse, Querlenker

Eine **Axialführung** stellt eine weitere Bindung dar. Ein Drehgelenk mit Axialführung hat 5 Bindungen bzw. lässt einen Freiheitsgrad zu. Bei einer **Schraubführung** ist die translatorische Bewegung vom Verdrehwinkel abhängig, wir haben auch hier lediglich einen Freiheitsgrad, obwohl sich die mit ihm verbundenen Körper sowohl translatorisch als auch rotatorisch gegeneinander bewegen.

Ein **Kugelgelenk** lässt eine Drehbewegung um alle drei Achsen zu und ist translatorisch in allen Richtungen fest, d. h., wir haben 3 translatorische Bindungen.

Der **Stablenker** ist ein aus zwei Kugelgelenken und einem Stab zusammengesetztes Element. Da er lediglich den Abstand zwischen zwei mit ihm verbundenen Elementen vorgibt, bewirkt er nur eine Bindung. Betrachten wir den Stab und unseren damit verbundenen Körper streng nach den Regeln der Technischen Mechanik, so haben wir jetzt zwei Körper à 6 Freiheitsgrade und zwei Kugelgelenke, die in der Summe 6 Bindungen ergeben. Hiermit verbleiben für die beiden Körper $6 \cdot 2 - 6 = 6$ Freiheitsgrade. Diese teilen sich folgendermaßen auf: Der Stab hat noch einen Freiheitsgrad, er kann sich nämlich um seine eigene Achse drehen. Um dies zu vermeiden, müsste man ein Kugelgelenk durch ein Kardangelenk ersetzen, vgl. Tabelle 4.4 (bei der Programmierung von MKS-Modellen ist dies häufig erforderlich). Somit verbleiben für den betrachteten Körper noch 5 Freiheitsgrade, d. h., unsere Überlegung, dass der Stablenker eine Bindung bewirkt, ist richtig.

Der in der Tabelle 4.4 unten angegebene **Dreieckslenker** hat auf einer Seite eine Drehachse mit Axialführung, auf dem gegenüberliegenden Eck ist ein Kugelgelenk angebracht. Gedanklich entspricht dieser zwei Stablenkern mit einem gemeinsamen Kugelgelenk, der Dreieckslenker bewirkt zwei Bindungen. Auch dies können wir überprüfen: Wir haben jetzt zwei Körper, d. h. $2 \cdot 6 = 12$ Freiheitsgrade und 5 Bindungen an der Drehachse mit Axialführung und 3 Bindungen am Kugelgelenk. Es verbleiben also $12 - 5 - 3 = 4$ Freiheitsgrade, der Dreieckslenker bewirkt $6 - 4 = 2$ Bindungen.

Betrachten wir nun wieder die Starrachse und beschränken uns auf die ungelenkte Ausführung, so wissen wir, dass wir – abgesehen von der Raddrehbewegung – zwei Freiheitsgrade benötigen, damit beide Räder unterschiedlich stark einfedern können, vgl. auch Bild 4.56a. Der größte Auslegungsspielraum verbleibt, wenn wir die Starrachse mit vier Stablenkern am Fahrzeugaufbau anlenken, vgl. Bild 4.56b. Wie wir oben gesehen haben, hat jeder Stablenker eine Bindung, d. h., für unsere Achse verbleiben 6 – 4 = 2 Freiheitsgrade. Allerdings müssen wir beachten, dass die Lenker nicht alle parallel zueinander angeordnet werden dürfen. Kombinieren wir die beiden oberen Stablenker aus Bild 4.56b zu einem Dreieckslenker, so erhalten wir die Achskonstruktion aus Bild 4.57 (Lkw-Hinterachse).

Die klassische Aufhängung einer Starrachse kann häufig aufgeteilt werden in eine **Längsführung** und eine **Querführung**, vgl. Bild 4.56.
Die älteste Methode der Längsführung ist die Verwendung von **Blattfedern**. Diese Methode wurde bereits im 15. Jahrhundert bei Kutschen angewendet und ist z. B. bei aktuellen Lkws (Baufahrzeuge) und manchen amerikanischen Vans noch heute gebräuchlich, vgl. Bild 4.58. Beim Bremsen müssen die Blattfedern das Bremsmoment mit abstützen, dies führt zu einem so genannten **S-Schlag** der Federn, die Achse wird etwas verdreht. Dies ist u. a. für die ABS-Regelung von Nachteil.
Bei Lkws und Omnibussen mit **Luftfederung** oder bei Fahrzeugen mit Starrachsen und Schraubenfedern muss die Achse definiert in Längsrichtung geführt werden. Die einfachste Möglichkeit besteht in einer so genannten **Deichselform**, vgl. Bild 4.56. Dieses Prinzip wird manchmal auch als Y-Achse bezeichnet. In Bild 4.59 ist ein ausgeführtes Beispiel dargestellt. Das auftretende Bremsmoment muss hier ebenfalls teilweise von der Federung aufgenommen werden. Wie wir in Kap. 4.3.3 sehen werden, erreichen wir hiermit einen so genannten **Bremsnickausgleich**.

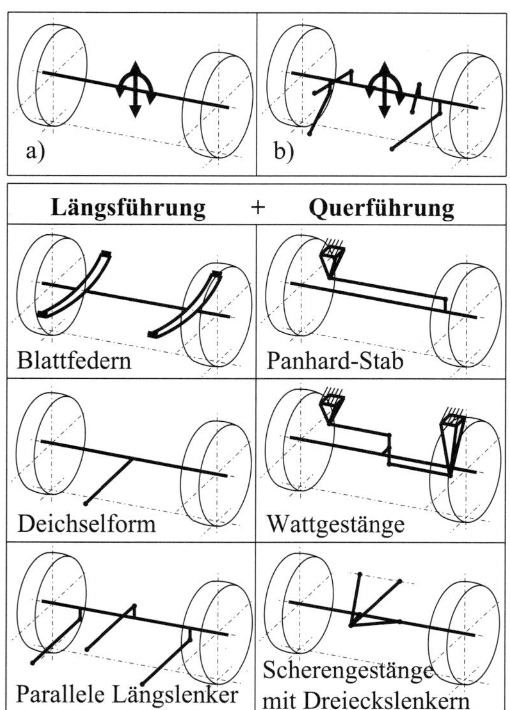

Bild 4.56: *Prinzipielle kinematische Auslegung der Starrachse*

Bild 4.57: *Starrachse, am Beispiel eines Lkws mit Luftfederung*

Bild 4.58: *Blattfedern als radführendes Element*

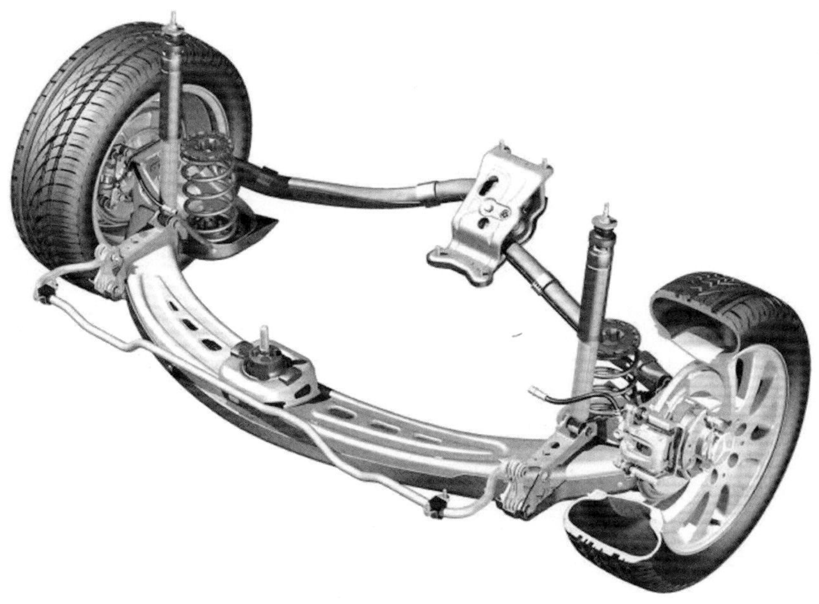

Bild 4.59: *Hinterachse der Mercedes A-Klasse (Starrachse mit Längsführung in Deichselform und liegendem Wattgestänge zur Querführung) (Baureihe 169 der Jahre 2004 bis 2012) [Daimler]*

Möchten wir das Bremsmoment ebenfalls über die Lenker definiert abstützen, so bietet es sich an, drei parallele Lenker einzusetzen, wie in Bild 4.56 ebenfalls dargestellt ist.
Als Querführung können die Blattfedern ebenfalls dienen, wie wir z. B. aus dem Kutschenbau wissen. Möchten wir aber eine definierte Querführung, so benötigen wir eine weitere Bindung. Als einfachste Möglichkeit bietet sich der **Panhard-Stab** an. Er ist ein Stablenker (er bewirkt 1 Bindung, s. o.), der in Konstruktionslage waagerecht und quer zur Fahrtrichtung angeordnet ist. Ein Stabende ist mit der Achse und ein Ende mit dem Fahrzeugaufbau verbunden. Beim Ein- und Ausfedern ergibt sich durch den Stablenker eine Kreisbahn. Betrachten wir Bild 4.60a, so erkennen wir, dass sich die Achse beim Ein- oder Ausfedern in Querrichtung relativ zum Fahrzeug bewegt. Ist das Fahrzeug bereits beladen, sodass der Panhardstab nicht parallel zur Fahrbahn liegt, leidet bei unebener Fahrbahn der Geradeauslauf, und das Fahrverhalten ist in Rechts- und Linkskurven unterschiedlich.

Um diesen Nachteil zu vermeiden, bietet sich das **Wattgestänge** an. Beim Wattgestänge wird z. B. (Bild 4.60) an der Fahrzeugachse ein Stablenker mittig drehbar gelagert. Die beiden Enden dieses Stablenkers werden jeweils mit einem weiteren Stablenker mit der Karosserie gekoppelt. In Konstruktionslage liegen die beiden Stablenker parallel zur Fahrbahn. Wie wir in Bild 4.60 erkennen können, bewirkt das Wattgestänge eine exakte Geradeführung. Die beim Ein- und Ausfedern entstehenden Kreisbahnen der äußeren Stablenker führen zwar ebenfalls zu einer Verkürzung des Abstandes der Stabenden in horizontaler Richtung, dies wird aber durch das Verdrehen des mittleren Stabes ausgeglichen. Eine andere Möglichkeit der Ausführung des Wattgestänges ist in Bild 4.59 gezeigt. Hier ist der drehbare Stablenker karosserieseitig montiert. Die Enden dieses Stablenkers sind über jeweils einen weiteren Stablenker mit der rechten und linken Achshälfte verbunden.
Statt des Wattgestänges können auch zwei Dreieckslenker verwendet werden. Wie in Bild 4.56 erkennbar, ist ein Dreieckslenker auf der Achse und einer am Fahrzeugaufbau gelagert. Die Drehachsen zeigen jeweils in Fahrzeugquerrichtung (y-Achse). Die Kugelgelenke der Dreieckslenker sind jeweils miteinander verbunden. Beim Wanken dreht sich die Achse relativ zum Aufbau um diesen Gelenkpunkt.

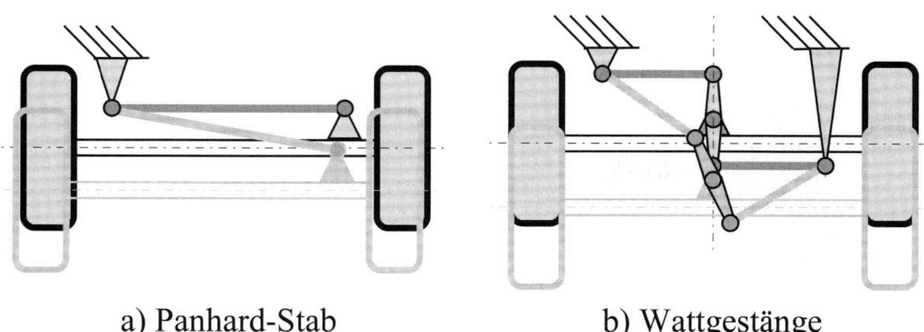

Bild 4.60: *Vergleich der Querführung mit einem Panhard-Stab und einem Wattgestänge*

Als Nächstes betrachten wir die **Einzelradführungen** einer nicht gelenkten Achse. Jeder Radträger wird einzeln geführt. Es ist somit lediglich ein Freiheitsgrad erforderlich, um die Federbewegung zuzulassen. Als einfachste Möglichkeit bietet es sich daher an, die Achshälfte mit einer Drehachse mit axialer Führung zu lagern. In Bild 4.61a ist der Schräglenker dargestellt. Ordnet man die Drehachse in Richtung der y-Achse an, erhält man eine **Längslenkerachse**. Zeigt die Drehachse in Fahrzeuglängsrichtung, erhält man die **Pendelachse**.

Möchte man aus kinematischen Gründen eine mit der Drehung gekoppelte axiale Verschiebung auf der Drehachse, so kann man entweder eine Schraubenführung verwenden oder aber eine Drehachse ohne Axialführung einsetzen und mit einem zusätzlichen Stablenker die fehlende Bindung erzeugen.

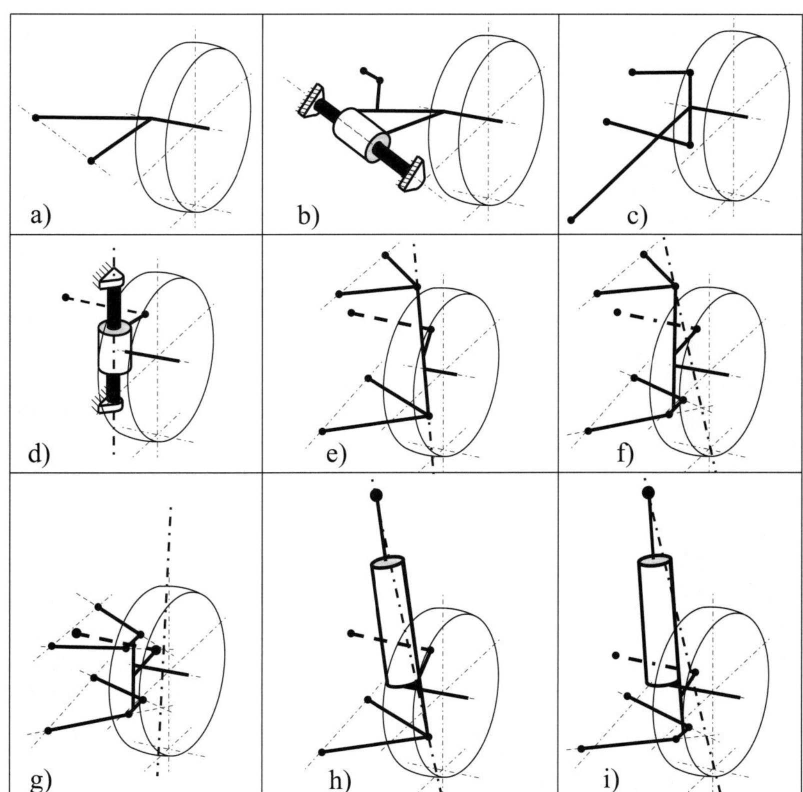

Bild 4.61: *Beispiele für die Kinematik von Einzelradführungen*

In diesem Fall erhalten wir den **Schraublenker**, vgl. Bild 4.61b.

Eine bei Formelrennwagen beliebte Radführung ist in Bild 4.61c dargestellt. Bei dieser **Zentrallenkerachse** übernimmt ein quasi senkrecht in Fahrzeugrichtung angeordneter Dreieckslenker die Längs- und Bremsmomentabstützung und die Spurhaltung des Rades. Zwei quer angeordnete Stablenker übernehmen die Seitenkraftabstützung. Diese Variation der Geometrie der einzelnen Lenker ergibt einen großen Auslegungsspielraum bezüglich der Achskinematik.

In der Vergangenheit wurden noch weitere reine Hinterachs-Einzelradführungen entwickelt. Da sie sich nicht durchgesetzt haben werden sie hier nicht weiter betrachtet.

Die im Folgenden dargestellten Radführungen sollen auch an der gelenkten Achse einsetzbar sein, d. h., wir benötigen jetzt 2 Freiheitsgrade. Zum Lenken wird ein mit dem Lenkgetriebe (vgl. Kap. 4.4) verbundener Stablenker eingesetzt, der in diesem Fall als **Spurstange** bezeichnet wird. Die Spurstange ist in den Bildern 4.61d bis 4.61i jeweils als gestrichelte Linie dargestellt. Soll die Radführung für eine ungelenkte Achse eingesetzt werden, wird diese Stange auf der Fahrzeuginnenseite am Aufbau fest gelagert.

Entsprechend Tabelle 4.4 bietet sich zur Erzielung der gewünschten zwei Freiheitsgrade die Drehachse ohne Axialführung an, vgl. Bild 4.61d. Die Drehachse wird zum Lenken benötigt, die Federbewegung wird durch die Verschiebbarkeit auf der Drehachse ermöglicht. 1922 wurde diese Konstruktion von Lancia vorgestellt und in der Serie verwendet, vgl. Bild 4.62. Nachteil dieser Konstruktion ist aber der große Baumraumbedarf und der geringe Auslegungsspielraum.

Bild 4.62: *Erstes serienmäßig gebautes Fahrzeug mit Vorderrad-Einzelradführung (Lancia Lambda) [Wikipedia, MartinHansV]*

Daher wurde wenige Jahre später diese Konstruktion durch die in Bild 4.61e dargestellte **Doppelquerlenkerachse** ersetzt. Diese besteht aus zwei übereinander angeordneten Dreiecksquerlenkern, deren Drehachse jeweils näherungsweise in Fahrzeuglängsrichtung zeigt. Die Kugelgelenke der Dreiecksquerlenker sind mit dem Radträger verbunden. Hierdurch ist sowohl eine Federbewegung als auch eine Lenkbewegung des Radträgers möglich. Bereits Mitte des letzten Jahrhunderts wurde die Idee, die Doppelquerlenker jeweils durch zwei Stablenker zu ersetzen, patentrechtlich geschützt. Der Vorteil dieser Konstruktion besteht darin, dass die Stablenker weiter innen am Radträger angelenkt werden, da die virtuelle Drehachse weiter außen liegt, wie in Bild 4.61g dargestellt ist. Somit liegt die Lenkachse im Bereich der Radmitte bei ausreichendem Platz für eine groß dimensionierte Radbremse. Wird nur der untere Dreieckslenker durch Stablenker ersetzt, so entsteht die bei der Mercedes-S-Klasse realisierte Vorderachse, vgl. Bilder 4.61f und Bild 4.63. Bei Audi wird seit 1994 die in Bild 4.64 dargestellte **Vierlenkerachse** eingesetzt, bei der auch der obere Querlenker durch zwei Stablenker ersetzt ist. Mercedes-Benz hat bereits 1982 eine Hinterachse mit fünf Stablenkern als so genannte **Raumlenkerachse** vorgestellt, die in ähnlicher Form bei hochwertigeren Fahrzeugen heute zum Standard geworden sind. Großer Vorteil dieser Radführungen mit fünf Stablenkern ist der enorme Auslegungsspielraum. Durch elastische Lagerungen der Stablenker bieten diese Achsen hohen Fahrkomfort und können auch bezüglich der **Elastokinematik** sehr günstig ausgelegt werden, wie in Kap. 4.3.4 noch behandelt wird.

In den 50er-Jahren des letzten Jahrhunderts wurde parallel zur Doppelquerlenkerachse die **McPherson-Achse** eingeführt. Diese wurde nach dem amerikanischen Ingenieur Earl S. McPherson benannt, der

Bild 4.63: *Nicht angetriebene Vorderachse der Mercedes-S-Klasse W221 mit zwei Stablenkern und einem oberen Querlenker [Daimler]*

diese Achskonstruktion 1949 zum Patent angemeldet hat. Bei der McPherson-Achse wird der Dämpfer als radführendes Element eingesetzt. Abweichend von der ersten Einzelradaufhängung des Lancia Lambda wird der Dämpfer bei dieser Konstruktion allerdings unten mit einem Querlenker (Bild 4.61h) bzw. mit zwei Stablenkern (Bild 4.61i) am Fahrzeugaufbau gelagert. Um Lenk- und Federbewegungen zu ermöglichen, ist es ebenfalls erforderlich, den Dämpfer oben – kinematisch gesehen – über

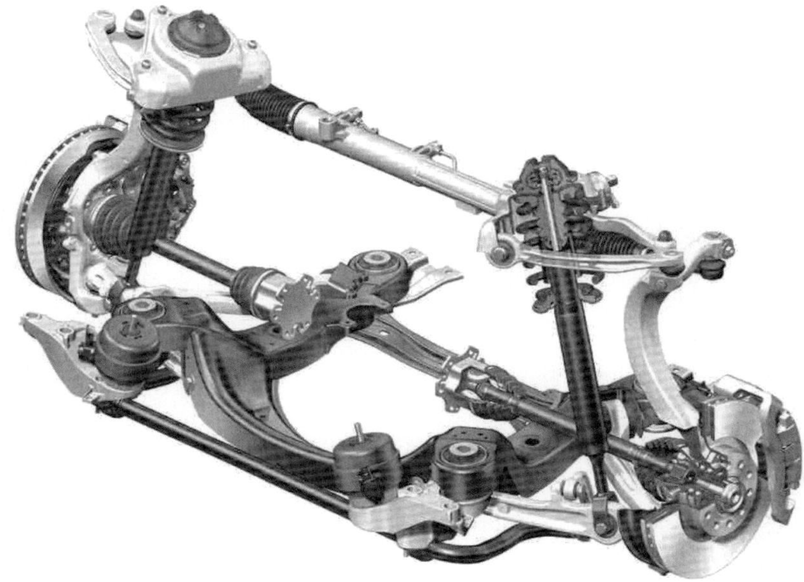

Bild 4.64: *Angetriebene Vierlenker-Vorderachse [Audi]*

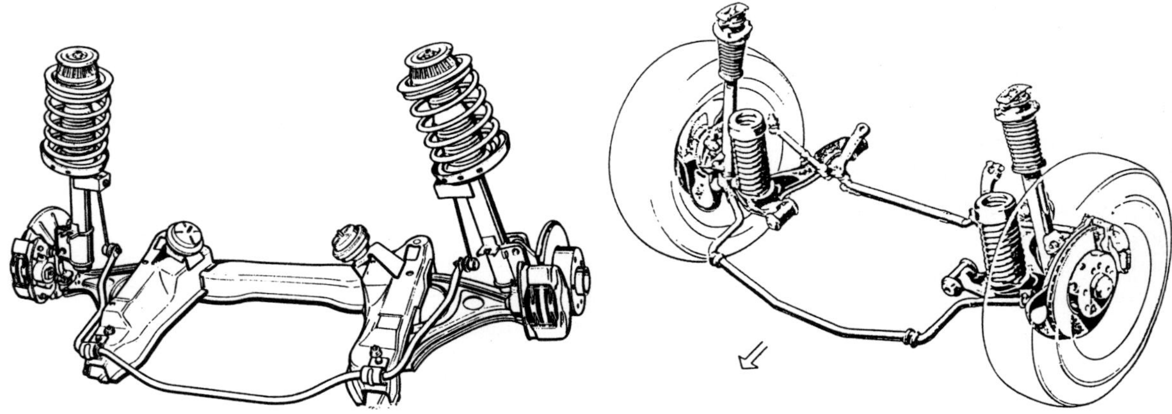

Bild 4.65: *McPherson-Vorderachse als Federbein- (Opel) [15] und als Dämpferbeinachse (Mercedes-Benz) ausgeführt [Daimler]*

ein Kugelgelenk mit dem Aufbau zu verbinden. Wird, wie in Bild 4.65 links dargestellt, die Schraubenfeder um den Dämpfer herum angeordnet, so spricht man auch von einer Federbeinachse. Ist hingegen die Federung, wie in Bild 4.65 rechts gezeigt, separat angeordnet, so wird diese Achskonstruktion auch mit **Dämpferbeinachse** bezeichnet.

In Bild 4.66 ist eine Verbundlenkerachse dargestellt. Sie besteht im Prinzip aus zwei Längslenkern, die durch ein Verbindungselement fest miteinander verbunden sind. Beim gleichseitigen Einfedern findet die Drehbewegung ausschließlich in den Aufhängungspunkten der Achse am Aufbau statt. Zum einseitigen Einfedern ist hingegen eine Torsion des Verbindungselements erforderlich. Dies bedeutet umgekehrt, dass die Torsionssteifigkeit der Wankbewegung entgegen wirkt, d. h., diese Achse hat bereits eine integrierte **Stabilisatorwirkung**, vgl. Kap. 4.5.

Wer es genauer betrachten möchte:

Wie wir in Kap. 4.1.6 gesehen haben, hat der Sturzwinkel zwischen Rad und Fahrbahn einen deutlichen Einfluss auf die übertragbaren Kräfte und

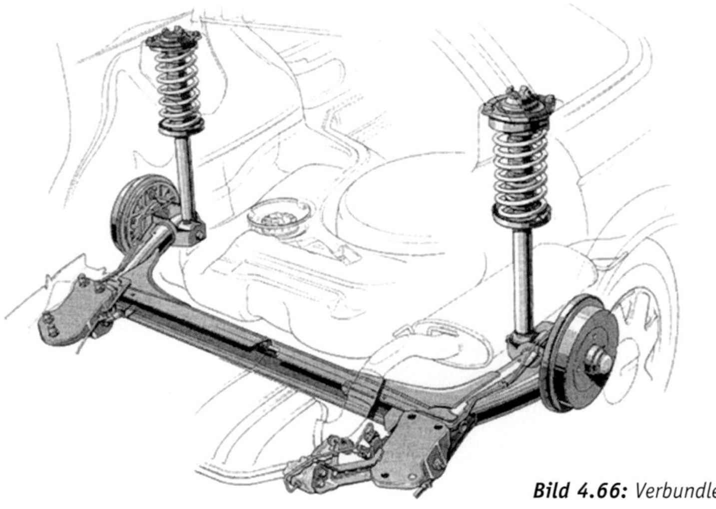

Bild 4.66: *Verbundlenkerachse [25]*

Momente. Daher wird seit vielen Jahren die Möglichkeit einer **Sturzverstellung** in Erwägung gezogen und in Prototypen erprobt. Hiermit ergibt sich theoretisch pro Rad ein weiterer Freiheitsgrad. In der Praxis ist aber eine Koppelung der Sturzverstellung der beiden Räder einer Achse denkbar – dann haben wir pro Achse einen weiteren Freiheitsgrad. Auch möglich ist sowohl eine **aktive Sturzverstellung**, bei der durch einen Aktuator der Sturz je nach Fahrsituation verstellt wird, als auch eine **passive Sturzverstellung**. In letzterem Fall bewirkt die resultierende Kraft aus Radlast und Seitenkraft den Sturzwinkel.

4.3.3 Achskinematik

In diesem Kapitel werden wir uns zunächst einige Definitionen zur Beschreibung der Achskinematik aneignen. Anschließend können wir die Auswirkung der einzelnen kinematischen Größen auf die Fahreigenschaften betrachten.

Zum Verständnis der Auswirkungen einzelner kinematischer Größen müssen wir uns zunächst klarmachen, wie die Längskräfte über die Radführung an die Karosserie übertragen werden. In Bild 4.67 ist hierzu die einfachstmögliche Radführung in Form eines waagerecht eingebauten Längslenkers dargestellt. Durch die Radbremse wird ein Bremsmoment M_B erzeugt. Das Rad drehverzögert, es entsteht Bremsschlupf, und hierdurch eine Bremskraft F_B in der Reifenaufstandsfläche. Das Fahrzeug wird verzögert, und als Reaktionskraft wirkt zwischen Radführung und Karosserie eine gleich große aber entgegengesetzt gerichtete Kraft. Im stationären Bremszustand halten sich dann die Bremskraft in der Aufstandsfläche und die im Radmittelpunkt angreifende Trägheitskraft und das Bremsmoment das Gleichgewicht. Es gilt:

$$F_B = F_T \quad \text{(Gl. 4.18)}$$

$$M_B = F_B \cdot r_A \quad \text{(Gl. 4.19)}$$

Wer es sehr genau betrachtet, wird sich jetzt fragen, warum wir in Gl. 4.19 r_A einsetzen, obwohl wir als Hebelarm für die Bremskraft den Abstand zwischen Radmittelpunkt und Fahrbahn haben und dieser r_{stat} entspricht. In der Praxis verformt sich der Reifen beim Bremsen. Hierdurch wandert der Angriffspunkt der Normalkraft nach hinten. Die Normalkraft erzeugt ebenfalls ein Moment

$$M = F_B \cdot (r_A - r_{stat}),$$

vgl. Kap. 2.2 und Kap. 7.1.1.

Um die Kräfte an der Radführung zu erhalten, schneiden wir die Radführung frei. Auf das Rad wirkt jetzt das Bremsmoment, die Bremskraft in der Reifenaufstandsfläche und eine entgegengesetzt gerichtete gleich große Kraft im Radlager. In Bild 4.67 links haben wir den Fall der außenliegenden Bremse, die Radbremse ist an der Radführung montiert. Das Bremsmoment stützt sich an der Radführung ab. Auf die Radführung wirkt jetzt die Bremskraft als Zugkraft an den beiden Lagerstellen. Zusätzlich wirken in beiden Lagerstellen Vertikalkräfte, um das Bremsmoment abzustützen. Wir können jetzt auch das Bremsmoment und die im Radlager wirkende Bremskraft durch eine in der Reifenaufstandsfläche wirkende Bremskraft ersetzen (wie in Bild 4.67 links unten dargestellt) und erhalten die gleichen Reaktionskräfte. Dies bedeutet, dass bei außenliegender Bremse die Bremskraft auf Höhe der Fahrbahn auf die Radführung wirkt.

In Bild 4.67 rechts haben wir den Fall der innenliegenden Bremse. Das Bremsmoment wird jetzt über die Antriebswelle am Fahrzeuggetriebe und damit am Fahrzeugaufbau abgestützt. Auf die Radführung wirkt lediglich im Radlager eine horizontale Kraft, nämlich die **Bremskraft**. In unserem Fall des waagerecht eingebauten Lenkers genügt am aufbauseitigen Lager ebenfalls eine gleichgroße, aber entgegengesetzt gerichtete Kraft, um der Bremskraft das Gleichgewicht zu halten. Da das Antriebsmoment ebenfalls vom Getriebe über die Antriebswelle an das Rad übertragen wird, ergeben sich die gleichen Verhältnisse im Antriebsfall, allerdings zeigen sämtliche Kräfte und Momente in die entgegengesetzte Richtung. Wir fassen zusammen:

> Bremskräfte wirken bei **außenliegender Bremse** in Höhe der Fahrbahn auf die Radführung.
> Antriebskräfte und Bremskräfte bei **innenliegender Bremse** wirken in Höhe der Radnabe auf die Radführung.

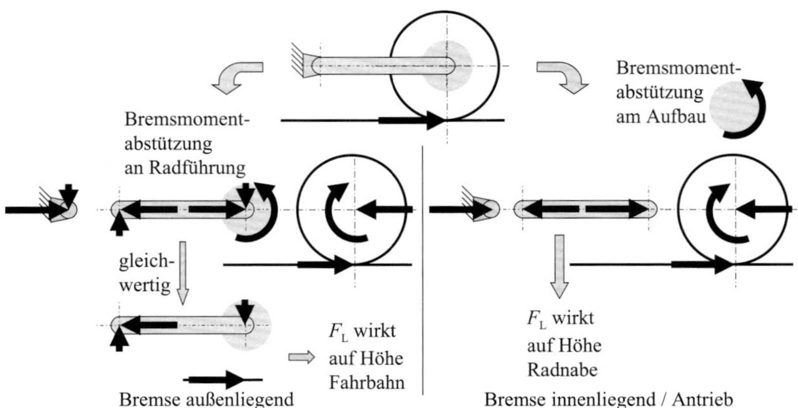

Bild 4.67: *Übertragung der Reifenlängskräfte auf den Fahrzeugaufbau*

Am Beispiel einer gelenkten Doppelquerlenkerachse werden in Bild 4.68 die kinematischen Größen definiert.

Sturzwinkel γ:

Das Rad steht nicht zwingend senkrecht zur Fahrbahn. Der Sturzwinkel γ ist der Winkel zwischen der z-Koordinate des Fahrzeugs und der Radmittelebene. Üblicherweise wird er bei Geradeausstellung des Rades entsprechend Bild 4.68 betrachtet. Zeigt das Rad an der Oberkante mehr zur Fahrzeugaußenseite, so ist der **Sturz positiv**, ist das Rad hingegen oben zur Fahrzeugmitte geneigt, haben wir einen **negativen Sturz**. Die Vorzeichenwahl stammt noch aus der Kutschenzeit. In der damaligen Zeit wurden die Straßen aus Kopfsteinpflaster der Festigkeit wegen

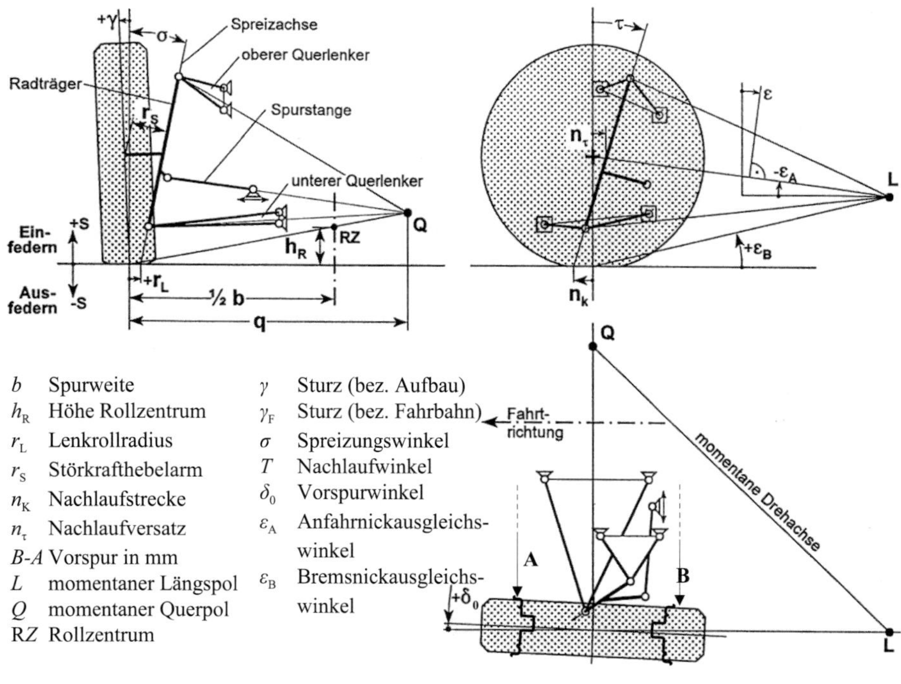

Bild 4.68: *Kinematische Größen am Beispiel einer gelenkten Doppelquerlenkerachse*

stark gewölbt ausgeführt. Bei positivem Sturz stehen dann die Räder senkrecht zur Fahrbahn, vgl. Bild 4.69. Daher wurde diese Winkelstellung als positiv bezeichnet und bei Kutschen immer so gewählt.

Sturzwinkel γ_F:
Für die zwischen Reifen und Fahrbahn übertragbaren Kräfte interessiert der tatsächliche Sturzwinkel zwischen Reifen und Fahrbahn γ_F. Dieser ist definiert als der Winkel zwischen der Radmittelebene und einer Lotrechten zur Fahrbahn im Radaufstandspunkt. Bei heutigen Fahrbahnen, die häufig nur mit einer gleichmäßigen **Querneigung** zum Zweck des Wasserablaufs versehen sind, unterscheiden sich die Sturzwinkel γ und γ_F auf ebener Fahrbahn nur beim **Wanken** des Fahrzeugs, z. B. bei Kurvenfahrt.
Die Achskinematik wird im Allgemeinen so gewählt, dass bei Kurvenfahrt am kurvenäußeren Rad der Sturz relativ zur Karosserie negativ wird. Hierdurch wird ein Teil des Wankwinkels bezüglich der Sturzänderung des Rades relativ zur Fahrbahn ausgeglichen, vgl. Bild 4.70.

Auch bei modernen Fahrzeugen ist der Sturz am kurvenäußeren Rad relativ zur Fahrbahn null oder positiv. Hierdurch kann der Reifen nicht das maximale Seitenkraftpotenzial ausschöpfen. Zur Erzielung der maximal möglichen Seitenkraft sollte die Reifenaufstandsfläche möglichst gleichmäßig auf der Fahrbahn aufliegen. Dies wird nur bei negativem Sturz erreicht, vgl. Kap. 4.1.6.

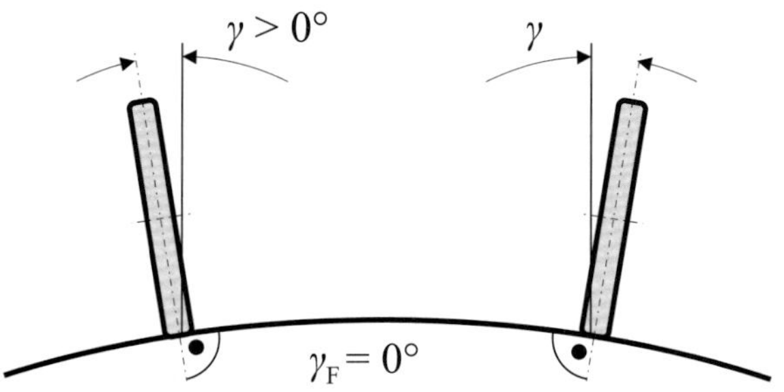

Bild 4.69: *Einfluss der Fahrbahngeometrie auf den Sturzwinkel γ_F*

Ein negativer Sturz reduziert das Reifenrückstellmoment am kurvenäußeren Rad und bewirkt ein außermittiges Angreifen der Längskraft beim Bremsen oder Beschleunigen. Dies ist bei der Auslegung von Lenkrollradius und Störkrafthebelarm zu beachten, die weiter unten beschrieben werden.

Querpol:
Beim Ein- oder Ausfedern des Rades schwenken bei der in Bild 4.68 dargestellten Achse die Doppelquerlenker um ihre karosseriefesten Drehachsen. Hierdurch kommt es bei Betrachtung in Fahrzeuglängsrichtung zu einer Drehbewegung des Rades relativ zur Karosserie. Durch Verlängern der beiden Doppelquerlenker können wir den Drehpunkt bestimmen. Dieser wird als **Querpol** bezeichnet. Er liegt in der selben *y*-*z*-Ebene wie die betrachtete Achse. Da sich beim Ein- oder Ausfedern die Lage dieses Querpols ständig ändert, handelt es sich hierbei um einen Momentanpol, wie wir ihn aus der Technischen Mechanik kennen. Falls die Lage des Querpols ohne weitere Angaben genannt wird, bezieht sich diese auf den Einfederungszustand in Konstruktionslage. Auch bei anderen Einzelradauf-

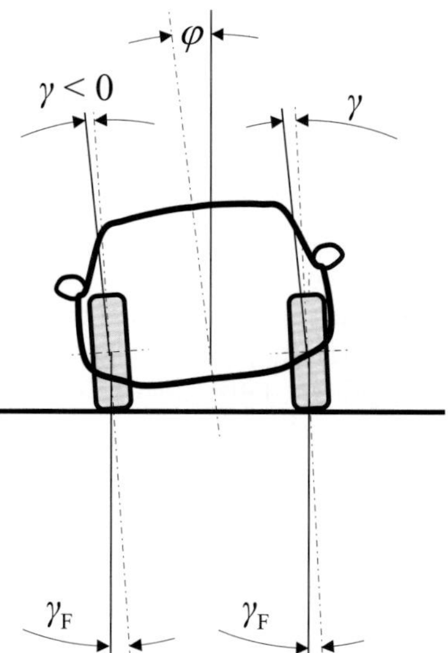

Bild 4.70: *Einfluss des Wankwinkels auf den Sturz, bezogen auf die Fahrbahn*

hängungen (Ausnahme: reine Längslenker) können wir den Querpol mithilfe der technischen Mechanik bestimmen.

Momentanpol, Momentanpolhöhe und Rollachse:
Für analytische Betrachtungen zur Fahrdynamik wird die Wirkung der beiden Querpole zu einem Momentanpol zusammengefasst. Dieser gibt an, um welchen Punkt sich die Radaufstandspunkte im Mittel relativ zur Karosserie beim Wanken aus der Konstruktionslage drehen. Aufgrund der Symmetrie der Achse liegt der Momentanpol in Konstruktionslage in der **Fahrzeugmittelebene**. Er ergibt sich bei Einzelradaufhängung aus dem Schnittpunkt der Verbindungslinie Radaufstandspunkt – Querpol mit der Fahrzeugmittelebene.
Der Abstand des Momentanpols von der Fahrbahnoberfläche wird als **Momentanpolhöhe** bezeichnet. Die Momentanpolhöhe ist bei einer Längslenkerachse theoretisch auf Fahrbahnhöhe und ergibt sich bei einer Starrachse aus der Höhe der verwendeten Querabstützung. Die Momentanpolhöhe hat starken Einfluss auf die Fahrdynamik, vgl. Kap. 11.
Die Verbindungslinie der Momentanpole der beiden Achsen wird als **Rollachse** bezeichnet, da sich der Fahrzeugaufbau in erster Näherung um diese Achse beim Wanken relativ zu den Radaufstandspunkten dreht.

Spreizachse:
Beim Lenken wird das Rad um die Spreizachse geschwenkt. Daher wird diese gelegentlich auch als **Lenkachse** bezeichnet. Diese wird bewusst schräg im Raum angeordnet und geht nicht exakt durch den Mittelpunkt der Reifenaufstandsfläche. Daher benötigen wir die folgenden Definitionen, um die Lage der Spreizachse zu beschreiben.

Spreizungswinkel σ:
Bei Betrachtung der Spreizachse in Fahrtrichtung (x-Koordinate) wird der Spreizungswinkel sichtbar, vgl. Bild 4.68. Dieser ist der auf die y-z-Ebene projizierte Winkel zwischen Spreizachse und z-Koordinate. Der Spreizungswinkel führt zusammen mit dem Nachlaufwinkel τ (siehe unten) zu einer Sturzänderung. Ohne Nachlaufwinkel würde der Spreizungswinkel den Sturz an beiden Rädern beim Einschlagen in Richtung des positiven Sturzes verstellen.

Lenkrollradius r_L:
Dies ist der in y-Richtung gemessene Abstand zwischen der Radmittelebene und dem Durchstoßpunkt der Spreizachse durch die Fahrbahn. Liegt die Spreizachse innerhalb der Spurweite, ist der Lenkrollradius positiv, liegt sie außerhalb, so spricht man von negativem Lenkrollradius.
Wie wir weiter oben gesehen haben, wirkt die Bremskraft bei außenliegenden Bremsen in der Reifenaufstandsfläche und bei Sturz null in der Radmittelebene. Zusammen mit dem Lenkrollradius erzeugt die Bremskraft ein Moment um die Spreizachse. Bei gleichmäßiger Bremskraft am rechten und linken Rad gleichen sich die Momente aus. Haben wir aber ungleiche Bremskräfte, z. B. auf einseitig glatter Fahrbahn, so entsteht ein **Lenkmoment.** Fahren wir beispielsweise im Winter auf einer Straße durch den Wald, so ist häufig die rechte Radspur noch im Schatten und dadurch mit einer Eisschicht versehen, während die linke Fahrspur bereits durch die Sonne abgetrocknet ist. Wenn wir nun auf diesem Streckenabschnitt stark bremsen müssen, kann an den linken Rädern die volle Bremskraft übertragen werden, während die rechten Räder blockieren bzw. durch das ABS entsprechend geregelt werden. In beiden Fällen ist die Bremskraft rechts sehr gering. Wie in Bild 4.71 in der Draufsicht dargestellt, bewirken die einseitigen Bremskräfte ein Giermoment nach links, da die Trägheitskraft im Schwerpunkt und damit näherungsweise in der Mitte des Fahrzeugs angreift. Zum Abfangen des Giermoments sind Seitenkräfte an den Rädern erforderlich, die nur durch ein Gegenlenken erzeugt werden können. Andernfalls fährt das Fahrzeug nach links oder gerät sogar ins Schleudern.
Haben wir einen positiven Lenkrollradius, liegen die Spreizachsen innerhalb der Spurweite wie in Bild 4.71 links dargestellt (der Lenkrollradius ist zur Verdeutlichung unrealistisch groß gezeichnet). Die unterschiedlich großen Bremskräfte bewirken in unserem Beispiel ein Lenkmoment nach links. Hält

der Fahrer die Lenkung nicht absolut fest, so lenkt das Fahrzeug zusätzlich nach links und verstärkt die Gierbewegung des Fahrzeugs. Die Gefahr des Schleuderns des Fahrzeugs nimmt zu.
Bei negativem Lenkrollradius liegen die Spreizachsen außerhalb der Spurweite, vgl. Bild 4.71 rechts. Die unterschiedlich großen Bremskräfte erzeugen nach wie vor ein Giermoment nach links. Das Lenkmoment zeigt jetzt aber nach rechts. Hält der Fahrer das Lenkrad nur lose, so schlagen die Räder automatisch nach rechts ein und erzeugen eine Seitenkraft nach rechts. Bei idealer Auslegung lenken die Räder bei losgelassener Lenkung automatisch so stark ein, dass die an den Vorderrädern erzeugte Seitenkraft das Giermoment nach links ausgleicht, d. h., das Fahrzeug fährt geradeaus weiter. Wir können festhalten:

> Ein **negativer Lenkrollradius** hat beim Bremsen stabilisierende Wirkung.

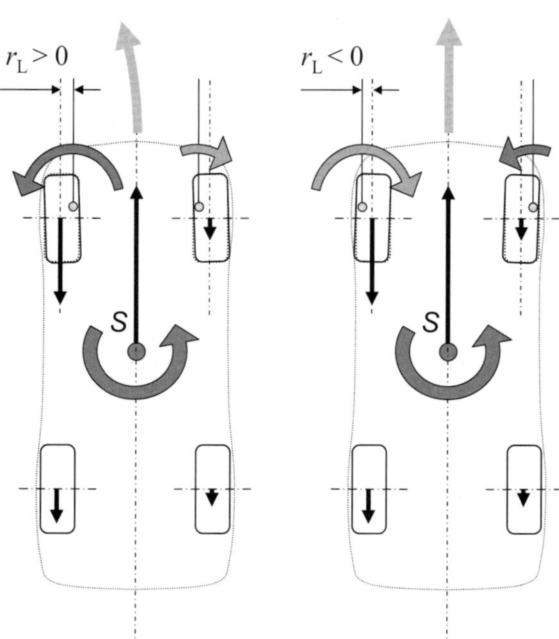

Bild 4.71: *Einfluss des Lenkrollradius auf die Fahrstabilität beim Bremsen auf einseitig glatter Fahrbahn (μ_{split})*

Bei modernen Fahrzeugen mit ABS wird der Lenkrollradius dennoch vom Betrag her bewusst zu klein gewählt. Durch die Regelung des ABS schwanken die Bremskräfte ständig und bewirken bei einem großen Lenkrollradius ein ständig wechselndes Lenkmoment, was vom Fahrer als unangenehm empfunden wird. Zur Vermeidung eines schnellen Giermomentaufbaus steigert die ABS-Regelung die Bremskraft auf der griffigen Fahrbahnseite nur langsam – man spricht von einer Select-low-Regelung. Damit kann auch der ungeübte Fahrer sicher gegenlenken und ein Abkommen von der Fahrbahn vermeiden. Nachteil dieser Art der Regelung ist die Vergrößerung des Bremswegs.

Störkrafthebelarm r_s:
Der Abstand zwischen Spreizachse und Radmitte, gemessen in der Fahrzeugquerebene, wird als **Störkrafthebelarm** bezeichnet, vgl. Bild 4.68. Da die Antriebskräfte auf Höhe der Radmitte wirken, bewirkt der Störkrafthebelarm zusammen mit der Antriebskraft ein Lenkmoment. Gleiches gilt auch bei innenliegender Bremse. Da bei einem konventionellen Differenzial, s. Kap. 3.4.4, die Antriebskräfte an beiden Rädern gleich groß sind, gleichen sich die Lenkmomente an beiden Rädern aus und sorgen lediglich für eine Vorspannung im Lenkgestänge. Fahren wir allerdings z. B. auf nasser Fahrbahn über einen Dolendeckel, besteht die Gefahr, dass ein Rad kurzzeitig durchdreht. In diesem Fall nimmt die Antriebskraft am durchdrehenden Rad kurzzeitig ab. Da aber das durchdrehende Rad drehbeschleunigt wird, bleibt das Antriebsmoment am Differenzial erhalten, und somit ist auch die Antriebskraft am Rad auf griffigem Untergrund gegeben. Der Störkrafthebelarm führt jetzt zu einem kurzfristigen Lenkmoment, das für den Fahrer spürbar wird. Sobald das durchdrehende Rad wieder auf griffigen Untergrund kommt, wird es drehverzögert. Hierbei entsteht in der Radnabe kurzzeitig eine große Antriebskraft, die ein erneutes einseitiges Lenkmoment, jetzt in umgekehrter Richtung, hervorruft. Dieses Lenkmoment wird vom Fahrer als störend empfunden. Daher sollte der Störkrafthebelarm vom Betrag her klein gewählt werden. Idealerweise wird

bei außenliegender Bremse ein negativer Lenkrollradius mit einem positiven Störkrafthebelarm kombiniert. Damit stellt das Lenkmoment beim Antreiben und beim Bremsen das Rad in Richtung **Vorspur**.

Beim Überfahren einseitiger Bodenwellen bewirkt der Störkrafthebelarm auch an nicht angetriebenen Achsen ein Lenkmoment, da die durch die Bodenwellen verursachte Kraft am Rad schräg nach oben zeigt. Sie hat eine Komponente in Längsrichtung.

Vorspur, Vorspurwinkel δ_0:

In der Draufsicht erkennen wir, dass die Radmittelebene bei Geradeausfahrt nicht exakt in Fahrtrichtung zeigt. Der in dieser Ansicht entstehende Winkel wird als **Vorspurwinkel δ_0** bezeichnet. Üblicherweise beträgt dieser Winkel ca. 20′. Wird der Abstand zwischen den beiden Rädern nach vorn hin enger, spricht man von **Vorspur**. Laufen die Radmittelebenen nach hinten zusammen, bezeichnet man diese Stellung als **Nachspur**, und es wird ein negativer Wert für den Winkel angegeben. Häufig wird auch die Spur in mm angegeben. Hierzu wird auf der Höhe der Radachse der Abstand zwischen den beiden inneren Felgenhörnern einer Achse vorn (A) und hinten (B) gemessen. Der Wert für (B–A) wird in mm angegeben. Bei Nachspur ist dieser Wert negativ.

Durch diese bewusst gewählte Schrägstellung der Räder entsteht ein kleiner Schräglaufwinkel, der zu einer Seitenkraft und zu einem Lenkmoment führt. Die Kräfte und Momente wirken an beiden Rädern mit umgekehrter Wirkrichtung. Hierdurch wird das Lenkgestänge vorgespannt, und das stets vorhandene minimale Spiel in den Gelenken der Lenkung führt bei richtiger Auslegung nicht mehr zu einem Flattern der Räder. Da durch die Vorspur der Reifenverschleiß und der Fahrwiderstand (vgl. Kap. 7.1.4) erhöht werden, sollte der Vorspurwinkel nicht zu groß gewählt werden.

Nachlaufwinkel τ:

Betrachten wir die Achse von der Seite, so erkennen wir den **Nachlaufwinkel**. Dieser entspricht dem auf die *x*-*z*-Ebene projizierten Winkel zwischen Spreizachse und *z*-Koordinate. Der Nachlaufwinkel führt beim Einschlagen der Räder zu einer Sturzänderung. Das kurvenäußere Rad geht in Richtung des negativen Sturzes und das kurveninnere in Richtung des positiven Sturzes. Beim Citroën 2CV und bei vielen Fahrzeugen von Daimler mit Standardantrieb ist der Nachlaufwinkel ausgesprochen groß gewählt, sodass die Sturzänderung beim Einschlagen der Räder im Stand sehr gut beobachtet werden kann. Diese Sturzänderung führt an beiden Rädern zu einer Erhöhung der Seitenführungskraft. In schnell gefahrenen Kurven entsteht durch den Wankwinkel im Allgemeinen am kurvenäußeren Rad ein positiver Sturz relativ zur Fahrbahn, der die übertragbare Seitenkraft reduziert. Dies kann durch den Nachlaufwinkel zumindest teilweise kompensiert werden.

Nachlaufstrecke n_K:

Die Nachlaufstrecke erkennen wir in der Seitenansicht. Sie ist der Abstand in *x*-Richtung zwischen Radaufstandspunkt und dem Durchstoßpunkt der Spreizachse durch die Fahrbahn. Die im Radaufstandspunkt bei Kurvenfahrt wirkenden Seitenkräfte bewirken ein Lenkmoment. Dieses hat ein Rückstellen der Räder in die Geradeausstellung zur Folge. Das Reifenrückstellmoment verstärkt das durch die Nachlaufstrecke erzeugte Lenkmoment. Eine große Nachlaufstrecke bewirkt große Rückstellmomente. Dies ist günstig für den Geradeauslauf, da die Reibung in der Lenkung leichter überwunden werden kann. Der Einfluss des Reifenrückstellmoments auf das gesamte Lenkungsrückstellmoment ist geringer. Dies ist günstig bei Spurrinnen, führt aber dazu, dass eine Abnahme des Reifenrückstellmoments bei abnehmender Griffigkeit vom Fahrer weniger gut wahrgenommen werden kann (vgl. Kap. 4.1.1.6). Bei starker Fahrbahnquerneigung führt die große Nachlaufstrecke auch bei Geradeausfahrt zu großen Lenkmomenten. Dies wird vom Fahrer ebenfalls als nachteilig empfunden. Daher sollte insbesondere bei Fahrzeugen ohne Hilfskraftlenkung die Nachlaufstrecke nicht zu groß gewählt werden.

Nachlaufversatz n_τ:

Aufgrund der gewünschten Nachlaufstrecke und des Nachlaufwinkels ergibt sich die Lage der Spreizachse in der Seitenansicht. Der in dieser Ansicht horizontal gemessene Abstand zwischen Radmitte und Spreizachse wird als **Nachlaufversatz** bezeichnet.

Längspol L:
Durch die Kinematik moderner Einzelradführungen wird beim Einfedern der Radträger in der Seitenansicht gleichzeitig verdreht. Der Punkt, um den sich der Radträger dreht, wird als **Längspol** bezeichnet. Durch das Einfedern ändert sich die Lage dieses Pols, wie wir es für einen Momentanpol aus der Technischen Mechanik kennen. Zum Konstruieren dieses Pols betrachten wir in der Seitenansicht die Bewegungsrichtung der Lenkerpunkte des Radträgers. Bei einer Doppelquerlenkerachse bewegen sich die Gelenke senkrecht zu den Lenkerachsen der Querlenker, bei einer McPherson-Achse federt der Dämpfer in Richtung der Dämpferstange. Der Schnittpunkt der Senkrechten zu den Bewegungsrichtungen ergibt den Längspol.
Aus der Lage des Längspols kann der Brems- bzw. Anfahrnickausgleich bestimmt werden.

Bremsnickausgleich, Bremsnickausgleichswinkel ε_B:
Beim Bremsen wirken die Bremskräfte auf Höhe der Fahrbahn auf das Fahrzeug. Die Trägheitskraft wirkt hingegen auf Höhe des Schwerpunkts. Es entsteht ein Moment, das zu einer Erhöhung der Radlasten an der Vorderachse und zu einer Abschwächung an der Hinterachse führt. Vernachlässigen wir die Luftkräfte und eine Neigung der Fahrbahn, gilt (vgl. auch Kap. 11.1.1):

$$2 \cdot \Delta F_N = (F_{Bv} + F_{Bh}) \cdot \frac{h_S}{l} = m \cdot a_x \cdot \frac{h_S}{l} \qquad \text{(Gl. 4.20)}$$

Wie in Kap. 11.1.5.2 behandelt wird, haben wir bei einer einfachen hydraulischen Bremsanlage eine feste **Bremskraftverteilung** $\varphi_B = F_{Bh}/F_{Bv}$. Damit lässt sich die Gesamtbremskraft aufteilen in Anteil Vorderachse:

$$\Phi_v = \frac{F_{Bv}}{F_{Bv} + F_{Bh}} = \frac{1}{1 + \varphi_B} \qquad \text{(Gl. 4.21)}$$

und Anteil Hinterachse:

$$\Phi_h = \frac{F_{Bh}}{F_{Bv} + F_{Bh}} = \frac{\varphi_B}{1 + \varphi_B} . \qquad \text{(Gl. 4.22)}$$

Damit die Vorderachse nicht einfedert, muss die Resultierende aus Achslaständerung $2 \cdot \Delta F_N$ und Bremskraft F_{Bv} durch den Längspol gehen. Andernfalls entsteht ein Moment um den Längspol. Dieses kann nur von der Aufbaufeder durch eine Änderung des Einfederwegs abgestützt werden, d. h., das Fahrzeug würde ein- oder ausfedern.
Entsprechend Bild 4.72 wird die Lage der Resultierenden bei 100 % Bremsnickausgleich durch den Winkel ε_{B100} beschrieben. Für die Vorderachse gilt mit den Gl. 4.20 und 4.21:

$$\tan \varepsilon_{B100v} = \frac{2 \cdot \Delta F_N}{F_{Bv}} = \frac{(F_{Bh} + F_{Bv}) \cdot h_S}{F_{Bv} \cdot l} = \frac{h_S}{\Phi_v \cdot l} \qquad \text{(Gl. 4.23)}$$

Unter Verwendung dieses Ergebnisses können wir den Winkel auch grafisch bestimmen, wie in Bild 4.72 dargestellt ist. Wir tragen nämlich von der Radaufstandsgeraden der Vorderachse horizontal $\Phi_v \cdot l$ ab. An dieser Stelle wird eine senkrechte Linie gesetzt. Auf dieser zeichnen wir die Schwerpunktshöhe h_S ein. Diese entspricht einem Bremsnickausgleich von 100 %.
Der tatsächliche Längspol L_v der Vorderachse liegt im Beispiel in Bild 4.72 nicht auf dieser Resultierenden, sondern tiefer. Jetzt zeichnen wir eine Gerade durch den Radaufstandspunkt vorn und den Längspol ein. Dieser schneidet unsere vertikal eingetragene Linie. Um zu bestimmen, wie viel Prozent Bremsnickausgleich die Vorderachse hat, müssen wir die Skala auf der vertikalen Linie erweitern. 0 % wird auf Fahrbahnhöhe aufgetragen, und die erforderlichen Zwischenwerte werden linear bestimmt.
In unserem Beispiel erhalten wir 72 % Bremsnickausgleich. Dies bedeutet, unser Fahrzeug federt beim Bremsen nur noch so stark ein, wie bei einer statischen Achslaständerung von $2 \cdot \Delta F_N \cdot (1 - 72\,\%) = 2 \cdot \Delta F_N \cdot 28\,\%$.

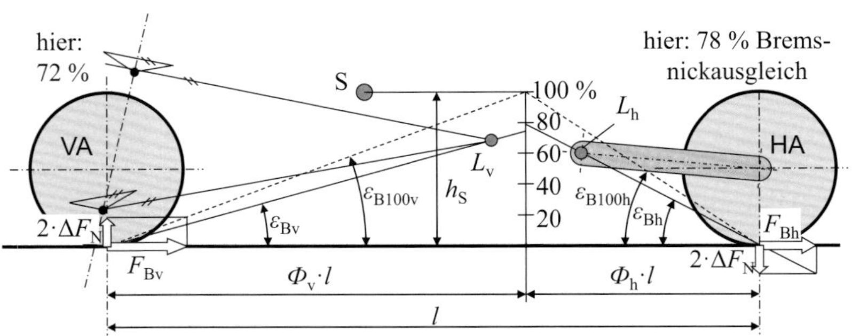

Bild 4.72: *Bremsnickausgleich bei außenliegender Bremse*

Analog gilt für die Hinterachse:

$$\tan \varepsilon_{B100h} = \frac{2 \cdot \Delta F_N}{F_{Bh}} = \frac{(F_{Bh} + F_{Bv}) \cdot h_S}{F_{Bh} \cdot l} = \frac{h_S}{\Phi_h \cdot l} \qquad \text{(Gl. 4.24)}$$

Auch hier können wir den Bremsnickausgleich durch Eintragen einer Geraden, die durch den Radaufstandspunkt hinten und den Längspol hinten geht, bestimmen. Auf der bereits für den Bremsnickausgleich vorn angebrachten Skala wird der Prozentwert abgelesen. Im dargestellten Beispiel beträgt der Bremsnickausgleich hinten 78 %. Das Beispielfahrzeug federt beim Bremsen so stark aus wie bei einer statischen Entlastung der Hinterachse um $2 \cdot \Delta F_N \cdot (1 - 78\,\%) = 2 \cdot \Delta F_N \cdot 22\,\%$.

Anfahrnickausgleich, Anfahrnickausgleichswinkel ε_A:

Analog zum Bremsen erhalten wir beim Beschleunigen dynamische Achslaständerungen, da auf das Fahrzeug eine Beschleunigungskraft auf Höhe der Fahrbahn wirkt, die Trägheitskraft hingegen auf Schwerpunktshöhe:

$$2 \cdot \Delta F_N = (F_{Av} + F_{Ah}) \cdot \frac{h_S}{l} = m \cdot a_x \cdot \frac{h_S}{l} \qquad \text{(Gl. 4.25)}$$

Bei Einachsantrieb ist in Gl. 4.25 die Antriebskraft an der nicht angetriebenen Achse null zu setzen.

Wie wir in Bild 4.67 gesehen haben, wirken bei außenliegender Bremse die Bremskräfte auf Höhe der Fahrbahn auf die Radführung. Antriebskräfte wirken hingegen auf Höhe der Radnabe auf die Radführung. Daher muss die Betrachtung des Anfahrnickausgleichs ausgehend von der Radmitte erfolgen. Für 100 % Anfahrnickausgleich muss die von der Radmitte aus aufgetragene Resultierende aus Radlaständerung und Längskraft durch den Längspol gehen. Bei Hinterradantrieb gilt mit Gl. 4.25:

$$\tan \varepsilon_{A100h} = \frac{2 \cdot \Delta F_N}{F_{Ah}} = \frac{(F_{Ah} + 0) \cdot h_S}{F_{Ah} \cdot l} = \frac{h_S}{l} \qquad \text{(Gl. 4.26)}$$

Grafisch wird dieser Winkel wie in Bild 4.73 dargestellt bestimmt. Vom Radmittelpunkt der nicht angetriebenen Achse wird eine Senkrechte nach oben abgetragen, die als Grundlinie für die Skala zur Bestimmung des Anfahrnickausgleichs dient. Der Abstand h_S entspricht 100 %, der Radmittelpunkt 0 %. Im dargestellten Beispiel beträgt der Anfahrnickausgleich 38 %. Dies bedeutet, dass die Hinterachse beim Anfahren nur so stark einfedert, als würde eine statische Achslaständerung um $2 \cdot \Delta F_N \cdot (1 - 38\,\%) = 2 \cdot \Delta F_N \cdot 62\,\%$ durch Beladung erzeugt.

Die nicht angetriebene Achse federt hingegen nach wie vor entsprechend der dynamischen Achslaständerung aus bzw. ein.

> Bei **Einachsantrieb** mit 100 % Nickausgleich gilt: Die angetriebene Achse federt beim Anfahren weder ein noch aus. Die nicht angetriebene Achse federt hingegen entsprechend einer statischen Achslaständerung um $2 \cdot \Delta F_N = m \cdot a_x \cdot \frac{h_S}{l}$ aus bzw. ein. Beim Anfahren entsteht nach wie vor ein **Nickwinkel.**

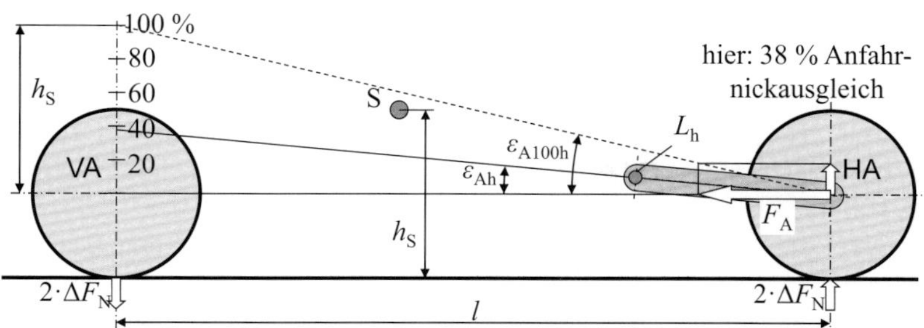

Bild 4.73: *Anfahrnickausgleich bei Einachs-Antrieb, dargestellt für Hinterradantrieb*

Damit das Fahrzeug beim Anfahren bzw. Beschleunigen mit Einachsantrieb nicht nickt, müsste der Nickausgleich über 100 % betragen. In diesem Fall würden beim Beschleunigen bei Hinterradantrieb beide Achsen synchron ausfedern bzw. bei Frontantrieb synchron einfedern.

Zur Bestimmung des Anfahrnickausgleichs bei Allradantrieb muss die Aufteilung der Antriebskraft auf Vorder- und Hinterachse bekannt sein. Hieraus werden analog zum Bremsnickausgleich Φ_v und Φ_h bestimmt und damit die Skala zur Bestimmung des Anfahrnickausgleichs bei $\Phi_v \cdot l$ hinter der Vorderachse eingetragen. 0 % sind jetzt aber auf Höhe der Radmitte einzutragen und 100 % bei einem Abstand von h_S oberhalb der Radmitte.

4.3.4 Achselastokinematik

Beim Abrollen der Räder auf der Fahrbahn regt die Rauigkeit der Fahrbahn die Räder zu Schwingungen an. Diese werden über die Radlager auf den Radträger übertragen. Damit diese Schwingungen nicht an die Karosserie weitergeleitet werden, müssen an den Radführungen **Lager mit dämpfenden Gummielementen** eingesetzt werden. Beim Übertragen der Reifenkräfte auf die Karosserie federn diese Elemente, und die Stellung der Räder relativ zum Aufbau ändert sich. Die Abhängigkeit der Radstellung von den Kräften die auf das Rad wirken wird mit **Elastokinematik** bezeichnet. Bei geschickter Auslegung führt die Elastizität nicht nur zu einer Verbesserung des Fahrkomforts, sondern auch zu einer Verbesserung der Fahrdynamik, wie an jeweils einem Beispiel für Vorder- und Hinterachse im Folgenden gezeigt wird.

In Bild 4.74 links ist der linke untere Querlenker einer McPherson-Vorderachse dargestellt. Der Querlenker ist vorn durch ein sehr weiches Lager an der Karosserie angebunden. Das hintere Lager ist hingegen relativ hart. In Bild 4.74 rechts sind die Lage des unteren Querlenkers der Spurstange und die des Rades mit durchgezogenen Linien in der Konstruktionslage dargestellt. Die gestrichelten Linien zeigen die Situation beim Bremsen. Durch die am Rad angreifende Bremskraft entstehen in beiden Lagern eine Belastung in Längsrichtung und zusätzlich ein Moment, das im vorderen Lager eine Zugkraft nach außen und im hinteren Lager eine Druckkraft Richtung Fahrzeugmitte verursacht. Durch die Auslegung der Elastizitäten bei beiden Gummilagern bewegt sich das Rad nahezu ausschließlich in Längsrichtung. Die Spurstange zeigt – in Konstruktionslage vom Lenkgetriebe aus betrachtet – schräg nach vorne. Durch die Längsverschiebung des Radträgers beim Bremsen nach hinten dreht sich jetzt die Spurstange um den Anlenkpunkt am Lenkgetrie-

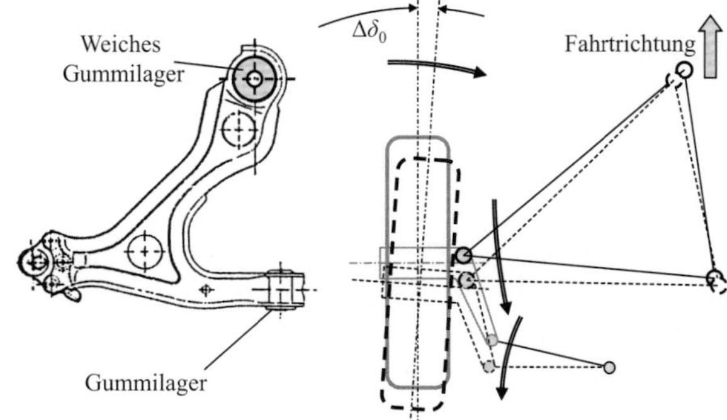

Bild 4.74: *Erzeugung einer Vorspur an einer McPherson-Vorderachse beim Bremsen durch Elastokinematik*

be nach hinten. Hierdurch wird der Kugelkopf, der die Spurstange mit dem Radträger verbindet, nach außen geschwenkt. Das linke Rad schlägt nach rechts ein, es entsteht **Vorspur**. Warum ist diese Verdrehung auf Vorspur beim Bremsen erwünscht? Gehen wir wie in Bild 4.71 davon aus, dass wir auf einseitig glatter Fahrbahn bremsen, wobei die linke Radspur griffig ist. Durch die einseitige Bremswirkung entsteht ein Giermoment nach links, das Fahrzeug tendiert, nach links zu fahren. Durch die Elastokinematik schlägt bei festgehaltener Lenkung das stärker gebremste linke Rad deutlich nach rechts ein, während das rechte schwach gebremste Rad in etwa noch geradeaus weiterrollt. Es wird an der Vorderachse eine Seitenkraft nach rechts aufgebaut, die dem nach links drehenden Giermoment entgegenwirkt. Das Fahrzeug stabilisiert sich bei festgehaltener Lenkung. Bei negativem Lenkrollradius stabilisiert sich hingegen das Fahrzeug bei losgelassener Lenkung. Beide Maßnahmen lassen sich kombinieren. Dann bewirkt der negative Lenkrollradius zwar ein Einlenken des stärker gebremsten Rades, durch die Elastokinematik wird aber die Änderung des Lenkradwinkels deutlich reduziert, wodurch auch bei festgehaltener Lenkung zumindest eine teilweise Stabilisierung stattfindet.

In Bild 4.75 ist in der Draufsicht eine Mehrlenkerachse gezeigt. Um das elastokinematische Prinzip dieser Achse leichter abzubilden, sind hier nur die beiden unteren Stablenker plus ein Stablenker, der bei einer gelenkten Achse der Spurstange entspricht, dargestellt. Die beiden unteren Stablenker ermöglichen ein Schwenken des Radträgers um den virtuellen Drehpunkt, der durch Verlängern der beiden Mittellinien der Stablenker bestimmt werden kann. In Bild 4.75a sind die beiden unteren Stablenker so angeordnet, dass die virtuelle Drehachse in der Radmittelebene liegt. Bei Einwirken einer Bremskraft wird der vordere Stablenker auf Zug und der hintere Stablenker auf Druck beansprucht. Durch die Elastizität werden die Lagerpunkte des vorderen Stablenkers auseinander gezogen und die des hinteren Stablenkers zusammen geschoben. Das Rad dreht sich in Richtung Nachspur, was für den Geradeauslauf unerwünscht ist. Um diesen Effekt auszugleichen, wird (Bild 4.75b) die virtuelle Drehachse in Richtung Radaußenseite verschoben. Die Bremskraft erzeugt jetzt relativ zur virtuellen Drehachse ein Drehen des Rades auf Vorspur und gleicht bei entsprechender Auslegung damit das Einlenken des Rades aufgrund der Elastizität der Stablenker aus. In der Praxis wird man häufig den Schnittpunkt der virtuellen Drehachse mit der Fahrbahn stärker nach außen legen, um beim Bremsen eine leichte Verdrehung des Rades in Richtung Vorspur zu erreichen. Die oberen Stablenker wird man anders als die unteren Stablenker anordnen, damit eine Antriebskraft, die, wie in Bild 4.67 dargestellt, in der Radmitte auf die Radführung wirkt, möglichst keine Spuränderung hervorruft. Die virtuelle Drehachse muss an den oberen Stablenkern weniger stark außerhalb der Radmitte gelegt werden.

Bei Kurvenfahrt ist bei vielen Fahrzeugkonzepten am kurvenäußeren Hinterrad ein Einlenken in Richtung Vorspur erwünscht, um den Seitenkraftaufbau zu verstärken, vgl. Kap. 11.2.5. Auch dies wird mit der dargestellten Achse aufgrund der Elastokinematik erreicht, wie in Bild 4.75c gezeigt wird. Die bei Kurvenfahrt am kurvenäußeren Rad wirkende Seitenkraft führt zu einer Druckkraft auf beide untere

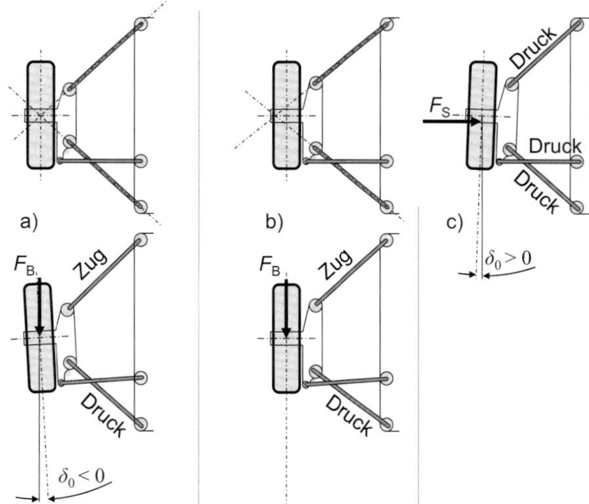

Bild 4.75: *Einfluss der Auslegung der Kinematik einer Mehrlenker-Hinterachse auf die elastokinematischen Eigenschaften unter Längskraft und Seitenkraft*

Stablenker, das Rad wandert etwas in Richtung Fahrzeugmitte. Gleichzeitig wird der Radträger vom dritten Stablenker hinten in Querrichtung abgestützt. Da die Kräfte am hinteren Stablenker nur durch den Reifennachlauf verursacht werden, ist dieser erheblich geringer belastet als die unteren Stablenker. Die Lagerpunkte des dritten Stablenkers bleiben hierdurch fast unverändert, und das Rad dreht sich unter der Einwirkung der Seitenkraft auf Vorspur, vgl. Bild 4.75c.

4.4 Lenkung

4.4.1 Anforderungen an die Lenkung

An die Lenkung werden hohe Anforderungen gestellt, die wichtigsten Kriterien sind:

- Betriebssicherheit,
- mechanische Verbindung zwischen Lenkrad und Rädern,
- hinreichend direkte Übersetzung beim Parken (kleiner Drehwinkel am Lenkrad),
- geringer Kraftaufwand,
- spürbare Kraft am Lenkrad,
- stets Lenkungsrückstellung nach Kurvenfahrt, aber kein starkes Überschwingen beim Loslassen der Lenkung,
- Stoßfreiheit (z. B. durch Lenkungsdämpfer),
- Präzision (Spielfreiheit).

Betrachten wir nun die Anforderungen im Einzelnen. Der Ausfall der Lenkung ist in vielen Fahrsituationen noch kritischer als der Ausfall der Bremse. Die Lenkung muss auch nach einem Missbrauch, z. B. Randsteinrempler, betriebssicher sein. Hierzu müssen die kraftübertragenden Elemente aus zähen Werkstoffen hergestellt werden, sodass sich bei einem Missbrauch z. B. eine Spurstange nur verbiegt, aber keine Risse bekommt, die zu einem späteren Bruch führen können.

Die gesetzlichen Vorschriften verlangen beim Pkw und bei Nutzfahrzeugen, die über 50 km/h fahren, eine mechanische Verbindung zwischen Lenkrad und den Radträgern.

Bei einer rein mechanischen Kraftübertragung (ohne Servounterstützung) stellt die Übersetzung immer einen Kompromiss zwischen hinreichend direkt (was besonders beim Parkieren wünschenswert ist) und einem geringen Kraftaufwand dar, weil ein bestimmter Betrag an Lenkungsarbeit geleistet werden muss. Daher werden heute auch bei kleineren Fahrzeugen meist Lenkungen **mit Hilfskraft** eingesetzt. Aber auch in diesem Fall darf die **Lenkübersetzung** nicht zu direkt gewählt werden, damit bei Ausfall der Servounterstützung der Fahrer noch mit akzeptabler Kraft das Fahrzeug steuern kann. Hier ist es günstig, die Lenkübersetzung abhängig vom **Radeinschlagwinkel** zu variieren. Bei großen Einschlagwinkeln sollte die Lenkung möglichst direkt sein, da diese nur beim Parkieren benötigt werden. Bei hohen Fahrgeschwindigkeiten werden hingegen nur kleine Einschlagwinkel benötigt, hier ist eine indirektere Lenkung häufig vorteilhaft und bei Ausfall der Hilfskraft nicht problematisch.

Für einen guten **Geradeauslauf** muss sich die Lenkung beim Loslassen immer geradeaus stellen. Dies setzt voraus, dass die Lenkung sehr reibungsarm arbeitet. Ein Überschwingen der Lenkung nach der Kurvenfahrt darf nicht zu einem starken Überschwingen oder gar zu einem Aufschaukeln der Lenkung führen. Hier hilft der Einsatz eines **Lenkungsdämpfers**, der eine zur Lenkgeschwindigkeit proportionale Dämpfung hervorruft. Er hilft auch, Stöße zu mildern, die z. B. bei einer ABS-geregelten Bremsung auftreten können. Er muss sehr reibungsarm sein, damit auch kleine an den Rädern auftretende Rückstellmomente an der Lenkung spürbar sind.

Eine spielfreie Lenkung erleichtert die Kurshaltung bei Geradeausfahrt. (Streng genommen weisen alle Bauteile, die mit Fett geschmiert sind, ein minimales Spiel auf, was aber durch die Zähigkeit des Fettes nicht wahrgenommen wird.) Bei stark eingeschlagenen Rädern ist hingegen ein Spiel in der Lenkung zulässig, da diese Lenkwinkel nur bei langsamer Fahrt vorkommen und mit zunehmender Fahrgeschwindigkeit das Rückstellmoment so stark wird, dass die kraftübertragenden Elemente stets spielfrei anliegen.

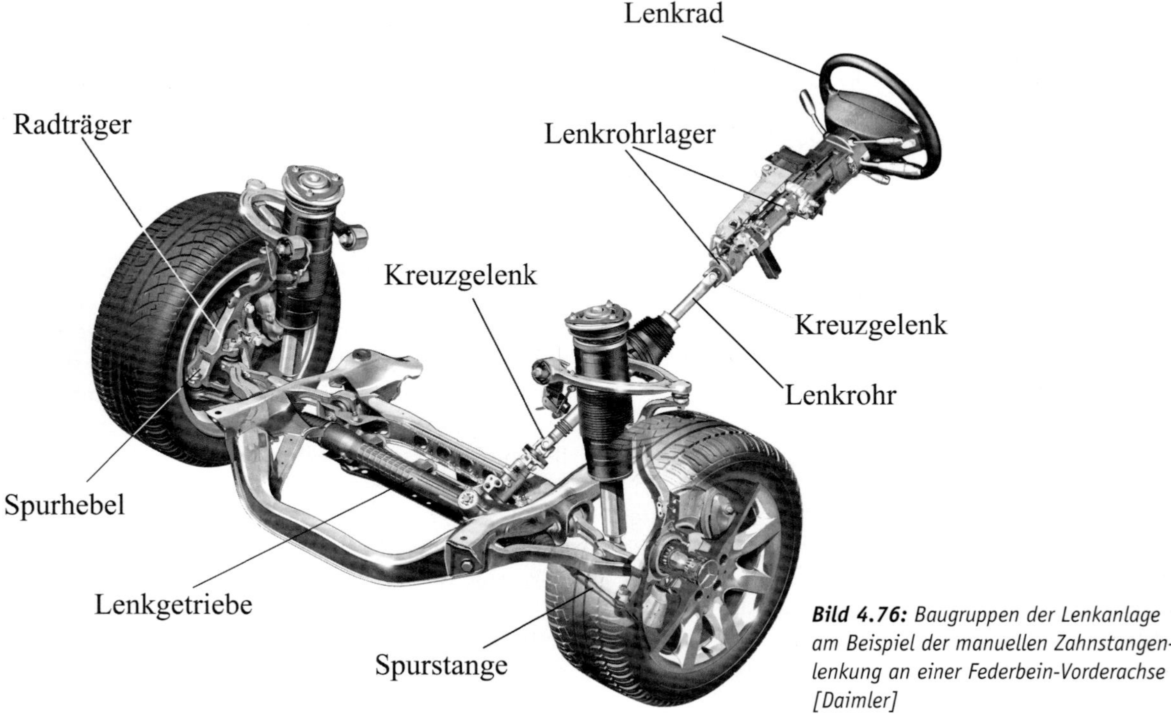

Bild 4.76: *Baugruppen der Lenkanlage am Beispiel der manuellen Zahnstangenlenkung an einer Federbein-Vorderachse [Daimler]*

4.4.2 Aufbau der Lenkung

Wie sieht der mechanische Aufbau einer Pkw-Lenkung aus? In Bild 4.76 ist der gesamte Aufbau einer **Zahnstangenlenkung** dargestellt. Das **Lenkrad** ist mit dem **Lenkrohr**, das im **Mantelrohr** drehbar gelagert ist, fest verbunden. Um die Lenkradstellung ergonomisch günstig wählen zu können, ist im Allgemeinen eine **Lenkzwischenwelle** erforderlich, die über Kardangelenke oder Hardyscheiben die Drehbewegung des Lenkrohres an das **Lenkgetriebe** weiterleitet. Im Zahnstangen-Lenkgetriebe wird die Drehbewegung über ein **Ritzel** auf die **Zahnstange** übertragen, vgl. auch Bild 4.77. Die im Lenkgetriebegehäuse geführte Zahnstange bewegt sich translatorisch. Hierbei ist das Lenkgetriebe so mit der Karosserie verschraubt, dass sich die Zahnstange exakt in Fahrzeugquerrichtung bewegt. An den Enden der Zahnstange sind über Gelenke die **Spurstangen** angebracht, die die Lenkbewegung über ein Winkelgelenk auf den am Radträger befestigten **Spurhebel** übertragen. Die Gelenke der Spurstange müssen als Kugelgelenke ausgeführt werden, da neben der Lenkbewegung auch Federbewegungen auftreten.

Je nach gewählter Achs- und **Lenkkinematik** kann es vorteilhaft sein, wenn die Spurstangen länger ausgeführt werden. Hierzu ist, wie in Bild 4.78 dargestellt, eine **Zahnstangenlenkung mit Mittenabgriff** erforderlich.

In den letzten Jahren hat sich die Zahnstangenlenkung beim Pkw fast vollständig durchgesetzt. Im Lkw-Bereich ist hingegen die **Kugelumlauflenkung**

Bild 4.77: *Zahnstangen-Lenkgetriebe mit Seitenabtrieb [ZF-Lenksysteme]*

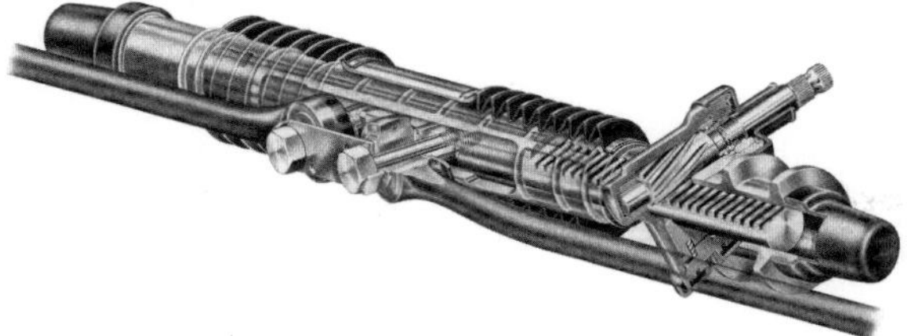

Bild 4.78: *Zahnstangen-Lenkgetriebe mit Mittenabgriff [ZF-Lenksysteme]*

weit verbreitet. Bild 4.79 zeigt ein aufgeschnittenes Kugelumlaufgetriebe. Beim Lenken dreht sich die **Lenkschnecke.** Die auf der Lenkschnecke sitzende **Lenkmutter** bewegt sich hierdurch translatorisch, wie wir es von einer Mutter kennen, die auf einer rotierenden Gewindespindel sitzt. Die Kraftübertragung zwischen Spindel und Mutter erfolgt allerdings nicht über ein Gewinde, sondern über Kugeln, die über Kugelführungsrohre einen geschlossenen Kreislauf bilden. Um eine definierte Führung der Mutter sicherzustellen, sind zwei geschlossene **Kugelumlaufbahnen** erforderlich. Hierdurch ist die Kugelumlauflenkung quasi spielfrei, sehr reibungsarm und bei Zerstörung einer Kugelumlaufbahn noch funktionstüchtig. Auf der Lenkmutter sitzt ein **Zahnsegment**, das in das Zahnsegment der **Lenkwelle** eingreift. Hierdurch werden bei Verschieben der Lenkmutter die Lenkwelle und der an ihr angebrachte **Lenkstockhebel** verdreht. Am Lenkstockhebel sind die Spurstangen angebracht, die die Lenkbewegung an die Radträger übertragen.

Wie sollte nun die Lenkung kinematisch ausgelegt werden? Betrachten wir zunächst in Bild 4.80 die **Drehschemellenkung**, wie sie an Mehrachs-Anhängern verwendet wird. Bei langsamer Kurvenfahrt rollen alle Räder in Richtung ihrer Radmittelebene, und der Anhänger fährt einen Kreis um den Kreismittelpunkt *M*.

Die Drehschemellenkung ist aber aus Platzgründen und wegen der sich beim Einschlag verringernden wirksamen Spurweite bezüglich der Wankabstützung zum Einsatz beim Pkw nicht geeignet. Dennoch ist auch bei Einzelradlenkung (Achsschenkellenkung) vorzusehen, dass alle Räder bei langsamer Kurvenfahrt in Richtung ihrer Radmittelebene, d. h. schräglaufwinkelfrei, abrollen. Diese Auslegung vermeidet unnötigen Reifenverschleiß beim

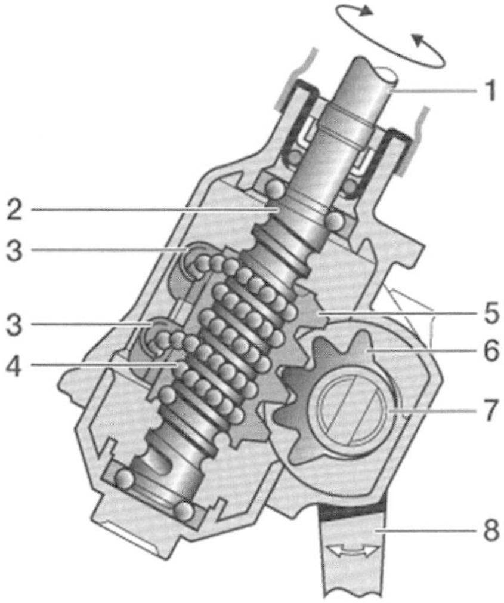

Bild 4.79: *Kugelumlauf-Lenkgetriebe. 1 Lenkspindel, 2 Lenkschnecke, 3 Kugelführungsrohre, 4 Kugelreihe, 5 Lenkmutter (Kugelmutter), 6 Lenksegment, 7 Segmentwelle, 8 Lenkstockhebel [MAN]*

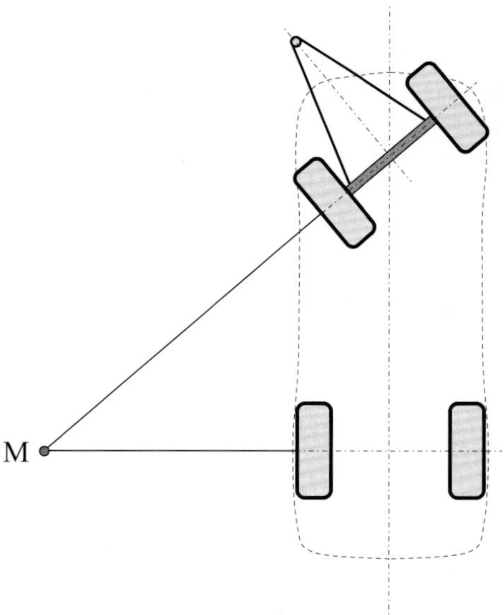

Bild 4.80: *Drehschemellenkung*

Parkieren und ermöglicht auch leichter ein Rollen des Fahrzeugs bei eingeschlagenen Rädern. Ist die Achsschenkellenkung entsprechend ausgelegt, spricht man von **Lenkungsauslegung** nach ACKERMANN.

In Bild 4.81 ist das Fahrzeug mit Einzelradlenkung in der Draufsicht bei langsamer Kreisfahrt dargestellt. Die fett eingezeichneten Punkte sind die Durchstoßpunkte der Spreizachsen durch die Fahrbahn. Im Bild 4.81 ist der Lenkrollradius r_L berücksichtigt, der geometrische Nachlauf n_K wird hingegen vernachlässigt. Wir können erkennen, dass bei der Auslegung nach ACKERMANN der Lenkwinkel des kurveninneren Rades δ_i größer ist als der Lenkwinkel des kurvenäußeren Rades δ_a. Zur Bestimmung der Beziehung zwischen den beiden Radeinschlagwinkeln führen wir die in Bild 4.81 eingezeichnete Hilfslänge y ein. Bei Vernachlässigung des Einflusses von Spreiz- und Nachlaufwinkel drehen sich die Räder um die eingezeichneten Durchstoßpunkte der Spreizachse. Damit gilt:

$$\tan\delta_a = \frac{l}{y} \quad \text{und} \quad \tan\delta_i = \frac{l}{y - b^*},$$

wobei

$$b^* = b_v - 2 \cdot r_L \,. \qquad \text{(Gl. 4.27)}$$

b^* ist der Abstand zwischen den beiden Durchstoßpunkten der Spreizachsen und entspricht bei Vernachlässigung des Lenkrollradius der vorderen Spurweite des Fahrzeugs.

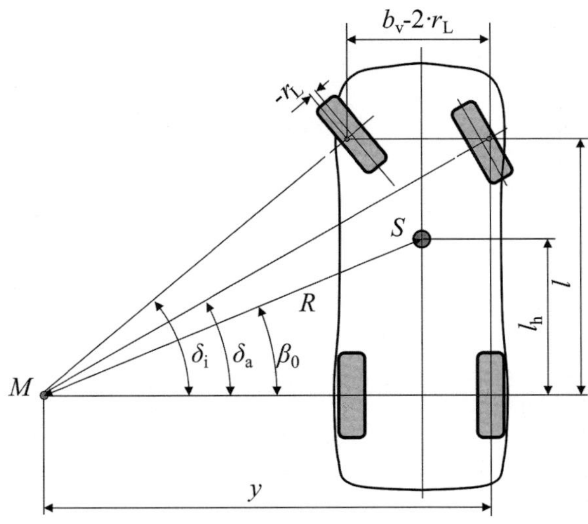

Bild 4.81: *Achsschenkellenkung – statische Lenkungsauslegung nach Ackermann*

Durch Bilden des Kehrwerts in den Gl. 4.27 erhalten wir:

$$\cot\delta_i = \frac{y - b^*}{l} \quad \text{bzw.} \quad \cot\delta_i = \cot\delta_a - \frac{b^*}{l}$$

(Gl. 4.28)

In der Praxis interessiert uns, wie stark sich die Lenkwinkel in Abhängigkeit vom mittleren Lenkwinkel unterscheiden müssen, damit die Räder nach Ackermann schräglaufwinkelfrei abrollen. Dies ist in Bild 4.82 dargestellt. Hierbei ist der **Differenz-**

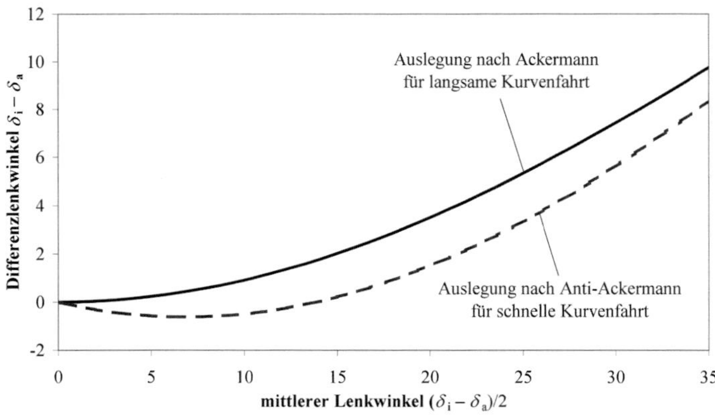

Bild 4.82: *Gewünschter Differenzlenkwinkel als Funktion vom mittleren Lenkwinkel bei langsamer und bei schneller Kurvenfahrt*

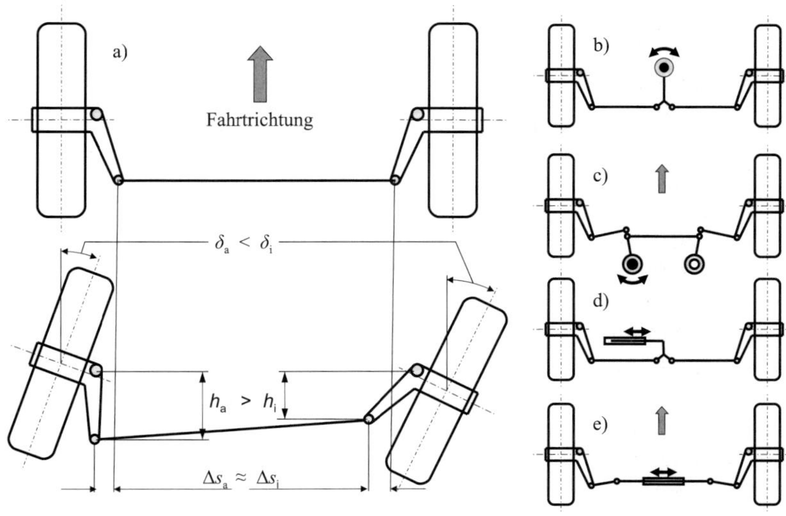

Bild 4.83: *Lenkgestänge-Bauarten von Achsschenkellenkungen mit hinten angeordneter Spurstange*

lenkwinkel $\delta_i - \delta_a$ über dem **mittleren Lenkwinkel** $(\delta_i - \delta_a)/2$ aufgetragen.

Wie lässt sich nun das Lenkgestänge so ausführen, dass die Kinematik näherungsweise der Ackermann-Auslegung entspricht? In Bild 4.83 ist ein einfaches Lenkgestänge dargestellt, wie es an einer gelenkten Starrachse Verwendung findet. Die Spurhebel sind hierbei schräg zur Fahrtrichtung angeordnet und zeigen in Fahrtrichtung gesehen nach außen. Verschieben wir nun die Spurstange um den Betrag Δs, so erhalten wir die in Bild 4.83 unten eingezeichnete Stellung des Lenkgestänges und der Räder. Das kurveninnere Rad ist tatsächlich stärker eingeschlagen als das kurvenäußere. Betrachten wir im eingeschlagenen Zustand die wirksamen Hebelarme, bezeichnet mit h_a und h_i, so erkennen wir: $h_a > h_i$. Eine weitere geringe Verschiebung der Spurstange bewirkt näherungsweise folgende Änderungen der Radeinschlagwinkel:

$\Delta\delta_a \approx \dfrac{\Delta s}{h_a}$ und $\Delta\delta_i \approx \dfrac{\Delta s}{h_i}$. Mit $h_a > h_i$ gilt somit $\Delta\delta_a < \Delta\delta_i$, d. h., das äußere Rad wird schwächer eingelenkt. Durch die schräge Anordnung der Spurhebel können wir also eine Auslegung nach ACKERMANN näherungsweise erreichen.

In Bild 4.83 sind weitere Möglichkeiten für **Lenkgestängeanordnungen** mit hinter der Achse angeordneter Spurstange dargestellt. Die Varianten b) und c) sind für Kugelumlauflenkungen vorgesehen, Anordnung d) entspricht einer Zahnstangenlenkung **mit Mittenabgriff** und e) einer Zahnstangenlenkung **mit Seitenabgriff.**

Bei Anordnung der Spurstange vor der Achse müssen die Spurhebel ebenfalls in Fahrtrichtung gesehen nach außen zeigen. In Bild 4.84 sind die Varianten für Zahnstangenlenkungen mit Mittenabgriff (links) und Seitenabgriff (rechts) dargestellt. Die vorn liegende Spurstange kann bei modernen Pkw-Achsen mit geringem Lenkrollradius und kleinem Störkrafthebelarm aus Bauraumgründen kaum noch verwendet werden.

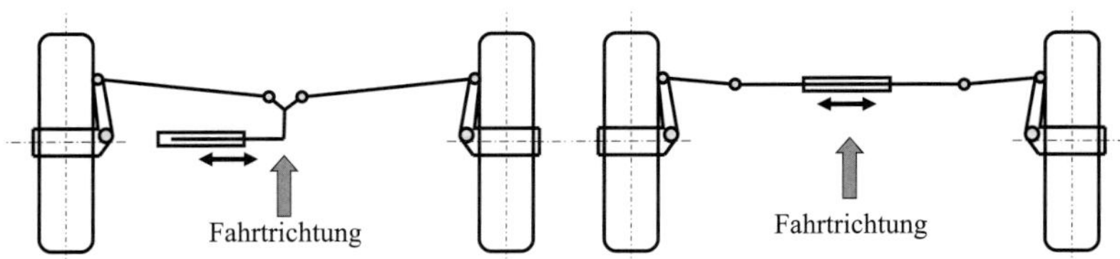

Bild 4.84: *Lenkgestänge-Bauarten von Achsschenkellenkungen mit vorne angeordneter Spurstange*

Fahren wir mit dem Fahrzeug schneller um die Kurve, so wirkt im Schwerpunkt eine Fliehkraft, die über die Reifen auf die Fahrbahn abgestützt wird. Durch die Reifenseitenkräfte entstehen **Schräglaufwinkel**. Das Fahrzeug bewegt sich jetzt entsprechend Bild 4.85 bei schneller Kreisfahrt.

Wie müssen die Vorderräder eingeschlagen werden, um möglichst viel Seitenkraft übertragen zu können? Hierzu betrachten wir die Seitenkraft als Funktion des Schräglaufwinkels. Durch die Schwerpunktshöhe wankt das Fahrzeug in der Kurve und bewirkt, dass die Radlast kurvenaußen zunimmt und kurveninnen abnimmt, vgl. Kap. 11.2.3. In Bild 4.86 sind hier qualitativ die Kurven Seitenkraft über Schräglaufwinkel für das stark belastete kurvenäußere und das gering belastete kurveninnere Rad dargestellt. Möchten wir maximale Seitenkraft an der Vorderachse erreichen, so benötigen wir am kurveninneren Rad den Schräglaufwinkel $\alpha_i(F_{Simax})$ und am kurvenäußeren Rad entsprechend $\alpha_a(F_{Samax})$. Wir erkennen, am stark belasteten kurvenäußeren Rad benötigen wir einen größeren Schräglaufwinkel. Dies können wir nur erreichen, indem wir das äußere Rad bei schneller Kurvenfahrt stärker einschlagen. Der jetzt angestrebte Differenzwinkel ist ebenfalls in Bild 4.82 eingetragen. Solange der Differenzlenkwinkel kleiner null ist, also das kurvenäußere Rad stärker als das kurveninnere eingeschlagen ist, spricht man von Auslegung entsprechend **„Anti-Ackermann“**.

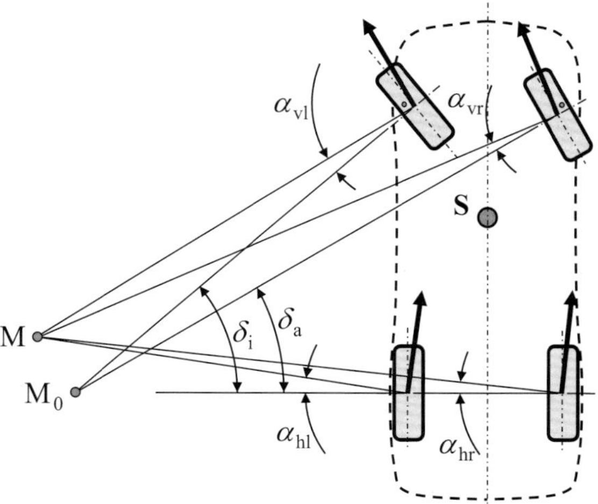

Bild 4.85: *Achsschenkellenkung – Schräglaufwinkel bei großer Querbeschleunigung*

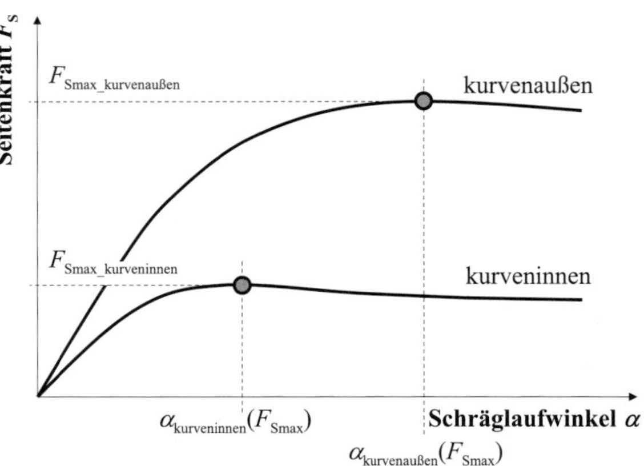

Bild 4.86: *Seitenkraft als Funktion vom Schräglaufwinkel, qualitativ dargestellt für das kurveninnere und -äußere Vorderrad*

Soll nun die Lenkkinematik in der Praxis eher nach „Ackermann“ oder nach „Anti-Ackermann“ auslegt werden? Die Antwort kann lauten: Sowohl als auch, da sich beide Möglichkeiten kombinieren lassen! Fahren wir mit dem Fahrzeug zügig um die Kurve, so entsteht durch das o. g. Wankmoment bei einer herkömmlichen Federung auch ein Wankwinkel (vgl. auch Kap. 11.2.2). Das kurvenäußere Rad federt ein, das kurveninnere aus. Damit das kurvenäußere Rad beim Einfedern einlenkt, muss es sich auf Vorspur stellen, und damit das kurvenäußere Rad weniger stark einlenkt, muss es sich beim Ausfedern ebenfalls in Richtung Vorspur verstellen.

Das Bild 4.87 oben zeigt eine einfache Doppelquerlenkerachse, die in Fahrtrichtung betrachtet wird. In diesem Beispiel sind die Spurstangen länger ausgeführt als die Hebelarme der Doppelquerlenker. Beim Ein- oder Ausfedern nimmt der Abstand zwischen den beiden Spreizachsen aufgrund der Drehbewegung der Lenker ab. Die längere Spurstange macht bei gleichem Federweg eine wesentlich geringere Drehbewegung als die Lenker. Hierdurch nimmt der Abstand der beiden äußeren Spurstangenköpfe weniger stark ab. Wie wir in der in Bild 4.87 unten dargestellten Draufsicht erkennen kön-

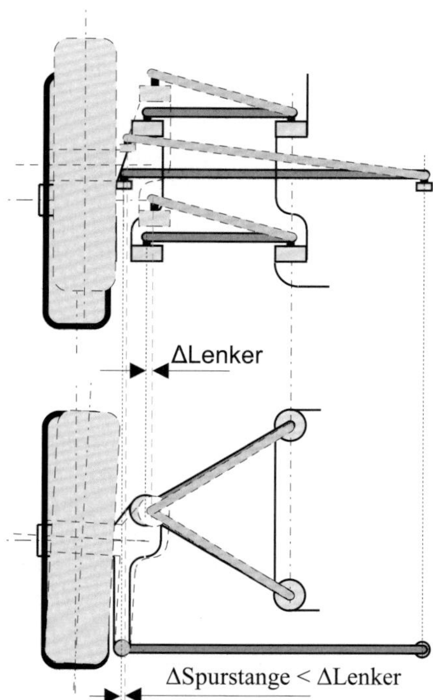

Bild 4.87: *Änderung der Spur beim Einfedern durch kinematische Auslegung am Beispiel einer Doppelquerlenkerachse. (Hiermit kann der Lenkdifferenzwinkel in Abhängigkeit der Querbeschleunigung verkleinert werden.)*

nen, verstellen sich bei Anordnung der Spurstange hinter der Achse die Räder beim Ein- oder Ausfedern auf Vorspur. In der Praxis sind dieser Möglichkeit natürlich Grenzen gesetzt, da eine starke Spuränderung bei unebener Fahrbahn den Geradeauslauf verschlechtert.

Als Nächstes betrachten wir die **Lenkübersetzung**. Da linkes und rechtes Rad unterschiedlich stark eingeschlagen werden, wird der **mittlere Lenkwinkel** zur Definition der Lenkübersetzung herangezogen. Mit dem Lenkradwinkel δ_H gilt:

$$i_S = \frac{2 \cdot d\delta_H}{d(\delta_i + \delta_a)} \qquad \text{(Gl. 4.29)}$$

Die Übersetzung i_S ist hierbei abhängig von der **Lenkgetriebeübersetzung** und dem **Lenkgestänge**. Bei einer Zahnstangenlenkung mit gleichmäßiger

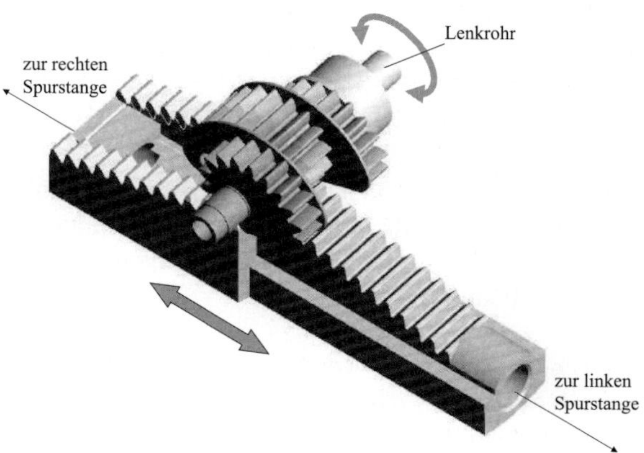

Bild 4.88: *Zahnstangen-Lenkgetriebe mit variabler Übersetzung [Bless]*

Zähneteilung auf der Zahnstange ist die Verschiebung der Zahnstange proportional zum Lenkradwinkel. Wie wir in Bild 4.83 gesehen haben, nimmt aber der wirksame Hebelarm am kurveninneren Rad mit zusätzlichem Einschlagwinkel ab. Auch am kurvenäußeren Rad nimmt bei stärkeren Einschlagwinkeln der Hebelarm ab. Mit Gl. (4.29) bedeutet dies, dass die Lenkübersetzung mit zunehmendem Radeinschlagwinkel abnimmt, sie wird direkter. Wenn wir dies vermeiden wollen, müssen wir die Zahnstange ungleichmäßig teilen. Häufig ist es erwünscht, dass die Lenkung mit zunehmendem Lenkwinkel direkter wird. Hierdurch kann der erforderliche Lenkeinschlagwinkel bei engen Kurven und beim Parken deutlich reduziert werden. In diesem Fall bietet sich die von Bless patentierte Lenkung an, bei der der Radius des Ritzels mit zunehmendem Einschlagwinkel vergrößert wird (Bild 4.88). Hierdurch lässt sich im Gegensatz zur ungleichmäßig geteilten Zahnstange auch eine stark progressive Lenkübersetzung realisieren, sodass Begrenzungen auf zwischen 0,6 und zwei Lenkradumdrehungen von Anschlag zu Anschlag kein Problem darstellen.

4.4.3 Hilfskraftlenkung

Der Konflikt zwischen direkter Lenkung beim Parkieren und geringer Lenkkraft kann nur durch die Verwendung einer Hilfskraftlenkung vermieden werden. Im Folgenden sind die wichtigsten zusätzlichen Anforderungen bei Hilfskraftlenkungen aufgeführt:

- Reduzierung der Lenkarbeit,
- Hilfskraft wirksam ohne Totweg oder zeitlichen Verzug,
- bei Ausfall der Hilfskraft: volle Funktionsfähigkeit bei Pkw und Lkw, noch Manövrierfähigkeit bei Baustellen- und Schwerlastfahrzeugen mit $v_{xmax} \leq 50$ km/h)

Die Reduzierung der Lenkarbeit muss hierbei so ausgelegt werden, dass das Rückstellmoment an der Lenkung nach wie vor spürbar bleibt, die Lenkkräfte beim Parkieren aber gering werden. Dies bedeutet, dass die **Lenkunterstützung** mit zunehmendem Lenkmoment progressiv ansteigen und idealerweise mit zunehmender Geschwindigkeit abnehmen sollte. Die Anforderung „wirksam ohne zeitlichen Verzug" ist von entscheidender Bedeutung. Stellen wir uns einfach vor, wir würden bei einer Lenkwinkeländerung zunächst die volle Lenkkraft aufbringen. Wir erreichen mit Mühe unseren gewünschten Lenkwinkel. Jetzt würde zeitlich verzögert die Unterstützung einsetzen, und unsere angespannten Muskeln bewirken einen weiteren nicht gewünschten Lenkeinschlag. Eine saubere Spurhaltung wäre nicht möglich!

Durchgesetzt hat sich seit vielen Jahren die Verwendung einer **hydraulischen Servolenkung**, vgl. Bild 4.89. Die für die Lenkunterstützung notwendige Leistung wird vom Fahrzeugmotor oder einem elektrischen Motor aufgebracht. (Energetisch günstiger ist die elektrische Pumpe, die bei Kombination mit einem Druckspeicher nur im Bedarfsfall arbeitet.) Dieser treibt eine Hydraulikpumpe an und fördert druckbeaufschlagtes Öl über Schläuche und Leitungen an das Lenkgetriebe. Das Lenkgetriebe ist so modifiziert, dass das Lenkgehäuse zu einem Hydraulikzylinder wird. Bei der Kugelumlauflenkung erhält die Lenkmutter einen erweiterten zylindrischen Bereich mit Dichtung. Damit kann sie als Hydraulikkolben dienen, vgl. Bild 4.89. Bei der Zahnstangenlenkung wird auf der Zahnstange ein Kolbenboden angebracht, wie in Bild 4.90 dargestellt.

Im Lenkgetriebe sind Ventile angeordnet, die in Abhängigkeit vom Lenkradmoment das Hydrauliköl in den gewünschten Raum im Lenkgetriebegehäuse

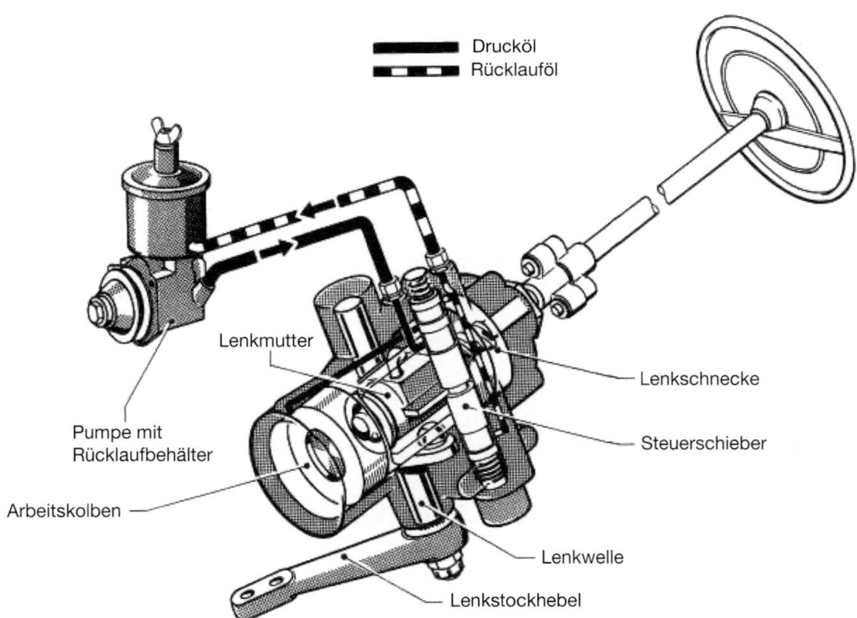

***Bild 4.89:** Grundsätzlicher Aufbau einer Kugelumlauflenkung mit hydraulischer Unterstützung [Daimler]*

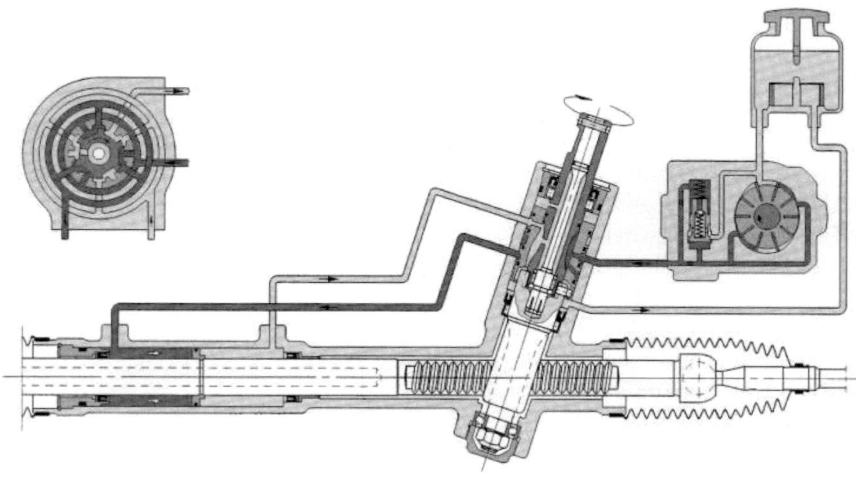

Bild 4.90: Zahnstangen-Hydrolenkung mit Drehschieberventil und Seitenabtrieb [ZF-Lenksysteme]

leiten und damit die vom Fahrer gewünschte Verschiebung der Lenkmutter bzw. der Zahnstange unterstützen.

Gebräuchlich sind hierbei **Drehschieberventile** (Bild 4.90) oder **Kolbenventile**. Die Ventileinheiten sind am Lenkgetriebe-Eingang angebracht. Sie haben ein zylindrisches Gehäuse, das sich mit der Lenkbewegung mitdreht. Das vom Fahrer aufgebrachte Lenkmoment wird über einen torsionsweichen Stab an das Lenkgetriebe weitergegeben. Hierdurch entsteht durch das Lenkmoment ein Verdrehwinkel. Durch entsprechende mechanische Kopplung führt dieser zum Verschieben bzw. Verdrehen der Ventile im Ventilgehäuse. Hierdurch werden entsprechende Bohrungen freigegeben, und das Öl fließt in die gewünschte Kammer am Lenkgetriebe. Durch die Gestaltung der Ventilgeometrie wird die Kennlinie der Servounterstützung festgelegt.

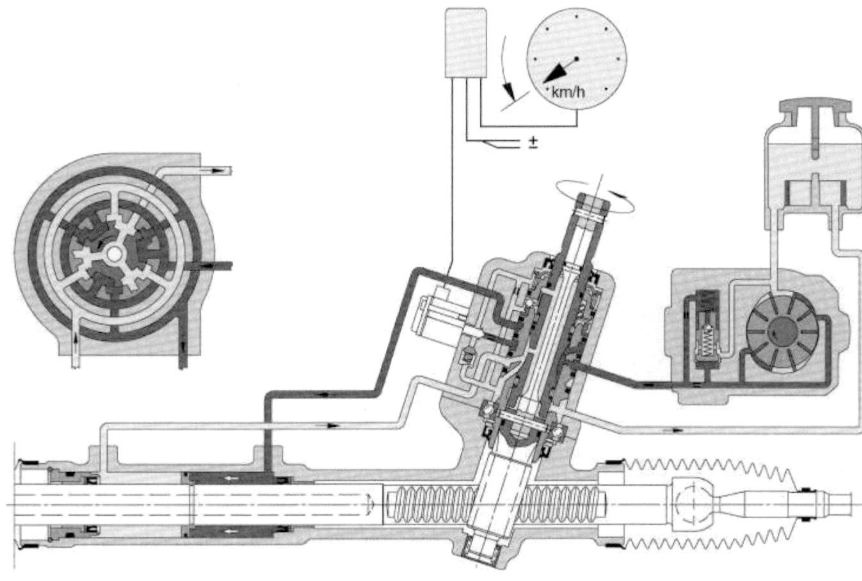

Bild 4.91: Servotronic mit Zahnstangen-Hydrolenkung [ZF-Lenksysteme]

Damit ist allerdings noch keine geschwindigkeitsabhängige Lenkunterstützung möglich.
Hierzu sind zusätzliche Bauteile erforderlich, wie in Bild 4.91 dargestellt. Das Geschwindigkeitssignal, das auch für den elektronischen Tachometer benötigt wird, wird an ein Steuergerät weitergeleitet. Dieses öffnet das im Ölkreislauf zusätzlich eingebaute Servo-Magnetventil (elektro-hydraulischer Wandler) in Abhängigkeit von der Fahrgeschwindigkeit. Hierdurch fließt ein Teil des unter Druck stehenden Hydrauliköls durch dieses Ventil an den Ölvorratsbehälter. Der Öldruck wird reduziert und damit auch die **Servounterstützung in Abhängigkeit der Fahrgeschwindigkeit.**
Durch die zusätzliche Verwendung eines **Lenkwinkelsensors** könnte mit diesem System auch die Lenkunterstützung zusätzlich lenkwinkelabhängig ausgelegt werden. Nachteil ist der höhere Energiebedarf. Die Hochdruckölpumpe muss die Durchflussmenge durch das Magnetventil zusätzlich bereitstellen. Im geöffneten Magnetventil wird die mechanische Energie in Wärme umgewandelt.
Um den gesamten Energiebedarf zu reduzieren und die Lenkunterstützung noch variabler zu gestalten, bietet sich eine **elektrische Unterstützung** an. Wie in Bild 4.92 dargestellt, wird diese in die Lenksäule

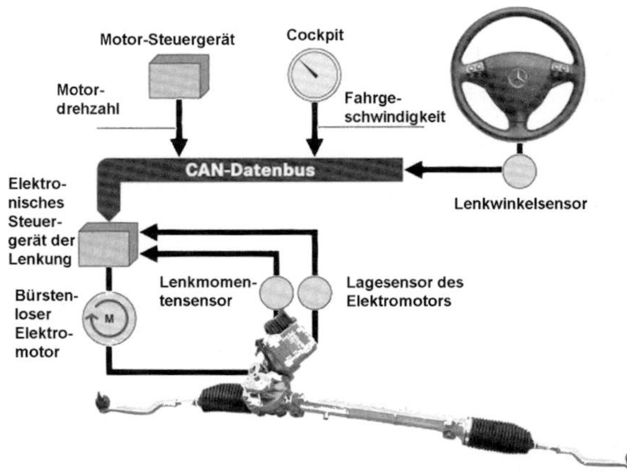

Bild 4.92: *Aufbau einer elektrischen Hilfskraftlenkung [Daimler]*

integriert. Das vom Lenkrad an der Eingangswelle aufgebrachte Lenkmoment wird über einen **Drehmomentsensor** an die Ausgangswelle übertragen. Die Ausgangswelle führt zum Lenkgetriebe. Sie wird im Falle der Lenkunterstützung von einem Elektromotor angetrieben, der über eine Kupplung und ein Getriebe mit der Ausgangswelle gekoppelt ist. Die Ansteuerung des Elektromotors erfolgt in Abhängigkeit von sensiertem Lenkmoment und der Fahr-

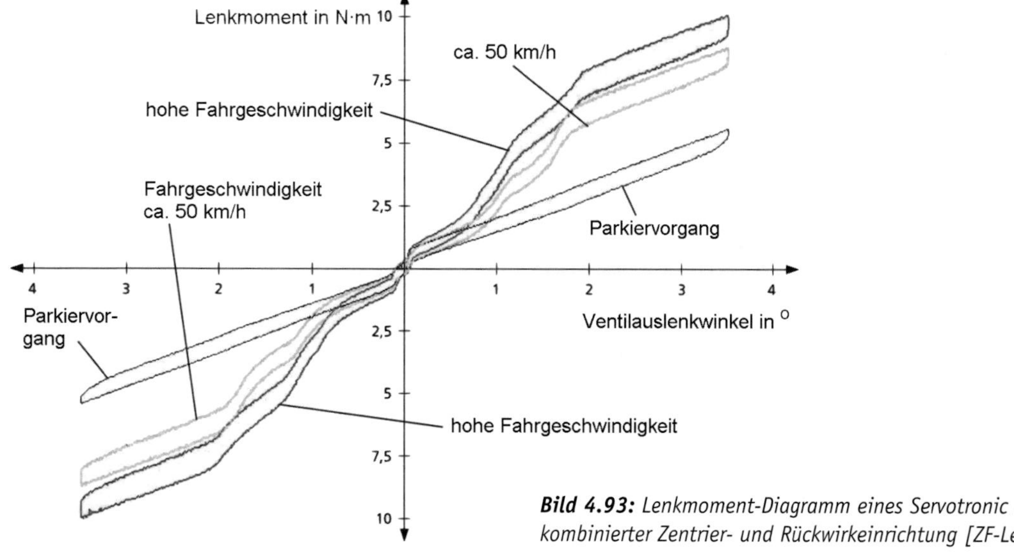

Bild 4.93: *Lenkmoment-Diagramm eines Servotronic 2-Lenkventils mit kombinierter Zentrier- und Rückwirkeinrichtung [ZF-Lenksysteme]*

geschwindigkeit, vgl. Bild 4.93. Werden weitere fahrdynamische Größen am Fahrzeug gemessen, so kann die variable Lenkunterstützung auch den Fahrer z. B. bei Seitenwind oder zur Lenkungsrückstellung nach der Kurvenfahrt unterstützen. Denkbar wäre auch ein automatisiertes Einparken usw. Durch die beim Parkieren erforderliche hohe Lenkleistung ergeben sich durch das 12-V-Bordnetz hohe Ströme. Dies begrenzt zur Zeit die Anwendung der elektrischen Lenkung auf leichtere Fahrzeuge.

4.4.4 Lenkungen mit variabler Übersetzung

BMW bietet optional für die 5er Baureihe die in Bild 4.94 dargestellte Aktivlenkung an. Bei dieser ist zwischen Lenkwelle und Lenkgetriebe ein Überlagerungsgetriebe mit elektrischem Servomotor eingebaut. Dieses Überlagerungsgetriebe funktioniert ähnlich wie ein Differenzial. Steht der Servomotor still, dreht sich die Ausgangswelle gleich schnell wie das Lenkrad. Wird das Lenkrad festgehalten und der Elektromotor dreht sich, so dreht sich die Ausgangswelle proportional zum Elektromotor entsprechend der installierten Übersetzung. Werden Lenkrad und Elektromotor gleichzeitig betätigt, so summieren sich die beiden Drehbewegungen. Damit lässt sich eine geschwindigkeitsabhängige Lenkübersetzung realisieren:

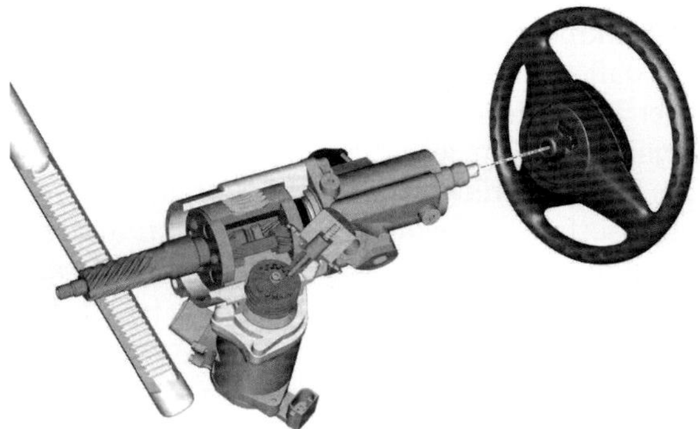

Bild 4.94: *Prinzipbild der Aktivlenkung von BMW (Reduzierung oder Verstärkung des Lenkwinkels durch Überlagerungsgetriebe mit Servomotor in der Lenksäule) [BMW]*

Bei geringer Geschwindigkeit wird der am Lenkrad erzeugte Lenkwinkel durch gleichsinnige Lenkbewegungen des Servomotors verstärkt (direktere Übersetzung in Richtung „Kart-Lenkung"). Bei hoher Geschwindigkeit wird der am Lenkrad notwendige Lenkwinkel erhöht, indem der Servomotor gegensinnig zur Lenkbewegung des Fahrers arbeitet (indirektere Lenkübersetzung).

Neben einer variablen Lenkübersetzung bietet diese Lenkung noch viele weitere Möglichkeiten, die hier nur ansatzweise erläutert werden. In kritischen Fahrsituationen kann ein **aktiver Lenkeingriff** den Fahrer unterstützen. Es stellt damit eine Ergänzung zu der in Kap. 11.4 dargestellten Fahrdynamik-Regelung dar. In Kap. 4.1.3.1 haben wir Bremsen auf einseitig glatter Fahrbahn im Zusammenhang mit dem negativen Lenkrollradius betrachtet. Hierbei haben wir festgestellt, dass bei heutigen Fahrzeugen der Lenkrollradius zur Vermeidung großer Lenkmomentschwankungen bei einer ABS-geregelten Vollbremsung vom Betrag her klein gewählt wird. Der Fahrer muss zur Kompensation des auftretenden Giermoments gegenlenken. Damit ihm genügend Zeit zum Reagieren bleibt, nutzt das ABS zunächst den Kraftschluss der griffigen Fahrbahnseite nur teilweise aus, der Bremsweg erhöht sich (vgl. auch negativer Lenkrollradius in Kap. 4.3.3). Bei der Aktivlenkung kann das ABS sofort den Kraftschluss auf beiden Fahrspuren voll ausnutzen und damit den Bremsweg deutlich reduzieren. Das jetzt durch die einseitig hohe Bremskraft auftretende Giermoment kann z. B. das ABS-Steuergerät abschätzen und an die Regelung der Aktivlenkung weitergeben. Ein entsprechendes aktives Gegenlenken wird eingeleitet. Der Fahrer braucht in diesem Fall nur das Lenkrad festzuhalten, um geradeaus weiterzufahren. Er spürt den aktiven Lenkeingriff im Lenkmoment. Da das Fahrzeug seine Spur behält, wird er hierdurch über den Eingriff informiert, aber nicht irritiert.

Seit einigen Jahren wird auch ein so genanntes **„Steer by wire"**-System erprobt. Hierbei besteht keine mechanische Verbindung zwischen Lenkrad und Lenkgetriebe. Daher ist dieses System mit der heutigen Gesetzgebung nicht vereinbar.

Wie in Bild 4.95 dargestellt, dient das Lenkrad oder ein Joystick nur zum Eingeben des Lenkwunsches. Entsprechende Sensoren nehmen diesen Wunsch auf und leiten ihn an ein Steuergerät weiter. Die eigentliche Lenkbewegung wird durch Servomotoren erzeugt, die das Lenkgetriebe antreiben. Damit der Fahrer die gewohnte Rückmeldung über das Lenkmoment erhält, wird diese über einen Servomotor erzeugt, der das Lenkrad antreibt.

Es ergeben sich damit folgende Vorteile des „Steer by wire" gegenüber der Aktivlenkung von BMW:

- Leichterer Zusammenbau des Gesamtfahrzeugs, da der Armaturenträger mit Lenkrad vormontiert werden kann und beim Einbau nur eine elektrische Steckverbindung erforderlich ist.
- Beim Crash kann das Lenkrad leicht in eine günstige Position gebracht werden. Bei einer herkömmlichen mechanischen Lenkübertragung ist die Schwenkbarkeit des Lenkrads begrenzt, und es besteht bei extremen Crashs sogar die Gefahr, dass das Lenkrad über das Lenkrohr in Richtung Innenraum gedrückt werden kann.
- Bei Verwendung von je einem Servomotor mit Lenkgetriebe pro Vorderrad können die beiden Räder individuell gelenkt werden. Damit können beim Parkieren die Räder bei jedem Lenkwinkel exakt nach ACKERMANN eingeschlagen werden, vgl. Bild 4.81. Mit zunehmender Fahrgeschwindigkeit kann der Lenkdifferenzwinkel so verkleinert werden, dass stets maximales Seitenkraftpotenzial an beiden Rädern verfügbar ist, vgl. Bild 4.86.
- Weiterhin kann auch das Lenkrückstellmoment individuell variiert werden.

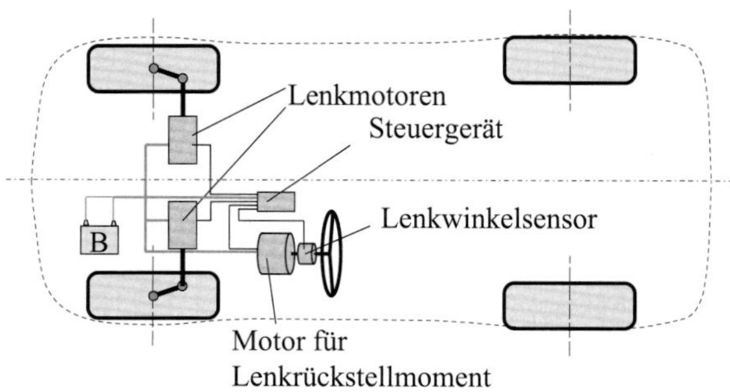

Bild 4.95: *Prinzipieller Aufbau von „Steer by wire"*

Der zuletzt genannte Punkt könnte prinzipiell auch durch die Kombination der Aktivlenkung mit einer elektrischen Servolenkung realisiert werden. Allerdings ist hierbei eine Regelung erforderlich, da das tatsächlich an der Lenkung auftretende Moment berücksichtigt werden muss. Durch die Variation des Lenkmoments kann der Fahrer weiter unterstützt werden. So ist z. B. angedacht, das Lenkmoment in Abhängigkeit von der Fahrbahngriffigkeit zu variieren. Bei abnehmender Fahrbahngriffigkeit wird das Lenkmoment geringer, d. h., die Lenkung geht leichter. Der Fahrer verbindet damit automatisch einen abnehmenden Kraftschluss, da dieser Effekt bei einer mechanischen Lenkung z. B. bei Glatteis durch das abnehmende Reifenrückstellmoment auch auftritt.

Denkbar ist auch eine Warnung des Fahrers bei einem Fehlverhalten. Hierzu sind natürlich entsprechende Sensoren am Fahrzeug erforderlich, die dieses Fehlverhalten anzeigen. Ein Fahrer möchte beispielsweise auf die linke Spur wechseln und übersieht ein Fahrzeug, das sich gerade im toten Winkel seines Außenspiegels befindet. Durch einen Sensor wird dieses Fahrzeug aber erkannt und an das Lenkungssteuergerät gemeldet. Sobald der Fahrer den Spurwechsel beginnt, erkennt das Steuergerät den Fahrfehler und erzeugt eine Vibration, die dem Lenkmoment überlagert wird.

In fernerer Zukunft ist auch eine genaue Erkennung der Fahrspur durch Navigationssystem, Radarsensoren und optische Sensoren denkbar. Bisher nimmt das **Lenkrückstellmoment** in Abhängigkeit von der Fliehkraft und der Fahrbahnquerneigung zu und ist daher bei üblichen Fahrbahnen mit geringer Querneigung bei Geradeausfahrt näherungsweise null, d. h., der **Lenkrückstellmoment-Nullpunkt** ist der Geradeausfahrt zugeordnet. Bei Kenntnis der gewünschten Fahrstrecke kann das Lenkungssteuergerät den Lenkrückstellmoment-Nullpunkt immer dem zur Fahrspur passenden Lenkwinkel zuordnen. Lenkt der Fahrer exakt in Richtung der errechneten Bahnkurve, ist das Lenkrückstellmoment null. Bei Abweichung entsteht ein Rückstellmoment, wie man es bei der herkömmlichen Lenkung bei Abweichung von der Geradeausfahrt kennt. Im Umkehrschluss

bedeutet dies, die Lenkung dreht sich bei losgelassenem Lenkrad immer so hin, dass das Fahrzeug dem Streckenverlauf folgt.
Sämtliche Möglichkeiten der Aktivlenkung sind mit einem „Steer by wire"-System ebenfalls realisierbar und werden an dieser Stelle nicht extra aufgeführt.

4.5 Federung und Dämpfung

4.5.1 Aufgaben der Federung

Bereits im 18. Jahrhundert hatten Kutschen eine Federung, um den Fahrkomfort zu erhöhen und den Wagenaufbau zu schonen. Heutige Straßenfahrzeuge haben zwar Räder mit **Luftbereifung** (deshalb kommt beispielsweise ein Ackerschlepper auch ohne Fahrzeugfederung aus), die **Reifendämpfung** ist aber relativ gering. Andernfalls hätte man großen **Rollwiderstand**. Daher kommt es bei **schnellfahrenden Ackerschleppern** häufig zu permanenten Hubschwingungen. Die Reifen federn ständig aus und ein. Hierdurch ergibt sich eine starke **Radlastschwankung**. Dies verschlechtert die Fahrsicherheit (wie in Kap. 11.3 genauer erläutert wird) und führt zu einer dynamischen Beanspruchung der Fahrbahn. Bei schweren Fahrzeugen können hierdurch die Fahrbahnen plastisch verformt werden. Wir können somit zusammenfassen:

Ein Fahrzeug-Feder- und Dämpfungssystem ist nützlich für:
- Fahrkomfort,
- Fahrsicherheit,
- Fahrzeugschonung,
- Straßenschonung.

In diesem Kapitel betrachten wir in erster Linie die konstruktive Ausführung von Fahrzeugfederung und -dämpfung. Die Auslegung des **Feder-Dämpfer-Systems** wird hingegen in Kap. 11.3 behandelt. Damit wir, ohne Kap. 11.3 gelesen zu haben, den Einfluss unterschiedlicher Federcharakteristik verstehen, betrachten wir bereits hier das **Fahrzeugmodell** in Bild 4.96. Der Fahrzeugaufbau stützt sich über Federn an den Radführungen ab. Durch parallel

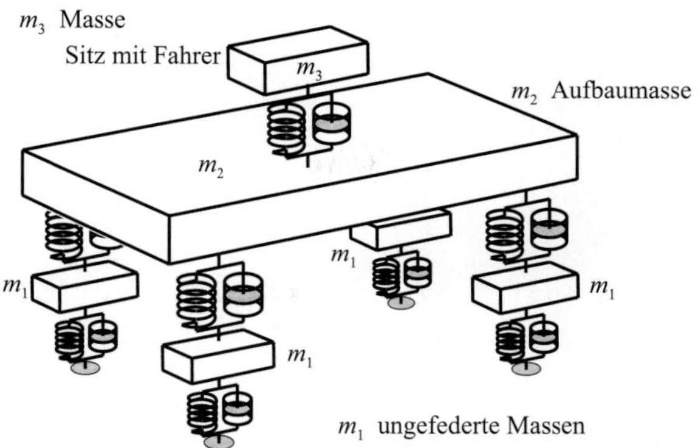

Bild 4.96: *Einfaches Fahrzeugersatzmodell zur Betrachtung von Federung und Dämpfung*

zu den Federn angeordnete Dämpfer werden die Aufbauschwingungen reduziert. Die Radführung stützt sich wiederum über den elastischen Reifen auf der Fahrbahn ab.
Betrachten wir nur Hubschwingungen des Aufbaus, so genügt es, ein so genanntes **Viertel-Fahrzeug** zu betrachten, d. h., nur ein Rad und den Anteil des Fahrzeugaufbaus. Berücksichtigen wir die federnden und dämpfenden Eigenschaften des Luftreifens, erhalten wir das in Bild 4.97 dargestellte Ersatzmodell. Allerdings ist, abgesehen von Rennfahrzeugen, die Federsteifigkeit des Luftreifens im Vergleich zur **Aufbaufedersteifigkeit** sehr hoch. Laden wir beispielsweise einen Zementsack in das Fahrzeug, so nehmen wir ein deutliches Einfedern des Fahrzeugs wahr, eine stärkere Einfederung des Reifens können wir hingegen mit bloßem Auge nicht erkennen. Wir ersetzen daher den elastischen Reifen in unserem Modell durch ein starres Rad und erhalten das Ersatzmodell in Bild 4.97. Wir haben jetzt einen **Ein-Massen-Schwinger**.

Für die **Eigenfrequenz** des Aufbaus gilt damit näherungsweise:

$$f_A \approx \frac{1}{2 \cdot \pi} \sqrt{\frac{c_z}{m_z}} \qquad \text{(Gl. 4.30)}$$

c_z auf den Radfederweg bezogene Federsteifigkeit der Aufbaufeder, m_z anteilige Aufbaumasse.

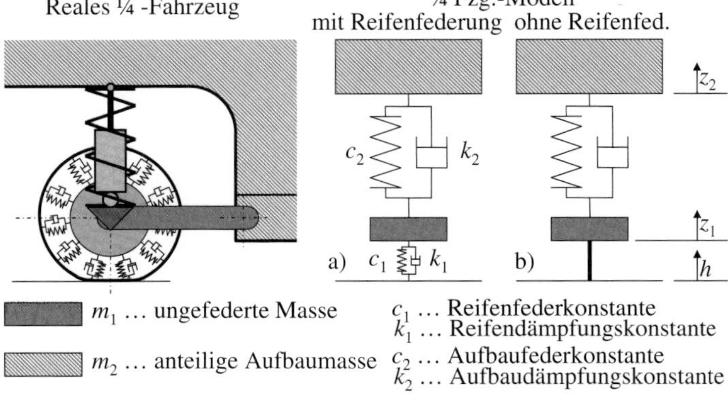

Bild 4.97: *Viertel-Fahrzeug-Modell.*
a) mit Reifenfederung,
b) mit vereinfacht als starr angenommenem Reifen

Aufgrund der Einbaulage der Feder stimmen im Allgemeinen der **Radeinfederweg** relativ zur Karosserie und der Weg an der Feder nicht überein. Damit ist die Federsteifigkeit am Rad auch nicht gleich der Federsteifigkeit der eingebauten Feder (vgl. Gl. 4.46).
Wie sollte nun die **Aufbaueigenfrequenz** gewählt werden? Durch die unregelmäßigen Fahrbahnunebenheiten und die unterschiedlichen Fahrgeschwindigkeiten haben wir ein breites Anregungsspektrum, das in jedem Falle auch die Eigenfrequenz des Aufbaus enthält. Wie wir aus der Physik wissen, benötigen wir daher einen Dämpfer, um bei Anregung im Bereich der Eigenfrequenz die Schwingungsamplitude zu begrenzen. Dennoch sind die Amplituden hier am größten. Also müssen wir die Eigenfrequenz so wählen, dass die auftretenden Schwingungen vom Fahrzeuginsassen am wenigsten wahrgenommen werden.
Durch umfangreiche Versuche mit zahlreichen Probanden wurde festgestellt, dass Schwingungen mit einer Frequenz zwischen 4 und 8 Hz besonders stark wahrgenommen werden, geringere und höhere Frequenzen schwächer. Aus diesen Erkenntnissen entstand die **VDI-Richtlinie 2057.** Medizinisch erklären lässt sich diese unterschiedliche Wahrnehmung durch Betrachtung der Eigenfrequenzen des menschlichen Körpers, vgl. Bild 4.98. Bei ca. 4 Hz liegt die Eigenfrequenz des Magens.

Hieraus können wir schließen, dass die Aufbaueigenfrequenz deutlich unter 4 Hz liegen sollte,

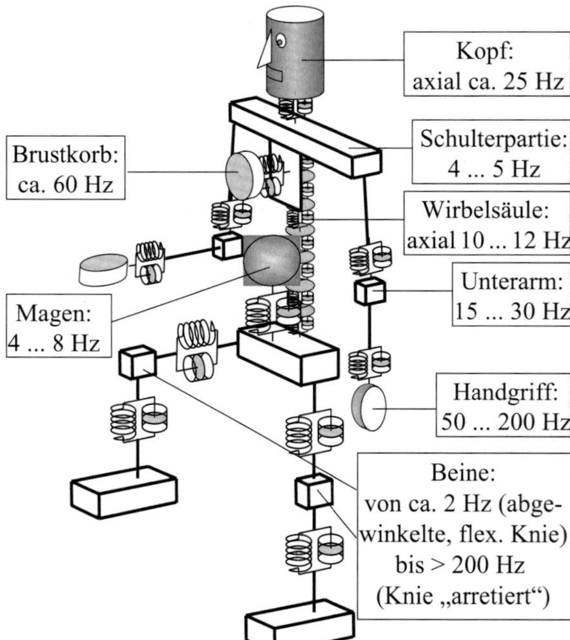

Bild 4.98: *Eigenfrequenzen des menschlichen Körpers*

d. h., c_z muss möglichst gering, die Federung sollte möglichst weich sein. Hier ergibt sich aber eine weitere Grenze aufgrund des Vestibularapparats des Menschen zur Wahrnehmung von Bewegungen. Schwingungen mit Frequenzen unter ca. 1 Hz kann der menschliche Körper nur noch bedingt wahrnehmen und sich dadurch nicht darauf einstellen. Dies führt zur Seekrankheit. Beim sehr weich gefederten Citroën DS, der bereits 1955 mit einer hydropneumatischen Federung ausgestattet war, klagten auf der Rücksitzbank Mitfahrende häufiger über Übelkeit, die offensichtlich quasi an Seekrankheit litten.

Um hohen Fahrkomfort zu erzielen, muss die Aufbaueigenfrequenz zwischen 1,0 und ca. 1,5 Hz betragen.

Beim Beladen des Fahrzeugs erhöhen wir die anteilige Aufbaumasse m_z. Das Fahrzeug federt ein. Bei einer linearen Federsteifigkeit bleibt die Federrate c_z konstant, vgl. Bild 4.99. Die Aufbaueigenfrequenz f_A nimmt damit ab, wie aus Gl. 4.30 leicht ersichtlich und in Bild 4.99 ebenfalls dargestellt ist. Damit die Eigenfrequenz konstant bleibt, muss die Federsteifigkeit mit dem Einfederweg proportional zu m_z zunehmen. Wir erhalten die in Bild 4.99 dargestellte Kennlinie, die als progressiv bezeichnet wird.

Weitere Verbesserung des Fahrkomforts ergibt sich durch die richtige Auslegung des **Systems Fahrer – Sitz**. Hier sollte die Eigenfrequenz über 2 Hz und unter 4 Hz liegen. Dadurch werden die von den Fahrzeuginsassen wahrgenommenen Amplituden bei Schwingungen im Bereich der Aufbaueigenfrequenz reduziert und große Amplituden im Bereich der Eigenfrequenz des Magens vermieden.

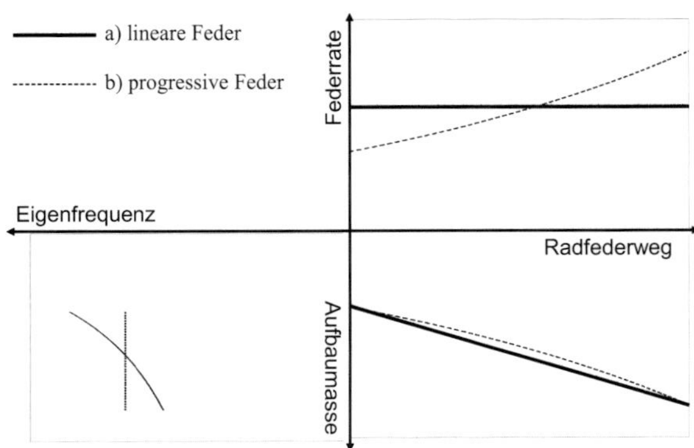

Bild 4.99: *Mögliche Federkennlinien für eine Fahrzeugfederung mit Stahlfeder. a) linear, b) progressiv*

4.5.2 Bauarten von Federn

Aufbauend auf diesen Erkenntnissen betrachten wir im Folgenden die unterschiedlichen Bauarten von Fahrzeugfedern.

Blattfeder:
Die älteste Bauform von Fahrzeugfedern ist die in Bild 4.100 dargestellte Blattfeder. Diese Blattfedern sind üblicherweise aus Stahl hergestellt. Blattfedern aus GFK sind vom Gewicht her wesentlich günstiger, können bisher aber keine radführenden Aufgaben übernehmen.
Durch den konstanten E-Modul des Stahls ergibt sich bei einer einlagigen Blattfeder eine annähernd lineare Federkennlinie. Durch die Verwendung mehrlagiger Federn, bei denen einzelne Blätter erst bei stärkerem Federweg zum Einsatz kommen, wird die Federsteifigkeit c mit dem Einfederweg erhöht, man erhält eine **progressive Kennlinie.** Nachteil der mehrlagigen Blattfedern ist die auftretende Reibung. Hierdurch spricht die Federung schlecht an. Durch Gleitmittel oder Kunststoffeinlagen wird versucht, die Reibung möglichst gering zu halten.

Torsionsstabfeder:
Verdrehen wir die beiden Enden eines Metallstabes zueinander, so entsteht ein Moment M_T, das proportional zum Verdrehwinkel φ_T ist. Es gilt:

$$M_T \approx \frac{G \cdot \pi \cdot d^4}{32 \cdot l} \varphi_T \quad (\varphi_T \text{ in Bogenmaß}) \qquad \text{(Gl. 4.31)}$$

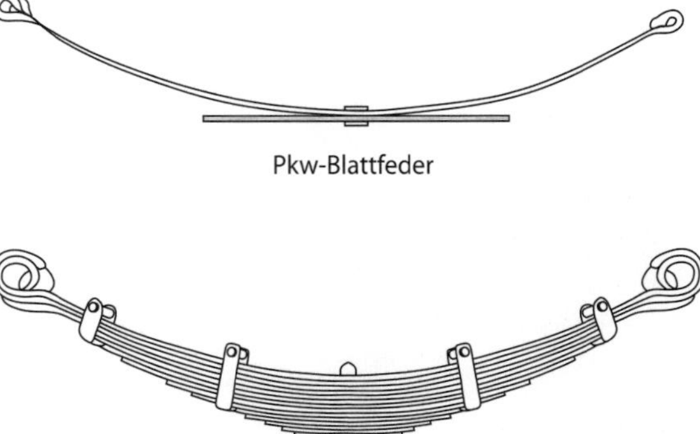

Bild 4.100: *Ausführungen von Blattfedern*

Der Schub-Modul G beträgt für Stahl je nach Legierung 78 000 … 82 000 N/mm².

Diese Eigenschaft wird bei der Torsionsstabfeder angewendet. Wie in Bild 4.101 dargestellt, wird die Torsionsfeder einseitig mit der Drehachse eines Lenkers der Radführung verbunden und fahrzeugseitig fest eingespannt.

Schraubenfeder:

Die Schraubenfeder können wir uns als einen Torsionsstab vorstellen, der schraubenförmig aufgewickelt wurde. Beim Einfedern der Schraubenfeder wird dieser Stab tordiert. Das entstehende Moment im Torsionsstab bewirkt die Federkraft. Hieraus ergibt sich die Federsteifigkeit (Federrate) der Schraubenfeder:

$$c_F = \frac{G \cdot d^4}{8 \cdot D^3 \cdot i_F} \quad \text{(Gl. 4.32)}$$

d Drahtdurchmesser, D mittlerer Windungsdurchmesser, F_F Federkraft, G Schubmodul (bei Stahl ca. 80 000 N/mm²), i_F Anzahl der federnden Windungen

Die dabei auftretende Schubspannung ist:

$$\tau \approx \frac{8 \cdot D}{\pi \cdot d^3} \cdot F_F \quad \text{(Gl. 4.33)}$$

Die Federsteifigkeit ist bei einer gleichförmig gewickelten Schraubenfeder somit unabhängig vom

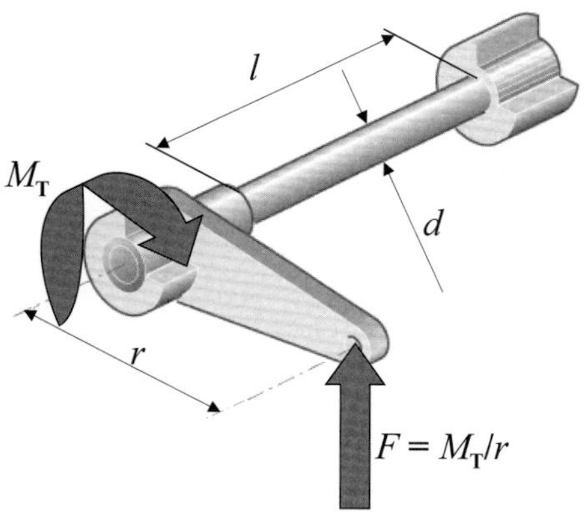

Bild 4.101: *Torsionsstabfeder*

Federweg. Wie wir bei der Betrachtung der Theorie gesehen haben, nimmt mit konstanter Aufbaufedersteifigkeit bei zunehmender Beladung die Aufbaueigenfrequenz ab. Wollen wir die Aufbaueigenfrequenz annähernd beladungsunabhängig gestalten, so muss c_A mit zunehmender Beladung und somit zunehmender Einfederung steigen. Hierfür bieten sich zwei Möglichkeiten: Die Feder wird so eingebaut, dass sich beim Einfedern die Federübersetzung ändert (vgl. Bild 4.111), oder es wird eine **Schraubenfeder mit progressiver Kennlinie** eingesetzt.

Um eine progressive Kennlinie zu erzielen, muss die Feder so gestaltet werden, dass beim Einfedern einzelne Windungen zum Anliegen kommen. Damit nimmt in der Gl. (4.32) die Anzahl der wirksamen Windungen ab und die Federsteifigkeit zu. In Bild 4.102 sind drei verschiedene Ausführungsformen für Schraubenfedern mit progressiver Kennlinie dargestellt.

a)

Bei der links dargestellten Ausführungsform sind die Abstände der Windungen unterschiedlich. Da Drahtdurchmesser und Windungsdurchmesser konstant sind, nimmt beim Einfedern der Abstand zwischen zwei Windungen um einen konstanten Betrag ab. Ab einer gewissen Einfederung kommen die Windungen mit geringem Abstand zum Anliegen. Die Anzahl der federnden Windungen nimmt ab und damit c_F zu.

b)

Bei der in der Mitte dargestellten Feder sind die Windungsabstände konstant, der Drahtdurchmesser ist aber unterschiedlich. Die Windungen mit dünnerem Draht sind weicher. Beim Einfedern ist der Federweg an diesen Windungen größer. Sobald diese Windungen zum Anliegen kommen, wird die Feder deutlich härter, da die Anzahl der federnden Wicklungen abnimmt und nur noch die härteren Windungen federn.

c)

Bei der rechts dargestellten Schraubenfeder sind durch die Tonnenform die Windungsdurchmesser unterschiedlich. Vorteil dieser Tonnenform ist die geringe Baulänge. Die Blocklänge beträgt nur zwei

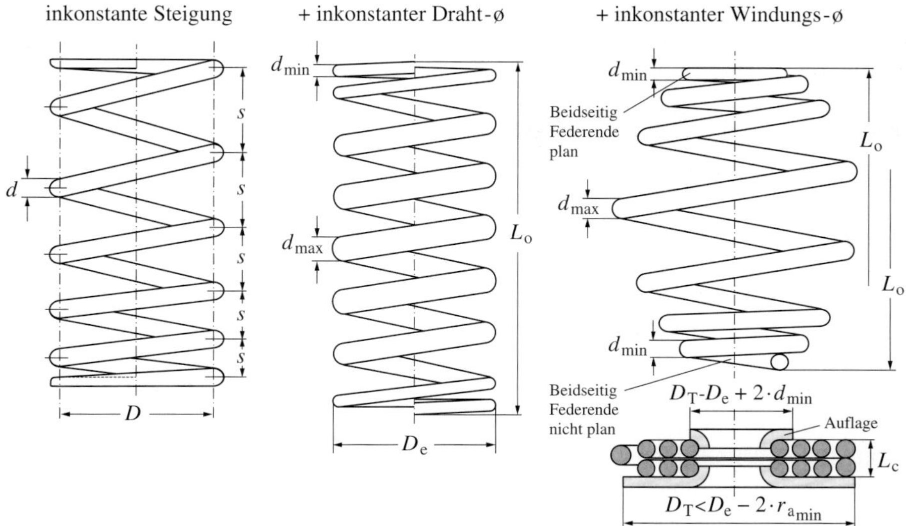

Bild 4.102: *Schraubenfedern mit progressiver Kennlinie*

Windungen, wie in Bild 4.102 unten dargestellt. Wie wir aus Gl. (4.32) ersehen, sind die Windungen mit großem Windungsdurchmesser weicher. Damit dennoch die äußeren härteren Windungen zuerst zum Anliegen kommen, muss die Feder so gewickelt werden, dass diese nur einen sehr geringen Federweg haben.

Eine weitere beliebte Möglichkeit zur Erzielung einer progressiven Federung ist die Kombination der Schraubenfeder mit einem Anschlagpuffer aus Gummi oder anderen elastischen Materialien.

Gummifederung:

Zur Vermeidung des Durchschlagens der Federung werden oft Anschlagpuffer aus Gummi verwendet. Durch die Elastizität und die innere Dämpfung des Gummis sind sie hierfür sehr gut geeignet. In Bild 4.103 sind drei Ausführungsformen der Gummifederung dargestellt.

Je nach Ausführungsform ergibt sich eine Beanspruchung auf Druck, Schub oder Torsion. Bei den Elementen, die auf Schub oder Torsion beansprucht werden, ist der Gummi zwischen zwei Metallhülsen eingebettet. Üblicherweise wird die Verbindung zwischen Metall und Gummi durch **Vulkanisation**

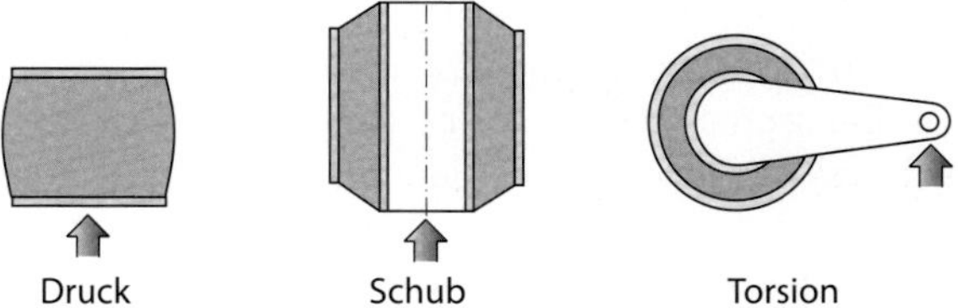

Bild 4.103: *Ausführungsformen zur Gummifeder*

hergestellt. Teilweise wird aber auch ein in der Grundform kürzerer und im Durchmesser größerer Gummi in die Metallhülsen eingepresst bzw. die umhüllende Hülse wird nach dem Einbringen des Gummis zusammengepresst. In diesem Fall erfolgt die Kraftübertragung durch die Reibung zwischen Gummi und Metallhülsen.

Der von 1959 bis Anfang des 21. Jahrhunderts gebaute Austin Mini gehört zu den wenigen Pkws, die mit einer Gummifederung ausgestattet sind.

Bei Pkw-Anhängern ist hingegen die in Bild 4.104 dargestellte Gummifederung Standard. Sie wird als **Neidhard-System** bezeichnet. In einem rahmenfesten Vierkantachsrohr sitzt ein kleineres Vierkantrohr, das mit dem Längslenker mit Radträger verbunden ist. Im spannungsfreien Zustand sind die

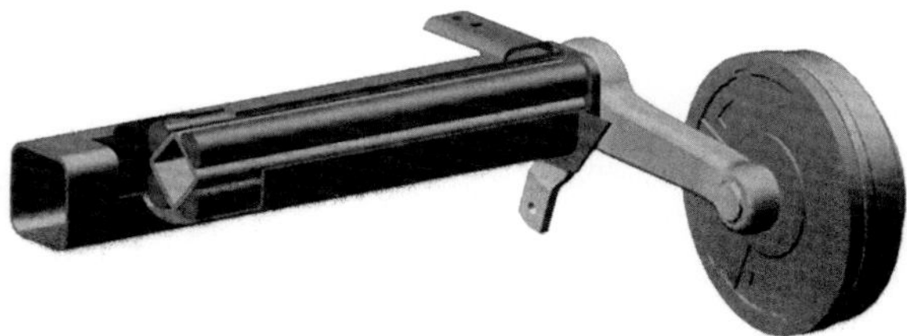

Bild 4.104: *Anhängerachshälfte mit Gummifederung [16]*

beiden Rohre um 45° zueinander verdreht. Zwischen den Ecken des Achsrohrs und den Flanken des Führungsrohrs sind mehrere lange dünne Gummischnüre angeordnet. Beim Einfedern der Anhängerräder verdrehen sich die beiden Rohre zueinander. Hierdurch erfahren die Gummischnüre neben einer leichten Rollbewegung eine Druck- und Schubbelastung. Es entsteht eine **progressive Federkennlinie** mit einer deutlichen Hysterese (Bild 4.105). Die Federung ist mit einer merklichen Dämpfung behaftet. Daher werden diese Anhänger häufig ohne zusätzliche hydraulische Dämpfer betrieben.

Gummi ist allerdings nahezu inkompressibel, d. h., bei Beanspruchung auf Druck muss der Gummi seitlich ausweichen können. Dennoch ergibt sich eine stark progressive Kennlinie. Daher werden Zusatzfedern gerne aus **geschlossenzelligem Polyurethan-Elastomer** (**PUR**) hergestellt. PUR ist durch Lufteinschlüsse auf ca. 1/5 seines Ausgangsvolumens zusammendrückbar. Die in Bild 4.106 dargestellte Bauform wird gern als Zusatzfederung verwendet. Durch die Formgebung und die Materialeigenschaft von Elastomeren erhält man eine progressive Kennlinie.

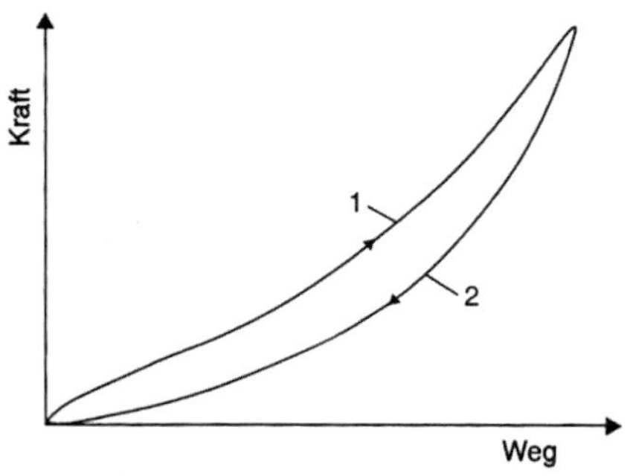

Bild 4.105: *Federkennlinie einer Anhänger-Gummifederung [16]*

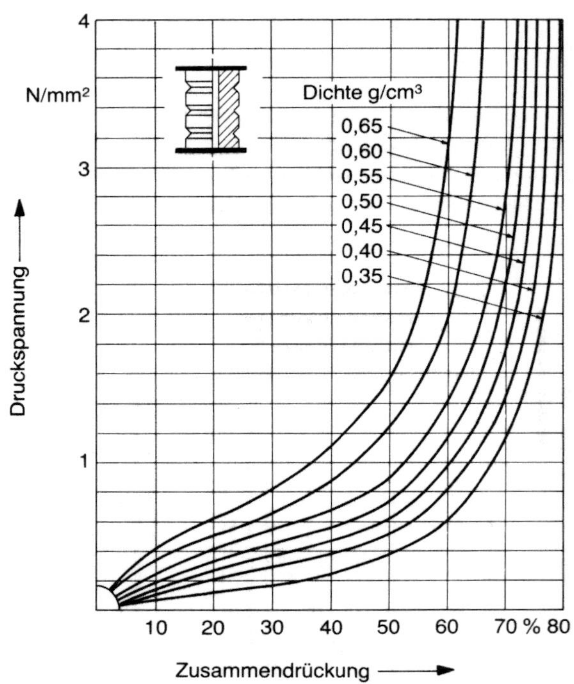

Bild 4.106: *Beispiel einer Zusatzfeder aus Polyurethan und ihre Kennlinien [17]*

Gasfeder:

Neben der mechanischen Federung bietet sich die Gasfederung an. Zur Betrachtung der Theorie verwenden wir das Federelement in Bild 4.107. Der Zylinder sei fahrzeugseitig montiert und die Kolbenstange mit der Radführung verbunden. Die Federkraft ergibt sich aus der Kolbenfläche und dem wirksamen Druck:

$$F_F = A_W \cdot (p_0 - p_a) \qquad \text{(Gl. 4.34)}$$

$A_W = \pi \cdot d_W^2$, d_w wirksamer Kolbendurchmesser, p_0 absoluter Gasdruck, p_a Umgebungsdruck

Beim Einfedern wird das **Gasvolumen** komprimiert, hierdurch nimmt der Druck und damit die Federkraft zu. Bei konstanter Temperatur und gleichbleibender **Gasmasse** gilt:

$$p \cdot V = \text{const.} \qquad \text{(Gl. 4.35)}$$

Beim Verdichten erwärmt sich Gas, beim Expandieren kühlt es sich ab.

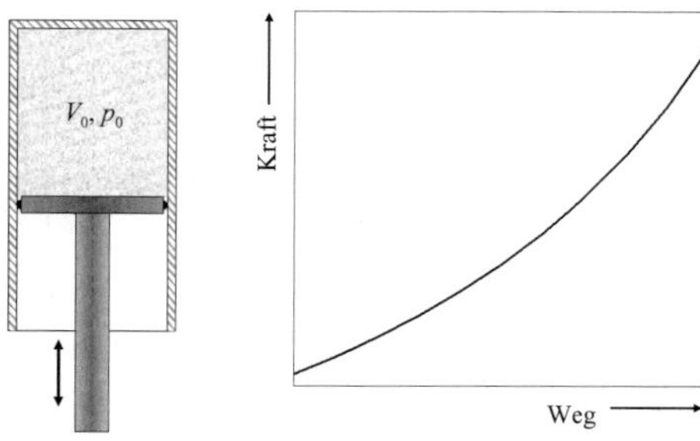

Bild 4.107: *Prinzipbild einer Gasfederung*

Bei schnellen Federbewegungen kommt es zu keinem vollständigen Temperaturausgleich, d. h., beim Komprimieren bewirkt die Erwärmung eine zusätzliche Druckerhöhung. Daher müssen wir bei der Federrate den **Polytropenexponenten** n berücksichtigen. Es gilt bei kleinen Federbewegungen um die Ausgangslage:

$$c_F \approx \frac{n \cdot p_0 \cdot A_W^2}{V_0} \qquad \text{(Gl. 4.36)}$$

n Polytropenexponent ($1 < n < \kappa$, für 2-atomige Gase ist $\kappa \approx 1{,}4$), V_0 federndes Gasvolumen (hier ist das Volumen einzusetzen, das sich bei Belastung durch das statische Fahrzeuggewicht ergibt)

Bei großen Federwegen nimmt das federnde Gasvolumen merklich ab. Daher hat die Gasfeder eine **progressive Federkennlinie.**

Bei sehr langsamen Federbewegungen, also z. B. beim Beladen, kann die Wärme an die Umgebung abgegeben werden, womit die Temperatur als konstant angesehen werden kann. Da bei konstanter Kolbenfläche die Federkraft proportional zum Differenzdruck ist, gilt mit Gl. (4.34) $P_0 = F_F/A_W + p_A$. Da das Volumen bei einem festen Zylinder mit dem Federweg linear abnimmt, gilt weiter $V = V_0 - s_F \cdot A_W$. Mit $p \cdot V = \text{const.}$, vgl. Gl. (4.35), gilt somit:

$$(F_F + p_a \cdot A_W) \cdot (\frac{V_0}{A_W} - s_F) = \text{const.} \qquad \text{(Gl. 4.37)}$$

Gehen wir davon aus, dass der Druck im Zylinder wesentlich größer als der Umgebungsdruck ist, so können wir $F_F + p_a \cdot A_W \approx F_F$ setzen. Damit gilt näherungsweise:

$$F_F \cdot (\frac{V_0}{A_W} - s_F) \approx \text{const.} \qquad \text{(Gl. 4.38)}$$

In Bild 4.107 ist das Ergebnis aus Gl. (4.38) als Kraft-Weg-Diagramm aufgetragen. Wir erkennen, die Gasfederung hat eine **progressive Kennlinie.**

In der Praxis gibt es beim Fahrzeug zwei Arten von Gasfederung:

Hydropneumatik:

Bei diesem System wird ein Hydraulikkolben als Federelement verwendet. Dieser Hydraulikkolben ist mit Öl gefüllt und über eine Leitung mit einer so genannten Federspeicherblase verbunden, vgl. Bild 4.108. In die Federspeicherblase ist eine gasdichte und ölbeständige Membran eingebaut. Oberhalb von dieser Membran befindet sich Stickstoff als federndes Gas, und unterhalb dieser Membran ist ein mit dem Hydraulikkolben verbundener Ölraum. Beim Einfedern des Fahrzeugs schiebt der Hydraulikkolben Öl in die Federspeicherblase. Hierdurch wird die Membran nach oben gewölbt, das Gasvolumen nimmt ab, der Gasdruck erhöht sich. Da der Druck über die Membran an das Öl weitergeleitet wird, erhöht sich dadurch auch der Druck im Hydrauliköl. Die Federkraft nimmt zu. Da zur Kraftübertragung ein flüssiges und ein gasförmiges Medium verwendet werden, wird dieses System als Hydropneumatik bezeichnet. Bereits seit 1954 baut Citroën dieses System in Serie.

Zur **Niveauregulierung** ist die Hydropneumatik mit einer Ölpumpe kombiniert. Nach dem Beladen des Fahrzeugs wird durch ein T-Stück in der Leitung zwischen Hydraulikzylinder und Speicherblase so lange Öl in das System gepumpt, bis das gewünschte Fahrzeugniveau erreicht ist, vgl. Bild 4.108. Bei den so genannten **Selbstpumpern** wird die Federbewegung beim Fahren über Fahrbahnunebenheiten genutzt, um das Öl aus einem im Federelement integrierten Vorratsbehälter in das Federsystem zu pumpen. Die verwendete Pumpe funktioniert ähnlich wie eine Fahrradpumpe. Da diese Pumpe einen kleineren Durchmesser als das Federelement selbst

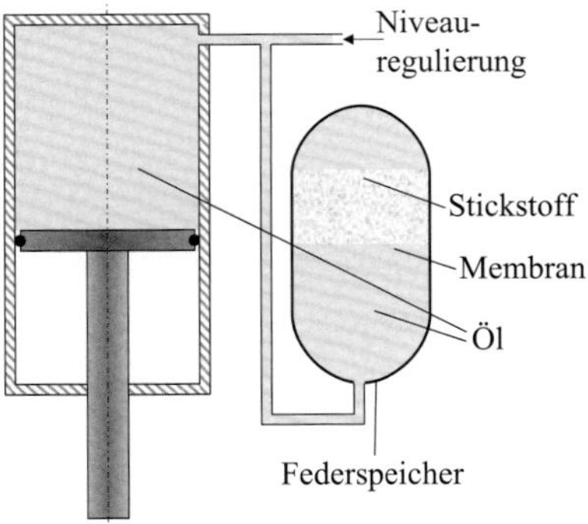

Bild 4.108: *Prinzipbild der hydropneumatischen Federung*

hat, kann ein höherer Druck als im Federelement aufgebaut werden. Nur dadurch ist ein Befüllen des Systems möglich. Nachteil der Selbstpumper ist die nach dem Beladen zunächst reduzierte Bodenfreiheit. Wie wirkt sich die Beladung auf die Aufbaueigenfrequenz aus?
Für den Druck in der Speicherblase gilt mit Gl. (4.34):

$$p_0 = m_A \cdot k + p_a \qquad \text{(Gl. 4.39)}$$

wobei k von der Kolbenfläche und der Übersetzung der Federung abhängig und somit für jedes Fahrzeug konstant ist. Da der Druck im Federsystem p_0 wesentlich größer als der Umgebungsdruck ist, gilt näherungsweise:

$$p_0 \sim m_A \qquad \text{(Gl. 4.40)}$$

Da während des Beladens genügend Zeit zu einem Temperaturausgleich besteht, gilt $p \cdot V = \text{const.}$ – Gl. (4.35). Damit gilt für das **federnde Volumen** näherungsweise:

$$V_0 \sim \frac{1}{p_0} \sim \frac{1}{m_A} \qquad \text{(Gl. 4.41)}$$

Mit Gl. 4.36 gilt damit näherungsweise für die **Federrate** in Abhängigkeit der Aufbaumasse:

$$c_F \approx \frac{n \cdot p_0 \cdot A_W^2}{V_0} \sim m_A^2 \qquad \text{(Gl. 4.42)}$$

Die auf das Rad bezogene Aufbaufedersteifigkeit c_A unterscheidet sich nur durch die Federübersetzung von c_F. Damit gilt: $c_A \sim c_F \sim m_A^2$. Mit Gl. (4.30) erhalten wir den Zusammenhang zwischen Aufbaueigenfrequenz und anteiliger Aufbaumasse für die hydropneumatische Federung:

$$f_A \approx \frac{1}{2 \cdot \pi}\sqrt{\frac{c_A}{m_A}} \sim \sqrt{\frac{m_A^2}{m_A}} \sim \sqrt{m_A} \qquad \text{(Gl. 4.43)}$$

Die Aufbaueigenfrequenz steigt mit zunehmender Beladung an!
Häufig wird die Stahlfederung (Schrauben- oder Blattfeder) mit einer hydropneumatischen Federung zur **Niveauregulierung** kombiniert. In Bild 4.109 ist eine derartige Anordnung dargestellt. Hierdurch wird nicht nur das Fahrzeugniveau konstantgehalten, sondern auch die mit zunehmender Beladung absinkende Aufbaueigenfrequenz bei der Stahlfederung zumindest teilweise kompensiert.

Luftfederung:
Theoretisch könnte man den Hydraulikzylinder der Hydropneumatik durch einen Pneumatikzylinder ersetzen, also ähnlich wie in Bild 4.107 dargestellt. Allerdings hat Luft keine schmierenden Eigenschaften, sodass der Pneumatikzylinder mit merklicher Reibung behaftet ist. Dies würde bei einer Fahrzeugfederung zu einem schlechten Ansprechverhalten führen. Um dies zu vermeiden, wird bei der Fahrzeug-Luftfederung ein Rollbalg eingesetzt, Bild 4.110. Beim Einfedern kommt es zu einer definierten Verformung wie in Bild 4.110 ebenfalls zu sehen ist. Die Verformung ähnelt einem Abrollen, daher spricht man vom Rollbalg.

Auch bei der Luftfederung können wir eine **Niveauregulierung** realisieren. Wir können über einen Kompressor Luft in den Rollbalg pumpen oder Luft durch ein entsprechendes Ventil in die Umgebung ablassen. Damit können wir auch das Fahrzeugniveau unabhängig von der Beladung konstant halten. Dies führt dazu, dass das federnde Volumen V_0 konstant und damit unabhängig von der Beladung

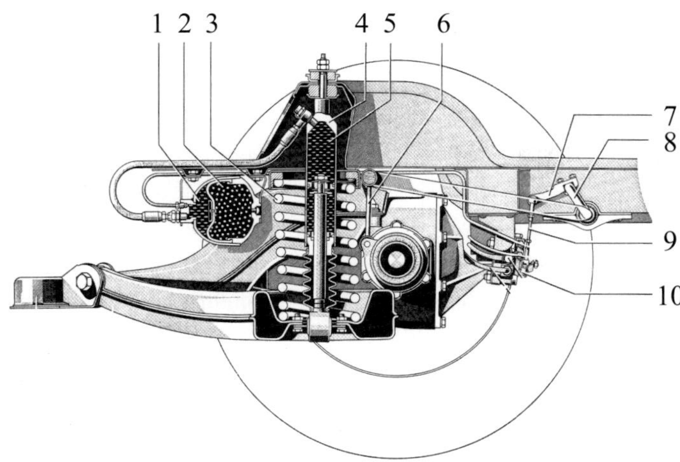

Bild 4.109: *Kombination einer Schraubenfeder mit einer hydropneumatischen Federung. 1 Ölraum in Speicherblase, 2 Gasraum in Speicherblase, 3 Stahlfeder, 4 Federbein und Dämpfer, 5 Ölraum im Federbein, 6 Verbindungsstange Achse – Stabilisator, 7 Hebel am Stabilisator, 8 Stabilisator, 9 Verbindungsstange Hebel – Niveauregelventil, 10 Niveauregelventil [Daimler]*

gehalten werden kann. Auch bei der Luftfederung gilt näherungsweise Gl. (4.40).

Setzen wir dies in Gl. (4.36) ein und berücksichtigen, dass V_0 jetzt konstant bleibt, so erhalten wir für die **Federrate** der Luftfederung mit Niveauregulierung:

$$c_F \approx \frac{n \cdot p_0 \cdot A_W^2}{V_0} \sim m_A \qquad \text{(Gl. 4.44)}$$

Analog zur hydropneumatischen Federung lässt sich hieraus der Zusammenhang zwischen Aufbaueigenfrequenz und anteiliger Aufbaumasse für die Luftfederung mit Niveauregulierung ableiten:

$$f_A \approx \frac{1}{2 \cdot \pi}\sqrt{\frac{c_A}{m_A}} \sim \sqrt{\frac{m_A}{m_A}} \approx \text{const.} \qquad \text{(Gl. 4.45)}$$

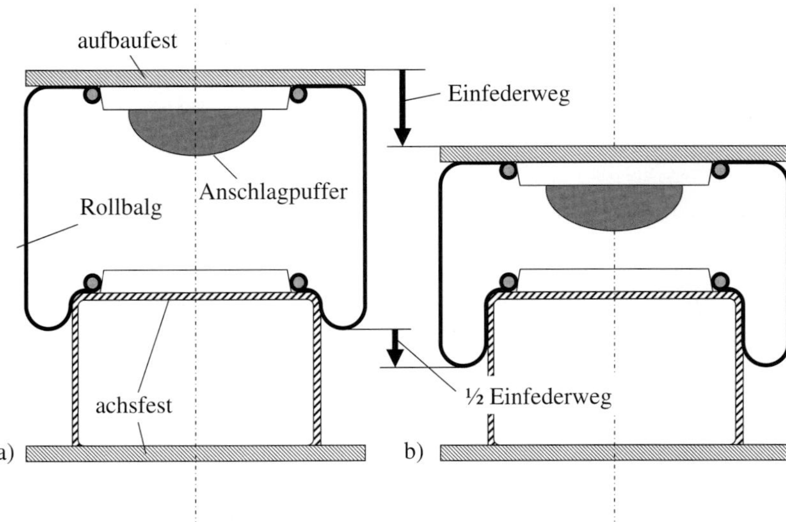

Bild 4.110: *Rollbalg einer Fahrzeug-Luftfederung. a) Normalstellung, b) teilweise eingefedert*

Die Aufbaueigenfrequenz bleibt mit zunehmender Beladung näherungsweise konstant!

Federübersetzung – Transformation der Federrate des Federelements c_F auf die auf das Rad bezogene Aufbaufederrate c_A:
Je nach Einbaulage der Feder erhalten wir eine Übersetzung zwischen Federweg am Federelement und Federweg am Rad:

$$i_F = \frac{dz_F}{dz_R} = \frac{F_R}{F_F} \qquad \text{(Gl. 4.46)}$$

dz_F Weg am Federelement, dz_R Federweg am Rad, F_F Kraft am Federelement, F_R Vertikalkraft am Rad

In Bild 4.111 können wir an einem einfachen Beispiel die **Federübersetzung** betrachten. Durch Bildung des Momentengleichgewichts um die Drehachse des Längslenkers erhalten wir die Federübersetzung. In der Konstruktionslage gilt $i_F = a/b < 1$. Betrachten wir nun den eingefederten Zustand, so erhalten wir $i_F = a'/b' > 1$.

In unserem Beispiel nimmt die Übersetzung mit zunehmendem Einfederweg zu. Im Allgemeinen ist also die Federübersetzung abhängig vom Einfederweg. Damit können wir die auf das Rad bezogene Aufbaufederrate c_A bestimmen:

$$c_A = \frac{dF_R}{dz_R} = \frac{d(i_F \cdot F_F)}{dz_R} = i_F \cdot \frac{dF_F}{dz_R} + \frac{di_F}{dz_R} \cdot F_F$$

$$= i_F \cdot \underbrace{\frac{dF_F}{dz_F}}_{c_F} \cdot \underbrace{\frac{dz_F}{dz_R}}_{i_F} + \frac{di_F}{dz_R} \cdot F_F \qquad \text{(Gl. 4.47)}$$

Damit erhalten wir bei Verwendung eines Federelements mit konstanter Federrate für die Aufbaufederrate c_A:

$$c_A = c_F \cdot i_F^2 + \frac{di_F}{dz_R} \cdot F_F \qquad \text{(Gl. 4.48)}$$

Daraus folgt: Bei Umrechnung der Federrate der Feder in die Aufbaufederrate geht die Federübersetzung quadratisch ein, die Federübersetzung kann sich je nach gewählter Anordnung mit dem Federweg ändern.

Für unser Beispiel in Bild 4.111 haben wir gesehen, die Übersetzung nimmt mit zunehmendem Radeinfederweg zu, d. h. $di_F/dz_R > 0$. Die Aufbaufederrate c_A nimmt laut Gl. (4.48) mit zunehmendem Einfederweg zu, wir erzielen in unserem Beispiel

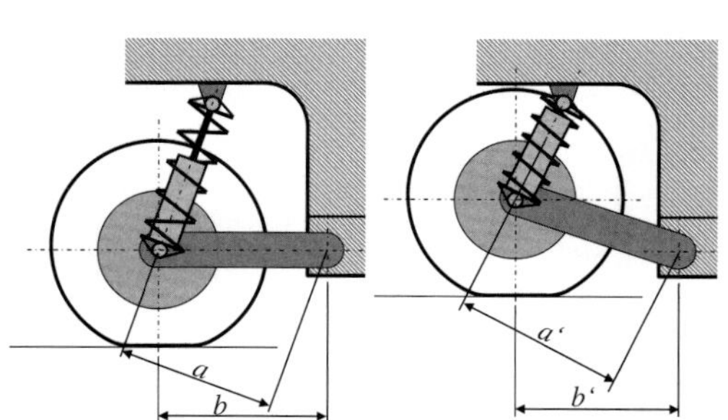

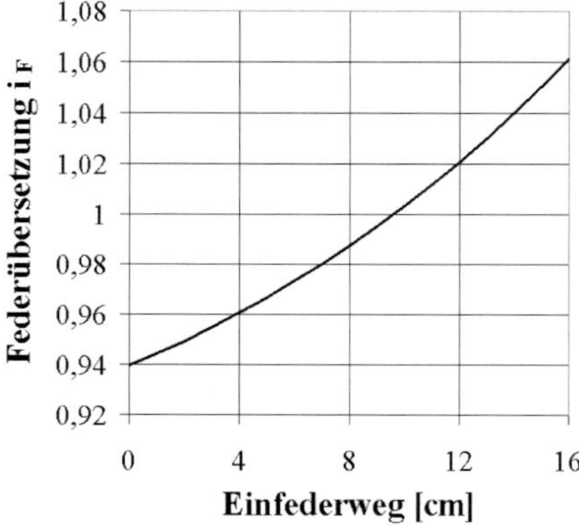

Bild 4.111: *Federübersetzung in Abhängigkeit vom Radeinfederweg am Beispiel einer Längslenker-Hinterachse*

auch bei Verwendung einer linearen Schraubenfeder eine progressive Federkennlinie am Rad.

Aufbau-Hubfederkennlinie:
Im realen Fahrbetrieb können durch starke Bodenwellen die Räder kurzzeitig abheben oder extrem stark einfedern. Um hierbei Beschädigungen durch Kollision der radführenden Elemente mit der Karosserie und metallische Geräusche zu vermeiden, werden Gummifedern zur Begrenzung des Aus- und Einfederwegs eingesetzt. Damit besteht die Aufbau-Hubfederkennlinie aus drei Abschnitten. In Bild 4.112 ist eine typische Kennlinie dargestellt. Es wird hierbei die Radaufstandskraft als Funktion vom Radfederweg aufgetragen. Im mittleren Bereich wirkt lediglich das eigentliche Federelement. Verlängern wir diese Kennlinie, so erkennen wir, dass die Feder bei voll ausgefedertem Rad üblicherweise vorgespannt eingebaut wird. Der Knick in der Kennlinie beim Ausfedern lässt das Einsetzen der Zuganschlagfeder erkennen. Bei Erreichen der Kraft null hebt das Rad ab, der maximale Ausfederweg ist erreicht. Beim starken Einfedern wird die Federkennlinie ebenfalls unstetig. Hier setzt die Druckanschlagfeder ein. Diese sollte eine progressive Kennlinie haben, damit ein Durchschlagen der Radführung sicher vermieden werden kann.

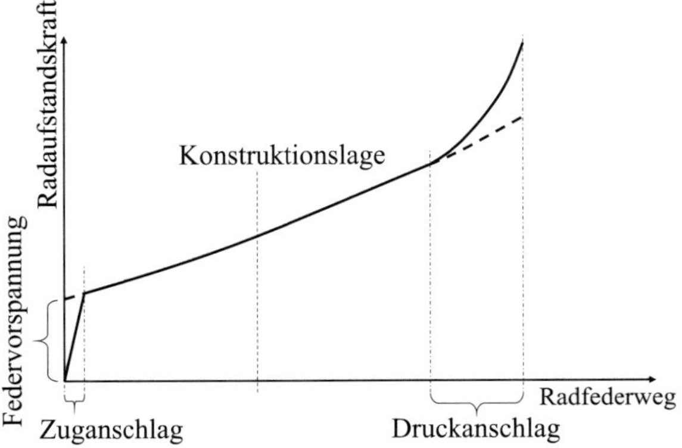

Bild 4.112: *Beispiel für eine Aufbaufederkennlinie mit leicht progressiver Kennung, linearer Kennung der Zuganschlagfeder und progressiver Kennlinie der Druckanschlagfeder*

Wankfederung:
Da der Schwerpunkt weit oberhalb der Fahrbahn liegt, entsteht bei Kurvenfahrt durch die Fliehkraft ein **Wankmoment**. Die kurvenäußeren Räder werden stärker belastet, die kurveninneren entlastet. Die Aufbaufedern werden außen zusammengedrückt und innen entlastet. Das Fahrzeug wankt. Um die Wankbewegung zu reduzieren, werden so genannte **Stabilisatoren** verwendet. In Bild 4.113 ist die Wirkungsweise des Stabilisators schematisch dargestellt.

Der U-förmige Stab ist so an der Karosserie gelagert, dass er sich quer zur Fahrtrichtung drehen kann. Die Enden des Stabilisators sind an den Radführungen des linken und rechten Rads angebracht. Beim gleichseitigen Einfedern wird der Stabilisator in den Lagern der Karosserie frei verdreht, der Stabilisator ist jetzt ohne Wirkung auf die Federsteifigkeit. Beim Wanken hingegen federt das kurvenäußere Rad ein und das kurveninnere Rad aus. Der Stabilisator wird elastisch verformt: Die beiden äußeren Schenkel erfahren in erster Linie eine Biegung und der mittlere Schenkel eine Torsion. Hierdurch entsteht an den äußeren Enden des Stabilisators jeweils eine Kraft, die der Wankbewegung entgegenwirkt. Verwenden wir nur an einer Achse einen Stabilisator, so erhöhen wir an dieser Achse die **Radlastdifferenzen** und reduzieren den Wankwinkel. Durch die Reduzierung des Wankwinkels werden an der anderen Achse die Radlastdifferenzen reduziert. Wie wir in Kap. 11.2.5 sehen werden, kann hierdurch das Kurvenverhalten beeinflusst werden. Fassen wir zusammen:

- Ein Stabilisator bewirkt eine Reduzierung des Wankwinkels bei Kurvenfahrt.
- Beim gleichseitigen Federn ist der Stabilisator ohne Wirkung.
- Bei einseitigen Fahrbahnunebenheiten hat der Stabilisator die gleiche Wirkung wie härtere Tragfedern an dieser Achse, d. h., der Fahrkomfort wird gemindert.
- Durch unterschiedliche Auslegung der Stabilisatoren an Vorder- und Hinterachse kann das Kurvenverhalten beeinflusst werden, vgl. Kap. 11.2.5.

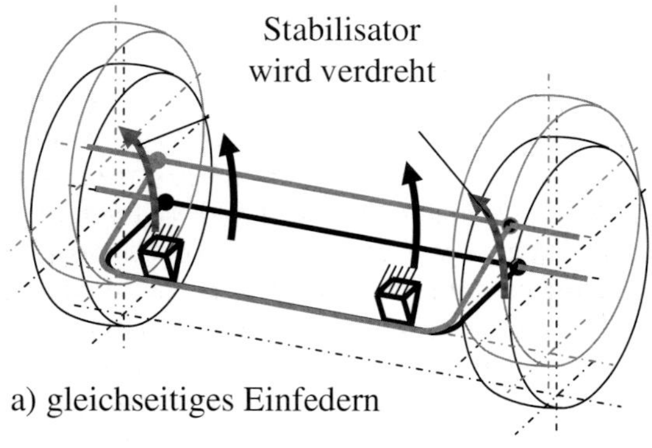

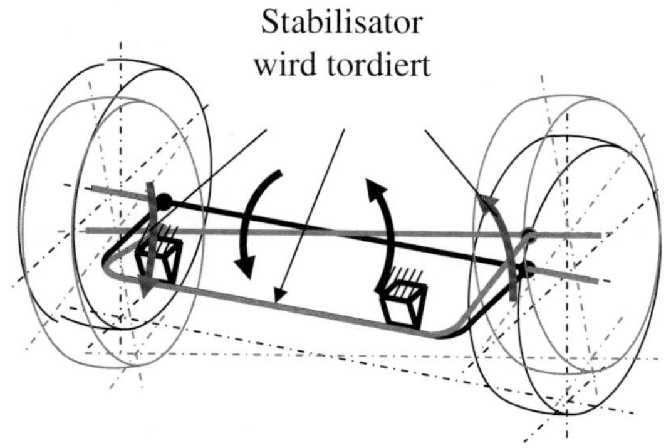

Bild 4.113: *Geometrisch einfacher Stabilisator und seine Wirkungsweise*

In der Vergangenheit wurden auch gelegentlich so genannte **Labilisatoren** verwendet. Der Labilisator hat im Gegensatz zum Stabilisator eine Z-Form. Die beiden Schenkelenden sind wie beim Stabilisator an der Achse montiert, und der mittlere Teil des Labilisators ist am Aufbau drehbar gelagert. Bei gleichseitigem Federn wird der Labilisator verformt, die Tragfedern werden unterstützt. Diese können daher entsprechend weicher ausgeführt werden. Beim Wanken verdreht sich der Labilisator ohne Verformung, d. h., die Wankfedersteifigkeit ist jetzt durch die weicheren Tragfedern reduziert – daher der Name Labilisator. Die Anwendung des Labilisators ist in Kap. 11.2.6 beschrieben.

Die **Wankfedersteifigkeit** einer Achse entsteht durch die Steifigkeit der Aufbaufedern und die Wankfedersteifigkeit des Stabilisators. Auf die Berechnung der Wankfedersteifigkeit wird in Kap. 11.2 im Zusammenhang mit dem Eigenlenkverhalten eingegangen. An dieser Stelle soll nur darauf hingewiesen werden, dass – abweichend von der Einzelradaufhängung – bei Starrachsen oder Verbundlenkerachsen üblicherweise die **Federübersetzung beim Wanken** geringer ist als bei reiner Hubfederbewegung. Hierzu betrachten wir die Konstruktion einer Starrachse in Bild 4.114. Bei dieser Konstruktion sitzen die Aufbaufedern direkt auf der Achse. Hierdurch ist die Federübersetzung bei Hubfedern ungefähr 1,0. Beim Wanken dreht sich der Aufbau relativ zur Starrachse. Der Drehpunkt liegt etwa auf Fahrzeugmitte. Damit erhalten wir für die Federübersetzung beim Wanken:

$$i_{F\varphi} \approx \frac{a}{b} < 1 \qquad \text{(Gl. 4.49)}$$

a Abstand der Wirklinien der beiden Tragfedern, *b* Spurweite der Achse

Allgemein betrachtet ist die Federübersetzung beim Wanken $i_{F\varphi}$ häufig nicht konstant, sondern eine Funktion des Wankwinkels φ. Für Überschlagsrechnungen können wir diese Übersetzung aber als kon-

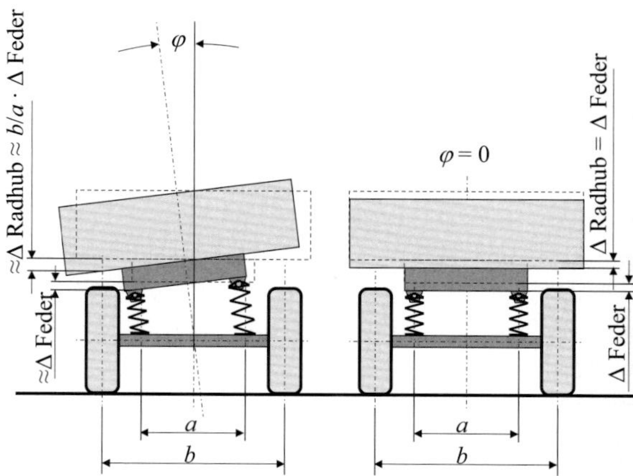

Bild 4.114: *Aufbaufedersteifigkeit beim Hubfedern und beim Wanken bei einer Starrachse*

stant ansetzen und erhalten damit die auf das Rad bezogene Federsteifigkeit beim Wanken:

$$c_{A\varphi} \approx c_F \cdot i_{F\varphi}^2 \quad \text{(Gl. 4.50)}$$

$i_{F\varphi}$ Federübersetzung beim Wanken, wobei bei Einzelradaufhängung $i_{F\varphi} = i_F$ gilt

Die auf das Rad bezogene Wankfedersteifigkeit des Stabilisators c_{St} wird heutzutage durch Simulationsrechnung oder experimentell bestimmt. Bei der Berechnung wird zunächst mittels der **Finite-Elemente-Methode** (**FEM**) die Steifigkeit des Stabilisators bestimmt. Hierzu müssen die Anlenkpunkte des Stabilisators an der Karosserie und die Krafteinleitungsrichtungen an den Stabilisatorenden bekannt sein und richtig angesetzt werden. Eine Berechnung von Hand gestaltet sich im Allgemeinen sehr aufwendig, da aus Bauraumgründen die Formgebung heutiger Stabilisatoren meist stark von der in Bild 4.113 dargestellten einfachen U-Form abweicht. Aus den Anlenkpunkten der Stabilisatoren an der Radführung und der Geometrie der Radführung lässt sich die Steifigkeit des Stabilisators in die auf das Rad bezogene Wankfedersteifigkeit der Stabilisatoren c_{St} umrechnen. Dies kann bei einfacher Achskinematik von Hand erfolgen, bei aufwendiger Kinematik werden entsprechende Rechenmodelle eingesetzt. Hierfür geeignet sind nicht nur spezielle Kinematikprogramme, sondern auch **Mehr-Körper-Simulationsmodelle** (**MKS**), die für die Fahrdynamiksimulation eingesetzt werden.

Zur experimentellen Bestimmung werden **Hydropulsprüfstände** oder so genannte **Achskinematik-Prüfstände** genutzt. Bei diesen Prüfständen werden die Karosserie (oder ein einfaches Gestell, das über die Achsanlenkpunkte an der Karosserie verfügt) prüfstandsfest montiert und die Räder bzw. die Radnaben mittels Hydraulikzylinder eingefedert. Die dabei auftretenden Radlasten werden als Funktion der Federwege zwischen Rad und Karosserie gemessen und aufgezeichnet. Zunächst wird die Achse gleichseitig ein- und ausgefedert und dabei die Federkennlinie ermittelt. Da jetzt der Stabilisator ohne Wirkung ist, entspricht diese Kennlinie der Hubfederkennlinie. Anschließend wird das Fahrzeug nur einseitig ein- und ausgefedert. Jetzt wirkt zusätzlich der Stabilisator. Bei Einzelradaufhängung ergibt sich aus der Differenz der Steigung der beiden Kennlinien die auf das Rad bezogene Wanksteifigkeit des Stabilisators. Bei Starr- und Verbundlenkerachsen muss zur Bestimmung der Federsteifigkeit beim Wanken ohne Stabilisator ein Anlenkpunkt des Stabilisators entfernt und die Kennlinie beim einseitigen Federn betrachtet werden.

4.5.3 Schwingungsdämpfer

Warum benötigen wir Schwingungsdämpfer? Stellen wir uns vor, wir überfahren eine Bodenwelle. Hierbei federn die Räder zunächst relativ zur Karosserie ein. Durch das Einfedern werden die Federn vorgespannt und bewirken eine verzögerte Vertikalbeschleunigung des Aufbaus. Jetzt ist die Bodenwelle bereits überfahren, die Räder federn wieder aus. Die Federkraft reicht nicht mehr für die Gewichtskraft des Fahrzeugaufbaus aus, das Fahrzeug federt wieder ein. Die Erdbeschleunigung sorgt für eine Vertikalgeschwindigkeit des Aufbaus. Ohne Dämpfung federt das Fahrzeug jetzt so lange ein, bis die Federkraft den Fahrzeugaufbau verzögert hat. Jetzt ist die Feder wieder zu stark vorgespannt, sodass der Fahrzeugaufbau wieder nach oben beschleunigt wird. Wir erhalten eine Schwingung im Bereich der Eigenfrequenz des Aufbaus.
Durch den Schwingungsdämpfer soll die Schwingung möglichst schnell abklingen. Die in der ausgelenkten Tragfeder gespeicherte Energie wird durch den Schwingungsdämpfer in Wärme umgewandelt. Damit dies bei jeder Amplitude gleich gut funktioniert, muss die Dämpfungsarbeit dem Energieinhalt des Schwingers angepasst werden. Wenn wir wieder den Reifen als sehr steif im Vergleich zur Aufbaufeder betrachten, können wir unser **¼-Fahrzeug** durch einen Ein-Massen-Schwinger ersetzen, siehe oben.

Bild 4.115 zeigt diesen Ein-Massen-Schwinger. In der Mitte ist die Federkraft über den Federweg aufgetragen. Da das Produkt Kraft mal Weg der Energie entspricht, erhalten wir den **Energieinhalt eines Schwingers** aus der Fläche unterhalb der Federkenn-

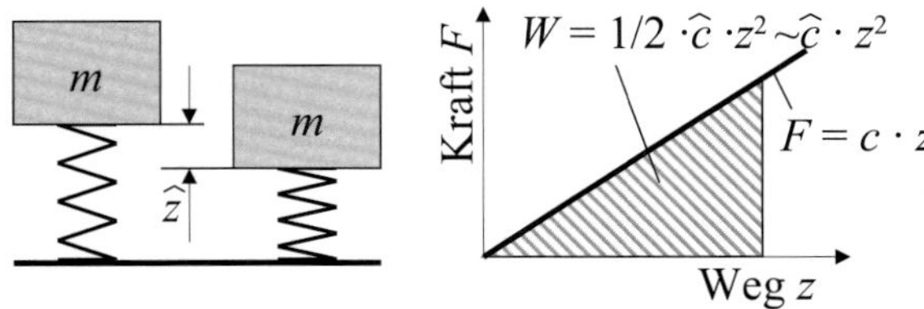

Bild 4.115: *Dämpfungsbedarf beim Ein-Massen-Schwinger*

linie. Im einfachsten Fall der linearen Feder gilt somit für den Energieinhalt eines Schwingers:

$$W = \frac{1}{2} \cdot c \cdot \hat{z}^2 \qquad \text{(Gl. 4.51)}$$

c Federsteifigkeit, $\hat{z}$ Auslenkungsamplitude

Mit zunehmender Amplitude nimmt der Energieinhalt quadratisch zu. Bei einer progressiven Federwürde der Energieinhalt mit einer Potenz größer zwei zunehmen.

In Bild 4.116 sind verschiedene mögliche Dämpferprinzipien zusammengefasst. In Bild 4.116 oben ist jeweils das Konstruktionsprinzip dargestellt, darunter die Dämpferkraft als Funktion des Dämpferweges für zwei Amplituden bei einer harmonischen Schwingung mit gleichbleibender Frequenz. Die hieraus ableitbare Dämpferarbeit folgt jeweils darunter.

Der links dargestellte **Reibungsdämpfer** ist der älteste Fahrzeugdämpfer. Ein Hebel ist hierbei über eine Drehverbindung am Aufbau und ein Hebel an der Achse montiert. Beim Ein- und Ausfedern drehen sich die beiden Hebel um die **Spannschraube.** Zwischen den kreisrunden Segmenten der Hebel befinden sich **Reibscheiben.** Beim Verdrehen der beiden Hebel zueinander entsteht ein Reibmoment, das proportional zur eingestellten Vorspannung an der Spannschraube ist. Die Drehgeschwindigkeit hat hingegen bei Coloumbscher Reibung keinen Einfluss. Vernachlässigen wir den Einfluss der wirksamen Hebellänge, so ist auch die Dämpfungskraft näherungsweise konstant (streng genommen aber abhängig vom Einfederweg). Wir erhalten das in Bild 4.116 unterhalb der Skizze aufgetragene Diagramm der Dämpferkraft als Funktion vom Federweg. Als Beispiel sind die Kurven für zwei unterschiedliche Schwingungsamplituden aufgetragen.
Da die Dämpfungskraft näherungsweise konstant ist, nimmt damit die Dämpfungsarbeit nur linear mit der Amplitude zu und passt somit schlecht zum Energieinhalt des Schwingers. Dies hat zur Folge, dass bei leichten Fahrbahnunebenheiten die an der

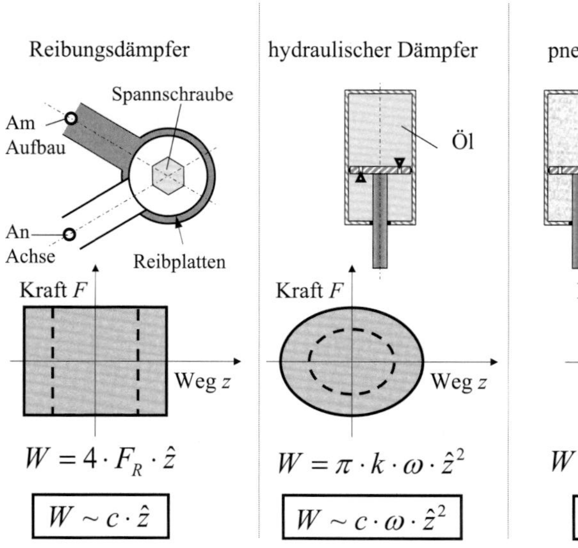

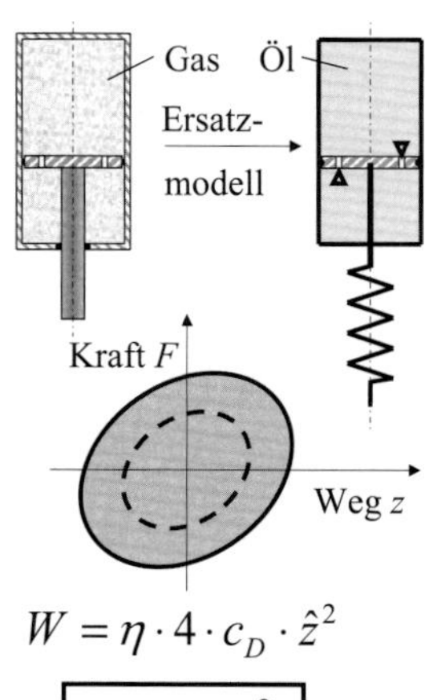

Bild 4.116: *Bauprinzipien von Fahrzeugdämpfern*

Karosserie auftretenden Vertikalbeschleunigungskräfte nicht ausreichen, um die Dämpferkraft zu überwinden. Es federn nur die Reifen und nicht die Fahrzeugfedern. Bei relativ hart eingestellten Dämpfern kommt es zu einem Springen des Fahrzeugs. Bei großen langwelligen Fahrbahnunebenheiten wird die Aufbaueigenfrequenz angeregt. Es entstehen große Schwingungsamplituden, die durch den Reibungsdämpfer nur sehr langsam abgebaut werden. Hier wäre eine möglichst harte Dämpfereinstellung günstig. Der Reibungsdämpfer ist somit nur bedingt für die Fahrzeugdämpfung geeignet und deshalb bereits in den 20er-Jahren des letzten Jahrhunderts durch den hydraulischen Dämpfer abgelöst worden.

Der in der Mitte vereinfacht dargestellte **hydraulische Dämpfer** ist ähnlich aufgebaut wie ein Hydraulikzylinder. Allerdings hat er gewöhnlich keine Anschlüsse nach außen, sondern **Ventile** im **Kolbenboden**. Bei Änderung des Kolbenhubs strömt Öl zwischen oberem und unterem Zylinderraum durch diese Ventile. Es entsteht ein Strömungswiderstand, der etwa proportional zur Strömungsgeschwindigkeit des Öls ist. Die Dämpferkraft ist damit proportional zur Dämpfergeschwindigkeit. Bei einer Schwingung mit konstanter Frequenz ($z = A \cdot \sin \omega t$) nimmt mit zunehmender Schwingungsamplitude A auch die Amplitude der Dämpfergeschwindigkeit zu, es gilt für die Geschwindigkeit

$$\dot{z} = \frac{\mathrm{d}z}{\mathrm{d}t} = A \cdot \omega \cdot \cos \omega t \qquad \text{(Gl. 4.52)}$$

Damit ist die Dämpferarbeit wie der Energieinhalt des Ein-Massen-Schwingers proportional zur Amplitude. Der hydraulische Dämpfer ist somit ideal für den Ein-Massen-Schwinger bei Schwingungen im Eigenfrequenzbereich geeignet und somit heutzutage Standard. Durch die Bodenwellen kann das Fahrzeug aber auch mit Schwingungen oberhalb der Eigenfrequenz – im so genannten überkritischen Bereich – angeregt werden. Hier führen die hohen Dämpfergeschwindigkeiten zu hohen Kräften, der Dämpfer „verhärtet“. Kurzwellige Stöße werden in den Aufbau weitergeleitet und sind abträglich für den Fahrkomfort.

Der in Bild 4.116 rechts dargestellte **pneumatische Dämpfer** ist vom Prinzip her aufgebaut wie ein hydraulischer Dämpfer. Als Medium wird aber ein kompressibles Gas verwendet. Beim Einfedern wird somit zunächst das Gas im oberen Zylinderraum komprimiert und im unteren Zylinderraum expandiert. Es entsteht eine Druckdifferenz, hierdurch strömt das Gas durch die Kolbenventile. Verglichen mit dem hydraulischen Dämpfer setzt die Dämpfungskraft verzögert ein. Als Ersatzmodell können wir uns einen hydraulischen Dämpfer vorstellen, der mit einer Gasfeder in Reihe angeordnet ist.

Bei Kombination mit der Luftfederung erhalten wir eine an die Beladung angepasste Dämpfung. Durch die größer werdende Aufbaumasse nehmen der Druck und somit auch die Luftmasse im Zylinder zu. Bei gleichem Einfederweg strömt damit im beladenen Zustand mehr Luftmasse durch die Kolbenventile, die Dämpfung steigt an.

Im überkritischen Bereich nimmt durch die Elastizität des Gases die Dämpfung ab, d. h., das Fahrzeug bleibt auch bei kurzwelligen Bodenwellen komfortabel. Die Gasdämpfung ist somit ideal für den Ein-Massen-Schwinger. Tatsächlich haben wir bei Berücksichtigung der Reifenfeder allerdings einen **Zwei-Massen-Schwinger**, wie wir in Kap. 11.3 sehen werden. Unter Berücksichtigung der höherfrequenten Schwingungen der ungefederten Masse gilt die Gasdämpfung als schwierig abstimmbar und hat daher bisher keine Anwendung in der Großserie gefunden.

Als hydraulischer Dämpfer hat sich der **Teleskopdämpfer** (Bild 4.117) durchgesetzt. In einem zylinderförmigen, mit Öl gefüllten Gehäuse läuft ein Kolben, der mit einer Kolbenstange verbunden ist. Im Kolben befinden sich Ventile, durch die das Öl zwischen oberem und unterem Raum strömen kann. Das Ende der Kolbenstange ist üblicherweise am Aufbau befestigt, das untere Ende des Gehäuses mit der Achse verbunden. Da die Kolbenstange beim Einschieben ein Ölvolumen verdrängen muss, ist ein zusätzlicher Ölausgleich erforderlich. Hierzu wird durch das **Bodenventil** das Öl in einen **Ausgleichsbehälter** gedrückt. Die Dämpfung entsteht durch die Strömung des Öls durch die Ventile im Kolben

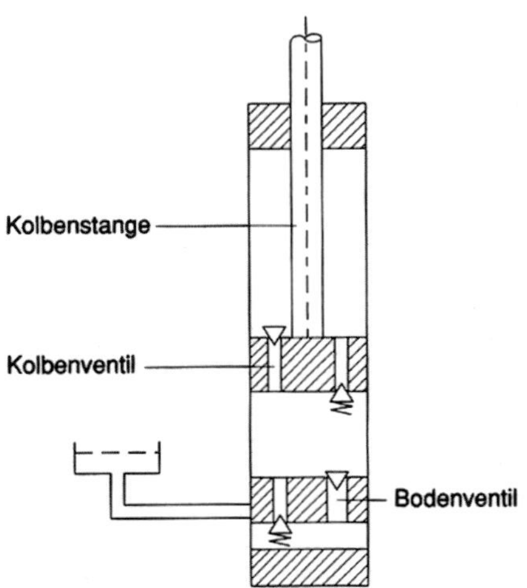

Bild 4.117: *Prinzip des Teleskopdämpfers [18]*

und im Boden. Diese Ventile bestehen aus einem System von Federscheiben, Schraubenfedern und Ventilkörpern mit Drosselbohrungen. Hiermit erzeugen sie einen definiert von der Strömungsgeschwindigkeit abhängigen Strömungswiderstand. Durch die Kennung von Kolben- und Bodenventile wird die **Kennlinie des Dämpfers** festgelegt. Beim Auseinanderziehen des Dämpfers fließt das Öl über ein offenes Rückschlagventil aus dem Ausgleichsbehälter zurück in den Raum unterhalb des Kolbens.

Beim so genannten **Zweirohrdämpfer**, der in Bild 4.118 dargestellt ist, wird ein ringförmiger Ausgleichsbehälter durch ein koaxial zum Arbeitszylinder angebrachtes äußeres Rohr gebildet. Der gasdichte Ausgleichsbehälter ist zu einem Teil mit Öl und zum anderen mit Luft oder Stickstoff gefüllt (Druck 6 ... 8 bar). Beim Ein- und Ausfahren der Kolbenstange ändert sich der Gasdruck entsprechend der Luftvolumenänderung durch das in den Ausgleichsbehälter ein- oder ausströmende Öl.

Beim Ausfedern des Fahrzeugs (Zugstufe) übernimmt das Kolbenventil allein die Dämpfung, damit das Öl durch ein offenes Rückschlagventil ungehindert aus dem Ausgleichsbehälter zurückströmen kann. Beim Einfedern (Druckstufe) ist dieses Rückschlagventil geschlossen. Das Öl muss einerseits durch das Kolbenventil strömen, andererseits strömt

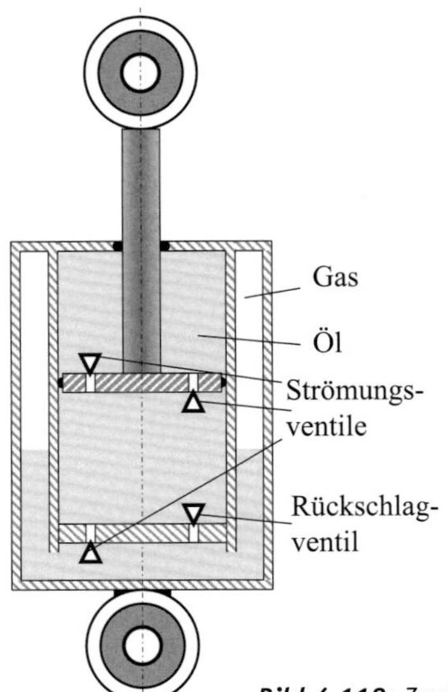

Bild 4.118: *Zweirohrdämpfer*

das von der Kolbenstange verdrängte Öl durch das Bodenventil. Damit beim Zurückströmen des Öls keine Luft mitkommt, muss der Zweirohrdämpfer annähernd senkrecht eingebaut werden.

Beim **Einrohrdämpfer** befinden sich der Arbeitsraum und der Ausgleichsraum in einem einzigen Zylinderrohr. Der Arbeitsraum und der mit Luft oder Stickstoff gefüllte Ausgleichsraum werden durch einen beweglichen Trennkolben mit O-Ring-Abdichtung separiert. Der Ausgleichsraum wird mit einem Gasdruck von ca. 25 ... 30 bar beaufschlagt. Aufgrund des höheren Gasdrucks wird der Einrohrdämpfer häufig auch als Gasdruckdämpfer bezeichnet. Beim Einfedern verdrängt die Kolbenstange Ölvolumen. Da das Öl annähernd inkompressibel ist, wird zum Volumenausgleich der Trennkolben nach unten geschoben und der Gasdruck erhöht. Umgekehrt bewirkt der Gasdruck ein Ausfahren der Kolbenstange, d. h., der Dämpfer unterstützt die Aufbaufeder. Die Dämpfung erfolgt durch am Kolben angebrachte Ventile.

Vorteile des Zweirohrdämpfers:

- geringere Reibung, da beim Einrohrdämpfer zusätzlich der Trennkolben mit druckbelasteter Dichtung bewegt werden muss,

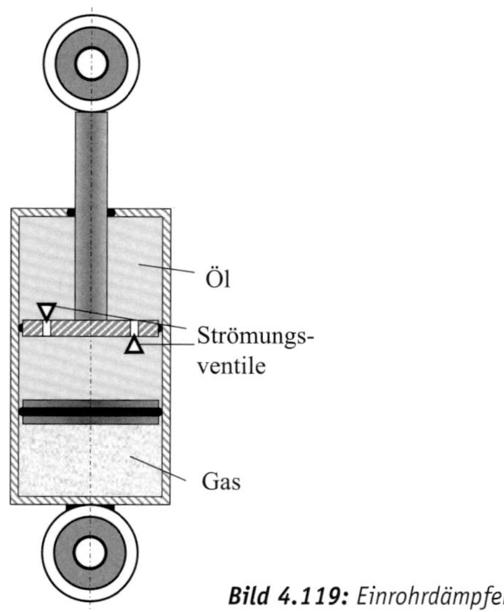

Bild 4.119: *Einrohrdämpfer*

- beliebige Kennlinien, da getrennte Ventile für Druck- und Zugstufe und zusätzliches Ventil im Boden,
- kürzere Baulänge.

Vorteile des Einrohrdämpfers

- sehr geringe Kavitationsneigung durch hohen Gasdruck und Trennung von Öl und Gas,
- bessere Dämpfung bei kurzen Hüben,
- beliebige Einbaulage,
- leichter, da weniger Bauteile,
- bessere Wärmeabfuhr, da Arbeitszylinder direkt durch die Umgebungsluft gekühlt.

Auf die Auslegung der hydraulischen Dämpfer wird in Kap. 11.3 eingegangen.

Wer es genauer betrachten möchte:

Als wir den Einfluss der Beladung auf die Aufbaueigenfrequenz bei Verwendung der Gasfeder betrachtet haben, sind wir von der Annahme ausgegangen, der **Umgebungsdruck** p_a ist im Vergleich zum **Betriebsdruck** p_0 der Federung sehr gering.
Bei der Luftfederung sind die Betriebsdrücke meist geringer als bei der hydropneumatischen Federung, da für Luftdruckkessel mit einem Betriebsdruck über 12 bar erheblich strengere Vorschriften gelten. Sie sind damit für den Einsatz im Fahrzeug relativ ungeeignet. Der Umgebungsdruck p_a wirkt sich stärker aus. Der Betriebsdruck ist somit nicht direkt proportional zur anteiligen Aufbaumasse m_A, sondern es gilt bei konstanter wirksamer Fläche A_W mit Gl. (4.39):

$$p_0 - p_a \sim m_A \qquad \text{(Gl. 4.53)}$$

Damit steigt der Druck etwas geringer als proportional zur Aufbaumasse an. Dies bedeutet, dass bei genauer Betrachtung die Aufbaueigenfrequenz mit

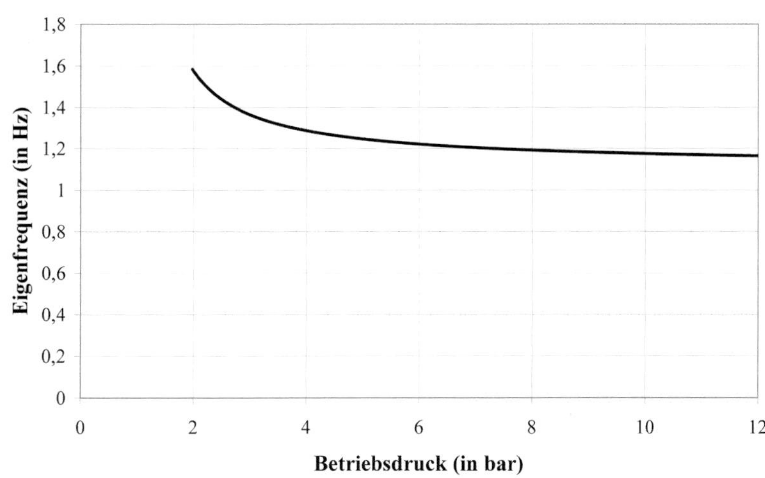

Bild 4.120: *Einfluss des Betriebsdrucks auf die Eigenfrequenz der Luftfederung bei konstantem federnden Volumen V_0 und konstanter wirksamer Fläche A_W*

zunehmender Beladung bzw. zunehmendem Betriebsdruck abnimmt, wie in Bild 4.120 dargestellt. Dieser Effekt wird bei Berücksichtigung der Elastizität des Rollbalgs verstärkt. Bei zunehmender Beladung dehnt sich der Rollbalg durch den zusätzlichen Druck. Hierdurch nehmen federndes Volumen V_0 und wirksame Fläche A_W zu. Beide Effekte führen theoretisch zu einer Reduzierung der Federsteifigkeit, da durch die größere Fläche der Druck bei Beladung weniger stark steigen muss.

Allgemein betrachtet ist die Federübersetzung beim Wanken $i_{F\varphi}$ häufig nicht konstant, sondern eine Funktion des Wankwinkels φ. Damit gilt für die auf das Rad bezogene **Federsteifigkeit beim Wanken**:

$$c_{A\varphi} = c_F \cdot i_{F\varphi}^2 + \frac{di_{F\varphi}}{d\varphi} \cdot \underbrace{\frac{d\varphi}{dz_R}}_{\approx 2/b} \cdot F_F \qquad \text{(Gl. 4.54)}$$

$$c_{A\varphi} \approx c_F \cdot i_{F\varphi}^2 + \frac{di_{F\varphi}}{d\varphi} \cdot \frac{2 \cdot F_F}{b}$$

5 Aufbau/Karosserie

5.1 Bezeichnungen der einzelnen Bauteile einer Pkw-Karosserie

In Bild 5.1 sind die wichtigsten Bauteile einer Karosserie genannt.

5.2 Aufbaukonzepte

Fahrzeugaufbauten sind entsprechend der stark differierenden Anforderungen sehr unterschiedlich gestaltet. Bezüglich der Konstruktion kann zwischen Rahmenbauweise, selbsttragender Karosserie, Space-frame-Bauweise und Gitterrohrrahmen unterschieden werden.

Bei der **Rahmenbauweise** muss der Aufbau keine tragende Funktion haben, da diese vom Rahmen allein erfüllt wird. Nutzfahrzeuge (Nfz) sind grundsätzlich mit Rahmen ausgeführt, vgl. Bild 5.2. Beim Nfz können daher vergleichsweise kostengünstig unterschiedlichste Aufbauten und auch Wechselaufbauten realisiert werden.

Im Vergleich zu einer **selbsttragenden Karosserie** kann sich ein Rahmen ohne plastische Verformungen stark verwinden. Dies muss bei der Auslegung des Fahrwerks im Hinblick auf die Querdynamik (vgl. Kap. 11.2) beachtet werden. Für **Geländewagen** ist das oft von Vorteil, da z. B. bei der diagonalen Durchquerung eines Grabens starke Verschränkungen der beiden Achsen erforderlich sind, um einen ständigen Bodenkontakt aller vier Räder zu ermöglichen, vgl. Bild 5.3.

Zunächst wurde im Karosseriebau grundsätzlich nur die Rahmenbauweise verwendet. Hierdurch konnte auch beim Pkw der Aufbau individuell nach Kundenwunsch von Karosseriebauern realisiert werden, vgl. Bild 5.4. Ein **Cabriolet** war übrigens in der Herstellung grundsätzlich günstiger als ein ge-

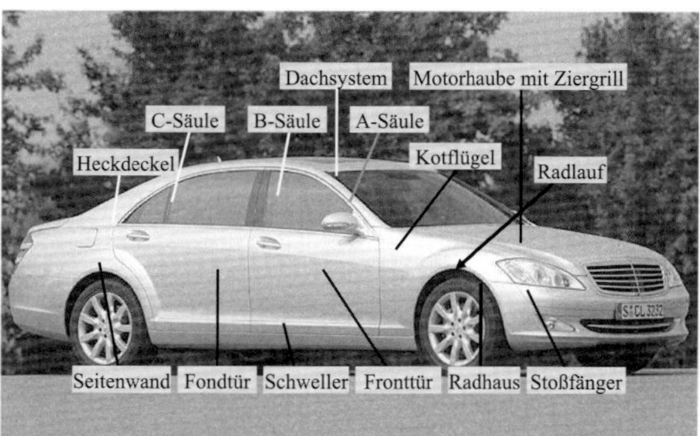

Bild 5.1: *Bezeichnungen der wichtigsten Bauteile an einer Pkw-Karosserie*

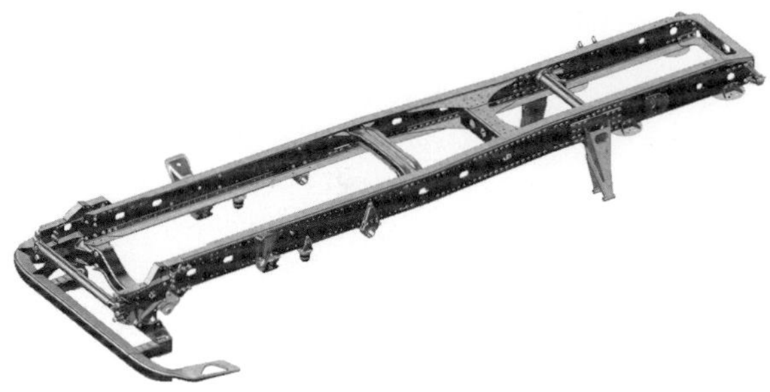

Bild 5.2: *Fahrzeugrahmen eines Lkws [MAN]*

Bild 5.3: *Ausnutzung der Verwindbarkeit des Rahmens bei Geländefahrzeugen am Beispiel des Unimogs bei einer Grabendurchquerung [Daimler]*

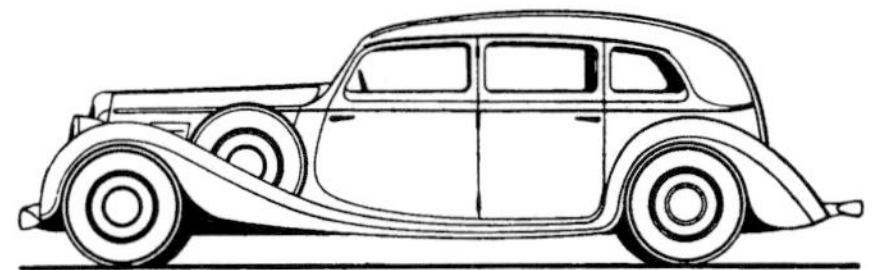

Starrdecker (Pullman-Limusine), mit Trennungswand, viertürig, sechsfenstrig, 6÷7sitzig.

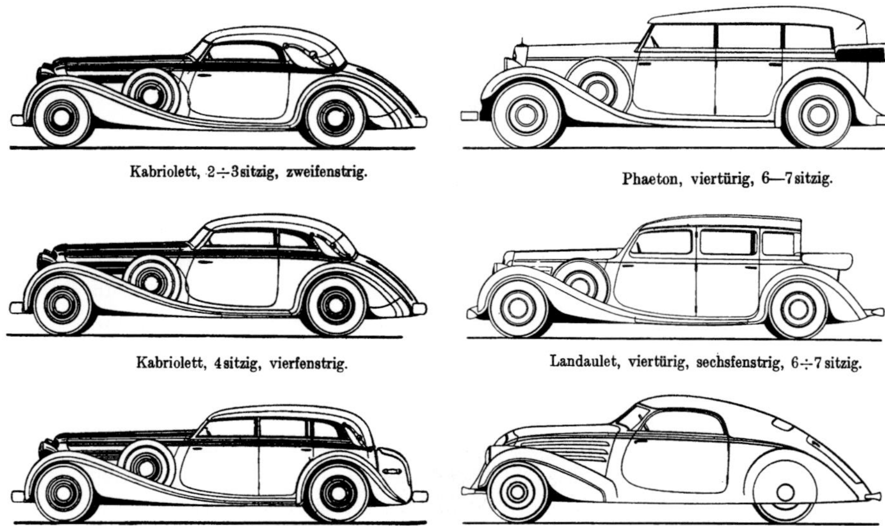

Kabriolett, 2÷3sitzig, zweifenstrig.

Phaeton, viertürig, 6—7sitzig.

Kabriolett, 4sitzig, vierfenstrig.

Landaulet, viertürig, sechsfenstrig, 6÷7sitzig.

Pullman-Kabriolett, viertürig, 6÷7sitzig.

Stromlinien-Starrdecker (Sportinnenlenker).

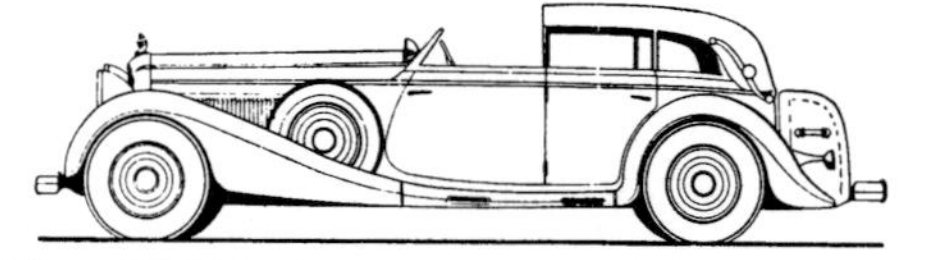

Pullman-Kabriolett, viertürig, 6÷7sitzig, auch als Kupee-Kabriolett zu verwenden.

Bild 5.4: *Karosserie-Aufbauvarianten um 1935 mit Rahmenbauweise [19]*

schlossener Wagen, der als **Innenlenker** bezeichnet wurde. Ab 1934 wurde mit Einführung des Citroën Traction Avant auf so genannte selbsttragende Karosserien umgestellt, wobei dies in Europa bis in die 50er-Jahre des letzten Jahrhunderts dauerte und in den USA bis vor wenigen Jahren noch vereinzelt Pkws mit Rahmenbauweise hergestellt wurden.

Die **selbsttragende Karosserie** in **Schalenbauweise** und die über Scharniere verbundenen Türen und Hauben bestehen aus einzelnen Blechen. Diese werden durch Umformen in Form gebracht und bei Ausführung als **Ganzstahlkarosserie** miteinander verschweißt und teilweise verklebt. Hierbei werden Widerstandspunktschweißverfahren, Laser- und Inertgasschweißverfahren angewendet. Ausnahmen bilden häufig die vorderen **Kotflügel**, die zur einfacheren Reparatur mit der Karosserie verschraubt werden.

Beim Pkw bietet die in Bild 5.5 dargestellte selbsttragende Karosserie gegenüber der Rahmenbauweise erhebliche Vorteile:

- geringeres Gewicht bei höherer Steifigkeit des Aufbaus
- geringerer Schwerpunkt und geringere Fahrzeugstirnfläche bei gleichem Raumangebot
- höhere passive Sicherheit u. a. durch bessere **Crash-Kompatibilität** (Unfälle zwischen leichten und schweren Fahrzeugen sind für die Insassen in den leichten Fahrzeugen weniger kritisch.)

Innerhalb der **Karosseriestruktur** sind die Anforderungen an Steifigkeit, Festigkeit und plastische Verformbarkeit durch Crash sehr unterschiedlich: Die **Knautschzonen** müssen sich stark plastisch deformieren lassen, wobei der dazu erforderliche Energiebedarf in engen Grenzen durch die beim Unfall erwünschte Fahrzeugverzögerung vorgegeben ist. Die **Fahrgastzelle** hingegen sollte über eine hohe Festigkeit verfügen. Eine hohe Steifigkeit der Gesamtstruktur ist wiederum sehr wichtig für den Komfort, die Akustik und auch für die Fahrdynamik. Dies wird bei modernen Karosserien erreicht durch:

- die Verwendung unterschiedlicher Materialstärken (heute auch innerhalb einzelner Tiefziehbleche durch Laserschweißen oder spezielle Walzvorgänge möglich)
- unterschiedliche Stahlgüten
- unterschiedliche Materialien (Stahl, Aluminium, Magnesium, Kunststoff)
- die Formgestaltung (z. B. definierte Knickstellen der Knautschelemente – so genannte Imperfektfunktionen).

In Bild 5.5 ist die Karosserie des 5er BMW (E60) als Beispiel dargestellt. Der Vorbau besteht aus Aluminium, die restliche Karosserie aus Stahlblech. Die Verbindung von Aluminium zu Stahl erfolgt über Niet- und Stanznietverbindungen (durch Toxen und Clinchen) sowie durch neu entwickelte Hybrid-

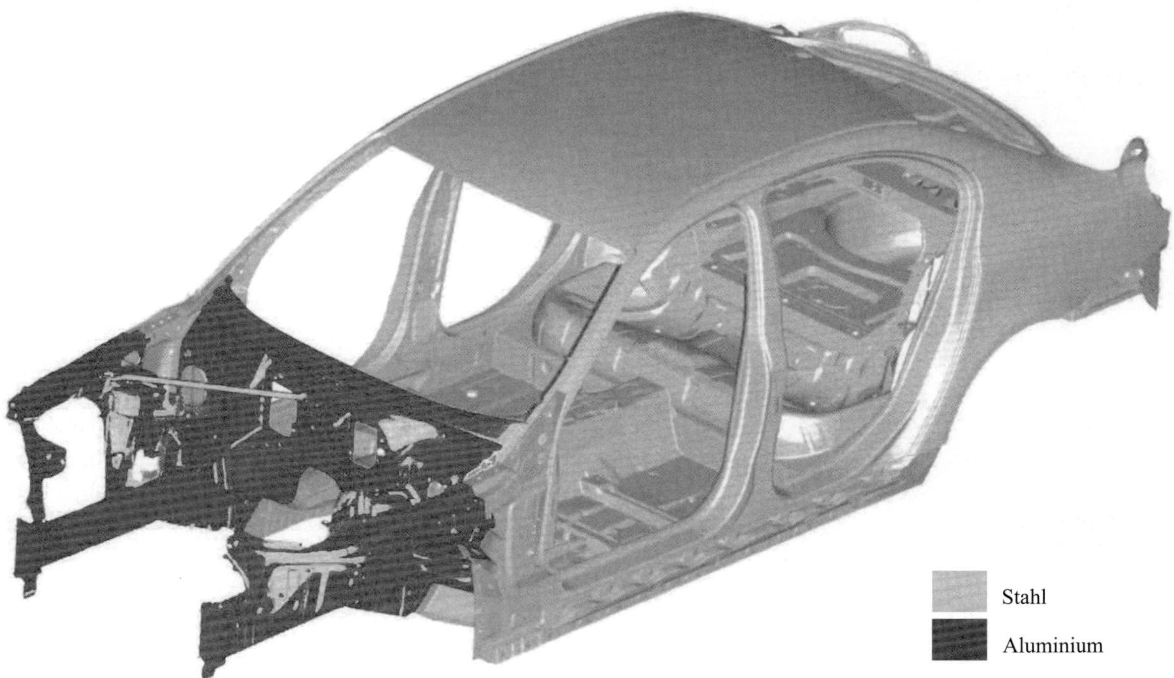

Bild 5.5: *Beispiel für die Verwendung unterschiedlicher Materialien an modernen selbsttragenden Karosserien in Schalenbauweise (5er BMW E60) [BMW]*

Schweißverfahren. Durch eine isolierende Trennschicht an der Verbindungsstelle wird eine **Kontaktkorrosion** vermieden. Der unterschiedliche Wärmeausdehnungskoeffizient der verwendeten Materialien muss bei der Konstruktion beachtet werden.

Obwohl sich bereits in den 50er-Jahren des letzten Jahrhunderts Fahrzeuge mit Kunststoffkarosserie (z. B. Chevrolet Corvette) bewährt haben, hat sich der weitläufige Einsatz von Kunststoff an der **Fahrzeugaußenhaut** zunächst weitgehend auf die **Stoßfänger** beschränkt. Vor ca. 20 Jahren wurden Verfahren entwickelt, die Kunststoffteile in Wagenfarbe zu lackieren. Bei heutigen Fahrzeugen wird zunehmend auch die Außenhaut von Türen oder Hauben in Kunststoff ausgeführt (**Body-Panels**), vgl. Bild 5.6, wobei hierbei auch Verfahren existieren, die Kunststoffteile direkt in Wagenfarbe herzustellen. Bei der Gestaltung der Tür- und Haubenspalte und der Anbindung der Kunststoffteile an die tragende Metallstruktur muss der größere Ausdehnungskoeffizient von Kunststoff beachtet werden.

a)

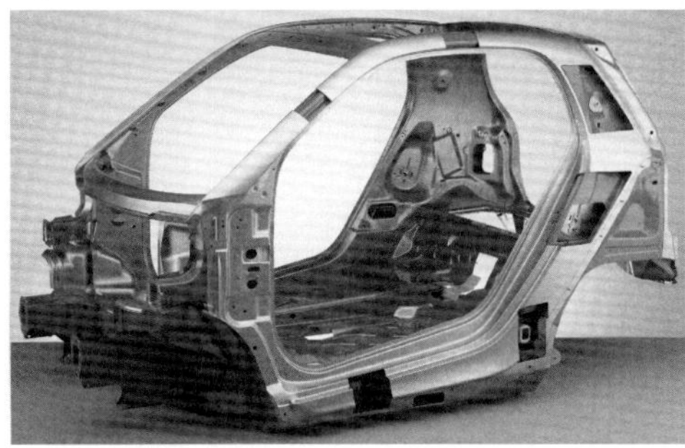

b)

Bild 5.6: *Karosserie-Anbauteile aus Kunststoff am Beispiel des Smart fortwo [Smart]. a) Gesamtfahrzeug: Kunststoffteile in schwarz, Stahlteile in silber, b) tragende Struktur aus Stahl, teilweise zur Darstellung aufgeschnitten*

Die in den letzten Jahren stark weiterentwickelte **Space-Frame-Bauweise** (vgl. Bild 5.7) unterscheidet sich von der selbsttragenden Karosserie in Schalenbauweise dadurch, dass neben **Tiefziehblechen** auch **Strangpressprofile**, **Guss-** und **Schmiedeformteile** verwendet werden. Die tragende Struktur bilden in erster Linie die Profile und Formteile. Die für die Außenhaut erforderlichen Bleche können dadurch sehr dünnwandig und/oder aus Aluminium und damit leicht ausgeführt werden. Die einzelnen Elemente können aufgrund der stark unterschiedlichen Materialien häufig nicht verschweißt werden. Hier sind Niet-, Schraub- oder Klebverbindungen erforderlich. Die Anforderungen an die Karosserieinstandsetzung sind bei größeren Unfallschäden dadurch hoch. Durch Verschrauben der Knautschelemente mit der restlichen Karosserie kann diese Bauweise bei leichteren Unfallschäden auch reparaturfreundlicher sein.

Für die Gestaltung einer leichten und steifen Konstruktion bietet sich auch der **Gitterrohrrahmen** an. Bei richtiger Gestaltung werden die Rohre in erster Linie auf Zug und Druck beansprucht. Der legendäre Mercedes 300 SL verfügt über einen Rahmen, bei dem lediglich zwei Rohre direkt auf Biegung beansprucht werden, vgl. Bild 5.8. Da die Knoten nicht als Gelenke ausgeführt sind, treten bei genauer Betrachtung auch an den auf Zug oder Druck beanspruchten Rohren im Bereich der Knotenpunkte Biegemomente auf, da die Gesamtstruktur elastisch ist. Gelegentlich werden auch bei modernen Sportwagen Gitterrohrrahmen verwendet. Im Tourenwagen-Rennsport ist diese Bauweise nach wie vor sehr beliebt.

Omnibus-Aufbauten können im weitesten Sinne als eine Mischbauweise zwischen Gitterrohrrahmen, **Leiterrahmen** und selbsttragendem Aufbau angesehen werden. Sie bestehen aus einem aus Vierkantrohren geschweißtem Grundgerüst. Dabei werden im

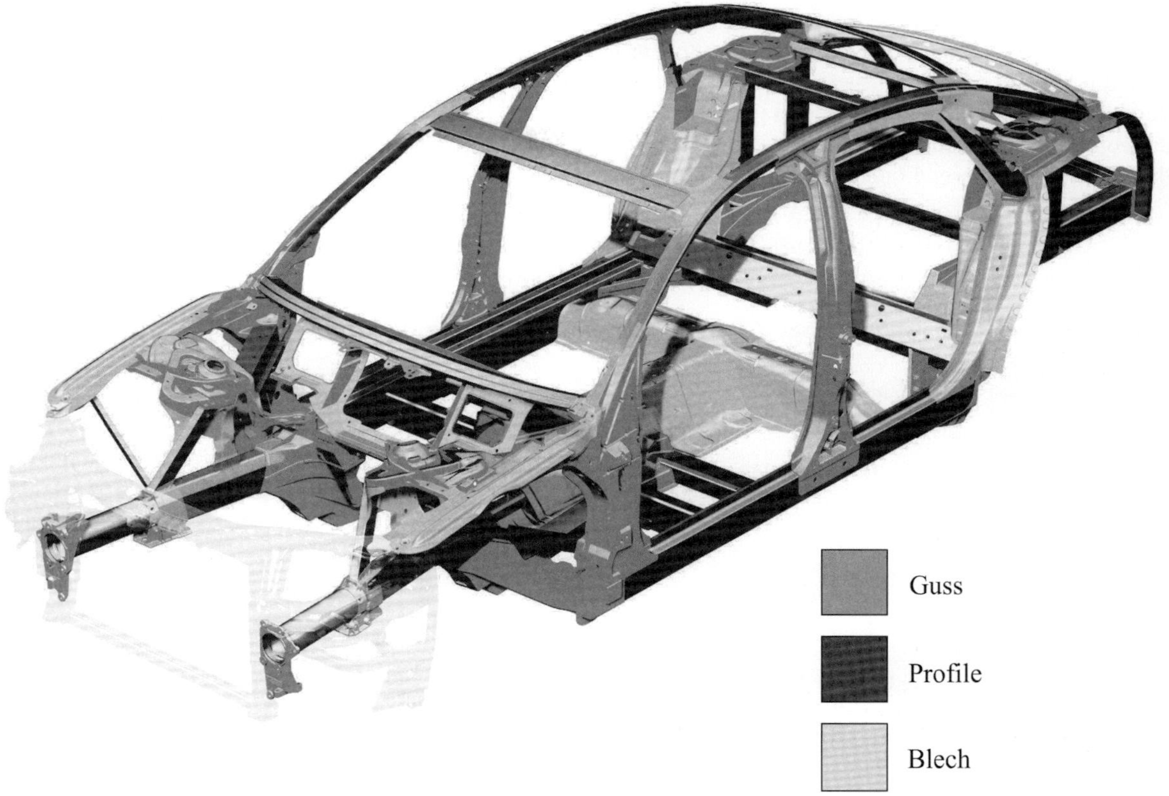

Guss

Profile

Blech

Bild 5.7: *Space-Frame-Bauweise am Beispiel der Aluminium-Karosserie des Audi A8 [Audi]*

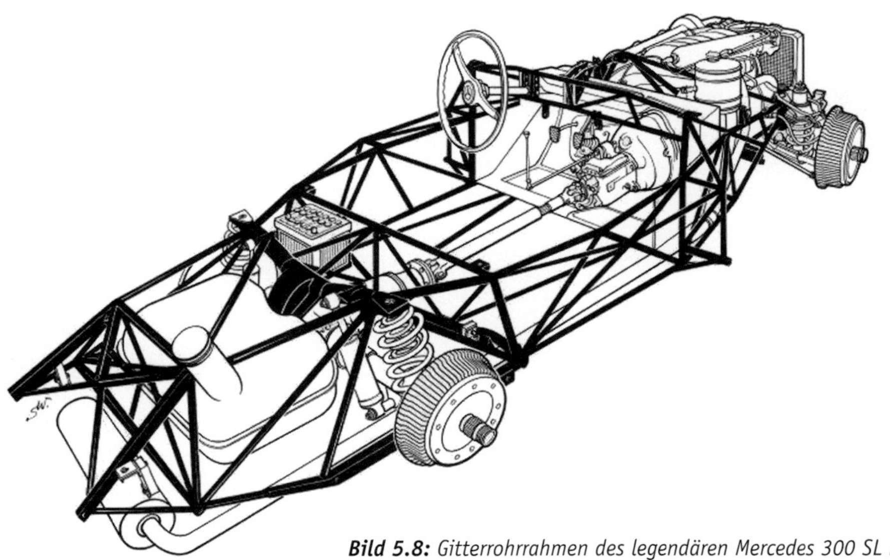

Bild 5.8: *Gitterrohrrahmen des legendären Mercedes 300 SL Flügeltürer [Daimler]*

Gegensatz zum Gitterrohrrahmen aufgrund der Form des Omnibusses die Rohre rechtwinklig angeordnet. Die Steifigkeit des Aufbaus entsteht einerseits durch die zusätzliche Verwendung von diagonal angeordneten Rohren, andererseits durch die für die Außenhaut notwendigen Bleche.

5.3 Aufbauvarianten

Form und Gestaltung des Aufbaus sind je nach Fahrzeugklasse sehr unterschiedlich. In Bild 5.9 sind die wichtigsten Aufbauten nach **Fahrzeugkategorie** und üblicher konstruktiver und gestalterischer Ausführung aufgeteilt (Motorräder und Pkw-Anhänger nicht enthalten).

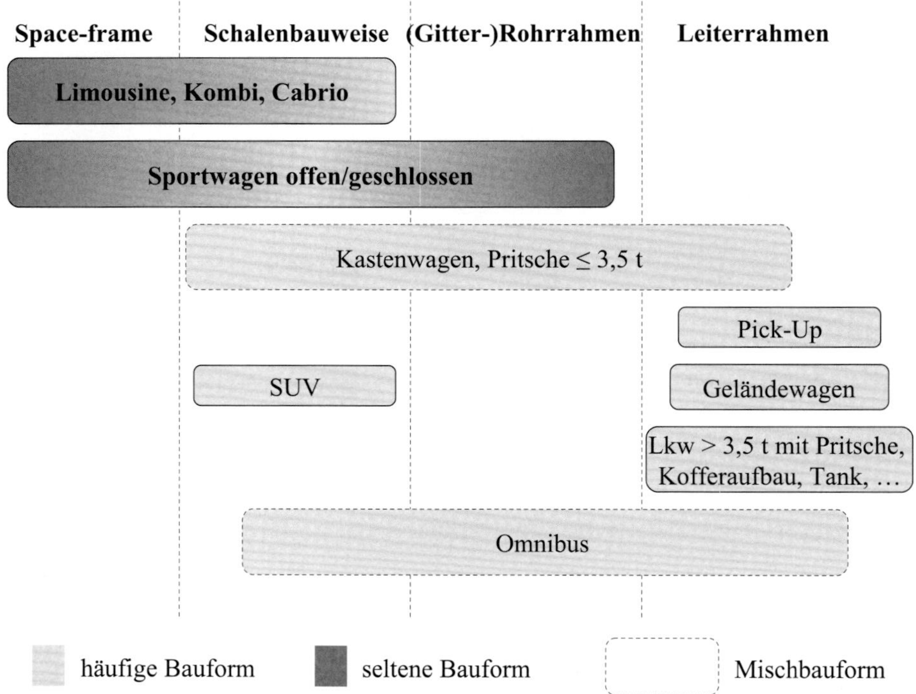

Bild 5.9: *Aufteilung der wichtigsten Fahrzeugaufbauten nach konstruktiver Ausführung, Fahrzeugkategorie und Form*

6 Elektrik/Elektronik

Der Anteil der Elektrik und Elektronik im Kraftfahrzeug hat in den letzten 50 Jahren extrem zugenommen. Dieses Kapitel soll daher nur einen groben Überblick über diese Entwicklung geben.

6.1 Bordelektrik

Mitte des letzten Jahrhunderts war die **Kfz-Elektrik** noch sehr überschaubar, vgl. Bild 6.1. Ein vom Verbrennungsmotor mechanisch angetriebener **Generator**, anfangs in **Gleichstrom-** und ab den 60er-Jahren des letzten Jahrhunderts in **Drehstrombauweise**, speist das Bordnetz, das zunächst als 6-V-Gleichstrom-Anlage ausgeführt wurde.

Bis Anfang der 70er-Jahre des letzten Jahrhunderts wurde auf **12-V-Anlagen** im Pkw und **24-V-Anlagen** im Lkw-Bereich umgestellt. Eine **Batterie**, üblicherweise als **Bleiakku** ausgeführt, dient zur Speicherung der elektrischen Energie. Sie versorgt den **elektrischen Anlasser** mit Strom, um den Verbrennungsmotor zu starten, und ermöglicht auch, dass die Verbraucher kurzzeitig mehr Strom verbrauchen können, als der Generator liefert. Der Dieselmotor benötigt keine weitere elektrische Versorgung, während beim Ottomotor die **Zündanlage** mit Zündspule, Zündverteiler und Zündkerzen die gesamte elektrische Anlage am Motor darstellt. Darüber hinaus war die Elektrik lediglich zum Betreiben der **Beleuchtungs-**, der **Signal-** und der **Warnanlage** notwendig. Eventuell wurde noch ein elektrisches Frischluftgebläse installiert. In den USA wurden bereits zu dieser Zeit zur Erhöhung des Komforts zahlreiche elektrische Motoren, z. B. für Sitzverstellung, elektrische Fensterheber, elektrisches Schiebedach, elektrische Betätigung des Cabrioverdecks, Verstellung der Außenspiegel usw., eingebaut. Diese Komfortelemente sind mittlerweile auch in Europa weit verbreitet. Die Zahl der elektrischen Stellmotoren hat sich in den letzten Jahren noch deutlich erhöht, wobei eine Vielzahl der Motoren im Verborgenen arbeiten. Zahlreiche Betätigungselemente, wie z. B. Gaspedal und Klimatisierungsverstelleinrichtungen, führen nicht mehr zu einer mechanischen Betätigung, sondern geben nur noch Signale an **Steuergeräte**, die dann die Drosselklappe, Lüftungsklappen, Heizungsventile, Gebläsemotoren usw. über elektrische Stellmotoren betätigen.

Bei heutigen Pkws mit vielen Komfort- und Sicherheitsausstattungen gerät das 12-V-Bordnetz an seine Grenzen. Daher wird in dieser Fahrzeugklasse zunehmend ein **48-V-Bordnetz** als Ergänzung zum 12-V-Bordnetz eingeführt. Hierdurch können Verstelleinrichtungen mit kurzzeitig hoher erforderlicher elektrischer Leistung, wie z. B. die elektrische Lenkhilfe, auch bei schwereren Fahrzeugen oder elektrische Betätigung der Steuerventile im Verbrennungsmotor realisiert werden. Darüber hinaus könnten Anlasser und Generator zu einem so genannten leistungsstarken **Startergenerator** zusammengefasst werden. Diese Startergeneratoren verfügen über Leistungen von 10 kW und mehr. Hiermit wird nicht nur eine ausreichende Stromversorgung sämtlicher elektrischer Verbraucher sichergestellt, sondern auch ein eingeschränkter **Hybridantrieb** möglich, der weitere Kraftstoffeinsparpotenziale bietet.

6.2 Elektronik-Bussysteme

Zur Reduzierung von Kraftstoffverbrauch und Abgasen wurde 1968 die **elektronische Benzineinspritzung** (Bosch D-Jetronic) zuerst im VW 1600 LE eingeführt. Im Weiteren wurden zahlreiche Motorneuentwicklungen mit dieser elektronischen Benzineinspritzung ausgerüstet. Es folgten weitere Entwicklungsstufen der Benzineinspritzung, wobei der Elektronikanteil zunächst wieder reduziert wurde. Parallel dazu hielt die **elektronische Kennfeldzündung** Einzug. Mit der Einführung **lambdageregelter Katalysatoren** mussten auch die **Vergaseranlagen** mit einer zusätzlichen elektronischen Regelung ausgestattet werden. Heutzutage sind sie durch die elektronische Benzineinspritzung vollständig ersetzt.

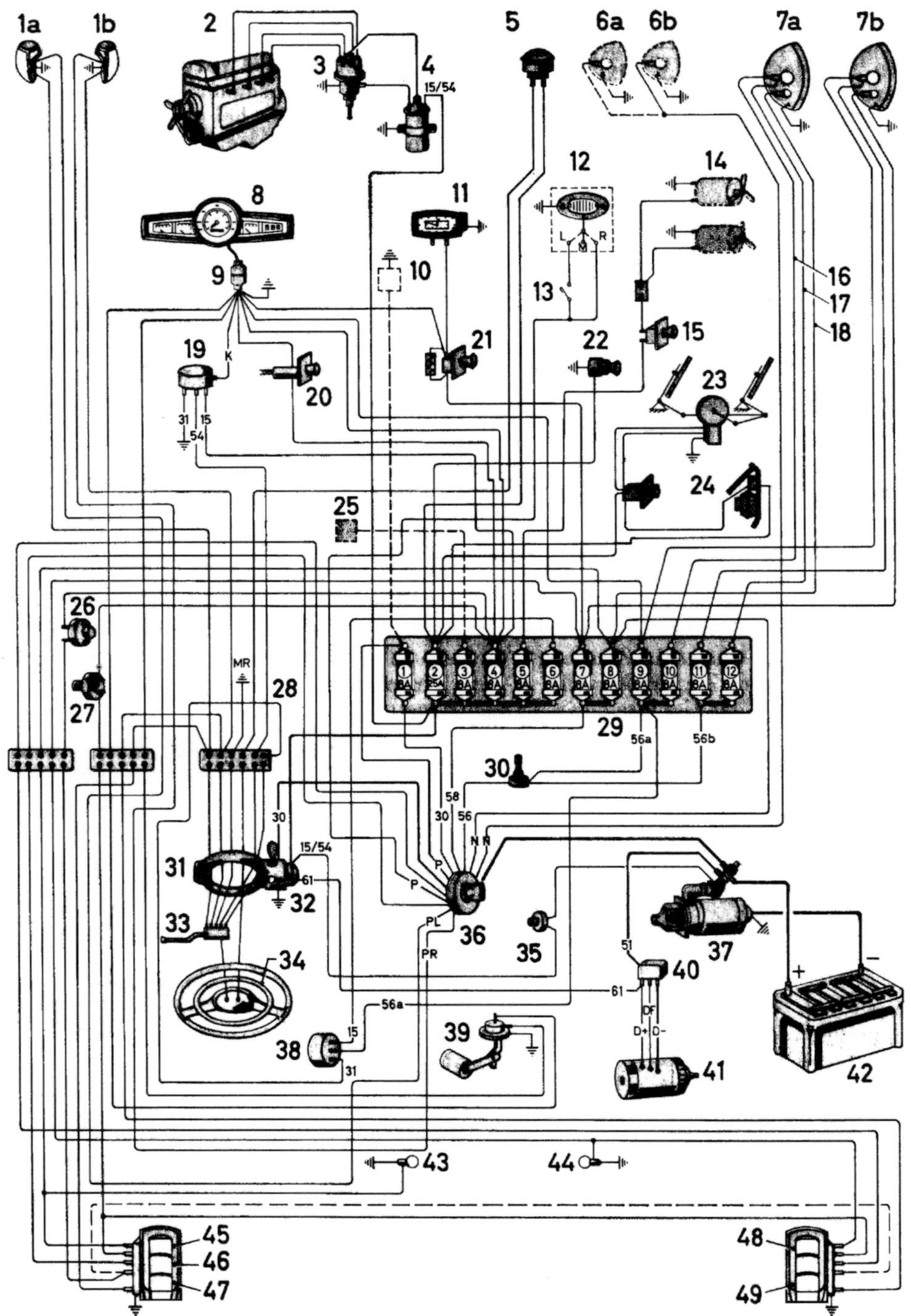

Bild 6.1: *Elektrischer Schaltplan eines Mercedes 190 aus dem Jahre 1956 [Daimler]*

1978 wurde das erste **elektronisch geregelte Antiblockiersystem (ABS)** in Serie eingeführt. Erst durch die **Digitaltechnik** konnte die gewünschte hohe Sicherheit gegen Ausfall des Systems erreicht werden.

Die erste elektronische Steuerung eines Automatikgetriebes wurde 1983 vorgestellt. Zur Erhöhung des Schaltkomforts wurde hierbei bereits ein Zusammenspiel zwischen den Motorsteuergeräten und dem Getriebesteuergerät erforderlich.

Die Einführung der **Antriebsschlupfregelung (ASR)** im Jhr 1986, die Komponenten der ABS-Anlage verwendet, machte eine Kommunikation zwischen dem ABS und den Motorsteuergeräten erforderlich. Hierzu wurde der sogenannte **CAN-Bus** (**Controller Area Network**) eingeführt, der digital verschlüsselt Informationen mit hoher Zuverlässigkeit austauscht. Zurzeit wird das **FlexRay-Bussystem** eingeführt, eine Weiterentwicklung für Kfz-Systeme mit noch höheren Anforderungen an die Datensicherheit und Datenraten. Durch die Vereinbarung von festen Übertragungszeiten für die einzelnen Informationen wird in diesem zeitgesteuerten Bussystem sichergestellt, dass es zu keinen Verzögerungen bei hoher Busbelastung kommen kann.

Ende der 80er-Jahre des letzten Jahrhunderts wurde auch erstmalig serienmäßig im Pkw-Bereich die **Hinterachslenkung** eingeführt. Eine optimale Ansteuerung und Regelung konnte nur bei den Systemen mit Elektronik erreicht werden. Weitere elektronisch geregelte Systeme zur Steigerung von Fahrkomfort und Fahrsicherheit wurden in den Folgejahren eingeführt: variable Dämpfer, aktive Federung (**active body control**), aktive Stabilisatoren.

Die **Fahrdynamikregelung** (seit 1996, vgl. Kap. 11.4) ermöglicht über aktive Bremseingriffe die Stabilisierung eines im Grenzbereich bewegten Fahrzeuges.

Die elektrische **Überlagerungslenkung** (2004, BMW, vgl. Kap. 4.4.4) bietet neben einer geschwindigkeitsabhängigen Lenkübersetzung weitere Möglichkeiten zur Verbesserung der Fahrsicherheit. Für eine hochwertige Regelung der Fahrdynamik ist damit die Vernetzung sämtlicher Steuergeräte von Fahrwerks- und Antriebskomponenten erforderlich, da nur durch das optimale Zusammenspiel zwischen aktiven Brems- und Lenkeingriffen, aktiver Motormomentregelung und eventuell aktiver Regelung weiterer Fahrwerkskomponenten die Annäherung an den physikalischen Grenzbereich möglich wird.

Die hohe Anzahl kommunizierender Steuergeräte und die sehr unterschiedlichen Anforderungen an den Datenaustausch haben dazu geführt, dass inzwischen mehrere Bussysteme in einem Fahrzeug installiert sind, vgl. Bild 6.2. Neben mehreren CAN-Bussystemen sind **LIN-Subsysteme** (**Local Interconnect Network**) als kostengünstigste Variante zur Übertragung kleiner Datenmengen bekannt. Für

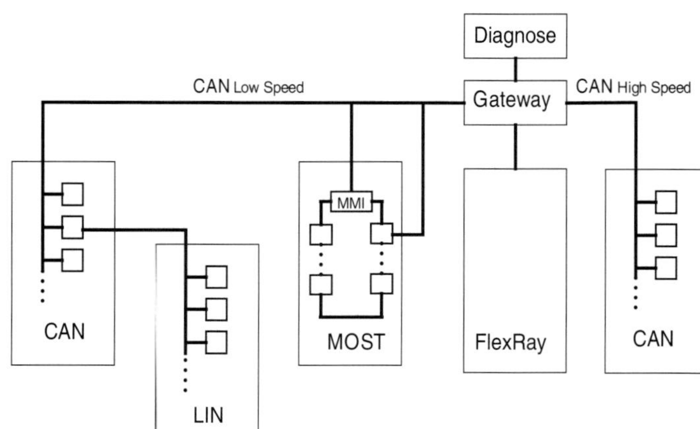

Bild 6.2: *Bussysteme im Kfz [20]*

Multimedia-Anwendungen, in denen sehr große Datenmengen übertragen werden müssen, hat sich das **MOST-Bussystem** (**Media Oriented Systems Transport**) mit optischen Übertragungskabeln durchgesetzt. Die Verbindung der einzelnen Bussysteme wird über **Gateways** sichergestellt.

Steuergeräte werden zunehmend in die Bauteile integriert. So bilden beispielsweise bei einem Automatikgetriebe der Schaltventilblock und das Steuergerät eine Einheit, d. h., das Steuergerät sitzt direkt im Ölsumpf. Im Gegensatz zu einem extern verbauten Steuergerät können damit sämtliche Leitungen zwischen Schaltventilen und Steuergerät und ein zusätzliches Gehäuse eingespart werden. Jedes Bauteil mit **integriertem Steuergerät** muss somit nur noch mit 12 Volt versorgt und mit der Bus-Leitung verbunden werden. Dies führt zu einer Kosten- und Gewichtsreduzierung. Grenzen bei der Integration von Bauteilen ergeben sich durch die maximale Sperrschichttemperatur von ca. 150 °C der im Steuergerät verwendeten Halbleiter. Aufgrund der Verlustleistung beim Betrieb erwärmen sich die Halbleiter und müssen durch die Umgebung gekühlt werden. Die Umgebungstemperatur darf damit maximal ca. 140 °C betragen. Im Bereich des Abgasstrangs oder im Bereich der Bremse werden auch in Zukunft keine Steuergeräte integriert.

7 Fahrwiderstand

Bereits als Kind haben wir gespürt, dass wir beim Fahrrad fahren einen Fahrwiderstand überwinden müssen. Beim Befahren von Steigungen oder beim Beschleunigen mussten wir eine entsprechend größere Kraft aufbringen.

Der **Fahrwiderstand** ist eine der Fahrzeugbewegung entgegen gerichtete Kraft und wird in diesem Buch mit F_{W} bezeichnet. Üblicherweise teilt man den Fahrwiderstand beim Kraftfahrzeug entsprechend Bild 7.1 auf. Hierbei wandeln **Rad-** und **Luftwiderstand** kinetische Energie in Wärme um, die an die Umgebung abgegeben wird. **Steigungs-** und **Beschleunigungswiderstand** sind hingegen kinetische Energien, die im Fahrzeug gespeichert sind und nur dann in Wärme umgewandelt werden, wenn beim Fahrzeug mit der Betriebsbremse oder dem Verbrennungsmotor gebremst wird (Ausnahme: Energie wird beim Bremsen z. B. in der Batterie gespeichert). Aus der Fahrpraxis wissen wir, dass wir ohne Motorleistung bergab fahren können. Die im Fahrzeug gespeicherte Energie wird zum Überwinden von Rad- und Luftwiderstand verwendet. Im Folgenden werden die einzelnen Fahrwiderstandsanteile aus Bild 7.1 genauer betrachtet.

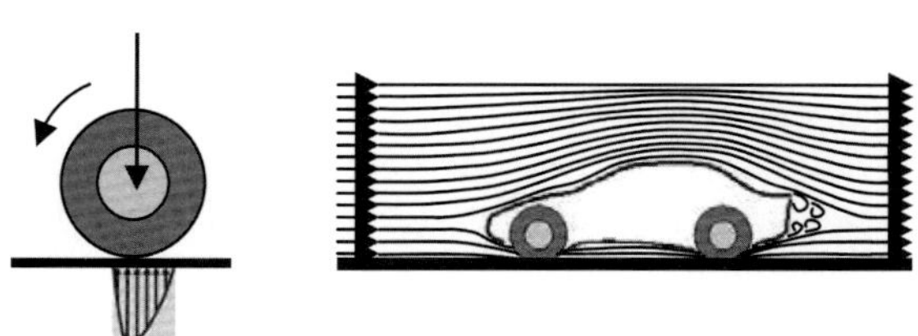

Radwiderstand Luftwiderstand

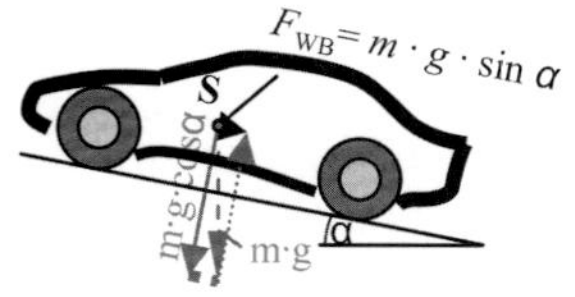

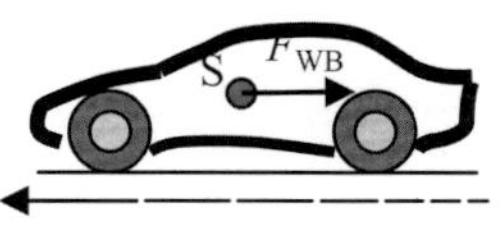

Steigungswiderstand Beschleunigungswiderstand

Bild 7.1: *Klassische Aufteilung des Fahrwiderstands beim Kraftfahrzeug*

7.1 Radwiderstand

Der **Radwiderstand** F_{WR} hat verschiedene Ursachen. Dementsprechend wird er in weitere Fahrwiderstandsanteile aufgeteilt:

- Rollwiderstand F_{WRR},
- Schwallwiderstand F_{WRS},
- Lagerwiderstand F_{WRL},
- Vorspurwiderstand F_{WRV},
- Kurvenwiderstand F_{WRK},
- Federungswiderstand F_{WRF}.

Den am Rad ebenfalls auftretenden **Lüfterwiderstand** rechnen wir dem Luftwiderstand zu. Damit gilt für den Radwiderstand:

$$F_{WR} = F_{WRR} + F_{WRS} + F_{WRL} + F_{WRV} + F_{WRK} + F_{WRF} \qquad \text{(Gl. 7.1)}$$

7.1.1 Rollwiderstand

Die Entstehung des Rollwiderstands F_{WRR} können wir uns mithilfe eines einfachen physikalischen Ersatzmodells des Luftreifens klarmachen, vgl. Bild 7.2. Der Reifen ist mit einem Gas (Umgebungsluft oder Stickstoff) gefüllt. Da Gas kompressibel ist, hat es federnde Eigenschaften, d. h., im Ersatzmodell stellen wir dieses Gas durch viele Federn dar, die von der Reifenmitte zum Laufstreifen hin gerichtet sind. Beim Belasten dieses Rades durch die Radlast federt der Reifen im Bereich der Kontaktzone mit der Fahrbahn ein. Es bildet sich eine **Aufstandsfläche**. Diese wird auch als **Latsch** bezeichnet. Das Einfedern bewirkt eine Verformung des Laufstreifens und der Seitenwände des Reifens. Da der Reifen zu großen Anteilen aus Gummi besteht (vgl. Kap. 4.1.1) und Gummi starke innere Dämpfung aufweist, bringen wir im Ersatzmodell Dämpferelemente an, die parallel zu den Federn wirken.

Beim Abrollen des Reifens federt der Laufstreifen im vorderen Bereich der Reifenaufstandsfläche

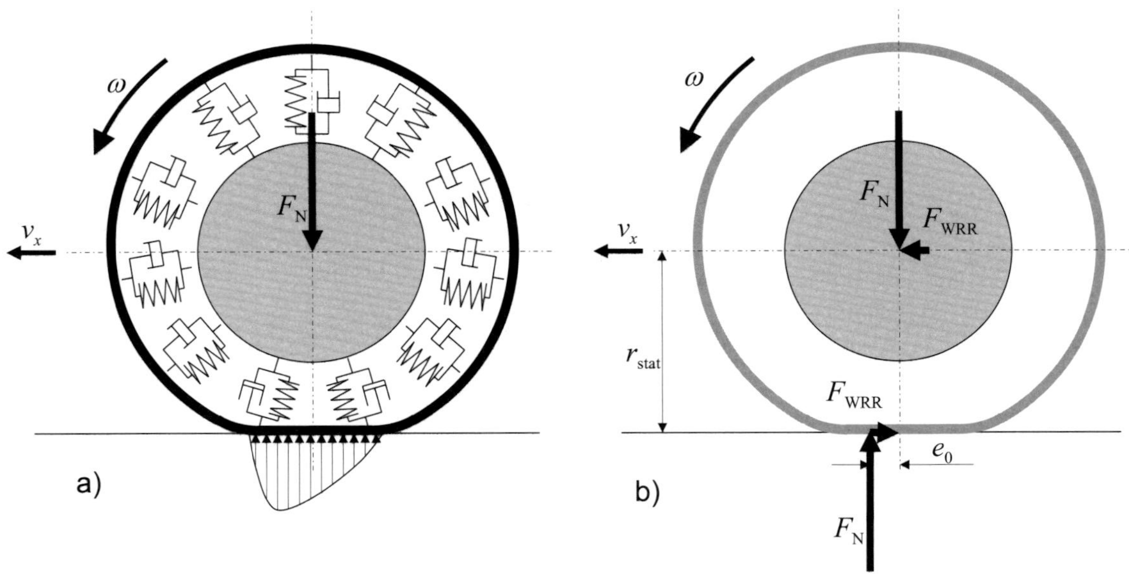

Bild 7.2: *Einfaches Reifenersatzmodell zur Erläuterung der Entstehung des Rollwiderstands. a) physikalisches Ersatzmodell (Längskräfte nicht dargestellt), b) aus der Flächenpressung resultierende Kräfte*

(**Reifeneinlauf**) ein. Hierbei überwindet er Federkraft und Dämpferkraft. Im hinteren Bereich der Reifenaufstandsfläche (**Reifenauslauf**) federt der Laufstreifen relativ zur Felge aus. Es wirkt die Federkraft abzüglich der Dämpferkraft, da der Dämpfer das Ausfedern des Laufstreifens teilweise verhindert. Es ergibt sich somit eine ungleichmäßige Flächenpressung in der Aufstandsfläche entsprechend Bild 7.2 a. Bildet man eine Resultierende aus der Flächenpressung so erhält man die so genannte **Normalkraft** F_N, die, in Fahrtrichtung betrachtet, vor der Radmitte angreift, vgl. Bild 7.2 b, und senkrecht zur Fahrbahn gerichtet ist. Der Abstand in Radlängsrichtung zwischen Radmitte und F_N wird mit e_0 bezeichnet. Die Normalkraft F_N entspricht der Radlast, auf die in Kap. 11 noch genauer eingegangen wird.

Die Kräfte, welche die Radlast verursachen, wirken in der Radmitte, da ein als ideal reibungsfrei betrachtetes Radlager nur durch die Radachse wirkende Kräfte übertragen kann. Damit ergibt sich ein Kräftepaar, vgl. Bild 7.2 b, das ein der Raddrehbewegung entgegengesetzt gerichtetes Moment bewirkt. Um dieses Moment während des Abrollens des Rades an einem nicht angetriebenen Rad zu überwinden, ist ein weiteres Kräftepaar erforderlich: Die Radachse muss mit der Kraft F_{WRR} in Fahrtrichtung geschoben werden. Die entgegengesetzt gerichtete gleich große Reibungskraft, die in der Kontaktfläche zwischen Reifen und Fahrbahn wirkt, sorgt dafür, dass das Rad abrollt und nicht rutscht (auf Eis mit einem Reibwert von μ = 0,1 würde z. B. ein nicht angetriebenes Rad mit einem annähernd platten Reifen, der einen Rollwiderstandsbeiwert f_R > 0,1 aufweist, rutschen!). Für den Rollwiderstand gilt:

$$F_{WRR} = \frac{e_0}{r_{stat}} \cdot F_N \qquad \text{(Gl. 7.2)}$$

Hierbei wird e_0 gern als **Hebelarm der rollenden Reibung** bezeichnet. Den Abstand zwischen Radachse und Fahrbahn bezeichnen wir mit r_{stat}, vgl. Kap. 2.2. Unter der Annahme, e_0 und r_{stat} seien konstant, ist damit F_{WRR} direkt proportional zur Normalkraft F_N. Daher wird der **Rollwiderstandsbeiwert** $f_R = e_0/r_{stat}$ eingeführt. Damit gilt:

$$F_{WRR} = f_R \cdot F_N \qquad \text{(Gl. 7.3)}$$

Bei der Berechnung des Fahrwiderstands ist es üblich, den Rollwiderstandsbeiwert als konstant (und damit auch unabhängig von der Radlast) zu betrachten. Wie weiter unten gezeigt wird, ist dies nur eine Näherung. Mit dieser Näherung gilt für das gesamte Fahrzeug:

$$F_{\text{WRR}} = \sum F_{\text{N}} \cdot f_{\text{R}} \quad \text{(Gl. 7.4)}$$

Bei Vernachlässigung von aerodynamischen Auf- oder Abtriebskräften (vgl. Kap. 7.2.3) gilt entsprechend Bild 7.3 für die Summe der Radlasten in der Steigung:

$$\sum F_{\text{N}} = m \cdot g \cdot \cos\alpha \quad \text{(Gl. 7.5)}$$

Damit gilt für den Rollwiderstand:

$$F_{\text{WRR}} = m \cdot g \cdot f_{\text{R}} \cdot \cos\alpha \quad \text{(Gl. 7.6)}$$

Bei genauerer Betrachtung des Rollwiderstandes zeigt sich, dass der Rollwiderstandsbeiwert keine Konstante ist, sondern von einigen Parametern abhängt, wie in Bild 7.4 qualitativ dargestellt.

Mit zunehmender **Reifentemperatur** sinkt der Rollwiderstand. Die zur Berechnung des Fahrwiderstands angesetzten Beiwerte beziehen sich normalerweise auf den bereits warmgefahrenen Reifen.

Mit steigendem **Reifeninnendruck** reduziert sich der Rollwiderstand, da der Reifen weniger stark abgeplattet ist. Dieser Einfluss lässt sich auch mit dem Ersatzmodell in Bild 7.2a leicht erklären. Erhöhen wir den Reifeninnendruck, werden die Federn im Ersatzmodell härter und damit die Federwege

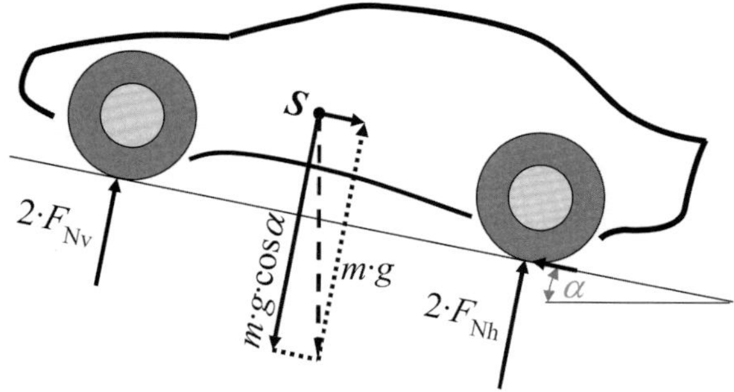

***Bild 7.3:** Summe der Radlasten in der Steigung bei Vernachlässigung von aerodynamischem Auftrieb*

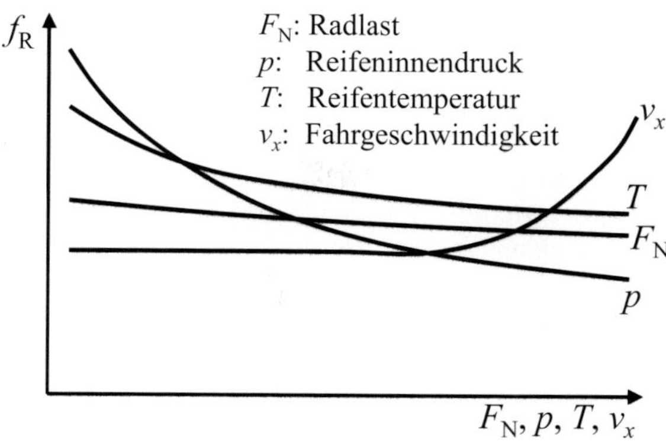

***Bild 7.4:** Einflussfaktoren auf den Rollwiderstand*

und Federgeschwindigkeiten beim Abrollen des Reifens geringer. Die Dämpferkräfte, die für den Rollwiderstand verantwortlich sind, nehmen ab. Umgekehrt bedeutet dies, wir riskieren beim Fahren mit hoher Geschwindigkeit und zu geringem Luftdruck eine Überhitzung des Reifens!

Der Einfluss der **Fahrgeschwindigkeit** ist stark nichtlinear. Bei geringen bis mittleren Geschwindigkeiten bleibt der Rollwiderstand in erster Näherung konstant. Bei hohen Geschwindigkeiten steigt er mit annähernd der 4. Potenz der Geschwindigkeit an. Dies führt zu einer starken Reifenerwärmung. Bei Hochgeschwindigkeitsreifen muss daher durch entsprechende Wahl der Struktur und Materialien dafür gesorgt werden, dass der exponentielle Anstieg des Rollwiderstands erst bei sehr hohen Geschwindigkeiten auftritt. Betrachten wir wieder das Ersatzmodell in Bild 7.2, so bewirkt eine Erhöhung der Fahrgeschwindigkeit eine Erhöhung der Federgeschwindigkeiten, nicht aber der Federwege. Dies zeigt, dass die Dämpfung nicht geschwindigkeitsproportional sein kann, sondern in erster Linie proportional zum Weg ist.

Mit **zunehmender Radlast** nimmt der Rollwiderstandsbeiwert leicht ab. Dies bedeutet, dass der Rollwiderstand mit zunehmender Radlast nur degressiv zunimmt, da $F_{\text{WRR}} = F_{\text{N}} \cdot f_{\text{R}}$. Auch dies lässt sich mit dem Reifenmodell erklären, wenn man berücksichtigt, dass die Reifenfederung einer Gasfeder entspricht. Diese hat eine progressive Kennlinie (vgl. Kap. 4.1.5). Bei Verdopplung der Radlast federt der Reifen zwar stärker, aber weniger als doppelt so viel ein. Der Federweg nimmt nur degressiv mit der Radlast zu. Die Reifendämpfung und der Rollwiderstand sind proportional zum Federweg, wie wir bereits bei Betrachtung des Einflusses der Fahrgeschwindigkeit gesehen haben. Damit nimmt der Rollwiderstand nur degressiv mit der Radlast zu. Passt man den Reifendruck an die Beladung an, so würde der Federweg theoretisch konstant bleiben, d. h., auch der Rollwiderstand würde konstant bleiben. In der Praxis zeigt sich aber, dass der Rollwiderstand dennoch minimal zunimmt. Dies hat mit geringem Schlupf zu tun, der sich beim Abrollen des Reifens in der Aufstandsfläche zwischen Reifen und Straße ergibt. Dies können wir mit unserem eindimensionalen Ersatzmodell nicht erfassen.

Der Rollwiderstand hängt zusätzlich von der **Fahrbahn** ab. Hierbei müssen wir zwischen quasi starren Fahrbahnen und Fahrbahnen unterscheiden, die sich elastisch oder plastisch verformen (vgl. Bild 7.5). **Asphalt-** und **Zementbetonstrecken** können bezüglich des Pkws als quasi starr angesehen werden. In diesem Fall wird der Rollwiderstand lediglich durch die **Oberflächenstruktur** beeinflusst. Werden diese Strecken mit beladenen Lkws befahren, so können Einfederwege in der Größenordnung von 1 mm gemessen werden, d. h., die Fahrbahn verhält sich elastisch. Mit zunehmender innerer Dämpfung der Fahrbahn nimmt der Rollwiderstand zu. Im Sommer besteht zusätzlich die Gefahr der bleibenden Deformation von Asphaltbetonstrecken, falls das Bindemittel zu weich wird – es bilden sich **Spurrinnen**. Auf feuchten Feld- oder Erdwegen ist dieser Effekt wesentlich ausgeprägter. Hier werden allein durch das Fahren eines Fahrzeugs starke Spurrinnen erzeugt. Die Fahrbahn verhält sich nahezu nur noch plastisch. Die Kraft zur Deformation der Fahrbahn wird im Reifeneinlauf aufgebracht. Es ergibt sich eine Kraftkomponente schräg von vorne, vgl. Bild 7.5. Im Reifenauslauf ergeben sich, da die Fahrbahn kaum zurückfedert, ähnliche Verhältnisse wie auf einer quasi starren Fahrbahn. Die resultierende Normalkraft greift damit sehr weit vor der Radmitte an. Daraus resultiert ein extrem großer Rollwiderstand.

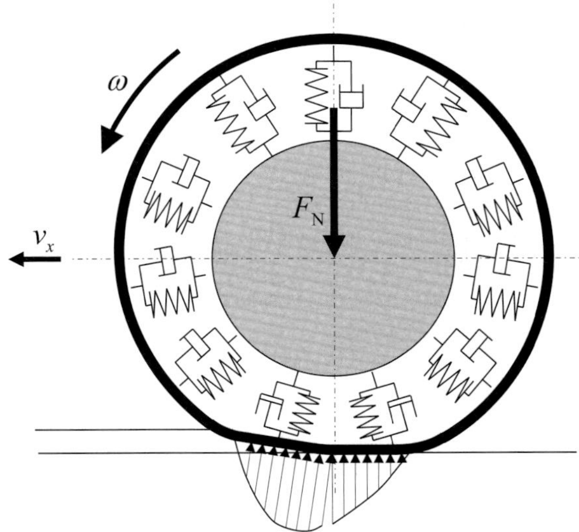

Bild 7.5: Einfluss der Plastizität der Fahrbahn auf den Rollwiderstand

Ähnliche Verhältnisse haben wir auch bei **Tiefschnee**. Bei Benutzung von Schneeketten ist es denkbar, dass zwar der Kraftschluss für ein Vorwärtskommen ausreichen würde, nicht aber das Antriebsmoment zum Überwinden des hohen Fahrwiderstands, der zum Komprimieren des Schnees notwendig ist. Näherungswerte für den Rollwiderstand auf unterschiedlichen Fahrbahnbelägen können der Tabelle 7.1 entnommen werden.

Beim **angetriebenen Rad** wirkt (annähernd) der gleiche Rollwiderstand, allerdings wird der Rollwiderstand direkt durch das Antriebsmoment aufge-

Tabelle 7.1: Näherungswerte für den Rollwiderstand auf verschiedenen Fahrbahnoberflächen

Fahrbahnbelag	Rollwiderstandsbeiwert
Stahloberfläche	0,006 ... 0,008
feinrauer Asphaltbeton	0,007 ... 0,009
grobrauer Zementbeton	0,008 ... 0,010
Teer	0,015 ... 0,020
Erdweg	0,030 ... 0,070
Acker, Sand, loser Schnee	0,100 ... 0,350

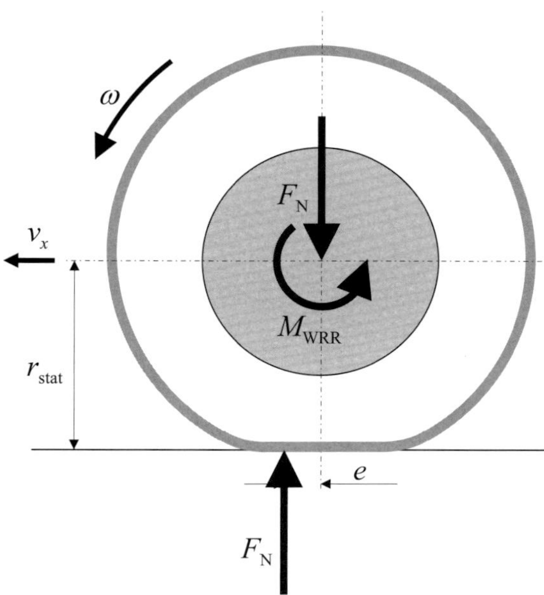

Bild 7.6: *Kräfte und Momente bei Überwindung des Rollwiderstands durch ein Antriebsmoment*

bracht, vgl. Bild 7.6. Dies ist bei der Betrachtung des erforderlichen Kraftschlusses von Bedeutung, wie in Kap. 11 behandelt wird.

Das erforderliche Antriebsmoment M_{WRR} zur Überwindung des Rollwiderstands erhalten wir aus der **Rollwiderstandsleistung**. Da der Schlupf in diesem Fall vernachlässigbar ist, erhalten wir mit

$$P_{WRR} = F_{WRR} \cdot v_x = M_{WRR} \cdot \omega_R :$$

$$M_{WRR} = F_{WRR} \cdot \frac{v_x}{\omega_R} = F_{WRR} \cdot r_A = f_R \cdot r_A \cdot F_N \quad \text{(Gl. 7.7)}$$

Damit entsprechend Bild 7.6 das Momentengleichgewicht gegeben ist, muss gelten:

$$M_{WRR} = e \cdot F_N \quad \text{(Gl. 7.8)}$$

Lösen wir nun die beiden oberen Gl. 7.7 und 7.8 unter Verwendung der Gl. 7.2 nach e auf, so erhalten wir:

$$e = f_R \cdot r_A = \frac{e_0 \cdot r_A}{r_{stat}} \quad \text{(Gl. 7.9)}$$

Wie wir in Reifentabellen leicht nachsehen können (vgl. auch Kap. 2.2), ist r_A größer als r_{stat}, d. h., es gilt $e > e_0$.

Wie lässt sich dieses Ergebnis deuten? Hierzu betrachten wir das angetriebene Rad in Bild 7.7. Die Längskraft F_L, die zwischen Reifen und Fahrbahn übertragen wird, ist gegenüber der Antriebskraft F_A um den Rollwiderstand F_{WR} reduziert, da dieser bereits intern am rollenden Rad aufgebracht wird. Es gilt:

$$F_L = F_A - F_{WRR} \quad \text{(Gl. 7.10)}$$

Damit gilt für das Momentengleichgewicht bei konstanter Drehzahl und Geschwindigkeit unter Verwendung von Gl. 2.4:

$$F_A \cdot r_{stat} + F_N \cdot e = M_A = F_A \cdot r_A = (F_L + F_{WRR}) \cdot r_A \quad \text{(Gl. 7.11)}$$

$$e = \frac{F_{WRR} \cdot r_A + F_L \cdot (r_A - r_{stat})}{F_N} \quad \text{(Gl. 7.12)}$$

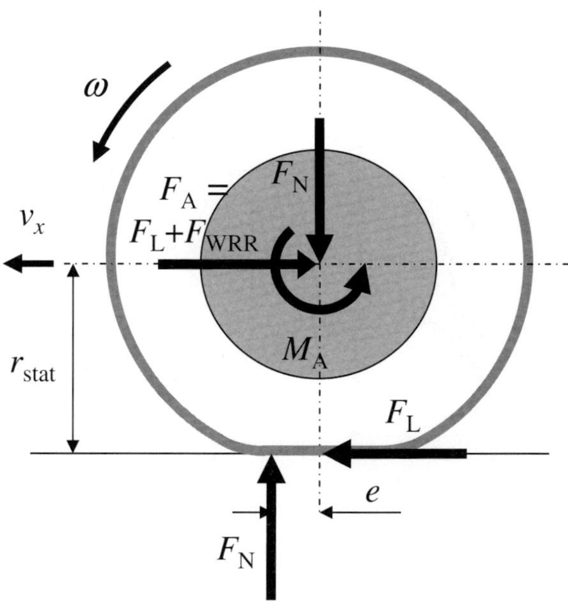

Bild 7.7: *Einfluss einer Längskraft auf den Angriffspunkt der Normalkraft*

Beim angetriebenen Rad wandert der Angriffspunkt der Normalkraft gegenüber der Radachse weiter nach vorn, d. h., e wird größer als e_0. Beim Bremsen wandert er analog nach hinten, e wird kleiner als e_0 und kann beim starken Bremsen sogar negative Werte annehmen. Dies bedeutet aber nicht, dass dann auch der Rollwiderstand negativ wird! Der Wert e ist somit beim angetriebenen oder gebremsten Rad kein Maß für den Rollwiderstand und darf in diesen Fällen auch nicht mehr als Hebelarm der rollenden Reibung bezeichnet werden. Unter der idealisierten Annahme, Rollwiderstand (der Rollwiderstand nimmt am angetriebenen Rad theoretisch eher leicht ab, da beim freirollenden Rad im Latsch Gleitbewegungen mit wechselnder Richtung auftreten) und Radhalbmesser r_{stat} ändern sich unter Einwirkung einer Längskraft nicht, können wir aus Gl. 7.9 ableiten, dass die Verformung in Längsrichtung proportional zur Längskraft ist, die **Längsfederung des Reifens** kann als linear angesehen werden.

7.1.2 Schwallwiderstand

Bei der Fahrt auf nasser Straße muss der Reifen das Wasser verdrängen, damit ein Kraftschluss zwischen Reifen und Fahrbahn möglich ist. Das Wasser wird einerseits über die Hohlräume, die durch die **Reifenprofilierung** gegeben sind, aufgenommen bzw. nach außen abgeführt, andererseits direkt schräg im Reifeneinlauf zur Außenseite gespritzt. Zum Beschleunigen des Wassers sind Kräfte notwendig, die als **hydrodynamische Kräfte** bezeichnet werden. Die Resultierende steht etwa senkrecht zur Reifenoberfläche. Da sich hydrodynamische Kräfte nur im Reifeneinlauf ausbilden, ergibt sich damit eine auf den Reifen wirkende Resultierende, die schräg nach oben entgegengesetzt zur Fahrtrichtung zeigt, vgl. Bild 7.2b. Bei großer **Wasserfilmdicke** oder höheren Geschwindigkeiten stellen sich die Verhältnisse ein, wie sie in Bild 7.8 dargestellt sind. Der Reifen hat im vorderen Bereich keinen Kontakt mehr zur Fahrbahn, man spricht von **partiellem Aquaplaning**. Obwohl die Reifenaufstandskraft in der Kontaktzone abnimmt, bleibt der Rollwiderstand – solange das Rad dreht – erhalten, da der Reifen durch die hydrodynamischen Kräfte genauso stark einfedert. Erst wenn sich eine komplette Wasserschicht zwischen Reifen und Fahrbahn ausbildet, bewirkt der Rollwiderstand, dass das Rad stehen bleibt. Jetzt haben wir vollständiges Aquaplaning, keinen Rollwiderstand und auch keinerlei Seitenführung, dafür einen erheblichen Schwallwiderstand F_{WRS}.

7.1.3 Lagerreibung/Reibung der nicht betätigten Radbremse

Beim Kraftfahrzeug werden die **Radnaben** in **Wälzlagern** gelagert. Üblich sind hierbei **Kegelrollenlager** und **Kugellager**.

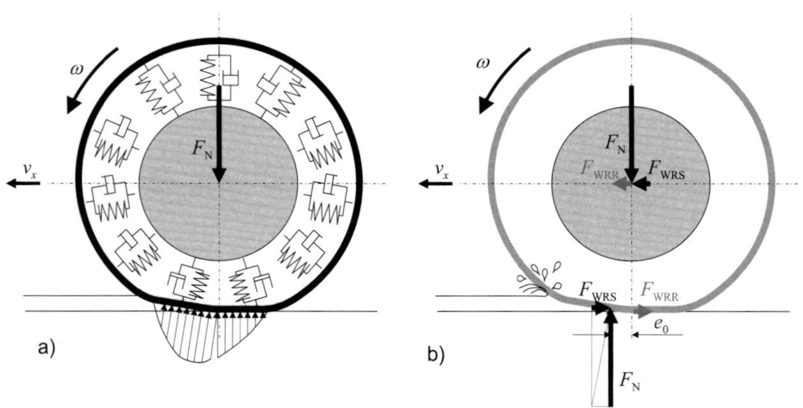

Bild 7.8: *Schematisch dargestellte Verhältnisse in der Kontaktzone zwischen Reifen und Fahrbahn bei partiellem Aquaplaning. a) Flächenpressung, b) resultierende Kräfte*

Wie in Bild 7.9 dargestellt, erzeugt die Reibung in den Radlagern ein Moment M_L:

$$M_L = \mu_L \cdot r_L \cdot F_{NL} \qquad \text{(Gl. 7.13)}$$

μ_L Reibungskoeffizient für Wälzlager (im Betrieb ca. 0,001, beim Anfahren ca. 0,002); r_L wirksamer Radius, der sich aus der Lage der Wälzkörper ergibt; F_{NL} Normalkraft im Lager, die sich aus den Komponenten F_{Lx} und F_{Lz} zusammensetzt

Die Kraft F_{Lz} entspricht bei genauer Betrachtung der Radlast abzüglich Radeigengewicht (inklusive Radnabe, -bremse usw.) und die Kraft F_{Lx} der Antriebskraft abzüglich Radwiderstandskraft. Da die Komponente F_{Lz} dominant ist, ist F_{NL} nur etwas größer als F_{Lz} und entspricht damit in erster Näherung der Radlast F_N.

Dieses Moment M_L muss vom Kraftschluss zwischen Reifen und Fahrbahn aufgebracht werden. Der wirksame Hebel ist der dynamische Radhalbmesser r_A. Damit wirkt in der Aufstandsfläche und in der Radlagerung jeweils die Lagerwiderstandskraft:

$$F_{WRL} \approx \mu_L \cdot \frac{r_L}{r_A} \cdot F_N \qquad \text{(Gl. 7.14)}$$

Bezieht man den Lagerwiderstand ebenfalls auf die Radlast, so erhält man den **Lagerwiderstandsbeiwert** $f_L = F_{WRL}/F_N$. Für diesen gilt mit $\mu_L \approx 0{,}001$ im Betrieb, $r_L \approx 30$ mm und einem üblichen Radhalbmesser $r_A \approx 300$ mm:

$$f_L \approx \mu_L \cdot \frac{r_L}{r_A} \approx 0{,}001 \cdot \frac{30}{300} = 0{,}0001 \approx 1\ \% \cdot f_R \qquad \text{(Gl. 7.15)}$$

Der Lagerwiderstand beträgt somit bei intakten Radlagern nur ca. 1 % vom Rollwiderstand. Die Reibung der **Dichtringe**, die zum Schutz der Lager vor Staub und Feuchtigkeit eingesetzt werden, ist noch geringer und somit vernachlässigbar.
Anders kann es sich an den **Scheibenbremsen** verhalten. Wie in Kap. 4.2.2 behandelt, werden nach Betätigen der Bremse nur die Bremskolben, nicht aber die Scheibenbremsbeläge zurückgezogen, da diese mit den Bremskolben nicht verbunden sind. Durch die Reibung zwischen Belag und Belagsführung am Bremssattel wird der Belag zunächst nicht vollständig zurückgedrückt, d. h., es bleibt ein **Restbremsmoment** bestehen. Durch immer vorhandene leichte Ungleichförmigkeiten der Bremsscheibe werden die Beläge soweit zurückgedrückt, dass sie nur noch kurzzeitig die Bremsscheibe berühren, wodurch das Restbremsmoment stark reduziert wird. Bei Fahrbahnunebenheiten oder Kurvenfahrt führen die Elastizitäten und Spiele in der Radlagerung zu Relativbewegungen zwischen Bremssattel und Schei-

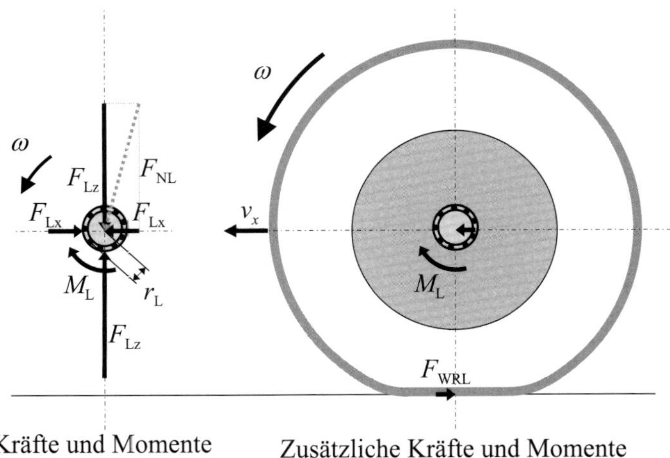

Bild 7.9: *Bestimmung des Lagerwiderstands F_{WRL}*

be. Erst hierdurch werden die Beläge vollständig frei gedrückt. Bei Verschmutzung oder Korrosion in der Belagführung reicht dies häufig ebenfalls nicht aus, um eine Berührung von Bremsscheibe und Belag zu verhindern, d. h., es bleibt ständig ein **Restbremsmoment**. Untersuchungen haben gezeigt, das Restbremsmoment kann durchaus einen Fahrwiderstand verursachen, der die gleiche Größenordnung wie der Rollwiderstand hat.

Die Lagerreibung kann bei intakten Radlagern im Vergleich zum Rollwiderstand vernachlässigt werden. Das Restbremsmoment von Scheibenbremsen sollte in Einzelfällen berücksichtigt werden.

7.1.4 Vorspurwiderstand

Die Vorderräder werden auf **Vor-** oder **Nachspur** eingestellt, vgl. Kap. 4.3.1. Durch das Schrägstellen der Räder ergeben sich eine Seitenkraft und ein Rückstellmoment, das das Lenkgestänge vorspannt. Die im Lenkgestänge zur Sicherstellung einer Schmierung immer minimal vorhandenen Spiele werden hierdurch für den Fahrer nicht mehr wahrnehmbar, und ein Flattern der Räder durch Spiel in der Lenkung wird vermieden. Bei nicht ausgeschlagener Lenkung laufen damit die Reifen leicht schräg – der **Schräglaufwinkel** entspricht näherungsweise dem eingestellten Vorspurwinkel. Bei Einzelradaufhängungen werden häufig auch an den Hinterrädern kleine Vor- bzw. Nachspurwinkel vorgesehen.

Die Schräglaufwinkel α bewirken eine Seitenkraft, die näherungsweise linear von der Seitenkraft abhängt, vgl. Kap. 4.1 und Bild 7.10:

$$F_S = C_S \cdot \alpha \qquad \text{(Gl. 7.16)}$$

Diese Seitenkraft wirkt parallel zur Radachse, wie in Bild 7.10 dargestellt. Hierdurch ergibt sich eine Kraftkomponente gegen die Fahrtrichtung. Diese entspricht dem Vorspurwiderstand F_{WRV} an diesem Rad:

$$F_{WRV\,Rad} = F_S \cdot \sin\alpha \approx F_S \cdot \alpha = C_S \cdot \alpha^2 \qquad \text{(Gl. 7.17)}$$

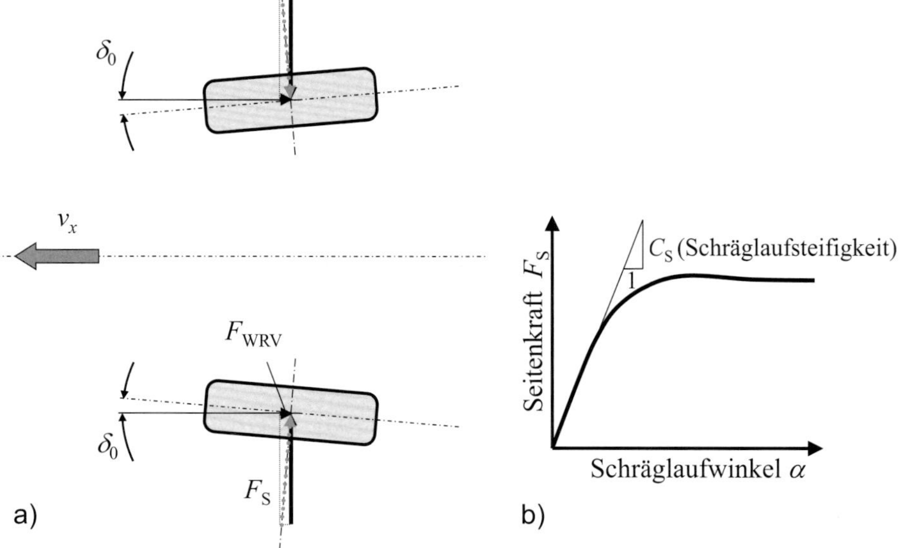

Bild 7.10: *Entstehung des Vorspurwiderstands. a) Draufsicht auf die Vorderachse, b) Seitenkraft als Funktion des Schräglaufwinkels*

Bezieht man den Vorspurwiderstand auf die jeweilige Radlast, so erhält man den **Vorspurwiderstandsbeiwert:**

$$f_V \approx \frac{C_S \cdot \alpha^2}{F_N} \quad \text{(Gl. 7.18)}$$

Für das gesamte Fahrzeug ist die Summe der Vorspurwiderstände aller Räder anzusetzen:

$$F_{WRV} = \sum F_{WRV\ Rad} \quad \text{(Gl. 7.19)}$$

Beispiel:
Radlast F_N: 4000 N; Reifen 195/65 R15 → Schräglaufsteifigkeit gemessen: 1100 N/°, Vorspurwinkel an Vorderachse: 20'.
Wir erhalten pro Rad einen Vorspurwiderstand von

$$F_{WRV\ Rad} \approx C_S \cdot \alpha^2 = 1100\ \text{N}/° \cdot \frac{180°}{\pi} \cdot \left(\frac{20°}{60} \cdot \frac{\pi}{180°}\right)^2$$
$$\approx 2{,}1\ \text{N}$$

bzw.

$$f_V \approx \frac{2{,}1\ \text{N}}{4000\ \text{N}} = 0{,}000525 \approx f_R \cdot 5\ \%$$

Dieses Beispiel zeigt:

Bei korrekt eingestellter Spur beträgt der Vorspurwiderstand nur wenige Prozent des Rollwiderstands und kann somit häufig im Vergleich zum Rollwiderstand vernachlässigt werden.

Bei sehr genauer experimenteller Betrachtung zeigt sich, dass der Vorspurwiderstand zusätzlich vom **Sturz** abhängig ist. Ein negativer Sturz bewirkt bei Vorspur eine Erhöhung der Seitenkraft, der Vorspurwiderstand geht aber, wie Experimente zeigen, zurück. Nachspur bei negativem Sturz oder positiver Sturz bei Vorspur führen hingegen zu einer Erhöhung des Vorspurwiderstands.

7.1.5 Kurvenwiderstand

Beim Kurvenfahren wirkt im Schwerpunkt die **Fliehkraft** $F = m \cdot a_y = \frac{m \cdot v^2}{R}$. Die Reaktionskraft zu den Fliehkräften wird von den zwischen Reifen und Fahrbahn wirkenden **Seitenkräften** aufgebracht, siehe Bild 7.11.

Durch diese Seitenkräfte entsteht an den Rädern jeweils ein **Schräglaufwinkel**, die Fahrtrichtung zeigt damit nicht mehr in Richtung der Radmittelebenen. Die wirkenden Seitenkräfte haben eine Komponente entgegengesetzt zur Fahrtrichtung, vgl. Vorspurwiderstand im vorherigen Kapitel. Es entsteht ein weiterer Fahrwiderstand, der Kurvenwiderstand F_{WRK}.

Durch die auf der Höhe des Schwerpunkts wirkende Fliehkraft wird ein Wankwinkel hervorgerufen, und die dynamischen Radlasten nehmen kurvenaußen zu und kurveninnen ab, vgl. Kap. 11.2.2. Die analytische Bestimmung der auftretenden Schräglaufwinkel als Funktion der Fliehkraft wird jetzt bereits komplex, da der für eine bestimmte Seitenkraft notwendige Schräglaufwinkel nichtlinear von der Radlast abhängig ist, vgl. Kap. 4.1. Erschwerend kommt noch hinzu, die Radlastdifferenzen können vorn und hinten unterschiedlich groß werden. Durch das Wanken entsteht ein Sturzwinkel zwischen Reifen und Fahrbahn. Dieser beeinflusst wiederum die notwendigen Schräglaufwinkel.

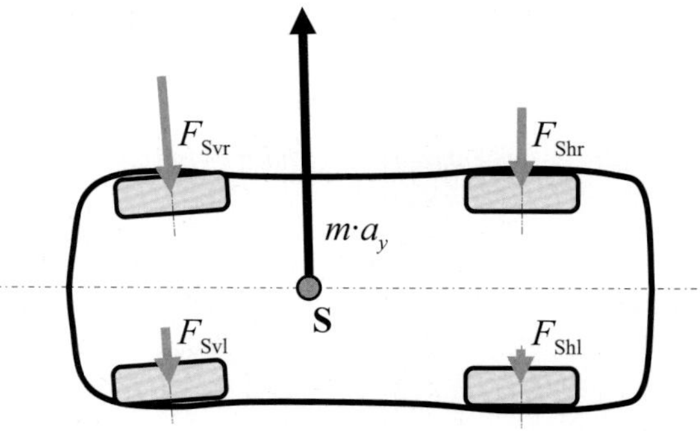

Bild 7.11: *Zusätzlich wirkende Kräfte beim Kurvenfahren, dargestellt in der Draufsicht*

Die vorangegangenen Überlegungen zeigen deutlich, dass eine analytische Betrachtung des Kurvenwiderstands nur mit Vereinfachungen sinnvoll möglich ist. Hierzu hat sich das so genannte **Ein-Spur-Modell** nach RIEKERT und SCHUNCK (ca. 1940) bewährt, vgl. Bild 7.12:

- Die Räder einer Achse werden gedanklich zu einem Rad zusammengefasst,
- die Schwerpunktshöhe $h_s = 0$,
- der Einfluss der Antriebskräfte auf die Seitenkräfte wird vernachlässigt.

Die Schwerpunktshöhe liegt also gedanklich auf der Höhe der Fahrbahn, das Wankmoment durch die Fliehkraft entfällt, das Fahrzeug kann nicht kippen. Hierdurch kann für beide Räder auch die stationäre Radlast angenommen werden. Fasst man die Wirkung der beiden Räder gedanklich zusammen, so gilt für die **Seitenkraftsteifigkeit** der in einem Rad beim Ein-Spur-Modell zusammengefassten Achse:

$$C_\alpha \approx 2 \cdot C_S \qquad \text{(Gl. 7.20)}$$

wobei C_S direkt aus dem Diagramm für die statische Radlast entnommen werden kann. In Kap. 11.2 wird bei der Behandlung der Fahrdynamik die **Achsschräglaufsteifigkeit** C_α beim Ein-Spur-Modell genauer betrachtet.

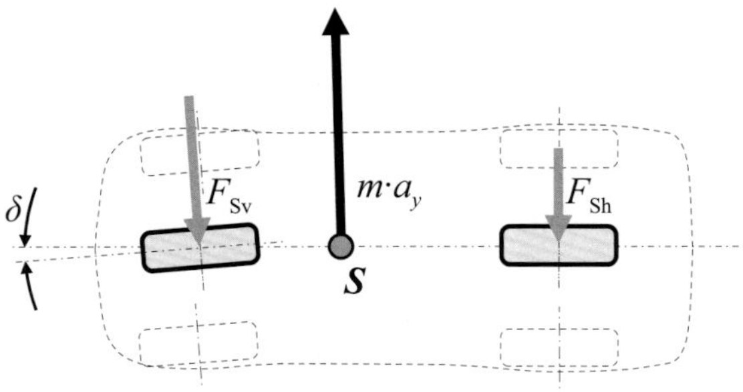

Bild 7.12: *Ein-Spur-Fahrzeugmodell nach Riekert und Schunck*

Zunächst teilen wir die Fahrzeugmasse gedanklich in zwei Teilmassen auf, so dass sie beim Vier-Rad-Modell direkt über den Achsen liegt, vgl. Bild 7.13. Beim Zwei-Rad-Modell mit Schwerpunktshöhe null liegen diese direkt im Zentrum der Reifenaufstandsfläche.

In Bild 7.12 sind die Kräfte und Winkel am Ein-Spur-Modell bei **stationärer Kurvenfahrt** dargestellt. Stationäre Kurvenfahrt heißt, dass Fahrgeschwindigkeit und Lenkwinkel konstant und Einschwingvorgänge durch das Einlenken in die Kurve bereits abgeklungen sind.

Momentengleichgewichte um die Aufstandsgeraden der Hinterachse bzw. Vorderachse ergeben:

$$m_v = m \cdot \frac{l_h}{l}, \quad m_h = m \cdot \frac{l_v}{l} \qquad \text{(Gl. 7.21)}$$

Da wir keine dynamischen Vorgänge betrachten, können wir Trägheitsmomente außer Acht lassen.

Zunächst betrachten wir die Kräfte, die am Vorderrad, also der gedanklich vereinfachten Vorderachse wirken.

Durch die Kurvenfahrt wirkt die Fliehkraft auf die Masse m_v vom Kurvenmittelpunkt nach außen:

$$F_{Zv} = m_v \cdot a_{yv} = m \cdot \frac{l_h}{l} \cdot a_{yv} = m \cdot \frac{l_h}{l} \cdot \frac{v_v^2}{R_v} \qquad \text{(Gl. 7.22)}$$

Als Reaktionskraft auf diese Fliehkraft wird die Seitenkraft F_{Sv} am Vorderrad benötigt. Damit die Seitenkraft F_{Sv} aufgebaut werden kann, ist ein Schräglaufwinkel α_v erforderlich, der sich aus der o. g. Achssteifigkeit C_α ergibt:

$$\alpha_v = \frac{F_{Sv}}{C_{\alpha v}} \approx \frac{F_{Sv}}{2 \cdot C_{Sv}} \qquad \text{(Gl. 7.23)}$$

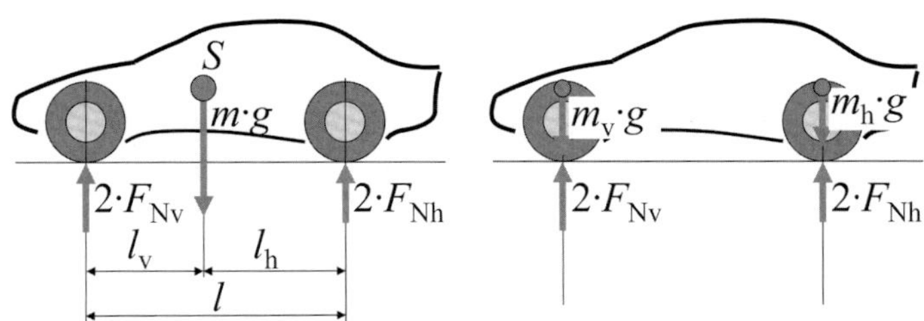

Bild 7.13: *Aufteilung der Fahrzeugmasse in zwei Teilmassen, sodass Radlasten und Achsseitenkräfte gleich bleiben*

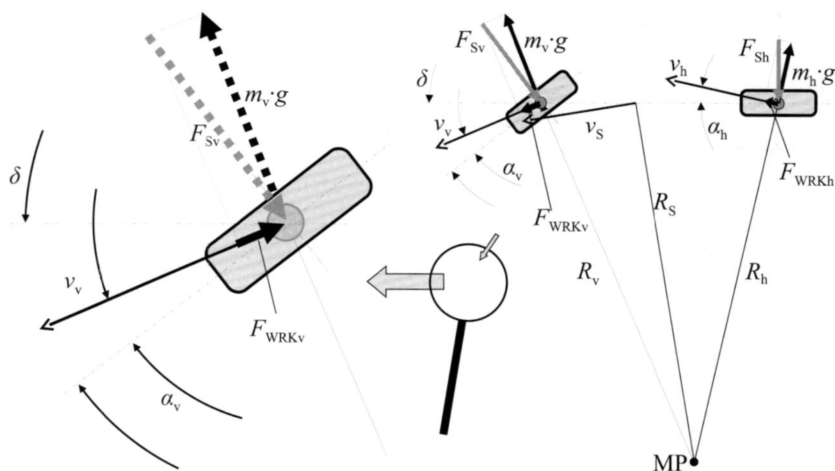

***Bild 7.14:** Erläuterung des Kurvenwiderstands am Ein-Spur-Modell mit zwei Teilmassen*

Durch den Schräglaufwinkel stimmen Wirkrichtung von Seitenkraft und Fliehkraft nicht überein, da die Seitenkraft am Rad senkrecht zur Radmittelebene, die Fliehkraft hingegen senkrecht zur Fahrtrichtung wirkt, vgl. Bild 7.14. Damit ist zwischen diesen beiden Wirkrichtungen ebenfalls der Winkel α_v.
Wir teilen daher die Seitenkraft in eine Komponente senkrecht zur Fahrtrichtung und eine gegen die Fahrtrichtung auf. Die Komponente senkrecht zur Fahrbahn muss die Fliehkraft aufbringen. Damit gilt:

$$F_{Sv} = \frac{FZv}{\cos(\alpha_v)} \tag{Gl. 7.24}$$

Die Komponente gegen die Fahrtrichtung entspricht dem Anteil der Vorderachse am Kurvenwiderstand:

$$F_{WRKv} = F_{Sv} \cdot \sin \alpha_v \tag{Gl. 7.25}$$

Da der Schräglaufwinkel bei normaler Kurvenfahrt nur ca. 1 ... 2° erreicht, kann vereinfacht $\sin \alpha_v \approx \alpha_v$ und $\cos \alpha_v \approx 1$ gesetzt werden. Damit können jetzt die Gl. 7.24 und 7.25 vereinfacht werden. $F_{Zv} \approx F_{Sv}$ und damit

$$F_{WRKv} \approx F_{Zv} \cdot \alpha_V \approx \frac{F_{Zv} \cdot F_{Sv}}{2 \cdot C_{Sv}} \approx \frac{F_{Zv}^2}{2 \cdot C_{Sv}}$$

$$= \frac{\left(m \cdot \frac{l_h}{l} \cdot a_{yv}\right)^2}{2 \cdot C_{Sv}} = \frac{\left(m \cdot \frac{l_h}{l}\right)^2 \cdot v_v^4}{R_v^2 \cdot 2 \cdot C_{Sv}} \tag{Gl. 7.26}$$

Analog gilt für den Anteil der Hinterachse am Kurvenwiderstand:

$$F_{WRKh} \approx \frac{\left(m \cdot \frac{l_v}{l} \cdot a_{yh}\right)^2}{2 \cdot C_{Sh}} = \frac{\left(m \cdot \frac{l_v}{l}\right)^2 \cdot v_h^4}{R_h^2 \cdot 2 \cdot C_{Sh}} \tag{Gl. 7.27}$$

Zusammengefasst erhält man damit den Kurvenwiderstand:

$$F_{WRK} \approx \frac{\left(m \cdot \frac{l_h}{l}\right)^2 \cdot v_v^4}{R_v^2 \cdot 2 \cdot C_{Sv}} + \frac{\left(m \cdot \frac{l_v}{l}\right)^2 \cdot v_h^4}{R_h^2 \cdot 2 \cdot C_{Sh}} \tag{Gl. 7.28}$$

Für große Kurvenradien gilt $R_v \approx R_h$ und somit auch $a_{yv} \approx a_{yh} \approx a_y$ und $v_v \approx v_h \approx v_x$. Bei den meisten Fahrzeugen ist die Bereifung vorn und hinten gleich, und damit sind die Schräglaufsteifigkeiten auch annähernd gleich: $C_{Sv} \approx C_{Sh} \approx C_S$. Geht man nun noch davon aus, der Schwerpunkt liegt annähernd mittig, also $m_v \approx m_h \approx m/2$, vereinfacht sich der Kurvenwiderstand weiter zu:

$$F_{WRK} \approx \frac{(m \cdot a_y)^2}{4 \cdot C_S} = \frac{m^2 \cdot v_x^4}{R^2 \cdot 4 \cdot C_S} \tag{Gl. 7.29}$$

Zur dimensionslosen Darstellung wird der **Kurvenwiderstandsbeiwert** f_K verwendet:

$$f_K = \frac{F_{WRK}}{\sum F_N} \approx \frac{F_{WRK}}{m \cdot g} \approx \frac{m \cdot a_y^2}{4 \cdot g \cdot C_S} = \frac{m \cdot v_x^4}{R^2 \cdot 4 \cdot g \cdot C_S} \qquad \text{(Gl. 7.30)}$$

Damit der Kurvenwiderstandsbeiwert unabhängig von der Fahrzeugmasse ist, müsste gelten: m/C_S = const. Ein schwereres Fahrzeug bräuchte entsprechende Reifen mit einer proportional zum Fahrzeuggewicht erhöhten Reifenschräglaufsteifigkeit C_S. Da dies auch aus fahrdynamischen Gründen sinnvoll ist, werden schwerere Fahrzeuge mit größer dimensionierten Reifen ausgestattet, d. h., dies trifft annähernd zu.

In Bild 7.15 ist der Kurvenwiderstandsbeiwert als Funktion der Querbeschleunigung aufgetragen. Es ergibt sich eine Parabel – bei ca. 4 m/s² erreicht der Kurvenwiderstand eine ähnliche Größenordnung wie der Rollwiderstand. Die gestrichelte Linie ergibt sich, wenn man die Nichtlinearität der Reifenkennlinie $F_S(\alpha)$ berücksichtigt. Ab einer Querbeschleunigung von ebenfalls ca. 4 m/s² wird der tatsächliche Kurvenwiderstand größer als der mit Gl. 7.30 vereinfacht berechnete. Er kann bei Annäherung an den **Kurvengrenzbereich** das Mehrfache vom Rollwiderstand betragen.

Unterhalb der x-Achse ist noch die für die jeweilige Querbeschleunigung notwendige Geschwindigkeit bei einem Kurvenradius von 100 m angegeben. Hieraus wird z. B. erkennbar, dass eine Steigerung der Geschwindigkeit um 10 % eine Erhöhung des Kurvenwiderstands um fast 50 % bedeutet!

7.1.6 Federungswiderstand

Beim Fahren über unebene Fahrbahnen kommt es zu einem Aus- und Einfedern der Radfederung und des Reifens. Durch den parallel zur Feder wirkenden **Schwingungsdämpfer** (und Reibung in der Radführung) wird mechanische Arbeit in Wärme umgesetzt. Anschaulich kann man sich den Federungs-

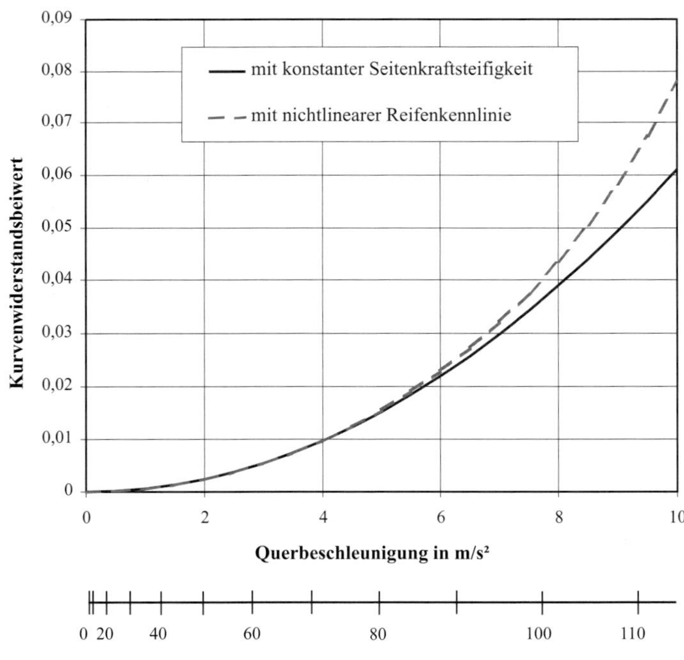

Bild 7.15: *Kurvenwiderstandsbeiwert als Funktion der Querbeschleunigung*

widerstand F_{WRF} mit Bild 7.16 erklären. Fährt man mit dem Fahrzeug auf die Bodenwelle zu, federn zunächst die Vorderräder ein. Der Dämpfer wird hierbei zusammengedrückt, es entsteht eine **Dämpferkraft**, die proportional zur Einfedergeschwindigkeit ist und gegen die Bewegungsrichtung zeigt. Hierdurch wird die Normalkraft zwischen Reifen und Fahrbahn vergrößert. Da diese Normalkraft, wie es der Name sagt, senkrecht zur Straße wirkt, ergibt sich eine Kraftkomponente entgegengesetzt zur Fahrtrichtung.

Sobald die Vorderräder über der Kuppe sind, zeigt die Normalkraft schräg nach hinten, und es ergibt sich eine Kraftkomponente in Fahrtrichtung. Wie in Bild 7.16 dargestellt, ist diese aber erheblich geringer, da jetzt das Rad ausfedert. Dabei reduziert die Dämpferkraft die Ausfederbewegung und damit die Radlast (im Extremfall hebt das Rad ab). Im Mittel hat die Normalkraft somit eine Komponente, die gegen die Fahrtrichtung zeigt. Dies ist die Hauptursache für den Federungswiderstand.

Durch die auftretenden **Radlastschwankungen** ändert sich ständig der Radhalbmesser und hierdurch auch – zwar in geringerem Maße – der Abrollumfang. Durch die Trägheit des Rades bleibt die Raddrehzahl annähernd konstant, und es entsteht Längsschlupf, d. h., wir haben Verluste, die ebenfalls dem Federungswiderstand zugeordnet werden.

Beim Ein- und Ausfedern ändern sich zusätzlich **Spur**, **Sturz** und **Spurweite**, vgl. Kap. 4.3.1. Hierdurch entsteht zusätzlich ein **Querschlupf**. Am Beispiel einer dynamischen Vorspuränderung soll gezeigt werden, dass sich hierdurch der Fahrwiderstand erhöht. Gehen wir vereinfacht davon aus, der Zusammenhang zwischen Vorspur und Vorspurwiderstand gilt auch bei dynamischer Änderung der Vorspur, so ergeben sich die in Bild 7.17 beispielhaft dargestellten Verhältnisse. Mit zunehmender Vorspur steigt der Vorspurwiderstand quadratisch an. Im statischen Fall beträgt die Vorspur δ_{0stat}. Hierfür ermitteln wir aus dem Diagramm den Vorspurwiderstand $F_{WRVstat}$, vgl. strichpunktierte Linie in Bild 7.17. Nehmen wir jetzt an, dass bei der Fahrt über eine wellige Fahrbahn die Vorspur sinusförmig zwischen 0 und $2 \cdot \delta_{0stat}$ schwankt, so ergibt sich ein Vorspurwinkelverlauf, wie er in Bild 7.17 nach unten über der Zeit aufgetragen ist. Betrachten wir für jeden Zeitpunkt den dazugehörigen Vorspurwiderstand und tragen ihn – wie in Bild 7.17 – nach links über der Zeit auf, erhalten wir im Mittel einen höheren Vorspurwiderstand ($F_{WRVdyn\ mittel}$) als im statischen Zustand. Die Erhöhung ist dem Federungswiderstand zuzuordnen.

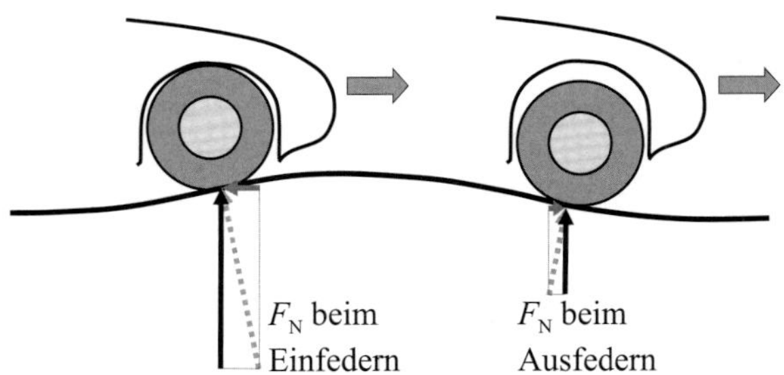

Bild 7.16: *Durch die Dämpferkraft verursachter Federungswiderstand*

Fassen wir zusammen:

> Der **Federungswiderstand** hat drei Ursachen:
> - Beim Ein- und Ausfedern wird durch den Schwingungsdämpfer und durch die Reibung der Radführung mechanische Energie in Wärme umgesetzt.
> - Durch die Radlastschwankungen ändert sich der Abrollumfang und verursacht Längsschlupf.
> - Durch die Achskinematik entstehen beim Ein- und Ausfedern Spur-, Sturz- und Spurweitenänderungen. Hierdurch werden zusätzlicher Querschlupf und im Mittel eine Erhöhung des Vorspurwiderstands verursacht.

7.1.7 Gesamter Radwiderstand

Wie wir in den vorangegangenen Unterkapiteln gesehen haben, hängt der Radwiderstand nicht nur vom Reifen und der Fahrzeugmasse ab, sondern auch von den Umgebungsbedingungen, dem momentanen Fahrzustand und der Achsgeometrie.

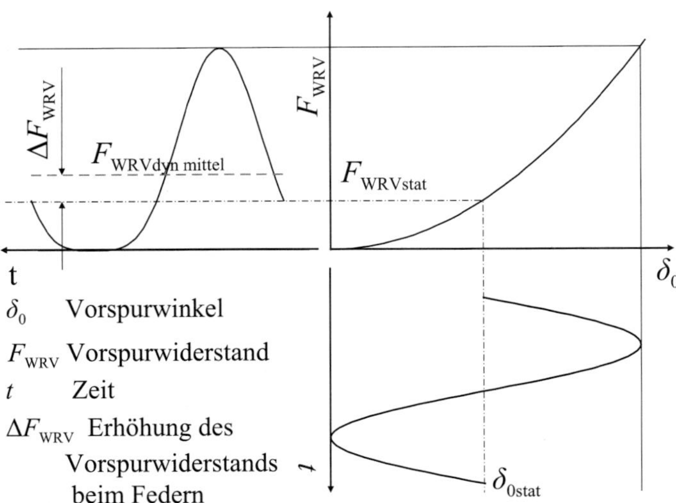

Bild 7.17: *Vereinfacht dargestellter Zusammenhang zwischen dynamischer Vorspuränderung und Erhöhung des Vorspurwiderstands*

Zusammengefasst gilt:

$$F_{WR} = f_{Rad} \cdot \sum F_N \qquad \text{(Gl. 7.31)}$$

$$f_{Rad} = f_R + f_S + f_L + f_V + f_K + f_F$$

Setzen wir die jeweiligen Näherungswerte ein und betrachten trockene feste Fahrbahn und Geradeausfahrt so erhalten wir:

$$f_{Rad} \approx 0{,}01 + 0 + 0{,}0001 + 0{,}0006 + 0 + 0{,}001$$
$$= 0{,}01 + 0{,}0017$$

Auf trockener fester Fahrbahn bei Geradeausfahrt, richtig eingestellter Spur und intakten Radlagern beträgt der Anteil des Rollwiderstands am Radwiderstand über 80 %. Daher setzt man in diesem Fall vereinfacht: $f_{Rad} \approx f_R$ bzw.

$$F_{WR} \approx f_R \cdot \sum F_N \approx f_R \cdot m \cdot g \cdot \cos\alpha \qquad \text{(Gl. 7.32)}$$

7.2 Luftwiderstand

Durch die **Umströmung** des Fahrzeugs und die **Durchströmung** der Karosserie zur **Kühlung der Aggregate** und **Klimatisierung des Innenraums** entsteht eine Kraft entgegengesetzt zur Fahrtrichtung. Diese wird als Luftwiderstand F_{WL} bezeichnet.

7.2.1 Fahrzeugumströmung

Zur Betrachtung der Fahrzeugumströmung bewegen wir uns mit dem Fahrzeug mit. Hierdurch scheint es, als ob das Fahrzeug von vorn mit Fahrgeschwindigkeit angeströmt wird. In Bild 7.18 ist die sich dabei ergebende Umströmung des Fahrzeugs schematisch dargestellt. In großem Abstand vor dem Fahrzeug wird die Luft vom Fahrzeug nicht beeinflusst. Die **Relativgeschwindigkeit** zum Fahrzeug entspricht bei Windstille überall der Fahrgeschwindigkeit. Nähert sich die Luft der Karosserie, so wird sie abgelenkt. Ein Teil strömt unter dem Fahrzeug durch und der größere Anteil über das Fahrzeug und seitlich vorbei.

Die Linien zeigen zum einen die **Strömungsrichtung** an. Zum anderen sagt der Abstand der Strömungslinien auch etwas über die **Strömungsgeschwindigkeit** aus. Reduziert sich der Abstand der Strömungslinien, so erhöht sich die Strömungsgeschwindigkeit. Umgekehrt bedeutet ein größerer Abstand der Strömungslinien eine Reduzierung der Strömungsgeschwindigkeit. Aus der Umströmungsgeschwindigkeit kann man bei **reibungsfreier Strö-**

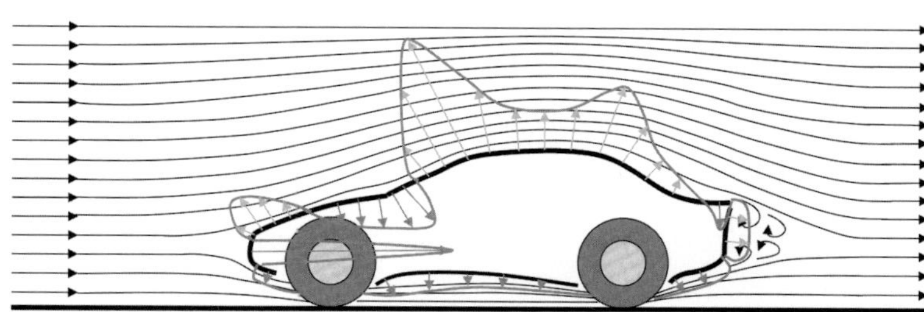

Bild 7.18: Schematische Darstellung der Umströmung des Fahrzeugs und der Druckverhältnisse auf der Fahrzeugoberfläche

mung nach der **Bernoullischen Gleichung** auf den jeweiligen **Luftdruck** schließen:

$$p_\infty + \frac{\rho}{2}u_\infty^2 = p + \frac{\rho}{2}u^2 = p_{ges} \qquad \text{(Gl. 7.33)}$$

p_∞ Umgebungsdruck, u_∞ Windgeschwindigkeit relativ zum Fahrzeug, p Druck bei Strömungsgeschwindigkeit u

Bei einer Strömungsgeschwindigkeit, wie sie üblichen Fahrzeuggeschwindigkeiten entspricht, haben wir eine **turbulente Strömung** mit einer geringen **Grenzschicht**, also einer geringen Schicht über der Karosserie, an der Reibung herrscht. Daher können wir diese Gleichung für eine näherungsweise Betrachtung verwenden. Die Gleichung besagt, dass an Stellen mit hoher Geschwindigkeit (geringer Abstand der Strömungslinien) Unterdruck herrscht, an Stellen, an denen die Strömungsgeschwindigkeit kleiner als die Relativgeschwindigkeit ist, entsteht Überdruck. Qualitativ ergibt sich die in Bild 7.18 dargestellte Druckverteilung. Die Druckverteilung über der Fahrzeugoberfläche führt zu einer resultierenden Kraft und stellt den Hauptanteil am Luftwiderstand dar. Allerdings führen **Ablösungen** im Heckbereich zu so genannten **Totwassergebieten** mit Wirbeln und Rückströmungen. Diese Gebiete führen zu einer Erhöhung des **Reibungswiderstands** und in diesen Bereichen können wir die Bernoullische Gleichung nicht einfach anwenden.

Der **Luftwiderstand** setzt sich zusammen aus:

- Dem Druckwiderstand – da er von der Fahrzeugform abhängt spricht man auch vom Formwiderstand,
- Dem Reibungswiderstand – da er von der Oberflächenstruktur beeinflusst wird, wird er auch als Oberflächenwiderstand bezeichnet.

Der Anteil des Druckwiderstands liegt bei ca. 80 %, der des Reibungswiderstands bei ca. 20 %. Gelegentlich wird auch noch der **Durchströmungswiderstand** separat betrachtet. Gemeint ist hierbei die Widerstandserhöhung durch die Durchströmung des Fahrzeugs zur Kühlung der Aggregate und zur Klimatisierung des Innenraums. Bei der Durchströmung ist der Reibungsanteil wesentlich höher als bei der Umströmung. Da die Einlassöffnungen in **Staudruckgebieten** angeordnet werden und die Auslassöffnungen in **Unterdruckgebieten** z. B. am Heck, ist es durchaus möglich, den Luftwiderstand durch innere Durchströmung zu reduzieren. Der Durchströmungswiderstand kann sogar negativ werden. Üblicherweise liegt er bei ca. 5 %.

7.2.2 Luftwiderstand bei Windstille

Da der Formwiderstand den dominanten Anteil am Luftwiderstand des Fahrzeugs hat, entsteht der Luftwiderstand in erster Linie durch den Druckwiderstand, der aus der Bernoullischen Gleichung abgeleitet werden kann. Deshalb bietet sich beim Fahrzeug zur Beschreibung des Luftwiderstands bei Windstille folgender Ansatz an (s. Gl. 7.34).

Der **Luftwiderstandsbeiwert** c_w wird aus dem gemessenen Luftwiderstand mit o. g. Formel berechnet. Er ist abhängig von der **Karosserieform** und wird als konstant angesehen, d. h. unabhängig von **Fahrgeschwindigkeit** und **Fahrzeugstirnfläche**.

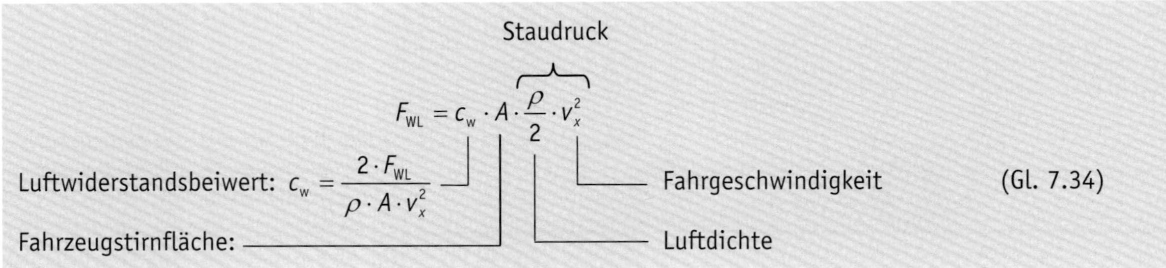

Dies ist streng genommen nur eine gute Näherung, da die durch den Reibungswiderstand entstehende Grenzschicht geschwindigkeitsabhängig ist. Dies muss bei Messungen mit verkleinerten Modellen durch eine höhere Strömungsgeschwindigkeit kompensiert werden, vgl. Kap. 7.8.2.

Das Histogramm in Bild 7.19 zeigt den Streubereich der c_w-**Werte** heutiger Serien-Pkws. Obwohl Spitzenwerte von ca. 0,25 möglich sind, lag im Jahr 2003 der Mittelwert aller Modelle ohne Wichtung nach Marktanteil bei ca. 0,32.

Die Fahrzeugstirnfläche wird durch Abscannen bestimmt. Hierzu wird ein in Fahrzeuglängsrichtung ausgerichteter Laser in Fahrzeugquer- und -hochrichtung vor dem Fahrzeug verfahren. Der sich hinter dem Fahrzeug analog bewegende Empfänger erkennt somit während des Scanvorgangs die Karosserieaußenkontur, die Stirnfläche der Räder usw. Aus den gemessenen Verfahrwegen an der Außenkontur wird die Stirnfläche berechnet. Durch die Verwendung eines Lasers entfallen typische Lichtbeugeeffekte, die zu Fehlern bei der Messung führen würden.

In Bild 7.20 ist die Fahrzeugstirnfläche über der Fahrzeugmasse für Fahrzeuge unterschiedlicher Fahrzeugklassen dargestellt. Man erkennt:

Mit zunehmender Fahrzeuggröße nimmt die Fahrzeugmasse wesentlich stärker zu als die Fahrzeugstirnfläche.

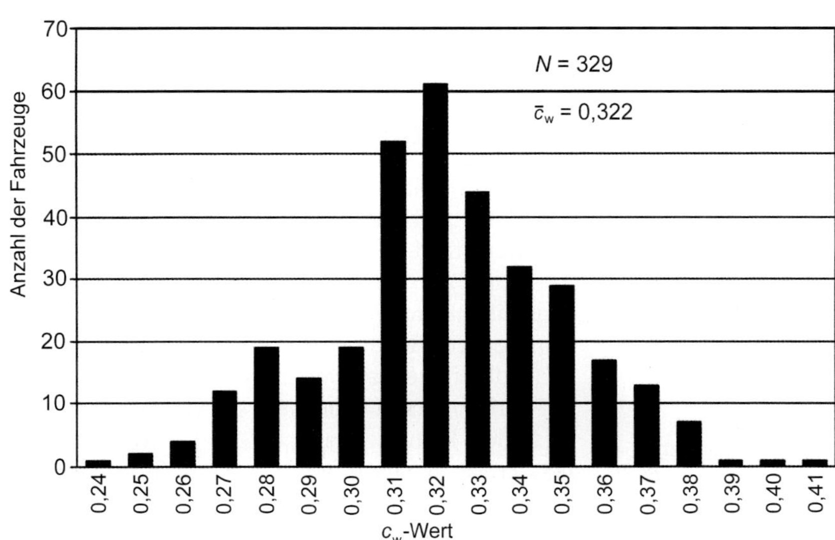

Bild 7.19: *c_w-Histogramm der europäischen Pkws, die 2003 auf dem Markt waren; nach EADE-Daten, zusammengestellt von H.-D. Glück, aus [21]*

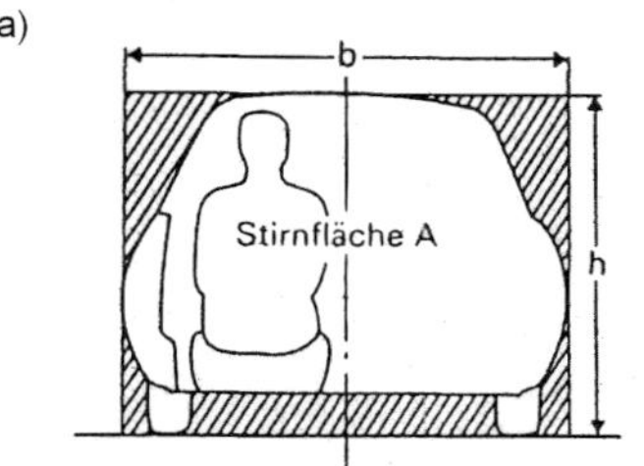

	Stirnfläche A in m²
Kleinwagen	1,8
Untere Mittelklasse	1,9
Obere Mittelklasse	2,0
Oberklasse	2,1

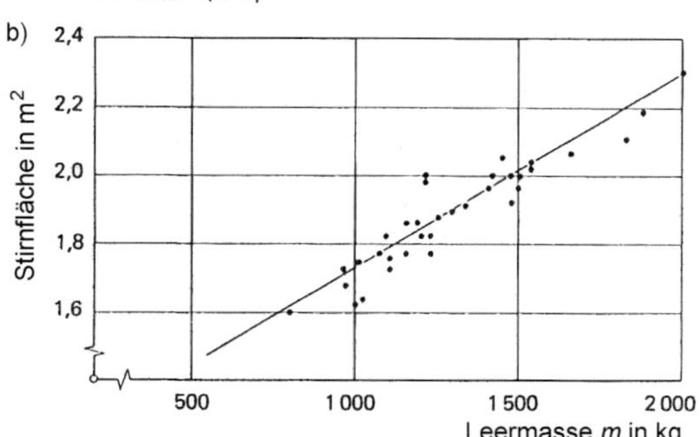

Bild 7.20: *Fahrzeugstirnfläche, aufgetragen über der Fahrzeugmasse für Fahrzeuge unterschiedlicher Klassen, nach [22]*

Gehen wir vereinfacht von einem einheitlichen c_w-Wert aus, so ist der Luftwiderstand proportional zur Fahrzeugstirnfläche. Wie wir in Kap. 7.1 gesehen haben, ist der Radwiderstand etwa proportional zur Fahrzeugmasse. Dies bedeutet, dass kleine Fahrzeuge wesentlich weniger Rollwiderstand haben als große Fahrzeuge, der Luftwiderstand ist aber fast gleich groß. Weiter ist in diesem Bild eine Näherungsformel zur Berechnung der Fahrzeugstirnfläche von Pkws aus den Fahrzeugabmessungen angegeben.

7.2.3 Luftwiderstand bei natürlichem Wind

Sobald wir Umgebungswind haben, entspricht die **Relativgeschwindigkeit** zwischen Fahrzeug und Luft nicht mehr der Fahrgeschwindigkeit. In Bild 7.21 ist die Bestimmung der Relativgeschwindigkeit und des **Anströmwinkels** dargestellt.

Die Windrichtung relativ zur Fahrgeschwindigkeit ist durch den Winkel τ_W gegeben. Er kann Winkel zwischen –180° und 180° annehmen.

Die Relativgeschwindigkeit setzt sich aus der Anströmung bei Windstille (mit Fahrgeschwindigkeit entgegengesetzt zur Fahrtrichtung) und dem Umgebungswind zusammen, vgl. Bild 7.21. Die **Relativgeschwindigkeit** v_r erhalten wir mit dem Kosinussatz:

$$v_r = \sqrt{v_x^2 + v_W^2 + 2 \cdot v_x \cdot v_W \cdot \cos \tau_W} \qquad \text{(Gl. 7.35)}$$

Aus der zur Fahrtrichtung lotrechten Komponente $v_W \cdot \sin \tau_W = v_r \cdot \sin \tau_r$ erhalten wir den **Anströmwinkel** τ_r**:**

$$\tau_r = \arcsin\left(\frac{v_W}{v_r} \cdot \sin \tau_W\right) \qquad \text{(Gl. 7.36)}$$

In Bild 7.22 sind Anströmwinkel und Relativgeschwindigkeit als Funktion der Windrichtung dargestellt. Als Fahrgeschwindigkeit wurden 100 km/h und als Windgeschwindigkeit 10 m/s angesetzt, da höhere Windgeschwindigkeiten in Deutschland nur in weniger als 20 % der Zeit auftreten.

Der maximale Anströmwinkel beträgt 21,1° bei einer Windrichtung $\tau_W = 111°$. Der maximale Anström-

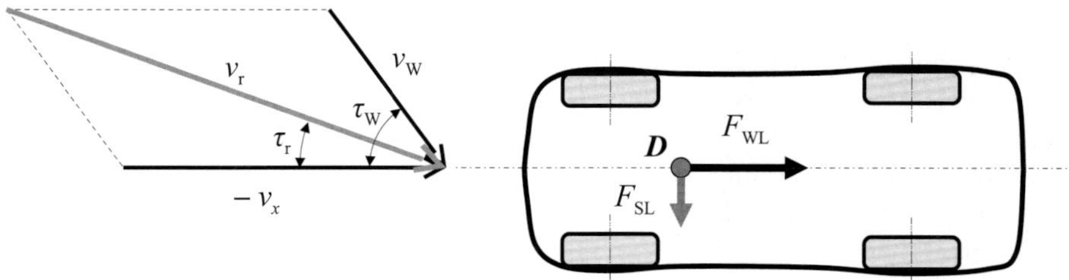

Bild 7.21: *Ermittlung der Relativgeschwindigkeit aus Fahr- und Umgebungswindgeschwindigkeit*

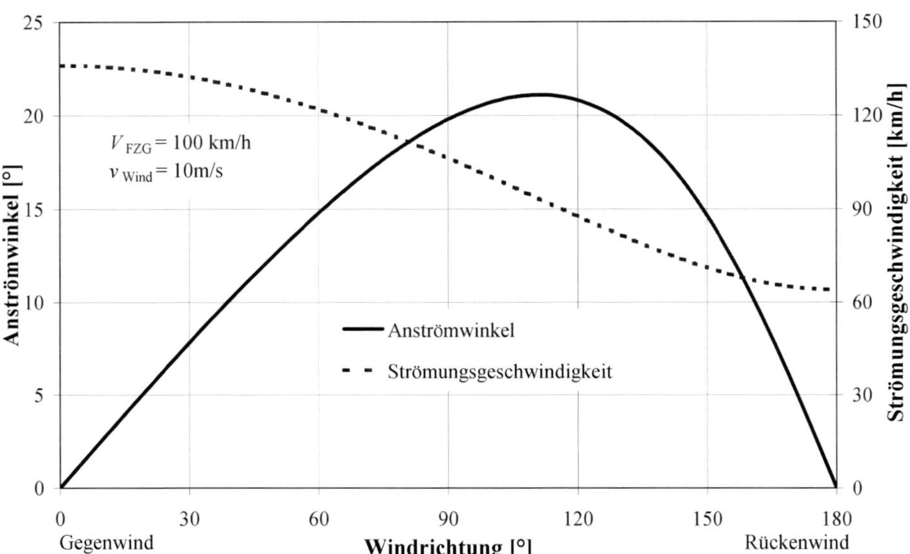

Bild 7.22: *Anströmwinkel und Relativgeschwindigkeit als Funktion der Windrichtung relativ zur Fahrtrichtung*

winkel ergibt sich somit nicht, wenn der Wind exakt senkrecht zur Fahrtrichtung weht, sondern wenn er tendenziell in Richtung Rückenwind gedreht ist. Bei geringerer Fahrgeschwindigkeit können zwar noch größere Anströmwinkel auftreten, hierbei ist aber der Einfluss eines Seitenwinds auf die Fahrstabilität weniger kritisch. Wesentlich höhere Windgeschwindigkeiten treten nur sehr selten auf. Daher beschränkt man sich bei aerodynamischen Betrachtungen im Allgemeinen auf einen Anströmwinkelbereich von ± 30°.

Weiter erkennen wir, durch reinen Seitenwind, d. h., bei $\tau_W = 90°$ ist die Anströmgeschwindigkeit mit ca. 106 km/h größer als bei Windstille. Da alle Windrichtungen relativ zur Fahrtrichtung im Mittel gleich häufig auftreten können, nimmt im Mittel durch einen Umgebungswind die Relativgeschwindigkeit zu. Dies ist ebenfalls Bild 7.22 zu entnehmen.

Durch eine **Schräganströmung** entsteht nicht nur eine Seitenkraft, es werden auch **Luftwiderstand** und **aerodynamischer Auftrieb** beeinflusst.

Daher werden jetzt folgende Definitionen zur Beschreibung der Windkräfte verwendet:

Luftwiderstand: $$F_{WL} = c_x \cdot A \cdot \frac{\rho}{2} \cdot v_r^2 \qquad \text{(Gl. 7.37)}$$

aerodynamische Seitenkraft: $$F_{SL} = c_y \cdot A \cdot \frac{\rho}{2} \cdot v_r^2 \qquad \text{(Gl. 7.38)}$$

aerodynamischer Auftrieb: $$F_{AL} = c_z \cdot A \cdot \frac{\rho}{2} \cdot v_r^2 \qquad \text{(Gl. 7.39)}$$

Für die Fahrdynamik ist die Verteilung der Seitenkraft und des Auftriebs auf Vorder- und Hinterachse von Bedeutung. Daher werden häufig die Beiwerte für Vorder- und Hinterachse getrennt bestimmt (c_{yv} und c_{yh} bzw. c_{zv} und c_{zh}).

Als Bezugsfläche wird aus praktischen Gründen immer die Fahrzeugstirnfläche A verwendet, auch wenn dies z. B. bei der Betrachtung der Seitenkraft nicht physikalisch begründbar ist. Die Beiwerte c_x, c_y und c_z sind abhängig vom Anströmwinkel τ_r, wie in Bild 7.23 qualitativ dargestellt.

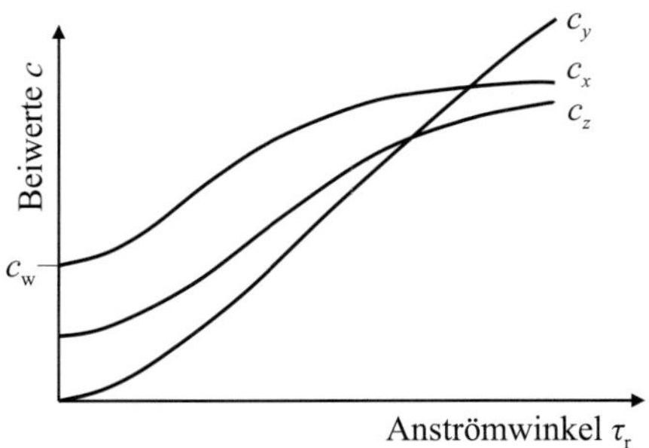

Bild 7.23: *Qualitativ dargestellte Abhängigkeit der Beiwerte c_x, c_y und c_z vom Anströmwinkel τ_r*

Der Luftwiderstand nimmt somit bei Umgebungswind im Mittel zu, da im Mittel sowohl die Relativgeschwindigkeit zunimmt als auch der Luftwiderstandsbeiwert.

Durch die Vegetation nimmt die Windgeschwindigkeit in Bodennähe ab, d. h., die Windgeschwindigkeit ist streng genommen eine Funktion des Bodenabstands. Hierdurch sind auch die Relativgeschwindigkeit und die Windrichtung abhängig vom Bodenabstand, wie in Bild 7.24 dargestellt.

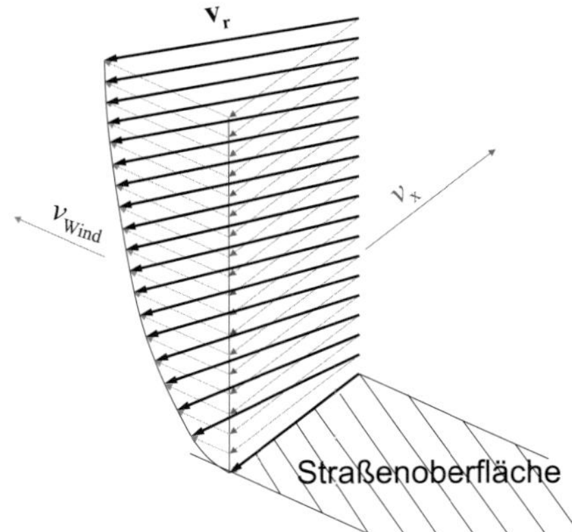

Bild 7.24: *Bestimmung der Relativgeschwindigkeit unter Berücksichtigung der Abhängigkeit der Windgeschwindigkeit vom Bodenabstand*

7.3 Steigungswiderstand

Die Gewichtskraft im Fahrzeugschwerpunkt lässt sich in der Steigung in zwei Komponenten zerlegen, vgl. Bild 7.25.

Die Komponente senkrecht zur Fahrbahn verursacht die Radlasten, die Komponente parallel zur Fahrbahn ergibt den Steigungswiderstand F_{WS}:

$$F_{WS} = m \cdot g \cdot \sin\alpha \qquad \text{(Gl. 7.40)}$$

Im Straßenverkehr wird die Steigung nicht als Winkel angegeben, sondern in Prozent (%). Der Zusammenhang zwischen **Steigungswinkel** und **Steigung in %** ist ebenfalls in Bild 7.25 dargestellt. Es gilt bei einer Steigung von q %:

$$\tan\alpha = \frac{q}{100} \text{ bzw. } \alpha = \arctan\left(\frac{q}{100}\right)$$

Für kleine Winkel α wird häufig $\cos\alpha \approx 1$ gesetzt. In diesem Fall gilt dann auch $\sin\alpha \approx \tan\alpha$.

Große Passstraßen in den europäischen Alpen haben üblicherweise an den steilsten Abschnitten Steigungen von 10 … 14 %. Die Turracher Höhe galt mit 34 % lange als steilste Alpenstraße. Auch diese Passstraße hat heute an der steilsten Stelle nur noch auf einem kurzen Abschnitt eine Steigung von 23 % und bildet damit eher die Ausnahme.

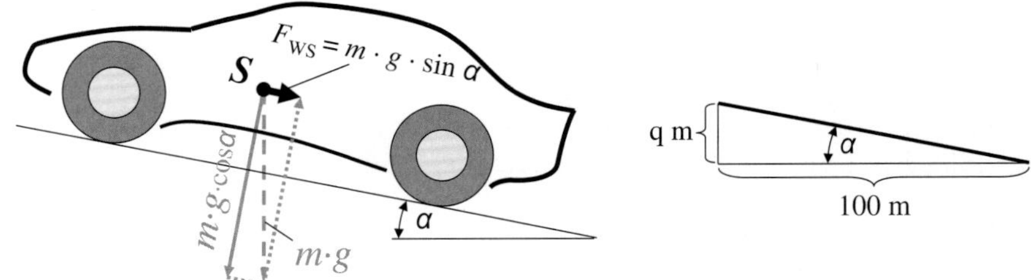

Bild 7.25: *Entstehung des Steigungswiderstands*

Allerdings sind auf kleinen Gebirgsstraßen ähnliche Steigungen anzutreffen.

7.4 Beschleunigungswiderstand

Beim Beschleunigen müssen wir, entsprechend dem **Newtonschen Axiom**, eine Kraft aufbringen. Wie in Bild 7.26 am Beispiel eines Einachsanhängers dargestellt, wird das gesamte Fahrzeug translatorisch beschleunigt, und die Räder mit Radnabe usw. rotatorisch.

Hierbei gilt für die **rotatorische Beschleunigung**

mit $\omega_A = \frac{v_A}{r_A} = \frac{v_x \cdot (1+\lambda_A)}{r_A}$:

$$\dot{\omega}_A = \frac{1+\lambda_A}{r_A} \frac{dv_x}{dt} + \frac{v_x}{r_A} \frac{d\lambda_A}{dt} \quad \text{(Gl. 7.41)}$$

Kann der Schlupf als konstant angesehen werden, gilt:

$$\dot{\omega}_A = \frac{1+\lambda_A}{r_A} \frac{dv_x}{dt} \quad \text{(Gl. 7.42)}$$

Bei Vernachlässigung des Schlupfes vereinfacht sich die Gleichung weiter:

$$\dot{\omega}_A \approx \frac{a_x}{r_A} \quad \text{(Gl. 7.43)}$$

Damit gilt für den rotatorischen Anteil näherungsweise:

$$F_{rot} = \frac{M_{rot}}{r_A} = \frac{J_{red} \cdot \dot{\omega}_A}{r_A} \approx \frac{J_{red}}{r_A^2} \cdot a_x \quad \text{(Gl. 7.44)}$$

Hiermit erhalten wir den Beschleunigungswiderstand F_{WB} als Funktion der **Beschleunigung** a_x:

$$F_{WB} = F_{trans} + F_{rot} \approx \left(m + \frac{J_{red}}{r_A^2} \right) \cdot a_x \quad \text{(Gl. 7.45)}$$

Hierbei ist J_{red} das auf die Raddrehzahl **reduzierte Trägheitsmoment** des **Antriebstrangs** und der Räder. Was können wir uns unter J_{red} vorstellen bzw. was müssen wir bei der Bestimmung von J_{red} berücksichtigen?

In Bild 7.27 ist der Antriebstrang vereinfacht dargestellt. Wenn wir den Motor als Ganzes betrachten, rotieren die einzelnen Bauteile des Antriebsstrangs bei einem Fahrzeug mit Standardantrieb und Stirnradgetriebe mit fünf unterschiedlichen Drehzahlen:

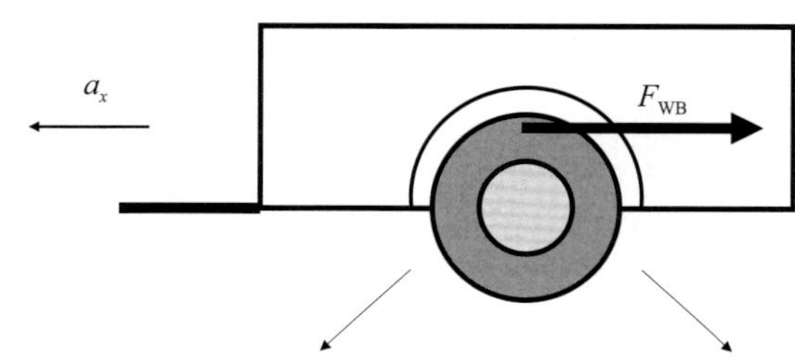

Translatorischer Anteil:

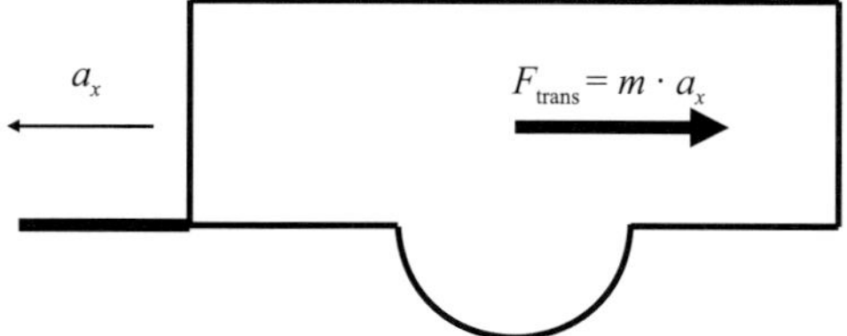

rotatorischer Anteil:

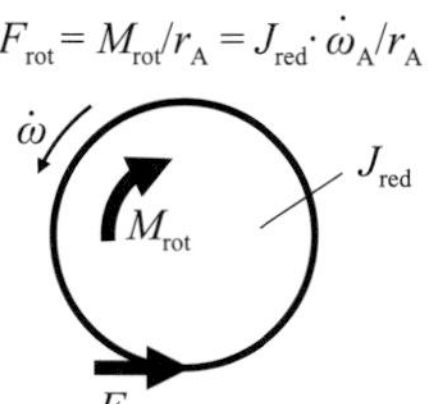

Bild 7.26: *Anteile des Beschleunigungswiderstands*

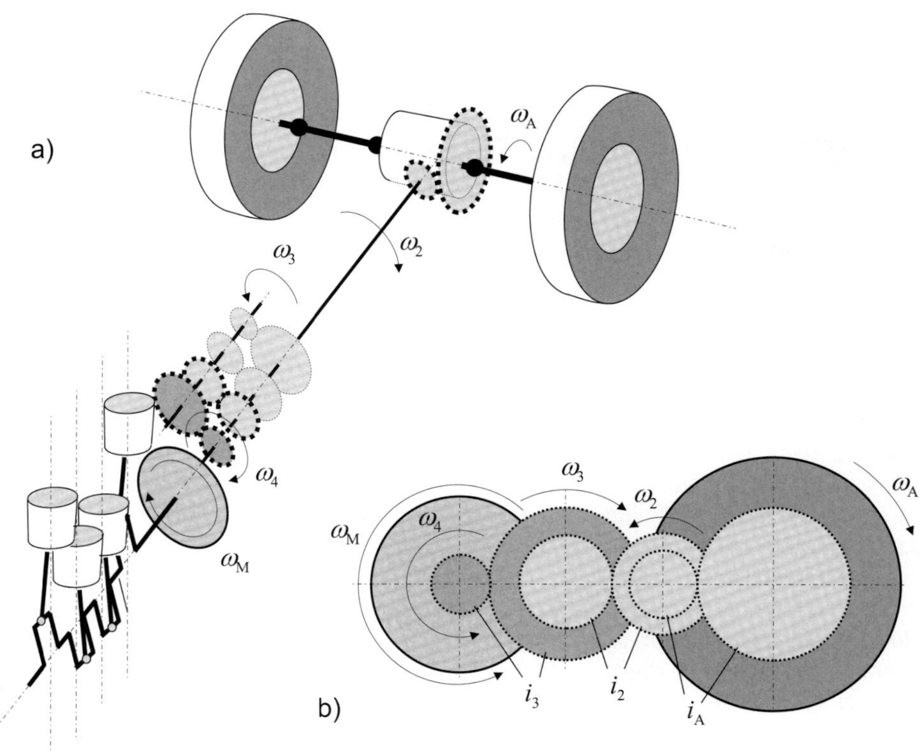

Bild 7.27: *Vereinfacht dargestellter Antriebsstrang. a) tatsächlicher Aufbau, b) stark vereinfacht, aber in der Wirkung gleichwertig*

- mit **Raddrehzahl** ω_A: Räder incl. Radnabe und Bremsscheibe bzw. -trommel, Antriebswellen, Differenzial, Tellerrad des Achsgetriebes,
- mit **Getriebeausgangswellendrehzahl** ω_2: Getriebeausgangswelle, Hardyscheibe und Kardanwelle – falls vorhanden, Kegelrad des Achsgetriebes,
- mit **Getriebezwischenwellendrehzahl** ω_3: Getriebezwischenwelle,
- mit **Getriebeeingangswellendrehzahl** ω_4: Kupplungsscheibe, Getriebeeingangswelle,
- mit **Motordrehzahl** ω_M: Kurbelwelle, Schwungscheibe, Kupplungsdruckplatte (bzgl. Trägheitsmoment werden die Trägheitsmomente von Nockenwellen, Kurbeltrieb, Ölpumpe, Nebenaggregate auf Kurbelwellendrehzahl reduziert und berücksichtigt).

Der Zusammenhang zwischen den einzelnen Drehzahlen ergibt sich aus den jeweiligen Übersetzungen und dem Schlupf an der Kupplung λ_K:

- Achsgetriebeübersetzung $i_A = \dfrac{\omega_2}{\omega_A}$
- variable Übersetzung im Getriebe $i_2 = \dfrac{\omega_3}{\omega_2}$
- feste Übersetzung im Getriebe $i_3 = \dfrac{\omega_4}{\omega_3}$
- Schlupf an der Kupplung $(1 - \lambda_K) = \dfrac{\omega_4}{\omega_M}$

Für das auf die Raddrehzahl reduzierte Trägheitsmoment J_{red} gilt nun, vgl. Bild 7.27:

$$J_{red} = J_1 + J_2 \cdot \left(\frac{\omega_2}{\omega_A}\right)^2 + J_3 \cdot \left(\frac{\omega_3}{\omega_A}\right)^2 + J_4 \cdot \left(\frac{\omega_4}{\omega_A}\right)^2 + J_M \cdot \left(\frac{\omega_M}{\omega_A}\right)^2$$
$$= J_1 + J_2 \cdot i_A^2 + J_3 \cdot i_A^2 \cdot i_2^2 + J_4 \cdot i_A^2 \cdot i_2^2 \cdot i_3^2 + J_M \cdot \frac{i_A^2 \cdot i_2^2 \cdot i_3^2}{(1-\lambda_K)^2} \quad \text{(Gl. 7.46)}$$

Die Übersetzung geht hierbei quadratisch ein, da z. B. eine Übersetzung ins Schnelle bewirkt, dass erstens die entsprechenden Bauteile schneller beschleunigt werden und zweitens zur Beschleunigung der ins Schnelle übersetzten Bauteile ein durch die Übersetzung zusätzlich vergrößertes Moment erforderlich wird.

Im eingekuppelten Zustand ist der Schlupf λ_K gleich null, und die Getriebeeingangswelle dreht mit Motordrehzahl. In diesem Fall können wir die Trägheitsmomente des Motors, der mit Getriebeeingangswelle rotierenden Teile und der Getriebezwischenwelle auf die Motordrehzahl reduzieren:

$$J_{Mred} = J_M + J_4 + \frac{J_3}{i_3^2} \quad \text{(Gl. 7.47)}$$

Damit vereinfacht sich J_{red}:

$$J_{red} = J_1 + J_2 \cdot i_A^2 + J_{Mred} \cdot i_A^2 \cdot i_2^2 \cdot i_3^2$$
$$= J_1 + J_2 \cdot i_A^2 + J_{Mred} \cdot i_A^2 \cdot i_G^2 \quad \text{(Gl. 7.48)}$$

Da die Trägheitsmomente und die Achsgetriebeübersetzung konstant sind, hängt J_{red} lediglich von der Schaltgetriebeübersetzung ab. Um die Gl. 7.45 zu vereinfachen, führt man den so genannten **Drehmassenzuschlagsfaktor** ε ein:

$$\varepsilon = \frac{J_{red}}{m \cdot r_A^2} = \frac{J_1 + J_2 \cdot i_A^2 + J_{Mred} \cdot i_A^2 \cdot i_G^2}{m \cdot r_A^2} \quad \text{(Gl. 7.49)}$$

Anhaltswerte für den Drehmassenzuschlagsfaktor ε sind in der Tabelle 7.2 angegeben. Um ε der **Getriebeübersetzung** i_G zuordnen zu können, wird ε mit dem entsprechenden Index versehen.

Unter Verwendung des Drehmassenzuschlagsfaktors ε vereinfacht sich die Gl. 7.45 für den Beschleunigungswiderstand F_{WB}:

$$F_{WB} = m \cdot (1+\varepsilon) \cdot a_x \quad \text{(Gl. 7.50)}$$

7.5 Zughakenwiderstand

Sobald wir einen Anhänger an unser Fahrzeug hängen, erhöht sich der Fahrwiderstand. Der zusätzlich vom Anhänger verursachte Fahrwiderstand wird als **Zughakenwiderstand** F_{WZ} bezeichnet. Er setzt sich, wie der Fahrwiderstand des Zugfahrzeugs, aus Rad-, Luft-, Steigungs- und Beschleunigungswiderstand und – falls ein weiterer Anhänger angehängt ist – Zughakenwiderstand F_{WZ} zusammen:

$$F_{WZ} = m_{Anh} \cdot g \cdot \left[f_R \cdot \cos\alpha + \sin\alpha + (1+\varepsilon_{Anh}) \cdot \frac{a_x}{g} \right] + \frac{\rho}{2} \cdot (c_x \cdot A)_{Anh} \cdot v_r^2 + F_{WZ} \quad \text{(Gl. 7.51)}$$

Tabelle 7.2: *Anhaltswerte für den Drehmassenzuschlagsfaktor ε bei 5-Gang-Getriebe*

Gangstufe	Getriebeübersetzung i_G	Achsgetriebeübersetzung i_A	Drehmassenzuschlagsfaktor ε
1	3,0 … 5,0	2,5 … 5	ε_1 = 0,25 … 0,50
2	1,9 … 2,9		ε_2 = 0,11 … 0,21
3	1,1 … 1,7		ε_3 = 0,06 … 0,11
4	0,8 … 1,2		ε_4 = 0,04 … 0,08
5	0,6 … 1,0		ε_5 = 0,04 … 0,06
Leerlauf	–		ε_0 = 0,03 … 0,05

Bei der Bestimmung der einzelnen Anteile sind einige Feinheiten zu beachten. Die **Stützlast** führt zu einer Umverteilung der Achslasten zwischen Zugfahrzeug und Anhänger. Das hat eine Erhöhung des Radwiderstands am Zugfahrzeug und eine Reduzierung am Anhänger zur Folge. Sind die Radwiderstandsbeiwerte von Zugfahrzeug und Anhänger annähernd gleich, so ist die Stützlast ohne Bedeutung für den Gesamtfahrwiderstand. Durch unterschiedliche Bereifung, Reifendruck, Reifenauslastung usw. können aber die Radwiderstandsbeiwerte von Zugfahrzeug und Anhänger stark differieren. In diesem Fall sollte zur genaueren Bestimmung des Gesamtradwiderstands der Einfluss der Stützlast berücksichtigt werden:

$$F_{\text{WR\_ges}} = (m_{\text{Fzg}} \cdot g \cdot \cos\alpha + F_{\text{Stütz}}) \cdot f_{\text{R\_Fzg}} + (m_{\text{Anh}} \cdot g \cdot \cos\alpha - F_{\text{Stütz}}) \cdot f_{\text{R\_Anh}} \qquad \text{(Gl. 7.52)}$$

Damit gilt für F_{WRAnh}:

$$F_{\text{WR\_Anh}} = f_{\text{R\_Anh}} \cdot m_{\text{Anh}} \cdot g \cdot \cos\alpha + F_{\text{Stütz}} \cdot (f_{\text{R\_Fzg}} - f_{\text{R\_Anh}}) \qquad \text{(Gl. 7.53)}$$

Bei der Bestimmung von F_{WLAnh} müssen **Windschatteneffekte** beachtet werden, die Messung des Luftwiderstands vom Anhänger allein ist nicht zielführend. In der Praxis betrachtet man die so genannte **Luftwiderstandsfläche** $(c_x \cdot A)_{\text{ges}}$ des Gesamtzugs und zieht davon die Luftwiderstandsfläche des Zugfahrzeugs ohne Anhänger ab. Diese Differenz entspricht dann $(c_x \cdot A)_{\text{Anh}}$. Damit gilt:

$$F_{\text{WL\_Anh}} \approx (c_x \cdot A)_{\text{Anh}} \cdot \frac{\rho}{2} \cdot v_r^2 = \left[(c_x \cdot A)_{\text{ges}} - (c_x \cdot A)_{\text{Fzg}}\right] \cdot \frac{\rho}{2} \cdot v_r^2 \qquad \text{(Gl. 7.54)}$$

Der Beschleunigungswiderstand des Anhängers setzt sich, wie beim Zugfahrzeug, aus einem translatorischen und einem rotatorischen Anteil aufgrund der Drehbeschleunigung der Räder zusammen:

$$F_{\text{WB\_Anh}} = m_{\text{Anh}} \cdot (1 + \varepsilon_{\text{Anh}}) \cdot a_x \quad \text{mit} \quad \varepsilon_{\text{Anh}} = \frac{\sum J_{\text{Räder\_Anh}}}{m_{\text{Anh}} \cdot r_{\text{A\_Anh}}^2} \qquad \text{(Gl. 7.55)}$$

Bei einem unbeladenen Transportanhänger sollte der rotatorische Anteil berücksichtigt werden, wie das folgende Beispiel zeigt:
Einachsanhänger mit $m_{\text{Anh}} \approx 130$ kg, $J_{\text{Rad}} \approx 1$ kg m^2, $r_{\text{A\_Anh}} \approx 0{,}3$ m. Damit gilt:

$$\varepsilon_{\text{Anh}} = \frac{2 \cdot J_{\text{Rad\_Anh}}}{m_{\text{Anh}} \cdot r_{\text{A\_Anh}}^2} = \frac{2 \cdot 1 \text{ kg m}^2}{130 \text{ kg} \cdot (0{,}3 \text{ m})^2} = 0{,}17$$

Durch Beladen des Anhängers nehmen die Anhängermasse und damit der translatorische Anteil zu, der rotatorische bleibt hingegen gleich. Damit nimmt der Drehmassenzuschlag des Anhängers ab (vgl. Gl. 7.55) und kann dann häufig bedenkenlos vernachlässigt werden. Wer es genau betrachtet, wird zwar einwenden, dass diese Gleichung nur exakt stimmt, wenn man den Reifendruck am Anhänger der Beladung anpasst. Andernfalls reduziert sich durch die stärkere Reifeneinfederung der dynamische Radhalbmesser $r_{\text{A\_Anh}}$ minimal, d. h., die Drehbeschleunigung wird bei gleicher translatorischer Beschleunigung größer, dieser Effekt ist aber um ein Vielfaches geringer als die Massenzunahme.
Bei genauer Betrachtung können wir weiter feststellen, dass die Zugkraft in der Anhängervorrichtung nur näherungsweise dem Zughakenwiderstand entspricht. Ursachen liegen hierbei im Windschatteneffekt und der Stützlast.
Der **Windschatteneffekt** kann sich in der Praxis auch auf das vorausfahrende Fahrzeug auswirken, d. h., der durch den Anhänger verursachte zusätzliche Widerstand teilt sich auf Fahrzeug und Anhänger auf. Häufig nimmt der Luftwiderstand des Zugfahrzeugs durch den Anhänger ab, und der Luftwiderstand am Anhänger ist größer als die ermittelte Differenz zwischen Luftwiderstand des Gesamtzugs und des Zugfahrzeugs allein.

Die **Stützlast** führt zu einer Erhöhung des Radwiderstands am Zugfahrzeug und zu einer Reduzierung des Radwiderstands am Anhänger, siehe oben. Über die Anhängevorrichtung muss damit eine geringere Zugkraft aufgebracht werden, da die tatsächlich am Anhänger wirkende Radwiderstandskraft kleiner als F_{WRAnh} ist.

7.6 Gesamtfahrwiderstand

Nachdem wir jetzt die einzelnen Anteile des Fahrwiderstands genauer kennengelernt haben, fassen wir diese zum Gesamtfahrwiderstand F_W zusammen:

$$F_W = m \cdot g \cdot \left[f_R \cdot \cos\alpha + \sin\alpha + (1+\varepsilon) \cdot \frac{a_x}{g} \right] + \frac{\rho}{2} \cdot c_x \cdot A \cdot v_r^2 + F_{WZ} \qquad \text{(Gl. 7.56)}$$

Wir erkennen, dass der Luftwiderstand mit dem **Quadrat der Relativgeschwindigkeit** zunimmt, während die restlichen Anteile auf trockener Straße als geschwindigkeitsunabhängig betrachtet werden können. Diese Anteile sind dafür alle **proportional zur Fahrzeugmasse.**

Bei konstanter Fahrt in der Ebene bei Windstille und ohne Anhänger erhalten wir den so genannten **Normalfahrwiderstand** F_{W0}:

$$F_{W0} = m \cdot g \cdot f_R + \frac{\rho}{2} \cdot c_x \cdot A \cdot v_x^2 \qquad \text{(Gl. 7.57)}$$

In Bild 7.28 ist der Normalfahrwiderstand für einen Pkw mittlerer Größe als Funktion der Geschwindigkeit aufgetragen. Wie zu erkennen ist, ist unterhalb einer Fahrgeschwindigkeit von ca. 70 km/h der Radwiderstand dominant und oberhalb der Luftwiderstand. Bei Kleinwagen ist die Geschwindigkeit, bei der Luft- und Radwiderstand gleich sind, geringer. Hier sind nämlich die Fahrzeugmasse und damit der Radwiderstand gegenüber dem Beispiel aus Bild 7.28 wesentlich geringer, die Fahrzeugstirnfläche und der Luftwiderstand nehmen hingegen kaum ab, vgl. auch Bild 7.20. Bei großen Pkws ist es entsprechend umgekehrt, d. h., erst bei Geschwindigkeiten deutlich oberhalb von 70 km/h wird der Luftwiderstand gleich groß wie der Radwiderstand.

Bei welcher Steigung werden Rad- und Steigungswiderstand gleich? Setzen wir $F_{WS} = F_{WR}$, erhalten wir: $m \cdot g \cdot \sin\alpha = f_R \cdot m \cdot g \cdot \cos\alpha$, d. h. $\tan\alpha = f_R$.

Bei einem typischen Rollwiderstandsbeiwert für einen modernen Pkw-Reifen auf Asphaltbeton von f_R = 0,01 muss die Steigung 1 % betragen, damit Rad- und Steigungswiderstand gleich groß sind. Dies bedeutet, dass sich in einem Gefälle (Steigungswinkel $\alpha < 0$ und damit $F_{WS} < 0$) von ca. 1 % Rad- und Steigungswiderstand aufheben. Haben wir ein stärkeres Gefälle als ca. 1 %, so kann das Fahrzeug ohne Antrieb bergab rollen.

7.7 Fahrwiderstandsleistung

In der Physik ist die Leistung bei translatorischen Bewegungen definiert als Produkt aus Kraft und Ge-

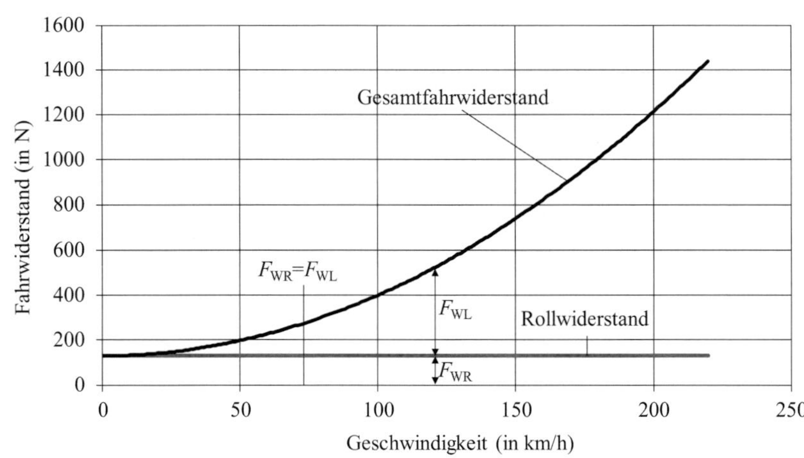

Bild 7.28: *Normalfahrwiderstand als Funktion der Geschwindigkeit für einen Pkw mittlerer Größe*

schwindigkeit. Angewendet auf den Fahrwiderstand des Kraftfahrzeugs ergibt sich die Fahrwiderstandsleistung P_W:

$$P_W = F_W \cdot v_x \qquad \text{(Gl. 7.58)}$$

Diese kann auch wieder in die einzelnen Anteile aufgeteilt werden.

Radwiderstandsleistung:

$$P_{WR} = F_{WR} \cdot v_x \approx f_R \cdot m \cdot g \cdot v_x \cdot \cos\alpha \qquad \text{(Gl. 7.59)}$$

Steigungswiderstandsleistung:

$$P_{WS} = F_{WS} \cdot v_x = m \cdot g \cdot v_x \cdot \sin\alpha \qquad \text{(Gl. 7.60)}$$

Beschleunigungswiderstandsleistung:

$$P_{WB} = F_{WB} \cdot v_x = m \cdot a_x \cdot (1+\varepsilon) \cdot v_x \qquad \text{(Gl. 7.61)}$$

Luftwiderstandsleistung:

$$P_{WL} = F_{WL} \cdot v_x = \frac{\rho}{2} \cdot c_x \cdot A \cdot v_r^2 \cdot v_x \qquad \text{(Gl. 7.62)}$$

Die Luftwiderstandsleistung ist somit proportional zur Fahrgeschwindigkeit und quadratisch von der Relativgeschwindigkeit zwischen Fahrzeug und Umgebungsluft abhängig. Nur bei Windstille ist sie proportional zur dritten Potenz der Geschwindigkeit:

$$P_{WL} = F_{WL} \cdot v_x = \frac{\rho}{2} \cdot c_x \cdot A \cdot v_x^3 \qquad \text{(Gl. 7.63)}$$

Bei Windstille und konstanter Fahrt in der Ebene ohne Anhänger erhalten wir die so genannte **Normalfahrwiderstandsleistung** P_{W0}:

$$P_{W0} = F_{W0} \cdot v_x = m \cdot g \cdot f_R \cdot v_x + \frac{\rho}{2} \cdot c_x \cdot A \cdot v_x^3 \qquad \text{(Gl. 7.64)}$$

In Bild 7.29 ist die Normalfahrwiderstandsleistung als Funktion der Fahrgeschwindigkeit dargestellt. Die errechneten Werte beziehen sich auf das Beispielfahrzeug aus Bild 7.28. Bei geringen Geschwindigkeiten steigt P_{W0} annähernd linear mit der Geschwindigkeit, da hier der Radwiderstand dominant ist. Bei hohen Geschwindigkeiten wird der Luftwiderstand dominant, und damit nähert sich der Verlauf von $P_{W0}(v_x)$ einer Parabel 3. Ordnung, d. h., die Leistung nimmt fast mit der dritten Potenz der Fahrgeschwindigkeit zu.

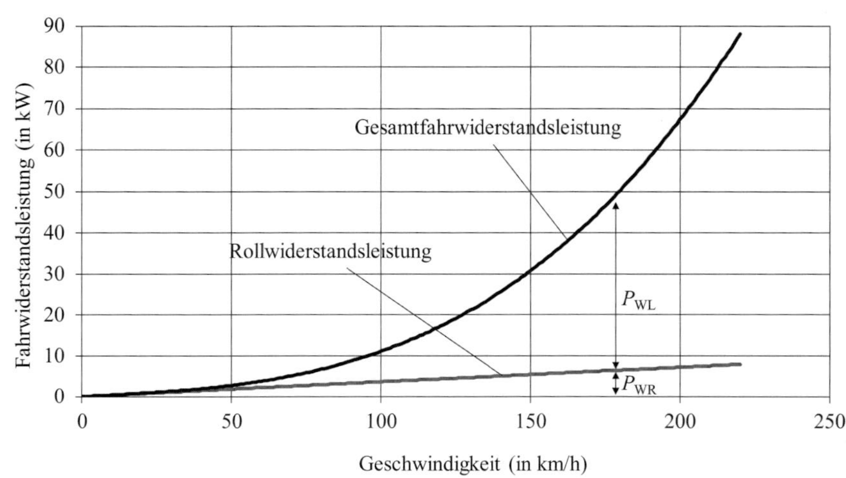

Bild 7.29: *Normalfahrwiderstandsleistung als Funktion der Geschwindigkeit*

7.8 Experimentelle Ermittlung des Fahrwiderstands

Bei der experimentellen Ermittlung des Fahrwiderstands bieten sich grundsätzlich zwei Möglichkeiten an:

- Ermittlung der einzelnen Anteile (Kap. 7.8.1 bis Kap. 7.8.4),
- Ermittlung des Gesamtfahrwiderstands am realen Fahrzeug (Kap. 7.8.5).

Bei der zweiten Methode ist durch Messen der Fahrbahnsteigung und des Geschwindigkeitsverlaufs eine Aufteilung in die einzelnen Anteile bedingt möglich, wie in Kap. 7.8.5 gezeigt wird.

7.8.1 Ermittlung des Radwiderstands mittels Prüfvorrichtung

In Bild 7.30 sind verschiedene Möglichkeiten dargestellt, um Anteile des Radwiderstands experimentell zu bestimmen. Die verschiedenen Verfahren liefern aber keinesfalls gleichwertige Ergebnisse! Woran liegt dies? Verwenden wir einen Prüfstand, bestimmen wir den Rollwiderstand. Im Einsatz sind

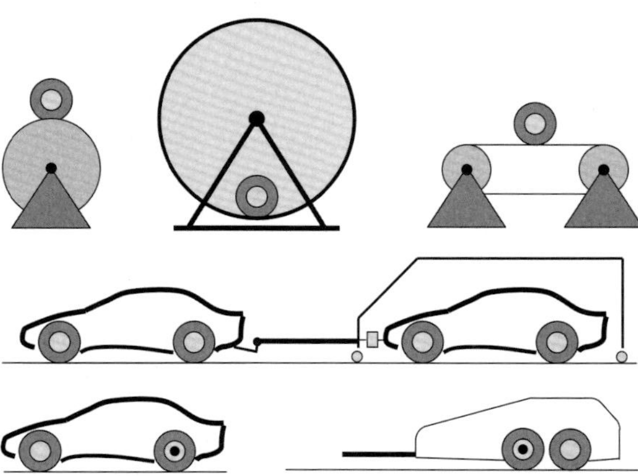

Bild 7.30: *Möglichkeiten zur experimentellen Ermittlung des Radwiderstands*

Außentrommel-, **Innentrommel-** und **Flachbandprüfstände**. Bei Trommelprüfständen verursacht die Trommelkrümmung eine unrealistische Flächenpressungsverteilung in der Reifenaufstandsfläche. Daher wird im Allgemeinen auf der Außentrommel ein zu hoher und auf der Innentrommel ein zu geringer Rollwiderstand gemessen. Flachbandprüfstände sind konstruktiv aufwendig und damit teuer, auf ihnen kann der Rollwiderstand sehr genau erfasst werden. Der Einfluss der Fahrbahnoberfläche kann hier aber nur in sehr geringem Maße untersucht werden, da nur glatte oder mit Korundbelag versehene Oberflächen dargestellt werden können.
Möchte man den Einfluss realer Fahrbahnoberflächen erfassen, bieten sich drei Möglichkeiten an:

- **Innentrommelprüfstände**, bei dem als Segmente gefertigte reale Fahrbahnoberflächen eingesetzt werden (Bundesanstalt für Straßenwesen, Universität Karlsruhe),
- **Messung des Radwiderstands** am Fahrzeug an einer nicht angetriebenen Achse,
- **Rollwiderstandsmessanhänger** zum Betreiben auf öffentlicher Straße.

Der **Innentrommelprüfstand** liefert Messergebnisse mit hoher Reproduzierbarkeit, die aber durch die Trommelkrümmung mit einem prinzipbedingten Messfehler behaftet sind. Die Verwendung eines umgebauten Fahrzeugs oder eines **Rollwiderstandsmessanhängers** bietet den Vorteil, dass eine Vielzahl von realen Fahrbahnoberflächen zur Verfügung stehen. Die Vermeidung von Messfehlern durch ungleichmäßige Fahrgeschwindigkeit, Steigung, Fahrtwind usw. erfordert aber einen hohen konstruktiven und messtechnischen Aufwand.

Falls beim Prüfstand bzw. beim Rollwiderstandsmessanhänger auch die Radstellung eingestellt werden kann, sind zusätzlich systematische Untersuchungen zum Vorspurwiderstand und zum Einfluss des Sturzes möglich.

Möchte man den gesamten Fahrwiderstand unter realen Bedingungen erfassen, liegt es nahe, das zu untersuchende Fahrzeug zu verwenden, vgl. Kap. 7.8.5.

7.8.2 Ermittlung des Luftwiderstands im Windkanal

In den letzten Jahren sind die Möglichkeiten der **numerischen Strömungsmechanik** stark gestiegen. In der ersten Entwicklungsphase eines neuen Fahrzeugmodells wird heute daher gern die **numerische Aerodynamik** (**CFD**) angewendet. Hierdurch kann auf den aufwendigen Bau von Modellen oder Prototypen zunächst verzichtet werden. Die Berechnung beansprucht ca. 3 Tage, wobei man von einer stetigen Steigerung der Rechenleistungsfähigkeit in den nächsten Jahren ausgehen kann. Für die Verifizierung der Rechnungen wird man auch in Zukunft den Luftwiderstand experimentell ermitteln. Hierbei bietet der **Windkanal** gegenüber der Straßenmessung viele Vorteile:

- reproduzierbare Messergebnisse, da die Strömungsqualität gleich bleibt und die Randbedingungen, wie Temperatur und Luftdruck, nur in engen Grenzen variieren und ausreichend genau gemessen werden können,
- messtechnisch optimal, da die durch die Luftkräfte an der Karosserie angreifenden Kräfte und Momente durch eine 6-Komponenten-Waage separat erfasst werden können,
- Schräganströmung ist durch Drehen des Fahrzeugs im Windkanal leicht simulierbar,
- neue Fahrzeugmodelle sind vor äußeren Blicken geschützt.

Betrachten wir lediglich die Art der **Luftführung**, so kann zwischen zwei klassischen Bauarten unterschieden werden, vgl. Bild 7.31:

- **Eiffel-Kanal** mit offener Rückführung,
- Kanal nach „**Göttinger Bauart**“ mit geschlossener Rückführung.

Beim Kanal, wie ihn EIFFEL gebaut hat, wird die Luft aus der Umgebung angesaugt, durch die **Messstrecke** befördert und anschließend wieder nach außen geblasen. Die Messstrecke muss hierbei geschlossen ausgeführt werden, damit die Luft nur über den **Ansaugtrichter** in die Messstrecke einströmt. In der Messstrecke herrscht somit Unterdruck. Heutzutage sind diese Kanäle üblicherweise in geschlossenen Räumen aufgestellt, da andernfalls die wechselnden Windgeschwindigkeiten und Temperaturen der Umgebung die Messqualität beeinträchtigen.

Windkanäle der so genannten **Göttinger Bauart** sind auf PRANDTL zurückzuführen. Durch die geschlossene Rückführung sind zwar die Investitionskosten höher. Der Energieaufwand kann dafür in Grenzen gehalten werden. Zur Erzielung von Windgeschwindigkeiten bis ca. 250 km/h sind im 1:1-Windkanal dennoch Antriebsleistungen für das Gebläse von ca. 1500 ... 3000 kW je nach Windkanalgröße erforderlich. Die eingebrachte Energie führt somit zu einer Erwärmung der Luft. Daher ist bei Klimawindkanälen zur Einhaltung konstanter Lufttemperaturen eine Heizung und Kühlung der Luft erforderlich. Die Messstrecke kann offen ausgeführt werden, d. h., in der Messstrecke herrscht Umgebungsdruck.

Wie Bild 7.31 entnommen werden kann, ist vor der Messstrecke eine **Düse** angebracht. Sie hat vier Aufgaben:

- Erhöhung der Strömungsgeschwindigkeit,
- Erzeugung einer annähernd gleichmäßigen Anströmungsgeschwindigkeit über dem Austrittsquerschnitt,

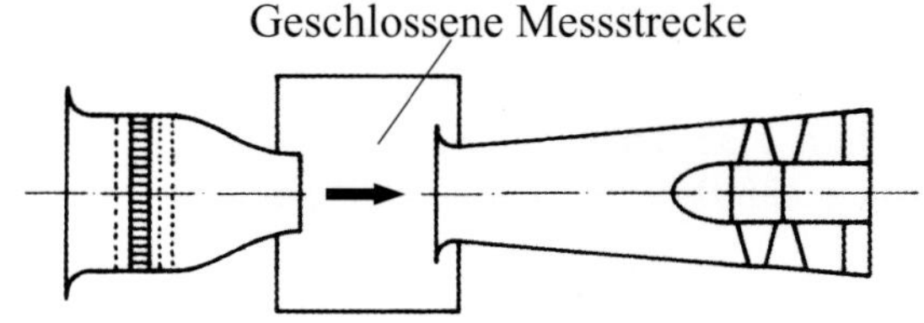

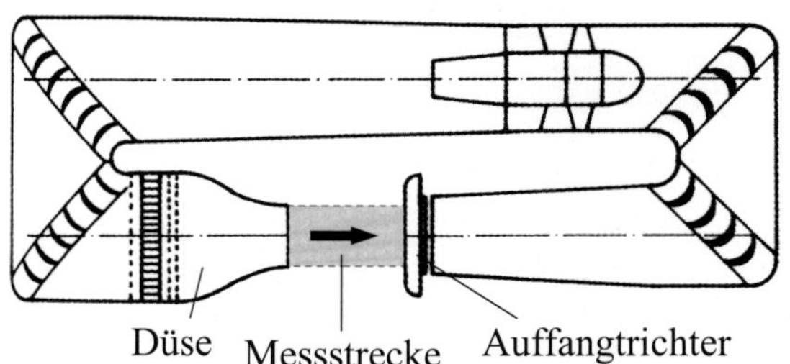

Bild 7.31: *Die zwei „klassischen“ Bauformen eines Windkanals*

- Reduzierung von Turbulenzen in der Strömung,
- Messung der Strömungsgeschwindigkeit.

Durch die Düse wird die Strömungsgeschwindigkeit im restlichen Kanal geringer als in der Messstrecke. Hierdurch können Verluste insbesondere in den Umlenkecken reduziert werden.

Zur Messung der Strömungsgeschwindigkeit bietet sich die **Prandtl-Sonde** entsprechend Bild 7.32 an. Die Sonde wird so in die Strömung gehalten, dass die in der Spitze angebrachte Öffnung senkrecht zur Anströmung liegt. Hierdurch herrscht an dieser Öffnung der **Staudruck** p_{ges}. Daher wird die Prandtl-Sonde auch als **Prandtl-Staurohr** bezeichnet. Durch kleine Bohrungen, die weiter hinten am Sondenkörper angebracht sind, wird der statische Druck p der Umgebung erfasst. Aus der Differenz der beiden Drücke lässt sich über die Gl. 7.33 die Strömungsgeschwindigkeit w bestimmen:

$$w = \sqrt{\frac{2 \cdot (p_{ges} - p)}{\rho}} \qquad \text{(Gl. 7.65)}$$

Durch das zu untersuchende Fahrzeug wird allerdings die Strömung beeinflusst. Hierdurch ist eine korrekte Messung der Anströmgeschwindigkeit nur noch an ausgewählten Stellen möglich. Um diese Schwierigkeit zu vermeiden, geht man gewissermaßen zu einer globalen Messung der Geschwindigkeit über und verwendet die Düse als Prandtl-Sonde, wie in Bild 7.33 dargestellt. In der Düse sind an zwei Längsschnitten ringsherum kleine Bohrungen angebracht, die über jeweils eine Ringleitung miteinander verbunden sind. Die Druckdifferenz der beiden Ringleitungen ist ein Maß für die Strömungsgeschwindigkeit. Hierbei wird bei leerer Messstrecke die Strömungsgeschwindigkeit mithilfe der Prandtl-Sonde über dem Düsenaustrittsquerschnitt gemessen und damit die Druckmesseinrichtung in der Düse kalibriert.

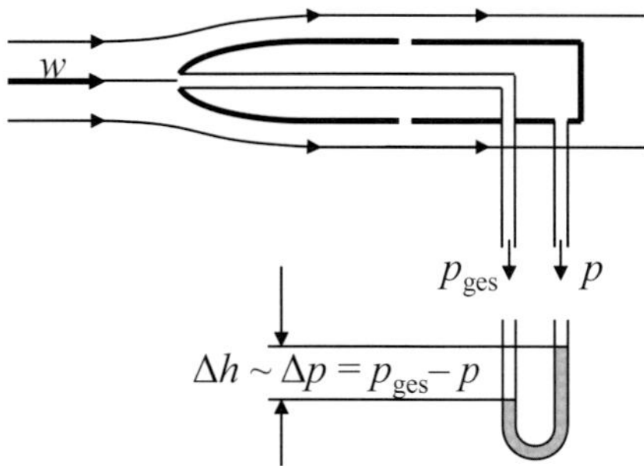

Bild 7.32: *Prandtl-Sonde zur Messung der Strömungsgeschwindigkeit*

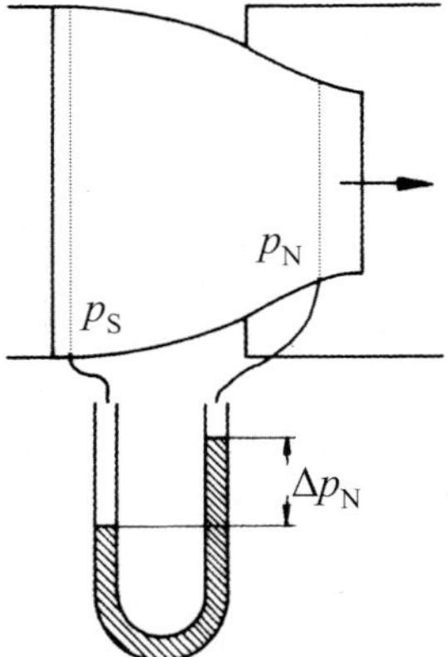

Bild 7.33: *Messung der Strömungsgeschwindigkeit in der Düse*

Die Größe der Messstrecke (vgl. Bild 7.31) ist durch den **Austrittsquerschnitt der Düse** und durch die Länge gegeben. Der Querschnitt sollte das Zehnfache der Stirnfläche des zu untersuchenden Fahrzeugs bzw. Modells haben, um eine realitätsnahe Fahrzeugumströmung zu ermöglichen.

Bei der Messstrecke unterscheidet man zwischen **geschlossener** und **offener Messstrecke**. Die Begrenzung des Strömungsquerschnitts bei der geschlossenen Messstrecke führt zusammen mit der Versperrung der Strömung durch das Versuchsobjekt zu einer Erhöhung der Umströmungsgeschwindigkeit. Bei der offenen Messstrecke entsteht hingegen durch die Aufweitung des Strahls eine Reduzierung der Strömungsgeschwindigkeit. Daher wurden auch Sonderformen wie geschlitzte oder entsprechend den Stromlinien auf geweitete Messstrecken entwickelt.

Bei der realen Fahrt bewegen sich bei Windstille Fahrbahn und Luft mit Fahrgeschwindigkeit relativ zum Fahrzeug. Im Windkanal ohne **Bodensimulation** fehlt hingegen die Relativgeschwindigkeit zwischen Fahrbahn und Fahrzeug. Stattdessen entsteht am Boden der Düse durch die Reibung der Luft eine Grenzschicht, wie sie in Bild 7.34 übertrieben dargestellt ist. Ohne besondere Vorkehrungen würde jetzt die Windgeschwindigkeit unter dem Fahrzeug geringer als in der Realität. Daher **saugt** man am Einlauf der Messstrecke die **Grenzschicht ab**. Optimal ist es nun, direkt nach der Absaugung die Luft wieder tangential über dem Boden auszublasen, um eine möglichst gleichmäßige Luftgeschwindigkeit in Bodennähe zu erzielen. Am stehenden Boden würde sich die Grenzschicht erneut wieder ausbilden. Daher ist es notwendig, den Boden als **bewegte Fahrbahn** mittels **Laufbands** auszuführen, wie in Bild 7.34 schematisch dargestellt.

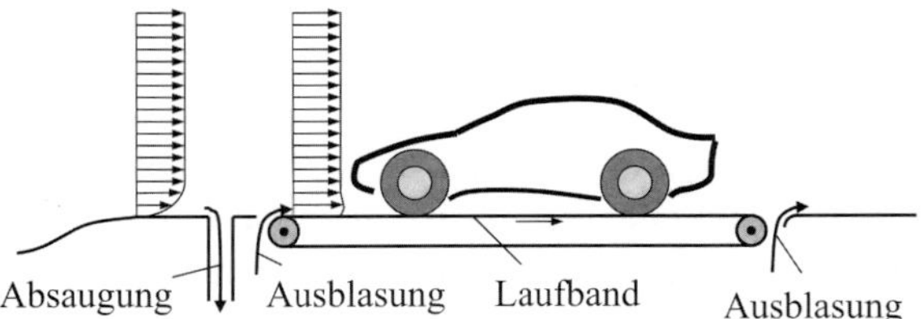

Bild 7.34: *Verbesserung der Bodenströmung durch Grenzschichtabsaugung, Ausblasen und Laufband*

Nun bietet es sich an, auch die Räder mitrotierend auszuführen, um die Umströmung möglichst realitätsnah zu erzeugen. Jetzt müssen das Fahrzeug anderweitig fixiert und die Kräfte in der Fixierung gemessen werden, um die Windkräfte zu bestimmen. Bei dem Versuchsaufbau im Deutsch-Niederländischen Windkanal wird das Fahrzeug mit einem Stiel durch eine Öffnung an der Heckscheibe gehalten. Die Fixierung des Stiels erfolgt über eine **Sechskomponentenwaage**, die im Inneren des Fahrzeugs angebracht ist. Um das Laufband nicht durch die Räder zu zerstören, werden Fahrwerksfedern und Dämpfer ausgebaut und durch ein pneumatisches System ersetzt, das die Radlasten auf definierte geringe Werte einstellt. Durch Messung der Widerstandskraft bei ausgeschaltetem Wind erhält man die Radwiderstandskräfte inklusive Lüfterwiderstand. Durch Abziehen dieser Werte bei der späteren Messung mit Wind ergeben sich die Luftkräfte.

Diese Methode erfordert aber sehr viel Vorbereitungsaufwand am Fahrzeug. Daher wurde am Institut für Verbrennungsmotoren und Kraftfahrwesen (IVK) der Universität Stuttgart von Potthoff die in Bild 7.35 dargestellte **Fünfbandanordnung** entwickelt. Ein zentrales Band läuft innerhalb der Räder.

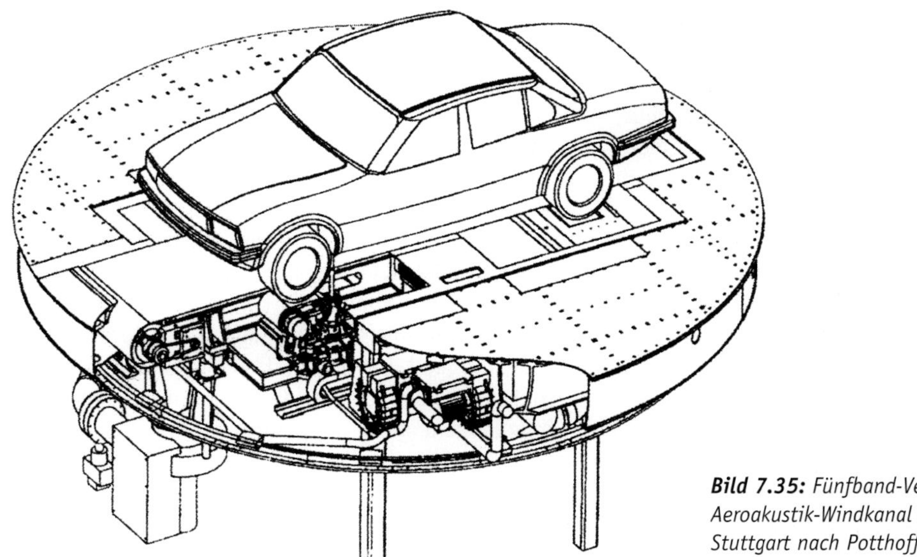

Bild 7.35: *Fünfband-Versuchsanordnung im 1:1-Aeroakustik-Windkanal des IVK an der Universität Stuttgart nach Potthoff & Wiedemann [21]*

Die Räder stehen jeweils auf kleinen Laufbändern, die für die volle Radlast ausgelegt sind. Diese Laufbänder sind mit den Waagenelementen des Prüfstands verbunden. Um das Fahrzeug zu fixieren, werden zwei senkrecht angeordnete Stangen benutzt. Diese halten das Fahrzeug am Schweller. Die Stangen sind über die Laufbandelemente mit den Prüfstandswaagenelementen verbunden. Die Umfangsgeschwindigkeit der Laufbänder wird an die Windgeschwindigkeit angepasst.
Hinter der Messstrecke befindet sich der **Auffangtrichter** oder **Kollektor**, vgl. Bild 7.31. Er fängt die im Freistrahl strömende Luft ein und führt sie dem ersten **Diffusor** zu. Bei Annäherung an den Kollektor erhöht sich der statische Druck in der Messstrecke, und es kann zu niederfrequenten Pumpschwingungen in der Messstrecke kommen, die insbesondere für aeroakustische Untersuchungen problematisch sein können.

Um Investitions- und Energiekosten zu reduzieren, wird eine Vielzahl von Untersuchungen im **Modellwindkanal** durchgeführt. Hierbei sind in Europa Modellmaßstäbe von 1:5, 1:4 und 1:2,5 gebräuchlich. Damit die Messergebnisse der Modellkanalmessungen auf die Realität anwendbar sind, muss das Modell z. B. entsprechend dem CAD-Datensatz exakt maßstabsgetreu ausgeführt werden. Neben der damit erzielten **geometrischen Ähnlichkeit** muss auch die **mechanische Ähnlichkeit** im Modellkanal gegeben sein. Wie wir aus der Strömungsmechanik wissen, ist diese Forderung erfüllt, wenn die so genannte **Reynolds-Zahl**, eine dimensionslose Kennzahl, in der Realität und am Modell gleich sind:

$$\mathrm{Re} = \frac{U_{\infty\_\mathrm{real}} \cdot l_{\mathrm{real}}}{\nu_{\mathrm{real}}} = \frac{U_{\infty\_\mathrm{Modell}} \cdot l_{\mathrm{Modell}}}{\nu_{\mathrm{Modell}}} \qquad \text{(Gl. 7.66)}$$

U_∞ Anströmgeschwindigkeit, l charakteristische Länge des Objekts – hier die Fahrzeuglänge –, ν kinematische Viskosität des Strömungsmediums

Verwenden wir als Strömungsmedium auch im Modellkanal Luft, so müsste z. B. bei einem Modell im Maßstab 1:4 die Strömungsgeschwindigkeit das Vierfache der realen Strömungsgeschwindigkeit betragen. Dies kann in der Praxis allerdings nicht immer eingehalten werden, da die Windgeschwindigkeiten im Modellkanälen begrenzt sind und bei einer Anströmgeschwindigkeit von ca. 0,4 ... 0,6 Ma (1 Ma = 1 Mach entspricht der **Schallgeschwindigkeit**) bei der Umströmung eines fahrzeugähnlichen Körpers bereits lokal die Schallgeschwindigkeit erreicht wird. Hierdurch tritt eine Widerstandserhöhung infolge Kompressibilität auf.

7.8.3 Ermittlung des Steigungswiderstands

Entsprechend Gl. 7.40 können wir den **Steigungswiderstand** aus dem Steigungswinkel und der Fahrzeugmasse berechnen. Die Fahrzeugmasse erhalten wir durch einfaches Wiegen. Ist die **Topographie** der Strecke ausreichend bekannt, muss durch Messtechnik die genaue Fahrzeugposition bestimmt werden. Hierzu bietet sich die Verwendung eines **GPS-Systems** an, das durch an bekannten Positionen aufgestellten Lichtschranken und durch Messung der Fahrgeschwindigkeit (vgl. Kap. 7.8.5) gestützt wird.

Falls die Topographie nicht bekannt ist, muss die Steigung direkt vom Fahrzeug bestimmt werden. Hierzu sind zwei Verfahren denkbar:

- Verwendung einer kreiselstabilisierten Plattform,
- Messung der Fahrzeuglängsneigung durch einen fahrzeugfest angebrachten **Neigungssensor**. Neigungssensoren nutzen die Erdbeschleunigung. Da im bewegten System neben der Erdbeschleunigung auch eine Fahrzeuglängsbeschleunigung auftreten kann, muss der Einfluss der Längsbeschleunigung kompensiert werden. Hierzu wird diese durch Ableiten der gemessenen Fahrzeuggeschwindigkeit bestimmt. Um den so bestimmten Nickwinkel des Fahrzeugs im Raum in die Fahrbahnlängsneigung umrechnen zu können, müssen noch zusätzlich die Federbewegungen des Aufbaus relativ zur Fahrbahn gemessen werden. Dies erfolgt durch Laser-Abstandssensoren an Fahrzeugfront und Fahrzeugheck.

7.8.4 Ermittlung des Beschleunigungswiderstands

Entsprechend Gl. 7.50 können wir den **Beschleunigungswiderstand** aus Fahrzeugmasse, Drehmassenzuschlag und Längsbeschleunigung berechnen. Die Fahrzeugmasse erhalten wir durch einfaches Wiegen. Die Bestimmung des Drehmassenzuschlags erfordert die Kenntnis der Trägheitsmomente von Rädern und einigen Wellen. Die experimentelle Ermittlung ist relativ aufwendig. Bei heutigen Fahrzeugen existieren aber von sämtlichen Teilen (außer den Reifen) üblicherweise CAD-Zeichnungen. Hieraus können die Trägheitsmomente leicht berechnet werden, sodass sich die experimentelle Bestimmung auf die Räder beschränkt. Die Längsbeschleunigung erhält man durch Ableiten der gemessenen Fahrgeschwindigkeit. Durch zusätzliche Messung der Drehgeschwindigkeit der Räder können durch Schlupf verursachte Fehler vermieden werden.

7.8.5 Ermittlung des Fahrwiderstands und einzelner Anteile mit dem Fahrzeug auf der Teststrecke

Bereits Anfang des 20. Jahrhunderts hat man sich mit der Reduzierung des Fahrwiderstands befasst. Primäres Ziel war es damals, die Fahrleistungen bei gegebener Motorleistung zu steigern. Reifenprüfstände und Windkanäle waren zwar von der Idee her bekannt, aber in ausgeführter Form meist erst viel später verfügbar. Also hat man den Fahrwiderstand mit dem realen Fahrzeug durch so genannte **Ausrollversuche** ermittelt, vgl. Bild 7.36 oben.

Das Fahrzeug wird auf einer ebenen Fahrbahn auf eine möglichst hohe Geschwindigkeit beschleunigt. Durch Auskuppeln und Einlegen des Leerlaufs wird anschließend die Antriebskraft gleich null gesetzt. Das Fahrzeug verzögert, d. h., der Beschleunigungswiderstand wird negativ und kompensiert damit den Luft- und Rollwiderstand:

$$F_{W0} = F_{WR} + F_{WL} = -F_{WB} \qquad \text{(Gl. 7.67)}$$

Die Geschwindigkeit wird heutzutage berührungslos erfasst, um den Fahrwiderstand durch die Sensorik

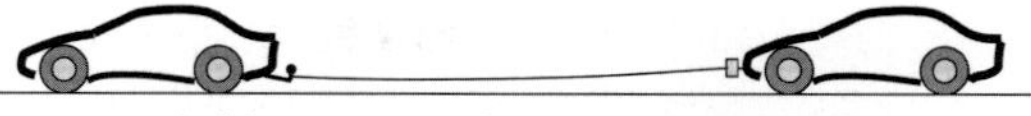

Bild 7.36: *Möglichkeiten zur experimentellen Ermittlung des Gesamtfahrwiderstands*

nicht zu beeinflussen. Hierzu werden **korrelationsoptische Sensoren** eingesetzt, welche die zufällige Struktur der Fahrbahn als Referenzmaßstab verwenden, Durch Auswerten des Geschwindigkeitsverlaufs über der Zeit erhält man $F_{W0} = f(v_x)$. Um Luftwiderstand und Radwiderstand anschließend zu separieren, werden folgende vereinfachte Annahmen getroffen:

- die Fahrbahn sei eben, d. h., der Steigungswiderstand ist null,
- der Umgebungswind ist vernachlässigbar,
- der Rollwiderstand ist im untersuchten Geschwindigkeitsbereich konstant, d. h., $F_{WR} = m \cdot g \cdot f_R$,
- der Luftwiderstand ist exakt proportional zum Quadrat der Fahrgeschwindigkeit.

Damit gilt für jede Geschwindigkeit:

$$m \cdot g \cdot f_R + \frac{\rho}{2} \cdot c_x \cdot A \cdot v_x^2 = m \cdot (1 + \varepsilon_0) \cdot a_x \qquad \text{(Gl. 7.68)}$$

Theoretisch genügt es, aus dem Geschwindigkeitsverlauf beim Ausrollen für zwei Geschwindigkeiten v_1 und v_2 die Fahrzeugverzögerungen a_1 und a_2 zu bestimmen. Damit ergeben sich zwei Gleichungen zur Bestimmung der Unbekannten f_R und c_x:

$$m \cdot g \cdot f_R + \frac{\rho}{2} \cdot c_x \cdot A \cdot v_1^2 = m \cdot (1 + \varepsilon_0) \cdot a_1 \qquad \text{(Gl. 7.69)}$$

$$m \cdot g \cdot f_R + \frac{\rho}{2} \cdot c_x \cdot A \cdot v_2^2 = m \cdot (1 + \varepsilon_0) \cdot a_2 \qquad \text{(Gl. 7.70)}$$

Durch Subtraktion der beiden Gleichungen eliminiert man die Terme mit f_R und erhält:

$$c_x = \frac{2 \cdot m \cdot (1+\varepsilon_0) \cdot (a_1 - a_2)}{\rho \cdot A \cdot (v_1^2 - v_2^2)} \qquad \text{(Gl. 7.71)}$$

Durch Multiplikation der Gl. 7.69 mit v_2^2 und Multiplikation der Gl. 7.70 mit $-v_1^2$ sowie anschließende Addition eliminiert man die Terme mit c_x und erhält:

$$f_R = \frac{(1+\varepsilon_0) \cdot (a_1 \cdot v_2^2 - a_2 \cdot v_1^2)}{g \cdot (v_2^2 - v_1^2)} \qquad \text{(Gl. 7.72)}$$

In der Praxis kann man den gesamten Geschwindigkeitsverlauf heranziehen und durch entsprechende Rechenalgorithmen die Genauigkeit stark erhöhen. Diese berücksichtigen, dass bei hohen Geschwindigkeiten F_{WL} dominant ist und damit c_x genauer erfasst wird. Bei geringen Geschwindigkeiten ist F_{WR} dominant, hier lässt sich f_R genauer bestimmen.
Zur Steigerung der Genauigkeit werden die **Verluste im Antriebsstrang** als Funktion der Geschwindigkeit zunächst auf einem Prüfstand bestimmt und bei $F_{W0} = f(v_x)$ berücksichtigt.

Die Ergebnisse von Ausrollversuchen sind allerdings nur bei sehr geringem Umgebungswind zufriedenstellend. Man könnte annehmen, dass man vom Umgebungswind verursachte Fehler durch Messen der Windgeschwindigkeit leicht rechnerisch kompensieren kann. Hätte man z. B. reinen **Rücken-** oder **Gegenwind**, so müsste man theoretisch in den Formeln nur die Fahrgeschwindigkeit durch die Relativgeschwindigkeit ersetzen, um das richtige Ergebnis zu erzielen. Dies stimmt leider in der Praxis nicht. Die Windgeschwindigkeit nimmt in Bodennähe ab, d. h., die Relativgeschwindigkeit ist z. B. auf Höhe der Frontmaske anders als im Bereich des Dachs, wie in Bild 7.37 gezeigt. Üblicherweise strömt der Umgebungswind schräg zum Fahrzeug. Jetzt wird die Situation noch komplexer: Der Anströmwinkel ändert sich mit der Fahrgeschwindigkeit, c_x ist nicht mehr konstant, vgl. Kap. 7.2.3.

Auch heute werden noch Ausrollversuche durchgeführt, z. B. zur Ermittlung der Einstellwerte bei Rollenprüfständen für Abgas- und Verbrauchsmessungen. Bei wissenschaftlichen Untersuchungen steht häufig die Frage im Vordergrund, ob die im Windkanal ermittelten Werte auch mit der Realität übereinstimmen.

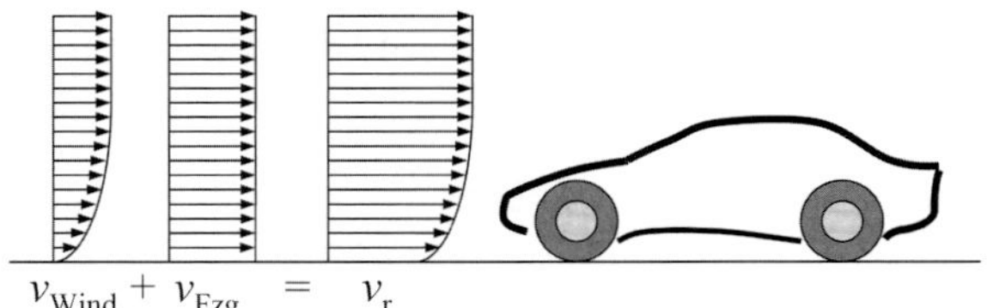

Bild 7.37: *Einfluss der Bodennähe auf die Windgeschwindigkeit und die Relativgeschwindigkeit, dargestellt für Gegenwind*

Es gibt aber noch weitere Möglichkeiten, den Fahrwiderstand auf der Straße zu messen. Eine Möglichkeit besteht in einem **Schleppversuch**, vgl. Bild 7.36 Mitte. Die Kraft zum Schleppen entspricht dem Fahrwiderstand. Diese kann mit einer **Kraftmessdose** sehr genau erfasst werden. Problematisch ist aber die erforderliche Seillänge, die zu Schwingungen führen kann. Wird das Fahrzeug von einem zweiten Fahrzeug geschleppt und die Seillänge relativ kurz gewählt, treten **Windschatteneffekte** auf. Theoretisch kann auch eine im Boden eingelassene Seilwinde, wie man sie zum Schleppen von Segelflugzeugen kennt, verwendet werden.

Will man Luft- und Radwiderstand trennen, wird beim Schleppversuch eine Haube über dem zu untersuchenden Fahrzeug angebracht, siehe Bild 7.30. Durch eine Abdichtung dieser Haube zum Boden ist die Luftbewegung unter der Haube minimal, d. h., der Luftwiderstand wird „ausgeschaltet". Die Haube hat eigene Räder und wird vom vorausfahrenden Fahrzeug wie ein Anhänger gezogen. Die Zugeinrichtung mit Kraftmessdose ist jetzt zwischen Haube und Versuchsfahrzeug angebracht.

Eine andere Möglichkeit ergibt sich dadurch, dass man das **Antriebsmoment** an den Antriebsrädern misst, Bild 7.36 unten. Das Antriebsmoment, multipliziert mit dem dynamischen Radhalbmesser (vgl. Kap. 2.2), ergibt bei konstanter Fahrt den momentanen Fahrwiderstand. Die direkte Messung der Antriebskraft durch Kraftmesselemente, die in der Radführung eingebaut sind, ist theoretisch ebenfalls denkbar. Diese Methode ist problematisch, da die Radlast ein Vielfaches der Antriebskraft beträgt. Durch aerodynamische Kräfte tritt während der Fahrt ein Nickwinkel auf. Jetzt wird statt der Antriebskraft eine Resultierende aus Radlast und Antriebskraft gemessen, das Ergebnis wird sehr ungenau.

Theoretisch können sowohl bei der Schleppmessung als auch bei der Messung des Antriebsmoments Steigungs- und Beschleunigungswiderstand auftreten. Um den Steigungswiderstand zu separieren, müssen Fahrbahnneigung und Fahrzeugmasse bekannt sein bzw. bestimmt werden (vgl. Kap. 7.8.3). Um den Beschleunigungswiderstand abziehen zu können, kann dieser durch Ableiten des translatorischen und rotatorischen Geschwindigkeitsverlaufs bei bekannter Fahrzeugmasse und bekannten Trägheitsmomenten berechnet werden (vgl. Kap. 7.8.4).

8 Antriebskennfeld

8.1 Erforderliche Antriebskraft und Antriebsleistung an den Antriebsrädern

Zur Überwindung des Fahrwiderstands benötigen wir die **Antriebskraft** F_A. Damit gilt:

$$F_A = F_W \qquad \text{(Gl. 8.1)}$$

Durch die Übertragung der Antriebskraft von den Antriebsrädern auf die Fahrbahn kommt es zu einem **Antriebsschlupf** λ_A, vgl. Kap. 4.1.1. Die **Radumfangsgeschwindigkeit** v_A wird größer als die **Fahrgeschwindigkeit** v_x. Hierdurch ist die **Antriebsleistung** größer als die **Fahrwiderstandsleistung**, wie die folgende Herleitung für die Antriebsleistung P_A zeigt:

$$\begin{aligned} P_A &= M_A \cdot \omega_A \\ &= F_A \cdot r_A \cdot \omega_A = F_A \cdot v_A \\ &= F_A \cdot \frac{v_x}{(1-\lambda_A)} = F_W \cdot \frac{v_x}{(1-\lambda_A)} \qquad \text{(Gl. 8.2)} \\ P_A &= \frac{P_W}{(1-\lambda_A)} \end{aligned}$$

Bei genauer Betrachtung erkennt man, dass beim Beschleunigen im Fahrwiderstand F_W auch der Beschleunigungswiderstandsanteil der rotatorischen Massen enthalten ist, vgl. Kap. 7.4. In diesem Fall wird ein Teil von F_A bereits im Antriebsstrang „verbraucht“, sodass die Kraft geringer wird, die zwischen Reifen und Fahrbahn übertragen werden muss. Für die Fahrleistungsbetrachtung im folgenden Kapitel ist dies ohne Belang. Bei der Bestimmung des erforderlichen **Kraftschlusses** in Kap. 11.1.3 oder für eine exakte theoretische Ermittlung des Schlupfes muss diese Tatsache aber berücksichtigt werden.

8.2 Ideale Antriebskennung

Wie sollte die mögliche Antriebskraft als Funktion der Geschwindigkeit aussehen? Hierzu betrachten wir zunächst den Fahrwiderstand als Funktion der Geschwindigkeit in Bild 8.1. Bei konstanter Fahrt in der Ebene ohne Anhänger haben wir den **Normalfahrwiderstand** F_{W0}, der sich idealisiert aus dem geschwindigkeitsunabhängigen Radwiderstand und dem mit dem Quadrat der Geschwindigkeit steigenden Luftwiderstand zusammensetzt, vgl. Kap. 7.
Die Antriebskraft ergibt sich nun aus folgenden fünf Grenzlinien, die in Bild 8.1 eingetragen sind:

1. Um mit dem Fahrzeug die **Höchstgeschwindigkeit** v_{xmax} zu erreichen, benötigen wir bei der Geschwindigkeit v_{xmax} die Antriebskraft

   $$\begin{aligned} F_A(v_{xmax}) &= F_{W0}(v_{xmax}) \\ &= m \cdot g \cdot f_R + \frac{\rho}{2} \cdot c_x \cdot A \cdot v_{xmax}^2 \end{aligned}$$

   Die erforderliche maximale Antriebsleistung beträgt bei Vernachlässigung des Schlupfes somit:

   $$P_{Amax} \approx F_A(v_{xmax}) \cdot v_{xmax}$$

2. Im günstigsten Fall sollte diese Antriebsleistung auch bei geringeren Geschwindigkeiten zur Verfügung stehen, damit Steigungen und Beschleunigungsvorgänge realisiert werden können. Damit gilt für die Antriebskraft als Funktion der Geschwindigkeit:

   $$F_{Amax}(v_x) \approx \frac{P_{Amax}}{v_x}$$

   d. h., wir erhalten die im Diagramm mit II bezeichnete **Hyperbel.**
3. Idealerweise sollte der Motor auch zum Bremsen eingesetzt werden können. Bei konstanter **Bremsleistung** ergibt sich die mit III bezeichnete Hyperbel.
4. Der **Kraftschluss** zwischen Antriebsrädern und Fahrbahn ist begrenzt. Hierdurch ist auch die

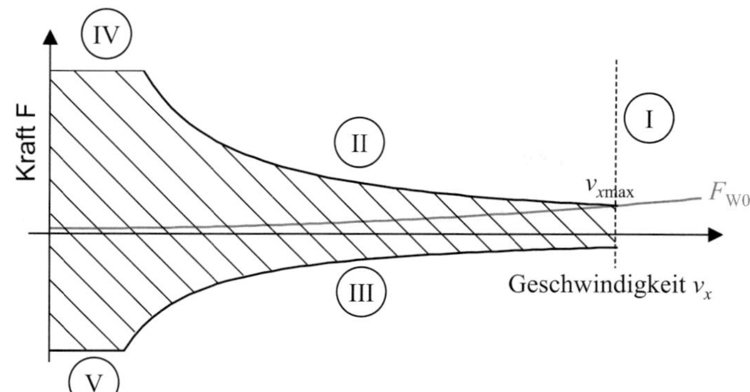

Bild 8.1: *Ideales Antriebskraftkennfeld*

Antriebskraft begrenzt. Wir können damit die horizontale Linie IV in das Diagramm eintragen. Die Höhen dieser Linien sind hierbei nicht nur vom Kraftschluss sondern auch von der Antriebsart, der Schwerpunktslage und der Steigung abhängig, vgl. Kap. 11.1.

5. Der Kraftschluss ist auch im Bremsbetrieb begrenzt. Bei gleichem Kraftschluss ist der Betrag dieser Kraft abweichend von IV., da sich die Achslasten beim Beschleunigen, Bremsen usw. ändern, wie in Kap. 11.1.1 ausführlich behandelt wird. Der Rollwiderstand wird beim Antreiben intern im Reifen überwunden, beim Bremsen benötigt er hingegen zusätzlichen Kraftschluss, andernfalls laufen die Räder ins Blockieren, vgl. hierzu Kap. 11.

Im Idealfall sollte unser Antrieb jeden Betriebspunkt innerhalb der Grenzlinien können.

Durch Vernachlässigen des Antriebsschlupfes können wir auch die **ideale Antriebsleistung** als Funktion der Geschwindigkeit darstellen. Es ergeben sich analog zu oben fünf Grenzlinien, vgl. Bild 8.2:

I Bei Höchstgeschwindigkeit ist damit die Antriebsleistung gleich der Normalfahrwiderstandsleistung:

$$P_{W0}(v_{xmax}) \approx F_{W0}(v_{xmax}) \cdot v_{xmax}$$

II Horizontale Linie, da P_A konstant.

III P_A wird negativ, da F_A auch negativ und v_x postitiv sind.

IV Mit $P_A \approx F_A \cdot v_x$ erhalten wir bei konstanter Antriebskraft für $P_A(v_x)$ eine Ursprungsgerade.

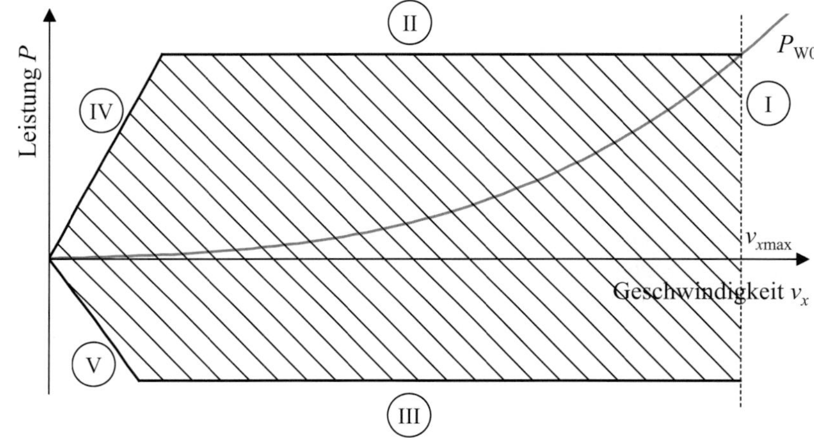

Bild 8.2: *Ideales Antriebsleistungskennfeld*

V Wie IV, allerdings ist jetzt die Steigung der Geraden entsprechend F_A negativ.

Tatsächlich muss der Antrieb die Räder rotatorisch antreiben, d. h., wir haben ein Antriebsmoment, das wir mit dem dynamischen Radhalbmesser leicht aus der Antriebskraft bestimmen können: $M_A = F_A \cdot r_A$. Bei Vernachlässigung des Schlupfes gilt für die Raddrehzahl: $n_A \approx \frac{v_x}{2\pi \cdot r_A}$. Da M_A und F_A bzw. n_A und v_x jeweils proportional zueinander sind, kann in Bild 8.1 und Bild 8.2 die x-Achse auch mit n_A und die y-Achse in Bild 8.1 mit M_A beschriftet werden. Bei Verwendung von Zahlenwerten ergibt sich lediglich eine andere Skalierung.

8.3 Reale Kennfelder von Fahrzeugmotoren

Als Kraftfahrzeug-Antriebsmotoren wurden neben dem heute etablierten **Verbrennungsmotor** auch die **Dampfmaschine**, der **Elektromotor** und die **Gasturbine** eingesetzt. Wir betrachten hier die aus heutiger Sicht für den Fahrzeugantrieb bedeutendsten Antriebsmaschinen: den Verbrennungsmotor in den Ausführungen **Ottomotor** mit Saugrohreinspritzung und den **Dieselmotor** als Direkteinspritzer mit Abgasturbolader sowie auch den Elektromotor, da dieser bei zukünftigen Fahrzeugkonzepten mit **Hybridantrieb** oder **Brennstoffzelle** stark an Bedeutung gewinnt.

Die in Bild 8.3 a dargestellten Kennlinien beziehen sich auf einen Ottomotor. Die Kennlinien beginnen erst ab einer **Mindestdrehzahl**, die beim Verbrennungsmotor für eine Leistungsabgabe erforderlich ist. Beim Ottomotor ist das **Drehmoment** im mittleren Drehzahlbereich annähernd konstant. Bei geringerer oder höherer Drehzahl nimmt das Drehmoment ab. Die Leistung steigt daher ab der Mindestdrehzahl mit zunehmender Drehzahl leicht degressiv an. Bei weiterer Steigerung der Drehzahl wird die **Maximalleistung** bei einer bestimmten Drehzahl erreicht, die wir als **Nenndrehzahl** bezeichnen. Bei weiter zunehmender Drehzahl fällt die Leistung wieder ab, und der Motor erreicht seine **Maximaldrehzahl**, die zur Vermeidung mechanischer Überbeanspruchungen nicht überschritten werden darf. Wir erkennen, dass die Kennung des Ottomotors stark von der idealen Kennung abweicht – nicht die Leistung, sondern das Drehmoment ist annähernd unabhängig von der Drehzahl.

Der **Wirkungsgrad** des Verbrennungsmotors ist ebenfalls in den Diagrammen in Bild 8.3 eingetragen. Wie wir erkennen können, ist der Wirkungsgrad bei mittlerer Drehzahl und hoher, aber nicht maximaler Last (**Volllast**) am besten. (Zum Verständnis des Begriffs „**Last**": maximale Last entspricht „Vollgas", die obere Grenzkurve entspricht deshalb der so genannten Volllast, bei abnehmender Last werden vom Motor weniger Moment und Leistung abverlangt – man spricht von **Teillast.**) Es werden bei heutigen Ottomotoren Maximalwerte von ca. 40 % erreicht. Mit abnehmender Last und geringerer oder höherer Drehzahl nimmt der Wirkungsgrad ab. Der Einfluss der Last ist hierbei wesentlich ausgeprägter als der Einfluss der Drehzahl. Im unteren Teillastbereich kann der Wirkungsgrad beim Ottomotor auf Werte unter 10 % sinken.
In Bild 8.3 b sind die Kennlinien für den Dieselmotor aufgetragen. Der qualitative Verlauf der Kurven sieht sehr ähnlich aus. Allerdings kann ein moderner Lkw-Dieselmotor einen maximalen Wirkungsgrad von fast 50 % erreichen. Der Wirkungsgrad nimmt im Teillastbereich wesentlich weniger ab als beim Ottomotor. Die Nenndrehzahl ist beim Dieselmotor geringer als beim Ottomotor vergleichbarer Größe. Das Kennfeld weicht damit ebenfalls stark vom idealen Kennfeld ab, nur der Wirkungsgrad ist etwas günstiger.

Betrachten wir nun die Kennlinien des Elektromotors in Bild 8.3 c, so erkennen wir sofort, dass diese Kennung fast exakt der idealen Kennung entspricht. Beim Elektromotor wird zwischen **Anfahrleistung**, **Stundenleistung** und **Dauerleistung** unterschieden. Die Verluste führen auch beim Elektromotor zu einer Erwärmung. Deshalb kann dem Elektromotor kurzzeitig eine höhere Leistung abverlangt werden, als eine Stunde lang oder im Dauer-

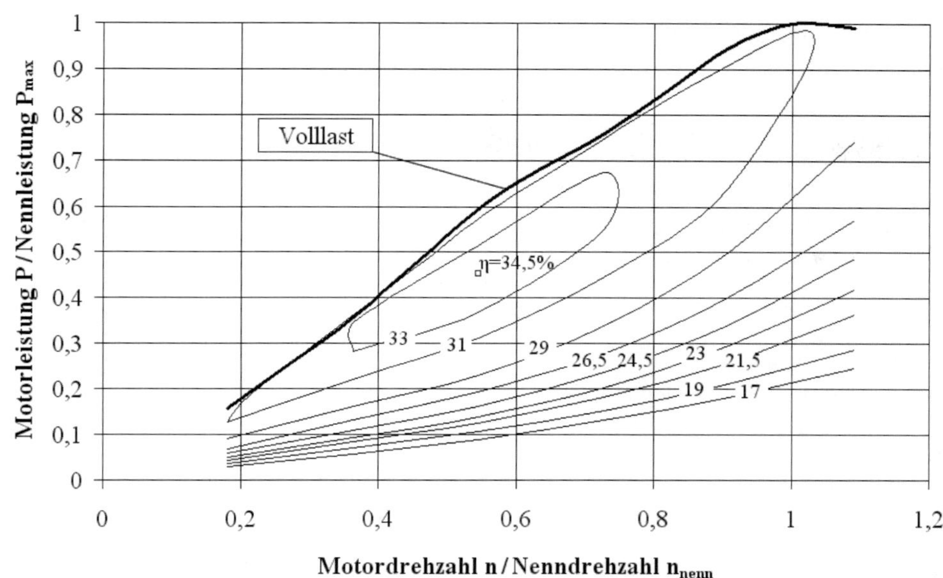

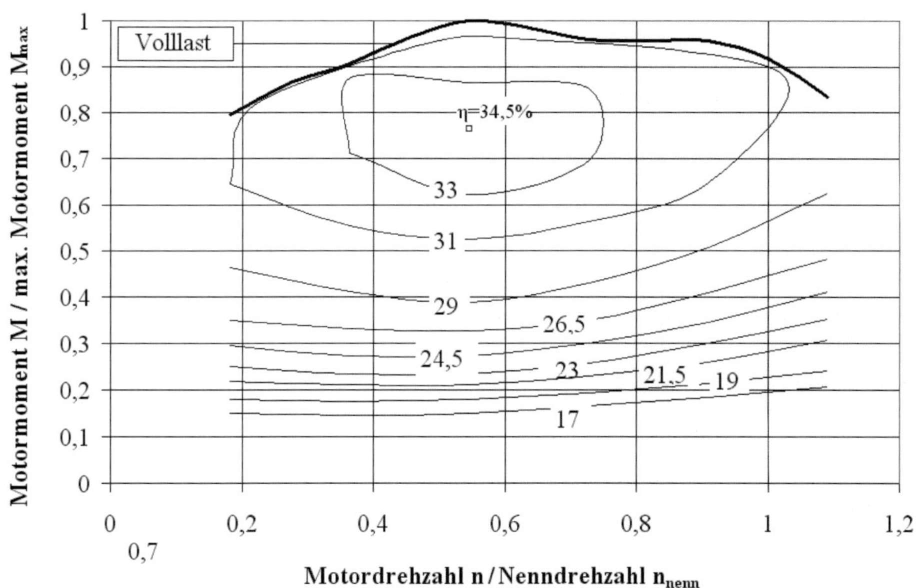

a)

Bild 8.3: *Kennfelder von Fahrzeugmotoren. a) Ottomotor*

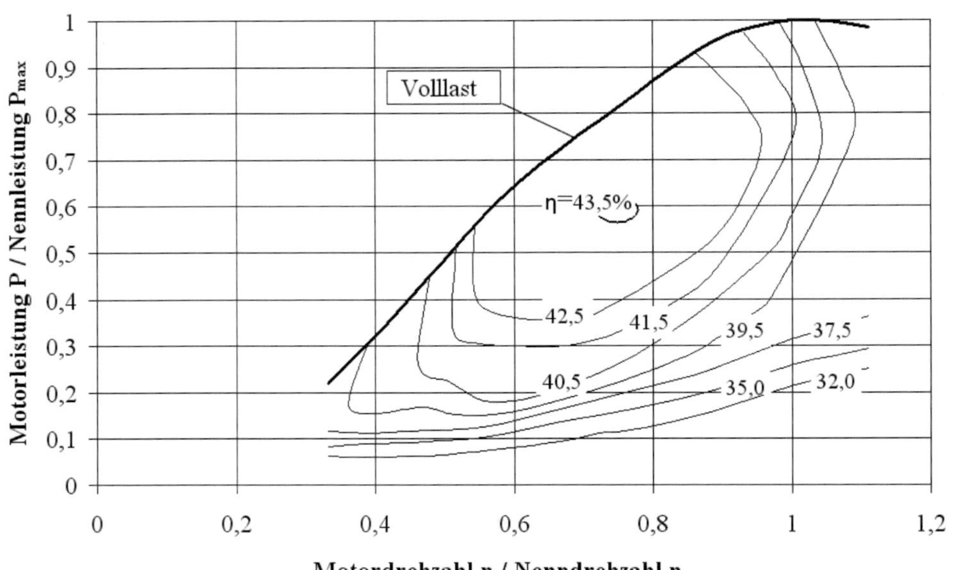

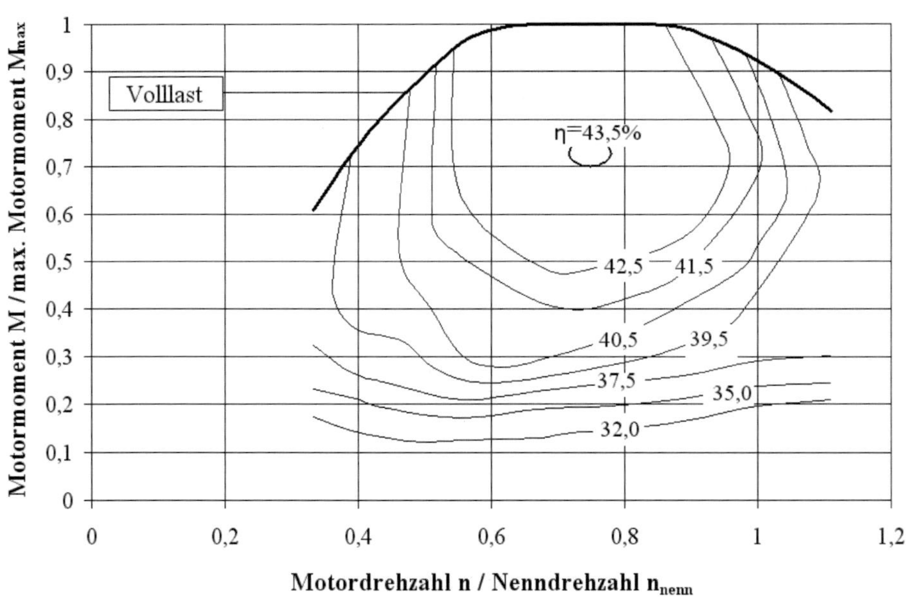

b)

Bild 8.3: *Kennfelder von Fahrzeugmotoren. b) direkteinspritzender Dieselmotor mit Ladeluftkühlung und Abgasturbolader*

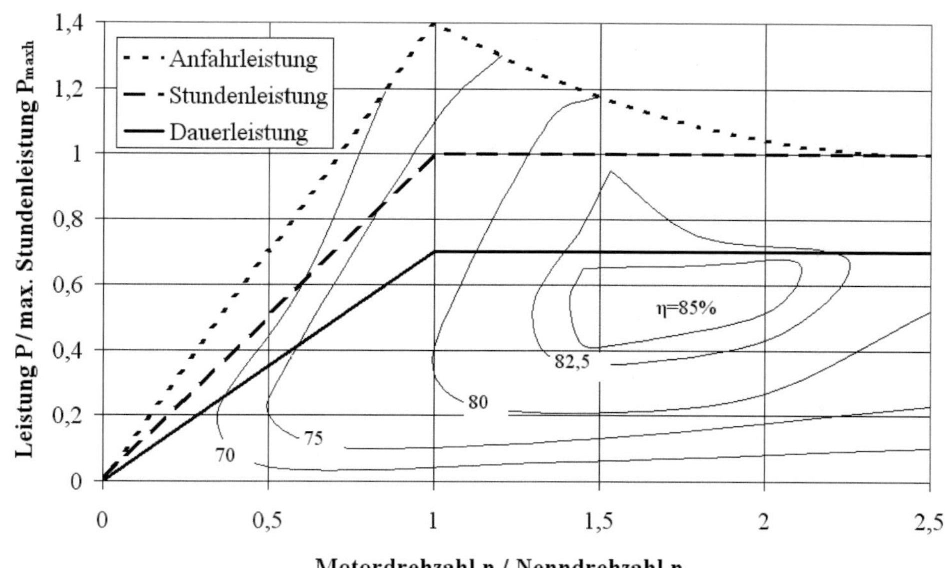

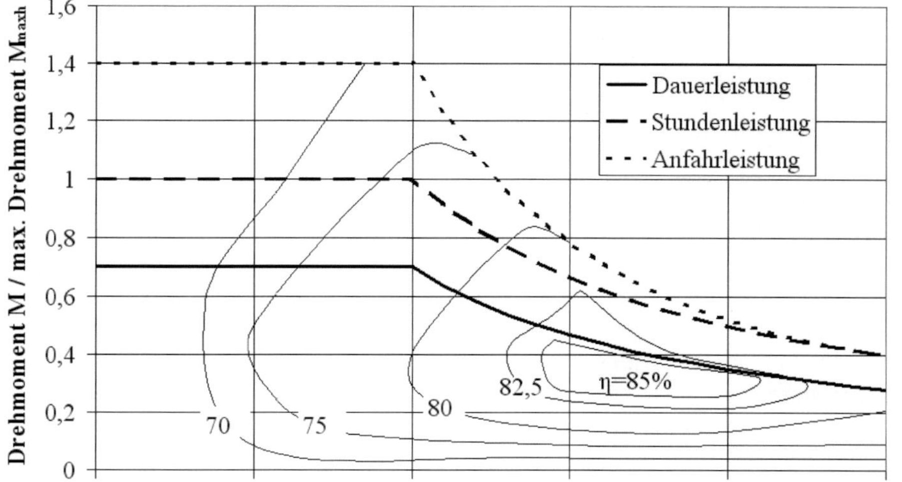

c)

Bild 8.3: *Kennfelder von Fahrzeugmotoren. c) E-Motor (Synchronmotor)*

betrieb ohne thermische Probleme möglich ist. Wird der Elektromotor wie der Verbrennungsmotor im Fahrzeug durch Anströmung gekühlt, sind diese Begriffe Stunden- und Dauerleistung sicherlich nicht mehr relevant, sondern vielmehr die Art des Fahrzustands (z. B. ist die Bergfahrt mit Anhänger bei gleichem Leistungsbedarf ungünstiger als Autobahnfahrt).

Der Wirkungsgrad ist ebenfalls erheblich besser als beim Verbrennungsmotor (60 ... 85 %). Auch im Fall des Bremsens ist beim Elektromotor ein maximaler Wirkungsgrad von 80 % eingetragen. Dies bedeutet, dass der Elektromotor hier als **Generator** arbeitet und bis zu 80 % der mechanischen Leistung in elektrische wandeln kann.

Vom Kennfeld her spricht nichts für den Verbrennungsmotor. Der große Vorteil liegt im geringen **Speicheraufwand** der Energie mittels **Kraftstoffs**, vgl. Kap. 3.3.

8.4 Annäherung des Antriebskennfelds an das ideale Kennfeld mittels Anfahrkupplung und Stufengetriebe

Wie in Kap. 3.5 behandelt, wird der Verbrennungsmotor in Europa am häufigsten über eine **mechanische Reibungskupplung** und ein **mehrstufiges Getriebe** mit den **Antriebsrädern** gekoppelt. In Bild 8.4 sind der Aufbau schematisch für **Standardantrieb** dargestellt und die jeweiligen Drehzahlen eingetragen.

Zur Ermittlung des Antriebskennfelds benötigen wir den Zusammenhang zwischen Motordrehzahl und Fahrgeschwindigkeit. Wie wir bereits in Kap. 4.1 gesehen haben, ist die Radumfangsgeschwindigkeit im Antriebsfall aufgrund des Schlupfes etwas größer als die Fahrgeschwindigkeit: $v_A = \frac{v_x}{1-\lambda_A}$. Der dynamische Radhalbmesser r_A gibt uns den Zusammenhang zwischen Raddrehzahl und Radumfangsgeschwindigkeit $n_A = \frac{60\ \text{s/min}}{2 \cdot \pi \cdot r_A} \cdot v_A$.

Durch die Übersetzung des Achsgetriebes i_A dreht sich die Getriebeausgangswelle schneller als das Rad: $n_G = i_A \cdot n_A$. Je nach eingelegtem Gang am Schaltgetriebe erhalten wir die Getriebeübersetzung $i_G = n_K/n_G$. Zusammengefasst gilt:

$$\left.\begin{aligned} n_K &= i_G \cdot n_G \\ n_G &= i_A \cdot n_A \\ n_A &= \frac{60\ \text{s/min}}{2 \cdot \pi \cdot r_A} \cdot v_A \\ v_A &= \frac{v_x}{1-\lambda_A} \end{aligned}\right\} \quad n_K = i_G \cdot i_A \cdot \frac{60\ \text{s/min}}{2 \cdot \pi \cdot r_A} \cdot \frac{v_x}{1-\lambda_A} \qquad \text{(Gl. 8.3)}$$

Wir erkennen, die **Kupplungsdrehzahl** n_K ist proportional zur Fahrgeschwindigkeit v_x und zur Übersetzung des eingelegten Gangs i_G.

Wie ist der Zusammenhang zwischen Kupplungsdrehzahl n_K und Motordrehzahl n_M? Wie die folgenden Beispiele zeigen, können diese während des Einkuppelvorgangs beliebige Verhältnisse annehmen.

Beim Anfahren aus dem Stillstand ist zunächst $n_K/n_M = 0$. Das Fahrzeug gewinnt dann an Geschwin-

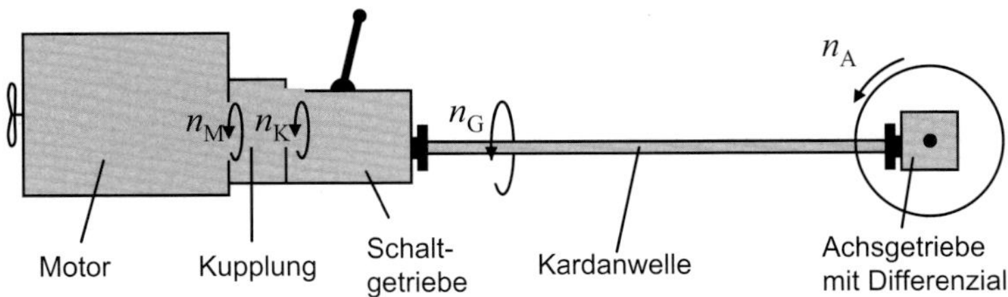

Bild 8.4: *Schematischer Aufbau des Antriebsstrangs bei Standardantrieb*

digkeit, und n_K nimmt proportional zu. Sobald $n_K = n_M$ wird, ist der Anfahrvorgang beendet, da der Schlupf an der Kupplung null wird und wir jetzt vollständig einkuppeln. Beim Herunterschalten im Gefälle ist dagegen nach dem Schaltvorgang die Kupplungsdrehzahl größer als die Motordrehzahl. Jetzt wird während des Einkuppelvorgangs der Motor drehbeschleunigt und das Fahrzeug etwas verzögert, bis sich wieder die beiden Drehzahlen angepasst haben und vollständig eingekuppelt werden kann. Daher beschränken wir uns im Folgenden zunächst auf den eingekuppelten Zustand.
Im eingekuppelten Zustand gilt:

$$n_M = n_K = i_G \cdot i_A \cdot \frac{60\ \text{s/min}}{2 \cdot \pi \cdot r_A} \cdot \frac{v_x}{1-\lambda_A} \qquad \text{(Gl. 8.4)}$$

Damit können wir die Motorleistung als Funktion der Fahrgeschwindigkeit abbilden. In Bild 8.5 ist links oben die Motorleistung als Funktion der Drehzahl dargestellt. Wir wählen jetzt ein paar Drehzahlen aus (in Bild 8.5 sind exemplarisch die Drehzahlen 3000 min^{-1} und 5500 min^{-1} ausgewählt) und übertragen diese in das darunterliegende Diagramm, das die Raddrehzahl als Funktion der Motordrehzahl zeigt. Wie wir gesehen haben, gilt im eingekuppelten Zustand: $n_A = \frac{n_M}{i_G \cdot i_A}$, d. h., die Raddrehzahl ist für jeden eingelegten Gang proportional zur Motordrehzahl. Wir erhalten im Diagramm links unten für jeden Gang eine Ursprungsgerade. Für jede gewählte Motordrehzahl können wir jetzt für jeden Gang die Raddrehzahl ablesen (in Bild 8.5 ist das Vorgehen der Übersichtlichkeit wegen nur für den 1. und 3. Gang dargestellt). Diese übertragen wir in das Diagramm rechts unten und erhalten die zugehörige Fahrgeschwindigkeit. Unter der Annahme eines konstanten Schlupfes und eines konstanten Radhalbmessers ist die im Diagramm rechts unten eingetragene Funktion ebenfalls eine Ursprungsgerade. Man könnte an dieser Stelle z. B. auch eine Zunahme des Radhalbmessers mit der Geschwindigkeit aufgrund der Fliehkraft berücksichtigen.

Anschließend übertragen wir die ermittelten Geschwindigkeiten in das Diagramm rechts oben. Für die oben gewählten Motordrehzahlen lesen wir die Motorleistung im Diagramm links oben ab und übertragen diese ebenfalls in das rechts daneben liegende Diagramm. Die entstehenden Schnittpunkte aus Motorleistung und zugehöriger Fahrgeschwindigkeit sind die Stützpunkte, die für jeden Gang den Verlauf der Motorleistung als Funktion der Geschwindigkeit festlegen.

Tatsächlich haben wir im Antriebsstrang **Verluste**, die in Kap. 8.5 noch ausführlicher behandelt werden. Hierdurch ist die Antriebsleistung P_A geringer als die Motorleistung P_M. In erster Näherung sind diese Verluste proportional zur Leistung, die über den Antriebsstrang übertragen wird. Daher können wir einen **Wirkungsgrad des Antriebsstrangs** $\eta_A = \frac{P_A}{P_M}$ einführen. Damit gilt:

$$P_A = P_M \cdot \eta_A \qquad \text{(Gl. 8.5)}$$

Durch Ändern der Skalierung der y-Achse erhalten wir aus dem Diagramm rechts oben in Bild 8.5 die Antriebsleistung als Funktion der Geschwindigkeit, wie in Bild 8.6 oben dargestellt.
Für die Fahrleistungsberechnung in Kap. 9 benötigen wir neben dem Antriebsleistungs-Kennfeld auch das Antriebsmoment-Kennfeld. Dieses bestimmen wir mithilfe der aus der Physik bekannten Gleichung für die Leistung $P = F \cdot v$ und dem Zusammenhang zwischen Antriebsmoment M_A und Antriebskraft F_A:

$$M_A = F_A \cdot r_A = \frac{P_A \cdot r_A}{v_A} = \frac{P_A \cdot (1-\lambda_A) \cdot r_A}{v_x} \qquad \text{(Gl. 8.6)}$$

Zur Ermittlung des Antriebsmoment-Kennfelds wählen wir in Bild 8.6 mehrere Antriebsleistungen aus, die den Kurvenverlauf charakterisieren (z. B. minimale Leistung, Leistung bei mittlerer Drehzahl, Maximalleistung, Leistung bei Höchstdrehzahl). Die in den einzelnen Gängen zugehörigen Fahrgeschwindigkeiten übertragen wir in das darunter liegende Diagramm „Antriebsmoment als Funktion der Fahrgeschwindigkeit“. Für jede Antriebsleistung

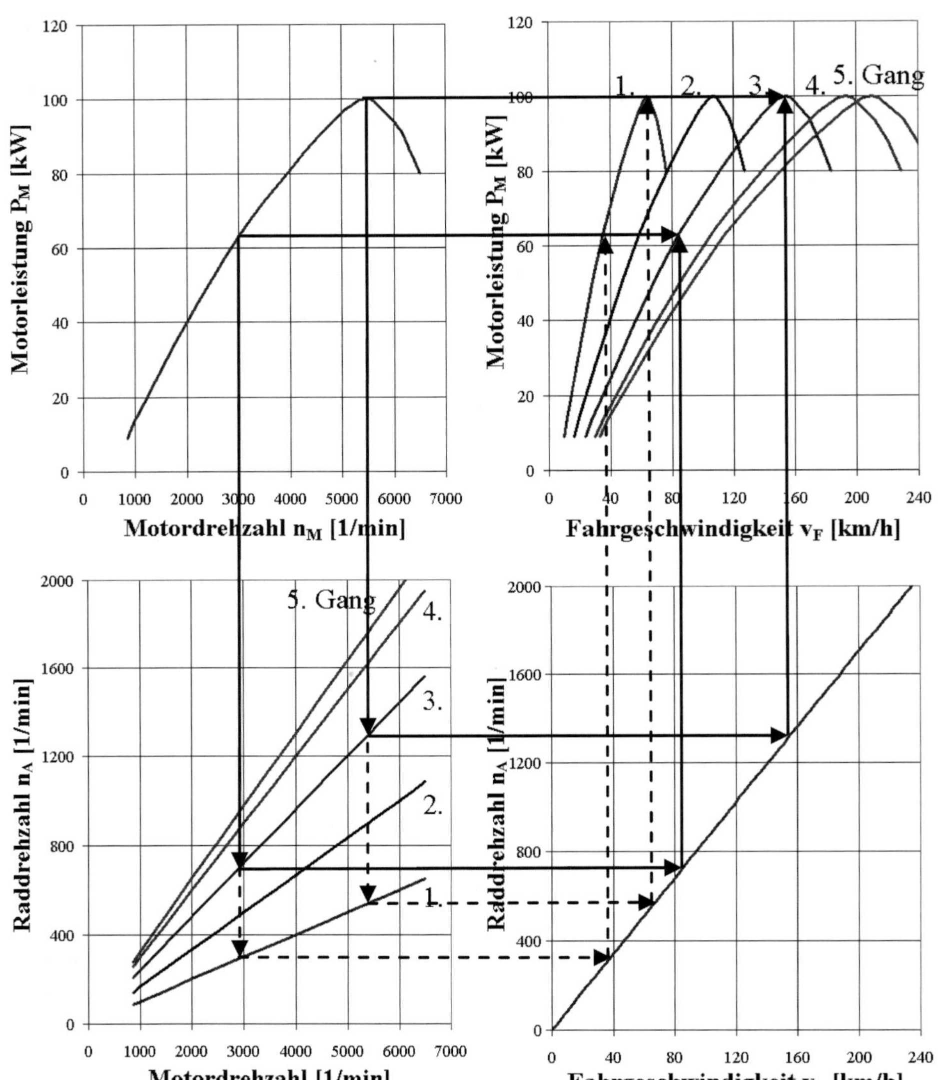

Bild 8.5: *Herleitung der Motorleistung als Funktion der Fahrgeschwindigkeit*

errechnen wir das Antriebsmoment als Funktion der Geschwindigkeit mit Hilfe der Gl. 8.6. Wir erhalten so genannte **Leistungshyperbeln**. Die Schnittpunkte dieser Leistungshyperbeln mit den jeweils zugehörigen Drehzahlen ergeben für jeden Gang den Verlauf des Antriebsmoments als Funktion der Fahrgeschwindigkeit.

In Bild 8.6 sind zusätzlich die in Kap. 8.2 erarbeiteten **idealen Kennfelder** eingetragen. Die Abweichung zwischen idealen und realen Kennfeldern reduziert sich durch das Schaltgetriebe auf die schraffierten Bereiche. Durch Wahl der Getriebeabstufung können wir diese Bereiche günstig beeinflussen, wie wir in Kap. 8.6 noch behandeln werden.

Durch die Anfahrkupplung können wir die Abweichung vom idealen Kennfeld weiter reduzieren. Für die mechanische Reibungskupplung gilt im statio-

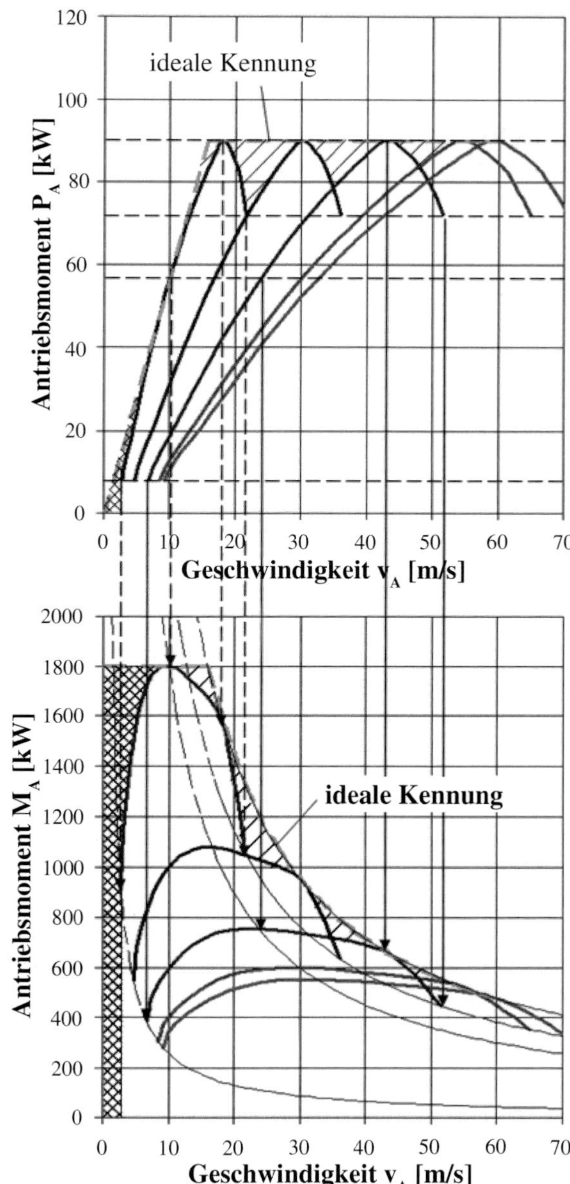

Bild 8.6: *Antriebsleistungs- und Antriebsmoment-Kennfeld bei einem Fahrzeug mit Verbrennungsmotor, mechanischer Reibungskupplung und Stufengetriebe*

nären Zustand, vgl. Kap. 3.4.2: $M_M = M_K$. Diese Gleichung ist auch beim Anfahren mit konstanter Motordrehzahl gültig, wenn wir das Trägheitsmoment der Kupplungsscheibe vernachlässigen. Je nach Wahl von Motordrehmoment und Motordrehzahl können beim Anfahren im 1. Gang mit konstanter Motordrehzahl die in Bild 8.6 oben und unten jeweils mit Kreuzschraffur eingezeichneten Bereiche abgedeckt werden. Die oberen Grenzlinien ergeben sich, wenn das Kupplungsmoment gleich dem maximalen Motormoment ist. Hierdurch wird im unteren Diagramm das Antriebsmoment ebenfalls maximal. In der Praxis muss hierzu bei Volllast dann eingekuppelt werden, wenn der Motor die Drehzahl bei maximalem Motormoment erreicht hat, anschließend muss die Kupplung so geregelt werden, dass dieses Drehmoment konstant übertragen wird.
Im oberen Diagramm steigt die Leistung während des Kuppelvorgangs mit der Geschwindigkeit linear an. Aus der Physik kennen wir die Beziehung $P = M \cdot \omega$. In unserem Fall ist $\omega = \frac{v_A}{r_A} = \frac{v_x}{(1-\lambda_A)\cdot r_A}$, d. h. bei konstantem Schlupf und konstantem Radhalbmesser proportional zur Fahrgeschwindigkeit. Damit ist bei konstantem Moment M auch die Leistung proportional zur Fahrgeschwindigkeit.
Durch die **Anfahrkupplung** gelingt es uns, bei geringen Geschwindigkeiten das reale Kennfeld an das ideale Kennfeld anzugleichen.

Aus der Praxis wissen wir, dass beim so genannten **Kavalierstart** das Antriebsmoment kurzfristig weiter gesteigert werden kann und dadurch die Räder z. B. auch auf trockener Straße zum Durchdrehen gebracht werden. Der Motor wird vor dem Kavalierstart auf hohe Drehzahl beschleunigt. Beim anschließenden scharfen Einkuppelvorgang wird das durch die Reibung übertragene Kupplungsmoment größer als das statisch vom Motor abgegebene Moment M_M. Der Motor wird drehverzögert und die im Motor gespeicherte kinetische Energie teilweise zum Beschleunigen verwendet.

Allgemein gilt für den Einkuppelvorgang mit **nicht** konstanter Motordrehzahl:

$$M_M - J_M \cdot \dot{\omega}_M = M_K - J_K \cdot \dot{\omega}_K \approx M_K \qquad \text{(Gl. 8.7)}$$

Das Trägheitsmoment der Kupplung kann in dieser Bilanz vernachlässigt werden, da es im Vergleich zum **Motorträgheitsmoment** J_M gering ist. Das in Gl. 8.7 einzusetzende Motormoment M_M lesen wir für die vom Fahrpedal vorgegebene Last und die momentane Drehzahl aus dem Moment-Kennfeld des Motors ab (bei aufgeladenen Motoren führt dieses Vorgehen allerdings zu Abweichungen). Mit der Stellung des Kupplungspedals regeln wir das Kupplungsmoment M_K und somit auch die Drehzahl des Motors.

Bei einem Fahrzeug mit **automatisierter Kupplung** gibt der Fahrer beim Anfahren über das Fahrpedal die gewünschte Beschleunigung vor. In Abhängigkeit der Fahrpedalstellung wird die Drosselklappe geöffnet und das Kupplungsmoment geregelt. Hierbei wird meist auf konstante Motordrehzahl während des Einkuppelvorgangs geregelt, wobei die Drehzahl umso größer gewählt wird, je stärker der Fahrer beschleunigen möchte. Bei voll durchgetretenem Fahrpedal wird vom Fahrer die maximal mögliche Beschleunigung erwartet. Der Motor läuft jetzt unter Volllast, und die automatisierte Kupplung sollte die Motordrehzahl bei maximalem Motormoment einregeln.

Falls wir keine Angabe zum Motorträgheitsmoment haben, können wir mithilfe der **Drehmassenzuschlagsfaktoren** ε das Motorträgheitsmoment und somit auch das Kupplungsmoment überschlägig berechnen:

$$J_M \approx \frac{m \cdot r_A^2 \cdot (\varepsilon_G - \varepsilon_0)}{i_G^2 \cdot i_A^2}$$

Bei exakten Angaben zu den Drehmassenzuschlagsfaktoren führt diese Formel bei allen Gängen zu dem gleichen Ergebnis. Daher benötigen wir auch nicht zwingend die Angabe ε_0, da wir diese aus den Übersetzungen und Drehmassenzuschlägen von zwei Gängen (z. B. 1. und 5. Gang) bestimmen können. Mit

$$\frac{m \cdot r_A^2 \cdot (\varepsilon_1 - \varepsilon_0)}{i_1^2 \cdot i_A^2} = \frac{m \cdot r_A^2 \cdot (\varepsilon_5 - \varepsilon_0)}{i_5^2 \cdot i_A^2}$$ erhalten wir nach

Kürzen und Umformen:

$$\varepsilon_0 = \frac{\varepsilon_5 \cdot i_1^2 - \varepsilon_1 \cdot i_5^2}{i_1^2 - i_5^2} \qquad \text{(Gl. 8.8)}$$

8.5 Leistungsfluss mit Verlusten

Verluste im Antriebsstrang entstehen durch **Panschverluste** beim Umwälzen von Schmierstoffen und durch **mechanische Reibung**. Die Panschverluste sind abhängig von der Drehzahl und der Viskosität der Schmierstoffe, die wiederum temperaturabhängig ist. Die mechanische Reibung setzt sich aus der Reibung an Dichtringen, in Lagern und an Zahnflanken zusammen. Diese sind, abgesehen von der Reibung an Dichtringen, lastabhängig. Bei hoher Last ist die Reibung an den Zahnflanken dominant. Diese können wir nach den Coulombschen Reibungsgesetzen als direkt proportional zur Last ansehen. Daher führen wir zur Berücksichtigung der Verluste im Antriebsstrang den **Wirkungsgrad** η_A ein. Wir betrachten somit die **Verlustleistung** P_V vereinfacht als proportional zur vom Motor abgegebenen Leistung P_M, vgl. auch Bild 8.7: $P_V = (1 - \eta_A) \cdot P_M$. Bei der Fahrleistungsberechnung in Kap. 9 werden die Fahrleistungsgrenzen bei Volllast bestimmt, sodass nur minimale Abweichungen durch die o. g. Vereinfachung entstehen können. Bei der Bestimmung des Kraftstoffverbrauchs in Kap. 10 werden wir auch Fahrsituationen haben, bei denen nur eine geringe Motorleistung erforderlich ist. Mit der Reduzierung der Motorleistung im Teillastbereich nehmen die lastabhängigen Reibungsanteile proportional ab, die lastunabhängigen Anteile bleiben aber unverändert. Dies führt in der Praxis zu einem schlechteren Antriebsstrangwirkungsgrad im Teillastbereich. Verwenden wir den bei Volllast ermittelten Wirkungsgrad, bestimmen wir im Teillastbereich tendenziell einen zu günstigen Streckenverbrauch. Der hierdurch entstehende Fehler ist aber im Allgemeinen geringer als mögliche Einflüsse durch die Umwelt aufgrund von Umgebungswind, wechselndem Luftdruck und schwankender Außentemperatur.

Entsprechend Bild 8.7 wird dem Motor eine bestimmte Kraftstoffmenge pro Zeiteinheit zugeführt, d. h., wir führen dem Motor Energie/Zeit zu. Aufgrund des **Motor-Wirkungsgrads** η_M gibt der Motor eine geringere Leistung an der Schwungscheibe ab:

$$P_M = \eta_M \cdot \frac{dE_{Kraftstoff}}{dt} \qquad \text{(Gl. 8.9)}$$

Einerseits wird die vom Motor abgebene Leistung durch **Nebenverbraucher** reduziert, die direkt vom Motor angetrieben werden, z. B. **Generator**, **Klimakompressor**, **Servopumpe**. Andererseits treten im Verbrennungsmotor große Verluste auf, die durch eine nicht ideale Verbrennung, Undichtheit zwischen Kolben und Zylinder, Ladungswechsel, mechanische Reibung und thermische Verluste verursacht werden.

Mit den bereits in Kap. 8.4 erwähnten Verlusten im Antriebsstrang gilt für die Antriebsleistung $P_A = P_M \cdot \eta_A$. Durch die Schlupfverluste gilt wiederum (vgl. Kap. 8.1): $P_W = P_A \cdot (1-\lambda_A)$ mit $P_W = F_W \cdot v_x$. Zusammengefasst gilt:

$$F_W \cdot v_x = P_W = P_A \cdot (1-\lambda_A) = P_M \cdot \eta_A \cdot (1-\lambda_A) \qquad \text{(Gl. 8.10)}$$

Um den Zusammenhang zwischen Motormoment und Antriebskraft zu erhalten, betrachten wir wieder Bild 8.7. Die Übersetzungen im Schalt- und Achsgetriebe sorgen für eine Verstärkung des Antriebsmoments gegenüber dem Motormoment. Der Wirkungsgrad des Antriebsstrangs ist auch bei der Betrachtung des Antriebsmoments zu berücksichtigen. Damit gilt insgesamt im eingekuppelten Zustand:

$$M_A = M_M \cdot \eta_A \cdot i_G \cdot i_A \, . \qquad \text{(Gl. 8.11)}$$

Hieraus erhalten wir bei Berücksichtigung des dynamischen Radhalbmessers die an der Antriebsachse verfügbare Antriebskraft F_A zur Überwindung des Fahrwiderstands F_W:

$$F_A = \frac{M_A}{r_A} = \frac{M_M \cdot \eta_A \cdot i_G \cdot i_A}{r_A} = F_W \qquad \text{(Gl. 8.12)}$$

Wie groß ist der Wirkungsgrad η_A? Entsprechend Bild 8.7 besteht der **Antriebsstrang** aus dem Drehzahl-Drehmoment-Wandler, evtl. einer Kardanwelle, einem Achsgetriebe, den Achswellen und den Rädern. Bei Lkws hat man häufig zusätzlich noch eine weitere Untersetzung in der Radnabe durch ein Planetengetriebe, um die Antriebsmomente an den Antriebswellen zu reduzieren. Bei Allradfahrzeugen ist noch ein Verteilergetriebe zur Aufteilung des Antriebsmoments auf Vorder- und Hinterachse erforderlich.

Die allgemeine Bezeichnung Drehzahl-Drehmoment-Wandler wurde gewählt, da hierzu statt einer Reibungskupplung auch eine **hydrodynamische Kupplung** oder ein **hydrodynamischer Wandler** und statt eines Stirnradgetriebes auch ein **Planetengetriebe** oder ein **stufenloses Getriebe** verwendet werden kann. Anhaltswerte für den Wirkungsgrad

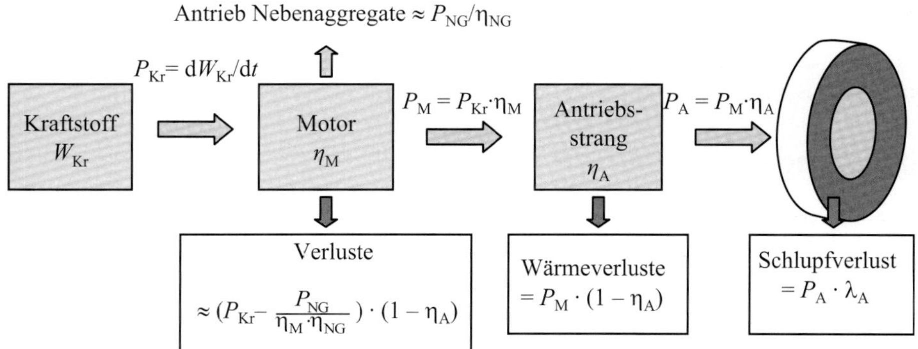

Bild 8.7: *Leistungsfluss im Fahrzeugantrieb mit Verbrennungsmotor*

Tabelle 8.1: *Anhaltswerte für den Wirkungsgrad einzelner Bauteile des Fahrzeug-Antriebsstrangs*

Bauteil	Wirkungsgrad	Bemerkungen
Mechanische Reibungskupplung	0 … 1	0: Fahrzeug steht, Kupplung rutscht 1: eingekuppelt, d. h. 0 % Schlupf
Hydrodynamische Kupplung	0 … ca. 0,98	immer Verluste, da Schlupf für Momentenübertragung erforderlich
Hydrodynamischer Wandler	0 … ca. 0,98 (0 … 1)	besserer Wirkungsgrad als hydrodynamische Kupplung, da Wandler mit zunehmendem Schlupf mehr Drehmoment abgibt (mit Überbrückungskupplung bis 100 % Wirkungsgrad möglich)
Stirnradgetriebe	0,93 … 0,95	im direkten Gang Wirkungsgrad nahezu 1
Planetengetriebe	0,93 … 0,95	im direkten Gang Wirkungsgrad nahezu 1
Stufenloses Getriebe	0,88 … 0,92	bei Umschlingungsgetrieben ist lastabhängige Regelung des Scheiben-Anpressdrucks für guten Wirkungsgrad im Teillastbereich erforderlich
Kardanwelle	0,97 … 0,99	abhängig vom Beugewinkel
Achsgetriebe	0,95 … 0,98	Stirnradgetriebe etwas günstiger als Hypoidgetriebe
Antriebswellen	0,97 … 0,99	abhängig vom Beugewinkel
Radnabengetriebe	0,95 … 0,97	
Allrad-Verteilergetriebe	0,95 … 0,97	

bei der Übertragung der Leistung über die einzelnen Bauteile sind in Tabelle 8.1 aufgeführt.
Durch Multiplikation der Wirkungsgrade der einzelnen Bauteile erhalten wir den gesamten Antriebsstrangwirkungsgrad η_A. Tabelle 8.2 enthält für verschiedene Antriebskonzepte Anhaltswerte für η_A im eingekuppelten Zustand der mechanischen Kupplung oder einer **Überbrückungskupplung**.

Diese Werte beziehen sich auf **Volllast**. Wie bereits oben erwähnt, wirken sich bei Teillast lastunabhängige Verluste stärker aus, wodurch der Wirkungsgrad des Antriebsstrangs schlechter wird.

8.6 Getriebeabstufung

Wir haben in Kap. 8.4 gesehen, dass wir durch die richtige Getriebeabstufung und Wahl der Achsgetriebeübersetzung das reale Kennfeld sehr gut an das ideale Kennfeld annähern können. In Kap. 10 werden wir erkennen, dass man einen zusätzlichen großen Gang einführen sollte, um die Motordrehzahl und damit Verbrauch und Verschleiß abzusenken. Dieser zusätzliche Gang wird deshalb gern als **Spargang** oder **Schongang** bezeichnet.

Wie geht man nun bei der Auswahl der Gangstufen systematisch vor?
Zunächst betrachtet man die **Gesamtübersetzung** $i_G \cdot i_A$. Nachdem man die maximal mögliche Steigfähigkeit aufgrund des Kraftschlusses bei trockener Fahrbahn ($\mu \approx 1{,}2$) entsprechend Kap. 11 bestimmt hat, errechnet man die Gesamtübersetzung im 1. Gang, sodass diese Steigfähigkeit zumindest bei maximalem Motormoment möglich ist. Die Gesamtübersetzung im größten Gang ergibt sich aufgrund der Anforderungen des Fahrzeugs. Möchte man das Fahrzeug auf maximale Fahrleistungen auslegen, so wird hier die Übersetzung für maximale Höchstgeschwindigkeit bestimmt, vgl. Kap. 9.1. Möchte man das Fahrzeug hingegen sparsam auslegen, so wird man einen Kompromiss zwischen dieser und der in

Tabelle 8.2: Anhaltswerte für den Antriebsstrangwirkungsgrad in Abhängigkeit vom Antriebskonzept bei Verwendung eines Stufengetriebes

Antriebskonzept	Motoreinbaulage	Wirkungsgrad η_A
Frontantrieb	quer	0,87 … 0,92
Heckantrieb		
Mittelmotoranordnung		
Frontantrieb	längs	0,85 … 0,91
Heckantrieb		
Mittelmotoranordnung		
Standardantrieb	längs	0,83 … 0,92
Allradantrieb	längs	0,80 … 0,88

Kap. 10 für optimalen Verbrauch im mittleren Geschwindigkeitsbereich erforderlichen Übersetzung wählen. Damit ist das Verhältnis zwischen der Übersetzung des kleinsten und des größten Gangs festgelegt, das als **Getriebespreizung** bezeichnet wird.

Die Wahl der **Achsgetriebeübersetzung** ist im Prinzip willkürlich. Allerdings wird man bei Fahrzeugen mit Standardantrieb einen großen Gang als **direkten Gang** (Übersetzung 1,0) wählen. Bei sonstigen Antriebskonzepten spielen andere Kriterien eine Rolle, z. B. die Weiterverwendung bereits vorhandener Achsgetriebe oder Getriebebauteile und daraus resultierende zulässige Momente an einzelnen Getriebewellen oder Kräfte an einzelnen Lagerstellen.

Mit der Auswahl der Achsgetriebeübersetzung sind jetzt die Übersetzungen des 1. und des *n*. Gangs eines *n*-stufigen Getriebes festgelegt. Für die Auslegung der dazwischen liegenden Gänge gibt es zwei prinzipielle Auslegungsmöglichkeiten:

- lineare und
- progressive Getriebeabstufung.

Bei der **linearen Getriebeabstufung** ist der so genannte **Getriebesprung** konstant, d. h.

$$\frac{i_1}{i_2} = \frac{i_2}{i_3} = \ldots = \frac{i_{n-1}}{i_n} \qquad \text{(Gl. 8.13)}$$

Tragen wir hier die Radumfangsgeschwindigkeit über der Drehzahl auf, so erhalten wir für ein Fünfganggetriebe das in Bild 8.8 a dargestellte Diagramm. Schalten wir beim Beschleunigen jeweils bei Motornenndrehzahl n_{Mnenn} und vernachlässigen einen Geschwindigkeitsabfall während des Schaltvorgangs, so fällt die Drehzahl bei jedem Schaltvorgang um den gleichen Betrag.

Bei jedem Schaltvorgang fällt damit auch die Leistung um den gleichen Betrag. Wir erhalten für die Darstellung der Antriebsleistung als Funktion der Radumfangsgeschwindigkeit das Bild 8.9 a.
Die Abweichung der Leistung von der maximalen Leistung ist damit bei jedem Schaltvorgang gleich.

Bei der **progressiven Getriebeabstufung** wird der Getriebesprung immer geringer gewählt, je größer der Gang ist. Bei der so genannten **progressiven Abstufung** nach JANTE ist das Verhältnis zweier benachbarter Getriebesprünge immer konstant, wie die folgende mathematische Beschreibung angibt. Definieren wir den jeweiligen Getriebesprung

mit $c_1 = \frac{i_1}{i_2}$, $c_2 = \frac{i_2}{i_3} \ldots c_{n-1} = \frac{i_{n-1}}{i_n}$, so gilt

$$\frac{c_1}{c_2} = \frac{c_2}{c_3} = \ldots \frac{c_{n-1}}{c_n} = c_0 \quad \text{mit} \quad c_0 > 1 \qquad \text{(Gl. 8.14)}$$

a)

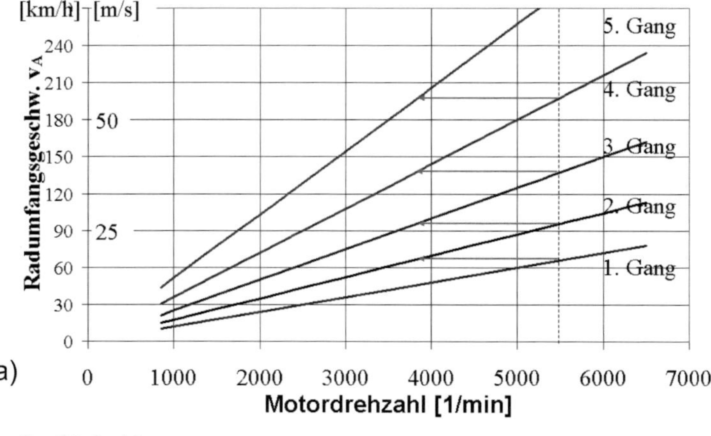

b)

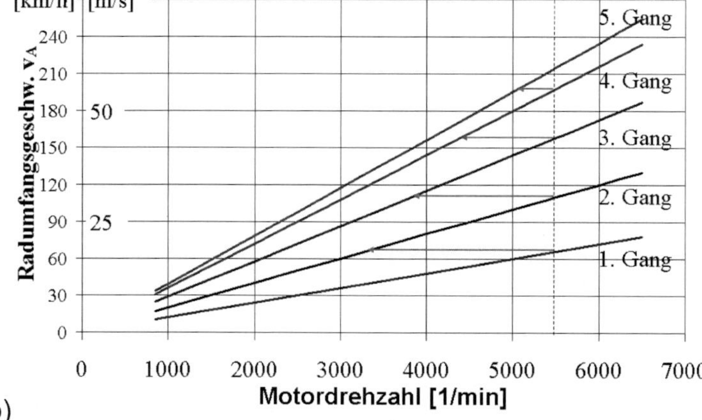

Bild 8.8: *Drehzahl-Geschwindigkeits-Diagramm.*
a) Getriebe linear gestuft,
b) Getriebe progressiv gestuft

Würde man $c_0 = 1$ setzen, so gilt $c_1 = c_2 = \ldots = c_{n-1}$, d. h., wir hätten eine lineare Abstufung. Je größer wir c_0 wählen, desto stärker unterscheiden sich die Getriebesprünge zwischen kleinen und großen Gängen. Bei einem n-stufigen Getriebe gilt:

$$\frac{i_1}{i_n} = c_{n-1} \cdot c_{n-2} \cdot \ \ldots \cdot c_1$$

$$= c_{n-1} \cdot c_0^0 \cdot c_{n-1} \cdot c_0^1 \cdot \ldots \cdot c_{n-1} \cdot c_0^{n-2} = c_{n-1}^{n-1} \cdot c_0^{0+1+\ldots+n-2}$$

$$= c_{n-1}^{n-1} \cdot c_0^{\frac{(n-2)\cdot(n-1)}{2}}$$

Damit können die Getriebesprünge berechnet werden:

$$c_{n-1} = \sqrt[n-1]{\frac{i_1}{i_n \cdot c_0^{\frac{(n-2)\cdot(n-1)}{2}}}}\ , \quad c_{n-2} = c_{n-1} \cdot c_0\ , \ \ldots,$$

$$c_1 = c_{n-1} \cdot c_0^{n-2} \qquad \text{(Gl. 8.15)}$$

Die folgende grafische Darstellung soll die Ermittlung der einzelnen Übersetzungen für ein Fünfganggetriebe noch einmal verdeutlichen, wobei rechts ein Zahlenbeispiel für $i_1 = 4{,}5$, $i_5 = 1{,}0$ und $c_0 = 1{,}15$ angegeben ist. Anschaulich dargestellt gilt:

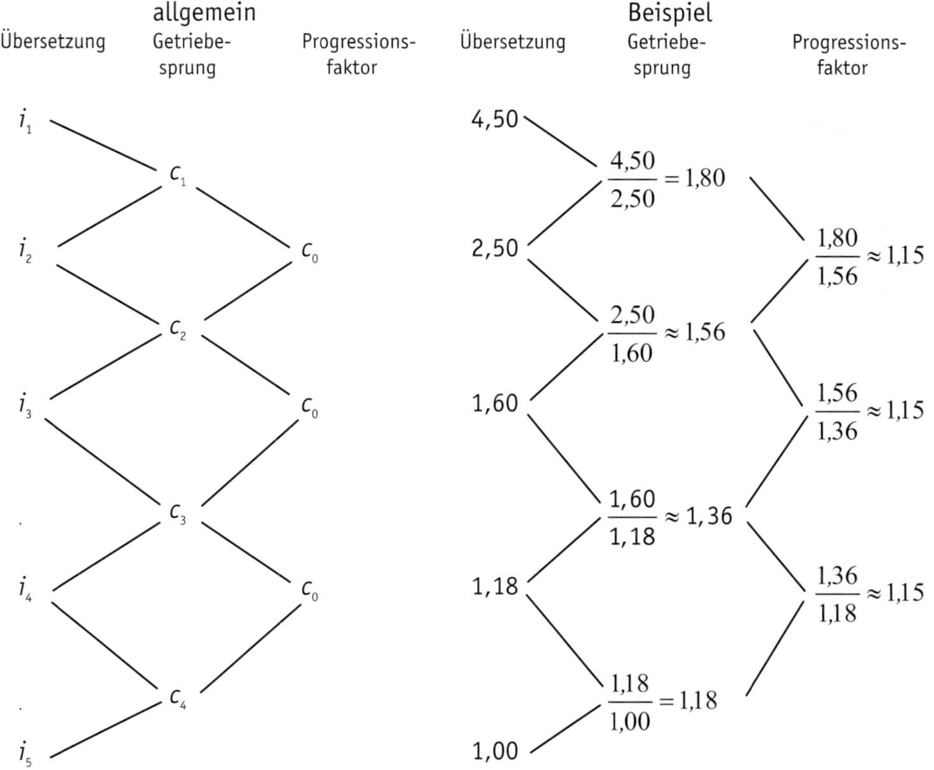

In Bild 8.8 b ist das **Drehzahl-Geschwindigkeits-Diagramm** für die progressive Getriebeabstufung dargestellt, wobei die Übersetzungen des 1. und 4. Gangs gleich wie bei der linearen Stufung gewählt wurden. Auch hier ist jeweils die Drehzahl markiert, die sich nach dem Hochschalten bei Motorhöchstdrehzahl im nächsten Gang ergibt. Wir erkennen, dass beim Schalten vom 1. in den 2. Gang die Drehzahl deutlich stärker abfällt als bei der linearen Stufung. Dafür ist der Drehzahlabfall beim Schalten vom 4. in den 5. Gang geringer als bei der linearen Stufung. Analog fällt die Leistung beim Schalten vom 1. in den 2. Gang ebenfalls deutlich stärker ab, wie wir in Bild 8.9 b erkennen können. Die Abweichung von der idealen Kennung ist dafür beim Schalten vom 4. in den 5. Gang mit der progressiven Getriebeabstufung deutlich geringer. Daher wählt man beim Pkw eine progressive Abstufung, da er bei geringen Geschwindigkeiten und üblichen Steigungen stets Leistungsüberschuss hat. Hierdurch können die Bereiche mit geringerer Antriebsleistung beim Beschleunigen zügig durchfahren werden. Bei hoher Geschwindigkeit werden die Leistungsreserven gering. Eine Abweichung von der idealen Kennung wirkt sich auf die Fahrleistungen wesentlich stärker aus. In der Praxis werden teilweise als Kompromis zwischen Fahrleistung und Verbrauch bei einem Fünfganggetriebe die ersten vier Gänge progressiv abgestimmt. Der Getriebesprung zum 5. Gang wird größer gewählt, d. h., er ist sehr „lang" übersetzt – er dient als **Spargang**.

Beim voll beladenen Lkw wird hingegen auch bei geringen Geschwindigkeiten in der Steigung die volle Motorleistung benötigt. Daher wählt man hier die lineare Abstufung und üblicherweise 16 Gänge, um die Getriebesprünge gering zu halten. Damit nimmt die Drehzahl beim Hochschalten vergleichs-

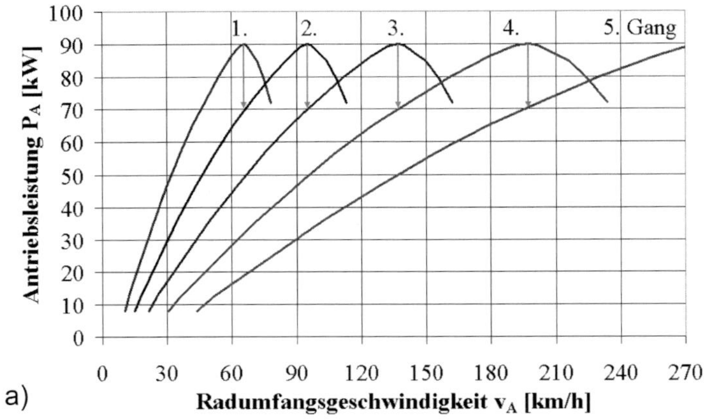

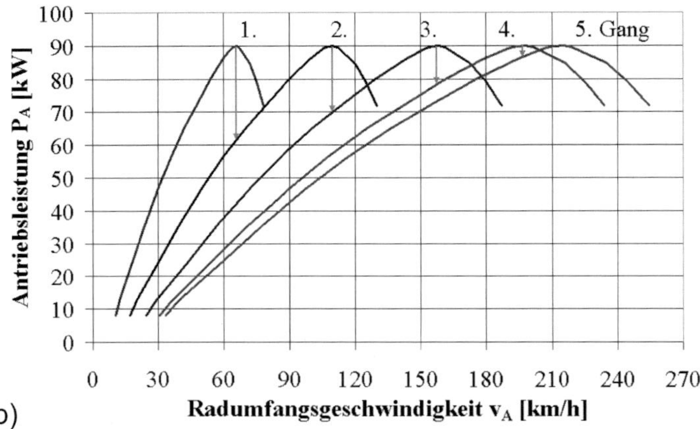

Bild 8.9: *Leistungs-Geschwindigkeits-Diagramm.*
a) Getriebe linear gestuft,
b) Getriebe progressiv gestuft

weise wenig ab – es ist fast die volle Motorleistung bei jeder Fahrgeschwindigkeit verfügbar.

8.7 Beispiel

Kfz mit Verbrennungsmotor, mechanischer Reibungskupplung und 5-stufigem Schaltgetriebe

Wie wir in den vorangegangenen Kapiteln gesehen haben, ist die Leistung des Verbrennungsmotors stark von der Drehzahl abhängig. Ohne Stufengetriebe wäre damit die verfügbare Leistung extrem geschwindigkeitsabhängig. Durch die in Europa am häufigsten verbreitete Kombination mit einer mechanischen Reibungskupplung und einem mehrstufigem Getriebe können wir die Antriebsleistung durch Wahl der Gangstufe positiv beeinflussen. Bild 8.10 soll den Zusammenhang zwischen Motorleistung, Motormoment, Antriebsleistung und Antriebskraft verdeutlichen. Die jeweils erforderlichen Formeln zur Berechnung der Funktionen sind ebenfalls in Bild 8.10 eingetragen.

Hierbei können wir zuerst aus der Motorleistung $P_M = f\,(n_M)$ die Antriebsleistung $P_A = f\,(v_A)$ für die einzelnen Gänge bestimmen und hieraus die Antriebskraft $F_A = f\,(v_A)$ berechnen.

Wir können aber auch zuerst die Motorleistung $P_M = f\,(n_M)$ in das Motormoment $M_M = f\,(n_M)$ und anschließend das Motormoment unter Verwendung der Übersetzungen und des Radhalbmessers in die Antriebskraft $F_A = f\,(v_A)$ umrechnen.

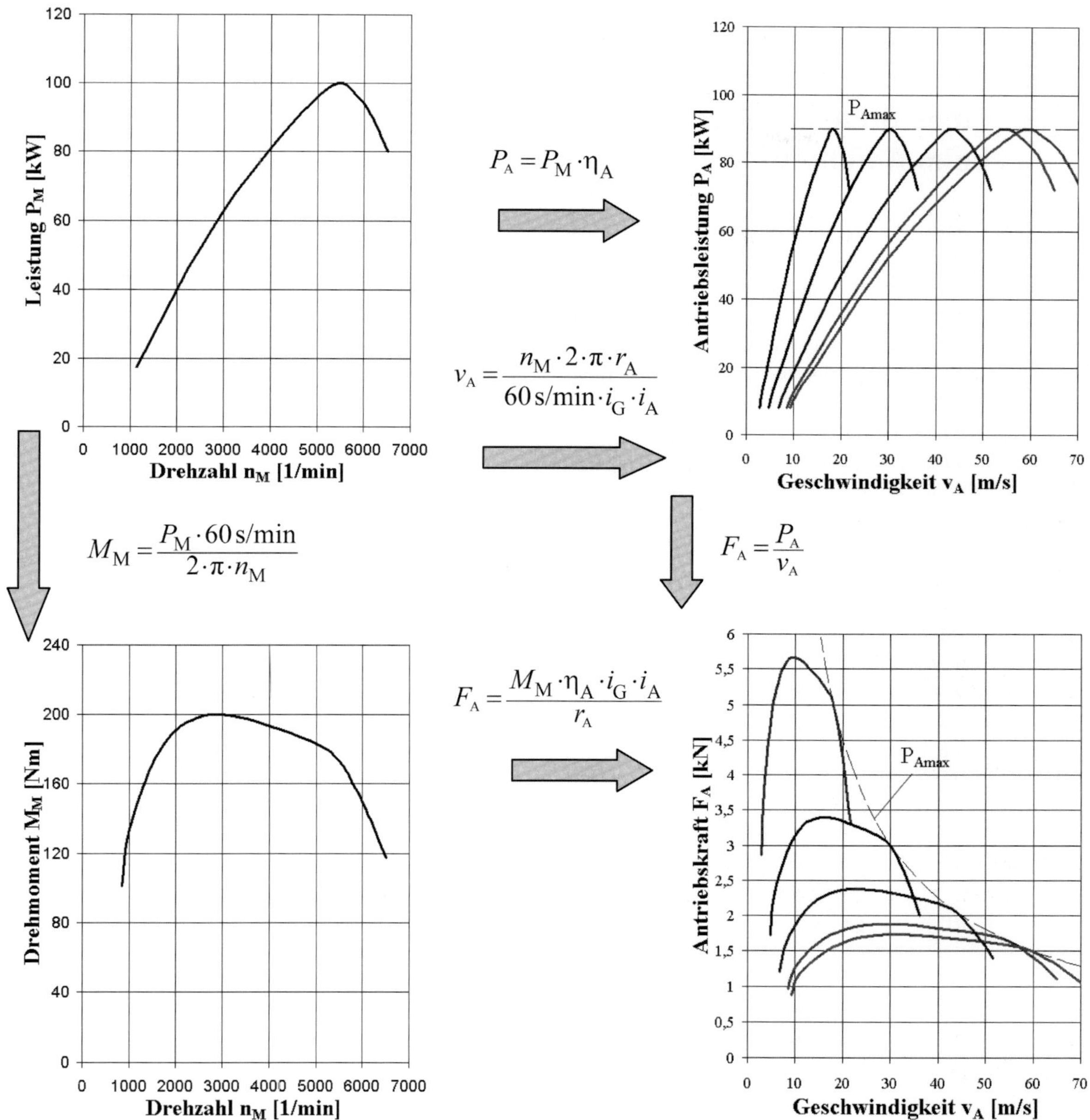

Bild 8.10: *Zusammenhang zwischen Motorleistung, Motormoment, Antriebsleistung und Antriebskraft am Beispiel eines Fahrzeugs mit Fünfganggetriebe*

8.8 Besonderheiten bei der Verwendung eines Drehmomentwandlers beim Anfahren

Bei einem Drehzahl-Drehmoment-Wandler kann im Gegensatz zur mechanischen Reibungskupplung nicht nur die Drehzahl angepasst werden, sondern es wird auch das Moment beim Anfahren erhöht, vgl. auch Kap. 3.4.2. Da der Wandler in [2] ausführlich behandelt ist, soll hier nur der Anfahrvorgang mit Vereinfachungen dargestellt werden.

Wir haben zwei Kenndiagramme für den Wandler. Mit zunehmender Motordrehzahl nimmt das Moment, das der Wandler vom Motor aufnehmen kann, quadratisch zu. Die Steigung dieser Kennkurve ist zusätzlich abhängig vom **Drehzahlverhältnis** n_K/n_M (Verhältnis zwischen Drehzahl Getriebeeingangswelle und Motordrehzahl, vgl. Kupplung). Dies vernachlässigen wir bei der Betrachtung des Anfahrvorgangs, da wir bis zu einem Drehzahlverhältnis $n_K/n_M \approx 0{,}85$ eine **Drehmomentwandlung** haben und hier der Einfluss des Drehzahlverhältnisses auf das Moment gering ist. Bei größerem Drehzahlverhältnis arbeitet der hydrodynamische Wandler nur noch als Kupplung, hier bewirkt eine Zunahme des Drehzahlverhältnisses eine deutliche Abnahme des übertragbaren Moments.

In Bild 8 .11 ist das Motormoment als Funktion der Motordrehzahl dargestellt und die o. g. **Wandlerkennlinie**, die näherungsweise für $n_K/n_M < 0{,}85$ gültig ist, eingetragen. Wir erkennen, dass der Wandler bereits bei Leerlaufdrehzahl des Motors ein Motormoment aufnimmt. Daher muss auch beim Einlegen der Fahrstufe der Leerlauf nachgeregelt werden, damit der Motor tatsächlich dieses Moment abgeben kann. Gibt der Fahrer „Gas", um zügig zu beschleunigen, so erhöhen sich die Motordrehzahl und damit auch das Motormoment entsprechend der Wandlerkennlinie. Je nach Fahrpedalstellung stellt sich ein bestimmter Betriebspunkt auf dieser Kennlinie ein. Bei Volllast wird der Schnittpunkt zwischen Motormoment-Volllastlinie und Wandlerkennlinie erreicht. Für optimale Beschleunigung ist der Wandler so auszulegen, dass dieser Schnittpunkt in der Nähe des maximalen Motormoments liegt. Zur Beschreibung des Wandlers haben wir in Bild 8.12 eine weitere Kennlinie. Diese gibt uns die Drehmomentwandlung als Funktion des Drehzahlverhältnisses an. Beim Anfahren aus dem Stillstand ist zunächst die Raddrehzahl null. Da ein Gang eingelegt ist, muss somit auch die Getriebeeingangswellen-

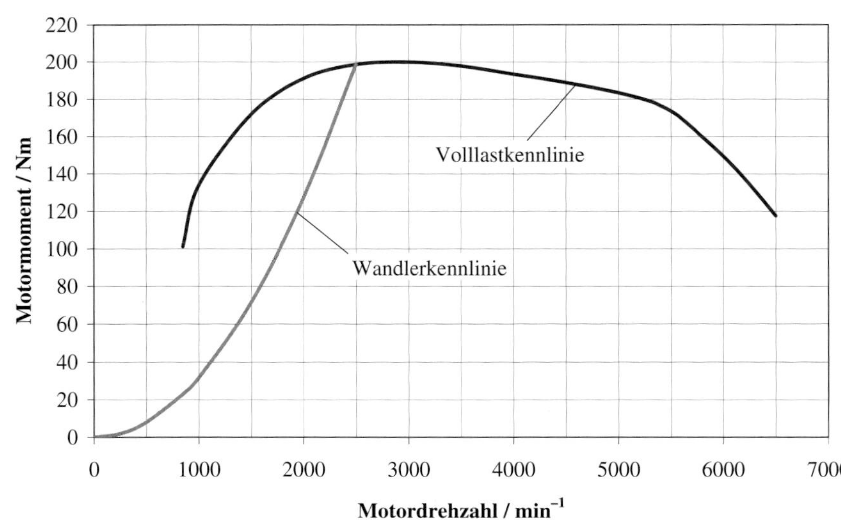

Bild 8.11: *Wandlerkennlinie beim Anfahren, dargestellt im Motordrehzahl-Motormoment-Diagramm*

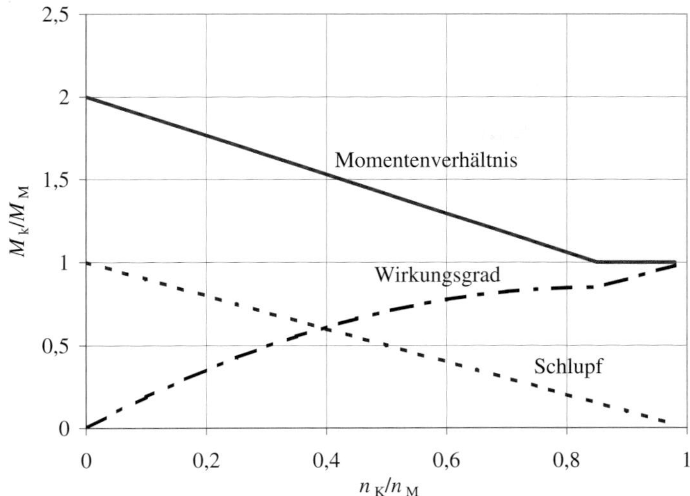

Bild 8.12: *Drehmomentverhältnis M_K/M_M, Schlupf und daraus bestimmter Wirkungsgrad als Funktion des Drehzahlverhältnisses n_K/n_M beim hydrodynamischen Wandler*

Drehzahl n_K null sein, d. h., es gilt $n_K/n_M = 0$. Das Drehmomentverhältnis M_K/M_M in diesem Betriebspunkt wird als **Anfangswandlung** $i_{\text{Wandler 0}}$ bezeichnet. Hierfür sind Auslegungswerte zwischen 2,0 und 3,0 üblich. Mit zunehmendem Drehzahlverhältnis n_K/n_M nimmt die Drehmomentwandlung i_{Wandler} linear ab, bis sie bei einem Drehzahlverhältnis von ca. 0,8 ... 0,9 den Wert 1,0 erreicht und somit nur noch als Kupplung arbeitet. Die Unstetigkeit der Kennlinie ist nur durch die Verwendung eines Freilaufes möglich, der ab diesem Punkt das Leitrad, das für die Drehmomenterhöhung verantwortlich ist, frei mitlaufen lässt.

Für die Fahrleistungsrechnung in Kap. 9 interessiert uns die Antriebskraft als Funktion der Geschwindigkeit bei Volllast. Um diese zu bestimmen, betrachten wir zunächst den Schnittpunkt in Bild 8.11. Damit kennen wir das Motormoment M_{MA} und die Motordrehzahl n_{MA} beim Anfahren. Mit steigender Radumfangsgeschwindigkeit nehmen die Kupplungsdrehzahl n_K und damit das Drehzahlverhältnis n_K/n_M linear zu:

$$\frac{n_K}{n_M} \approx \frac{v_A \cdot i_G \cdot i_A \cdot 60 \text{ s/min}}{n_{MA} \cdot 2 \cdot \pi \cdot r_A} \qquad \text{(Gl. 8.16)}$$

Wegen der Kennlinie in Bild 8.12 nimmt damit das Momentenverhältnis $M_K/M_M = i_{\text{Wandler}}$ linear mit der Radumfangsgeschwindigkeit ab.
Bis $n_K \approx 0{,}85 \cdot n_{MA}$, d. h. bis

$$v_A \approx 0{,}85 \cdot \frac{n_{MA} \cdot 2 \cdot \pi \cdot r_A}{i_G \cdot i_A \cdot 60 \text{ s/min}} \text{ gilt:}$$

$$i_{\text{Wandler}} \approx i_{\text{Wandler0}} + \frac{(1 - i_{\text{Wandler0}}) \cdot i_G \cdot i_A \cdot 60 \text{ s/min}}{0{,}85 \cdot n_{MA} \cdot 2 \cdot \pi \cdot r_A} \cdot v_A \qquad \text{(Gl. 8.17)}$$

Jetzt können wir die Antriebskraft F_A beim Anfahren mit dem Wandler bestimmen:

$$F_A = \frac{M_{MA} \cdot \eta_A \cdot i_{\text{Wandler}} \cdot i_G \cdot i_A}{r_A} \qquad \text{(Gl. 8.18)}$$

Da alle Werte außer i_{Wandler} als konstant angesehen werden können, nimmt die Antriebskraft ebenfalls linear mit der Radumfangsgeschwindigkeit ab, und wir erhalten die Antriebskraft als Funktion der Radumfangsgeschwindigkeit, vgl. Bild 8.13. In Bild 8.13 sind auch die Antriebskraftlinien beim Anfahren mit Wandler in den höheren Gängen dargestellt. Der Vergleich mit der idealen Kennung zeigt, dass

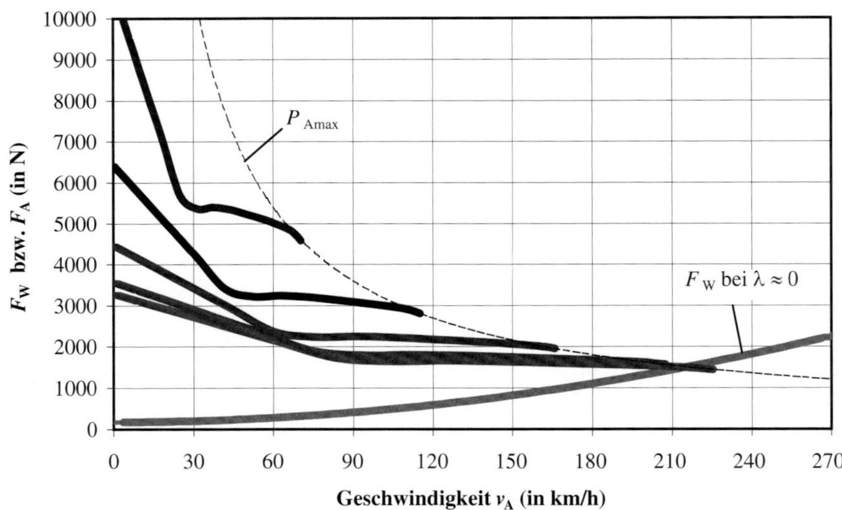

Bild 8.13: *Näherungsweiser Verlauf der Antriebskraft als Funktion der Geschwindigkeit beim Beschleunigen unter Volllast in den unterschiedlichen Gangstufen*

die Übersetzung des 1. Gangs durch die Verwendung eines Wandler kleiner gewählt werden kann. Im Extremfall könnte sogar der 1. Gang eingespart werden. Bei modernen Automatikgetrieben nimmt die Anzahl der Gänge eher zu. Bei gleicher Spreizung werden die Getriebesprünge geringer und somit wird eine bessere Annäherung an die ideale Kennung erreicht.

9 Fahrleistungen, begrenzt durch Motorleistung

In diesem Kapitel gehen wir von einem ausreichendem Kraftschluss aus. Die zur Verfügung stehende Antriebskraft kann stets auf die Straße übertragen werden. In diesem Fall bilden der **Fahrwiderstand** (Kap. 7) und die **Antriebskraft** (Kap. 8) ein Gleichgewicht:

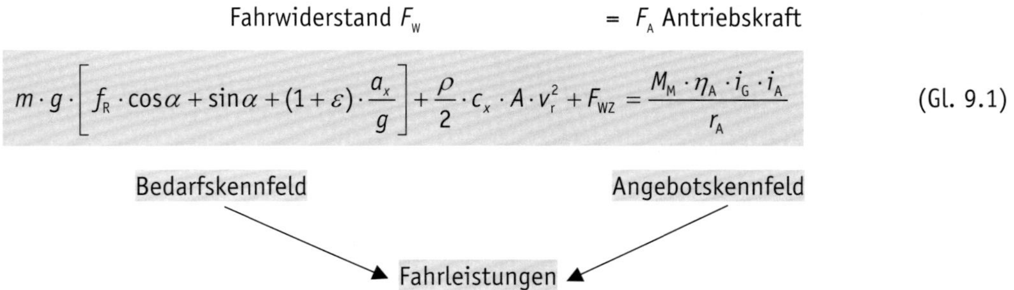

$$m \cdot g \cdot \left[f_R \cdot \cos\alpha + \sin\alpha + (1+\varepsilon) \cdot \frac{a_x}{g} \right] + \frac{\rho}{2} \cdot c_x \cdot A \cdot v_r^2 + F_{WZ} = \frac{M_M \cdot \eta_A \cdot i_G \cdot i_A}{r_A} \quad \text{(Gl. 9.1)}$$

Der Fahrwiderstand F_W ist für ein gegebenes Fahrzeug abhängig von der Fahrgeschwindigkeit, der Beschleunigung und der Steigung, vgl. Kap. 7. Man spricht daher von einem **Bedarfskennfeld**. Die Antriebskraft F_A ist abhängig von der Fahrgeschwindigkeit und der gewählten Gangstufe sowie der Fahrpedalstellung. Hieraus ergibt sich das **Angebotskennfeld**. Bei der Fahrleistungsrechnung interessiert im Allgemeinen die mögliche Fahrleistung aufgrund des Antriebs, d. h., wir betrachten in diesem Fall die **Volllastkurven** („Vollgasstellung").

Je nach Anwendungsfall kann auch die Betrachtung der Leistung sinnvoller sein. Hier gilt, vgl. Kap. 8:

$$P_W = F_W \cdot v_x \rightarrow P_W = (1-\lambda_A) \cdot P_A \leftarrow P_A = \eta_A \cdot P_M \quad \text{(Gl. 9.2)}$$

Da die Volllastkurven im Allgemeinen nicht durch einfache mathematische Funktionen beschrieben werden können, bietet es sich häufig an, die Fahrleistungen grafisch zu ermitteln. In den folgenden Unterkapiteln wird diese Methode an ausgewählten Beispielen gezeigt, wobei zur Erstellung der notwendigen Schaubilder die oberen Gleichungen angewendet werden.

9.1 Höchstgeschwindigkeit

Die bei Fahrzeugen angegebene **Höchstgeschwindigkeit** gibt die Geschwindigkeit an, die das Fahrzeug bei Windstille in der Ebene bei Volllast im passenden Gang erreicht. Beim Pkw wird die Höchstgeschwindigkeit selbstverständlich ohne Anhänger ermittelt, damit wir hier lediglich den **Normalfahrwiderstand**, der sich aus Roll- und Luftwiderstand zusammensetzt, als Bedarf haben:

$$F_W = F_{W0} = m \cdot g \cdot f_R + \frac{\rho}{2} \cdot c_W \cdot A \cdot v_x^2 \quad \text{(Gl. 9.3)}$$

Für die folgende Betrachtung im **Fahrleistungsschaubild** haben wir:

$$P_W = m \cdot g \cdot f_R \cdot v_x + \frac{\rho}{2} \cdot c_W \cdot A \cdot v_x^3 = (1-\lambda_A) \cdot \eta_A \cdot P_M \quad \text{(Gl. 9.4)}$$

Die **Fahrwiderstandsleistung** setzt sich damit aus der **Rollwiderstandsleistung**, die linear mit der Geschwindigkeit steigt, und der **Luftwiderstands-**

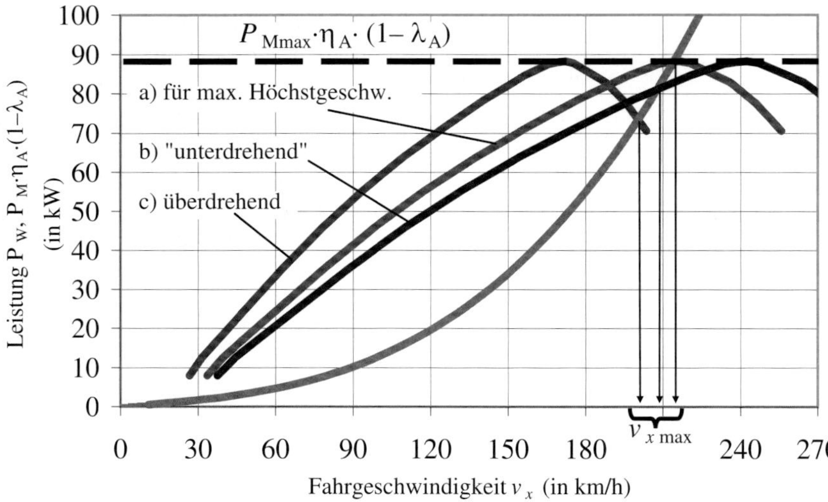

***Bild 9.1:** Fahrleistungsschaubild – Einfluss der Übersetzung auf die Höchstgeschwindigkeit*

leistung, die mit der dritten Potenz der Geschwindigkeit wächst, zusammen, vgl. Bild 9.1. Zur Überwindung der Fahrwiderstandsleistung steht die **Motorleistung** abzüglich der Verlustleistung im Antriebsstrang $P_{AV} = P_M \cdot (1 - \eta_A)$ und der Schlupfverlustleistung $P_{SV} = P_A \cdot \lambda_A$ zur Verfügung. Der **Antriebsschlupf** λ_A ist hierbei abhängig von der Antriebskraft (und somit von der Höchstgeschwindigkeit), der Radlast an den Antriebsrädern und der Reifenlängssteifigkeit. Er beträgt bei Höchstgeschwindigkeit nur ca. 0,3 ... 2,5 %, je nach Leistung des Fahrzeugs. Er wird daher entweder aus Erfahrungswerten abgeschätzt und als konstant angenommen oder komplett vernachlässigt. Möchte man ihn genauer berücksichtigen, ermittelt man zuerst die Höchstgeschwindigkeit mit einem geschätzten Schlupfwert und errechnet dann aus der Höchstgeschwindigkeit die Antriebskraft. Aus dem Reifenkennfeld (bzw. aus der Reifenlängssteifigkeit) erhält man dann den exakten Schlupfwert. Mit diesem führt man anschließend die Rechnung erneut durch.

Die Verluste im Antriebsstrang nehmen wir üblicherweise ebenfalls als konstant an, was eine gewisse Vereinfachung darstellt, vgl. Kap. 8. Bei einem Fahrzeug mit Standardantrieb sollte man bei einer genauen Betrachtung berücksichtigen, dass der Wirkungsgrad im direkten Gang höher ist als in den sonstigen Gangstufen.

In Bild 9.1 können wir mit diesen Annahmen die bei maximaler Motorleistung zur Überwindung des Fahrwiderstands verfügbare Leistung $(1 - \lambda_A) \cdot \eta_A \cdot P_{Mmax}$ eintragen. Der Schnittpunkt mit der Fahrwiderstandsleistung P_W ergibt die maximal mögliche Höchstgeschwindigkeit in der Ebene bei Windstille:

$$m \cdot g \cdot f_R \cdot v_{xmaxtheor} + \frac{\rho}{2} \cdot c_W \cdot A \cdot v_{xmaxtheor}^3 = (1 - \lambda_A) \cdot \eta_A \cdot P_{Mmax} \quad \text{(Gl. 9.5)}$$

Mit der **Cardanischen Formel**, die auch als „**Mitternachtsformel**" bekannt ist, erhalten wir:

$$v_{xmaxtheor} = \sqrt[3]{-q + \sqrt{q^2 + p^3}} + \sqrt[3]{-q - \sqrt{q^2 + p^3}} \quad \text{(Gl. 9.6)}$$

$$p = \frac{2 \cdot m \cdot g \cdot f_R}{3 \cdot \rho \cdot c_W \cdot A}$$

$$q = \frac{(\lambda_A - 1) \cdot \eta_A \cdot P_{Mmax}}{\rho \cdot c_W \cdot A}$$

Die maximal mögliche Höchstgeschwindigkeit $v_{x\,\max\,\text{theor}}$ können wir nur erreichen, wenn der Motor auch genau bei dieser Geschwindigkeit die maximale Leistung abgibt!

Hieraus lassen sich für den Gang, in dem die Höchstgeschwindigkeit erreicht wird, drei Auslegungen der Gesamtübersetzung ableiten:

a) Die Höchstgeschwindigkeit wird genau bei maximaler Motorleistung erreicht, d. h., der Motor dreht bei Höchstgeschwindigkeit mit Nenndrehzahl.

b) Der Motor dreht bei Höchstgeschwindigkeit unter Nenndrehzahl. Man spricht von einer **unterdrehenden Auslegung**. Durch die geringere verfügbare Motorleistung wird eine geringere Höchstgeschwindigkeit erreicht, wie in Bild 9.1 zu erkennen ist. Die **Überschussleistung** ist bei geringeren Geschwindigkeiten ebenfalls geringer als bei der Auslegung a), d. h., die mögliche Steig- oder Beschleunigungsfähigkeit ist geringer. Vorteile der unterdrehenden Auslegung sind:
   - geringerer Verbrauch (vgl. Kap. 10.4),
   - geringeres Motorgeräusch,
   - geringerer Motorverschleiß.

   Man spricht daher auch von einer **Spar-** oder **Schongangauslegung**.

c) Der Motor dreht bei Höchstgeschwindigkeit über Nenndrehzahl. Hierdurch steht weniger Motorleistung als bei a) zur Verfügung. In Bild 9.1 ergibt der Schnittpunkt mit der Fahrwiderstandsleistung eine geringere Geschwindigkeit. Durch die höhere Motordrehzahl werden die in b) genannten Vorteile zu Nachteilen. Durch die größere Überschussleistung bei geringeren Geschwindigkeiten bietet die **überdrehende Auslegung** folgende Vorteile:
   - mehr Beschleunigungsfähigkeit, d. h. schnelleres Erreichen der Höchstgeschwindigkeit,
   - mehr Steigfähigkeit bei hoher Geschwindigkeit.

9.2 Steigfähigkeit

Betrachten wir den einfachen Fall der konstanten Fahrt in der Steigung ohne Umgebungswind und Anhänger, so gilt für die **Fahrwiderstandskraft** in Abhängigkeit von der Fahrgeschwindigkeit und der Steigung:

$$F_W = m \cdot g \cdot (f_R \cdot \cos\alpha + \sin\alpha) + \frac{\rho}{2} \cdot c_W \cdot A \cdot v_x^2$$
$$= F_{W0} + m \cdot g \cdot \sin\alpha + (\cos\alpha - 1) \cdot f_R \qquad \text{(Gl. 9.7)}$$

Zur Überwindung der Steigung steht uns die Antriebskraft abzüglich des Normalfahrwiderstands zur Verfügung. Diese Differenz bezeichnen wir mit **Überschusskraft** $F_Ü$. Es gilt:

$$F_Ü = F_A - F_{W0} = m \cdot g \cdot \sin\alpha + (\cos\alpha - 1) \cdot f_R$$
$$= m \cdot g \cdot \sin\alpha + (\sqrt{1 - \sin^2\alpha} - 1) \cdot f_R \qquad \text{(Gl. 9.8)}$$

Aufgelöst nach dem **Steigungswinkel** α erhalten wir:

$$\alpha = \arcsin\left[\frac{\frac{F_Ü}{m \cdot g} + f_R \pm \sqrt{f_R^2 + 1 - \left(\frac{F_Ü}{m \cdot g} + f_R\right)^2}}{1 + f_R^2}\right] \qquad \text{(Gl. 9.9)}$$

Da $f_R \ll 1$ entsteht in Gl. 9.9 nur ein geringer Fehler, wenn wir $\cos\alpha \approx 1$ setzen. Damit vereinfacht sich die Formel für den **Steigungswinkel** α erheblich:

$$\alpha \approx \arcsin\left(\frac{F_Ü}{m \cdot g}\right) \qquad \text{(Gl. 9.10)}$$

Die **maximale Steigfähigkeit** wird also bei maximaler Überschusskraft erreicht. Bei einer festen Übersetzung wird die Antriebskraft maximal, wenn das maximale Motormoment anliegt. Da mit zunehmender Geschwindigkeit der Fahrwiderstand aufgrund des Luftwiderstandes steigt, gilt:

Bei Berücksichtigung des Luftwiderstandes wird die **maximale Steigfähigkeit** nicht bei der Geschwindigkeit mit maximaler Antriebskraft, sondern bereits bei einer geringeren Geschwindigkeit erreicht.

Nur in dem Sonderfall, dass der Luftwiderstand vernachlässigt werden kann, gilt (bei $F_{WL} \approx 0$):

$$\alpha \approx \arcsin\left(\frac{F_{\text{Amax}}}{m \cdot g} - f_{\text{R}}\right) \quad \text{(Gl. 9.11)}$$

Bei der Betrachtung der maximal möglichen Steigung im 1. Gang ist dies generell zulässig.
Da im Straßenverkehr die Steigungen in Prozent angegeben werden, muss der Steigungswinkel umgerechnet werden. Es gilt für die Steigung q in %:

$$q = 100\,\% \cdot \tan\alpha \quad \text{(Gl. 9.12)}$$

Zur grafischen Ermittlung der Steigfähigkeit bietet sich das **Antriebskraftschaubild** an. Diese Art der Darstellung wird häufig auch mit **„Zugkraftdiagramm nach Jante"** bezeichnet. In Bild 9.2 ist die Antriebskraft als Funktion der Geschwindigkeit für die ersten vier Gänge aufgetragen. Tragen wir nun ebenfalls den Normalfahrwiderstand ein, der sich aus dem konstanten Rollwiderstand und dem mit dem Quadrat der Geschwindigkeit steigenden Luftwiderstand zusammensetzt, so können wir die **Überschusskraft** grafisch ermitteln. In Bild 9.2 ist dies exemplarisch für den 4. Gang erfolgt. Aus der maximalen Überschusskraft können wir die maximale Steigung mit der Gl. 9.10 berechnen. Tragen wir für diese Steigung den Fahrwiderstand auf, so erhalten wir die mit α_{max4} bezeichnete Kurve. Diese tangiert die Antriebskraftkurve des 4.Gangs bei der Geschwindigkeit $v_{\alpha_{\text{max4}}}$.Wir erkennen, dass die maximale Antriebskraft bei einer deutlich höheren Geschwindigkeit erreicht wird.

Die **Fahrwiderstandskurven** bei maximal möglicher Steigung sind ebenfalls für den 3., 2. und 1. Gang eingetragen. Beim 1. Gang können wir erkennen, dass sich Fahrwiderstandkurve α_{max1} und Antriebskraftkurve F_{A1} bei annähernd maximaler Antriebskraft tangieren, d. h., hier ist die in Gl. 9.11 getroffene Vereinfachung zulässig.

Vergleichen wir in Bild 9.2 die Fahrwiderstandskurve α_{max3} mit der Antriebskraftkurve des 2. Gangs, so ist in einem ganzen Geschwindigkeitsbereich die Antriebskraft höher als der Fahrwiderstand. Dies bedeutet, dass wir in diesem ganzen Geschwindigkeitsbereich die Steigung befahren und zusätzlich noch beschleunigen können.

Ist die Geschwindigkeit zunächst höher als die mögliche (z. B. beim Heranfahren mit höherer Ge-

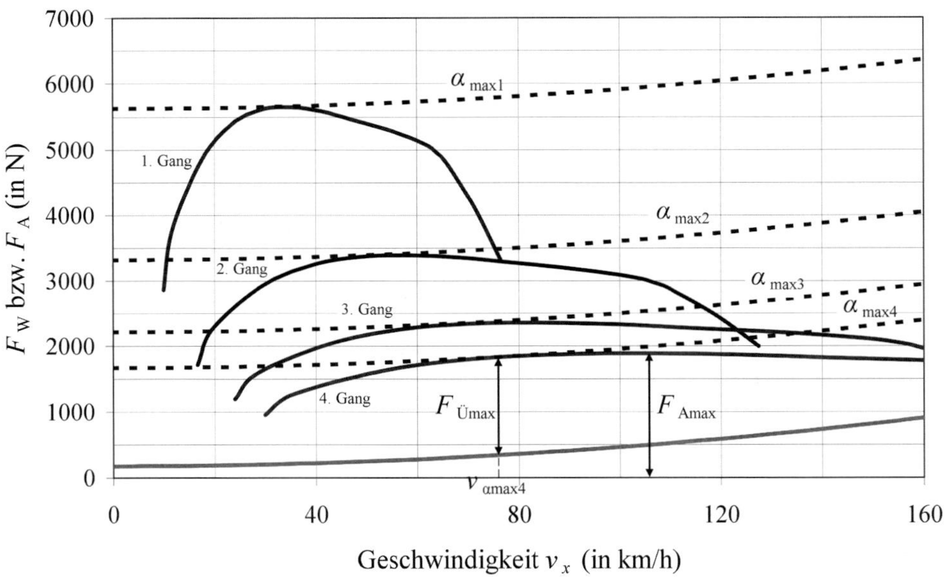

***Bild 9.2:** Antriebskraftschaubild – Ermittlung der maximal möglichen Steigfähigkeit in Abhängigkeit vom eingelegten Gang*

schwindigkeit aus der Ebene an die Steigung oder beim Herunterschalten), so fällt bei Volllast die Geschwindigkeit ab, bis die maximal mögliche Geschwindigkeit im 2. Gang erreicht ist. Bei einem weiteren Abfall der Geschwindigkeit würde eine zusätzliche Überschusszugkraft zum Beschleunigen verbleiben. Damit erhalten wir bei der maximal möglichen Geschwindigkeit einen **stabilen Betriebspunkt.**

Bei der niedrigstmöglichen Geschwindigkeit fahren wir dagegen in einem labilen Betriebspunkt. Fällt die Geschwindigkeit durch eine kleine Störung etwas ab, so reicht die Überschusskraft nicht mehr zur Überwindung der Steigung. Das Fahrzeug wird langsamer, die Überschusskraft nimmt weiter ab usw. Nimmt hingegen z. B. durch kurzzeitigen Rückenwind die Fahrgeschwindigkeit leicht zu, so steigt bei Volllast die Überschusszugkraft. Das Fahrzeug beschleunigt. Durch die höhere Fahrgeschwindigkeit steigen die Motordrehzahl und damit das Motormoment und die Antriebskraft. Das Fahrzeug beschleunigt stärker usw.

Nur durch Reduzieren der Antriebskraft mit dem Fahrpedal kann dann auch bei einer Geschwindigkeit oberhalb der minmal möglichen und unterhalb der maximal möglichen ein stabiler Betriebspunkt erreicht werden.

Möchte man ein Antriebskraftschaubild zur rein grafischen Ermittlung der Steigfähigkeit erstellen, so berechnet man für unterschiedliche Steigungen den Fahrwiderstand mit Gl. 7.56 und trägt diese in das Diagramm, vgl. Bild 9.3. Die **maximale Steigfähigkeit** kann dann durch lineare Interpolation in Abhängigkeit von der Fahrgeschwindigkeit und dem eingelegten Gang ermittelt werden. Bei der Fahrgeschwindigkeit v_I = 60 km/h erhält man damit eine maximale Steigfähigkeit von ca. 35 % im 1. Gang, von ca. 22 % im 2. Gang, von ca. 13,5 % im 3. Gang und von ca. 9,5 % im 4.Gang.

9.3 Beschleunigungsfähigkeit

Wir haben bereits in Kap. 9.2 gesehen, wie die verbleibende Überschusskraft auch zur Beschleunigung eingesetzt werden kann. Es gilt ohne Umgebungswind und ohne Anhänger

$$F_{Ü} = F_A - F_{WR} - F_{WS} - F_{WL} = m \cdot a_x \cdot (1 + \varepsilon),$$

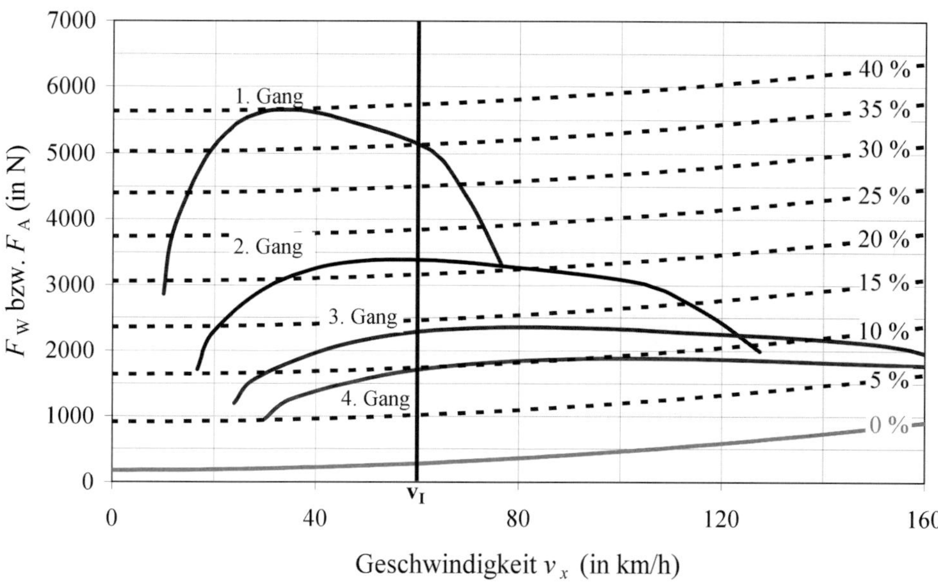

Bild 9.3: *Antriebskraftschaubild – grafische Ermittlung der Steigfähigkeit in Abhängigkeit von Geschwindigkeit v_I und eingelegtem Gang*

bzw. aufgelöst nach der Beschleunigung a_x:

$$a_x = \frac{F_{Ü}}{m \cdot (1+\varepsilon)} = \frac{F_A - F_{WR} - F_{WS} - F_{WL}}{m \cdot (1+\varepsilon)}$$

$$= \frac{F_A - m \cdot g \cdot (f_R + \sin\alpha) - \frac{\rho}{2} \cdot c_x \cdot A \cdot v_x^2}{m \cdot (1+\varepsilon)} \quad \text{(Gl. 9.13)}$$

In Bild 9.4 oben sind im Antriebskraftschaubild die **Antriebskraft** für die ersten drei Gänge und der **Fahrwiderstand** in der Ebene und bei 5 % Steigung aufgetragen. Möchte man nun die Beschleunigung bei 5 % Steigung im 2. Gang ermitteln, so liest man aus diesem Diagramm die Überschusskraft $F_{Ü} = F_{A\_2.\,Gang} - F_{W\_5\,\%}$ ab und berechnet daraus mit Gl. 9.13 die Beschleunigung a_x. In Bild 9.4 unten ist die Überschusskraft als Funktion der Geschwin-

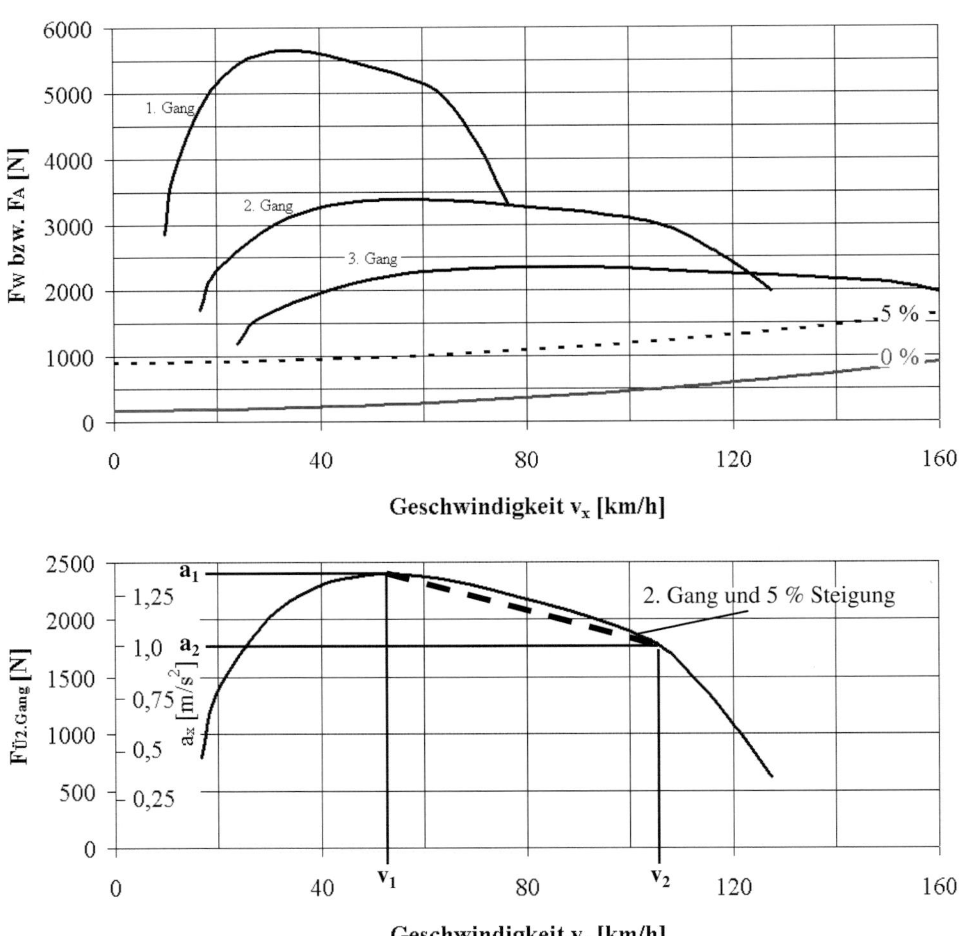

Bild 9.4: *Antriebskraftschaubild – Ermittlung der Beschleunigungsfähigkeit in Abhängigkeit von Geschwindigkeit und eingelegtem Gang*

digkeit aufgetragen. Durch Einführung einer zweiten Skalierung entsprechend Gl. 9.13 erhält man die **Beschleunigung** als Funktion der Fahrgeschwindigkeit. Aus diesem Diagramm läßt sich deutlich erkennen: $a_x = f(v_x)$, d. h., die Beschleunigung a_x ändert sich ständig während des Beschleunigungsvorgangs.
Die Angabe der Beschleunigung ist damit häufig nicht sehr aussagefähig.

Daher betrachtet man bei **Fahrleistungstests** die Zeit, die zum Beschleunigen von einer Ausgangsgeschwindigkeit auf eine zweite Geschwindigkeit oder zum Zurücklegen einer definierten Strecke notwendig ist. Für die analytische Betrachtung bieten sich zwei Möglichkeiten an:

- numerische Methode: Man unterteilt die Zeit in sehr kleine Schritte Δt und geht vereinfacht von einer konstanten Beschleunigung innerhalb des Zeitschritts aus. Damit lassen sich Geschwindigkeit und Strecke iterativ berechnen:

  $$v(t+\Delta t) = v(t) + a_{x(v(t))} \cdot \Delta t$$

  $$s(t+\Delta t) = s(t) + v(t) \cdot \Delta t + \frac{1}{2} a_{x(v(t))} \cdot \Delta t^2$$

  Die Schleife wird nun solange durchlaufen, bis die Zielgeschwindigkeit bzw. Zielstrecke erreicht ist. Wird innerhalb des Beschleunigungsvorgangs geschaltet, so können die **Schaltpausen** berücksichtigt werden. Innerhalb der Schaltpausen muss F_A gleich null gesetzt werden, d. h., man erhält (außer bei Gefällefahrt) eine negative Beschleunigung).
- Bei kleinerer Geschwindigkeitsdifferenz kann man auch die Geschwindigkeitsabhängigkeit der Beschleunigung durch eine Gerade annähern: $a_x \approx A \cdot v_x + B$. In Bild 9.4 unten ist dies für den Geschwindigkeitsbereich v_1 – v_2 dargestellt. Die bei den Geschwindigkeiten v_1 und v_2 auftretenden Beschleunigungen bezeichnen wir mit a_1 und a_2. Legen wir nun vereinfacht die Gerade durch die Punkte (v_1, a_1) und (v_2, a_2), so erhalten wir für die Geradensteigung:

  $$A = \frac{a_2 - a_1}{v_2 - v_1} \qquad \text{(Gl. 9.14)}$$

Aus der Definition der Beschleunigung $a_x = dv_x/dt$ erhalten wir die Beschleunigungszeit T:

$$\int_0^T dt = \int_{v_1}^{v_2} \frac{dv_x}{a_x} = \int_{v_1}^{v_2} \frac{dv_x}{A \cdot v_x + B}$$

$$= \frac{1}{A} \cdot \left[\ln(A \cdot v_2 + B) - \ln(A \cdot v_1 + B)\right] = \frac{1}{A} \cdot \ln \frac{a_2}{a_1}$$

(Gl. 9.15)

nach Einsetzen der Geradensteigung A erhalten wir die Beschleunigungszeit T:

$$T = \frac{v_2 - v_1}{a_2 - a_1} \cdot \ln \frac{a_2}{a_1} \qquad \text{(Gl. 9.16)}$$

Ein typischer **Drehmomentverlauf** ergibt zusammen mit dem quadratischen Anstieg der Luftwiderstandskraft eine mit der Geschwindigkeit progressiv abnehmende **Überschusskraft** bzw. **Beschleunigung**, vgl. Bild 9.4. Hierdurch wird mit dieser Methode im Mittel eine etwas zu geringe Beschleunigung angenommen, d. h., die errechnete Beschleunigungszeit ist etwas größer als die tatsächliche. Um die Genauigkeit dieser Methode zu verbessern, kann der Verlauf der Funktion $a_x = f(v_x)$ auch durch mehrere Geradenabschnitte angenähert werden.

9.4 Sonderfall: Motor im Schubbetrieb

Bei Talfahrten oder zum Verzögern können wir zur Schonung der Betriebsbremse die **Motorbremswirkung** ausnutzen. In diesem Fall arbeitet der Verbrennungsmotor im **Schubbetrieb**. Er liefert hierbei ein Bremsmoment, das, ausgehend vom Moment null, bei Leerlaufdrehzahl mit zunehmender Drehzahl näherungsweise linear zunimmt, vgl. Bild 9.5. Für Fahrleistungsbetrachtungen im Schubbetrieb benötigen wir die durch die Motorbremswirkung verursachte Bremskraft an den Antriebsrädern. Um diese von der durch die Betriebsbremse verursachten Bremskraft zu unterscheiden, bezeichnen wir sie mit F_{Amin}. Bei der Berechnung von F_{Amin} müssen wir berücksichtigen: Die Räder treiben jetzt den Motor an. Dies bedeutet, dass die Verluste im Antriebs-

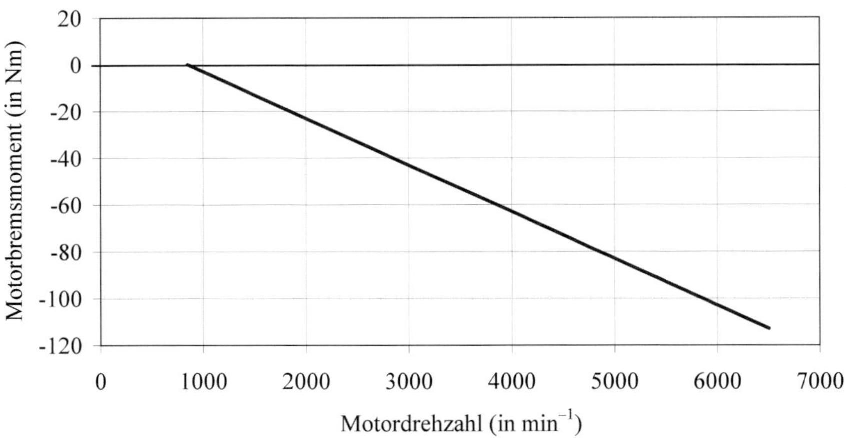

Bild 9.5: *Motorbremsmoment als Funktion der Motordrehzahl*

strang das an den Rädern anliegende Moment abschwächen. Damit gilt bei $M_M < 0$:

$$F_A \cdot \eta_A = \frac{M_M \cdot i_G \cdot i_A}{r_A} \qquad \text{(Gl. 9.17)}$$

In Bild 9.6 sind im Antriebskraftschaubild die so berechneten Motorbremskräfte F_{Amin} für die ersten drei Gänge und der Normalfahrwiderstand F_{W0} eingetragen. Die in diesem Betriebszustand negative Überschusskraft $F_{Ümin}$ ist exemplarisch für den 3. Gang eingezeichnet. Sie ermöglicht z. B. eine **Gefällefahrt** mit konstanter Geschwindigkeit ohne Betriebsbremse, wie die gestrichelte Fahrwiderstandslinie $F_{W-10\%}$ für 10 % Gefälle zeigt. Aus den Schnittpunkten mit den Kurven F_{Amin} erhalten wir die Geschwindigkeiten v_1, v_2, v_3, die sich bei diesem Gefälle im Schubbetrieb ohne Betriebsbremse in den Gängen 1 bis 3 einstellen.

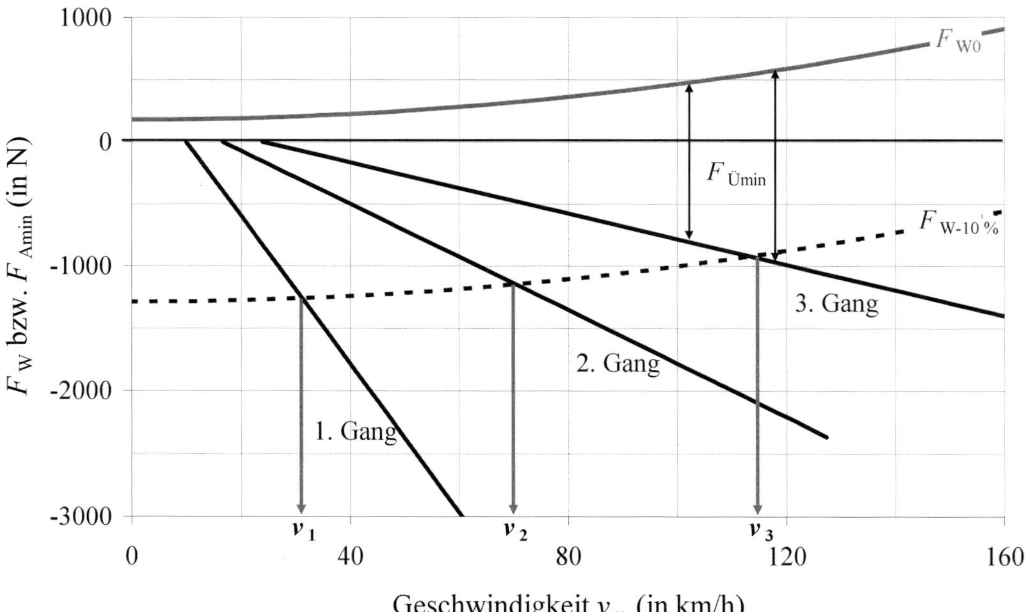

Bild 9.6: *Antriebskraftschaubild für Gefälle- oder Verzögerungsfahrt*

Es handelt sich hierbei um stabile Betriebspunkte: Bei größerer Geschwindigkeit nimmt die Bremskraft zu, d. h., das Fahrzeug wird verzögert, bis die Geschwindigkeit erreicht ist. Bei geringerer Geschwindigkeit ist auch die Bremskraft kleiner. Sie reicht damit nicht aus, um dem Hangabtrieb vollständig entgegenzuwirken, d. h., das Fahrzeug wird bis zu dieser Geschwindigkeit beschleunigt.

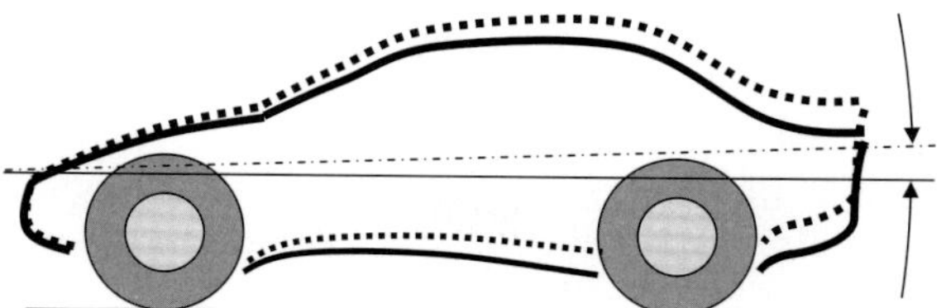

Bild 9.7: *Änderung der Lage des Fahrzeugaufbaus relativ zur Fahrbahn bei starkem Auftrieb an der Hinterachse und geringem Auftrieb an der Vorderachse*

9.5 Genauere Betrachtung

Bei der Bestimmung der Fahrleistungen in den vorangegangenen Teilkapiteln haben wir stillschweigend einige Vereinfachungen aus vorangegangenen Kapiteln übernommen. In speziellen Fällen können diese Vereinfachungen jedoch zu erkennbaren Abweichungen im Ergebnis führen.

Bei hohen Geschwindigkeiten bewirkt der **aerodynamische Auf-** bzw. **Abtrieb** eine Änderung der Radlasten und ein Ein- bzw. Ausfedern der Karosserie. Hierdurch ändern sich Rad- und Luftwiderstand.

Bei Rennsportfahrzeugen mit hohem Abtrieb sollten daher zur Bestimmung des Radwiderstands die durch aerodynamische Kräfte verursachten **Radlaständerungen** als Funktion der Geschwindigkeit bestimmt werden:

$$2 \cdot (\Delta F_{\mathrm{Nv}} + \Delta F_{\mathrm{Nh}}) = \frac{\rho}{2} \cdot (c_{\mathrm{zv}} + c_{\mathrm{zh}}) \cdot A \cdot v_x^2 \qquad \text{(Gl. 9.18)}$$

Damit gilt für den **Rollwiderstand**:

$$F_{\mathrm{WRR}} = \left[m \cdot g \cdot \cos\alpha + 2 \cdot (\Delta F_{\mathrm{Nv}} + \Delta F_{\mathrm{Nh}}) \right] \cdot f_{\mathrm{R}} \qquad \text{(Gl. 9.19)}$$

Gleichzeitig kann hier auch noch die bei hohen Geschwindigkeiten auftretende Geschwindigkeitsabhängigkeit des Rollwiderstandsbeiwerts $f_{\mathrm{R}} = f(v_x)$ Berücksichtigung finden.

Der aerodynamische **Auf-** bzw. **Abtrieb** und die **Anfahrnickabstützung** der angetriebenen Achse bewirken ein Anheben oder Absenken der Karosserie relativ zur Fahrbahn. Bei stark unterschiedlichem Auftrieb an Vorder- und Hinterachse kommt eine Änderung des **Anstellwinkels der Karosserie** hinzu, vgl. das in Bild 9.7 dargestellte Beispiel. Beide Effekte haben einen Einfluss auf den Luftwiderstandsbeiwert. Darüber hinaus nimmt der Luftwiderstand von Kraftfahrzeugen nicht exakt mit dem Quadrat der Geschwindigkeit zu (z. B. auf Grund der Grenzschichtströmung). Um dies alles weitgehend zu berücksichtigen, wird gern das Fahrzeug im Windkanal so befestigt, dass es auf den eigenen Rädern steht und ein Ein- oder Ausfedern auf Grund der Windkräfte möglich ist. Bei feststehenden Rädern wird zur Fixierung des Fahrzeugs der Motor bei eingelegtem Gang blockiert. Damit wird die Anfahrnickabstützung wie bei der realen Fahrt wirksam. Man erhält nun eine geschwindigkeitsabhängige Luftwiderstandsfläche $c_{\mathrm{w}} \cdot A$.

Bei der realen Fahrt federn durch stets vorhandene **Fahrbahnunebenheiten** die Räder ständig relativ zur Karosserie etwas ein und aus. Da die Zugstufe bei den Dämpfern härter ausgelegt ist als die Druckstufe, entsteht durch die Auf- und Abbewegung im Mittel eine Kraft, die das Fahrzeug nach unten zieht. Der Bodenabstand des Fahrzeugaufbaus nimmt ab und stimmt somit nicht mit der im Windkanal auftretenden Lage überein.

Durch die Änderung der Radeinfederung ändern sich streng genommen aufgrund der Achskinematik auch Sturz und Vorspur und somit auch der Radwiderstand.

Bei hohen Fahrgeschwindigkeiten treten weitere Effekte auf. Der Radhalbmesser nimmt durch die Fliehkraft zu, der Abrollumfang ebenfalls. Bei modernen Pkw-Reifen ist dies aber nur im Milimeter-Bereich, da der Stahlgürtel in Umfangsrichtung sehr steif ist. Der Einfluss ist im Allgemeinen geringer als der Einfluss des Schlupfes.

Möchten wir die Beschleunigungsfähigkeit während des Anfahrvorgangs mit rutschender Kupplung oder mit einem Drehmomentwandler bestimmen, müssen wir den Einfluss der **Drehbeschleunigung** des Motors beachten. Zunächst betrachten wir den einfachen Fall: Die Kupplung wird gerade so betätigt, dass die Motordrehzahl während des Anfahrvorgangs konstant bleibt. Hierbei werden während des Anfahrvorgangs der komplette Antriebsstrang inklusive Kupplungsscheibe und die Räder inklusiv Radbremsen beschleunigt. Genau diese Teile werden auch im ausgekuppelten Zustand drehbeschleunigt, d. h., wir haben bei der Bestimmung des Beschleunigungswiderstands nur den Drehmassenzuschlagsfaktor ε_0 zu berücksichtigen.

Damit gilt für die **Beschleunigung beim Anfahren** im 1. Gang mit rutschender Kupplung und konstanter Motordrehzahl n_M bei Volllast:

$$a_x = \frac{F_A - F_{WR} - F_{WL} - F_{WS} - F_{WZ}}{m \cdot (1 + \varepsilon_0)}$$

$$\text{mit } F_A = \frac{M_M(n_M) \cdot \eta_A \cdot i_1 \cdot i_A}{r_A} \qquad \text{(Gl. 9.20)}$$

Wollen wir noch schärfer Anfahren, so bringen wir den Motor auf hohe Drehzahl und kuppeln sehr scharf ein. Das Trägheitsmoment des Motors wird zusätzlich zum Beschleunigen eingesetzt. Die maximale Beschleunigung ergibt sich jetzt aus dem maximal möglichen Kupplungsmoment, d. h., wir müssen in der Gl. 9.20 das Motormoment durch das maximal mögliche Kupplungsmoment ersetzen. Jetzt wird aber in vielen Fällen der Kraftschluss nicht mehr ausreichen, wodurch sich die maximale Beschleunigung aufgrund des Kraftschlusses ergibt, vgl. Kap. 11.

Welche Beschleunigung ergibt sich, wenn wir mit einem Fahrzeug mit automatischem Getriebe und Drehmomentwandler anfahren? Wir müssen zunächst die Kennlinien des Wandlers beachten. Das Eingangsdrehmoment des Wandlers wird als **Pumpenmoment** bezeichnet und ist proportional zur fünften Potenz des **Pumpenraddurchmessers** und proportional zum Quadrat der Motordrehzahl. Es gilt:

$$M_{Pumpe} = k \cdot D^5_{Pumpenrad} \cdot n^2_M \qquad \text{(Gl. 9.21)}$$

wobei der Faktor k vom Verhältnis Getriebeeingangswellendrehzahl zu Motordrehzahl abhängig ist, wie in Bild 9.8 dargestellt. Bis zu einem Drehzahlverhältnis $n_K/n_M \approx 0{,}85$ ist dieser Faktor annähernd konstant, d. h., beim Anfahren können wir diesen Wert vereinfacht als konstant betrachten.

In Bild 9.9 ist das Diagramm Motormoment über Motordrehzahl dargestellt, wobei das Wandler-Eingangsdrehmoment für den Anfahrbereich eingetragen ist. Entsprechend Gl. 9.21 handelt es sich bei dieser Kennlinie um eine Parabel. Diese Kennkurve gibt an, wie viel Drehmoment der Wandler in Abhängigkeit von der Motordrehzahl aufnimmt. Bei Leerlaufdrehzahl n_0 muss daher der Motor bereits das Drehmoment M_0 abgeben. Das Moment, das der Wandler abgibt, ist beim Anfahren ein Mehrfaches vom aufgenommenen Moment, daher spricht man von einem **Wandler** und nicht von einer Kupplung.

In Bild 9.10 ist das Verhältnis von Wandlerausgangs- zu Wandlereingangsmoment als Funktion der Wandlereingangs- (= Motordrehzahl) zur Wandlerausgangsdrehzahl (= Getriebeeingangsdrehzahl) dargestellt. Beim Anfahren stehen zunächst die Räder

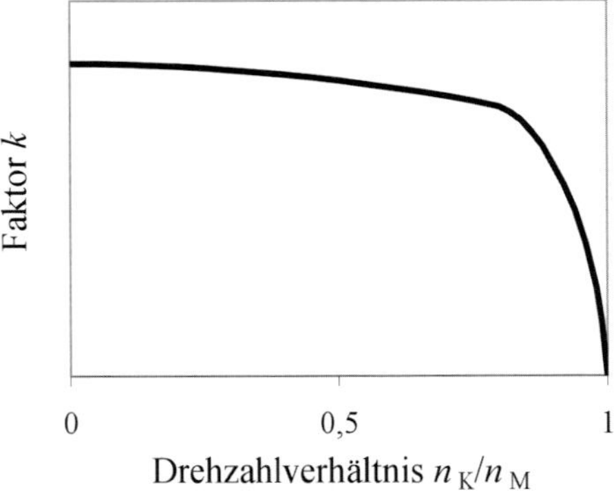

Bild 9.8: *Abhängigkeit des Wandlermoments vom Getriebeeingangswellen-/Motordrehzahl-Verhältnis*

und damit auch die Wandlerausgangswelle still, d. h., hier gilt n_K/n_M = 0, und damit ist die Drehmomentwandlung am stärksten. Beschleunigen wir mit Volllast, so erhöht sich das Drehmoment des Motors. Das Drehmoment, das der Motor bei konstanter Drehzahl abgeben kann, liegt nun oberhalb der Kennlinie des Wandlers in Bild 9.9, d. h., das überschüssige Moment führt zu einer **Drehbeschleunigung** des Motors. Das vom Motor an den Wandler abgegebene Moment nimmt mit zunehmender Motordrehzahl entsprechend der Wandlerkennlinie in Bild 9.9 zu und wird nach der Kennlinie aus Bild 9.10 verstärkt. Dies führt zur Beschleunigung des Fahrzeugs. Bei der Drehzahl n_{Mf} wird das komplette Motormoment vom Wandler aufgenommen, d. h., hier stellt sich ein stabiles Gleichgewicht ein, da jetzt kein überschüssiges Momont zur Drehbeschleunigung des Motors mehr zur Verfügung steht. Dieser Betriebspunkt wird deshalb mit **Festbremspunkt** bezeichnet. Die Beschleunigung ändert sich während des soeben beschriebenen Anfahrvorgangs ständig und ist daher nur mit Aufwand analytisch zu behandeln.

Daher betrachten wir folgenden Beschleunigungsvorgang, wie er gern von Testfahrern zur Erzielung einer optimalen Beschleunigung angewendet wird: Bei betätigter Betriebs- oder Feststellbremse (falls ausreichend) wird zunächst mit Volllast der Motor auf die oben genannte **Festbremsdrehzahl** n_{Mf} gebracht und anschließend die Bremse geöffnet. Am Wandler liegt bei dieser Anfahrart sofort das Motormoment M_{Mf} an.

Um nun die Beschleunigung berechnen zu können, müssen wir die Verstärkung des Wandlers entsprechend der Kennlinie in Bild 9.10 berücksichtigen. Hierzu bestimmen wir zunächst den Zusammenhang zwischen dem Drehzahlverhältnis am Wandler und der Fahrgeschwindigkeit. Bei Vernachlässigung des Radschlupfes gilt:

$$\frac{n_K}{n_M} \approx \frac{i_G \cdot i_A \cdot 60\ \text{s/min}}{n_{Mf} \cdot 2 \cdot \pi \cdot r_A} \cdot v_x \qquad \text{(Gl. 9.22)}$$

Bis zu einem Drehzahlverhältnis $n_K/n_M \approx 0{,}85$ bleibt die Motordrehzahl auf der **Festbremsdrehzahl**, d. h., in diesem Bereich ist der komplette Term links von v_x in Gl. 9.22 konstant. Damit ist das Drehzahlverhältnis n_K/n_M proportional zur Fahrgeschwindigkeit, d. h., wir können in Bild 9.10 die Fahrgeschwindigkeit als zusätzliche x-Achse eintragen. Mit zunehmender Fahrgeschwindigkeit nehmen der **Wandlerfaktor** $i_{Wandler}$ und damit auch die Beschleunigung

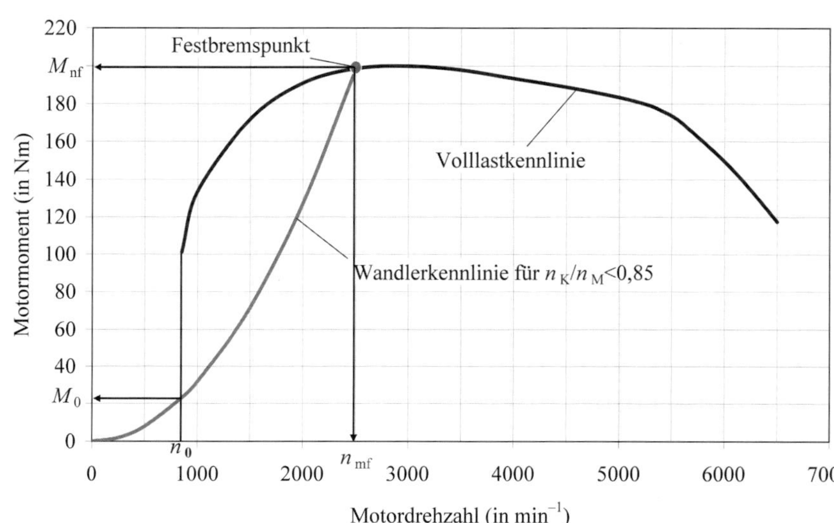

***Bild 9.9:** Wandlerdrehmomentverlauf als Funktion der Motordrehzahl*

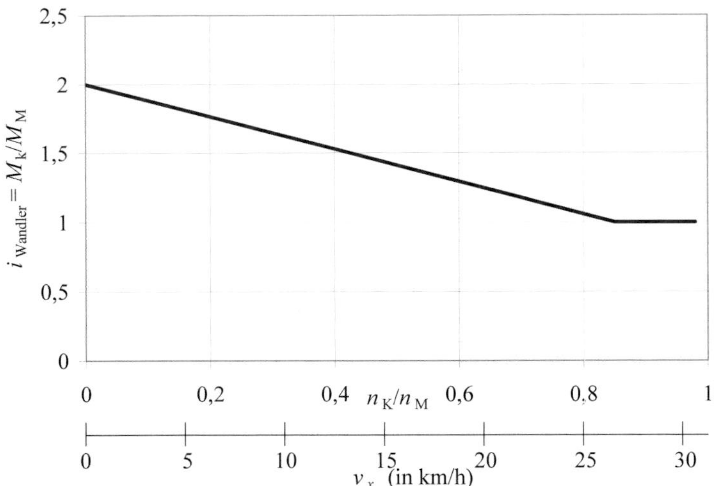

Bild 9.10: *Drehmomentwandlung $i_{Wandler}$ (Getriebeeingangs-/Motordrehmoment-Verhältnis) als Funktion vom Getriebeeingangswellen-/Motordrehzahl-Verhältnis*

bei Vernachlässigung des Luftwiderstands linear ab, wie die folgende Herleitung zeigt:

Mit $F_A = \frac{M_{Mf} \cdot i_G \cdot i_A \cdot i_{Wandler}}{r_A}$ und Gl. 9.13 gilt:

$$a_x = \frac{F_A - F_{WR}}{m \cdot (1 + \varepsilon_0)} = \frac{M_{Mf} \cdot i_G \cdot i_A \cdot i_{Wandler} - F_{WR} \cdot r_A}{m \cdot (1 + \varepsilon_0) \cdot r_A}$$

$$= c_1 \cdot i_{Wandler} - c_2 \qquad \text{(Gl. 9.23)}$$

c_1 und c_2 sind Konstanten, da in Gl. 9.23 alle Größen außer $i_{Wandler}$ während des Anfahrvorgangs als konstant betrachtet werden können. Da auch die Motordrehzahl während dieses Anfahrvorgangs konstant auf n_{Mf} bleibt, müssen wir als Drehmassenzuschlagsfaktor ε_0 einsetzen.

Wollen wir die Beschleunigungszeit von 0 auf eine Geschwindigkeit v_1 bestimmen, bei der der Wandelvorgang noch nicht abgeschlossen ist (d. h. $n_K/n_{Mf} \leq 0{,}85$), so genügt es, die Beschleunigung bei $v_x = 0$ und bei $v_x = v_1$ zu bestimmen. Hierzu wird mit Gl. 9.22 und dem Kennfeld in Bild 9.10 jeweils $i_{Wandler}$ ermittelt und in Gl. 9.23 eingesetzt. Das Motormoment erhalten wir aus dem Motorkennfeld bei der Festbremsdrehzahl n_{Mf}. Anschließend kann die Gl. 9.16 angewendet werden, da diese gültig ist, wenn sich die Beschleunigung mit der Fahrgeschwindigkeit linear ändert.

10 Kraftstoffverbrauch

Dieses Kapitel befasst sich mit dem Kraftstoffverbrauch von Kraftfahrzeugen mit Verbrennungsmotor und flüssigem Kraftstoff.

10.1 Kenngrößen

Um den Kraftstoffverbrauch von verschiedenen Fahrzeugen und Motoren vergleichen und berechnen zu können, sind einige **Kenngrößen** erforderlich, die im Folgenden definiert werden.

1. Zur Beurteilung des Kraftstoffverbrauchs vom Gesamtfahrzeug

Hierzu wird der so genannte **Streckenverbrauch** herangezogen. In Ländern mit metrischen Maßeinheiten ist der Verbrauch in Litern pro 100 km gebräuchlich. Wir bezeichnen ihn mit b_{100}:

$$b_{100} = \frac{V_K}{S} \cdot 100 \quad \text{Einheit: } \frac{\ell}{100\text{ km}} \qquad \text{(Gl. 10.1)}$$

V_K (in ℓ) ist das Kraftstoffvolumen, das beim Zurücklegen der Strecke S (in km) benötigt wird. Der Faktor 100 ergibt sich aus der Bezugsstrecke von 100 km.

In den USA und Großbritannien werden als Maßeinheiten für die mit Straßenfahrzeugen zurückgelegte Strecke **miles** (1 mile = 1,609km) und für das Volumen **gallons** (1 US-gallon = 3,785 ℓ; 1 UK-gallon = 4,55 ℓ) verwendet. Hierbei wird die **Reichweite** angegeben, d. h. **miles per gallon** (mpg). Zur Umrechnung zwichen Streckenverbrauch b_{100} und Reichweite in mpg gilt:

$$b_{100}\left(\text{in } \frac{\ell}{100\text{ km}}\right) = \frac{235{,}2}{\text{Reichweite/mpg (US)}} \cdot \frac{\ell}{100\text{ km}} = \frac{282{,}8}{\text{Reichweite/mpg(UK)}} \cdot \frac{\ell}{100\text{ km}} \qquad \text{(Gl. 10.2)}$$

$$\text{Reichweite}\left[\text{in mpg (US)}\right] = \frac{235{,}2}{b_{100} \Big/ \frac{\ell}{100\text{ km}}} \cdot \frac{\text{miles}}{\text{gallon}}$$

$$\text{Reichweite}\left[\text{in mpg (UK)}\right] = \frac{282{,}8}{b_{100} \Big/ \frac{\ell}{100\text{ km}}} \cdot \frac{\text{miles}}{\text{gallon}}$$

2. Zur Beurteilung des Motors

Zur Beurteilung der Effizienz eines Motors verwendet man allgemein den **Wirkungsgrad**:

$$\eta_M = \frac{W_M}{E} \qquad \text{(Gl. 10.3)}$$

W_M vom Motor abgegebene Arbeit, E verbrauchte Energie

Beim Verbrennungsmotor verbrauchen wir die Energie in Form von Kraftstoff. Um zu wissen, wie viel Energie einer Kraftstoffmenge entspricht, müssen wir den Energieinhalt des Kraftstoffs kennen. Dieser wird als Heizwert bezeichnet. Bei der Bestimmung des Wirkungsgrads von Verbrennungsmotoren wird der so genannte **untere Heizwert** H_u herangezogen. Näherungswerte für die Kraftstoffarten **Benzin**, **Diesel** und **Auto-Gas** sind der Tabelle 10.1 zu entnehmen.

Beim Verbrennungsmotor teilt man den Wirkungsgrad η_M gern in einzelne Komponenten auf, die aufgrund der Vorgänge im Motor entstehen:

- thermischer Wirkungsgrad,
- Gütegrad der Verbrennung,

Tabelle 10.1: *Durchschnittliche Werte für den unteren Heizwert H_u von verschiedenen Fahrzeug-Kraftstoffen*

Kraftstoffart	unterer Heizwert H_u (in kJ/kg)
Benzin	43900
Diesel	43350
Auto-Gas	47000 ... 49000

- Wirkungsgrad beim Ladungswechsel,
- mechanischer Wirkungsgrad.

Da der Wirkungsgrad des Verbrennungsmotors stark vom Betriebszustand abhängig ist, wird dieser bei unterschiedlichen Drehzahlen und Lastzuständen (Drehmomente) bestimmt. Hierzu bietet es sich an, die bei einem bestimmten Betriebszustand verbrauchte **Kraftstoffmasse** auf die **abgegebene Arbeit** zu beziehen. Wir erhalten auf diese Weise den so genannten **spezifischen Verbrauch** b_e**:**

$$b_e = \frac{m_K}{W_M} \qquad \text{(Gl. 10.4)}$$

In Bild 10.1 ist für einen Motor der spezifische Verbrauch in Abhängigkeit von Motormoment und Drehzahl dargestellt. Aufgrund der Linienform des spezifischen Verbrauchs wird dieses Diagramm oft auch als **Muscheldiagramm** bezeichnet.
Unter Verwendung des Heizwertes H_u können wir den spezifischen Verbrauch in den Motorwirkungsgrad umrechnen:

$$\eta_M = \frac{W_M}{E} = \frac{W_M}{H_u \cdot m_K} = \frac{1}{H_u \cdot b_e} \qquad \text{(Gl. 10.5)}$$

3. Zum Vergleich verschieden großer Motoren

Um die Motorgröße anzugeben, wird der so genannte **Hubraum** V_H verwendet. Er berechnet sich aus der Anzahl der Zylinder n_Z, dem **Zylinderdurchmesser** D_Z und dem **Kolbenhub** h_K:

$$V_H = n_Z \cdot \frac{\pi}{4} \cdot D_Z^2 \cdot h_K \qquad \text{(Gl. 10.6)}$$

Zum Vergleich verschieden großer Motoren beziehen wir die Kenngrößen auf den Hubraum:

- auf den Hubraum bezogene Motorleistung – **spezifische Leistung** P_{me}:

$$P_{me} = \frac{P_M}{V_H} \qquad \text{(Gl. 10.7)}$$

- auf den Hubraum bezogene Arbeit pro Arbeitszyklus – **spezifische Arbeit** w_{me}:

$$w_{me} = \frac{M_M \cdot z \cdot \pi}{V_H} \qquad \text{(Gl. 10.8)}$$

mit der **Zykluszahl** z = 4 bei 4-Takt-Motoren und z = 2 bei 2-Takt-Motoren.

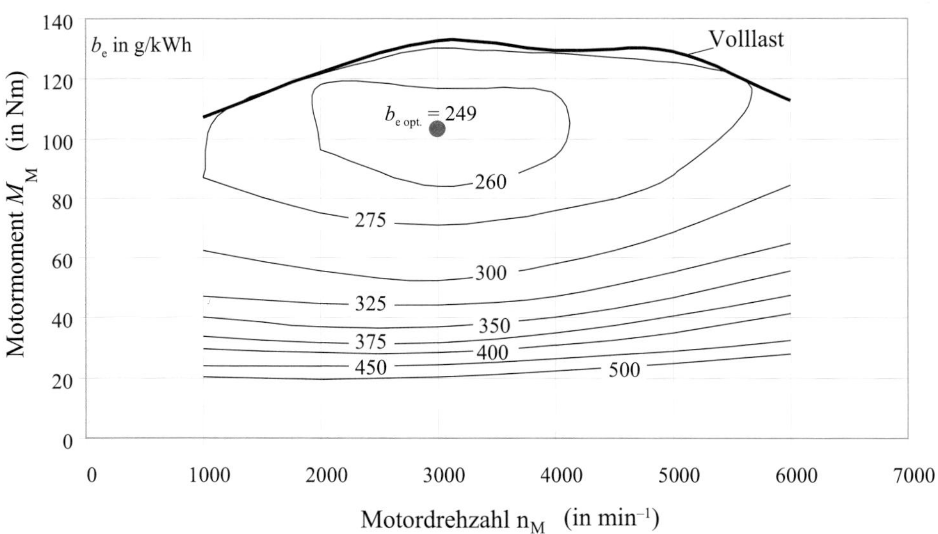

***Bild 10.1:** Beispiel eines Verbrauchskennfelds für einen 1,6-l-Ottomotor*

Bei einem **4-Takt-Motor** findet pro Zylinder alle zwei Umdrehungen ein **Arbeitstakt** statt, d. h., zwei Umdrehungen (2 · 2 · π) entsprechen einem Arbeitszyklus. Bei einem **2-Takt-Motor** findet hingegen bei jeder Umdrehung ein Arbeitstakt statt.

Gelegentlich wird auch die Kenngröße **effektiver Mitteldruck** angewendet. Hiermit ist der Druck gemeint, der im Mittel im Brennraum während des Arbeitstakts herrschen müsste, um die an der Kurbelwelle gemessene Arbeit ohne mechanische Verluste zu verrichten. Für die Arbeit, die bei einem Arbeitstakt durch den effektiven Druck verrichtet wird, gilt:

$$W_{\text{Arbeitstakt}} = F_K \cdot h_K = p_{me} \cdot \frac{\pi}{4} \cdot D_Z^2 \cdot h_K = p_{me} \cdot V_H \qquad \text{(Gl. 10.9)}$$

Durch Gleichsetzen der Arbeit während eines Arbeitstakts mit der Arbeit pro Arbeitszyklus erhalten wir den **mittleren effektiven Druck**:

$$p_{me} = \frac{M_M \cdot z \cdot \pi}{V_H} \qquad \text{(Gl. 10.10)}$$

und erkennen, dass er mit der spezifischen Arbeit identisch ist.

Motorenentwickler tragen bei **Verbrauchskennfeldern** gern den effektiven Mitteldruck oder die spezifische Arbeit über der Drehzahl auf und zeichnen die Linien konstanten spezifischen Kraftstoffverbrauchs ein. Die Werte sind damit unabhängig von der Motorgröße und der Motorleistung vergleichbar.

10.2 Normverbrauch

Da der Verbrauch stark von der Fahrweise abhängt, ist es notwendig, das Vorgehen bei der Bestimmung des Kraftstoffverbrauchs zu normieren, um Vergleichswerte zu erhalten. Es soll im Folgenden nicht auf die Details dieser Normungen eingegangen werden, da diese in der jeweiligen aktuellen Norm leicht nachgelesen werden können, sondern auf das grundsätzliche Vorgehen.

Bis 1978 wurde der Verbrauch mit warmgefahrenem Motor bei konstanter Geschwindigkeit von 110 km/h bzw. bei ¾ der Höchstgeschwindigkeit bestimmt, falls sich damit ein Wert unter 110 km/h ergab. Zu diesem ermittelten Wert wurden 10 % zugeschlagen, und man erhielt den **Kraftstoffverbrauch nach DIN 70030**. Der Zuschlag von 10 % diente zur Anpassung an die Realität, da bei der Fahrt im Straßenverkehr nicht mit konstanter Geschwindigkeit gefahren wird, sondern auch Beschleunigungs- und Bremsvorgänge vorkommen. Hat man das Fahrzeug viel im Kurzstreckenverkehr bewegt, war der tatsächliche Kraftstoffverbrauch weit über dem Normverbrauch.

Um einen realistischeren Wert bei der Bestimmung des Normverbrauchs zu erzielen, verwendet man heutzutage **Fahrzyklen**. Diese wurden zunächst in den USA für die Ermittlung der Abgaswerte eingeführt und werden seit Herbst 1977 auch zur Ermittlung des so genannten „**Flottenverbrauchs**" angewendet. Während in den USA durch Messfahrten ermittelte reale Geschwindigkeitsverläufe verwendet werden, hat man sich in Europa und Japan jeweils auf einen synthetischen Geschwindigkeitsverlauf festgelegt. Dieser setzt sich zusammen aus Abschnitten mit konstanter Beschleunigung, konstanter Geschwindigkeit, konstanter Verzögerung und Leerlaufphasen bei Geschwindigkeit null, vgl. Bild 10.2. Die Wahl der Drehzahl hat ebenfalls einen starken Einfluss auf den Verbrauch, wie wir in Kap. 10.4 sehen werden. Daher sind bei den Fahrzyklen auch die **Schaltpunkte** für Fahrzeuge mit Schaltgetriebe festgelegt.

Diese Normverbrauchsmessungen werden auf **Rollenprüfständen** durchgeführt. Hierdurch werden die Ergebnisse nicht durch Umgebungswind und wechselnde Außentemperatur verfälscht. Die mit unterschiedlichen Fahrzeugen erzielten Verbrauchswerte sind zuverlässig vergleichbar und können leicht überprüft werden. Die Prüfstandsrollen können dabei zumindest definiert gebremst werden, um den Fahrwiderstand zu simulieren. Hieraus ergibt sich auch die Schwierigkeit dieser Methode: Der reale Fahrwiderstand muss auf dem Rollenprüfstand simuliert werden, d. h., er muss zunächst experimentell bestimmt werden. Dies erfolgt mit **Ausroll-**

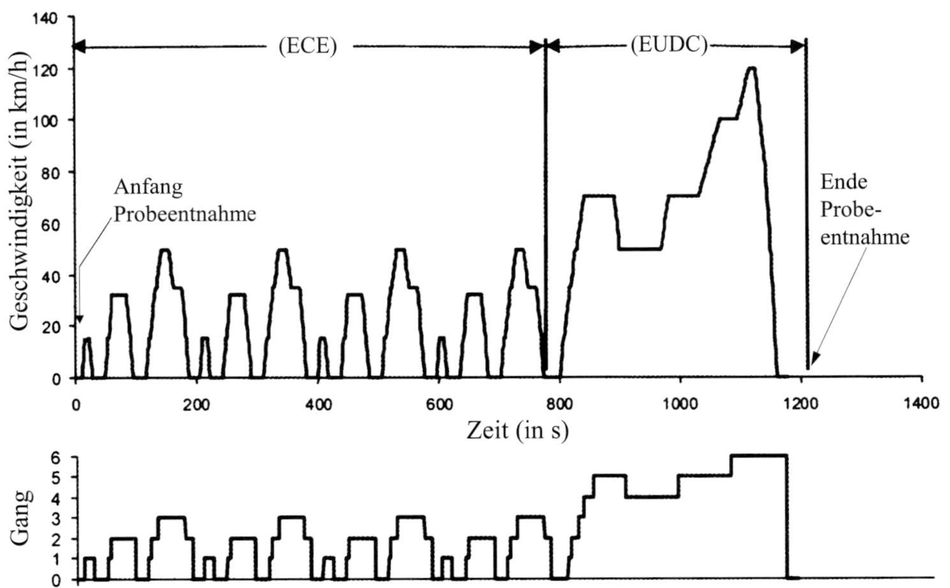

Bild 10.2: Verlauf der Geschwindigkeit über der Zeit beim Neuen Europäischen Fahrzyklus NEFZ

messungen. Wie in Kap. 7.8 gezeigt, erhält man den Fahrwiderstand als Funktion der Geschwindigkeit, wobei **Verluste im Antriebsstrang** ebenfalls als Fahrwiderstand interpretiert werden. Auf dem Rollenprüfstand müssen aber vom ermittelten Fahrwiderstand die Verluste abgezogen werden, die auf dem Prüfstand auftreten. Dies sind ein durch die **Trommelkrümmung** erhöhter Radwiderstand an der angetriebenen Achse und die Verluste im Antriebsstrang. Diese lassen sich auf dem Prüfstand in Abhängigkeit von der Geschwindigkeit bestimmen, sodass jetzt der einzustellende Fahrwiderstand als Funktion der Geschwindigkeit bekannt ist.

Damit sich das Fahrzeug auch beim Beschleunigen und Bremsen auf dem Prüfstand richtig verhält, muss die Masse simuliert werden. Bei einfachen Prüfstanden werden Schwungmassen an die Rollen angekoppelt, womit das Trägheitsmoment der Rollen entsprechend variiert werden kann. Hierbei gilt für das notwendige Trägheitsmoment $J_{Ro} = m \cdot r_{Ro}^2$.

Bei aufwendigeren Prüfständen wird die Fahrzeugmasse ebenfalls simuliert. Dies setzt voraus, dass die Rolle definiert gebremst und angetrieben werden kann und dass neben der Rollenumfangsgeschwindigkeit auch das Antriebsmoment erfasst wird. Die Simulation der Fahrzeugmasse geschieht folgendermaßen: Entspricht das Trägheitsmoment der Rolle einer kleineren Fahrzeugmasse, so wird diese in Abhängigkeit von der Beschleunigung gebremst und beim Verzögern angetrieben. Ist die Fahrzeugmasse hingegen kleiner als die durch die Rolle erzeugte Trägheit, muss der Prüfstandsmotor das Fahrzeug bei dynamischen Vorgängen unterstützen, d. h. beim Beschleunigen antreiben und beim Verzögern bremsen. Wie funktioniert nun die Regelung vom Prinzip her? Der Prüfstand misst ständig das Antriebsmoment zwischen Prüfstandsmotor und Rolle sowie die Drehzahl. Hieraus lassen sich die Zugkraft und die simulierte Fahrgeschwindigkeit berechnen. Der Fahrer gibt wie bei der realen Fahrt die gewünschte Geschwindigkeit über das Fahrpedal vor. Der Prüfstand regelt die Last entsprechend der Fahrgeschwindigkeit und dem vorgegebenen Fahrwiderstand. Zum Beschleunigen betätigt der Fahrer das Fahrpedal stärker. Jetzt beginnt die Rolle, die Drehzahl zu ändern. Ist die Fahrzeugmasse größer als die durch die Trägheit der

Rollen simulierte, erhöht der Prüfstandsmotor sein Bremsmoment proportional zur Beschleunigung, sodass die tatsächliche Fahrzeugmasse simuliert wird. Bei sehr leichten Fahrzeugen wie Motorrädern muss hingegen der Prüfstand das Bremsmoment verkleinern bzw. der Prüfstandsmotor treibt ebenfalls die Rolle an. Bei extrem leichten Fahrzeugen bringt der Prüfstand beim Beschleunigen mehr Leistung auf als das Fahrzeug. Ändert der Fahrer seine Fahrpedalstellung, so ändert sich deshalb die Beschleunigung nur gering. Der Prüfstand sollte dies aber sofort erkennen und die Antriebskraft ebenfalls im richtigen Verhältnis senken. Die Regelung wird daher bei sehr leichten Fahrzeugen problematisch und im Extremfall instabil.

Wie wird nun sichergestellt, dass das Fahrzeug den richtigen Geschwindigkeitsverlauf fährt? Hierzu werden **Fahrerleitsysteme** eingesetzt. Diese zeigen dem Fahrer den vorgeschriebenen Geschwindigkeitsverlauf als Funktion der Zeit an. Unter Berücksichtigung der zulässigen Abweichung erhält der Fahrer ein **Toleranzband** als Funktion der Zeit. Die tatsächliche Geschwindigkeit wird dem Fahrer ebenfalls grafisch angezeigt, womit er sofort Abweichungen von Ist- zur Sollgeschwindigkeit erkennen kann. Werden die in der Norm vorgegebenen Zeiten für **Toleranzverletzungen** überschritten, ist der Versuch ungültig und muss wiederholt werden. Da das Fahrzeug vor der Messung mindestens 8 Stunden vorkonditioniert werden muss, kann die Wiederholmessung erst einen Tag später durchgeführt werden.

Fahrermaschinen, die den Fahrer ersetzen, werden ebenfalls eingesetzt. Diese betätigen die Fahrpedale und die Schaltung entsprechend der Vorgaben des Leitsystems und der gemessenen aktuellen Geschwindigkeit. Die mit Fahrermaschinen erzielten Ergebnisse sind bezüglich der Reproduzierbarkeit theoretisch hochwertiger. Interessanterweise müssen diese Fahrermaschinen bei Verwendung eines neuen Fahrzeugs erst eingelernt werden. Ein routinierter Prüfstandsfahrer ist hingegen im Allgemeinen in der Lage, mit einem neuen Fahrzeug den Zyklus ohne Toleranzverletzung zu fahren, d. h., er kann sich wesentlich schneller an die Eigenheiten eines neuen Fahrzeugs gewöhnen.

10.3 Berechnung des Streckenverbrauchs

In Tabelle 10.1 wird der Energieinhalt auf die Kraftstoffmasse bezogen. Der Verbrauch des Gesamtfahrzeugs wird aber in Litern/100 km angegeben, d. h., es wird das verbrauchte Kraftstoffvolumen betrachtet. Wir müssen daher mit Hilfe der **Dichte** ρ_K den Energieinhalt auf das Kraftstoffvolumen beziehen:

$$H_u\left(\text{in } \frac{\text{kJ}}{\ell}\right) = H_u\left(\text{in } \frac{\text{kJ}}{\text{kg}}\right) \cdot \rho_K\left(\text{in } \frac{\text{kg}}{\ell}\right) \qquad \text{(Gl. 10.11)}$$

da Diesel mit $\rho_K \approx 0{,}84$ kg/ℓ deutlich schwerer ist als Benzin mit $\rho_K \approx 0{,}75$ kg/ℓ, ergeben sich über 10 % des Verbrauchsvorteils der Dieselfahrzeuge aus der größeren Energiedichte des Dieselkraftstoffs.

Mit dem Kraftstoffvolumen V_K kann der Motor folgende Arbeit verrichten:

$$W_M = H_u\left(\text{in } \frac{\text{kJ}}{\ell}\right) \cdot \eta_M \cdot V_K \qquad \text{(Gl. 10.12)}$$

Hieraus ergibt sich die mögliche Motorleistung bei einem Kraftstoffdurchsatz $\mathrm{d}v_K/\mathrm{d}t$:

$$P_M = \frac{\mathrm{d}W_M}{\mathrm{d}t} = H_u\left(\text{in } \frac{\text{kJ}}{\ell}\right) \cdot \eta_M \cdot \frac{\mathrm{d}v_K}{\mathrm{d}t} \qquad \text{(Gl. 10.13)}$$

Die tatsächlich erforderliche Motorleistung ergibt sich aus dem Fahrzustand:

$$P_M = \frac{P_W}{(1-\lambda_A)\cdot\eta_A} = \frac{F_W \cdot v_x}{(1-\lambda_A)\cdot\eta_A} \qquad \text{(Gl. 10.14)}$$

Durch Gleichsetzen der Gl. 10.13 und 10.14 erhält man das für eine bestimmte Zeit T bzw. mit $v_x = \mathrm{d}s/\mathrm{d}t$ das für eine bestimmte Fahrstrecke S erforderliche Kraftstoffvolumen V_K:

$$\int_0^{V_K} \mathrm{d}v_K = \int_0^T \frac{F_W \cdot v_x}{(1-\lambda_A)\cdot\eta_A\cdot\eta_M\cdot H_u\left(\text{in } \frac{\text{kJ}}{\ell}\right)} \cdot \mathrm{d}t = \int_0^S \frac{F_W}{(1-\lambda_A)\cdot\eta_A\cdot\eta_M\cdot H_u\left(\text{in } \frac{\text{kJ}}{\ell}\right)} \cdot \mathrm{d}s$$

(Gl. 10.15)

Hieraus ergibt sich dann der Streckenverbrauch:

$$b_{100} = \frac{100}{S} \cdot \int_0^S \frac{F_W}{(1-\lambda_A) \cdot \eta_A \cdot \eta_M \cdot H_u\,(\text{in kJ}/\ell)} \cdot ds \left(\text{in } \frac{\ell}{100\text{ km}}\right) \quad \text{(Gl. 10.16)}$$

S in km

Bei **Konstantfahrt** ohne wechselnden Umgebungswind mit betriebswarmem Motor sind die Größen F_W, λ_A, η_A, η_M und H_u konstant, und wir erhalten:

$$b_{100} = \frac{100\,F_W}{(1-\lambda_A) \cdot \eta_A \cdot \eta_M \cdot H_u\,(\text{in kJ}/\ell)} \left(\text{in} \frac{\ell}{100\text{ km}}\right) \quad \text{(Gl. 10.17)}$$

Aus Gl. 10.5 und 10.11 erhalten wir

$\eta_M = \dfrac{\rho_K}{b_e \cdot H_u\ (\text{in kJ}/\ell)}$, eingesetzt in Gl. 10.17:

$$b_{100} = \frac{100 \cdot F_W \cdot b_e}{(1-\lambda_A) \cdot \eta_A \cdot \rho_K} \quad \text{(Gl. 10.18)}$$

Mit Gl. 10.14 gilt:

$$b_{100} = \frac{100 \cdot b_e \cdot P_M}{v_x\,(\text{in km/h}) \cdot \rho_K} \quad \text{(Gl. 10.19)}$$

Setzt man ρ_K in g/ℓ ein, so kann diese Gleichung mit den üblichen Einheiten kW für P_M und g/kWh für b_e direkt als Zahlenwertgleichung verwendet werden, um b_{100} in ℓ/100 km zu bestimmen.

Falls im Verbrauchskennfeld p_{me} oder w_{me} als y-Achse aufgetragen ist, gilt mit

$$\frac{F_W}{\eta_A} = \frac{F_A}{\eta_A} = \frac{M_A}{r_A \cdot \eta_A} = \frac{i_G \cdot i_A \cdot \eta_A \cdot M_M}{r_A \cdot \eta_A} = \frac{i_G \cdot i_A \cdot V_H \cdot p_{me}}{r_A \cdot z \cdot \pi}$$

eingesetzt in Gl. 10.18:

$$b_{100} = \frac{100 \cdot i_G \cdot i_A \cdot V_H \cdot p_{me} \cdot b_e}{(1-\lambda_A) \cdot r_A \cdot z \cdot \pi \cdot \rho_K} \quad \text{(Gl. 10.20)}$$

In der folgenden Tabelle 10.2 sind die Gl. 10.17 bis 10.20 zusammen mit ihren Zahlenwertgleichungen, die sich bei den angegebenen Einheiten ergeben, zusammengefasst. Sinnvoll ist es, die Gleichung zu verwenden, bei der die meisten Größen bereits bekannt bzw. im Vorfeld berechnet wurden.

Bei der oberen Umrechnung ist zu beachten, dass die Dichte vom Kraftstoff stark temperaturabhängig ist. Das bedeutet, dass der Heizwert H_u (in kJ/l) mit zunehmender Temperatur abnimmt. In der Praxis bedeutet dies: Wir bekommen beim Tanken weniger Energie bei gleichem Volumen. Wenn wir den Kraftstoffverbrauch so bestimmen wollen, dass er vergleichbar ist, müssen wir zusätzlich die Temperatur messen oder die verbrauchte Kraftstoffmasse z. B.

Tabelle 10.2: *Formeln zur Berechnung des Streckenverbrauchs*

Formel	Zahlenwertgleichung	Einheiten
$b_{100} = \dfrac{100\,F_W}{(1-\lambda_A) \cdot \eta_A \cdot \eta_M \cdot H_u}$	$b_{100} = \dfrac{100\,F_W}{(1-\lambda_A) \cdot \eta_A \cdot \eta_M \cdot H_u}$	b_{100} in ℓ/100 km b_e in g/kWh F_W in N H_u in kJ/ℓ P_M in kW P_{me} in MPa r_A in m ρ_K in g/ℓ
$b_{100} = \dfrac{100 \cdot F_W \cdot b_e}{(1-\lambda_A) \cdot \eta_A \cdot \rho_K}$	$b_{100} = \dfrac{F_W \cdot b_e}{36 \cdot (1-\lambda_A) \cdot \eta_A \cdot \rho_K}$	
$b_{100} = \dfrac{100 \cdot b_e \cdot P_M}{v_x\,(\text{in km/h}) \cdot \rho_K}$	$b_{100} = \dfrac{100 \cdot b_e \cdot P_M}{v_x\,(\text{in km/h}) \cdot \rho_K}$	
$b_{100} = \dfrac{100 \cdot i_G \cdot i_A \cdot V_H \cdot p_{me} \cdot b_e}{(1-\lambda_A) \cdot r_A \cdot z \cdot \pi \cdot \rho_K}$	$b_{100} = \dfrac{i_G \cdot i_A \cdot V_H \cdot p_{me} \cdot b_e}{36 \cdot (1-\lambda_A) \cdot r_A \cdot z \cdot \pi \cdot \rho_K}$	

mit einer Kraftstoffwaage erfassen und den Wert mithilfe der Dichte bei Normbedingungen in ein Volumen umrechnen.

10.4 Verbrauchsgünstige Übersetzung und Fahrweise

In Bild 10.3 rechts ist der spezifische Verbrauch im Leistungsdiagramm für einen Otto-Motor dargestellt. Bei jeder erforderlichen Leistung können wir die Drehzahl ablesen, bei der der spezifische Verbrauch minimal wird. Verbinden wir diese Punkte, so erhalten wir die in Bild 10.3 eingezeichnete Linie für die **verbrauchsgünstigste Drehzahl**. Falls nur ein Verbrauchskennfeld Motormoment über Drehzahl vorliegt, kann die Linie für den optimalen Verbrauch für verschiedene Drehzahlen mit $P_M = n_M \cdot \frac{2\pi}{60\ \text{s/min}} \cdot M_M$ in das erforderliche Diagramm Motorleistung über Drehzahl bei optimalem Verbrauch umgerechnet werden.

Betrachten wir jetzt den einfachsten Fall der konstanten Fahrt in der Ebene ohne Umgebungswind, so kennen wir die erforderliche Motorleistung als Funktion der Geschwindigkeit:

$$P_M = \frac{F_{W0} \cdot v_x}{\eta_A \cdot (1-\lambda_A)} = \frac{\left(m \cdot g \cdot f_R + \rho / 2 \cdot c_W \cdot A \cdot v_x^2\right) \cdot v_x}{\eta_A \cdot (1-\lambda_A)}$$

mit

$$\lambda_A = \frac{F_{W0}}{2 \cdot C_L}.$$

Bei geringeren Geschwindigkeiten kann im Allgemeinen λ_A vernachlässigt werden.

Unter der vereinfachten Annahme, dass η_A unabhängig von der Übersetzung ist, können wir P_M als Funktion der Fahrgeschwindigkeit auftragen, siehe linkes Diagramm in Bild 10.3. In Bild 10.3 können wir jetzt für verschiedene Fahrgeschwindigkeiten aus dem linken oberen Diagramm die notwendige Motorleistung ablesen, auf das rechte Diagramm übertragen (gestrichelte waagrechte Linien) und die jeweils verbrauchsgünstigste Motordrehzahl im rechten Diagramm ablesen. Falls wir den Einfluss des Schlupfes berücksichtigen wollen, so können wir $v_A = \frac{v_x}{1-\lambda_A} = \frac{v_x}{1-F_{W0}/(2 \cdot C_L)} = f(v_x)$ entsprechend dem Diagramm links unten auftragen. Übertragen wir nun für jede ausgewählte Geschwindigkeit die optimale Drehzahl n_{Mopt} und die Radumfangsgeschwindigkeit v_A in das rechte untere Diagramm, so erhalten wir $n_{Mopt} = f(v_A)$. Da die **Motordrehzahl** bei konstanter Übersetzung direkt proportional zur Radumfangsgeschwindigkeit ist:

$$n_M = i_G \cdot i_A \cdot \frac{60\ \text{s/min}}{2 \cdot \pi \cdot r_A} \cdot v_A,$$

können wir in das Diagramm rechts unten Linien konstanter Übersetzung als Ursprungsgeraden eintragen.

Aus den Schnittpunkten zwischen der Linie der verbrauchsgünstigsten Motordrehzahl und den Linien konstanter Übersetzung können wir für die verschiedenen Radumfangsgeschwindigkeiten die benötigte Übersetzung $i_G \cdot i_A$ ablesen. Unter Verwendung des Diagramms links unten erhalten wir die jeweils zugehörige Fahrgeschwindigkeit. Die Werte für die **verbrauchsgünstigste Übersetzung** werden im unteren mittleren Diagramm als Funktion der abgelesenen Fahrgeschwindigkeit aufgetragen. Wir erkennen, dass zunächst die Übersetzung mit der Geschwindigkeit abnehmen muss. Bei hohen Geschwindigkeiten muss hingegen die Übersetzung mit steigender Geschwindigkeit wieder größer gewählt werden, da dann mehr Motorleistung erforderlich wird, und diese nur bei höherer Motordrehzahl abgegeben werden kann. Der im unteren Diagramm dargestellte Verlauf kann nur mit einem stufenlosen Getriebe exakt erreicht werden. In Bild 10.3 sind auch die Gesamtübersetzungen ($i_G \cdot i_A$) für ein 5-Gang-Getriebe eingetragen, bei dem der 4. Gang auf maximale Höchstgeschwindigkeit ausgelegt und der 5. Gang somit ein Schongang ist. Man erkennt, dass die Übersetzung dieses

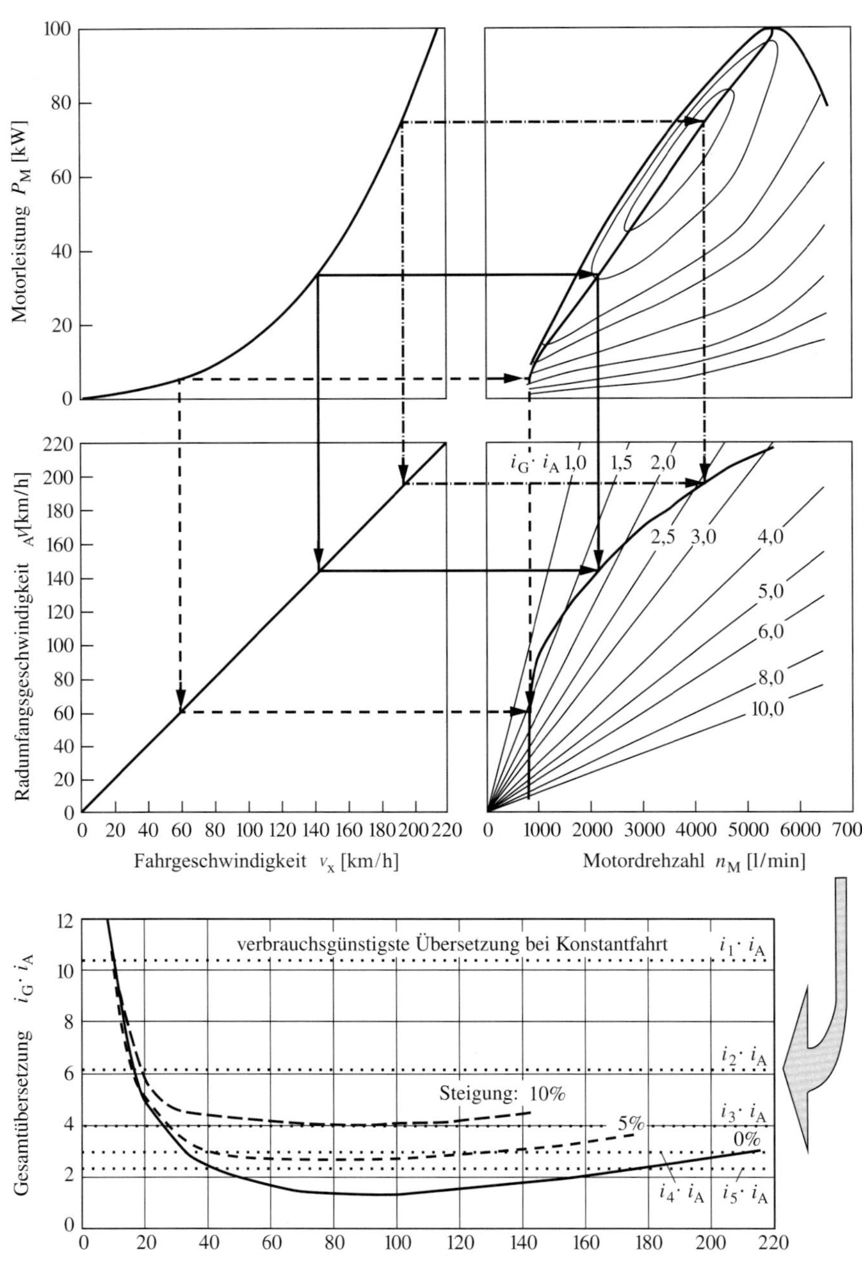

Bild 10.3: *Bestimmung der verbrauchsgünstigsten Übersetzung bei Konstantfahrt in der Ebene*

Schongangs im mittleren Geschwindigkeitsbereich noch wesentlich länger ausgelegt werden müsste,um einen optimalen Verbrauch bei Konstantfahrt in der Ebene zu erzielen. Insofern bietet es sich durchaus an, ein 6-Gang-Getriebe so auszulegen, dass der 5. und 6. Gang als Schongang ausgelegt, d. h. länger übersetzt sind als es für eine maximale Höchstgeschwindigkeit erforderlich ist, vgl. Kap. 9. Im Falle der in Bild 10.3 dargestellten 5-Gang-Getriebe-Abstufung sollte der 5. Gang im gesamten mittleren Geschwindigkeitsbereich verwenden werden. Ein kleinerer Gang ist bei geringen Geschwindigkeiten erforderlich, damit die Drehzahl nicht unter die Leerlaufdrehzahl fällt. Bei sehr hohen Geschwindigkeiten ist der 4. Gang erforderlich, um die notwendige Leistung aufzubringen. Da der spezifische Verbrauch bei hoher Leistung nur minimal unter Volllast optimal ist, mit zunehmender Drehzahl aber ansteigt, erreicht man annähernd den **optimalen Verbrauch**, wenn man erst dann schaltet, wenn die Leistung im Schongang nicht ausreicht.

Bei der Fahrt im Alltag muss zusätzlich beschleunigt oder eine Steigung befahren werden. Daher sind im unteren Diagramm in Bild 10.3 zusätzlich die verbrauchsgünstigsten Übersetzungen für konstante Fahrt bei 5- und 10 %-Steigung dargestellt. Mit zunehmender Steigung muss die Übersetzung größer gewählt werden.

In Bild 10.4 ist der Motor-Leistungsbedarf als Beispiel für Konstantfahrt bei 5 % Steigung eingetragen. Weiter sind im Diagramm die Leistung bei Volllast und die Leistung beim jeweils günstigsten Verbrauch eingetragen, wie wir es aus dem Diagramm rechts oben in Bild 10.3 kennen. Möchte man mit einem Stufengetriebe bei einer gewählten Geschwindigkeit so verbrauchsgünstig wie möglich fahren, so ist der Gang zu wählen, bei dem die erforderliche Leistung ausreicht und die erforderliche Leistung möglichst nahe an die Linie des günstigsten Verbrauchs herankommt. Die hierbei in Abhängigkeit von der Geschwindigkeit zu wählenden Gänge sind unterhalb der *x*-Achse eingetragen. Da der spezifische Verbrauch im mittleren Drehzahlbereich am geringsten ist, andererseits der Streckenverbrauch auch proportional mit dem Fahrwiderstand steigt, ist der Verbrauch zusätzlich von der gewählten Fahrgeschwindigkeit abhängig, wie das Diagramm direkt unterhalb zeigt. Bei sehr langsamer Geschwindigkeit läuft der Motor in Teillast mit sehr schlechtem Wirkungsgrad. Daher ist hier der Verbrauch am höchsten. Mit zunehmender Geschwindigkeit steigen zwar der Luftwiderstand und somit das erforderliche Antriebsmoment, der Wirkungsgrad des Motors wird aber wesentlich günstiger, sodass der Streckenverbrauch zurückgeht. Im mittleren Geschwindigkeitsbereich erreicht der Motor im 4. und 5. Gang den günstigsten Wirkungsgrad. Der Streckenverbrauch nimmt dennoch zu, da der Fahrwiderstand aufgrund des Luftwiderstands zunimmt. Bei hohen Geschwindigkeiten muss mit hoher Drehzahl gefahren werden, um die notwendige Leistung aufzubringen. Hierdurch verschlechtert sich der Wirkungsgrad vom Motor, und der Streckenverbrauch geht deutlich nach oben.

Beim Beschleunigen ist die Situation ähnlich wie bei der Steigungsfahrt. Hier kommt noch hinzu, dass die erforderliche Leistung zum Drehbeschleunigen des Motors bei einem größeren Gang geringer ist, da die erforderliche Drehbeschleunigung des Motors geringer wird – ein frühzeitiges Hochschalten beim Beschleunigen wirkt sich noch stärker positiv auf den Verbrauch aus. Die im Motor aufgrund der Massenträgheit gespeicherte Energie geht beim Hochschalten teilweise verloren. Auch hier wäre ein stufenloses Getriebe günstiger, da in diesem Fall die Motordrehzahl während des Beschleunigungsvorgangs konstantgehalten werden kann.
In diesem Zusammenhang ergibt sich eine Schwierigkeit bei der Regelung eines stufenlosen Getriebes, sobald wechselnde dynamische Fahrvorgänge vom Fahrer gefordert werden.

Beispiel: Der Fahrer fährt auf einer ebenen Landstraße hinter einem Lkw mit 60 km/h. Das stufenlose Getriebe wählt die Übersetzung entsprechend Bild 10.3, um einen minimalen Verbrauch zu erzielen. Die Motordrehzahl liegt bei 1000 ... 1500 min^{-1}. Jetzt ist die Gegenfahrbahn frei, und der Fahrer möchte zügig überholen. Für die maximale Beschleunigung wäre jetzt Motor-Nenndrehzahl erforderlich. Diese liegt bei einem Otto-Motor bei ca.

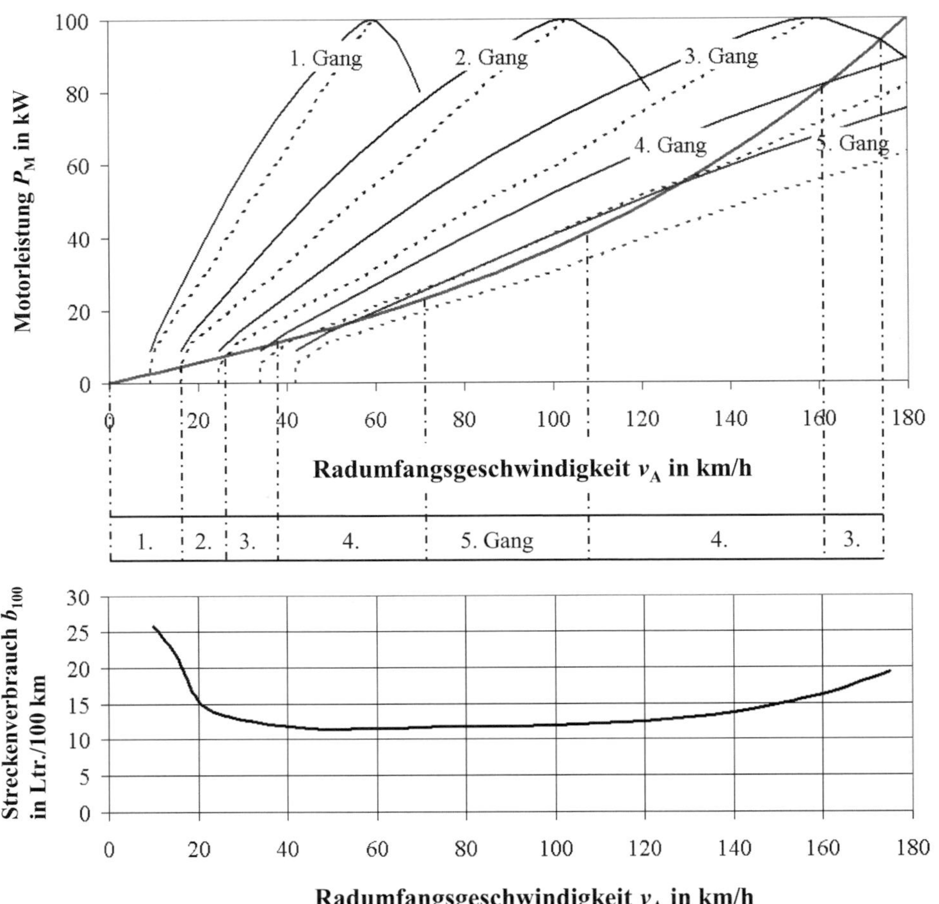

Bild 10.4: *Bestimmung des verbrauchsgünstigsten Gangs bei Konstantfahrt bei 5 % Steigung und damit erzielbarer Streckenverbrauch in Abhängigkeit der Geschwindigkeit*

5500 min^{-1}. Während des Beschleunigungsvorgangs müsste also die Motordrehzahl um über 4000 min^{-1} angehoben werden. Regelt man das stufenlose Getriebe langsam hoch, so wird wenig Leistung zum Drehbeschleunigen des Motors benötigt. Der Motor gibt aber bei weitem nicht seine maximale Leistung ab. Regelt man das stufenlose Getriebe hingegen schnell hoch, so wird die bei Volllast zusätzlich freigesetzte Motorleistung zum Drehbeschleunigen des Motors verwendet. Dieser Vorgang kann bei der genannten Drehzahldifferenz ca. eine Sekunde dauern. Das Fahrzeug beschleunigt in dieser Zeit noch gar nicht, dafür ist anschließend die maximal mögliche Beschleunigung verfügbar. In der Praxis wählt man einen Kompromis.

Möchte man diesen vermeiden, bleibt lediglich die Möglichkeit, eine **Schwungmasse** über ein Planetengetriebe mit dem stufenlosen Getriebe so zu kombinieren, dass die Drehzahl der Schwungmasse mit zunehmender Drehzahl des Motors sinkt. Zur Drehbeschleunigung des Motors wird dann zumindest teilweise die in der Schwungmasse gespeicherte Energie verwendet. Wechselnde Steigungen sind hierbei weniger problematisch, da sich die Fahrbahnlängsneigung und damit der Leistungsbedarf kontinuierlich ändern. In absehbarer Zukunft könnte für eine optimale Regelung auch das **Getriebesteuergerät** vom Navigationssystem eine vorausschauende Information über das Höhenprofil der Fahrbahn erhalten.

Bei Fahrten im Schubbetrieb wird der Verbrauch durch die **Schubabschaltung** null. Hierbei ist allerdings zu beachten, dass die Schubabschaltung je nach Auslegung des Fahrzeugherstellers nur bei Drehzahlen oberhalb von 1300 ... 1500 min^{-1} arbeitet. Bei Gefällefahrten oder beim Verzögern sollte daher zum verbrauchsgünstigen Fahren rechtzeitig heruntergeschaltet werden, zumal es die Betriebsbremse entlastet.

Ist die erforderliche Verzögerung oder das Gefälle so gering, dass Luft- und Radwiderstand zur Verzögerung ausreichen, kann nicht im Schubbetrieb gefahren werden. In diesem Fall wäre das so genannte **Segeln** am sparsamsten, d. h. das Auskuppeln des Motors. Für den momentanen Streckenverbrauch gilt dann:

$$b_{100} = \frac{100}{v_x\,(\text{in km/h})} \cdot b_{\text{leer}} \qquad \text{(Gl. 10.21)}$$

wobei der Leerlaufverbrauch b_{leer} in Liter/Stunde (ℓ/h) angegeben wird.

11 Fahrdynamik – Fahrleistungen begrenzt durch Kraftschluss

11.1 Längsdynamik

Aus Erfahrung wissen wir, dass die Räder auf schneeglatter Fahrbahn bei stärkerem Beschleunigen durchdrehen. Der Schlupf wird sehr groß, und der Kraftschluss reicht nicht aus, um die zur Verfügung stehende Antriebskraft auf die Straße zu übertragen.

> Die mögliche Beschleunigung, Steigfähigkeit oder Bremsfähigkeit ist aufgrund des Kraftschlusses und der Summe der Radlasten der angetriebenen bzw. gebremsten Räder begrenzt.

Auf den Sonderfall des Anhängerbetriebs wird in den folgenden Unterkapiteln verzichtet, damit die Formeln übersichtlich bleiben. Die bei Anhängerbetrieb notwendigen Erweiterungen der hier dargestellten Formeln lassen sich analog mit Hilfe der Technischen Mechanik herleiten.

11.1.1 Dynamische Radlasten beim Beschleunigen, Bremsen, Steigungs- und Gefällefahrt

Bei der folgenden Betrachtung beschränken wir uns auf ein **Zweiachsfahrzeug** mit Einzelbereifung, da dies am häufigsten gebräuchlich ist. Weiter gehen wir davon aus, dass wir geradeaus fahren und sich die Achslast gleichmäßig auf das rechte und linke Rad verteilt, d. h., die Radlast entspricht jeweils der halben Achslast.

Bei weiteren Achsen sind die Radlasten zusätzlich vom Federungssystem abhängig. Bei **Zwillingsbereifung** und gleicher Bereifung inklusive Reifendruck kann man davon ausgehen, die Achslast verteilt sich auf ebener Fahrbahn gleichmäßig auf alle vier Räder.

In Bild 11.1 sind die an einem Fahrzeug in der Steigung beim Beschleunigen wirkenden Kräfte dargestellt.

Um die einzelnen Anteile besser verstehen zu können, gehen wir zunächst von einem in der Steigung geparkten Fahrzeug aus, vgl. Bild 11.2a. Einen möglichen Einfluss durch Umgebungswind betrachten wir als vernachlässigbar. Jetzt greift im Schwerpunkt die **Gewichtskraft** $F_G = m \cdot g$ an. Diese können wir in eine fahrbahnparallele Komponente ($m \cdot g \cdot \sin\alpha$) und eine Senkrechte zur Fahrbahn ($m \cdot g \cdot \cos\alpha$) zerlegen. Die fahrbahnparallele Komponente entspricht dem **Steigungswiderstand.** Die hierzu notwendige Reaktionskraft entsteht durch Kraftschluss zwischen Fahrbahn und den von der Feststellbremse festgehaltenen Rädern. Die Radlasten an der Vorderachse erhalten wir durch Bildung des Momentengleichgewichts um die Aufstandsgerade der Hinterachse:

$$2 \cdot F_{Nv} = m \cdot g \cdot \left(\frac{l_h}{l} \cdot \cos\alpha - \frac{h_S}{l} \cdot \sin\alpha \right) \qquad \text{(Gl. 11.1)}$$

Analog erhält man die Radlasten der Hinterachse durch Bildung des Momentengleichgewichts um die Aufstandsgerade der Vorderachse:

$$2 \cdot F_{Nh} = m \cdot g \cdot \left(\frac{l_v}{l} \cdot \cos\alpha + \frac{h_S}{l} \cdot \sin\alpha \right) \qquad \text{(Gl. 11.2)}$$

Jetzt soll das Fahrzeug mit konstanter Geschwindigkeit die Steigung hinauffahren. Neben dem bereits betrachteten Steigungswiderstand wirken **Rad-** und **Luftwiderstand** und **aerodynamischer Auftrieb**, wie in Bild 11.2b dargestellt. Entsprechend Kap. 7 können wir die Wirkung der Radwiderstandskraft auf Höhe der Radachse betrachten und müssen dann die Verschiebung e_0 des Radangriffspunkts der Normalkraft nicht beachten. Hierdurch entsteht ein **Nickmoment** $M = F_{WR} \cdot r_{stat}$, das zu einer Erhöhung der Hin-

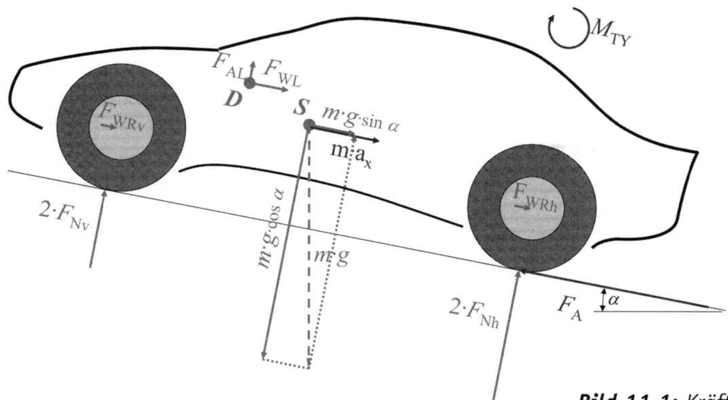

Bild 11.1: *Kräfte am Fahrzeug beim Beschleunigen in der Steigung*

terachslast und Reduzierung der Vorderachslast führt:

$$2 \cdot \Delta F_{\text{NvFWR}} = - F_{\text{WR}} \cdot \frac{r_{\text{stat}}}{l}; \quad 2 \cdot \Delta F_{\text{NnFWR}} = F_{\text{WR}} \cdot \frac{r_{\text{stat}}}{l} \qquad \text{(Gl. 11.3)}$$

Die durch Luftwiderstand und aerodynamischen Auftrieb verursachten Änderungen der Achslasten sind proportional zum Quadrat der Relativgeschwindigkeit und lassen sich in den Beiwerten c_{zv} und c_{zh} direkt darstellen. Positive Werte von c_z entsprechen Auftrieb, negative Werte Abtrieb. Damit gilt für die Änderung der Achslasten durch Windkräfte:

$$2 \cdot \Delta F_{\text{NvAero}} = - c_{\text{Zv}} \cdot \frac{\rho}{2} \cdot A \cdot v_r^2; \qquad \text{(Gl. 11.4)}$$

$$2 \cdot \Delta F_{\text{NhAero}} = - c_{\text{Zh}} \cdot \frac{\rho}{2} \cdot A \cdot v_r^2$$

Wird jetzt noch zusätzlich in der Steigung beschleunigt, so wirkt im Fahrzeugschwerpunkt die **Massenträgheitskraft** entgegengesetzt zur Fahrtrichtung,

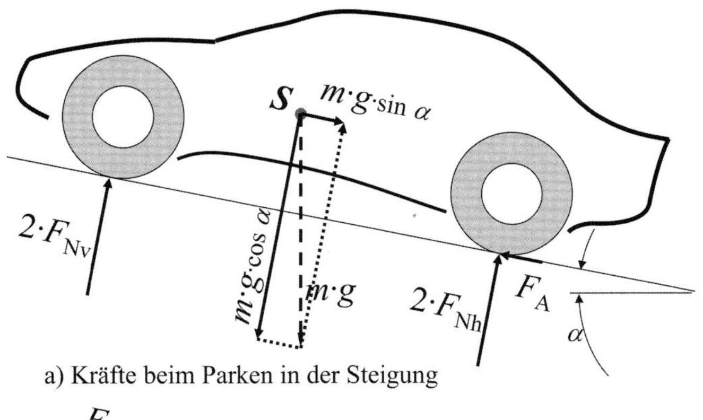

a) Kräfte beim Parken in der Steigung

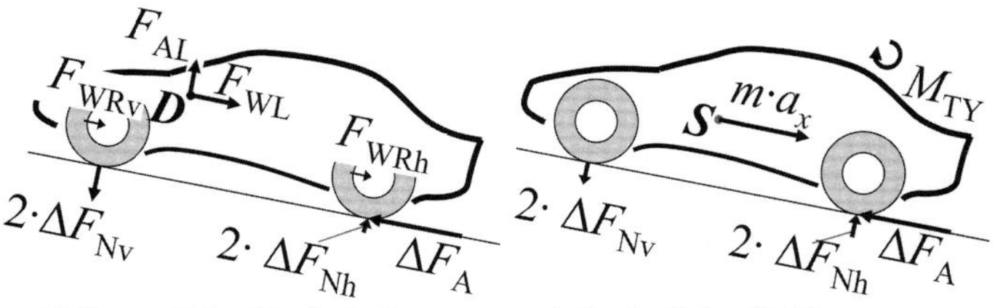

b) Zusätzliche Kräfte bei konstanter Fahrt

c) Zusätzliche Kräfte beim Beschleunigen

Bild 11.2: *Herleitung der dynamischen Radlasten bei beschleunigter Fahrt in der Steigung*

vgl. Bild 11.2c. Durch die Schwerpunktshöhe ergibt sich ein Nickmoment. Beim Beschleunigen müssen auch der Motor und weitere Teile des Antriebsstrangs drehbeschleunigt werden. Hierdurch entsteht ein **Reaktionsmoment**, das zu einer Radlaständerung führt. Bei **längs eingebautem Motor** bewirkt die Drehbeschleunigung des Motors ein Moment um die Fahrzeuglängsachse. Die Radlasten rechts und links werden unterschiedlich, was wir hier aber vernachlässigen. Das Trägheitsmoment des **quer eingebauten Motors** und aller um die y-Achse rotierenden Bauteile wie Räder, Radnaben, Radbremsen, Antriebswellen usw. führt zu einer Änderung der Achslasten. Dieses Moment nennen wir im Folgenden M_{Ty}. Bilden wir wieder jeweils die Momentengleichgewichte um die Aufstandsgeraden der Hinter- und Vorderachse, so erhalten wir eine weitere **Änderung der Achslasten:**

$$2 \cdot \Delta F_{\text{NvBeschl}} = \frac{-m \cdot a_x \cdot h_S - M_{Ty}}{l};$$

$$2 \cdot \Delta F_{\text{NhBeschl}} = \frac{m \cdot a_x \cdot h_S + M_{Ty}}{l}$$

(Gl. 11.5)

Damit lassen sich nun die dynamischen Achslasten in der Steigung zusammenfassen:

$$2 \cdot F_{Nv} = m \cdot g \cdot \left[\frac{l_h}{l} \cdot \cos\alpha - \frac{h_S}{l} \cdot \left(\sin\alpha + \frac{a_x}{g} \right) \right] - \frac{F_{WR} \cdot r_{stat} + M_{Ty}}{l} - c_{Zv} \cdot \frac{\rho}{2} \cdot A \cdot v_r^2$$

$$2 \cdot F_{Nh} = m \cdot g \cdot \left[\frac{l_v}{l} \cdot \cos\alpha + \frac{h_S}{l} \cdot \left(\sin\alpha + \frac{a_x}{g} \right) \right] + \frac{F_{WR} \cdot r_{stat} + M_{Ty}}{l} - c_{Zh} \cdot \frac{\rho}{2} \cdot A \cdot v_r^2$$

(Gl. 11.6)

Beim Herleiten dieser Gleichung haben wir einige in der Realität vorkommende Effekte vernachlässigt: Die Lage des Schwerpunkts relativ zu den Radaufstandspunkten bleibt z. B. während eines Beschleunigungsvorgangs nicht konstant. Die Antriebskräfte und die Achslaständerungen führen zu Ein- bzw. Ausfederbewegungen der Räder relativ zur Karosserie (in Vertikal- und Längsrichtung) und zu Verformungen der Reifen (Reifenfederung und Längsverschiebung des Angriffspunkts der Radlast). Da auch die Insassen ihre Sitzposition ändern können, ist der immense Aufwand, der notwendig wird, um diese Effekte zu berücksichtigen, im Allgemeinen nicht gerechtfertigt.

Es stellt sich vielmehr jetzt die Frage, ob nicht Einflüsse, die in Gl. 11.6 berücksichtigt wurden, ebenfalls vernachlässigt werden können. Bei genauerer Betrachtung wird erkennbar, dass eine Vernachlässigung des Einflusses des aerodynamischen Auftriebs, des Radwiderstands und des rotatorischen Trägheitsmoments auf die dynamische Achslasten häufig ohne große Änderung des Ergebnisses ist. Damit vereinfachen sich die Gleichungen:

$$2 \cdot F_{Nv} = m \cdot g \cdot \left[\frac{l_h}{l} \cdot \cos\alpha - \frac{h_S}{l} \cdot \left(\sin\alpha + \frac{a_x}{g} \right) \right]$$

(Gl. 11.7)

$$2 \cdot F_{Nh} = m \cdot g \cdot \left[\frac{l_v}{l} \cdot \cos\alpha + \frac{h_S}{l} \cdot \left(\sin\alpha + \frac{a_x}{g} \right) \right]$$

(Gl. 11.8)

Warum können wir hier häufig den Auftrieb vernachlässigen? Die Gefahr, dass die Räder durchdrehen, besteht entweder bei wenig griffiger Fahrbahn im Winter oder bei hohem Antriebsmoment. In beiden Fällen fahren wir normalerweise mit geringer Geschwindigkeit, d. h., die Windkräfte sind ebenfalls sehr gering. Hohe Antriebsmomente können nämlich bei einem üblichen Motormoment nur bei einer starken Übersetzung ins Langsame erreicht werden, wie wir in Kap. 8 gesehen haben.

Der Einfluss des **Radwiderstands** auf die dynamischen Achslasten ist auf fester Fahrbahn ebenfalls sehr gering, wie die folgende Beispielrechnung zeigt (gewählte Zahlenwerte entsprechen mittleren Werten beim Pkw):

Rollwiderstandsbeiwert $f_R = 0{,}011$

Statischer Radhalbmesser $r_{stat} = 0{,}3$ m

Radstand $l = 2{,}5$ m

Beziehen wir den Einfluss des Radwiderstands auf die mittlere dynamische Achslast

$$2 \cdot F_{\text{Nmittel}} = \frac{m \cdot g \cdot \cos\alpha}{2}\text{, so gilt:}$$

$$\frac{2 \cdot \Delta F_{\text{NFWR}}}{0{,}5 \cdot m \cdot g} = -F_{\text{WR}} \cdot \frac{r_{\text{stat}}}{0{,}5 \cdot l} = f_{\text{R}} \cdot \frac{2 \cdot r_{\text{stat}}}{l}$$

$$= 0{,}011 \cdot \frac{2 \cdot 0{,}3}{2{,}5} = 0{,}00264\,.$$

Dies bedeutet, die Achslaständerung durch den Radwiderstand beträgt weniger als 3 Promille der mittleren statischen Achslast.

Der Einfluss des rotatorischen Trägheitsmoments auf die dynamischen Achslasten ist dann am größten, wenn der Motor quer eingebaut ist – wie bereits oben erwähnt – und gleichsinnig mit den Rädern dreht. Bei Frontantrieb mit quer eingebautem Motor ist dies im Allgemeinen der Fall, nur wenige Wellen im Getriebe drehen gegensinnig. Damit gilt näherungsweise

$$M_{\text{Ty}} \approx J_{\text{Räder}} \cdot \ddot{\varphi} + J_{\text{M}} \cdot \ddot{\varphi}_{\text{M}} = (J_{\text{Räder}} + J_{\text{M}} \cdot i_{\text{G}} \cdot i_{\text{A}}) \cdot \ddot{\varphi} \qquad \text{(Gl. 11.9)}$$

wobei hier unter $J_{\text{Räder}}$ das gesamte Trägheitsmoment aller mit Raddrehzahl drehenden Bauteile wie Bremsscheiben usw. zu verstehen ist.

Beim Beschleunigen ohne merklich durchdrehende Räder ist der **Schlupf** gering und annähernd konstant. Damit ist die Raddrehbeschleunigung praktisch proportional zur Längsbeschleunigung:

$$\ddot{\varphi} = \dot{\omega} = \frac{\dot{v}_x \cdot (1 + \lambda_{\text{A}})}{r_{\text{A}}} = \frac{a_x \cdot (1 + \lambda_{\text{A}})}{r_{\text{A}}} \approx \frac{a_x}{r_{\text{A}}} \qquad \text{(Gl. 11.10)}$$

Damit wird

$$M_{\text{Ty}} \approx (J_{\text{Räder}} + J_{\text{M}} \cdot i_{\text{G}} \cdot i_{\text{A}}) \cdot \frac{a_x}{r_{\text{A}}} \qquad \text{(Gl. 11.11)}$$

Häufig sind nur die Drehmassenzuschläge bekannt. In diesem Fall können wir vereinfacht davon ausgehen, dass $J_{\text{Räder}} \approx \varepsilon_0 \cdot m \cdot r_{\text{A}}^2$ und $J_{\text{M}} \approx \dfrac{(\varepsilon_{\text{G}} - \varepsilon_0) \cdot m \cdot r_{\text{A}}^2}{i_{\text{G}}^2 \cdot i_{\text{A}}^2}$,

vgl. Kap. 7.4.
Eingesetzt in Gl. 11.11 gilt:

$$M_{\text{Ty}} \approx m \cdot r_{\text{A}} \cdot \left(\varepsilon_0 + \frac{\varepsilon_{\text{G}} - \varepsilon_0}{i_{\text{G}} \cdot i_{\text{A}}} \right) \cdot a_x \qquad \text{(Gl. 11.12)}$$

Betrachten wir nun die gesamte Achslaständerung auf Grund einer Beschleunigung so gilt

a) bei quer eingebautem Motor:

$$2 \cdot \Delta F_{\text{Nbesch}} \approx m \cdot a_x \cdot \left[\frac{h_{\text{S}}}{l} + \frac{r_{\text{A}}}{l} \cdot \left(\varepsilon_0 + \frac{\varepsilon_{\text{G}} - \varepsilon_0}{i_{\text{G}} \cdot i_{\text{A}}} \right) \right] \qquad \text{(Gl. 11.13)}$$

$$\approx 0{,}2 \quad \approx 0{,}1 \quad \leq 0{,}1$$

Im o.g. Extremfall würde die dynamische Änderung der Achslast durch die Beschleunigung im 1. Gang um maximal 5 % zu klein bestimmt, wenn man den Einfluss der Trägheitsmomente der rotierenden Teile vernachlässigt;

b) bei längs eingebautem Motor:

$$2 \cdot \Delta F_{\text{Nbesch}} < m \cdot a_x \cdot \left(\frac{h_{\text{S}}}{l} + \frac{r_{\text{A}}}{l} \cdot \varepsilon_0 \right) \qquad \text{(Gl. 11.14)}$$

$$\approx 0{,}2 \quad \approx 0{,}1 \quad \leq 0{,}05$$

Beim längs eingebautem Motor wird durch Vernachlässigen des Einflusses des Trägheitsmoments der rotierenden Teile bei der Bestimmung der Änderung der dynamischen Achslasten maximal ein Fehler von ca. 2,5 % verursacht.

Allerdings bewirkt das Trägheitsmoment des längs eingebauten Motors beim Beschleunigen eine dynamische Radlaständerung zwischen den rechten und den linken Rädern. Beim Fahrzeug mit Standardantrieb drehen sich Kurbelwelle und Kardanwelle (bei Vorwärtsfahrt) im Allgemeinen von vorn betrachtet im Uhrzeigersinn. Dadurch nehmen beim Beschleunigen die Radlasten der rechten Räder zu und der linken Räder ab. Es gilt näherungsweise:

$$M_{\text{Tx}} \approx \frac{(\varepsilon_{\text{G}} - \varepsilon_0)}{i_{\text{G}} \cdot i_{\text{A}}} \cdot m \cdot r_{\text{A}} \cdot a_x \qquad \text{(Gl. 11.15)}$$

Das Moment stützt sich auf Vorder- und Hinterachse ab. Die Aufteilung hängt von der Wankfedersteifigkeit der beiden Achsen ab, vgl. Kap. 11.2.2 und 11.2.3. Geht man vereinfacht davon aus, dass sich das Moment gleichmäßig auf Vorder- und Hinterachse verteilt, so gilt für die Radlaständerung an der Antriebsachse beim Beschleunigen:

$$\Delta F_{\text{Nbesch\_li/re}} \approx \frac{M_{\text{Tx}}}{2 \cdot b} \approx m \cdot a_x \cdot \underbrace{\frac{r_{\text{A}}}{2 \cdot b}}_{\approx 0{,}1} \cdot \underbrace{\frac{(\varepsilon_{\text{G}} - \varepsilon_0)}{i_{\text{G}} \cdot i_{\text{A}}}}_{\leq 0{,}05} \quad \text{(Gl. 11.16)}$$

Setzen wir nun die hier berechnete Radlaständerung ins Verhältnis zu der in Gl. 11.14 bestimmten dynamischen Achslaständerung, so erkennen wir, dass bei längs eingebautem Motor die Radlaständerung beim Beschleunigen im 1. Gang an einem Rad um bis ca. $\frac{\Delta F_{\text{Nbesch\_li/re}}}{\Delta F_{\text{Nbesch}}} \leq \frac{m \cdot a_x \cdot 0{,}005}{0{,}5 \cdot m \cdot a_x \cdot 0{,}205} \approx 5\ \%$ abnehmen und am gegenüberliegenden Rad entsprechend zunehmen kann. Durch das Differenzial neigen daher die linken Räder beim scharfen Beschleunigen im eingekuppelten Zustand eher zum Durchdrehen.

Wenn man es genauer betrachten möchte:
Bei einer hochwertigen Berechnung eines Anfahrvorgangs mit optimaler Beschleunigung an der Kraftschlussgrenze kann der Einfluss des Massenträgheitsmoments auf die Radlasten nicht vernachlässigt werden. Beim Anfahren mit schleifender Kupplung ist die Motordrehzahl nicht mehr proportional zur Raddrehzahl. Sind die Massenträgheitsmomente bekannt, so ist eine exakte Bestimmung von M_{Ty} bzw. M_{Tx} möglich. Hat man nur die Werte für den Drehmassenzuschlagsfaktor ε zur Verfügung, ist folgende Überschlagsrechnung für die aus der Massenträgheit der rotierenden Teile entstehenden Momente M_{Ty} bzw. M_{Tx} möglich:

$$M_{\text{Ty}} \approx m \cdot r_{\text{A}} \times \left[\varepsilon_0 \cdot a_x + k_{\text{MLy}} \cdot (\varepsilon_{\text{G}} - \varepsilon_0) \cdot \frac{2 \cdot \pi \cdot r_{\text{A}}}{i_{\text{G}}^2 \cdot i_{\text{A}}^2} \cdot \frac{\dot{n}_{\text{M}}}{60\ \text{s/min}} \right] \quad \text{(Gl. 11.17)}$$

Der Faktor k_{MLy} ist von der Motorlage abhängig:

- $k_{\text{MLy}} = 1$ bei quer eingebautem Motor (Räder und Motor drehen gleichsinnig),
- $k_{\text{MLy}} = -1$ bei quer eingebautem Motor (Räder und Motor drehen gegensinnig),
- $k_{\text{MLy}} = 0$ bei längs eingebautem Motor.

$$M_{\text{Tx}} \approx k_{\text{MLx}} \cdot (\varepsilon_{\text{G}} - \varepsilon_0) \cdot \frac{m \cdot 2 \cdot \pi \cdot r_{\text{A}}^2}{i_{\text{G}}^2 \cdot i_{\text{A}}^2} \cdot \frac{\dot{n}_{\text{M}}}{60\ \text{s/min}} \quad \text{(Gl. 11.18)}$$

Der Faktor k_{MLx} ist von der Motorlage abhängig:

- $k_{\text{MLx}} = 1$ bei längs eingebautem Motor (Motor dreht in Fahrtrichtung gesehen gegen den Uhrzeigersinn),
- $k_{\text{MLx}} = -1$ bei längs eingebautem Motor (Motor dreht in Fahrtrichtung gesehen im Uhrzeigersinn),
- $k_{\text{MLx}} = 0$ bei quer eingebautem Motor.

Der Sonderfall, dass die Motoren so eingebaut sind, dass die Kurbelwellendrehachse gegenüber der Fahrbahn deutlich geneigt ist, kann in den oberen Gleichungen berücksichtigt werden, in dem der Kosinus des Neigungswinkels der Kurbelwelle beim Faktor k_{ML} eingefügt wird.

Da beim scharfen Anfahren das Massenträgheitsmoment des Motors durch Absenken der Motordrehzahl zur Steigerung des Antriebsmoments genutzt wird, kann beim quer eingebauten und gleichsinnig mit den Rädern drehenden Motor während des Einkuppelns M_{Ty} negative Werte annehmen, vgl. Gl. 11.9. Dadurch wird die dynamische Achslast vorn durch das Massenträgheitsmoment des Motors erhöht und hinten abgesenkt. Dies ist für **Frontantrieb** günstig. Bei Standardantrieb und üblicher Drehrichtung des Motors sind jetzt die Radlasten an den linken Rädern höher als an den rechten.

11.1.2 Bestimmung des Nickwinkels

Beim Beschleunigen, Befahren von Steigungen oder Bremsen kommt es zu einem **Nicken** des Fahrzeugaufbaus, da sich die dynamischen Achslasten ändern. Je nach Anordnung der **Längspole** der Achsen können die beim Bremsen oder Antreiben an den Rädern auftretenden Längskräfte einen Teil der dynamischen Achslaständerungen abstützen. Der verbleibende Anteil muss von den Tragfedern aufgenommen werden. Dies führt zu einer Ein- oder Ausfederbewegung an der jeweiligen Achse und bei unterschiedlichem Federweg an Vorder- und Hinterachse zu einem Nickwinkel. Wie in Kap. 4 behandelt, kann aus der Lage der Längspole, der Schwerpunktshöhe, dem Radstand und der Antriebs- oder Bremskraftverteilung die **Antriebs-** und **Bremsnickabstützung** bestimmt werden. Hierbei wird der Einfluss der rotatorischen Trägheitsmomente M_{Ty} vernachlässigt.

Bei einem **Anfahrnickausgleich** $\varepsilon_A = x\ \%$, der nur an angetriebenen Achsen möglich ist, federt die angetriebene Achse beim Beschleunigen oder Steigungsfahren nur so stark aus oder ein, als ob die Achslaständerung $2 \cdot \Delta F_N \cdot (1 - x\ \%)$ betragen würde. Mit den jeweils auf das Rad bezogenen Federsteifigkeiten c_{Av} und c_{Ah} gilt für den Nickwinkel im Antriebsfall:

a) bei Frontantrieb:

$$\theta \approx \arctan\left[\frac{2 \cdot \Delta F_N \cdot \left(\frac{1-\varepsilon_A}{c_{Av}} + \frac{1}{c_{Ah}}\right)}{l}\right] \approx \frac{2 \cdot \Delta F_N \cdot \left(\frac{1-\varepsilon_A}{c_{Av}} + \frac{1}{c_{Ah}}\right)}{l} \approx m \cdot g \cdot \frac{h_S}{l^2} \cdot \left(\frac{1-\varepsilon_A}{c_{Av}} + \frac{1}{c_{Ah}}\right) \cdot \left(\sin\alpha + \frac{a_x}{g}\right)$$

(Gl. 11.19)

b) bei Hinterradantrieb:

$$\theta \approx m \cdot g \cdot \frac{h_S}{l^2} \cdot \left(\frac{1-\varepsilon_A}{c_{Ah}} + \frac{1}{c_{Av}}\right) \cdot \left(\sin\alpha + \frac{a_x}{g}\right)$$

(Gl. 11.20)

c) bei Allradantrieb:

$$\theta \approx m \cdot g \cdot \frac{h_S}{l^2} \cdot \left(\frac{1-\varepsilon_{Av}}{c_{Av}} + \frac{1-\varepsilon_{Ah}}{c_{Ah}}\right) \cdot \left(\sin\alpha + \frac{a_x}{g}\right)$$

(Gl. 11.21)

Für den Nickwinkel im Bremsfall gilt analog:

$$\theta \approx m \cdot g \cdot \frac{h_S}{l^2} \cdot \left(\frac{1-\varepsilon_{Bv}}{c_{Av}} + \frac{1-\varepsilon_{Bh}}{c_{Ah}}\right) \cdot (\sin\alpha - z)$$

(Gl. 11.22)

11.1.3 Maximale Beschleunigungs- und Steigfähigkeit aufgrund des Kraftschlusses

Auch hier beschränken wir uns auf die Betrachtung des Zweiachsfahrzeugs mit Einzelbereifung, da dies am häufigsten gebräuchlich ist. Weiter gehen wir zunächst vereinfacht davon aus, dass sich die Unterschiede zwischen den Radlasten von linkem und rechtem Antriebsrad nicht auf die mögliche Beschleunigung oder Steigfähigkeit auswirken. Am Ende des Kapitels wird noch kurz auf die Berücksichtigung achsweise unterschiedlicher Radlasten eingegangen.

Zunächst leiten wir die Gleichungen allgemein für **Front-**, **Hinterrad-** und **Allradantrieb** her. In Bild 11.3 sind die in Fahrtrichtung auftretenden Kräfte beim Beschleunigen in der Steigung dargestellt. An den Rädern ist die Kraft, die für den Vortrieb sorgt, als **Zugkraft** F_Z bezeichnet. Sie ergibt sich als Produkt von Achslast und Kraftschlussausnutzung. In Kap. 11.1.4 wird auf den Unterschied zwischen F_Z und F_A eingegangen. Aus Übersichtlichkeitsgründen sind in Bild 11.3 die Kräfte in z-Richtung nicht eingezeichnet.

Entsprechend Bild 11.3 erhalten wir für die Kräfte in x-Richtung folgende Gleichung:

$$F_{Zv} + F_{Zh} = F_{WS} + F_T + F_{WL} + F_{WRv} + F_{Jv} + F_{WRh} + F_{Jh}$$

(Gl. 11.23)

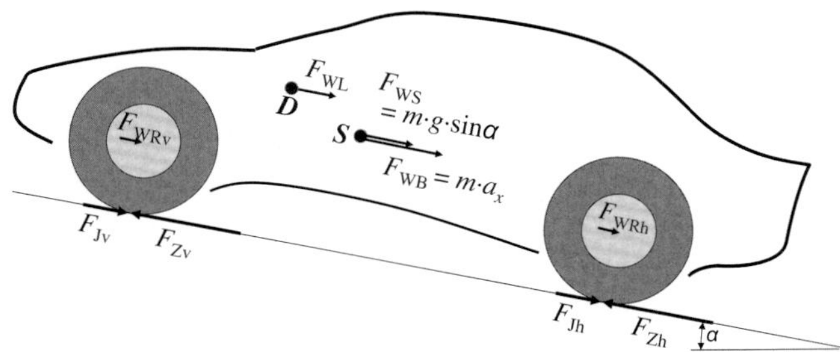

***Bild 11.3:** Kräfte in x-Richtung beim Beschleunigen in der Steigung (Kräfte in z-Richtung sind der Übersicht halber nicht eingetragen)*

bzw. nach Einsetzen der Gleichungen für die einzelnen Größen (vgl. Kap. 7):

$$\mu_v \cdot 2 \cdot F_{Nv} + \mu_h \cdot 2 \cdot F_{Nh} = m \cdot g \cdot \sin\alpha + m \cdot a_x + F_{WL} + f_{Rv} \cdot 2 \cdot F_{Nv} + \frac{J_v}{r_{Av}^2} \cdot a_x + f_{Rh} \cdot 2 \cdot F_{Nh} + \frac{J_h}{r_{Ah}^2} \cdot a_x \qquad \text{(Gl. 11.24)}$$

mit 2 · F_{Nv} und 2 · F_{Nh} aus Gl. 11.7 und Gl. 11.8 erhält man nach einigen Umformungen:

$$\frac{a_x}{g} = \frac{(\mu_v - f_{Rv}) \cdot \left(\frac{l_h}{l} \cdot \cos\alpha - \frac{h_S}{l} \cdot \sin\alpha\right) + (\mu_h - f_{Rh}) \cdot \left(\frac{l_v}{l} \cdot \cos\alpha + \frac{h_S}{l} \cdot \sin\alpha\right) - \sin\alpha - \frac{F_{WL}}{m \cdot g}}{1 + \underbrace{\frac{J_v / r_{Av}^2 + J_h / r_{Ah}^2}{m}}_{< \varepsilon_0 \approx 0{,}03 \ldots 0{,}05 \ll 1} + \frac{h_S}{l} \cdot (\mu_v - f_{Rv} - \mu_h + f_{Rh})} \qquad \text{(Gl. 11.25)}$$

Der Term, der die Trägheitsmomente der Räder berücksichtigt, ist somit wesentlich kleiner als die restlichen Terme im Nenner und kann im Allgemeinen vernachlässigt werden. Damit gilt:

$$\frac{a_x}{g} \approx \frac{(\mu_v - f_{Rv}) \cdot \left(\frac{l_h}{l} \cdot \cos\alpha - \frac{h_S}{l} \cdot \sin\alpha\right) + (\mu_h - f_{Rh}) \cdot \left(\frac{l_v}{l} \cdot \cos\alpha + \frac{h_S}{l} \cdot \sin\alpha\right) - \sin\alpha - \frac{F_{WL}}{m \cdot g}}{1 + \frac{h_S}{l} \cdot (\mu_v - f_{Rv} - \mu_h + f_{Rh})} \qquad \text{(Gl. 11.26)}$$

und für den Sonderfall der Beschleunigung in der Ebene gilt:

$$\frac{a_x}{g} \approx \frac{(\mu_v - f_{Rv}) \cdot \frac{l_h}{l} + (\mu_h - f_{Rh}) \cdot \frac{l_v}{l} - \frac{F_{WL}}{m \cdot g}}{1 + \frac{h_S}{l} \cdot (\mu_v - f_{Rv} - \mu_h + f_{Rh})} \qquad \text{(Gl. 11.27)}$$

Aus Gl. 11.24 erhalten wir für den zweiten wichtigen Sonderfall, nämlich die Steigungsfahrt bei konstanter Geschwindigkeit, d. h., bei $a_x = 0$:

$$\tan\alpha \approx \frac{(\mu_v - f_{Rv})\cdot\frac{l_h}{l} + (\mu_h - f_{Rh})\cdot\frac{l_v}{l} - \frac{F_{WL}}{m\cdot g\cdot\cos\alpha}}{1+\frac{h_S}{l}\cdot(\mu_v - f_{Rv} - \mu_h + f_{Rh})} \approx \frac{(\mu_v - f_{Rv})\cdot\frac{l_h}{l} + (\mu_h - f_{Rh})\cdot\frac{l_v}{l} - \frac{F_{WL}}{m\cdot g}}{1+\frac{h_S}{l}\cdot(\mu_v - f_{Rv} - \mu_h + f_{Rh})} \qquad \text{(Gl. 11.28)}$$

Aus Gl. 11.27 und 11.28 erkennen wir Folgendes:

Die Steigungsfahrt mit v_x = const. auf dem Steigungswinkel α ist bezüglich der Kraftschlussbeanspruchung gleichwertig mit der Beschleunigung in der Ebene mit $a_x/g = \tan\alpha$.

Aus Gl. 11.26 bis 11.28 können wir die **kraftschlussbedingten Fahrgrenzen** bei unterschiedlichen **Antriebskonzepten** bestimmen. Hierbei müssen wir beachten, dass der Rollwiderstand an der angetriebenen Achse bereits intern vom Antriebsmoment überwunden wird, d. h., auf einer harten Fahrbahn ist hierzu kein Kraftschlussbedarf erforderlich. Wir setzen daher an der angetriebenen Achse den Rollwiderstandsbeiwert null. An der nicht angetriebenen Achse haben wir keine Antriebskraft. Dies berücksichtigen wir, in dem wir den Kraftschlussbeiwert an der nicht angetriebenen Achse null setzen.

Frontantrieb:
Wir setzen in den Gl. 11.26 und 11.27 $f_{Rv} = 0$, $f_{Rh} = f_R$, $\mu_v = \mu$ und $\mu_h = 0$. Damit gilt für die aufgrund des Kraftschlusses maximal mögliche Beschleunigung:

$$\frac{a_x}{g} \approx \frac{\mu\cdot\left(\frac{l_h}{l}\cdot\cos\alpha - \frac{h_S}{l}\cdot\sin\alpha\right) - f_R\cdot\left(\frac{l_v}{l}\cdot\cos\alpha + \frac{h_S}{l}\cdot\sin\alpha\right) - \sin\alpha - \frac{F_{WL}}{m\cdot g}}{1+\frac{h_S}{l}\cdot(\mu + f_R)} \qquad \text{(Gl. 11.29)}$$

Für die Sonderfälle a) maximal mögliche Beschleunigung in der Ebene und b) maximal mögliche Steigung bei konstanter Geschwindigkeit erhalten wir:

$$\frac{a_x}{g} \text{ bzw. } \tan\alpha \approx \frac{\mu\cdot\frac{l_h}{l} - f_R\cdot\frac{l_v}{l} - \frac{F_{WL}}{m\cdot g}}{1+\frac{h_S}{l}\cdot(\mu + f_R)} \qquad \text{(Gl. 11.30)}$$

Hinterradantrieb:
Wir setzen analog $f_{Rh} = 0$, $f_{Rv} = f_R$, $\mu_h = \mu$ und $\mu_v = 0$ und in die Gl. 11.26 und 11.27 ein. Damit gilt für die aufgrund des Kraftschlusses maximal mögliche Beschleunigung:

$$\frac{a_x}{g} \approx \frac{\mu\cdot\left(\frac{l_v}{l}\cdot\cos\alpha + \frac{h_S}{l}\cdot\sin\alpha\right) - f_R\cdot\left(\frac{l_h}{l}\cdot\cos\alpha - \frac{h_S}{l}\cdot\sin\alpha\right) - \sin\ \alpha - \frac{F_{WL}}{m\cdot g}}{1-\frac{h_S}{l}\cdot(\mu + f_R)} \qquad \text{(Gl. 11.31)}$$

Für die Sonderfälle maximal mögliche Beschleunigung in der Ebene und maximal mögliche Steigung bei konstanter Geschwindigkeit erhalten wir:

$$\frac{a_x}{g} \text{ bzw. } \tan\alpha \approx \frac{\mu\cdot\frac{l_v}{l} - f_R\cdot\frac{l_h}{l} - \frac{F_{WL}}{m\cdot g}}{1-\frac{h_S}{l}\cdot(\mu + f_R)} \qquad \text{(Gl. 11.32)}$$

Idealer Allradantrieb:
Wir betrachten hier den Fall des so genannten idealen Allradantriebs, also eines Allradantriebs, der die

Antriebskraft so auf Vorder- und Hinterachse verteilt, dass die Kraftschlussbeanspruchung an beiden Achsen gleich ist (vgl. hierzu auch Kap. 11.1.5.1). Damit gilt $\mu_h = \mu_v = \mu$. Weiter wird der Rollwiderstand an beiden Achsen intern überwunden, wir setzen in den Gl. 11.26 und 11.27 $f_{Rv} = f_{Rh} = 0$. Damit gilt für die aufgrund des Kraftschlusses maximal mögliche Beschleunigung:

$$\frac{a_x}{g} \approx \frac{\mu \cdot \left(\frac{l_h}{l} \cdot \cos\alpha - \frac{h_S}{l} \cdot \sin\alpha\right) + \mu \cdot \left(\frac{l_v}{l} \cdot \cos\alpha + \frac{h_S}{l} \cdot \sin\alpha\right) - \sin\alpha - \frac{F_{WL}}{m \cdot g}}{1 + \frac{h_S}{l} \cdot 0}$$

bzw. umgeformt gilt:

$$\frac{a_x}{g} \approx \mu \cdot \cos\alpha - \sin\alpha - \frac{F_{WL}}{m \cdot g} \qquad \text{(Gl. 11.33)}$$

Für die Sonderfälle a) maximal mögliche Beschleunigung in der Ebene und b) maximal mögliche Steigung bei konstanter Geschwindigkeit erhalten wir:

$$\frac{a_x}{g} \quad \text{bzw.} \quad \tan\alpha \approx \mu - \frac{F_{WL}}{m \cdot g} \qquad \text{(Gl. 11.34)}$$

In Kap. 11.1.1 haben wir gesehen, dass bei längs eingebautem Motor die Radlasten links und rechts durch die Drehbeschleunigung des Motors unterschiedlich groß werden. Dies führt bei einem konventionellen Differenzial zu einer unterschiedlich großen Kraftschlussausnutzung an den beiden Rädern. Ohne **Schlupfregelung** oder **Differenzialsperre** ist die tatsächlich erreichbare Beschleunigung vom schwächer belasteten Rad abhängig und damit geringer als mit den oberen Gl. 11.29 bis 11.34 berechnet.

Bei einer idealen Schlupfregelung sind hingegen die in Gl. 11.29 bis 11.34 errechneten Werte gültig. Allerdings führt der Bremseingriff am schwächer belasteten Rad zu einem zusätzlichen Bedarf an Antriebsmoment. Die in Kap. 7 errechneten Werte für die aufgrund der Antriebskennung maximal mögliche Beschleunigung oder Steigfähigkeit können nicht mehr ganz erreicht werden.

11.1.4 Erforderlicher Kraftschluss beim Antreiben

In Kap. 11.1.3 haben wir die Beschleunigung und Steigfähigkeit aufgrund des Kraftschlusses betrachtet. In der Praxis stellt sich häufig die umgekehrte Frage – wie viel Kraftschluss benötige ich, um eine Steigung zu befahren oder die maximal mögliche Antriebskraft beim Beschleunigen auch ausnutzen zu können. Entsprechend Kap. 8 und 9 kennen wir in diesem Fall den Fahrwiderstand F_W der maximal die Größe der verfügbaren Antriebskraft F_{Amax} erreichen kann, nämlich dann, wenn wir mit Volllast fahren. Bei der Bestimmung des Kraftschlussbedarfes benötigen wir die Zugkraft der angetriebenen Achse: $F_Z = \mu \cdot 2 \cdot F_{NaA}$. Der Index aA steht für angetriebene Achse.

Worin unterscheiden sich die Zugkraft F_Z von der in Kap. 8 und 9 verwendeten Antriebskraft F_A = Fahrwiderstandskraft F_W?

- Die Antriebskraft F_A enthält auch den Rollwiderstand der angetriebenen Achse. Dieser wird aber bereits intern in den Antriebsrädern aufgebracht, sodass die Zugkraft um den Rollwiderstand der Antriebsräder reduziert ist. Stellen wir uns vor, das Fahrzeug stehe auf einem extrem glatten Fahrbahnbelag, der Reibwert wäre nahezu null. Wenn wir jetzt die Räder antreiben, wird sich das Fahrzeug nicht vorwärts bewegen. Die Räder drehen aber durch, werden durch die Abplattung in der Reifenaufstandsfläche ständig verformt und benötigen daher ein Antriebsmoment zur Überwindung dieser Verformungsarbeit, die ja auf fester Fahrbahn die alleinige Ursache für den Rollwiderstand ist. In diesem Fall ist F_Z annähernd null und F_A um den Betrag des Rollwiderstands der angetriebenen Achse größer.

- Der im Fahrwiderstand F_W beim Beschleunigen enthaltene Anteil zur Drehbeschleunigung der rotierenden Teile wird – abgesehen von den nicht angetriebenen Rädern – direkt im Antriebsstrang aufgebracht, d. h., die in der Reifenaufstandsfläche ankommende Zugkraft F_Z ist um diesen Anteil reduziert.

Damit gilt für die Zugkraft F_Z (aA angetriebene Achse(n), nA nicht angetriebene Achse):

$$F_Z = F_W - F_{WR\_aA} - m \cdot \varepsilon \cdot a_x + \frac{J_{nA}}{r^2_{A\_nA}} \cdot a_x \qquad \text{(Gl. 11.35)}$$

F_{WR_aA}: wird in den Antriebsrädern intern aufgebracht

$m \cdot \varepsilon \cdot a_x$: wird im Antriebsstrang intern aufgebracht

$\frac{J_{nA}}{r^2_{A\_nA}} \cdot a_x$: nicht angetriebene Räder werden durch den Kraftschluss über die Fahrbahn drehbeschleunigt

Bei Einachsantrieb gilt damit:

$$\mu \cdot 2 \cdot F_{N\_aA} = F_W - f_R \cdot 2 \cdot F_{N\_aA} - m \cdot \varepsilon \cdot a_x + \frac{J_{nA}}{r^2_{A\_nA}} \cdot a_x \qquad \text{(Gl. 11.36)}$$

aufgelöst nach μ:

$$\mu = \frac{F_W - m \cdot \varepsilon \cdot a_x + \frac{J_{nA}}{r^2_{A\_nA}} \cdot a_x}{2 \cdot F_{N\_aA}} - f_R \approx \frac{F_W - m \cdot \varepsilon \cdot a_x}{2 \cdot F_{N\_aA}} - f_R \qquad \text{(Gl. 11.37)}$$

Hier muss die dynamische Achslast eingesetzt werden, die sich auf Grund der Beschleunigung/Steigungsfahrt an der angetriebenen Achse ergibt, d. h. entsprechend Gl. 11.7 oder Gl. 11.8!

Der zur Drehbeschleunigung der nicht angetriebenen Räder zusätzlich notwendige Kraftschluss beträgt beim Beschleunigen in der Ebene weniger als $\varepsilon_0/2$ (ε_0 berücksichtigt vier Räder sowie einen Teil des Antriebsstrangs und der Kraftschluss wird nicht nur zur Überwindung des Beschleunigungswiderstands benötigt). Der Fehler, der durch Vernachlässigung dieses Anteils entsteht, ist im Allgemeinen kleiner als 2 %.

Bei idealem Allradantrieb gilt:

$$\mu = \frac{F_W - m \cdot \varepsilon \cdot a_x}{m \cdot g \cdot \cos\alpha} - f_R = \tan\alpha + \frac{a_x}{g \cdot \cos\alpha} + \frac{F_{WL}}{m \cdot g \cdot \cos\alpha} \qquad \text{(Gl. 11.38)}$$

Hier wurden die Anteile von F_W in die Formel eingesetzt, da sie in diesem Fall immer noch übersichtlich bleibt.

11.1.5 Bremsverhalten

Beim Bremsen wird die Längsbeschleunigung negativ, daher führt man hier den Begriff der **Abbremsung** ein, die eine vereinfachte Schreibweise ermöglicht.
Die **Abbremsung** z ist definiert als:

$$z = -\frac{a_x}{g} \qquad \text{(Gl. 11.39)}$$

Damit ist die Abbremsung eine dimensionslose Größe, die nur positive Werte annimmt.

Aufgrund der gesetzlichen Vorschriften werden bei Einsatz der Betriebsbremse grundsätzlich alle Räder gebremst, d. h., der Bremsvorgang kann analog zum Beschleunigungsvorgang mit Allradantrieb betrachtet werden.

11.1.5.1 Ideale Bremskraftverteilung/ idealer Allradantrieb

Um eine optimale **Bremsverzögerung** zu erhalten, muss der Kraftschluss an allen Rädern optimal ausgenutzt werden, vgl. idealer Allradantrieb in Kap. 11.1.3. Unter der Annahme, dass der Kraftschluss an allen Rädern gleich ist, bedeutet dies beim Zweiachsfahrzeug:

$F_{Bv} = \mu \cdot 2 \cdot F_{Nv}$ und $F_{Bh} = \mu \cdot 2 \cdot F_{Nh}$ bzw.

$$\frac{F_{Bh}}{F_{Bv}} = \frac{2 \cdot F_{Nh}}{2 \cdot F_{Nv}} \qquad \text{(Gl. 11.40)}$$

Die **Bremskraftverteilung** muss der dynamischen Achslastverteilung entsprechen, die sich bei der entsprechenden Bremsverzögerung ergibt. Ist dies erfüllt, spricht man von der **idealen Bremskraftverteilung**.

Bei der Herleitung der idealen Bremskraftverteilung geht man davon aus, dass die Bremskräfte gegenüber den Fahrwiderständen dominant sind. Wie in Kap. 7.6 gezeigt wurde, sind beim Pkw auf trockener Straße bei ca. 70 ... 80 km/h Luft- und Radwiderstand gleich groß. Bei einer Vollbremsung mit einem Kraftschluss von 1,0 erreicht die Bremskraft ca. das 100-fache von Rad- bzw. Luftwiderstand. Es wird daher bei der folgenden Herleitung von folgenden Vereinfachungen ausgegangen:

- keine aerodynamischen Kräfte,
- kein Radwiderstand,
- kein Steigungswiderstand,
- kein Motorbremsmoment,
- keine Kurvenfahrt.

Damit gilt für die Abbremsung z:

$$z = \frac{(F_{Bh} + F_{Bv})}{m \cdot g} = \frac{F_{Bh}}{F_G} + \frac{F_{Bv}}{F_G} \qquad \text{(Gl. 11.41)}$$

Mit $F_G = m \cdot g = 2 \cdot F_{Nv} + 2 \cdot F_{Nh}$ folgt:

$$z = \mu \qquad \text{(Gl. 11.42)}$$

Setzen wir Gl. 11.39 in die Gl 11.8 und 11.7 aus Kap. 11.1.1 erhalten wir mit den o. g. Vereinfachungen die dynamischen Achslasten als Funktion der Abbremsung:

$$2 \cdot F_{Nh} = m \cdot g \cdot \left(\frac{l_v}{l} - \frac{h_S}{l} \cdot z \right) \quad \text{und}$$

$$2 \cdot F_{Nv} = m \cdot g \cdot \left(\frac{l_h}{l} + \frac{h_S}{l} \cdot z \right). \qquad \text{(Gl. 11.43)}$$

Um eine fahrzeugmassenunabhängige Betrachtung zu erreichen, werden die Achsbremskräfte auf die Gewichtskraft F_G bezogen (im Folgenden mit **bezogenen Achsbremskräfte** bezeichnet). Für die bezogenen Achsbremskräfte gilt:

$$\frac{F_{Bh}}{F_G} = \frac{\mu_h \cdot 2 \cdot F_{Nh}}{F_G} = \mu_h \cdot \left(\frac{l_v}{l} - \frac{h_S}{l} \cdot z \right) \qquad \text{(Gl. 11.44)}$$

$$\frac{F_{Bv}}{F_G} = \frac{\mu_v \cdot 2 \cdot F_{Nv}}{F_G} = \mu_v \cdot \left(\frac{l_h}{l} + \frac{h_S}{l} \cdot z \right) \qquad \text{(Gl. 11.45)}$$

Für die Bremskraftverteilung $\varphi_B = F_{Bh}/F_{Bv}$ gilt damit:

$$\varphi_B = \frac{\mu_h \cdot \left(\frac{l_v}{l} - \frac{h_S}{l} \cdot z \right)}{\mu_v \cdot \left(\frac{l_h}{l} + \frac{h_S}{l} \cdot z \right)} \qquad \text{(Gl. 11.46)}$$

Setzen wir $z = \mu_v = \mu_h$ in die Gl. 11.46, erhalten wir die **ideale Bremskraftverteilung** als Funktion der Abbremsung:

$$\varphi_{B\_ideal} = \frac{\frac{F_{Bh}}{F_G}}{\frac{F_{Bv}}{F_G}} = \frac{\frac{l_v}{l} - \frac{h_S}{l} \cdot z}{\frac{l_h}{l} + \frac{h_S}{l} \cdot z} \qquad \text{(Gl. 11.47)}$$

Mit zunehmender Abbremsung nimmt die Vorderachslast linear zu und die Hinterachslast linear ab. Trägt man das Verhältnis von F_{Bh}/F_{Bv} als Funktion der Abbremsung auf und bezieht man F_{Bh} bzw. F_{Bv} auf die Gesamtbremskraft F_B, so erhält man das Diagramm in Bild 11.4. Das Verhältnis zwischen F_{Bh}/F_{Bv} nimmt linear mit der Abbremsung z ab.

Für die idealen Achsbremskräfte bezogen auf die Fahrzeuggewichtskraft als Funktion der Abbremsung gilt:

$$\frac{F_{Bh}}{F_G} = z \cdot \left(\frac{l_v}{l} - \frac{h_S}{l} \cdot z \right) \qquad \text{(Gl. 11.48)}$$

$$\frac{F_{Bv}}{F_G} = z \cdot \left(\frac{l_h}{l} + \frac{h_S}{l} \cdot z \right) \qquad \text{(Gl. 11.49)}$$

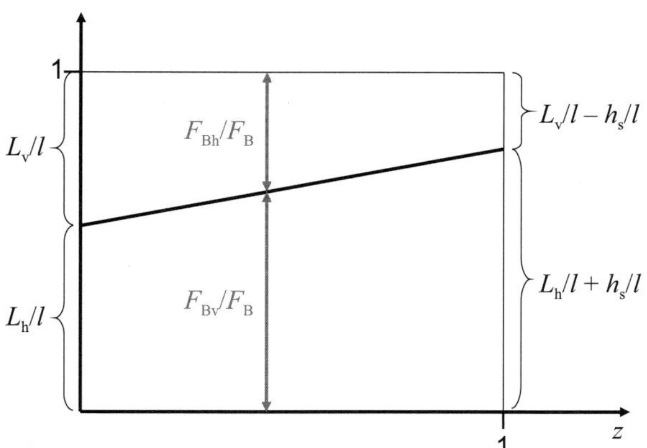

Bild 11.4: *Verhältnis der idealen Bremskraft hinten zu vorn als Funktion der Abbremsung*

Tragen wir jetzt analog zum Bild 11.4 die bezogenen Achsbremskräfte als Funktion der Abbremsung auf, erhalten wir Bild 11.5. Die Summe der bezogenen Achsbremskräfte entspricht einer Ursprungsgeraden mit der Steigung 1, vgl. Gl. 11.41. Mit zunehmender Abbremsung muss die Bremskraft an der Vorderachse stärker als an der Hinterachse gesteigert werden.

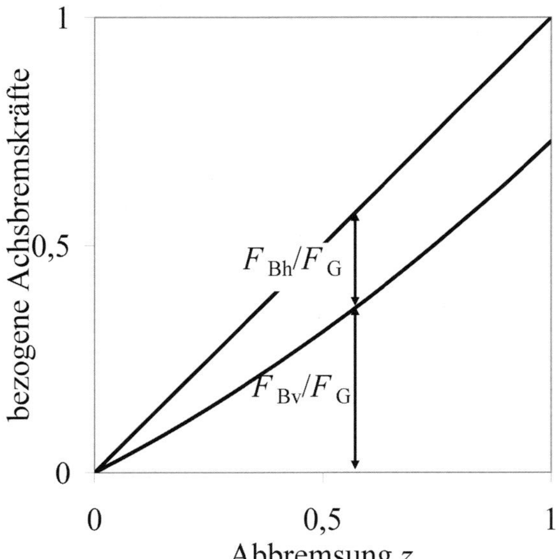

Bild 11.5: *Bezogene Achsbremskräfte als Funktion der Abbremsung*

Für die Auslegung der Bremse interessiert häufig die bezogene Hinterachsbremskraft F_{Bh}/F_G als Funktion von der bezogenen Vorderachsbremskraft F_{Bv}/F_G. Durch Einsetzen von $z = \frac{F_{Bh}}{F_G} + \frac{F_{Bv}}{F_G}$ in Gl. 11.49 erhält man nach Umformen eine quadratische Gleichung für F_{Bh}/F_G:

$$\left(\frac{F_{Bh}}{F_G}\right)^2 + \frac{F_{Bh}}{F_G} \cdot \left(\frac{l_h}{h_S} + 2 \cdot \frac{F_{Bv}}{F_G}\right) + \left(\frac{F_{Bv}}{F_G}\right)^2 - \frac{F_{Bv}}{F_G} \cdot \frac{l_h}{h_S} = 0$$

$$\frac{F_{Bh}}{F_G} = -\frac{l_h}{2 \cdot h_S} - \frac{F_{Bv}}{F_G} + \sqrt{\left(\frac{l_h}{2 \cdot h_S}\right)^2 + \frac{F_{Bv}}{F_G} \cdot \frac{l}{h_S}} \,. \tag{Gl. 11.50}$$

Trägt man F_{Bh}/F_G als Funktion von F_{Bv}/F_G auf, so erhält man im so genannten **Bremskraftverteilungsdiagramm** die ideale Bremskraftverteilung. Die in Bild 11.6 zusätzlich gestrichelt eingezeichnete Linie im 3. Quadranten entspricht – da jetzt die Bremskräfte negativ sind – dem idealen Allradantrieb bzw. der idealen Bremskraftverteilung bei Rückwärtsfahrt.

Um den Zusammenhang zwischen bezogenen Bremskräften und Abbremsung erkennen zu können, werden in das Diagramm **Linien konstanter Abbremsung** eingetragen. Mit Gl. 11.41 gilt:

$\frac{F_{Bh}}{F_G} = -\frac{F_{Bv}}{F_G} + z$, d. h., die Linien konstanter Abbremsung sind Geraden mit der Steigung –1 und dem Ordinatenabstand z, vgl. Bild 11.6.

Da die maximal erreichbaren bezogenen Bremskräfte vom Kraftschluss abhängen, werden in das Bremskraftverteilungsdiagramm **Linien konstanter Kraftschlussausnutzung** eingetragen. Durch Einsetzen der Gl. 11.41 in Gl. 11.44 wird die Abbremsung z eliminiert:

$$\frac{F_{Bh}}{F_G} = \mu_h \cdot \left[\frac{l_v}{l} - \frac{h_s}{l} \cdot \left(\frac{F_{Bh}}{F_G} + \frac{F_{Bv}}{F_G}\right)\right] \tag{Gl. 11.51}$$

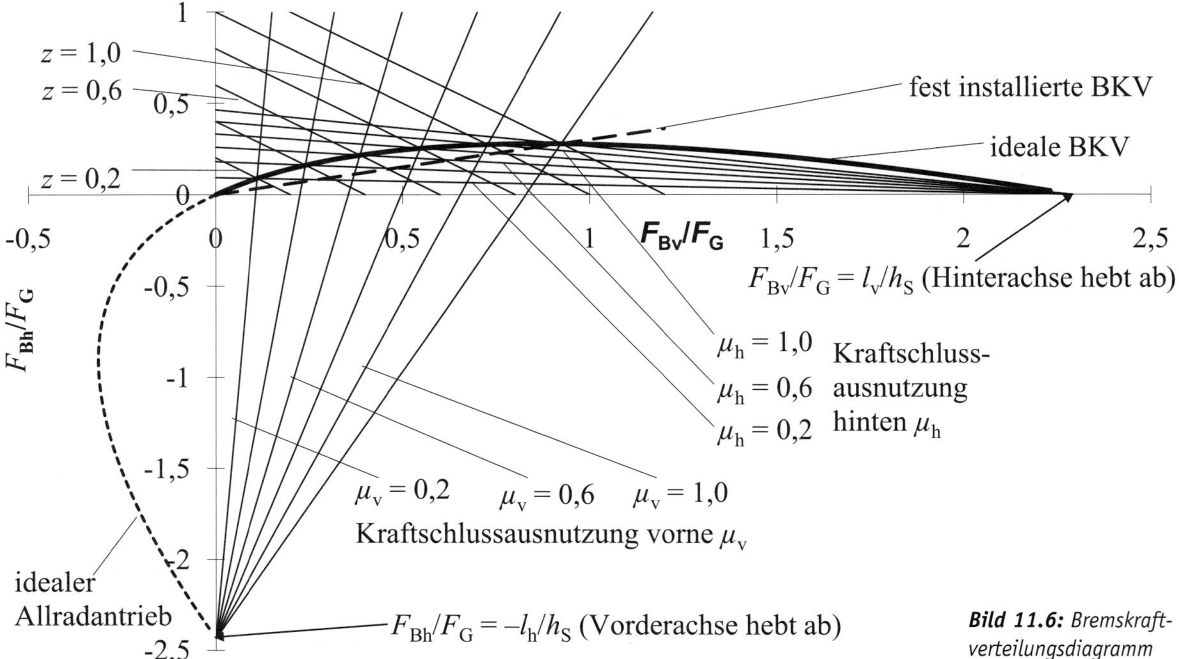

Bild 11.6: *Bremskraftverteilungsdiagramm*

Durch Umformen erhält man F_{Bh}/F_G als Funktion von F_{Bv}/F_G und dem Kraftschluss μ_h:

$$\frac{F_{Bh}}{F_G} = \mu_h \cdot \frac{\frac{l_v}{l} - \frac{h_S}{l} \cdot \frac{F_{Bv}}{F_G}}{1 + \mu_h \cdot \frac{h_S}{l}} \qquad \text{(Gl. 11.52)}$$

Für einen konstanten Wert von μ_h entspricht die Gl. 11.52 einer Geradengleichung. Durch Berechnung zweier Punkte ist die Lage der Geraden eindeutig bestimmt. Es bietet sich z. B. an, die Schnittpunkte mit der *x*-Achse und der *y*-Achse zu bestimmen:

Mit $F_{Bh}/F_G = 0$ folgt: $F_{Bv}/F_G = l_v/h_S$, d. h., unabhängig vom Kraftschluss μ_h liegt der Schnittpunkt mit der *x*-Achse bei l_v/h_S. Dies bedeutet, dass bei dieser Abbremsung die Hinterachse beginnt abzuheben!

Den Schnittpunkt mit der *y*-Achse erhält man durch Nullsetzen von F_{Bv} in Gl. 11.52:

$$\frac{F_{Bh}}{F_G} = \frac{\mu_h \cdot \frac{l_v}{l}}{1 + \mu_h \cdot \frac{h_S}{l}} \qquad \text{(Gl. 11.53)}$$

Analog erhält man F_{Bv}/F_G als Funktion von F_{Bh}/F_G und dem Kraftschluss μ_v:

$$\frac{F_{Bv}}{F_G} = \frac{\frac{l_h}{l} + \frac{h_S}{l} \cdot \frac{F_{Bh}}{F_G}}{\frac{1}{\mu_v} - \frac{h_S}{l}} \qquad \text{(Gl. 11.54)}$$

Durch Nullsetzen von F_{Bh}/F_G erhält man den Schnittpunkt mit der *x*-Achse, und als Schnittpunkt mit der *y*-Achse ergibt sich:

$$\frac{F_{Bh}}{F_G} = -\frac{l_h}{h_S} \qquad \text{(Gl. 11.55)}$$

Die Bremskraft wäre hier negativ, es handelt sich um die Antriebskraft bzw. um die Bremskraft bei Rückwärtsfahrt, bei der die Vorderachse abheben würde.

Die Linien konstanter Abbremsung *z* und konstanter Kraftschlussausnutzung schneiden sich auf der Kurve der idealen Bremskraftverteilung, da

$$z = \mu_h = \mu_v \qquad \text{(Gl. 11.56)}$$

im Fall der idealen Bremskraftverteilung gilt. Dies bedeutet, dass zur Erstellung des kompletten Bremskraftverteilungsdiagramms lediglich zwei Linienarten und l_v/h_S und l_h/h_S berechnet werden müssen. Nach Eintragen dieser Linien können die restlichen beiden Linienarten durch Ausnutzung der bekannten Schnittpunkte eingezeichnet werden.

Als praktikabel erweist es sich, die Linien konstanter Abbremsung und die Abszissenabschnitte der Linien konstanter Kraftschlussausnutzung für z. B. z und μ = 0,2; 0,4 ... 1,2 zu berechnen und einzutragen, vgl. Bild 11.6.

11.1.5.2 Auslegung der installierten Bremskraftverteilung

Bei einer herkömmlichen hydraulischen Bremsanlage sind die Achsbremskräfte proportional zum Druck im Hydrauliksystem. Werden – im einfachsten Fall – keine zusätzlichen Bauteile zur Beeinflussung des Bremsdrucks verwendet, sind damit die Achsbremskräfte auch proportional zur Pedalkraft, vgl. Kap. 11.1.5.7. Die installierte Bremskraftverteilung ist eine Konstante. Im Bremskraftverteilungsdiagramm ergibt sich eine Ursprungsgerade, deren Steigung durch unterschiedlich große **Bremskolben**, **-scheiben** oder **-trommeln** an Vorder- und Hinterachse gewählt werden kann.

Betrachtet man die Auslegung nur bei einem festen verfügbaren Kraftschluss μ, so gibt es drei Möglichkeiten, die Steigung zu wählen, vgl. Bild 11.7:

a) Die Linien installierte Bremskraftverteilung und ideale Bremskraftverteilung schneiden sich im Schnittpunkt maximale Kraftschlussausnutzung an Vorder- und Hinterachse. Die dabei erzielte Abbremsung wird als **kritische Abbremsung** bezeichnet. Bei Erhöhung des Bremsdrucks erreichen Vorder- und Hinterachse gleichzeitig den maximal verfügbaren Kraftschluss. Ohne ABS laufen beide Räder gleichzeitig ins Blockieren.

b) Im Schnittpunkt zwischen installierter und idealer Bremskraftverteilung ist der Kraftschlussbedarf geringer als der maximal verfügbare. Der maximale Kraftschluss wird jetzt erst oberhalb der idealen Bremskraftverteilung ausgenutzt.

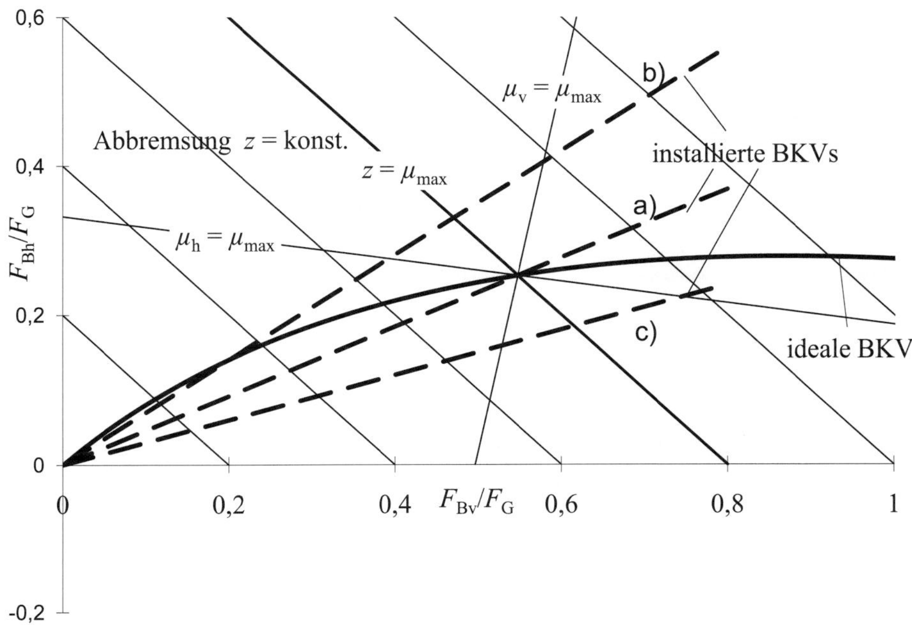

Bild 11.7: *Mögliche Auslegungen einer fest installierten Bremskraftverteilung*

Ohne ABS blockiert die Hinterachse zuerst, da oberhalb der idealen Bremskraftverteilung die Kraftschlussausnutzung an der Hinterachse größer ist als an der Vorderachse. Nur durch eine weitere Steigerung des Bremsdrucks kann auch noch die Vorderachse zum Blockieren gebracht werden.

c) Im Schnittpunkt zwischen installierter und idealer Bremskraftverteilung ist der Kraftschlussbedarf größer als der maximal verfügbare. Der maximale Kraftschluss wird jetzt bei Steigerung des Bremsdrucks bereits unterhalb der idealen Bremskraftverteilung erreicht. Ohne ABS blockiert zunächst die Vorderachse. Nur durch eine weitere Steigerung des Bremsdrucks kann auch noch die Hinterachse zum Blockieren gebracht werden.

Wie wirkt sich dies auf die **Fahrstabilität** aus? Hierzu wird der Bremsvorgang am **Ein-Spur-Modell** (vgl. Kap. 7.1.5 und Kap. 11.2.1) bei einer auftretenden seitlichen **Störkraft** betrachtet, siehe Bild 11.8. Zur Erzeugung der Störkraft genügt hierbei die übliche Fahrbahnquerneigung oder Seitenwind.

Im Ausgangszustand wird die seitliche Störkraft durch sehr geringe Schräglaufwinkel an Vorderachse und Hinterachse ausgeglichen.

Im Fall a) wirken die resultierenden Reibungskräfte an den Rädern entgegengesetzt zur Bewegungsrichtung. Dies bedeutet, dass das Fahrzeug geradeaus weiterfährt und nicht mehr lenkfähig ist. Da die Bremskraft an der Vorderachse größer als an der Hinterachse ist, entsteht ein geringes **Giermoment**, das eventuell eine leichte Drehung des Fahrzeugs verursacht.

Im Fall b) rutscht nur die Hinterachse geradeaus weiter. An den drehenden Rädern der Vorderachse wirkt hingegen weiterhin eine Seitenkraft, die das Fahrzeug zum Gieren veranlasst. Mit zunehmendem Gierwinkel steigen auch der Schräglaufwinkel an der Vorderachse und damit die Seitenkraft. Das Giermoment nimmt zügig zu, ein Gegenlenken kommt auf griffiger Fahrbahn meist zu spät, und das Fahr-

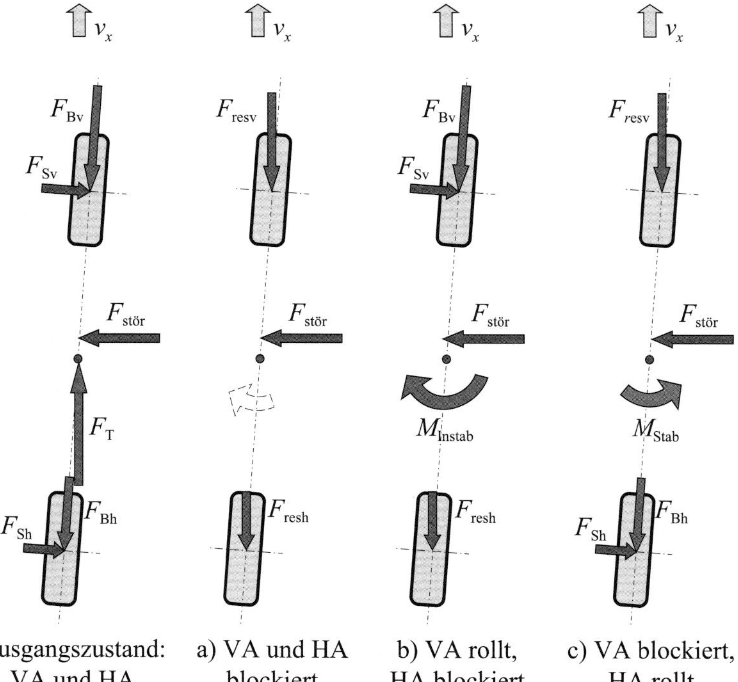

***Bild 11.8:** Fahrstabilitätsbetrachtung beim Bremsen mittels Ein-Spur-Modells*

zeug schleudert. Wir haben einen **instabilen Fahrzustand**!

Im Fall c) ist das Fahrzeug durch die blockierten Vorderräder nicht mehr lenkfähig. Die an den rollenden Hinterrädern wirkende Seitenkraft sorgt dafür, dass sich das Fahrzeug stets in Fahrtrichtung stellt und geradeaus rutscht. Fazit:

- Blockierende Räder sind zu vermeiden.
- Da ein Seitenaufprall wesentlich gefährlicher als ein Frontalaufprall ist, sollte ein alleiniges Blockieren der Hinterräder stets ausgeschlossen werden!

Die im Schnittpunkt zwischen installierter und idealer Bremskraftverteilung auftretende Abbremsung wird daher als **kritische Abbremsung** bezeichnet.

11.1.5.3 Das Antiblockiersystem (ABS), Bremskraftminderer und die elektronische Bremskraftverteilung

Um blockierende Räder am Kraftfahrzeug zu vermeiden, sind entsprechende Regelsysteme erforderlich. Da die Bezeichnung **ABS** ursprünglich eine von der Fa. Robert Bosch GmbH geschützte Bezeichnung war, findet man häufig in der Literatur auch die Bezeichnung **<u>A</u>utomatischer <u>B</u>lockier<u>v</u>erhinderer** (ABV). Bereits 1928 hat Karl Wessel ein System für Kraftfahrzeuge zum Patent angemeldet, das auf einem trägheitsmassengesteuerten mechanisch-hydraulischen Regler basierte. Aber erst 1965 wurde erstmals ein **Einkanal-ABS** im englischen Jensen C-V8 FF, ein Fahrzeug mit permanentem Allradantrieb, serienmäßig im Pkw verbaut. Das verwendete Dunlop Maxaret Anti-Skid-System arbeitete mit einem Drehverzögerungsfühler auf Trägheitsmassenbasis, der schnell auftretende Achsdrehzahländerungen erfasste und damit im Bedarfsfall einen Schalter betätigte. Dieser bestromte ein elektromagnetisches Umsteuerventil, das die Verstärkungskraft des Unterdruck-Bremskraftverstärkers aufhebt. In dieser Zeit wurden auch bereits bei der Fa. Teldix aufwendigere Regelsysteme entwickelt, die allerdings noch auf Analogtechnik basierten. Diese Entwicklung wurde von den Firmen Bosch und Mercedes-Benz fortgeführt. 1970 wurde bereits ein auf Analogtechnik basierendes **Mehrkanal-ABS** der Öffentlichkeit vorgestellt, vgl. Bild 11.9. Erst durch die Umstellung auf digitale, frei programmierbare Elektronik und berührungslose und damit robuste Drehzahlfühler und schnelle hydraulische Schaltventile gelang die zuverlässige Serieneinführung 1978 im Mercedes 450 SEL 6,9.

Bild 11.9: *Demonstration der Vorteile eines Antiblockiersystems [Stuttgarter Zeitung, 15.12.1970]*

In Bild 11.10 ist der Aufbau einer ABS-Anlage schematisch dargestellt. Die Raddrehzahlen werden durch **Raddrehzahlsensoren** erfasst. Diese bestehen aus einem **Impulsrad**, das je nach Hersteller 32 bis 96 Zähne hat, und einem am Radträger befestigten Sensor. **Induktive** (passive) und **magnetoresistive** (aktive) **Raddrehzahlsensoren** werden eingesetzt, wobei letztere Vorteile u. a. bezüglich Signalqualität, Unempfindlichkeit gegenüber dem Luftspalt zwischen Sensor und Impulsrad, Temperaturschwankungen und Vibrationen aufweisen. Durch die Zähne des Impulsrades wird eine Wechselspannung bzw. Rechteckspannung erzeugt. Die Frequenz entspricht der Anzahl Impulse, multipliziert mit der Raddrehzahl pro Sekunde und wird von der Elektronikeinheit ausgewertet. Durch Auswerten aller Raddrehzahlen kann der Schlupf abgeschätzt und kön-

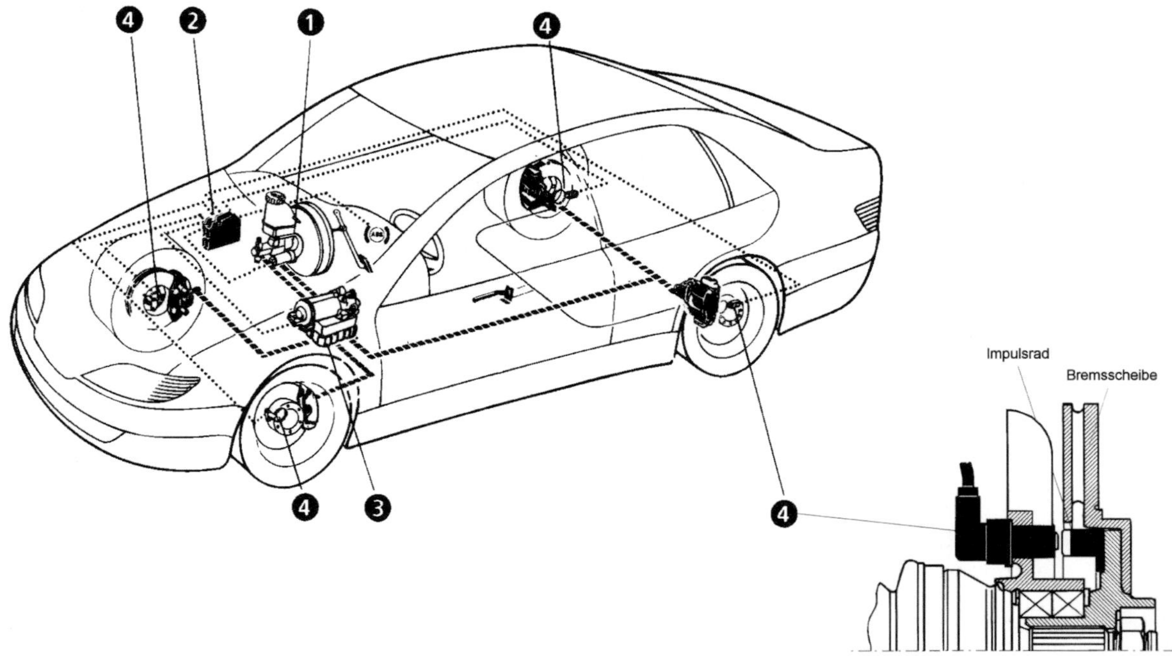

Bild 11.10: *Schematische Darstellung des Aufbaus einer ABS-Anlage [ITT]. 1 Betätigungseinheit, 2 elektronischer Regler, 3 hydraulische Regeleinheit, 4 Radsensorik*

nen ins Blockieren laufende Räder erkannt werden, siehe weiter unten. Jetzt muss der hydraulische Druck an diesen Rädern reduziert werden. Dies erfolgt mithilfe der zwischen Betätigungseinheit und Radbremsen zwischengeschalteten **Hydraulikeinheit**. Der sich damit ergebende **Hydraulikschaltplan** ist schematisch in Bild 11.11 dargestellt. Bei einem **4-Kanal-ABS** wird jedes Rad individuell geregelt. Daher werden für jede Radbremse ein Einlass- und ein Auslassventil benötigt. Es lassen sich drei sinnvolle Ventilstellungen realisieren:

- Druckaufbau (Einlassventil offen, Auslassventil zu),
- Druckhalten (Einlassventil zu, Auslassventil zu),
- Druckabbau (Einlassventil zu, Auslassventil offen).

Im stromlosen Zustand herrscht die Stellung **Druckaufbau**, d. h., das Bremssystem arbeitet wie eine herkömmliche Bremsanlage ohne ABS. Das jeweils parallel zum Einlassventil geschaltete Rückschlagventil sorgt für einen schnellen Druckabbau, falls es der Fahrer wünscht. Reduziert nämlich der Fahrer die Bremskraft bei geschlossenem Einlassventil, so kann der Bremsdruck entsprechend dem Fahrerwunsch zunächst über das Rückschlagventil abgebaut werden.

Im Falle des **Druckabbaus** strömt die Bremsflüssigkeit durch das Auslassventil drucklos vom Radbremszylinder in den Reservebehälter. Sobald der Schlupf an diesen Rädern ausreichend abgebaut ist, wird die Stellung Druckaufbau geschaltet, und die Bremsflüssigkeit strömt vom Hauptbremszylinder in den Radbremszylinder. Das Bremspedal lässt sich weiter durchdrücken. Um bei einer längeren ABS-Regelung das kontinuierliche „Durchsacken" des Bremspedals zu vermeiden, ist die in Bild 11.11 ebenfalls dargestellte **Hydraulikpumpe** erforderlich. Diese fördert durch Rückschlagventile die Flüssigkeit wieder in den Hauptbremszylinder zurück. Sie muss hierfür einen höheren Druck aufbauen können, als ihn der Fahrer über das Bremspedal im

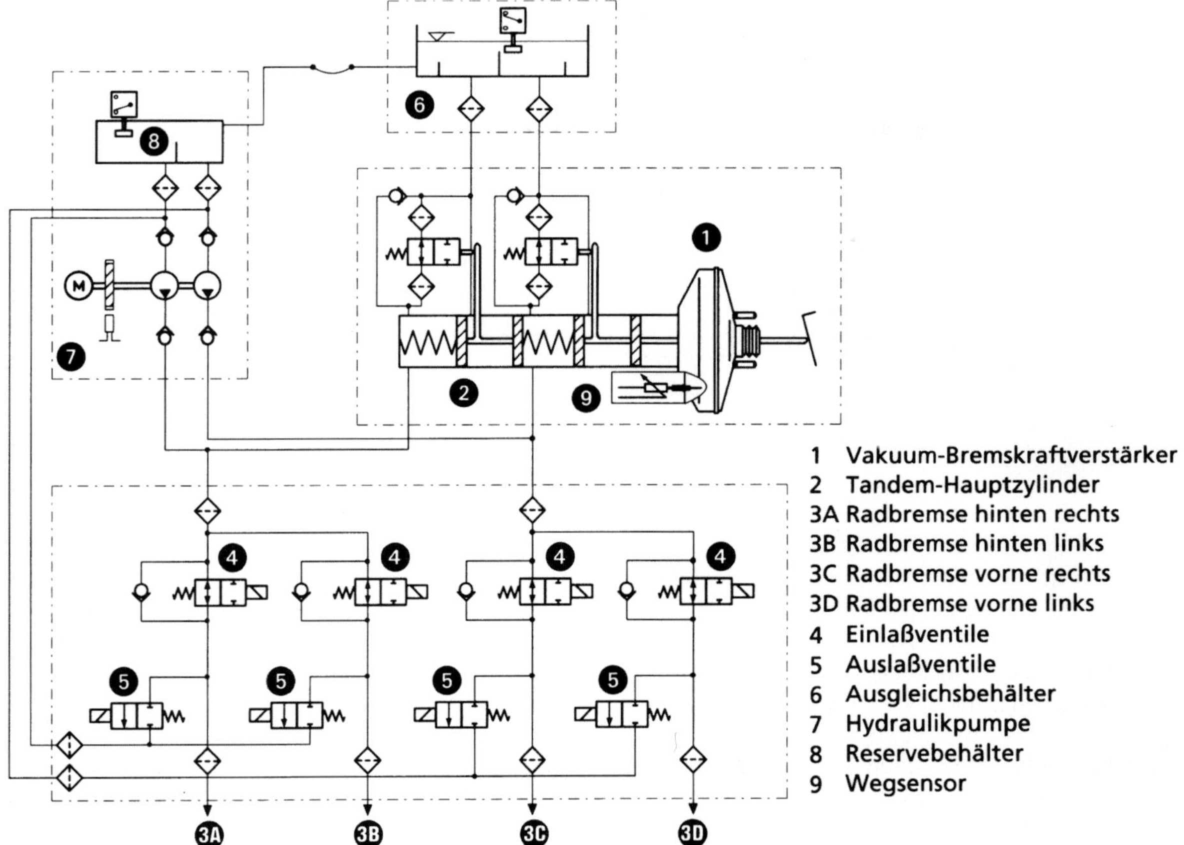

Bild 11.11: *Hydraulischer Schaltplan einer ABS-Anlage [ITT]*

Hauptbremszylinder erzeugen kann. Die Rückschlagventile sind für die Funktion der Bremsanlage bei inaktiver Hydraulikpumpe notwendig. Durch den Wechsel von Druckaufbau und -abbau sowie Rückfördern entsteht das bekannte **Pulsieren des Bremspedals** während einer ABS-geregelten Bremsung.

Wie funktioniert die Regelung? Hierzu betrachten wir Bild 11.12. Dargestellt ist die Regelung einer Radbremse. Zunächst ist das Rad ungebremst (Abschnitt a), d. h., die Geschwindigkeit v ist etwa konstant, und der Bremsdruck p ist null. Die Ventile stehen auf Druckaufbau. Abschnitt b entspricht einer herkömmlichen Bremsung ohne ABS-Eingriff. Es liegt ein Bremsdruck an, die Fahrgeschwindigkeit v_F wird reduziert, und die Hydraulikventile bleiben unbestromt. Durch die Übertragung der Bremskraft entsteht am Rad ein Bremsschlupf. Die Radumfangsgeschwindigkeit v_R wird geringer als die Fahrgeschwindigkeit v_F. Jetzt wird im Abschnitt c eine Vollbremsung eingeleitet. Der Bremsdruck im Hauptbremszylinder p_D steigt stark an. Das Bremsmoment an der Radbremse wird so groß, dass das Rad ins Blockieren läuft. Erkennbar ist dies am starken Abfall der Radumfangsgeschwindigkeit. Entspricht der Abfall der Radumfangsgeschwindigkeit einer Verzögerung größer als 1,5 ... 2 g erkennt das ABS-Steuergerät ein Einlaufen des Rades ins Blockieren, da mit einem herkömmlichen Pkw selbst an Steigungen bei Gegenwind eine derart große

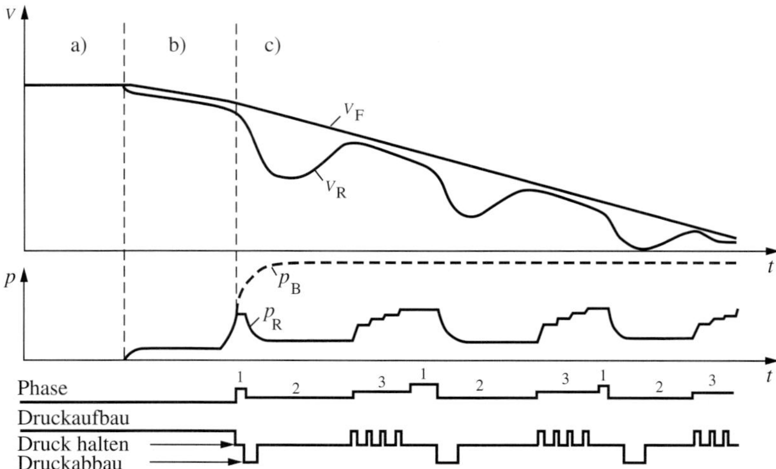

Bild 11.12: *Qualitative Darstellung des Regelzyklus beim ABS [ITT]. a) ungebremste Fahrt, b) Teilbremsung, c) ABS-Bremsung. A Druckaufbau, B Druck halten, C Druckabbau, v_F Fahrzeuggeschwindigkeit, v_R Radumfangsgeschwindigkeit, p_B Betätigungsdruck, p_R Radbremsdruck*

Verzögerung nicht möglich ist. Zunächst wird das Einlassventil geschlossen, d. h., die Stellung b (**Druckhalten**) wird eingeleitet. Bleibt die Verzögerung der Radumfangsgeschwindigkeit zu groß, wird das Auslassventil zusätzlich geöffnet und Druck am Radbremszylinder abgebaut. Sobald die Raddrehverzögerung einen bestimmten Schwellwert unterschreitet, wird das Auslassventil wieder geschlossen, und der geminderte Druck wird konstant gehalten. Das Rad läuft wieder an. Erst nach Erreichen eines sehr geringen Schlupfwertes, was am erneuten Verzögern des Rades erkennbar ist, wird der Bremsdruck am Rad stufenweise durch kurzzeitiges Öffnen des Einlassventils gesteigert, bis die Radumfangsgeschwindigkeit wieder eine Verzögerung größer als 1,5 ... 2 g erreicht. Der Regelvorgang beginnt von Neuem.

Da alle vier Räder individuell ins Blockieren laufen und geregelt werden, kann aufgrund des jeweils am schnellsten laufenden Rades und des bekannten Verlaufs der Ventilstellungen die tatsächliche Fahrgeschwindigkeit abgeschätzt werden. Hierdurch lässt sich der jeweilige Bremsschlupf näherungsweise berechnen. Dies ermöglicht es, auch bei geringer Griffigkeit und wenig ausgeprägtem Kraftschlussmaximum ein Einlaufen in den Blockierzustand zu erkennen und zu vermeiden. Bei Fahrbahnen mit losem Schnee wird hierdurch zwar der Bremsweg unter Umständen größer als mit blockierten Rädern, da sich hier ein Keil vor den Rädern bildet, es bleibt aber die Lenkfähigkeit erhalten.

Wie wir in Kap. 4 gesehen haben, kann der maximale Kraftschlussbeiwert auf trockener Straße in Längsrichtung Werte von 1,2 annehmen, d. h., theoretisch wäre mit Gl. 11.42 im Extremfall eine Abbremsung von 1,2 denkbar. Um ein alleiniges Blockieren der Hinterräder auch bei Ausfall des ABS sicher ausschließen zu können, müsste jetzt die installierte Bremskraftverteilung (**BKV**) die ideale BKV bei $z \geq 1{,}2$ schneiden, wie in Bild 11.13 dargestellt ist. Jetzt gehen wir davon aus, wir bremsen mit dieser Bremsauslegung auf nasser Fahrbahn, wobei der in Bild 11.13 b und c dargestellte Verlauf des Kraftschlussbeiwertes als Funktion vom Schlupf angenommen wird (ein Einfluss der Radlast auf den Kraftschluss wird vernachlässigt). Der maximale Kraftschluss beträgt 0,6 und fällt mit zunehmendem Schlupf auf 0,4 bei blockiertem Rad.

Nun betrachten wir im Bremskraftverteilungsdiagramm in Bild 11.13 die Situation bei langsamer Steigerung des Bremsdrucks. Linien konstanter Kraftschlussausnutzung sind für den Gleitbeiwert (0,4) und den maximalen Kraftschlussbeiwert (0,6) bereits eingetragen. Aus dem Ursprung bewegt sich der Betriebspunkt auf der Linie der installierten BKV. Die Kraftschlussausnutzung nimmt an Vorder-

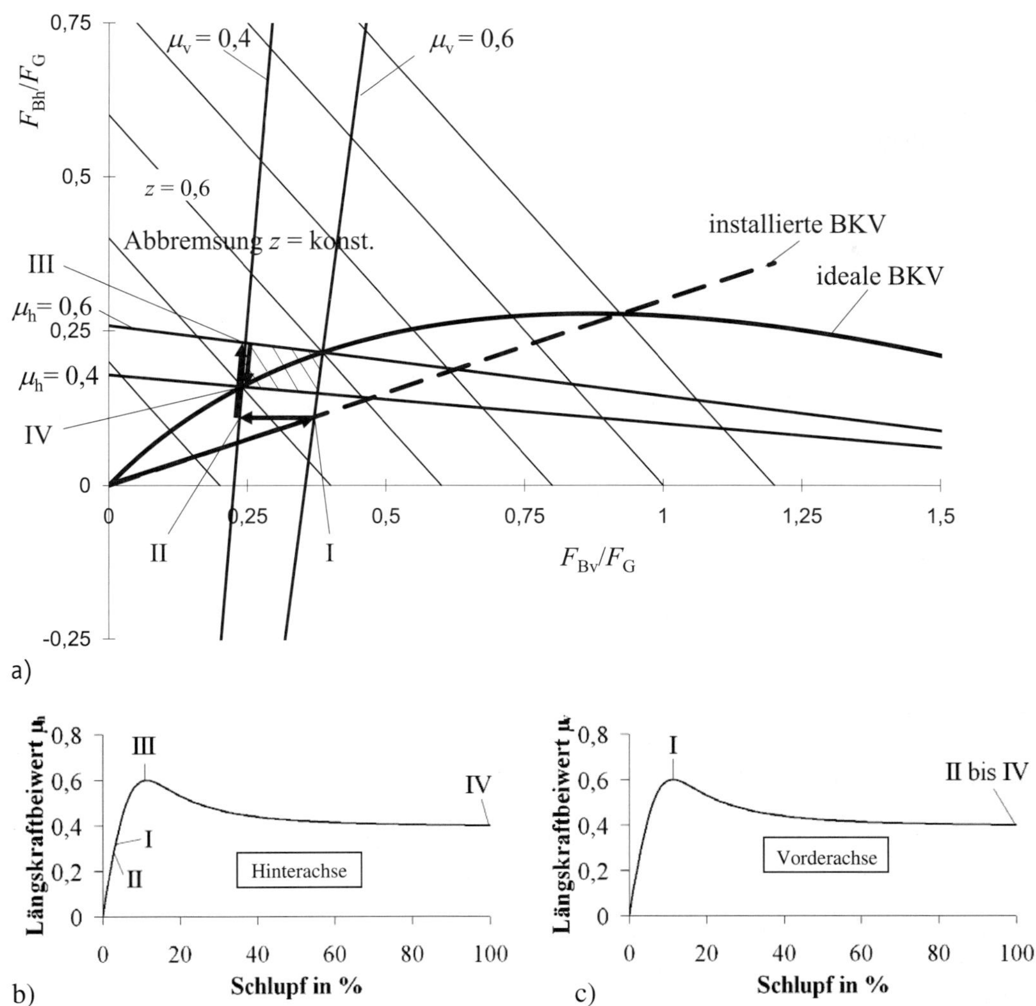

Bild 11.13: *Betriebspunkte bei langsamer Steigerung des Bremsdrucks ohne ABS bei einer stabilen installierten Bremskraftverteilung bis z = 1,2 auf regennasser Fahrbahn (μ_{max} = 0,6), dargestellt im Bremskraftverteilungsdiagramm und in den Kraftschluss-Schlupf-Diagrammen für Vorder- und Hinterachse*

und Hinterachse zu und entsprechend auch der Bremsschlupf. Im Punkt I in Bild 11.13 erreichen wir an der Vorderachse die maximale Kraftschlussausnutzung von 0,6, während an der Hinterachse nur etwa halb so viel Kraftschluss ausgenutzt wird. Die Abbremsung *z* beträgt jetzt ca. 0,5. Bei weiterer Steigerung des Bremsdrucks oder geringster Störung, z. B. durch Fahrbahnunebenheiten, laufen die Vorderräder ohne ABS sofort ins Blockieren und wir erreichen den Betriebspunkt II mit einer Kraftschlussausnutzung von 0,4 an der Vorderachse und einer Abbremsung von ca. 0,35. Die Kraftschlussausnutzung an der Hinterachse geht ohne weitere Steigerung des Bremsdrucks sogar zurück, da durch die geringere Verzögerung die Achslast hinten steigt. Jetzt steigern wir den Bremsdruck weiter. Da die Vorderachse bereits blockiert, wandert der Betriebspunkt auf der Linie konstanter Kraftschlussausnutzung an der Vorderachse μ_v = 0,4, bis auch an der Hinterachse die maximal mögliche Kraftschlussausnutzung von 0,6 im Punkt III erreicht wird. Die Hinterachse beginnt jetzt ebenfalls bei geringster Steigerung des Bremsdrucks oder Störung sofort ins Blockieren zu laufen. Bei blockierter Hinterachse wird der Betriebspunkt IV erreicht. Alle vier Räder blockieren und es gilt: $z = \mu_v = \mu_h = 0{,}4$.

Wir erkennen: Bei geringer Bremsverzögerung nutzen wir nur einen sehr geringen Kraftschluss an der Hinterachse aus und können daher auch bei optimal dosierter Bremse ohne ABS maximal eine Abbremsung von 0,5 erreichen, obwohl aufgrund des maximalen Kraftschlusses theoretisch eine Abbremsung von 0,6 möglich wäre. Der in Bild 11.13 gestrichelt dargestellte Bereich kann somit nur durch eine ABS-Regelung abgedeckt werden.

Ungünstig ist hierbei die starke Auslastung der Vorderachsbremsen, die dadurch schneller zu einer Überhitzung neigen können. Daher wird gern die fest installierte Bremskraftverteilung so ausgelegt, dass sie nur bis zu einer Abbremsung von ca. 0,4 bis 0,5 stabil ist. Hierdurch werden eine wesentlich stärkere Ausnutzung der Hinterachsbremse und damit eine Entlastung der stärker beanspruchten Vorderachsbremse erreicht. Um ein Blockieren bei einer

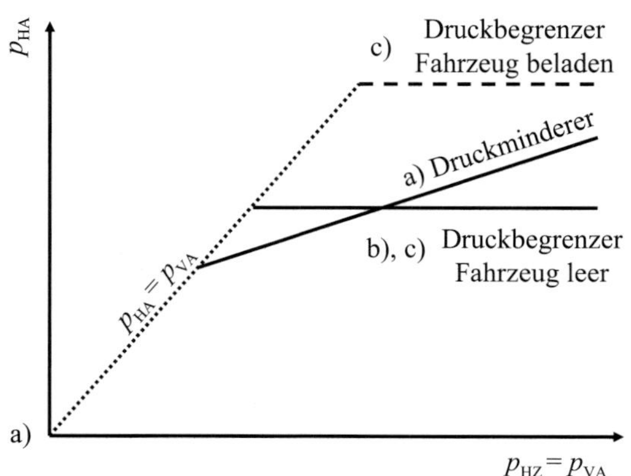

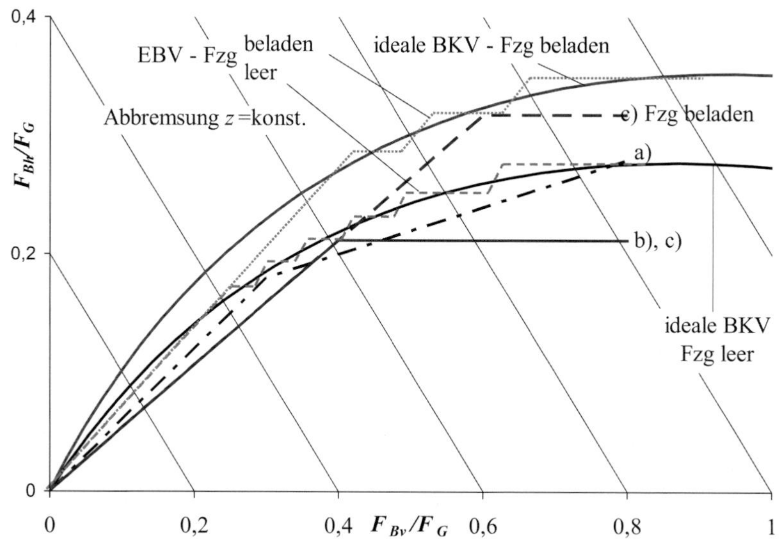

Bild 11.14: *Kennlinien unterschiedlicher Bremskraftbegrenzer und damit erzielte installierte Bremskraftverteilungen (BKV)*

höheren Abbremsung zu vermeiden, wird der Bremsdruck bei höherem Hauptbremszylinderdruck an der Hinterachse abgeschwächt. Hierzu können mechanisch arbeitende **Bremskraftbegrenzer** eingesetzt werden. Gebräuchlich sind hierbei:

a) fest eingestellte Druckminderer,
b) fest eingestellte Druckbegrenzer,
c) lastabhängige Druckbegrenzer.

Die dazugehörigen Kennlinien dieser Bauteile und die somit erreichte installierte BKV sind in Bild 11.14 eingetragen.

Da diese Bremskraftbegrenzer bei modernen Fahrzeugen zunehmend durch eine Zusatzlogik des ABS ersetzt werden, die als **Elektronischer Bremskraftverteiler** (**EBV**) bezeichnet wird, verzichten wir an dieser Stelle auf eine genauere Betrachtung der Funktionsweise. Der EBV vergleicht die Radumfangsgeschwindigkeiten von Vorder- und Hinterrädern. Beim Einleiten einer Bremsung wird der Druck kontinuierlich gesteigert. Sobald der Bremsschlupf an der Hinterachse größer wird als an der Vorderachse, kann man bei gleichmäßiger Bereifung von einer größeren Kraftschlussausnutzung an der Hinterachse ausgehen. Daher wird der Druck an der Hinterachse bei einer Differenzgeschwindigkeit $v_{VA} - v_{HA} > 1 \ldots 5$ km/h durch Schließen des Einlassventils beim Druckaufbau so lange konstant gehalten, bis die Hinterräder wieder schneller als die Vorderräder drehen. Wird nach dem Öffnen die Differenzgeschwindigkeit wieder $> 1 \ldots 5$ km/h, schließt das Einlassventil, und der Vorgang wiederholt sich. Im Diagramm in Bild 11.14 erhält man einen treppenförmigen Verlauf für die Bremskraftverteilung. Bei Kurvenfahrt, die z. B. durch unterschiedliche Raddrehzahlen oder durch einen **Lenkwinkelsensor** der Fahrdynamikregelung (vgl. Kap. 11.4) erkannt wird, darf nur eine sehr geringe Differenzgeschwindigkeit zugelassen werden, damit nicht zu viel Schlupf an der Hinterachse auftritt. Andernfalls besteht die Gefahr nicht ausreichender Seitenführungskraft an der Hinterachse.

Die Montage leicht unterschiedlicher Raddurchmesser an Vorderachse und Hinterachse ist unproblematisch, da im ungebremsten Fahrzustand der Zusammenhang zwischen Raddrehzahl und Radumfangsgeschwindigkeit abgeschätzt und gespeichert werden kann. Kritisch ist lediglich die Montage von Reifen mit stark unterschiedlicher Längskraftsteifigkeit: z. B. an der Vorderachse grobstollige Winterreifen mit sehr geringer Längskraftsteifigkeit und an der Hinterachse abgefahrene Sommerreifen mit hoher Längskraftsteifigkeit. Wie in Bild 11.15 dargestellt ist, kann jetzt an der Vorderachse die Kraftschlussausnutzung nur ca. 60 % betragen, während an der Hinterachse das Kraftschlussmaximum bereits erreicht wird. In diesem Fall würden die Hinterräder ins Blockieren laufen. Jetzt greift aber das ABS ein, ein wirklich kritischer Fahrzustand wird vermieden.

> Der **elektronische Bremskraftverteiler** bietet gegenüber den mechanisch-hydraulischen Bremskraftminderern einige Vorteile:

- weniger mechanische Bauteile, dadurch billiger und zuverlässiger,
- automatische Anpassung an Beladung, Steigung, Gefälle,
- tatsächliche Bremskraftverteilung ist näher an der idealen Bremskraftverteilung, da mechanisch-

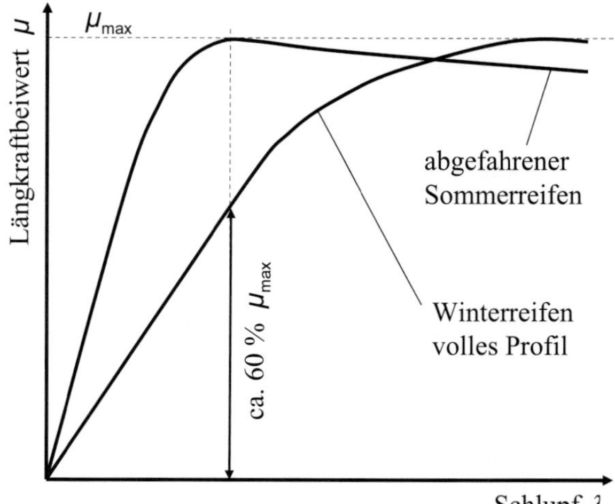

Bild 11.15: *Einfluss der Längskraftsteifigkeit auf die Kraftschlussausnutzung bei gleicher Radumfangsgeschwindigkeit*

hydraulische Bremskraftminderer mehr Toleranzen aufweisen und nur geknickt lineare Kennlinien realisieren können.

Als einziger Nachteil bleibt, dass der EBV und das ABS bei Ausfall der Elektronik versagen. Was würde in diesem Fall passieren? Hierzu betrachten wir das Bremskraftverteilungsdiagramm in Bild 11.16. Die fest installierte BKV schneidet z. B. bei $z = 0{,}5$ die ideale BKV, d. h., bei einer höheren Abbremsung haben wir eine instabile BKV. Jetzt gehen wir vereinfacht davon aus, die Fahrbahn sei feucht und wir haben einen maximalen Kraftschluss von 0,8. Daher sind in Bild 11.16 die Linien konstanter Kraftschlussausnutzung für $\mu = 0{,}8$ bereits eingetragen. Wir leiten die Bremsung ein und steigern langsam den Bremsdruck. Der Betriebspunkt wandert aus dem Ursprung auf der installierten BKV. Bei einer Abbremsung von $z = 0{,}5$ erreichen wir den Betriebspunkt I. Ab jetzt ist die Kraftschlussausnutzung an der Hinterachse höher als an der Vorderachse. Dies bedeutet aber nicht, dass die Hinterachse bereits blockiert. Erst bei Erreichen der maximal möglichen Kraftschlussausnutzung $\mu_h = 0{,}8$ läuft die Hinterachse ins Blockieren (Punkt II). Die Abbremsung z beträgt ca. 0,7, und das Fahrzeug wird instabil. Um ein Schleudern des Fahrzeugs zu vermeiden, sollte jetzt der Bremsdruck sehr schnell gesteigert werden, damit auch die Vorderachse blockiert. In diesem Fall erreichen wir den Betriebspunkt III mit einer Abbremsung $z = \mu_v = \mu_h = 0{,}8$ unter der vereinfachten Annahme, dass der Kraftschluss durch den zunehmenden Schlupf nicht merklich abnimmt. Ein schnelles Lösen der Bremse nach Einlaufen der Hinterachse ins Blockieren ist hingegen kritisch, da sich das Fahrzeug mit blockierter Hinterachse bereits leicht schräg gestellt haben kann und dann nach Lösen der Bremse durch den Seitenkraftaufbau in dieser Richtung weiter fährt.

11.1.5.4 Erforderlicher Kraftschluss beim Bremsen

Der zur Erzielung einer bestimmten Abbremsung notwendige Kraftschluss ist bei einer fest installier-

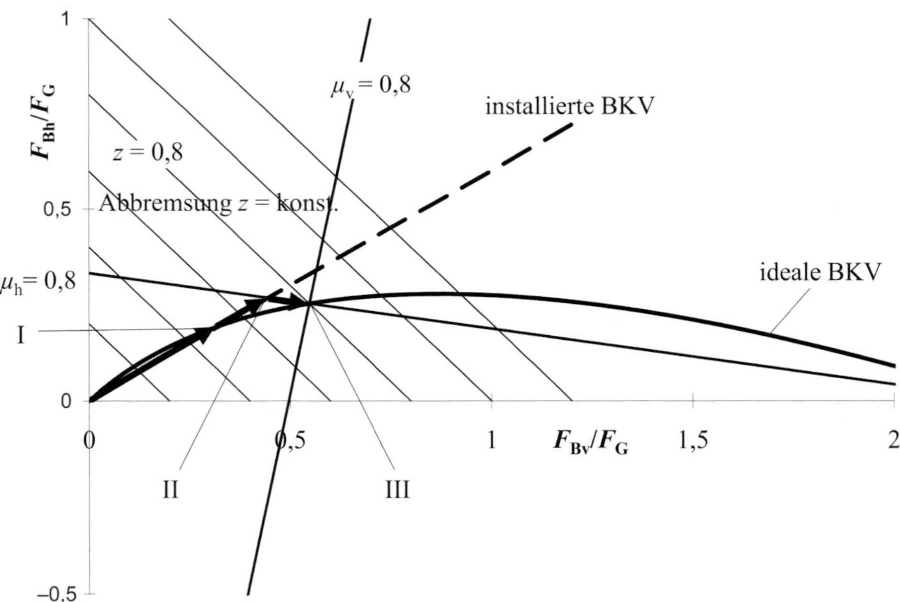

Bild 11.16: *Betriebspunkte bei Steigerung des Bremsdrucks ohne ABS bei einer instabilen installierten Bremskraftverteilung für $z > 0{,}5$ auf feuchter Fahrbahn mit $\mu_{max} = 0{,}8 \approx \mu_{gleit}$, dargestellt im Bremskraftverteilungsdiagramm*

ten Bremskraftverteilung an beiden Achsen im Allgemeinen unterschiedlich, wie wir im Bremskraftverteilungsdiagramm (Bild 11.6) gesehen haben. Daher bestimmen wir zunächst die Abbremsung als Funktion der Bremskraft an einer Achse. Mit $\varphi_B = F_{Bh}/F_{Bv}$ und Gl. 11.41 gilt bei Betrachtung der Bremskraft hinten:

$$z = \frac{F_{Bh} + F_{Bv}}{F_G} = \frac{F_{Bh} + F_{Bh} \cdot \frac{1}{\varphi_B}}{F_G} = \frac{F_{Bh}}{F_G} \cdot \frac{1 + \varphi_B}{\varphi_B}$$

(Gl. 11.57)

bzw. aufgelöst nach F_{Bh}:

$$F_{Bh} = \frac{F_G \cdot z \cdot \varphi_B}{1 + \varphi_B} \quad \text{(Gl. 11.58)}$$

und bei Betrachtung der Bremskraft vorne:

$$z = \frac{F_{Bh} + F_{Bv}}{F_G} = \frac{F_{Bv} \cdot \varphi_B + F_{Bv}}{F_G} = \frac{F_{Bv}}{F_G} \cdot (1 + \varphi_B)$$

(Gl. 11.59)

bzw. aufgelöst nach F_{Bv}:

$$F_{Bv} = \frac{F_G \cdot z}{(1 + \varphi_B)} \quad \text{(Gl. 11.60)}$$

Durch Auflösen der Gl. 11.44 nach dem Kraftschluss μ_h und Einsetzen der Gl. 11.58 erhalten wir:

$$\mu_h = \frac{F_{Bh}}{F_G \cdot \left(\frac{l_v}{l} - \frac{h_S}{l} \cdot z \right)} = \frac{z \cdot \varphi_B}{\left(\frac{l_v}{l} - \frac{h_S}{l} \cdot z \right) \cdot (1 + \varphi_B)}$$

(Gl. 11.61)

Analog gilt mit Gl. 11.45 und 11.60 für den **Kraftschlussbedarf** an der Vorderachse:

$$\mu_v = \frac{F_{Bv}}{F_G \cdot \left(\frac{l_h}{l} + \frac{h_S}{l} \cdot z \right)} = \frac{z}{\left(\frac{l_h}{l} + \frac{h_S}{l} \cdot z \right) \cdot (1 + \varphi_B)}$$

(Gl. 11.62)

Mit zunehmender Abbremsung nimmt der Nenner in Gl. 11.61 ab, d. h., mit zunehmender Abbremsung steigt der Kraftschlussbedarf an der Hinterachse progressiv, da die Achslast mit zunehmender Abbremsung abnimmt.

In Gl. 11.62 nimmt hingegen der Nenner mit der Abbremsung zu, d. h., der Kraftschlussbedarf steigt an der Vorderachse mit zunehmender Abbremsung nur degressiv.

11.1.5.5 Mögliche Abbremsung ohne blockierte Räder bzw. ohne aktives ABS

Häufig interessiert auch die Frage, ab welcher Abbremsung das ABS eingreifen muss bzw. die Räder ohne ABS ins Blockieren laufen würden. Nur wenn der maximale Kraftschluss exakt der kritischen Abbremsung entspricht, laufen beide Achsen gleichzeitig ins Blockieren, vgl. Kap. 11.1.5.2.

Ist der maximale Kraftschluss größer als die kritische Abbremsung, so wird der maximale Kraftschluss zuerst an der Hinterachse erreicht. Durch Einsetzen der Gl. 11.57 in die Gl. 11.44 erhalten wir die bezogene Bremskraft hinten als Funktion vom Kraftschluss:

$$\frac{F_{Bh}}{F_G} = \mu_h \cdot \left(\frac{l_v}{l} - \frac{h_S}{l} \cdot z \right) = \mu_h \cdot \left(\frac{l_v}{l} - \frac{h_S}{l} \cdot \frac{F_{Bh}}{F_G} \cdot \frac{1 + \varphi_B}{\varphi_B} \right) \quad \text{(Gl. 11.63)}$$

Aufgelöst nach F_{Bh}/F_G:

$$\frac{F_{Bh}}{F_G} = \frac{\mu_h \cdot \frac{l_v}{l}}{1 + \mu_h \cdot \frac{h_S}{l} \cdot \frac{1 + \varphi_B}{\varphi_B}} \quad \text{(Gl. 11.64)}$$

mit Gl. 11.57 erhalten wir jetzt die mögliche Abbremsung bei maximaler Kraftschlussausnutzung ohne ABS-Regelung im Falle von $\mu_{max} > z_{krit}$:

$$z_{max} = \frac{F_{Bh}}{F_G} \cdot \frac{1 + \varphi_B}{\varphi_B} = \frac{\mu_{max} \cdot \frac{l_v}{l} \cdot (1 + \varphi_B)}{\varphi_B + \mu_{max} \cdot \frac{h_S}{l} \cdot (1 + \varphi_B)} .$$

(Gl. 11.65)

Ist der maximale Kraftschluss kleiner als die kritische Abbremsung, so wird an der Vorderachse zuerst der maximale Kraftschluss erreicht. Durch Einsetzen der Gl. 11.59 in die Gl. 11.45 erhalten wir die bezogene Bremskraft vorn als Funktion vom Kraftschluss:

$$\frac{F_{Bv}}{F_G} = \mu_v \cdot \left(\frac{l_h}{l} + \frac{h_S}{l} \cdot z \right)$$
$$= \mu_v \cdot \left[\frac{l_h}{l} + \frac{h_S}{l} \cdot \frac{F_{Bv}}{F_G} \cdot (1 + \varphi_B) \right] \quad \text{(Gl. 11.66)}$$

Aufgelöst nach F_{Bv}/F_G:

$$\frac{F_{Bv}}{F_G} = \frac{\mu_v \cdot \frac{l_h}{l}}{1 - \mu_v \cdot \frac{h_S}{l} \cdot (1 + \varphi_B)} \quad \text{(Gl. 11.67)}$$

Mit Gl. 11.59 erhalten wir jetzt die mögliche Abbremsung bei maximaler Kraftschlussausnutzung ohne ABS-Regelung im Falle von $\mu_{max} < z_{krit}$:

$$z_{max} = \frac{F_{Bv}}{F_G} \cdot (1 + \varphi_B) = \frac{\mu_{max} \cdot \frac{l_h}{l} \cdot (1 + \varphi_B)}{1 - \mu_{max} \cdot \frac{h_S}{l} \cdot (1 + \varphi_B)}$$

(Gl. 11.68)

11.1.5.6 Brems- und Anhalteweg

Zunächst betrachten wir die **Vollbremsung** in einer Gefahrensituation. Bei griffiger Fahrbahn erreichen die Bremskräfte ein Vielfaches von Luft- und Radwiderstand (vgl. 11.1.5.1). Die Fahrwiderstände können somit an dieser Stelle vernachlässigt werden. Weiter wird das Motorbremsmoment vernachlässigt und die Situation in der Ebene betrachtet.

Zum Zeitpunkt null wird für den Fahrer erkennbar, dass er bremsen muss. Nun benötigt er die **Reaktionszeit** t_R, um diese Entscheidung zu treffen

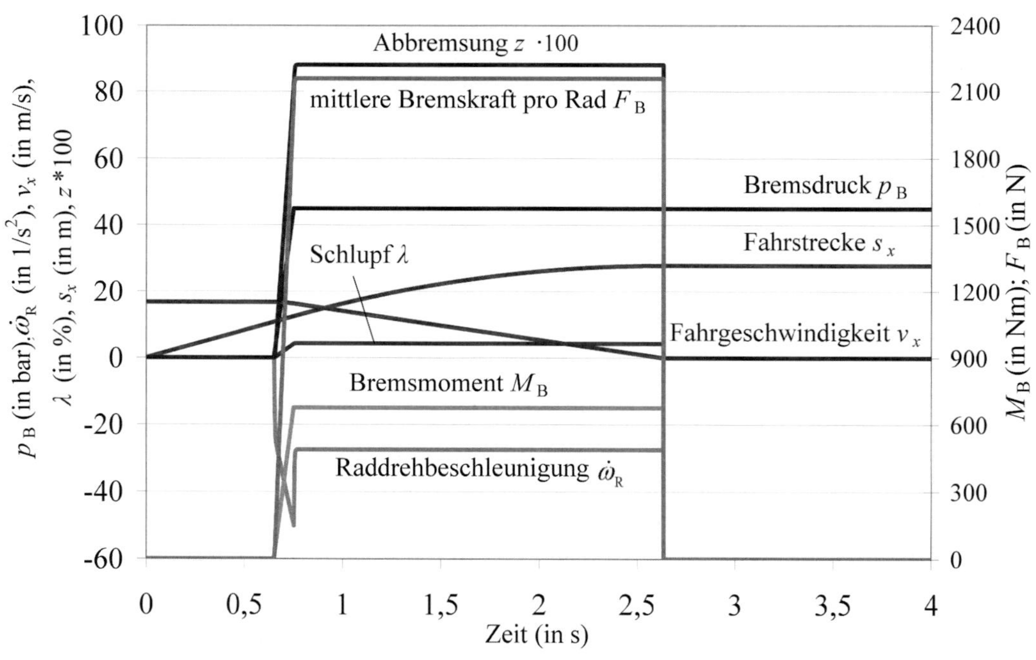

Bild 11.17: *Zeitverlauf von Abbremsung, Fahrgeschwindigkeit und Strecke während des Anhaltevorgangs*

und eine muskuläre Reaktion einzuleiten. Die Reaktionszeit liegt – wie man aus vielen Reaktionstests weiß – bei ca. 0,4 s. Mit zunehmendem Alter wird die Reaktionszeit länger, bei einem jungen Menschen kann sie ebenfalls durch Alkohol, Drogen, Übermüdung oder andere Beeinflussungen der Verfassung deutlich höhere Werte annehmen. Während dieser Zeit ist die Bremsverzögerung mit den o. g. Vereinfachungen null, d. h., das Fahrzeug fährt mit konstanter Geschwindigkeit v_0 weiter und legt die Strecke $v_0 \cdot t_R$ zurück, vgl. Bild 11.17. Der Fahrer setzt seinen Fuß vom Fahrpedal zum Bremspedal. Hierzu benötigt er die **Umsetzzeit** $t_U \approx 0{,}15$ s. Jetzt tritt nur eine geringe Verzögerung aufgrund der Fahrwiderstände und des Motorbremsmoments ein, die wir an dieser Stelle vernachlässigen, vgl. oben. Die Geschwindigkeit bleibt somit v_0. Nach dem Umsetzen betätigt der Fahrer das Bremspedal. Es vergeht eine weitere Zeit von ca. 0,05 s, bis die Bremsbeläge anliegen und eine Bremsverzögerung aufgebaut werden kann. Diese Verzögerungszeit bezeichnen wir als **Anlege-** oder **Ansprechzeit** t_A. Das Fahrzeug hat bereits die Strecke $s_0 = v_0 \cdot (t_R + t_U + t_A)$ zurückgelegt. Erst jetzt wird ein Bremsdruck an den Radbremsen und damit ein Bremsmoment aufgebaut. Der Bremsdruck steigt in der **Schwellzeit** t_S linear bis zu dem Maximaldruck an, den der Fahrer durch seine Fußkraft vorgegeben hat. Je nach Fahrerverhalten beträgt die Schwellzeit ca. 0,1 bis 0,2 s. Die Bremsverzögerung nimmt ebenfalls annähernd linear bis zur maximalen Abbremsung z_{max} zu. Nach der Zeit t_S beginnt die **Vollbremszeit** t_B. Diese lässt sich aus der Geschwindigkeit v_S nach der Schwellzeit und der Geschwindigkeit am Ende der Bremsung berechnen:

$$t_B = \frac{v_S - v_B}{z_{max} \cdot g} \qquad \text{(Gl. 11.69)}$$

Der Anhalteweg setzt sich damit aus der Strecke s_0, der Strecke während der Schwellzeit und der Strecke während der Vollbremszeit zusammen:

$$s_{ges} = s_0 + \frac{v_S^2 - v_B^2}{2 \cdot z_{max} \cdot g} + v_0 \cdot t_S - \frac{z_{max} \cdot g}{6} \cdot t_S^2$$

(Gl. 11.70)

Nach Umformen erhält man:

$$s_{ges} = v_0 \cdot \left(t_R + t_U + t_A + \frac{t_S}{2} \right) + \frac{v_0^2 - v_B^2}{2 \cdot z_{max} \cdot g} - \frac{z_{max} \cdot g}{24} \cdot t_S^2$$

(Gl. 11.71)

Der Term $-\frac{z_{max} \cdot g}{24} \cdot t_S^2$ kann hierbei vernachlässigt werden, da er z. B. bei einer Abbremsung $z = 1$ und einer Anfangsgeschwindigkeit von 100 km/h nur weniger als 0,02 m beträgt. Damit vereinfacht sich die Formel für den Anhalteweg zu:

$$s_{ges} = v_0 \cdot \left(t_R + t_U + t_A + \frac{t_S}{2} \right) + \frac{v_0^2 - v_B^2}{2 \cdot z_{max} \cdot g}$$

(Gl. 11.72)

Diese Näherungsformel setzt die Verzögerung während der ersten Hälfte der Schwelldauer auf null und während der zweiten Hälfte auf maximale Verzögerung.
Damit gilt für den Bremsweg näherungsweise:

$$s_B = \frac{v_0^2 - v_B^2}{2 \cdot z_{max} \cdot g} \qquad \text{(Gl. 11.73)}$$

v_0 Ausgangsgeschwindigkeit, v_B Geschwindigkeit am Ende der Vollbremsung

In Bild 11.18 sind Brems- und Anhalteweg als Funktion der Geschwindigkeit bei einer Abbremsung $z = 1$ dargestellt. Der Bremsweg nimmt mit dem Quadrat der Geschwindigkeit zu. Der Anhalteweg errechnet sich aus dem Bremsweg und einem Anteil, der linear mit der Geschwindigkeit zunimmt. Dies bedeutet, dass der Anhalteweg bei Geschwindigkeiten unter 50 km/h mehr als das Doppelte des Bremswegs erreichen kann!

Um den Anhalteweg zu verkürzen, sind die modernen ABS-Anlagen mit einem so genannten **Bremsassistenten** ausgerüstet. Wenn der Fahrer eine Vollbremsung in einer Gefahrensituation einleitet, geht er besonders schnell vom Fahrpedal und betätigt das Bremspedal mit einer hohen Betäti-

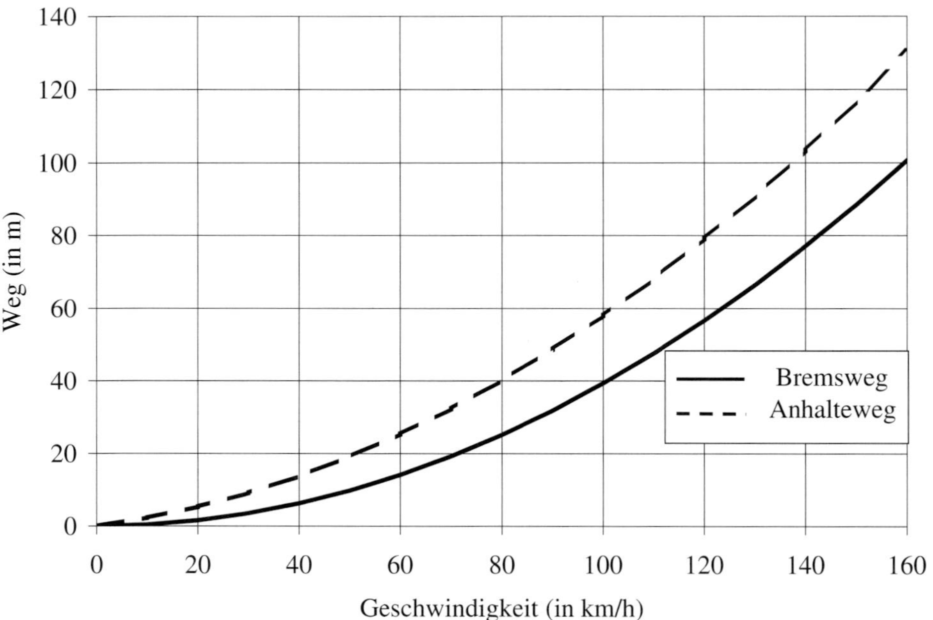

Bild 11.18: *Brems- und Anhalteweg als Funktion der Geschwindigkeit bei einer Abbremsung z = 1*

gungsgeschwindigkeit, wie ausgiebige Untersuchungen mit Testpersonen gezeigt haben. Hierzu hat man auf Testgelände unterschiedliche Personengruppen fahren lassen. Um das Bremsverhalten in verschiedensten Situationen zu testen, wurden einerseits z. B. Ampelanlagen installiert und entsprechend angesteuert und andererseits weiche Hindernisse in die Fahrbahn geworfen, um eine Gefahrensituation zu simulieren. Diese Tests zeigten neben den oben erwähnten Fahrerreaktionen, dass weniger geübte Fahrer die Bremse auch bei einer Vollbremsung nur so stark betätigen, bis die ABS-Regelung an der Vorderachse einsetzt. Der Kraftschluss an der Hinterachse wird hierdurch häufig nicht voll ausgenutzt, und der Bremsweg verlängert sich unnötig. Der Bremsassistent nützt diese Erkenntnisse:

- Reduziert der Fahrer sehr schnell die Fahrpedalstellung, wird bereits ein kleiner **Vordruck** in die Bremsanlage eingespeist. Hierdurch legen sich die Bremsbeläge an, und beim Betätigen des Bremspedals wird sofort Bremsdruck aufgebaut. Es entfällt die Anlegezeit, d. h., der Anhalteweg wird hierdurch reduziert. Da der Fahrer z. B. beim schnellen Schalten häufig die Fahrpedalstellung ebenfalls schnell reduziert, kann es gelegentlich zu einem überflüssigen Bremsdruckaufbau kommen. Daher wird der Bremsdruck so gering gewählt, dass der Fahrer die auftretende Bremsverzögerung nicht oder kaum wahrnehmen kann. Der Druck wird auch sofort wieder abgebaut, falls der Fahrer die Bremse nicht innerhalb einer festgelegten Zeitspanne betätigt.
- Bei sehr schneller Betätigung des Bremspedals wird der Bremsdruck erhöht. Dies erfolgt je nach System durch Belüftung des Unterdruck-Bremskraftverstärkers (dieser erzeugt maximale Verstärkung) oder durch eine aktive Druckeinsteuerung. Dabei wird der Bremsdruck schneller aufgebaut, und es wird sichergestellt, dass alle Räder den Kraftschluss maximal ausnutzen. Der Bremsweg und damit auch der Anhalteweg werden verkürzt.

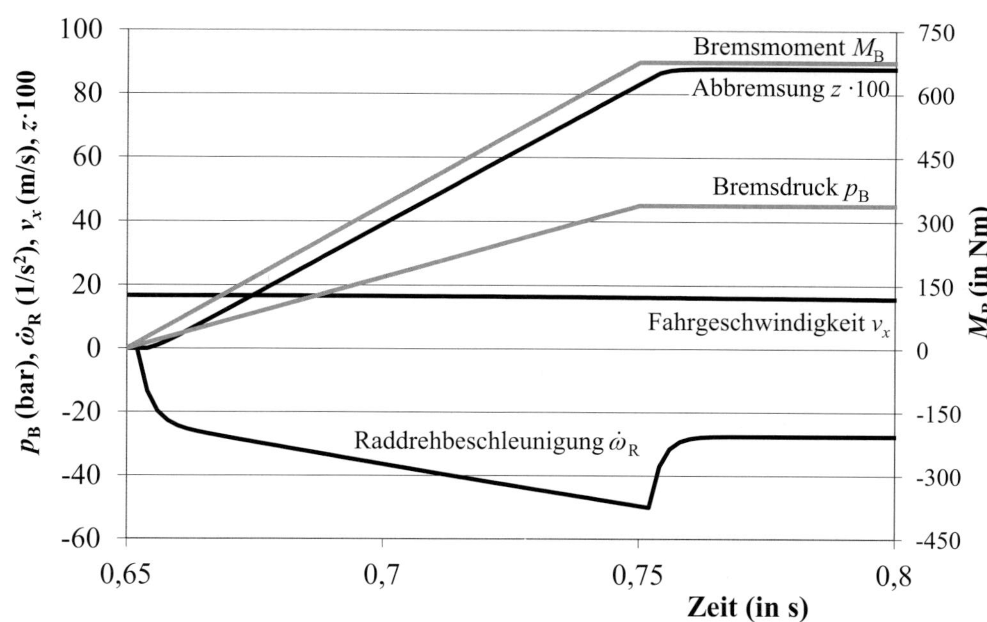

Bild 11.19: *Zeitverlauf von Bremsdruck, Bremsmoment, Abbremsung, Raddrehbeschleunigung und Fahrzeuggeschwindigkeit im Bereich der Schwellzeit*

Wer es genauer betrachten möchte:
Während der Schwellzeit steigt die Bremsverzögerung leicht zeitversetzt zum Bremsdruck an, vgl. Bild 11.19. Was ist die Ursache? Zunächst werden durch die Bremsmomente die Räder drehverzögert. Die Radumfangsgeschwindigkeit nimmt ab, vgl. Bild 11.19. Es entsteht **Längsschlupf** an den Rädern. Jetzt bauen sich Bremskräfte in den Reifenaufstandsflächen auf und führen zu einer Längsverzögerung des Fahrzeugs. Erst kurz, nachdem sich das maximale Bremsmoment eingestellt hat, erreicht auch das Fahrzeug seine maximale Verzögerung.

Unter der Annahme, dass der Fahrer die Fußkraft konstant hält, bleibt in der Praxis die Fahrzeugvollverzögerung nur näherungsweise konstant, da sich durch die Erwärmung der Bremse der Bremsenkennwert und damit die Bremskraft ändern.

Bei geringer Abbremsung oder hohen Fahrgeschwindigkeiten können Fahrwiderstand und Bremskräfte ähnliche Größenordnung erreichen, vgl. Bild 11.20. Jetzt müssen die Fahrwiderstände berücksichtigt werden.

Solange die Räder nicht blockieren, haben wir auch beim Bremsen einen Radwiderstand. Da zum Aufbringen des Radwiderstands ebenfalls Kraftschluss erforderlich ist, bedeutet dies, dass die Berücksichtigung des Radwiderstands keinen Einfluss auf die maximal mögliche Bremsverzögerung aufgrund des Kraftschlusses hat. Das vom Radwiderstand erzeugte Moment unterstützt aber das Bremsmoment, wodurch wir beim Bremsen an der Kraftschlussgrenze weniger Bremsmoment benötigen, als es die Formeln mit Vernachlässigung des Radwiderstands ergeben.

Andererseits haben wir bisher auch das Trägheitsmoment der Räder und des Antriebstrangs vernachlässigt. Diese erzeugen ein Moment, das dem Bremsmoment entgegen wirkt. Diese Fehler kompensieren sich somit teilweise.

Unter Berücksichtigung von Radwiderstand und Radträgheitsmoment inklusive aller mitrotierenden

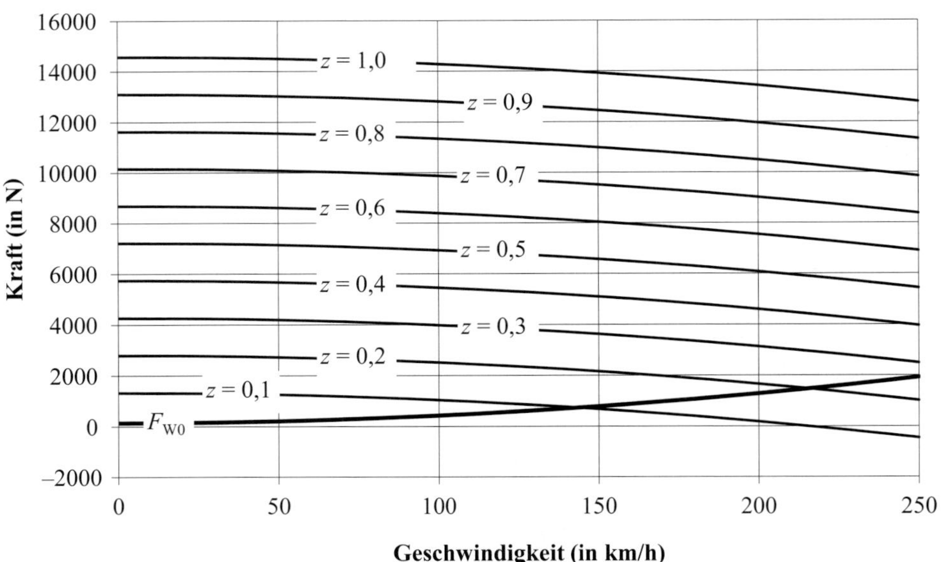

Bild 11.20: *Normalfahrwiderstand und Summe der Bremskräfte als Funktion der Geschwindigkeit bei unterschiedlichen Abbremsungen z*

Teile (Radnabe, -bremse, ...) gilt für das erforderliche Bremsmoment in Abhängigkeit vom Kraftschluss:

$$M_{B\_rad} = (F_B - F_N \cdot f_R) \cdot r_A - J_{rad} \cdot \dot{\omega} \quad \text{mit} \quad \dot{\omega} < 0 \quad \text{(Gl. 11.74)}$$

Sobald sich während der Vollbremszeit ein konstanter Bremsschlupf eingestellt hat, gilt mit

$$\dot{\omega} = a_x \cdot (1 - \lambda_B) \cdot r_A :$$

$$M_B = \left[F_B - F_N \cdot f_R - J_{rad} \cdot a_x \cdot (1 - \lambda_B)\right] \cdot r_A \quad \text{(Gl. 11.75)}$$

Im Folgenden werden die sonstigen Fahrwiderstände ebenfalls berücksichtigt. Durch den Fahrwiderstand erhöht sich – abgesehen von der Gefällefahrt – die Bremsverzögerung. Es gilt jetzt für die Abbremsung bei Vernachlässigung von Umgebungswind:

$$z = \frac{F_W + \sum F_B}{m \cdot g} = \frac{m \cdot g \cdot (f_R \cdot \cos\alpha + \sin\alpha) + \sum F_B + \frac{\rho}{2} \cdot c_W \cdot A \cdot v_x^2}{m \cdot g} \quad \text{(Gl. 11.76)}$$

bzw. mit $c_1 = f_R \cdot \cos\alpha + \sin\alpha + \frac{\sum F_B}{m \cdot g}$ und

$$c_2 = \frac{\rho \cdot c_W \cdot A}{2 \cdot m \cdot g}:$$

$$z = c_1 + c_2 \cdot v^2 \quad \text{(Gl. 11.77)}$$

z ist jetzt abhängig von der Geschwindigkeit. Durch Integration erhalten wir den Bremsweg als Funktion von Ausgangsgeschwindigkeit und Bremskraft.

Mit $\frac{dv}{dt} = z \cdot g$ gilt $dt = \frac{dv}{z \cdot g}$ und

$$s_B = \int_0^T v \cdot dt = \int_{v_0}^{v_1} \frac{v}{z \cdot g} \cdot dv$$

$$= \int_{v_0}^{v_1} \frac{v}{(c_1 + c_2 \cdot v^2) \cdot g} \cdot dv = \frac{1}{2 \cdot c_2 \cdot g} \cdot \ln \frac{c_1 + c_2 \cdot v_0^2}{c_1 + c_2 \cdot v_1^2} \quad \text{(Gl. 11.78)}$$

Zusammengefasst erhalten wir für den Bremsweg bis zum Stillstand:

$$s_B = \frac{m}{\rho \cdot c_W \cdot A} \times \ln\left[\frac{m \cdot g \cdot (f_R \cdot \cos\alpha + \sin\alpha) + \sum F_B + \frac{\rho}{2} \cdot c_W \cdot A \cdot v_0^2}{m \cdot g \cdot (f_R \cdot \cos\alpha + \sin\alpha) + \sum F_B}\right] \quad \text{(Gl. 11.79)}$$

Häufig interessiert auch die aufgrund des Kraftschlusses theoretisch maximal mögliche Abbremsung. Im Folgenden wird der aerodynamische Auftrieb berücksichtigt, der Umgebungswind aber vernachlässigt. Da

$$\sum F_B + F_R = \sum F_N \cdot \mu = \left(m \cdot g \cdot \cos\alpha - \frac{\rho}{2} \cdot c_z \cdot A \cdot v_x^2\right) \cdot \mu,$$

gilt für die Abbremsung als Funktion der Geschwindigkeit:

$$z = \frac{\left(\left(m \cdot g \cdot \cos\alpha - \frac{\rho}{2} \cdot c_z \cdot A \cdot v_x^2\right) \cdot \mu + m \cdot g \cdot \sin\alpha + \frac{\rho}{2} \cdot c_W \cdot A \cdot v_x^2\right)}{m \cdot g} = \cos\alpha \cdot \mu + \sin\alpha + \frac{\rho}{2 \cdot m \cdot g} \cdot (c_W - c_z \cdot \mu) \cdot A \cdot v_x^2 \quad \text{(Gl. 11.80)}$$

bzw. mit $c_1 = \cos\alpha \cdot \mu + \sin\alpha$ und

$$c_2 = \frac{\rho}{2 \cdot m \cdot g} \cdot (c_W - c_z \cdot \mu) \cdot A:$$

$$z = c_1 + c_2 \cdot v^2 \quad \text{(Gl. 11.81)}$$

Damit erhalten wir analog zur Herleitung der Gl. 11.79 den Bremsweg bis zum Stillstand:

$$s_B = \frac{m}{\rho \cdot (c_W - c_z \cdot \mu) \cdot A} \times \ln\left[\frac{\cos\alpha \cdot \mu + \sin\alpha + \frac{\rho}{2 \cdot m \cdot g} \cdot (c_W - c_z \cdot \mu) \cdot A \cdot v_0^2}{\cos\alpha \cdot \mu + \sin\alpha}\right] \quad \text{(Gl. 11.82)}$$

Setzen wir in Gl. 11.76 $z = 0$, so erhalten wir die erforderliche Bremskraft im Gefälle, bei der die Geschwindigkeit konstant bleibt:

$$\sum F_{B\_Gefälle} = -m \cdot g \cdot (f_R \cdot \cos\alpha + \sin\alpha) - \frac{\rho}{2} \cdot c_W \cdot A \cdot v_x^2 \quad \text{(Gl. 11.83)}$$

Im Gefälle muss für den Steigungswinkel α ein negativer Wert eingesetzt werden!

11.1.5.7 Zusammenhang zwischen Bremskraft und Fußkraft

Wie wir in Kap. 4.2 gesehen haben, wird bei einer herkömmlichen Pkw-Bremsanlage die Bremskraft, die der Fahrer mit dem Fuß aufbringt, hydraulisch an die Radbremsen übertragen. Durch einen Bremskraftverstärker wird die **Fußkraft** verstärkt.

Entsprechend Bild 11.21 wird die Fußkraft durch die **Pedalerie** über den **Bremskraftverstärker** an den **Hauptbremszylinder** weitergeleitet. Durch die Geometrie der Pedalerie wird die Fußbewegung ins Langsame übersetzt (i_P), d. h., die Kraft wird verstärkt. Der Bremskraftverstärker erhöht die eingeleitete Kraft um den Faktor i_V, der bei herkömmlichen Bremskraftverstärkern bis zum Erreichen der maximal möglichen Verstärkung konstant ist. Die Betätigungskraft am Hauptzylinder $F_{HZ} = F_F \cdot i_P \cdot i_V$ führt zu einem Hydraulikdruck $p_{HZ} = \frac{F_{HZ} \cdot \eta_{HZ}}{A_{HZ}}$ im Hauptzylinder. Durch die Reibung der Gummimanschetten haben Hydraulikzylinder einen Wirkungsgrad η von ca. 95 %. Dieser Hydraulikdruck wird an die Radbremsen weitergeleitet, wobei zwischen Hauptzylinder und Radbremse das **ABS-Hydraulikaggregat** und an der Hinterradbremse evtl. ein **Bremsdruckbegrenzer** oder **Druckminderer** (die möglicherweise **lastabhängig** regeln) eingebaut sein kann. Bei nicht aktivem ABS ist der Bremsdruck an den Vorderradbremsen gleich dem Druck am Hauptbremszylinder. An den Hinterradbremsen ergibt sich eventuell ein geringerer Druck aufgrund eines mechanisch-hydraulischen Druckminderers oder eines EBV, wie in Kap. 11.1.5.3 behandelt. Entsprechend der

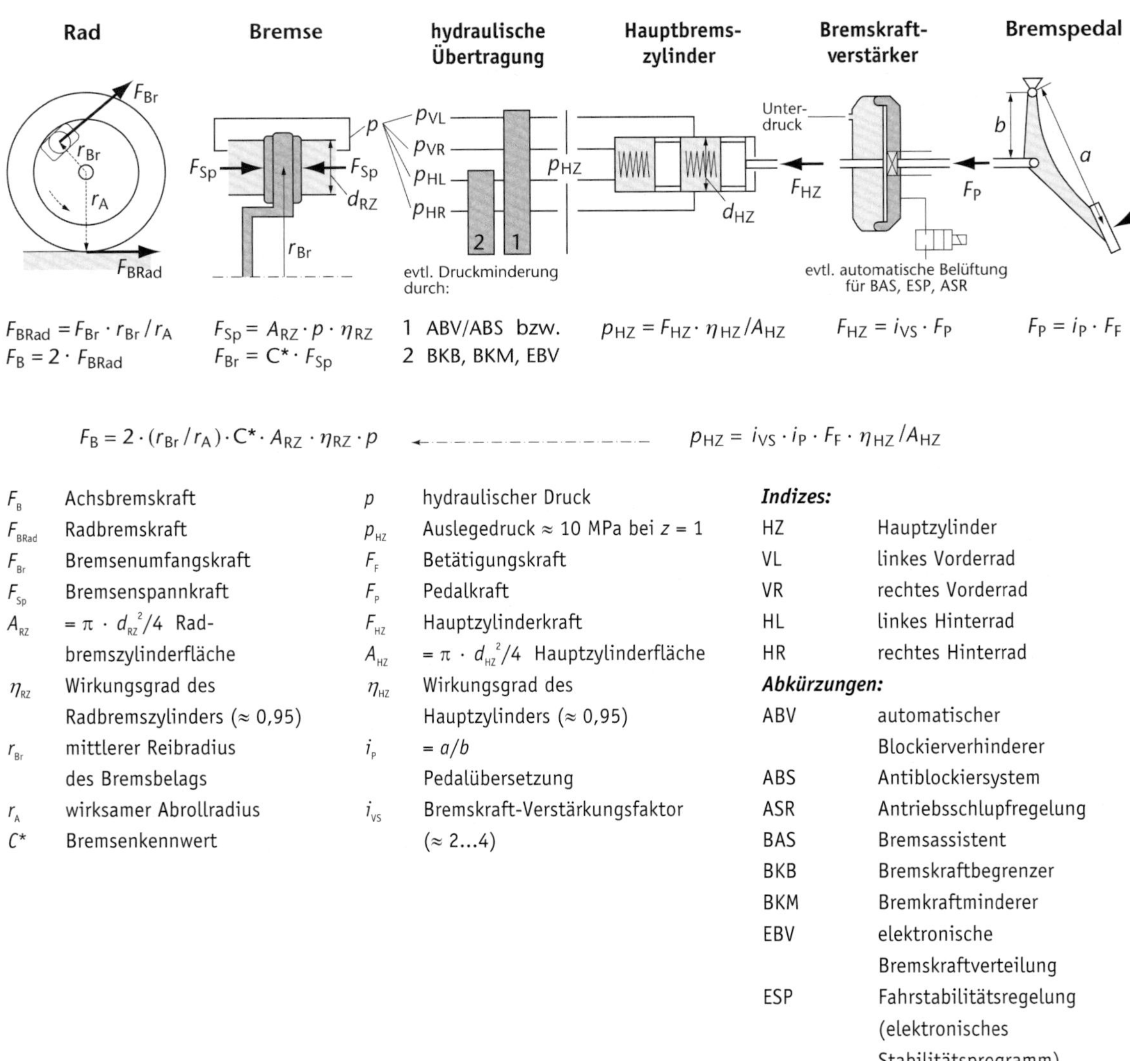

Bild 11.21: *Zusammenhang zwischen Fußkraft und Achsbremskräften [23]*

Kennlinie des Druckbegrenzungs- bzw. Druckregelventils ist er eine Funktion des Hauptbremszylinderdrucks und der Einfederung der Hinterachse. Falls das Fahrzeug über einen EBV verfügt, ist die Absenkung des Drucks an der Hinterachse abhängig vom Schlupf der Räder.

Der Hydraulikdruck in den Radbremszylindern erzeugt eine **Spannkraft** $F_{Sp} = p_{RZ} \cdot \eta_{RZ} \cdot A_{RZ}$. Entsprechend der **inneren Übersetzung** C^* der Bremse (vgl. Kap. 4.2: $C^*_{Scheibenbremse} = 2 \cdot \mu_B$) entsteht dadurch eine **Umfangskraft** $F_U = C^* \cdot F_{Sp}$. Diese wirkt auf dem **Bremsenreibradius** r_{Br} und erzeugt das **Bremsmoment** $M_B = F_U \cdot r_{Br}$. Der Bremsenreibradius entspricht bei der Trommelbremse dem Trommelinnendurchmesser und bei der Scheibenbremse etwa dem Abstand zwischen Radachse und Bremskolbenmittelpunkt.

Das Bremsmoment erzeugt als Reaktionskraft die Bremskraft in der Reifenaufstandsfläche. Mit dem **dynamischen Radhalbmesser** r_A als wirksamen Hebelarm der Bremskraft gilt $M_B = F_{Rad} \cdot r_A$.

Da wir pro Achse zwei Radbremsen haben, gilt zusammengefasst für die **Achsbremskräfte:**

$$F_B = 2 \cdot \frac{r_{Br}}{r_A} \cdot C^* \cdot A_{RZ} \cdot \eta_{RZ} \cdot p_{RZ} \quad \text{(Gl. 11.84)}$$

wobei ohne ABS, EBV und Druckminderer gilt:

$$p_{RZ} = p_{HZ} = \frac{F_F \cdot i_P \cdot i_V \cdot \eta_{HZ}}{A_{HZ}} \quad \text{(Gl. 11.85)}$$

Die fest installierte Bremskraftverteilung φ_B lässt sich durch eine unterschiedliche Gestaltung der Geometrie von Vorder- und Hinterradbremse und unterschiedliche Reibwerte der Bremsbeläge erreichen:

$$\varphi_B = \frac{F_{Bh}}{F_{Bv}} = \frac{r_{Brh} \cdot r_{Av} \cdot C_v^* \cdot d_{RZv}^2}{r_{Brv} \cdot r_{Ah} \cdot C_h^* \cdot d_{RZh}^2} \quad \text{(Gl. 11.86)}$$

11.1.5.8 Bremsleistung und Bremsenergie

Während des Bremsvorgangs wird kinetische Energie in Wärme umgewandelt.

$$E_{kin} = m \cdot (1 + \varepsilon_C) \cdot (v_1^2 - v_2^2) \quad \text{(Gl. 11.87)}$$

Die zur Bremsung erforderliche Leistung ergibt sich aus der Fahrzeugmasse (inkl. rotatorischem Anteil), der Abbremsung und der Geschwindigkeit:

$$P = F \cdot v = m \cdot (1 + \varepsilon) \cdot g \cdot z \cdot v_x \,. \quad \text{(Gl. 11.88)}$$

Die Kraft F entspricht der Summe aus Bremskraft, Fahrwiderstand und Motorbremskraft.

Durch den **Bremsschlupf** ist die Radumfangsgeschwindigkeit kleiner als die Fahrgeschwindigkeit. Für eine maximale Bremskraft ist ein Schlupf von ca. 4 ... 10 % erforderlich. Dies bedeutet, dass die Bremsleistung in Abhängigkeit vom Bremsschlupf auf Bremsanlage und Reifen aufgeteilt wird. Damit gilt für P_{Bremse}:

$$P_{Bremse} = \left[m \cdot (1 + \varepsilon) \cdot g \cdot z - F_W + F_A\right] \cdot v_x \cdot (1 - \lambda_B) \quad \text{(Gl. 11.89)}$$

mit $\lambda_B = (v_x - v_A)/v_x$, wobei F_A im Fall des Schubbetriebs kleiner null ist!

Für die Energie, die in der Bremsanlage in Wärme umgewandelt wird, gilt:

$$E = \int_{t_1}^{t_2} P_{Bremse} \, dt \quad \text{(Gl. 11.90)}$$

Beim Bremsen mit blockierten Rädern wird $\lambda_B =$ 100 % und somit die Leistung an der Bremse gleich null. Die Bremsleistung wird in der Ebene nur vom Reifen und dem Luftwiderstand aufgebracht.

Im Sonderfall der Gefällebremsung gilt bei $z = 0$:

$$E_{Bremse} = \left[-m \cdot g \cdot (\sin\alpha + f_R \cdot \cos\alpha) - \frac{\rho}{2} \cdot c_x \cdot A \cdot v_r^2\right] \cdot v_x \cdot t_B, \quad \text{(Gl. 11.91)}$$

wobei im Gefälle für den Steigungswinkel α ein negativer Wert eingesetzt werden muss!

11.2 Querdynamik

Unter **Querdynamik** wird in erster Linie das Fahrzeugverhalten in der Kurve verstanden. Bild 11.22 zeigt das Fahrzeug von oben bei Kurvenfahrt. Im Fahrzeugschwerpunkt S wirkt die **Fliehkraft** $m \cdot a_y$ mit der **Querbeschleunigung** a_y:

$$a_y = \frac{v^2}{R} \quad \text{(Gl. 11.92)}$$

v Schwerpunktsgeschwindigkeit, R momentaner Radius der Bahnkurve des Schwerpunkts

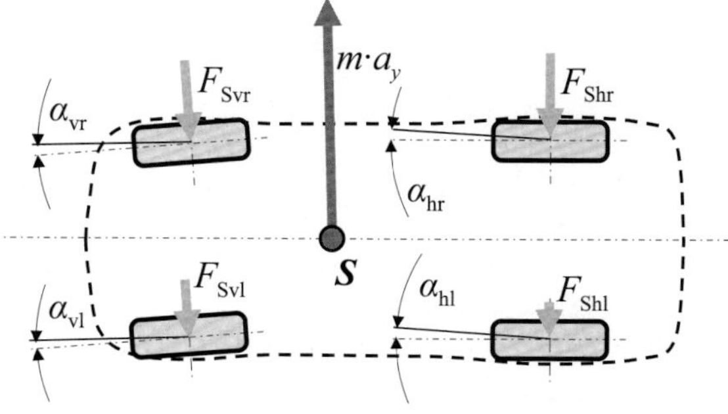

Bild 11.22: *Bei Kurvenfahrt auf das Fahrzeug zusätzlich wirkende Kräfte und hieraus resultierende Schräglaufwinkel an den Rädern*

Um die Fliehkraft erzeugen zu können, müssen an den Rädern **Seitenkräfte** aufgebracht werden. Durch die Seitenkräfte entstehen an den Rädern **Schräglaufwinkel** und durch die **Elastokinematik** der Achsen eventuelle **Vorspuränderungen** (vgl. Kap. 4.3.4). Der Mittelpunkt der Bahnkurve ändert sich bei konstantem Lenkeinschlag mit zunehmender Fahrgeschwindigkeit und damit zunehmender Querbeschleunigung. Die Reifenkräfte wirken auf der Höhe der Fahrbahn, die Fliehkraft in Schwerpunktshöhe. Es entsteht ein **Wankmoment**. Die Radlasten nehmen kurvenaußen zu und kurveninnen ab. Die Räder federn relativ zur Karosserie. Sturz und Vorspur ändern sich aufgrund der Achskinematik, vgl. Kap. 4.3.3. Die Radlast- und Sturzänderungen haben Einfluss auf den Zusammenhang zwischen Reifenseitenkräfte und Schräglaufwinkel. Eine einfache analytische Herleitung des Zusammenhangs zwischen Querbeschleunigung und den an den Rädern auftretenden Schräglaufwinkeln ist dadurch nicht möglich. Zur Betrachtung der Querdynamik haben sich daher zwei Verfahren durchgesetzt:

a) numerische Simulation,
b) analytische Betrachtung an einem stark vereinfachten Fahrzeugmodell.

Wir konzentrieren uns auf die analytische Betrachtung, da – ausgehend von diesem einfachen Fahrzeugmodell – die Auswirkung sämtlicher konstruktiver Maßnahmen auf das Fahrverhalten qualitativ richtig erklärt werden können.

Die numerische Simulation soll mit Bild 11.23 am Beispiel der **Fahrdynamiksimulation** mittels eines **Mehrkörpersystems** (**MKS**) erläutert werden.
Das Fahrzeug wird bei einer MKS-Simulation in mehrere Körper zerlegt. Bei der Fahrdynamiksimulation ist es beim Pkw üblich, den Fahrzeugaufbau, sämtliche Lenker der Radführungen und Lenkung, den Radträger und die Räder jeweils als einen Körper zu betrachten. Für jeden dieser Körper müssen Masse, Schwerpunktslage und die Trägheitsmomente

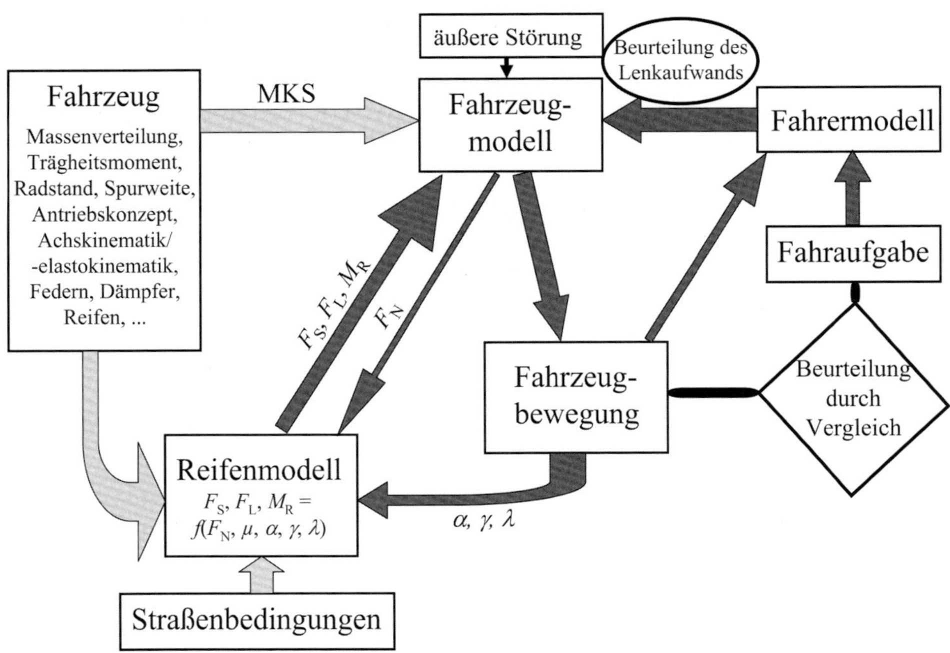

Bild 11.23: *Vereinfachte Darstellung der Beurteilung des Fahrverhaltens mittels Fahrdynamiksimulation unter Verwendung eines Mehrkörpersystems (MKS)*

in allen drei Drehrichtungen angegeben werden. Die Bindungen zwischen den einzelnen Körpern werden so realitätsnah wie möglich nachgebildet. Reine Gelenkverbindungen sind hierbei sehr einfach darstellbar, problematisch ist hingegen die exakte Nachbildung von Gummielementen mit nichtlinearen Kennlinien.

Eine besondere Herausforderung bei der Fahrdynamiksimulation stellt die Nachbildung der Reifeneigenschaften dar, vgl. Kap. 4.1. Bei Fahrdynamiksimulationsmodellen ist es üblich, so genannte **halbempirische Reifenmodelle** zu verwenden. Das Reifenverhalten wird durch Messungen experimentell bestimmt, und die gemessenen Kennkurven werden durch mathematische Formeln angenähert. Bei der Auswahl der mathematischen Formeln werden aus Messungen qualitativ bekannte Wechselwirkungen und physikalische Eigenschaften berücksichtigt.
Im Allgemeinen wird somit der Reifen nicht mit seiner gesamten Struktur und den physikalischen Eigenschaften der Materialien nachgebildet, sondern lediglich seine Wirkeigenschaften. Bei richtiger Vorgehensweise genügt dies, um auch Betriebszustände ausreichend genau zu simulieren, die nicht durch Messung direkt erfasst wurden.

Das **Fahrermodell** versucht, das menschliche Verhalten möglichst realitätsnah wiederzugeben. Je nach Detaillierungsgrad des Modells werden zunächst die sich aus der Fahrzeugbewegung ergebenden Wahrnehmungen des Fahrers bestimmt. Hieraus werden dann die Betätigungen der Bedienelemente durch den Fahrer unter Berücksichtigung von Reaktionszeiten und der Bewegungsabläufe simuliert. Hochwertige Modelle erlauben auch ein Lernen des Fahrers, d. h., der Fahrer kann sich wie in der Realität an das Fahrzeug gewöhnen. Fahrversuche zeigten, dass verschiedene Fahrer unter anderem aufgrund Ihrer Mentalität bei der gleichen Fahraufgabe innerhalb bestimmter Grenzen unterschiedlich handelten. Fahrermodelle bieten die Möglichkeit, durch Variation einiger Parameter unterschiedliche Fahrertypen zu simulieren.

Ablauf der Fahrdynamiksimulation:
Die Zeit wird in sehr kleine Zeitintervalle Δt eingeteilt, wie dies bei **numerischen Simulationen** üblich ist. Zum Zeitpunkt null erhält der Fahrer seine Fahraufgabe, z. B. das Durchfahren einer Teststrecke mit vorgegebenem Geschwindigkeitsverlauf. Das Fahrermodell vergleicht (Bild 11.23) jetzt die Fahrzeugbewegung mit der Fahraufgabe und reagiert darauf mit entsprechenden Eingabegrößen bezüglich des Lenkwinkels, der Pedalstellungen usw. Aus der momentanen Fahrzeugbewegung bestimmt das Reifenmodell die an den Reifen auftretenden Kräfte und Momente. Steht das Fahrzeug still, so sind nur dann Reifenlängs- bzw. -seitenkräfte vorhanden, wenn eine Steigung bzw. eine Querneigung der Straße existiert. Das Fahrzeugmodell errechnet aus den Eingabegrößen die Fahrzeugbewegung, die sich nach Δt ergibt. Da das Zeitintervall Δt sehr klein ist, werden innerhalb des Zeitintervalls die Kräfte zur Berechnung der Fahrzeugbewegung als konstant angenommen. Das Fahrermodell vergleicht nun die Fahrzeugbewegung zum Zeitpunkt Δt mit der Fahraufgabe zum Zeitpunkt Δt. Der Vorgang wiederholt sich in einer Schleife. Zu einem beliebigen Zeitpunkt t vergleicht das Fahrermodell die Fahrzeugbewegung mit der Fahraufgabe. Aufgrund des bisherigen Verlaufs der Fahrzeugbewegung und der vorgegebenen Fahraufgabe errechnet das Fahrermodell die Betätigungen der Bedienelemente zum Zeitpunkt t unter Berücksichtigung der menschlichen Reaktionszeit und Bewegungsgeschwindigkeit und gibt sie an das Fahrzeugmodell. Das Fahrzeugmodell berechnet hieraus unter Verwendung der Reifenkräfte, die das Reifenmodell aus der Fahrzeugbewegung zum Zeitpunkt t bestimmt hat, die Fahrzeugbewegung zum Zeitpunkt $t + \Delta t$.

Die Simulation ist abgeschlossen, wenn das Fahrzeug am Ziel der Fahraufgabe angekommen ist oder wenn das Fahrzeug einen instabilen Fahrzustand erreicht hat, also in der Realität von der Fahrbahn abgekommen wäre.

Zur Beurteilung des Fahrverhaltens vergleicht man die tatsächliche Fahrzeugbewegung mit der Fahraufgabe. Zur quantitativen Beurteilung wird die Abweichung mittels empirisch bestimmter Funktionen in eine Note umgerechnet. Darüber hinaus wird aber noch zusätzlich der notwendige **Bedienaufwand** zur Erfüllung der Fahraufgabe bei der Bewertung herangezogen.

Möchte man den Einfluss des Fahrers auf die Beurteilung des Fahrverhaltens ausschließen, ersetzt man den Fahrer durch einen **idealen Regler.** Dieser Regler arbeitet ohne Reaktionszeit und sorgt dafür, dass das Fahrzeug, solange es physikalisch möglich ist, (nahezu) exakt die Fahraufgabe einhält. Zur Beurteilung des Fahrverhaltens werden dann Lenk- und sonstiger Betätigungsaufwand des Reglers herangezogen. Tendenziell gilt hierbei, dass ein Fahrzeug umso besser zu beurteilen ist, je weniger Lenkkorrekturen und Pedalbetätigungen notwendig sind.

Wird das Fahrzeug bis zum Erreichen des Grenzbereichs simuliert, können maximal mögliche Fahrgeschwindigkeiten auf bestimmten Streckenabschnitten, maximal erreichbare Querbeschleunigung usw. als weitere Kriterien bei der Beurteilung des Fahrverhaltens angesetzt werden.

11.2.1 Eigenlenkverhalten

Bereits in den 30er-Jahren des letzten Jahrhunderts hat man das Reifenverhalten systematisch experimentell erforscht. Hierbei hat man insbesondere festgestellt, dass der Reifen nicht in Richtung der Radmittelebene rollt, sobald er eine Seitenkraft übertragen muss. Es wurde der **Schräglaufwinkel** definiert und der Zusammenhang zwischen Seitenkraft und Schräglaufwinkel in Diagrammform dargestellt, vgl. Kap. 4.1.6.

Zur Behandlung des Fahrverhaltens wurde von RIECKERT und SCHUNCK das so genannte **Ein-Spur-Modell** (1939/1940) eingeführt, vgl. auch Kap. 7.1.5. Beim Ein-Spur-Modell wird die Wirkung einer Achse gedanklich in einem Rad zusammengefasst. Die Schwerpunktshöhe h_s wird null gesetzt. Hierdurch wirken Fliehkraft und Radseitenkräfte in einer Ebene, es entsteht kein Wankmoment. Beim Ein-Spur-Modell ist damit kein Wankwinkel in der Kurve erforderlich, d. h., es entspricht nicht einem Zweirad! Betrachtet man, wie im Folgenden, ein **lineares Ein-Spur-Modell**, so werden noch folgende Vereinfachungen getroffen:

- keine Umfangskräfte am Rad,
- Fahrwiderstände vernachlässigbar,
- kleine Schräglaufwinkel α, damit gilt: $\sin \alpha \approx \alpha$, $\cos \alpha \approx 1$,
- kleine Lenkwinkel δ,
- Achs-Seitenkraft ist linear vom Schräglaufwinkel abhängig: $F_s = C_\alpha \cdot \alpha \approx 2 \cdot C_s \cdot \alpha$.

Bei Vernachlässigung der Fahrwiderstände und der Umfangskräfte am Rad bleibt die Fahrgeschwindigkeit konstant.

In der Praxis entsteht der Achsschräglaufwinkel nicht nur durch den Reifenschräglauf, sondern zusätzlich durch die Änderung der Vorspur beim Wanken aufgrund der Achskinematik (Kap. 4.3.3). Die Seitenkräfte beeinflussen wegen der Achselastokinematik (4.3.4) ebenfalls die Vorspur. Die Schräglaufwinkel der beiden Räder sind damit bei Einzelradaufhängungen im Allgemeinen ebenfalls unterschiedlich.

In Bild 11.24 ist das Einspur-Fahrzeugmodell bei Fahrt in einer Linkskurve dargestellt. Gehen wir von kleinen Schräglauf- und Lenkwinkeln aus, wie oben bei den Vereinfachungen genannt (im Bild zur besseren Kenntlichmachung sehr groß dargestellt), können wir die Fliehkraft $F = m \cdot a_y$ und die Achs-Seitenkräfte vereinfacht senkrecht zur Fahrzeugmittelebene annehmen. Damit gilt im stationären Gleichgewicht, also bei konstanter Kreisfahrt, für die Achs-Seitenkräfte:

$$F_{Sv} \approx m \cdot a_y \cdot \frac{l_h}{l}, \quad \text{mit} \quad F_{Sv} = C_{\alpha v} \cdot \alpha_v \quad \text{folgt:}$$

$$\alpha_v \approx \frac{m \cdot a_y \cdot l_h}{l \cdot C_{\alpha v}} \qquad \text{(Gl. 11.93)}$$

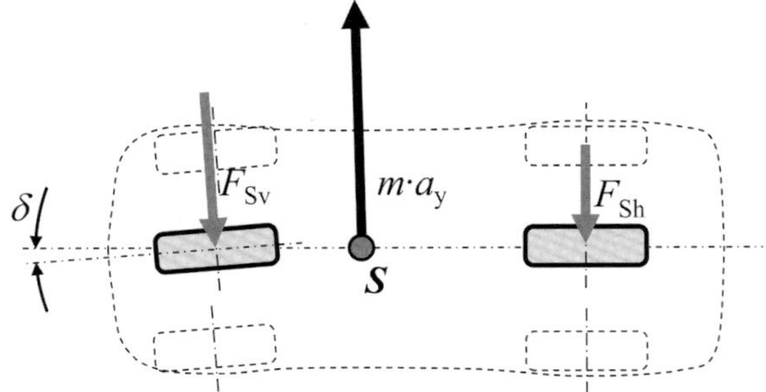

***Bild 11.24:** Lineares Einspur-Fahrzeugmodell*

$F_{Sh} \approx m \cdot a_y \cdot \frac{l_v}{l}$, mit $F_{Sh} = C_{\alpha h} \cdot \alpha_h$ folgt:

$$\alpha_h \approx \frac{m \cdot a_y \cdot l_v}{l \cdot C_{\alpha h}} \qquad \text{(Gl. 11.94)}$$

In Bild 11.25 betrachten wir nun das Ein-Spur-Modell bei sehr langsamer Kreisfahrt. Die Querbeschleunigung $a_y = v^2/R$ wird vernachlässigbar klein. Da nahezu keine Seitenkräfte erforderlich sind, rollen die Räder schräglaufwinkelfrei ab. Der Kurvenmittelpunkt ergibt sich im Schnittpunkt der verlängerten Radachsen. Der Schwerpunkt bewegt sich auf einer Kreisbahn mit dem Radius R. Die Schwerpunktsgeschwindigkeit ist senkrecht zur Verbindungslinie MS und bildet zur Fahrzeuglängsebene den Schwimmwinkel β_0.

Der **Schwimmwinkel** β ist definiert als der auf die Fahrbahnebene projizierte Winkel zwischen **Fahrzeugmittelebene** und **Schwerpunktsgeschwindigkeit.**

Der Index 0 steht für den Fall des schräglaufwinkelfreien Abrollens der Räder. Der für einen bestimmten Kurvenradius erforderliche Achs-Lenkwinkel wird als **Ackermann-Lenkwinkel** δ_A bezeichnet.

Um den Ackermann-Lenkwinkel herzuleiten, betrachten wir zunächst in Bild 11.25 den Kreisbahnradius der Hinterachse:

$$R_h = \sqrt{R^2 - l_h^2} \qquad \text{(Gl. 11.95)}$$

Damit gilt für den Ackermann-Lenkwinkel:

$$\tan \delta_A = \frac{l}{R_h} = \frac{l}{\sqrt{R^2 - l_h^2}} \qquad \text{(Gl. 11.96)}$$

Für kleine Winkel gilt mit $\tan \delta_A \approx \delta_A$ und $R_h \approx R$:

$$\delta_A \approx \frac{l}{R} \quad \text{(Ackermann-Lenkwinkel)} \qquad \text{(Gl. 11.97)}$$

In Bild 11.26 betrachten wir nun das Ein-Spur-Modell bei schneller Kreisfahrt. Die Querbeschleunigung $a_y = v^2/R$ kann jetzt nicht mehr vernachlässigt werden. Die Reifen müssen Seitenkräfte übertragen und rollen schräg ab. Die Schräglaufwinkel können hierbei vorn und hinten unterschiedlich groß werden, wie später noch genauer erläutert wird. Damit ist der erforderliche Achs-Lenkwinkel bei schneller Kreisfahrt sowohl vom Kurvenradius als auch der Fahrgeschwindigkeit abhängig.

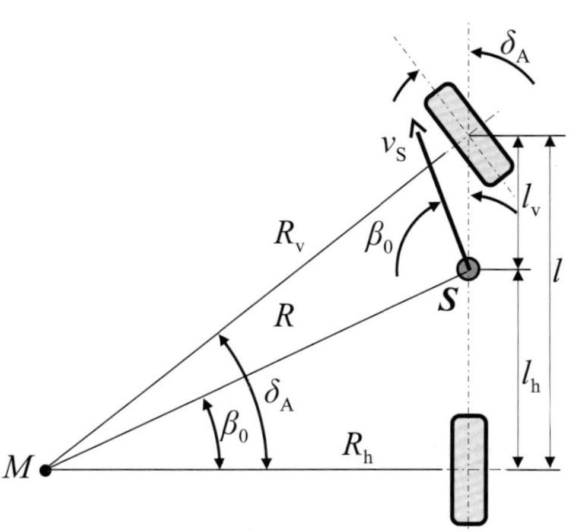

Bild 11.25: *Sehr langsame Kreisfahrt dargestellt am Ein-Spur-Modell*

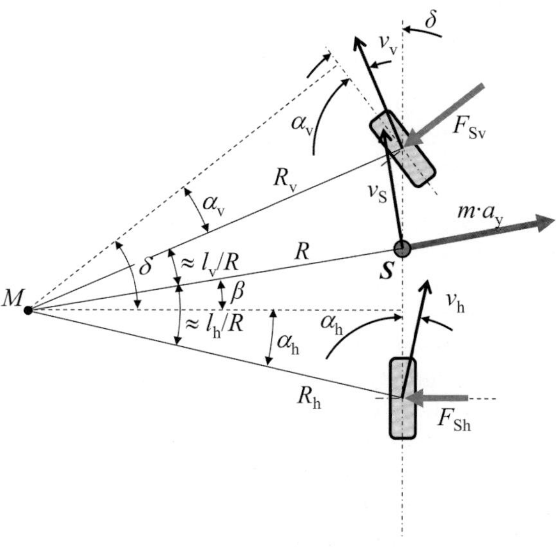

Bild 11.26: *Schnelle Kreisfahrt dargestellt am Ein-Spur-Modell*

Um den Kurvenmittelpunkt zu erhalten, müssen wir in der Fahrbahnebene die Lotrechten zur Bewegungsrichtung der Räder (wie in Bild 11.26 dargestellt) eintragen. Der Schnittpunkt entspricht dem momentanen Kurvenmittelpunkt *M*. Der Schwerpunkt bewegt sich auf der Kreisbahn mit Radius *R*. Sämtliche Winkel lassen sich um den Punkt *M* auftragen. Hierzu zeichnen wir jeweils die Orthogonalen durch den Punkt *M* ein.

Beispiel:

Der Schräglaufwinkel hinten α_h wird zwischen der Bewegungsrichtung der Hinterachse, die im Ein-Spur-Modell durch ein Hinterrad ersetzt ist, und der Fahrzeuglängsrichtung gemessen. In Bild 11.26 ist die Orthogonale zur Fahrzeuglängsachse als gestrichelte Linie durch den Punkt *M* eingetragen. Zwischen dieser gestrichelten Linie und der Orthogonalen von der Bewegungsrichtung der Hinterachse ergibt sich wieder der Schräglaufwinkel α_h. Analog können wir den Lenkwinkel δ, den Schräglaufwinkel α_v und den Schwimmwinkel β eintragen.

Der Schwimmwinkel β ist der Winkel zwischen Schwerpunktsgeschwindigkeit und Fahrzeuglängsebene, vgl. langsame Kreisfahrt. Die Schwerpunktsgeschwindigkeit erfolgt senkrecht zur Verbindungslinie *MS*. Je nach Fahrgeschwindigkeit zeigt die Fahrzeuglängsebene nach kurveninnen oder kurvenaußen.

Damit $\beta = 0$ wird, muss $\alpha_h \approx l_h/R$ sein. Mit Gl. 11.94 und $a_y \approx v^2/R$ folgt daraus, dass der Schwimmwinkel bei der Fahrgeschwindigkeit

$$v_{\beta=0} \approx \sqrt{\frac{l \cdot C_{0h} \cdot l_h}{m \cdot l_v}} \qquad \text{(Gl. 11.98)}$$

unabhängig vom Kreisradius null ist. Gl. 11.98 gilt allerdings nur bis Querbeschleunigungen von ca. 3 m/s², da bei höheren Querbeschleunigungen die Reifeneigenschaften nichtlinear werden. Ist die Fahrgeschwindigkeit kleiner als $v_{\beta=0}$, zeigt die Fahrzeuglängsebene in Fahrtrichtung nach kurvenaußen, ist sie größer, so zeigt die Fahrzeuglängsebene nach kurveninnen.

Für die Schräglaufwinkel gilt:

$$\alpha_v \approx \delta - \frac{l_v}{R} - \beta \qquad \text{(Gl. 11.99)}$$

$$\alpha_h \approx \frac{l_h}{R} - \beta \qquad \text{(Gl. 11.100)}$$

Durch Subtraktion der Gl. 11.99 und 11.100 lässt sich der Schwimmwinkel β eliminieren, und es gilt für den Lenkwinkel:

$$\delta \approx \underbrace{\frac{l_v}{R} + \frac{l_h}{R}}_{\frac{l}{R} \approx \delta_A} + \underbrace{\alpha_v - \alpha_h}_{\Delta\alpha} \qquad \text{(Gl. 11.101)}$$

Daraus folgt:

$$\delta \approx \delta_A + \Delta\alpha \qquad \text{(Gl. 11.102)}$$

$$\Delta\alpha \approx \frac{m}{l} \cdot \left(\frac{l_h}{C_{\alpha v}} - \frac{l_v}{C_{\alpha h}} \right) \cdot a_y \qquad \text{(Gl. 11.103)}$$

Gl. 11.103 wurde durch Subtraktion der Gl. 11.93 und 11.94 gewonnen.

Bei schneller Kurvenfahrt gibt es für $\Delta\alpha$ drei Möglichkeiten:

$\Delta\alpha$ > 0: Entsprechend Gl. 11.102 wird der Lenkwinkel δ bei schneller Fahrt größer als der für langsame Fahrt beim gleichen Kurvenradius geltende Ackermann-Lenkwinkel δ_A. Laut Definition nach Olley (1940) spricht man dann von **untersteuerndem Eigenlenkverhalten.**

$\Delta\alpha$ = 0: Entsprechend Gl. 11.102 entspricht der Lenkwinkel δ dem Ackermann-Lenkwinkel δ_A. Er ändert sich bei konstantem Radius nicht mit der Fahrgeschwindigkeit. Laut Definition nach Olley (1940) spricht man dann von **neutralem Eigenlenkverhalten.**

$\Delta\alpha$ < 0: Entsprechend Gl. 11.102 wird der Lenkwinkel δ bei schneller Fahrt kleiner als der für langsame Fahrt beim gleichen Kurvenradius geltende Ackermann-Lenkwinkel δ_A. Laut Definition nach Olley (1940) spricht man dann von **übersteuerndem Eigenlenkverhalten**.

Zur Untersuchung des Eigenlenkverhaltens wird der Lenkwinkel als Funktion der Querbeschleunigung betrachtet. Als **Kreisfahrttest** haben wir zwei grundsätzliche Möglichkeiten:

a) Fahren auf konstanter Kreisbahn und Variieren der Fahrgeschwindigkeit

Dieser Test entspricht prinzipiell der DIN/ISO 4138. Hierbei wird auf einer Kreisbahn die Geschwindigkeit langsam gesteigert, bis der Grenzbereich erreicht wird. Der Lenkwinkel bzw. der Lenkradwinkel wird aufgezeichnet und über der Querbeschleunigung aufgetragen, die entweder direkt gemessen oder aus der Fahrgeschwindigkeit und dem bekannten Kurvenradius errechnet wird, vgl. Bild 11.27.

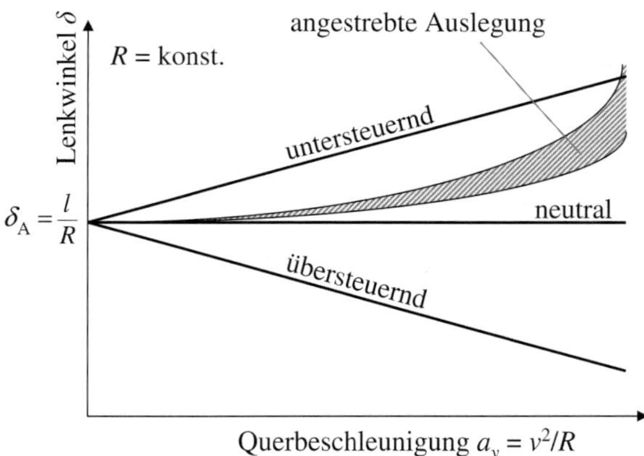

***Bild 11.27:** Definition des Eigenlenkverhaltens nach Olley bei Fahrt auf Kreisbahn mit konstantem Radius*

b) Fahren mit konstanter Geschwindigkeit und Variieren des Lenkwinkels

Diese Testmethode ist in DIN 70000 beschrieben. Dabei ist eine sehr große Fläche erforderlich. Es wird mit konstanter Geschwindigkeit gefahren und der Lenkwinkel langsam vergrößert, bis das Fahrzeug den Grenzbereich erreicht. Häufig wird der Versuch auch in mehreren Abschnitten durchgeführt.

Der Lenkwinkel entspricht beim neutralen Verhalten nach Olley dem Ackermann-Lenkwinkel δ_A. Da Querbeschleunigung und Ackermann-Lenkwinkel proportional zu $1/R$ sind, nimmt der Ackermann-Lenkwinkel mit zunehmender Querbeschleunigung linear zu, vgl. Bild 11.28. Bei untersteuerndem Verhalten steigt der Lenkwinkel stärker mit der Querbeschleunigung, bei übersteuerndem Verhalten hingegen schwächer als bei neutralem Verhalten.

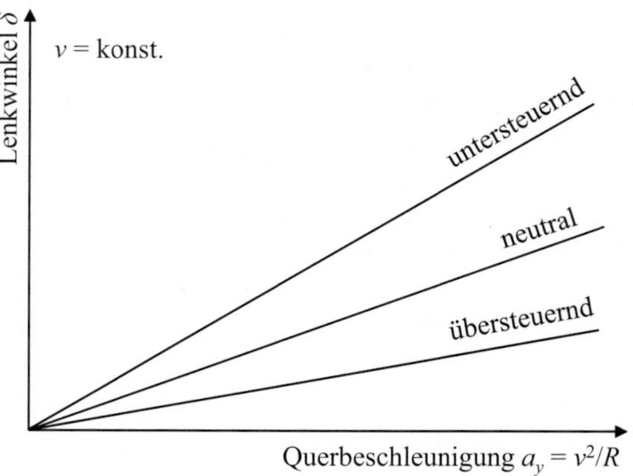

***Bild 11.28:** Definition des Eigenlenkverhaltens nach Olley bei Fahrt mit konstanter Geschwindigkeit und Variation des Kurvenradius*

In der Praxis ist aber auch ein Lenkwinkelverlauf, wie in Bild 11.29 dargestellt, denkbar (z. B. VW Käfer mit Pendelachse). Bei konstantem Kurvenradius nimmt mit zunehmender Querbeschleunigung zunächst der Lenkwinkel zu. Das Fahrzeug verhält sich untersteuernd. Bei Überschreiten der kritischen

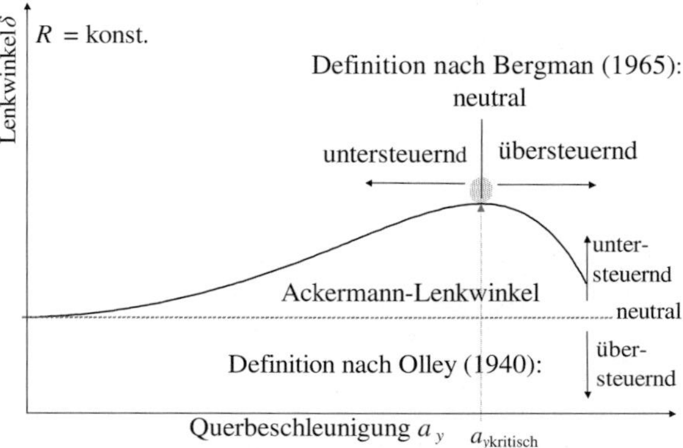

***Bild 11.29:** Definition des Eigenlenkverhaltens nach Bergman bei Fahrt auf Kreisbahn mit konstantem Radius.*

Querbeschleunigung nimmt der erforderliche Lenkwinkel mit zunehmender Querbeschleunigung aber wieder ab. Der Lenkwinkel ist größer als der Ackermann-Lenkwinkel δ_A (nach Definition OLLEY somit untersteuernd). Ohne den Lenkeingriff des Fahrers wird das Fahrzeug instabil, da dann der Kurvenradius abnimmt, hierdurch die Querbeschleunigung steigt und damit der erforderliche Lenkwinkel weiter abnimmt. Damit zeigt sich, dass der **Gradient** $d\delta/da_y$ das Eigenlenkverhalten besser beschreibt.

Wie in Bild 11.29 eingetragen, wird somit das **Eigenlenkverhalten** nach BERGMAN (1965) folgendermaßen definiert:

$$\text{Lenkwinkelgradient } d\delta/da_y \begin{cases} > 0 & \text{untersteuernd} \\ = 0 & \text{neutral} \\ < 0 & \text{übersteuernd} \end{cases}$$

In Bild 11.30 ist das gleiche Fahrzeugverhalten wie in Bild 11.29 dargestellt, allerdings für konstante Fahrgeschwindigkeit und variablem Kurvenradius. Zum Vergleich ist auch der Ackermann-Lenkwinkel dargestellt. Würde sich das Fahrzeug bei jeder Querbeschleunigung neutral verhalten, so würde sich der Lenkwinkelverlauf nach ACKERMANN einstellen:

$$\frac{d\delta_A}{da_y} = \frac{l/R}{v^2/R} = \frac{l}{v^2} \qquad \text{(Gl. 11.104)}$$

Im vorliegenden Beispiel ist der Lenkwinkelgradient zunächst größer als der Ackermann-Lenkwinkel

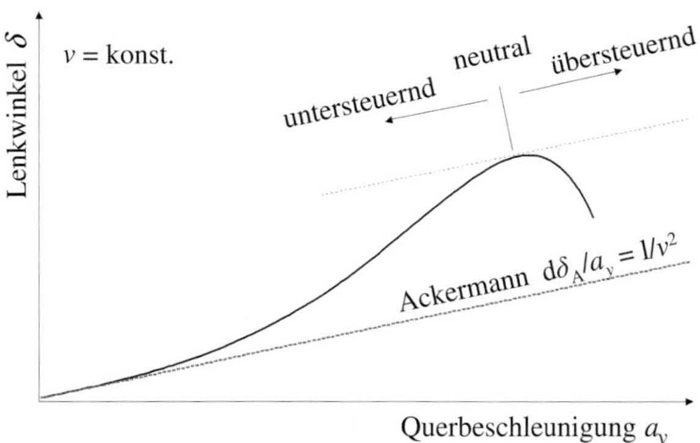

***Bild 11.30:** Definition des Eigenlenkverhaltens nach Bergman bei Fahrt mit konstanter Geschwindigkeit und Variation des Kurvenradius*

gradient, das Fahrzeug verhält sich **untersteuernd**. Mit zunehmender Querbeschleunigung geht der Gradient zurück. Sobald der Lenkwinkelgradient kleiner als der Ackermann-Lenkwinkelgradient wird, spricht man nach BERGMAN von **übersteuerndem** Eigenlenkverhalten. Bei dem hier dargestellten Verlauf ist das Fahrverhalten nur direkt beim Übergang von unter- auf übersteuernd neutral. Hierauf basiert auch die Definition des **Eigenlenkgradienten** *EG* nach DIN 70000. Allerdings wird hierbei der Winkel am Lenkrad δ_H betrachtet, da dieser vom Fahrer wahrgenommen und beeinflusst wird. Dieser unterscheidet sich vom Lenkwinkel (am Rad) durch die **Lenkübersetzung** i_S, die bei 14 ... 22 liegt. Damit gilt:

$$EG = \frac{1}{i_S} \cdot \frac{d\delta_H}{da_Y} - \frac{d\delta_A}{da_y} \qquad \text{(Gl. 11.105)}$$

Damit wird das **Eigenlenkverhalten** wie folgt definiert:

- $EG > 0$ untersteuernd,
- $EG = 0$ neutral,
- $EG < 0$ übersteuernd.

Im Fahrversuch wird der **Lenkradwinkel** gemessen und über der erreichten Querbeschleunigung aufgetragen.

Geht man von einem konstanten Eigenlenkgradienten aus, so erhält man für den **Lenkwinkel** als Funktion der Querbeschleunigung

a) beim Versuch mit konstantem Radius und variabler Geschwindigkeit aus Gl. 11.102:

$$\delta_H \approx i_S \cdot \left(\frac{l}{R} + EG \cdot a_y \right) \qquad \text{(Gl. 11.106a)}$$

b) beim Versuch mit konstanter Geschwindigkeit und variablem Radius aus Gl. 11.106a mit $R = v^2/a_y$:

$$\delta_H \approx i_S \cdot \left(\frac{l}{v^2} \cdot a_y + EG \cdot a_y \right) \qquad \text{(Gl. 11.106b)}$$

Zur Beurteilung der Agilität und Stabilität des Fahrzeugs interessiert uns die sog. **Gierverstärkung**. Diese ist das Verhältnis von Giergeschwindigkeit zu

Lenkradwinkel bei konstanter Kreisfahrt. Für die Giergeschwindigkeit gilt allgemein:

$$\dot{\psi} = \frac{v}{R} \quad \text{(Gl. 11.106c)}$$

Mit $R = v^2/a_y$ erhalten wir den Zusammenhang zwischen Querbeschleunigung und Giergeschwindigkeit: $a_y = v \cdot \dot{\psi}$. Setzen wir dies in Gl. 11.106c ein, so erhalten wir:

$$\delta_H \approx i_S \cdot \left(\frac{l}{v} \dot{\psi} + EG \cdot \dot{\psi} \cdot v \right) \quad \text{(Gl. 11.106d)}$$

und nach Umformen:

$$\frac{\dot{\psi}}{\delta_H} \approx \frac{v}{i_S \cdot (l + EG \cdot v^2)} \quad \text{(Gl. 11.107)}$$

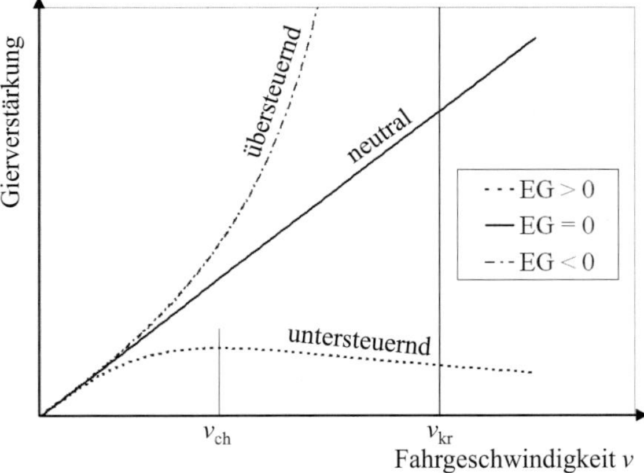

Bild 11.31: *Gierverstärkung als Funktion der Geschwindigkeit bei übersteuerndem, neutralem und untersteuerndem Fahrverhalten*

Wir erkennen, dass die Gierverstärkung von der Geschwindigkeit abhängig ist. Das Ergebnis dieser Gleichung ist in Bild 11.31 für die drei Möglichkeiten des Eigenlenkverhaltens dargestellt. Wie man erkennen kann, nimmt mit zunehmender Fahrgeschwindigkeit die Gierverstärkung beim neutralem Fahrzeug linear zu, während sie beim übersteuerndem Fahrzeug progressiv zunimmt. Bei der Geschwindigkeit, bei der die Gierverstärkung gegen unendlich geht, genügt theoretisch eine ganz kleine Lenkbewegung, um das Fahrzeug zum Schleudern zu bringen. Diese Geschwindigkeit wird daher als **kritische Geschwindigkeit** v_{kr} bezeichnet. Setzen wir den Nenner der Gl. 11.107 null, so erhalten wir diese Geschwindigkeit:

$$v_{kr} \approx \sqrt{\frac{-l}{EG}} \quad \text{(Gl. 11.108)}$$

Um das kritische Verhalten sicher ausschließen zu können, sollte das in Bild 11.27 zusätzlich eingetragene Eigenlenkverhalten angestrebt werden. Das Fahrzeug sollte immer leicht untersteuernd sein, damit es auch bei kleinen Störungen nicht instabil werden kann und im Grenzbereich soll die Neigung zum Untersteuern zunehmen.

Beim untersteuernden Fahrzeug nimmt die Gierverstärkung nur degressiv zu, erreicht ein Maximum und nimmt danach wieder ab, vgl. Bild 11.31. Die Geschwindigkeit, bei der die größte Gierverstärkung erreicht wird, bezeichnet man als **charakteristische Geschwindigkeit** v_{ch}. Zur Bestimmung dieser Geschwindigkeiten betrachten wir die Steigung der Kurve durch Bilden der 1. Ableitung von Gl. 11.107:

$$\frac{d\frac{\dot{\psi}}{\delta_H}}{dv} \approx \frac{l - EG \cdot v^2}{i_S \cdot (l + EG \cdot v^2)^2} \quad \text{(Gl. 11.109)}$$

Bei $EG > 0$, d. h., bei untersteuerndem Fahrverhalten, ergibt sich die charakteristische Geschwindigkeit bei Steigung null:

$$v_{ch} \approx \sqrt{\frac{l}{EG}} \quad \text{(Gl. 11.110)}$$

In der Praxis ist der Eigenlenkgradient nicht konstant. Ab einem Seitenkraftbeiwert von ca. 0,4 nimmt die Seitenkraft mit zunehmendem Schräglaufwinkel nur noch degressiv zu. So kann zum Beispiel das übersteuernde Fahrzeug auch bei Geschwindigkeiten weit unterhalb von v_{kr} instabil werden, vgl. auch Bild 11.31. Daher werden Untersuchungen zum linearen Fahrzeugverhalten nur bis ca. 0,4 g Querbeschleunigung durchgeführt. Streng genommen ist aber auch der Eigenlenkgradient im Bereich zwischen 0 und unter 0,4 g Querbeschleunigung abhängig vom Kurvenradius und von der Querbeschleunigung. Die Lenkübersetzung i_S ist aufgrund der Lenkkinematik und eventuell einer variablen Lenkgetriebeübersetzung (vgl. Kap. 4.4.2) abhängig vom Lenkwinkel, d. h., auch bei linear mit der Querbeschleunigung ansteigendem Radlenkwinkel ergibt sich ein nichtlinearer Verlauf für den erforderlichen Lenkradwinkel. Weiter wird bei der Bestimmung der erforderlichen Achs-Seitenkräfte aufgrund der Fliehkraft im Schwerpunkt von kleinen Lenkwinkeln ausgegangen. Mit zunehmendem Lenkwinkel steigt aber das Verhältnis Seitenkraft vorn zu Seitenkraft hinten, und damit nimmt in der Praxis häufig der Eigenlenkgradient mit abnehmendem Kurvenradius zu, um nur die zwei wichtigsten Gründe zu nennen.

Problematisch ist bei diesen Testmethoden die starke Erwärmung der Reifen während des Versuchs. Die **Reifentemperaturen** sind bei Erreichen des Grenzbereichs erheblich höher als bei einer kritischen Kurvenfahrt im Alltag. Durch die hohen Temperaturen ändern sich die Reifeneigenschaften, vgl. Kap. 4.1, womit nicht sichergestellt ist, dass die erzielten Ergebnisse praxisrelevant sind. Günstiger ist daher die Durchführung der Versuche auf einer Teststrecke mit unterschiedlichen konstanten Kurvenradien, wie sie z. B. der Reifenhersteller Michelin in Clermont-Ferrand besitzt.

Auf solchen Teststrecken wird in einzelnen Kurven jeweils mit konstantem Lenkwinkel gefahren. Es stellt sich kurzzeitig eine stationäre Kreisfahrt ein, die ausgewertet werden kann. Durch das anschließende Geradeausfahren und durch Abwechseln von Rechts- und Linkskurven können sich die Reifen wieder abkühlen, wodurch die Reifentemperaturen weniger stark vom Alltagsbetrieb abweichen.

Durch das Durchfahren der Teststrecke mit unterschiedlichen Geschwindigkeiten kann eine Vielzahl unterschiedlicher Querbeschleunigungen erreicht werden.

11.2.2 Wankwinkel bei stationärer Kurvenfahrt

Im vorangegangenen Kapitel haben wir das Ein-Spur-Modell mit der Schwerpunktshöhe null behandelt. Durch die tatsächliche Schwerpunktshöhe tritt bei Kurvenfahrt ein Wankmoment auf, das zu Radlaständerungen und zu einem Wankwinkel φ führt.

Zur weiteren Betrachtung werden Vereinfachungen vereinbart: Die Fahrbahn sei eben, d. h. die Querneigung vernachlässigbar. Beim Wanken in der Kurve bleibe die Lage der Momentanpole der Achsen (vgl. Kap. 4.3.3) relativ zu den Radaufstandsmittelpunkten und die Schwerpunktshöhe konstant. Die Reifenkräfte greifen im Radaufstandsmittelpunkt an. Die Reifenfederung kann im Vergleich zur Aufbaufederung vernachlässigt werden. Aerodynamische Kräfte sind vernachlässigbar.

Für die weitere Betrachtung ist es notwendig, die Fahrzeugmasse aufzuteilen. Der Aufbau wankt, die Lage der Räder bleibt aber z. B. bei einer Starrachse relativ zur Fahrbahn konstant. Im Folgenden wird daher die Fahrzeugmasse in fünf Teilmassen aufgeteilt, die als **Aufbaumasse** m_A und **Radmassen** m_R bezeichnet werden. Die Radmassen setzen sich jeweils aus der Masse des Rades plus Masse des Radträgers inklusiv Radnabe und außenliegender Bremse zusammen. Die Massen der Radführungen und der Feder- und der Dämpferelemente werden anteilig der Aufbaumasse und der Radmasse zugeschlagen.

Durch die Kurvenfahrt entsteht im Schwerpunkt des Aufbaus die **Querbeschleunigung** a_y. Die Achsen stützen den Aufbau in ihren **Momentanpolen** (vgl. Kap. 4.3.3) ab, vgl. Bild 11.32, die im Allgemeinen wesentlich tiefer als der Schwerpunkt angeordnet sind. Hierdurch entsteht ein **Wankmoment**. Der Aufbau wankt und je nach Achskonstruktion auch die Räder. Durch das Wanken werden die Tragfedern und eventuell vorhandene Stabilisatoren verformt. Hierdurch entsteht ein **Rückstellmoment** M, das bei stationärer Kurvenfahrt im Gleichgewicht mit dem Wankmoment steht.

Im Folgenden betrachten wir die Kräfte und Momente an der Vorderachse. Für den Federweg am Rad gilt:

$$f_v \approx \frac{1}{2} \cdot b_v \cdot \varphi \qquad \text{(Gl. 11.111)}$$

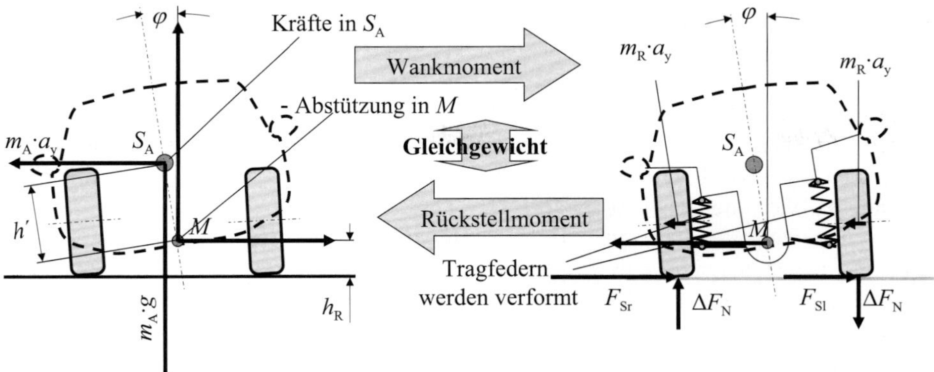

Bild 11.32: *Ermittlung der dynamischen Radlasten bei Kurvenfahrt*

Durch die Verformung der Tragfedern entsteht eine zusätzliche Kraft aufgrund des Federwegs, welche die Radlast kurvenaußen erhöht und kurveninnen reduziert:

$$\Delta F_v = (c_{Av} + c_{Stv}) \cdot f_v \qquad \text{(Gl. 11.112)}$$

c_A Aufbaufedersteifigkeit, bezogen auf den Radfederweg; c_{St} Stabilisatorsteifigkeit bei wechselseitigem Einfedern, bezogen auf den Radfederweg (bei gleichseitigem Einfedern ist der Stabilisator ohne Wirkung, vgl. Kap. 4.5.); v an der Vorderachse, h an der Hinterachse

Bei Starrachsen und Verbundlenkerachsen müssen wir die Federsteifigkeit c_A bei wechselseitigem Einfedern bestimmen. Da die Tragfedern im Allgemeinen nicht direkt außen am Rad angebracht sind, ist bei Starrachsen und Verbundachsen das Verhältnis Radfederweg zu Tragfederweg bei wechselseitigem Federn größer als bei gleichseitigem Federn. Die Federn sind somit bezüglich ihrer Wirkung am Rad bei Kurvenfahrt weicher als bei gleichseitigen Bodenwellen bei Geradeausfahrt. Bei Einzelradaufhängung ist es wegen der Wirkung der Tragfedern hingegen gleichgültig, ob gleichseitig oder wechselseitig eingefedert wird. (Falls die Tragfedern bezüglich der Wirkung am Rad leicht nichtlinear sind, sollte für c_A der Wert, der sich im Bereich der statischen Einfederung ergibt, angesetzt werden.) Bei extrem nichtlinearer Federung ist die folgende analytische Betrachtung des Wankwinkels ungenau, da z. B. eine progressive Federung bewirkt, dass das kurvenäußere Rad aufgrund der „Verhärtung" der Feder weniger einfedert als das kurveninnere Rad ausfedert. Der Wagenaufbau hebt sich bei Kurvenfahrt.

Durch ΔF_v entsteht an der Vorderachse ein dem Wankmoment entgegenwirkendes Moment:

$$M_v = \Delta F_v \cdot b_v \approx \frac{1}{2} \cdot (c_{Av} + c_{Stv}) \cdot b_v^2 \cdot \varphi \qquad \text{(Gl. 11.113)}$$

Bezüglich der Wirkung entspricht der Term vor φ der **Wankfedersteifigkeit** der Vorderachse $c_{\varphi v}$:

$$c_{\varphi v} = \frac{1}{2} \cdot (c_{Av} + c_{Stv}) \cdot b_v^2 \qquad \text{(Gl. 11.114a)}$$

damit gilt für die Vorderachse:

$$M_v \approx c_{\varphi v} \cdot \varphi \qquad \text{(Gl. 11.114b)}$$

Analog gilt für die Hinterachse:

$$M_h \approx c_{\varphi h} \cdot \varphi \qquad \text{(Gl. 11.115a)}$$

$$c_{\varphi h} = \frac{1}{2} \cdot (c_{Ah} + c_{Sth}) \cdot b_h^2 \qquad \text{(Gl. 11.115b)}$$

Die Wankfedersteifigkeiten fassen wir jetzt zu einer **Fahrzeugwankfedersteifigkeit** zusammen:

$$c_\varphi = c_{\varphi v} + c_{\varphi h} \qquad \text{(Gl. 11.116)}$$

Um den Wankwinkel bei Kurvenfahrt bestimmen zu können, müssen wir noch den **„Hebelarm der Fliehkraft"** am Aufbau betrachten. In Bild 11.33 ist in der Seitenansicht die **Rollachse** (Verbindungslinie der Momentanpole von Vorder- und Hinterachse) eingetragen. Ihre Lage ist durch die Höhen der Momentanpole h_{Rv} und h_{Rh} gegeben. Der Abstand vom Aufbauschwerpunkt zur Rollachse entspricht dem „Hebelarm der Fliehkraft" h'. Zur Berechnung von h' werden die beiden Hilfsgrößen a und b (vgl. Bild 11.33) eingeführt, die sich mithilfe des Strahlensatzes (vgl. eingezeichnete Hilfslinien) leicht bestimmen lassen:

$$a = h_{Rv} \cdot \frac{l_{hA}}{l}, \quad b = h_{Rh} \cdot \frac{l_{vA}}{l} \qquad \text{(Gl. 11.117)}$$

Damit gilt für h': $h' = (h_{SA} - a - b) \cdot \cos(\alpha_R)$, mit $\alpha_R = \arctan\left(\frac{h_{Rv} - h_{Rh}}{l}\right) \approx 0$ folgt:

$$h' \approx h_{SA} - h_{Rv} \cdot \frac{l_{hA}}{l} - h_{Rh} \cdot \frac{l_{vA}}{l} \qquad \text{(Gl. 11.118)}$$

Das Wankmoment hat zwei Ursachen, vgl. Bild 11.32:

- die Fliehkraft mit dem Hebelarm $h' \cdot \cos\varphi$ und
- die Gewichtskraft des Aufbaus mit dem Hebelarm $h' \cdot \sin\varphi$.

Das Wankmoment der Räder beim Kurvenfahren, das, abhängig von der Achskinematik, teilweise auch am Aufbau abgestützt wird, berücksichtigen wir näherungsweise durch einen **Wankwinkelzuschlagsfaktor ε_φ**. Die Bestimmung dieses Faktors, der in der Größenordnung von 0 (Starrachse) bis ca. 0,06 (Längslenker) liegt, wird am Ende dieses Kapitels behandelt.

Zur Bestimmung des Wankwinkels φ setzen wir das Wankmoment mit dem durch die Wankfedersteifigkeit bewirkten Rückstellmoment gleich:

$$m_A \cdot (1 + \varepsilon_\varphi) \cdot a_y \cdot h' \cdot \cos\varphi + m_A \cdot (1 + \varepsilon_\varphi) \cdot g \cdot h' \cdot \sin\varphi = c_\varphi \cdot \varphi \qquad \text{(Gl. 11.119)}$$

Mit $\sin\varphi \approx \varphi$ und $\cos\varphi \approx 1$ folgt für den **Wankwinkel:**

$$\varphi \approx \frac{m_A \cdot (1 + \varepsilon_\varphi) \cdot a_y \cdot h'}{c_\varphi - m_A \cdot (1 + \varepsilon_\varphi) \cdot g \cdot h'} \qquad \text{(Gl. 11.120a)}$$

Bei Fahrzeugen mit Starrachsen oder bei Fahrzeugen mit Verbundlenker oder Einzelradführungen, deren Kinematik so ausgelegt ist, dass sich der Sturzwinkel der Räder relativ zur Fahrbahn bei Kurvenfahrt nur gering ändert, können wir den Wankwinkelzuschlagsfaktor vernachlässigen. Damit gilt:

$$\varphi \approx \frac{m_A \cdot a_y \cdot h'}{c_\varphi - m_A \cdot g \cdot h'} \qquad \text{(Gl. 11.120b)}$$

Bei extrem unterschiedlichen Momentanpolhöhen an Vorder- und Hinterachse müsste man streng genommen die Neigung der Rollachse, gegeben durch α_R, berücksichtigen. Hierdurch ändert sich nicht nur h', sondern der Fahrzeugaufbau führt relativ zu den Rädern neben der Wankbewegung auch eine **Gierbewegung** durch. Der in Gl. 11.120b errechnete Winkel müsste mit $\cos\alpha_R$ multipliziert werden, um die Wankbewegung um die fahrbahnparallele x-Achse zu erhalten. Allerdings sind Fehler, die durch die Vernachlässigungen der Lageänderung der Rollachse durch den Wankwinkel, der Reifenverformungen, der Achselastizitäten usw. entstehen, bei üblichen Fahrzeugen mindestens von der gleichen Größenordnung und bei einer analytischen Betrachtung kaum zu vermeiden.

Durch die Vernachlässigung der Reifenfederung bestimmt Gl. 11.120b im Prinzip den Wankwinkel zwischen Aufbau und Fahrwerk. Für die anschließende Berechnung der **dynamischen Radlasten** in Kap. 11.2.3 ist dies auch ausreichend.

Möchte man aber den tatsächlichen Wankwinkel relativ zur Fahrbahn relativ genau bestimmen, benötigt man zusätzlich die in Kap. 11.2.3 ermittelten Radlaständerungen. Für den Wankwinkel des Fahr-

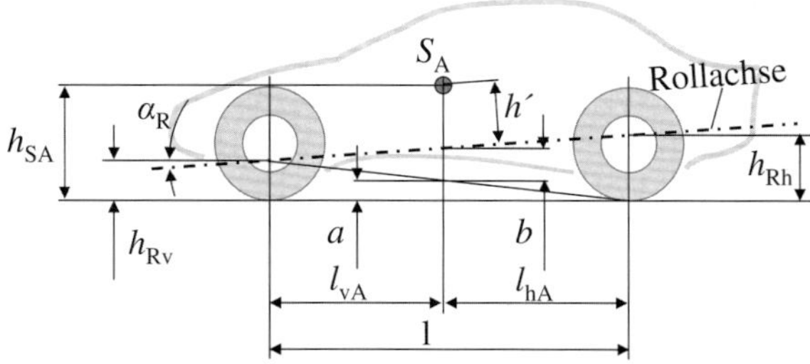

Bild 11.33: *Bestimmung des „Hebelarms der Fliehkraft" h′ am Fahrzeugaufbau*

werks relativ zur Fahrbahn aufgrund der Reifenfederung gilt

für die Vorderachse: $\varphi_{\mathrm{VA}} \approx \dfrac{2 \cdot \Delta F_{\mathrm{Nv}}}{b_{\mathrm{v}} \cdot c_{\mathrm{Rv}}}$ (Gl. 11.121a)

für die Hinterachse: $\varphi_{\mathrm{HA}} \approx \dfrac{2 \cdot \Delta F_{\mathrm{Nh}}}{b_{\mathrm{h}} \cdot c_{\mathrm{Rh}}}$ (Gl. 11.121b)

Die Werte für Vorder- und Hinterachse unterscheiden sich z. B. wegen der unterschiedlichen Radlaständerung ΔF_{N}. Der Unterschied wird durch die Fahrwerksfederung ausgeglichen. Unter Berücksichtigung der unterschiedlichen Wankfedersteifigkeiten erhalten wir damit näherungsweise für das gesamte Fahrwerk:

$$\varphi_{\mathrm{Fahrwerk}} \approx \frac{2 \cdot \Delta F_{\mathrm{Nv}}}{b_{\mathrm{v}} \cdot c_{\mathrm{Rv}}} \cdot \frac{c_{\varphi\mathrm{v}}}{c_{\varphi}} + \frac{2 \cdot \Delta F_{\mathrm{Nh}}}{b_{\mathrm{h}} \cdot c_{\mathrm{Rh}}} \cdot \frac{c_{\varphi\mathrm{h}}}{c_{\varphi}} \quad \text{(Gl. 11.122)}$$

Somit können wir jetzt den **Wankwinkel** unter Berücksichtigung der Reifenfederung näherungsweise berechnen:

$$\begin{aligned}\varphi_{\mathrm{mit\,Reifenfederung}} &= \varphi + \varphi_{\mathrm{Fahrwerk}} \\ &\approx \frac{m_{\mathrm{A}} \cdot (1+\varepsilon_{\varphi}) \cdot a_{y} \cdot h'}{c_{\varphi} - m_{\mathrm{A}} \cdot (1+\varepsilon_{\varphi}) \cdot g \cdot h'} + \frac{2}{c_{\varphi}} \\ &\quad \times \left(\frac{\Delta F_{\mathrm{Nv}}}{b_{\mathrm{v}} \cdot c_{\mathrm{Rv}}} \cdot c_{\varphi\mathrm{v}} + \frac{\Delta F_{\mathrm{Nh}}}{b_{\mathrm{h}} \cdot c_{\mathrm{Rh}}} \cdot c_{\varphi\mathrm{h}} \right)\end{aligned}$$

(Gl. 11.123)

Bei heutigen Pkws werden je nach Fahrwerksauslegung und Reifen ca. 10 ... 30 % des Wankwinkels durch die Reifenfederung verursacht.

Da die **Reifenfedersteifigkeit** c_{R} mit der Fahrgeschwindigkeit zu- und unter Sturz und Seitenkraft abnimmt, bräuchten wir zu einer genaueren Berechnung ein Kennfeld der Reifenfedersteifigkeit in Abhängigkeit von Sturz, Seitenkraft und Fahrgeschwindigkeit.

Wie wir aus Gl. 11.122 ableiten können, bieten sich folgende fahrzeugseitige Möglichkeiten zur Reduzierung des Wankwinkels an:

- Erhöhung der Wankfederrate c_{φ} durch:
  - härtere Tragfedern,
  - härtere Stabilisatoren,
  - größere Spurweite (bei Einzelradaufhängung und gleicher Federrate am Rad, d. h. Tragfedern angepasst),
- Reduzierung des Hebelarms der Fliehkraft durch:
  - Tieferlegen des Schwerpunkts bei gleichbleibender Rollachse,
  - Höherlegen der Rollachse,
- höhere Reifenfedersteifigkeit bei Kurvenfahrt durch:
  - die Verwendung von Niederquerschnittsreifen,
  - höheren Reifeninnendruck.

Allen Maßnahmen sind Grenzen gesetzt. Härtere Tragfedern und härtere Reifen verschlechtern den Fahrkomfort generell, härtere Stabilisatoren nur auf einseitig unebenen Fahrbahnen. Die maximal mögliche Spurweite ergibt sich aus den Fahrzeugabmessungen. Sie sollte immer ausgenutzt werden. Die Schwerpunktshöhe kann aufgrund notwendiger Bodenfreiheit nur durch optimales Packaging und durch günstige Materialauswahl gering gehalten werden. Ein typisches **Tieferlegen**, wie von Tuningfirmen praktiziert, führt je nach Achskonstruktion auch zu einem Absenken der Rollachse und damit **nicht** zu einer Reduzierung des Wankwinkels. Nur durch die gleichzeitige Verwendung härterer Tragfedern wird der Wankwinkel bei tiefergelegten Fahrzeugen generell geringer.

Die Idee, die Rollachse höher als den Schwerpunkt anzuordnen, wurde bereits in den 30er-Jahren des letzten Jahrhunderts an Prototypen realisiert. Hierdurch wird der Wankwinkel negativ, d. h., der Fahrzeugaufbau legt sich in die Kurve. Es werden damit aber auch Nachteile wirksam: Das Fahrzeug erfährt bei einseitigen Unebenheiten starke Querbewegungen. Bei Einzelradaufhängungen ändert sich die Spurweite beim Federn auf unebener Fahrbahn, der Reifen rollt schräg ab und verschleißt stärker. Bei Kurvenfahrt entsteht durch den hohen Momentanpol am kurvenäußeren Rad ein Moment, das den Aufbau anhebt, und am kurveninneren ein Moment, das ihn absenkt. Da die Radlast und damit auch die Seitenkraft bei zügiger Kurvenfahrt am kurvenäußeren Rad viel größer sind als am kurveninneren, wird der Fahrzeugaufbau insgesamt deutlich angehoben.

Bei modernen Fahrzeugen legt man daher die Achskinematik so aus, dass die Höhe der Momentanpole ca. 0 ... 200 mm in Konstruktionslage beträgt und reduziert den Wankwinkel gern durch **aktive Feder-** und **Stabilisatorsysteme**. **Aktive Dämpfer** werden ebenfalls eingesetzt, vgl. Kap. 11.3. Sie können zwar den Wankwinkel bei stationärer Kurvenfahrt nicht reduzieren, vermeiden aber bei dynamischen Fahrmanövern, die sich in Wechselkurven oder beim Fahrspurwechsel ergeben, eine dynamische Überhöhung des Wankwinkels. Hierdurch wird das Risiko des **Überschlags** gemindert.

Bei Fahrzeugen mit starkem Bremsnickausgleich ist es häufig sinnvoll, den Momentanpol an der Vorderachse niedriger als an der Hinterachse auszulegen, da bei eingeschlagenen Rädern die Seitenkraft an den Vorderrädern relativ zum Fahrzeugaufbau auch eine Komponente in Fahrzeuglängsrichtung hat, also die gleiche Wirkung hat wie eine Bremskraft. Ein hoher Längspol vorn bewirkt dadurch eine Vergrößerung der wirksamen Momentanpolhöhe vorn.

Im Folgenden bestimmen wir den Wankwinkelzuschlagfaktor ε_φ. Hierzu führen wir den Wert k_φ ein, der im Folgenden als **Wankwinkelfaktor der Räder** bezeichnet wird. k_φ gibt das Verhältnis zwischen dem Winkel, um den das Rad bei Kurvenfahrt wankt, und dem Aufbauwankwinkel bei Kurvenfahrt wieder, vgl. Bild 11.34:

$$k_\varphi = \frac{\varphi_R}{\varphi} = \frac{\gamma_{F(Kurve)} - \gamma_{F(Geradeaus)}}{\varphi} \quad \text{(Gl. 11.124)}$$

Bei einem Fahrzeug mit Starrachse wankt das Rad in der Kurve nicht, d. h., $k_\varphi = 0$. Dagegen wankt es bei einem Fahrzeug mit Längslenkerachse synchron mit dem Aufbau, d. h., $k_\varphi = 1$. Bei Einzelradführungen können wir k_φ aus der Kennlinie Einfederweg (Radweg), aufgetragen über dem Sturz, durch Linearisierung bestimmen, wie in Bild 11.35 gezeigt wird. In diesem Bild sind zusätzlich die Kennlinien für $k_\varphi = 0$ und $k_\varphi = 1$ eingetragen.

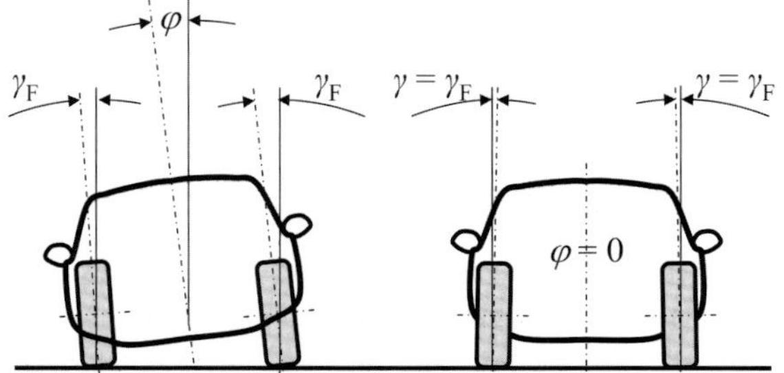

Bild 11.34: *Änderung des Sturzwinkels der Räder relativ zur Fahrbahn durch Kurvenfahrt*

$k_\varphi = 0$ bedeutet, dass der Wankwinkel des Aufbaus am kurvenäußeren Rad durch einen zusätzlichen negativen Sturz (relativ zum Aufbau) beim Einfedern ausgeglichen wird. Da der Federweg (Radweg) üblicherweise so definiert ist, dass er beim Einfedern zunimmt, folgt mit Gl. 11.110: $f \approx \frac{1}{2} \cdot b \cdot \phi$

und mit $\gamma = -\varphi$:

$$\gamma \approx \frac{-2}{b} \cdot f \quad \text{(Gl. 11.125a)}$$

bzw. für den Sturz in Grad (°):

$$\gamma \approx \frac{-2 \cdot 180°}{b \cdot \pi} \cdot f \quad \text{(Gl. 11.125b)}$$

$k_\varphi = 1$ bedeutet, dass die Wankwinkel vom Aufbau und vom Rad übereinstimmen, d. h., der Sturz än-

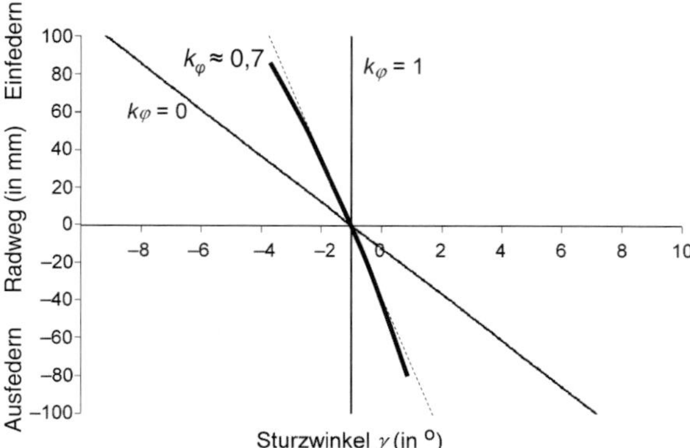

Bild 11.35: *Bestimmung des Wankwinkelfaktors k_φ aus der Kennlinie Radweg, aufgetragen über dem Sturz*

dert sich **nicht** mit dem Einfederweg. Es ergibt sich eine senkrechte Linie in Bild 11.35. Die tatsächliche Linie liegt im Allgemeinen zwischen diesen beiden Linien. Durch Linearisieren der Kennlinie oder Annahme eines Federwegs, den man bei der zu betrachtenden Kurvenfahrt erwartet, erhält man das Verhältnis der im Fahrzeug vorhandenen Sturzänderung (a) und der notwendigen Sturzänderung für $k_\varphi = 0$ (b). Somit gilt für den Wankwinkelfaktor k_φ:

$$k_\varphi = 1 - \frac{a}{b} \qquad \text{(Gl. 11.126)}$$

Auch die Radmassen erfahren bei Kurvenfahrt eine Querbeschleunigung. Streng genommen ist sie an den kurvenäußeren Rädern auf Grund der größeren Kreisbahn etwas höher und an den kurveninneren um den gleichen Betrag geringer, als in Gl. 11.127 berechnet, dies gleicht sich aber im Mittel aus. Damit gilt für die Fliehkraft, die auf die Radmasse jeweils wirkt:

$$F_{Ry} = m_R \cdot a_y \qquad \text{(Gl. 11.127)}$$

Wir können davon ausgehen, dass der Schwerpunkt der Radmasse inklusiv Radträger mit Nabe und Radbremse und anteiliger Radführung, Federung und Dämpfung näherungsweise auf der Höhe der Radachse liegt. Damit entsteht jeweils ein **Wankmoment**. Diese Wankmomente stützen sich am Aufbau ab, wobei hier jeweils der **Wankwinkelfaktor** k_φ als Übersetzung eingeht. Damit erhöht sich das über die Wankfedersteifigkeit abzustützende Wankmoment um:

$$\begin{aligned}
&2 \cdot m_{Rv} \cdot r_{statv} \cdot k_{\phi v} \cdot a_y \cdot \cos(\phi \cdot k_{\phi v}) \\
&+2 \cdot m_{Rh} \cdot r_{stath} \cdot k_{\phi h} \cdot a_y \cdot \cos(\phi \cdot k_{\phi h}) \\
&+2 \cdot m_{Rv} \cdot r_{statv} \cdot k_{\phi v} \cdot g \cdot \sin(\phi \cdot k_{\phi v}) \\
&+2 \cdot m_{Rh} \cdot r_{stath} \cdot k_{\phi h} \cdot g \cdot \sin(\phi \cdot k_{\phi h})
\end{aligned}$$

Mit $\cos(\phi \cdot k_\phi) \approx 1$ und $\sin(\phi \cdot k_\phi) \approx \phi \cdot k_\phi$ gilt für das zusätzliche Wankmoment:

$$\begin{aligned}
M \approx\ &2 \cdot (m_{Rv} \cdot r_{statv} \cdot k_{\phi v} + m_{Rh} \cdot r_{stath} \cdot k_{\phi h}) \cdot a_y \\
&+ 2 \cdot m_{Rv} \cdot r_{statv} \cdot g \cdot \phi \cdot k_{\phi v}^{2} + 2 \cdot m_{Rh} \cdot r_{stath} \cdot g \cdot \phi \cdot k_{\phi h}^{2}
\end{aligned} \qquad \text{(Gl. 11.128)}$$

Ersetzt man nun noch k_φ^2 durch k_φ, so vereinfacht sich das Wankmoment zu:

$$M \approx 2 \cdot (m_{Rv} \cdot r_{statv} \cdot k_{\varphi v} + m_{Rh} \cdot r_{stath} \cdot k_{\varphi h}) \cdot (a_y + g \cdot \varphi) \qquad \text{(Gl. 11.129)}$$

Für das insgesamt von der Wankfedersteifigkeit aufzunehmende Wankmoment gilt mit $\sin \varphi \approx \varphi$ und $\cos \varphi \approx 1$, vgl. Bild 11.32 und Gl. 11.119:

$$\begin{aligned}
M_\varphi &\approx m_A \cdot h' \cdot a_y + m_A \cdot h' \cdot g \cdot \varphi \\
&\quad + 2 \cdot (m_{Rv} \cdot r_{statv} \cdot k_{\varphi v} + m_{Rh} \cdot r_{stath} \cdot k_{\varphi h}) \cdot (a_y + g \cdot \varphi) \\
&= \left[m_A \cdot h' + 2 \cdot (m_{Rv} \cdot r_{statv} \cdot k_{\varphi v} + m_{Rh} \cdot r_{stath} \cdot k_{\varphi h}) \right] \\
&\quad \times (a_y + g \cdot \varphi)
\end{aligned} \qquad \text{(Gl. 11.130)}$$

Mit dem **Wankwinkelzuschlagsfaktor** ε_φ:

$$\varepsilon_\varphi = \frac{2 \cdot (m_{Rv} \cdot r_{statv} \cdot k_{\varphi v} + m_{Rh} \cdot r_{stath} \cdot k_{\varphi h})}{m_A \cdot h'} \qquad \text{(Gl. 11.131)}$$

vereinfacht sich das über die Wankfedersteifigkeit abzustützende Moment zu:

$$M_\varphi \approx m_A \cdot (1 + \varepsilon_\varphi) \cdot h' \cdot (a_y + g \cdot \varphi) \qquad \text{(Gl. 11.132)}$$

Die o. g. Vereinfachung $k_\varphi^2 \approx k_\varphi$ erscheint zulässig, da die Formel für $k_\varphi = 1$ und $k_\varphi = 0$ exakt richtig bleibt. Bei Zwischenwerten ist der hierdurch entstehende Fehler gering, da $g \cdot \varphi \ll a_y$.

11.2.3 Dynamische Radlasten beim Vierradfahrzeug bei stationärer Kurvenfahrt

Durch die tatsächliche Schwerpunktshöhe tritt bei Kurvenfahrt ein Wankmoment auf, das zu **Radlasterhöhungen** an den kurvenäußeren Rädern und einer **Radlastreduzierung** an den kurveninneren Rädern führt:

$$M_W = \Delta F_{Nv} \cdot b_v + \Delta F_{Nh} \cdot b_h \qquad \text{(Gl. 11.133)}$$

Hierbei können die Radlaständerungen an der Vorder- und Hinterachse stark unterschiedlich sein, wie die folgende Herleitung der dynamischen Radlasten zeigen wird. Es gelten die gleichen Vereinfachungen wie bei der Herleitung des Wankwinkels in Kap. 11.2.2. In Bild 11.36 sind am Beispiel der Vorder-

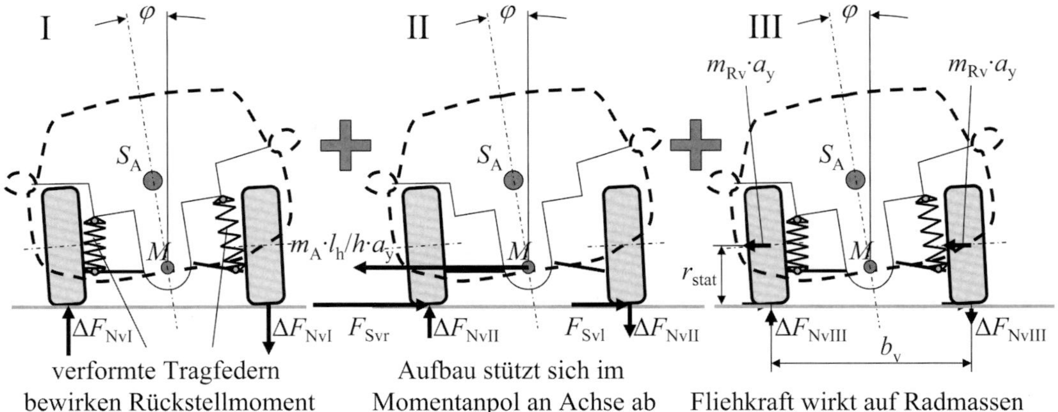

Bild 11.36: *Zusätzlich durch die Kurvenfahrt auftretende Kräfte und Momente an der Vorderachse*

achse die bei Kurvenfahrt zusätzlich auftretenden Momente und Kräfte eingetragen.

Die Radlaständerungen aufgrund der Kurvenfahrt setzen sich aus drei Anteilen zusammen, die am Beispiel der Vorderachse genauer erläutert werden:

I) Durch den in Kap. 11.2.2 bestimmten Wankwinkel entsteht wegen der **Wankfedersteifigkeit** das in Gl. 11.114b angegebene **Rückstellmoment** M_v. Als Abstützbasis haben wir die **Spurweite** b_v.

Somit gilt für die hierdurch verursachte Radlaständerung:

$$\Delta F_{NvI} = \frac{c_{\varphi v} \cdot \varphi}{b_v} \qquad \text{(Gl. 11.134)}$$

II) Der Aufbau stützt sich an der Radaufhängung ab. Physikalisch ist dies gleichbedeutend mit der Abstützung im **Momentanpol**. Da die Seitenkräfte in Fahrbahnhöhe wirken, entsteht ein Moment, das zu einer weiteren Radlaständerung führt:

$$\Delta F_{NvII} = \frac{m_{Av} \cdot a_y \cdot h_{Rv}}{b_v} = \frac{m_A \cdot \frac{l_{hA}}{l} \cdot a_y \cdot h_{Rv}}{b_v} \qquad \text{(Gl. 11.135)}$$

III) Auf jede **Radmasse** inklusiv Radträger usw. wirkt auf der Höhe der Radachse ebenfalls eine Fliehkraft, vgl. Kap. 11.2.2. Die Seitenkraft wirkt hingegen auf Fahrbahnhöhe. Hierdurch entsteht jeweils ein Wankmoment, das je nach Achskonstruktion anteilig von der Achse selbst und über den Fahrzeugaufbau von den Tragfedern und den Stabilisatoren abgestützt wird.

Bei einer Starrachse wird das Moment lediglich über die Achse abgestützt, bei Längslenkern hingegen komplett am Fahrzeugaufbau. Hier kommt der in Kap. 11.2.2 eingeführte Wank-winkelfaktor der Räder zum Tragen. Der Teil, der über den Aufbau abgestützt wird, ist bereits im Anteil I) berücksichtigt. Daher ist nur noch der Anteil zu berücksichtigen, der über die Achse abgestützt wird. Unter Berücksichtigung der Spurweite entsteht hier eine weitere Radlaständerung:

$$\Delta F_{NvIII} \approx \frac{2 \cdot m_{Rv} \cdot r_{statv} \cdot (1 - k_{\varphi v}) \cdot a_y}{b_v} \qquad \text{(Gl. 11.136)}$$

Wurde bei der Bestimmung des Wankwinkels der Wankwinkelzuschlagsfaktor ε_φ vernachlässigt, so ist auch k_φ in Gl. 11.136 zu vernachlässigen (und zwar bei Fahrzeugen mit Starrachsen oder bei Fahrzeugen mit Verbundlenker oder Einzelradführungen, deren Kinematik so ausgelegt ist, dass sich der Sturzwinkel der Räder relativ zur Fahrbahn bei Kurvenfahrt nur gering ändert).

An der Hinterachse treten analog die gleichen drei Anteile auf. Damit lassen sich die bei Kurvenfahrt auftretenden Radlaständerungen zusammenfassen:

Vorderachse:

$$\Delta F_{Nv} \approx \frac{\overbrace{\varphi \cdot c_{\varphi v}}^{I} + \overbrace{m_A \cdot \frac{l_{hA}}{l} \cdot a_y \cdot h_{Rv}}^{II} + \overbrace{2 \cdot m_{Rv} \cdot r_{statv} \cdot (1 - k_{\varphi v}) \cdot a_y}^{III}}{b_v} \quad \text{(Gl. 11.137)}$$

Hinterachse:

$$\Delta F_{Nh} \approx \frac{\overbrace{\varphi \cdot c_{\varphi h}}^{I} + \overbrace{m_A \cdot \frac{l_{vA}}{l} \cdot a_y \cdot h_{Rh}}^{II} + \overbrace{2 \cdot m_{Rh} \cdot r_{stath} \cdot (1 - k_{\varphi h}) \cdot a_y}^{III}}{b_h} \quad \text{(Gl. 11.138)}$$

Die dynamischen Radlasten bei stationärer Kurvenfahrt setzen sich aus den **statischen Radlasten** und den **Radlaständerungen** zusammen:

$$F_{Nv} \approx \left(\frac{m_A \cdot l_{hA}}{2 \cdot l} + m_{Rv} \right) \cdot g \pm \Delta F_{Nv} \quad \text{(Gl. 11.139)}$$

$$F_{Nh} \approx \left(\frac{m_A \cdot l_{vA}}{2 \cdot l} + m_{Rh} \right) \cdot g \pm \Delta F_{Nh} \quad \text{(Gl. 11.140)}$$

+ = kurvenaußen, – = kurveninnen

Erreicht die Radlaständerung an einer Achse die statische Radlast, so wird die Radlast am kurveninneren Rad null, d. h., es fängt an abzuheben. Die Radlast am kurvenäußeren Rad dieser Achse entspricht der zweifachen statischen Radlast. Bei weiterer Steigerung der Querbeschleunigung kann die Wankabstützung nur noch über die andere Achse erfolgen, d. h., ab dieser Querbeschleunigung steigt die Radlaständerung stärker mit der Querbeschleunigung. Dies kann zu Veränderungen beim Fahrverhalten führen und muss bei der Auswahl von Maßnahmen zur Beeinflussung des Eigenlenkverhaltens berücksichtigt werden.

Wird z. B. durch den Einbau eines Stabilisators die Wankabstützung an der Vorderachse vergrößert, so bedeutet dies, dass bei gleicher Querbeschleunigung die Radlaständerung an der Vorderachse zunimmt. Gleichzeitig nimmt der Wankwinkel entsprechend Gl. 11.120b ab und somit reduziert sich entsprechend Gl. 11.138 die Radlaständerung an der Hinterachse.

Die Radlaständerungen können je nach Auslegung des Fahrwerks stark unterschiedliche Werte an Vorder- und Hinterachse annehmen.

Werden an der Vorder- **und** Hinterachse Stabilisatoren eingebaut bzw. werden diese oder die Tragfedern verstärkt, so reduziert sich der Wankwinkel. Hierdurch wandert der Schwerpunkt bei Kurvenfahrt weniger stark nach kurvenaußen. Hierdurch können die durch die Kurvenfahrt hervorgerufenen Radlaständerungen an Vorder- und Hinterachse gleichzeitig reduziert werden.

Falls nur die Masse und die Schwerpunktslage des Gesamtfahrzeugs bekannt sind, können wir nach Schätzen der Radmassen die Größen m_A, l_{vA}, l_{hA} und h_{sA} berechnen.

$$m_A = m - \sum m_R \quad \text{(Gl. 11.141)}$$

$$l_{vA} \approx \frac{m \cdot l_v - 2 \cdot m_{Rh} \cdot l}{m_A} \quad \text{(Gl. 11.142)}$$

$$l_{hA} \approx \frac{m \cdot l_h - 2 \cdot m_{Rv} \cdot l}{m_A} \quad \text{(Gl. 11.143)}$$

$$h_{sA} \approx \frac{m \cdot h_s - 2 \cdot (m_{Rv} \cdot r_{statv} + m_{Rh} \cdot r_{Gh})}{m_A} \quad \text{(Gl. 11.144)}$$

Häufig wird vereinfacht $l_{vA} \approx l_v$ und $l_{hA} \approx l_h$ gesetzt. Die hierdurch entstehenden Fehler sind meist gering, da die Radmassen im Vergleich zur Aufbaumasse klein sind und der Schwerpunkt nicht extrem außermittig liegt.

Wird auch vereinfacht $h_{sA} \approx h_s$ gesetzt, so wird der hierdurch entstehende Fehler bezüglich der Radlaständerungen häufig geringer, wenn auch $m_A \approx m$ und $m_R \approx 0$ gesetzt werden. Hierdurch vereinfachen sich die Gleichungen weiter, da der Wankwinkelzuschlagsfaktor ε_φ und der Anteil III) bei den Radlaständerungen ebenfalls zu null werden.

11.2.4 Auswirkungen der Radlaständerungen bei Kurvenfahrt auf die übertragbaren Seitenkräfte

Wie im vorangegangenen Kapitel gezeigt wurde, erhöhen sich die Radlasten kurvenaußen und reduzieren sich um den gleichen Betrag kurveninnen. Hierdurch verändern sich die von einer Achse **übertragbaren Seitenkräfte** als Funktion vom Schräglaufwinkel. Dies werden wir im Folgenden genauer behandeln, da hieraus **Maßnahmen zur Beeinflussung des Eigenlenkverhaltens** abgeleitet werden können, wie wir in Kap. 11.2.5 sehen werden.

Für die folgende Betrachtung vereinbaren wir zunächst ein paar Vereinfachungen, um nicht die Auswirkung mehrerer Effekte zu vermischen: Der Sturz relativ zur Fahrbahn sei immer null. Es handelt sich um Verhältnisse, wie wir sie z. B. bei einer klassischen Starrachse am Lkw hinten haben. Der Schräglaufwinkel sei bei Kurvenfahrt ebenfalls an beiden Rädern einer Achse gleich. Auch dieses Kriterium kann z. B. bei der Lkw-Starrachse hinten als erfüllt betrachtet werden, wenn der Kurvenradius entsprechend groß ist. Aerodynamischer Auf- oder Abtrieb sei vernachlässigbar.

Üblicherweise misst man auf Reifenprüfständen die Seitenkraft F_S als Funktion des Schräglaufwinkels α für verschiedene Radlasten F_N. Ein typisches Messergebnis ist in Bild 11.37 dargestellt.

Lesen wir nun für einen Schräglaufwinkel α jeweils die bei den verschiedenen Radlasten übertragbaren Seitenkräfte ab, so erhalten wir die **Seitenkraft als Funktion der Radlast**. In Bild 11.38 ist diese Funktion für zwei verschiedene ausgewählte Schräglaufwinkel eingetragen.

Die statische Radlast der betrachteten Fahrzeugachse ist in Bild 11.38 mit F_{Nmittel} gekennzeichnet. Bei F_{Nmittel} erhalten wir bei dem Schräglaufwinkel α_1 die Seitenkraft F_{S0}. Gehen wir nun davon aus, dass diese Fahrzeugachse bei Kurvenfahrt nur einen kleinen Teil zur Wankabstützung beiträgt, so erhalten wir eine geringe Radlaständerung ΔF_{N_I}. Am kurvenäußeren Rad erhalten wir damit die Radlast $F_{\text{Nmittel}} + \Delta_{FN\_I}$ und am kurveninneren die Radlast $F_{\text{Nmittel}} - \Delta F_{N\_I}$. Diese beiden Radlasten sind in Bild 11.38 eingetragen. Für diese Radlasten können wir jeweils an der Kurve für Schräglaufwinkel α_1 die übertragbaren Seitenkräfte ablesen. Da uns die im Mittel über-

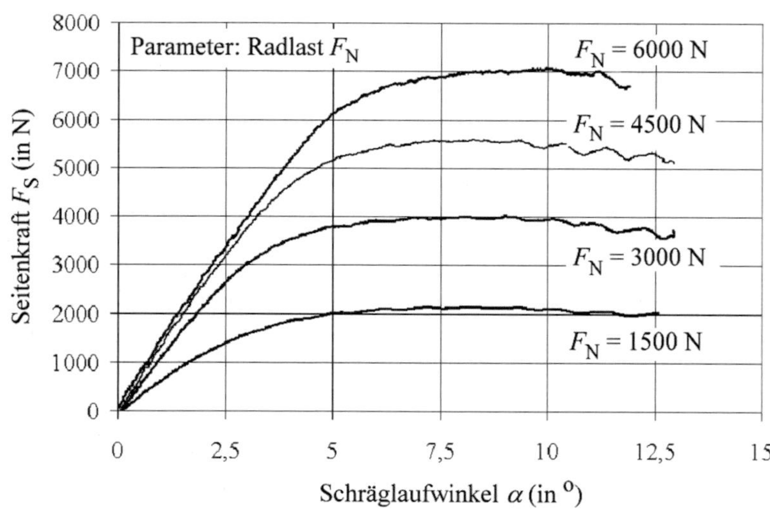

Bild 11.37: *Seitenkraft als Funktion vom Schräglaufwinkel bei unterschiedlichen Radlasten*

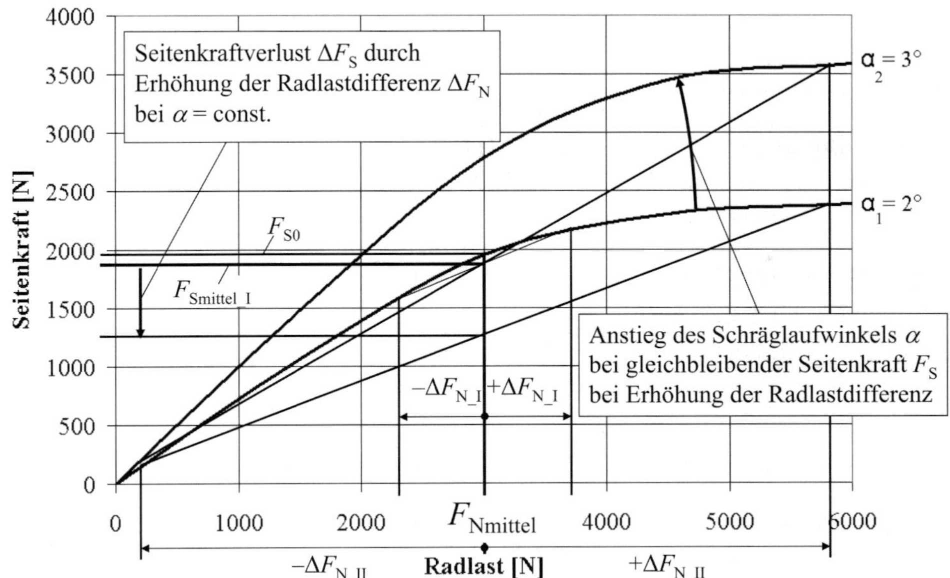

Bild 11.38: *Seitenkraft als Funktion der Radlast bei unterschiedlichen Schräglaufwinkeln*

tragbare Seitenkraft interessiert, werden die beiden Punkte auf der Kurve durch eine Gerade verbunden. Nun kann die mittlere übertragbare Seitenkraft $F_{Smittel\_I}$ auf dieser Geraden bei dem Wert $F_{Nmittel}$ abgelesen werden.

Gehen wir jetzt davon aus, dass die zweite Achse am Fahrzeug einen großen Teil zur Wankabstützung beiträgt, so erhalten wir für diese Achse eine hohe Radlaständerung, die mit ΔF_{N_II} bezeichnet wird. Wir nehmen eine mittige Schwerpunktslage an, die statischen Radlasten seien für beide Achsen gleich. Die sich bei Kurvenfahrt für diese Achse ergebenden Radlasten sind analog eingetragen. Lesen wir wieder für diese Radlasten die übertragbaren Seitenkräfte beim Schräglaufwinkel α_1 ab und verbinden diese Punkte durch eine Gerade, so erkennen wir, dass die im Mittel übertragbare Seitenkraft geringer ist als bei kleinen Radlaständerungen.

Allgemein gilt: Mit zunehmender Radlastdifferenz nimmt bei konstantem Sturz und Schräglaufwinkel die im Mittel übertragbare Seitenkraft ab.

Dies ist auf den degressiven Verlauf der Kurve Seitenkraft über Radlast zurückzuführen.

Bleiben wir bei dem einfachen Beispiel eines Fahrzeugs mit dem Schwerpunkt in der Mitte, so sind nicht nur die statischen Radlasten, sondern auch die bei Kurvenfahrt in der Summe notwendigen Seitenkräfte an Vorder- und Hinterachse gleich. Bezogen auf das Bild 11.38 bedeutet dies, dass bei einer bestimmten Querbeschleunigung $\left(a_y = \frac{F_{Smittel\_I}}{F_{Nmittel}} \cdot g\right)$ für beide Achsen jeweils im Mittel pro Rad die Seitenkraft $F_{Smittel\_I}$ erforderlich ist. Bei der Achse mit der geringen Radlastdifferenz stellt sich der Schräglaufwinkel α_1 ein.

An der Achse mit der hohen Radlastdifferenz reicht beim Schräglaufwinkel α_1 die übertragbare Seitenkraft aber nicht aus, um die Querbeschleunigung aufzubringen. Die Achse wird sich daher nach kurvenaußen bewegen. Handelt es sich beispielsweise um die Vorderachse, so muss der Fahrer die Lenkung stärker einschlagen. Hierdurch vergrößert sich an dieser Achse der Schräglaufwinkel, bis die Achse ebenfalls im Mittel pro Rad die Seitenkraft $F_{Smittel\_I}$

aufbringen kann. In Bild 11.38 ist dies beim Schräglaufwinkel α_2 der Fall. Tragen wir wieder auf der Funktion für Schräglaufwinkel α_2 die beiden Radlasten ein und verbinden die beiden Punkte durch eine Gerade, so erhalten wir bei F_{Nmittel} ebenfalls die Seitenkraft $F_{\text{Smittel\_I}}$. Das Fahrzeug kann jetzt die Kurve stationär durchfahren, allerdings sind die Schräglaufwinkel vorn und hinten unterschiedlich. Im Grenzbereich lässt sich durch Vergrößern des Schräglaufwinkels die Seitenkraft nicht weiter steigern, das Fahrzeug rutscht seitlich oder bricht aus.

Für die Auswirkung der **Radlaständerung durch Kurvenfahrt** gilt:

> Mit zunehmender Radlastdifferenz nimmt der zur Übertragung einer bestimmten Seitenkraft erforderliche Schräglaufwinkel zu. Die Schräglaufsteifigkeit C_α der Achse nimmt dadurch ab.

11.2.5 Möglichkeiten zur Beeinflussung des Eigenlenkverhaltens beim Vierradfahrzeug

In Kap. 11.2.3 wurden die zur Wankabstützung bei Kurvenfahrt erforderlichen Radlaständerungen hergeleitet. Je nach Auslegung des Fahrwerks können die Achsen unterschiedlich starke Wankabstützung haben, d. h., die Radlaständerungen sind an Vorder- und Hinterachse unterschiedlich. Hierdurch können wir, wie in Kap. 11.2.4 gezeigt, die erforderlichen Schräglaufwinkel an Vorder- und Hinterachse beeinflussen und somit das Eigenlenkverhalten.

In diesem Kapitel leiten wir jetzt systematisch alle Möglichkeiten zur **Beeinflussung des Eigenlenkverhaltens** unter Verwendung der Kenntnisse aus den vorangegangenen Kapiteln her.

Hierzu benötigen wir den Zusammenhang zwischen **Eigenlenkgradient** *EG* und fahrzeugtechnischen Größen. Durch Ableiten der Gl. 11.102 nach der Querbeschleunigung erhalten wir:

$$\frac{\mathrm{d}\delta}{\mathrm{d}a_y} \approx \frac{\mathrm{d}\delta_A}{\mathrm{d}a_y} + \frac{\mathrm{d}\Delta\alpha}{\mathrm{d}a_y} \qquad \text{(Gl. 11.145)}$$

bzw. bei Berücksichtigung der Lenkübersetzung:

$$\frac{1}{i_S} \cdot \frac{\mathrm{d}\delta}{\mathrm{d}a_y} \approx \frac{\mathrm{d}\delta_A}{\mathrm{d}a_y} + \frac{\mathrm{d}\Delta\alpha}{\mathrm{d}a_y} \qquad \text{(Gl. 11.146)}$$

Analog erhalten wir durch Ableiten der Gl. 11.103 nach der Querbeschleunigung:

$$\frac{\mathrm{d}\Delta\alpha}{\mathrm{d}a_y} \approx \frac{m}{l} \cdot \left(\frac{l_h}{c_{\alpha v}} - \frac{l_v}{c_{\alpha h}} \right) \qquad \text{(Gl. 11.147)}$$

Durch Einsetzen der Gl. 11.146 in Gl. 11.105 erhalten wir:

$$EG = \frac{1}{i_S} \cdot \frac{\mathrm{d}\delta}{\mathrm{d}a_y} - \frac{\mathrm{d}\delta_A}{\mathrm{d}a_y} \approx \frac{\mathrm{d}\Delta\alpha}{\mathrm{d}a_y} \qquad \text{(Gl. 11.148)}$$

und durch weiteres Einsetzen der Gl. 11.147 in Gl. 11.148:

$$\mathrm{EG} \approx \frac{m}{l} \cdot \left(\frac{l_h}{C_{\alpha v}} - \frac{l_v}{C_{\alpha h}} \right) \qquad \text{(Gl. 11.149)}$$

Aus dieser Gleichung können wir uns die **konstruktiven Möglichkeiten** zur Beeinflussung des Eigenlenkverhaltens ableiten.

Im Folgenden wird die Hinterachse mit HA und die Vorderachse mit VA abgekürzt. Um das Eigenlenkverhalten in Richtung **Untersteuern** zu beeinflussen, muss EG vergrößert werden, vgl. Kap. 11.2.1. Hierzu ergeben sich aus der Gl. 11.149 zwei Möglichkeiten:

- I das Verhältnis l_h/l_v vergrößern, d. h. den Schwerpunkt nach vorn verlagern
- II das Verhältnis der Achsschräglaufsteifigkeiten $C_{\alpha v}/C_{\alpha h}$ verkleinern durch
  - II-I breitere Reifen an der HA, schmalere Reifen an der VA, vgl. Kap. 4.1
  - II-II höheren Reifeninnendruck an der HA, niedrigeren Druck an der VA
  - II-III das Verhältnis der Radlaständerungen $\Delta F_{Nv}/\Delta F_{Nh}$ durch stärkere Wankabstützung an der VA bzw. schwächere Wankabstützung an der HA vergrößern, vgl. Kap. 11.2.4. Die in Kap. 11.2.3 angegebenen

Maßnahmen zur Reduzierung des Wankwinkels müssen an der VA angewendet werden bzw. die umgekehrten Maßnahmen an der HA:

a) Erhöhung der Wankfederrate c_φ an der VA durch
   i) härtere Tragfedern vorn
   ii) Einbau bzw. Verstärkung des vorderen Stabilisators
b) geringere Spurweite vorn bei Starrachse – z. B. Lkw – und gleicher Wankfederrate, vgl. Gl. 11.137 in Kap. 11.2.4 (bei Einzelradaufhängung ist keine pauschale Aussage möglich, hier bewirkt eine Vergrößerung der Spurweite vorn bei gleicher Federrate am Rad eine Reduzierung des Wankwinkels und damit eine Reduzierung der Radlastdifferenz hinten, aber entsprechend Gl. 11.137 auch eine Reduzierung der Radlastdifferenz vorn)
c) Höherlegen des Momentanpols der VA
d) Reduzierung der Wankfederrate c_φ an der HA durch
   i) weichere Tragfedern hinten
   ii) Ausbau bzw. Abschwächung des hinteren Stabilisators oder Ersetzen durch einen Labilisator
e) größere Spurweite hinten bei Starrachse und gleicher Wankfederrate
f) Tieferlegen des Momentanpols der HA

II-IV Auslegung der HA-Kinematik so, dass beim Wanken in der Kurve das kurvenäußere Hinterrad auf Vorspur (und das kurveninnere Rad auf Nachspur) geht. Da das kurvenäußere Rad die höhere Radlast hat, kann es im Allgemeinen auch höhere Seitenkräfte übertragen. Daher ist die richtige Vorspur am kurvenäußeren Rad entscheidend. Bei Starr- und Verbundlenkerachsen spricht man von **Rollsteuern**, siehe unten. Bei Einzelradführungen an der HA muss das Rad beim Einfedern auf Vorspur gehen, vgl. Kap. 4.3.3

II-V Reduzieren des Sturzes relativ zur Fahrbahn am kurvenäußeren Hinterrad durch entsprechende Achskinematik oder durch Voreinstellen des Sturzes an der HA auf negative Werte in Konstruktionslage

II-VI Erhöhen des Sturzes relativ zur Fahrbahn am kurvenäußeren Vorderrad durch entsprechende Achskinematik oder durch Voreinstellen des Sturzes an der VA auf größere Werte in Konstruktionslage

II-VII Auslegung der Lenkkinematik so, dass das kurvenäußere Vorderrad beim Einfedern auf Nachspur geht, vgl. Kap. 4.4

II-VIII Auslegung der HA-Elastokinematik so, dass durch Seitenkraft das kurvenäußere Rad auf Vorspur (und das kurveninnere Rad auf Nachspur geht), vgl. Kap. 4.3.4

II-IX Reduzierung des aerodynamischen Auftriebs bzw. Erhöhung des aerodynamischen Abtriebs an der HA

Um das Eigenlenkverhalten in Richtung **Übersteuern** zu beeinflussen, muss EG verkleinert werden. Hierzu ergeben sich aus der Gl. 11.149 zwei Möglichkeiten:

III das Verhältnis l_h/l_v verkleinern, d. h., den Schwerpunkt nach hinten verlagern

IV das Verhältnis der Achsschräglaufsteifigkeiten $C_{\alpha v}/C_{\alpha h}$ vergrößern durch

IV-I breitere Reifen an der VA, nur üblich im Rennsport

IV-II höherer Reifeninnendruck an der VA, niedrigerer Druck an der HA

IV-III das Verhältnis der Radlaständerungen $\Delta F_{Nv}/\Delta F_{Nh}$ verkleinern, durch schwächere Wankabstützung an der VA bzw. stärkere Wankabstützung an der HA durch:

a) Reduzierung der Wankfederrate c_φ an der VA durch
   i) weichere Tragfedern vorn
   ii) Ausbau bzw. Abschwächung des vorderen Stabilisators oder Ersetzen durch einen Labilisator
b) größere Spurweite vorne bei Starrachse – z. B. Lkw – und gleicher Wankfederrate (bei Einzelradaufhängung ist

keine pauschale Aussage möglich, vgl. Maßnahmen zum Untersteuern)
c) Tieferlegen des Momentanpols der VA
d) Erhöhung der Wankfederrate c_φ an der HA durch
  i) härtere Tragfedern hinten
  ii) Einbau bzw. Verstärkung des hinteren Stabilisators
e) geringere Spurweite hinten bei Starrachse und gleicher Wankfederrate
f) Höherlegen des Momentanpols der HA

IV-IV Auslegung der Lenkkinematik so, dass das kurvenäußere Vorderrad beim Einfedern auf Vorspur geht, vgl. dynamische Lenkungsauslegung in Kap. 4.4

IV-V Reduzieren des Sturzes relativ zur Fahrbahn am kurvenäußeren Vorderrad durch entsprechende Achskinematik oder durch Voreinstellen des Sturzes an der VA auf negative Werte in Konstruktionslage

IV-VI Reduzierung des aerodynamischen Auftriebs bzw. Erhöhung des aerodynamischen Abtriebs an der VA

Bestimmte Maßnahmen sind in der oberen Aufzählung nur beim Untersteuern oder nur für eine Achse erwähnt, da die umgekehrten Maßnahmen an der gegenüberliegenden Achse in anderen Fahrsituationen, z. B. in Wechselkurven oder bei Seitenwind, eindeutige Nachteile hätte.

Im Folgenden wird die Wirkungsweise einzelner Maßnahmen erläutert. Beispiele aus der Fahrzeugentwicklung der letzten 50 Jahre erleichtern das Verständnis.

Als 1963 der Porsche 911 (damals noch als Porsche 901 bezeichnet – Porsche musste aber die Bezeichnung ändern, da sich Peugeot diese Zahlenkombination bereits Jahre zuvor hat schützen lassen) vorgestellt wurde, wurde dieses Fahrzeug von Journalisten getestet und im Grenzbereich als stark übersteuernd eingestuft (in dieser Zeit sprach man gern von einer „Heckschleuder"). Durch den Heckmotor lag der Schwerpunkt deutlich näher an der Hinterachse als an der Vorderachse, d. h., $l_h < l_v$. Wie die Gl. 11.149 zeigt, ist dadurch das Fahrzeug tendenziell übersteuernd. Porsche reagierte zügig und hatte das Fahrzeug zunächst im Bereich der vorderen Stoßstange durch Einbau zusätzlicher Bleigewichte beschwert. Hierdurch wurde der Schwerpunkt weiter nach vorn verlagert. Da die Erhöhung des Fahrzeuggewichts natürlich auch die Fahrleistungen reduzierte, wurden diese Gewichte kurze Zeit später ersetzt, indem die Starterbatterie in die Front und die Hinterachse bei gleicher Einbaulage des Motors um ca. 5 cm nach hinten verlegt wurde. Hierdurch vergrößerte sich der Schwerpunktsabstand zur Hinterachse l_h bei annähernd gleichbleibendem l_v, vgl. Maßnahme I.

Bei Fahrzeugen mit **Frontmotor** wird umgekehrt häufig die Batterie im Kofferraum untergebracht, obwohl dies ein langes, relativ teures Kabel erfordert, da der Spannungsverlust beim Starten im Kabel zwischen Batterie und Anlasser gering gehalten werden muss.

Auch der VW Käfer ist hecklastig und tendiert somit zum Übersteuern. Um diese Tendenz zu eliminieren, war hier zu Zeiten des Diagonalreifens für das unbeladene Fahrzeug nur ein Reifeninnendruck von 1,3 bar an der Vorderachse vorgeschrieben, während an der Hinterachse 1,9 bar vorgesehen wurden, vgl. Maßnahme II-II. Bei der Version mit Pendelachse war der Momentanpol an der Hinterachse etwa auf Höhe der Radmitte und damit wesentlich höher als an der Vorderachse mit Doppellängslenker mit einem Momentanpol auf Fahrbahnhöhe. Dies entspricht im Prinzip der Maßnahme IV-III f), also einer Maßnahme, um das Eigenlenkverhalten in Richtung „Übersteuern" zu beeinflussen. Um diesen ungünstigen Einfluss zu kompensieren, wurde das Fahrzeug an der Hinterachse mit einem Labilisator ausgerüstet (Maßnahme II-III d), vgl. Kap. 4.5. In späteren Versionen wurde die Pendelachse teilweise durch eine Schräglenkerhinterachse ersetzt, deren Momentanpol wesentlich tiefer liegt (Maßnahme II-III f). Hierdurch konnte die Tendenz zum Übersteuern gänzlich beseitigt werden. Ab Version 1302 mit Mc-Pherson-Vorderachse, deren Momentanpol oberhalb der Fahrbahn liegt, verhält sich der Käfer trotz Hecklastigkeit auch im Grenzbereich untersteuernd.

Bei heutigen Fahrzeugen mit Heckmotor wird, wie wir an den Beispielen Porsche 911 und Smart fortwo deutlich sehen können, die Maßnahme II-I angewendet – es werden an der Hinterachse breitere Reifen verbaut. Beim Smart City Coupe ohne Fahrdynamikregelung wurden die Vorderreifen bewusst so konzipiert, dass sie nicht nur eine geringe Seitenkraftsteifigkeit haben, sondern auch auf trockener griffiger Fahrbahn bei der auftretenden Radlast nur einen Seitenkraftbeiwert von max. ca. 1,0 ermöglichen. Die Hinterräder können hingegen Beiwerte bis ca. 1,2 erreichen, was bei modernen hochwertigen Reifen üblich ist, vgl. Kap. 4.1.6. Hierdurch wird sichergestellt, dass der Smart auch im Grenzbereich stets untersteuernd bleibt.

Fahrzeuge mit Frontantrieb neigen aufgrund ihres weit vorn liegenden Schwerpunkts zum Untersteuern (mit $l_v < l_h$ gilt laut Gl. 11.149 $EG > 0$ bei $c_{\alpha_v} \approx c_{\alpha_v}$). Um dieses abzuschwächen, bietet es sich an, die Radlaständerung an der Hinterachse durch eine härtere Wankfederung zu vergrößern, vgl. Maßnahme IV-III.d). Um den Fahrkomfort nicht gleichzeitig zu verschlechtern, erfolgt dies entweder durch einen Stabilisator oder durch eine Achskonstruktion mit integrierter Stabilisatorwirkung. Bereits beim 1934 eingeführten **Citroën Traktion Avant** (Frontantrieb) wurde bewusst eine so genannte Torsionskurbelachse realisiert, bei der der Achsträger beim einseitigen Federn tordiert und damit die Funktion eines Stabilisators übernimmt. Beim **Audi 50** und dem **VW Golf I** wurden erstmals so genannte **Verbundlenkerachsen** eingeführt, die ebenfalls eine integrierte Stabilisatorwirkung haben und bei kleineren Fahrzeugen mit Frontantrieb starke Verbreitung gefunden haben. Beim sportlichen **VW Golf GTI** wurde die Hinterachse durch einen im Verbundlenker integrierten **Stabilisator** verstärkt, um das Fahrzeug weniger untersteuernd auszulegen. Hierdurch wird die Wankabstützung an der Hinterachse so groß, dass es bei den Modellen der Baureihe I und II bei schnellen Kurvenfahren zum Abheben des inneren Hinterrades kam. Bei weiterer Steigerung der Querbeschleunigung muss die weitere Wankabstützung über die Vorderachse erfolgen, vgl. Kap. 11.2.3. Es kommt zu einer weiteren Radlaständerung an der Vorderachse, während die Radlasten an der Hinterachse gleich bleiben (null kurveninnen und $2 \cdot F_{Nstat}$ kurvenaußen). Hierdurch wird das Fahrzeug jetzt stärker untersteuernd, was zum Erkennen des Grenzbereichs erwünscht ist.

Mit dem **Audi TT** der 1. Version ereigneten sich mehrere Unfälle bei sehr hohen Geschwindigkeiten. Durch die Einbaulage des Motors vorn war das Fahrzeug zumindest in der Version mit Frontantrieb vom Konzept her ebenfalls untersteuernd. Um dem Fahrzeug ein sportliches Fahrverhalten zu geben, wurde es so ausgelegt, dass das untersteuernde Fahrverhalten tendenziell eher abgeschwächt wurde.

Bei hohen Geschwindigkeiten kommen aerodynamische Kräfte hinzu. Durch das Schrägheck entsteht vom Dach bis zum Fahrzeugheck eine anliegende Strömung. Durch die hohe Strömungsgeschwindigkeit entsteht Unterdruck, vgl. Kap. 7.2.1. Da Audi aus optischen Gründen zunächst auf einen Spoiler am Heck verzichtet hatte, verursachte diese hohe Strömungsgeschwindigkeit zusammen mit dem großen Totwassergebiet am abgerundeten Heck einen merklichen Auftrieb an der Hinterachse.

Durch die geringe statische Hinterachslast bewirkt ein Auftrieb an der Hinterachse eine stärkere prozentuale Abschwächung der Radlast als an der Vorderachse. Durch die Abnahme der Radlast kann weniger Seitenführungskraft aufgebracht werden, die Fliehkraft nimmt aber durch den Auftrieb nicht ab (sie ist proportional zur Fahrzeugmasse, die entsprechend der statischen Achslast auf Vorder- und Hinterachse aufgeteilt werden kann). Bei sehr hoher Fahrgeschwindigkeit wird bei großem Auftrieb der Kraftschlussbedarf an der Hinterachse größer als an der Vorderachse.

Das Fahrzeug brach daher bei den oben erwähnten Unfällen bei sehr schnell gefahrenen Kurven mit dem Heck aus. Das Fahrzeug wurde instabil. Da mindestens ein Unfall auch tödlich ausging, wurde dieses Verhalten in der Presse stark diskutiert, und so war Audi gezwungen, Nachbesserungen vorzunehmen. Der Hersteller reduzierte den aerodynamischen Auftrieb an der Hinterachse durch Anbringung eines **Heckspoilers** (Maßnahme II–IX) und

verstärkte den vorderen **Stabilisator** (Maßnahme II-IIIa) und schwächte den hinteren Stabilisator (Maßnahme II–IIId). Durch zusätzliche serienmäßige Einführung einer **Fahrstabilitätsregelung** wurde das Risiko eines Schleuderunfalls mit dem Audi TT theoretisch minimiert, was sich nachher auch in der Praxis bewies.
Insbesondere vor diesen Nachbesserungen hatte der Audi TT bei geringen bis mittleren Fahrgeschwindigkeiten ein absolut überdurchschnittlich gutes Fahrverhalten. Man kann daher davon ausgehen, dass sich hierdurch einzelne Fahrer bei hohen Fahrgeschwindigkeiten an überdurchschnittlich hohe Querbeschleunigungen herangetraut hatten (diverse Messungen bei Versuchen mit unterschiedlichen Pkw-Fahrern zeigten, dass Durchschnittsfahrer auf engen Kurven auf der Landstraße durchaus Querbeschleunigungen von $4\ m/s^2$ und mehr erreichen können, während sie auf der Autobahn durch Zurücknahme der Geschwindigkeit in der Kurve im Allgemeinen auf Querbeschleunigungen von mehr als ca. $2\ m/s^2$ verzichteten).

Dieses **Beispiel** zeigt, dass folgende Beschreibung für ein sicheres Fahrverhalten eindeutig Gültigkeit hat:

> Das Fahrzeug soll sich in allen Fahrsituationen eindeutig und für den Fahrer vorhersehbar verhalten. Die Reaktionen des Fahrzeugs auf äußere Störungen oder Fahrerhandlungen sollen den Fahrer nicht überfordern oder unnötig belasten.

Bei **Rennfahrzeugen** wird an Vorder- und Hinterachse bewusst starker **Abtrieb** durch **Spoiler** erzeugt, um die Radlasten zu vergrößern. Bei ausreichender Dimensionierung der Reifen werden hierdurch die übertragbaren Längs- und Seitenkräfte und damit die erreichbaren Längs- und Querbeschleunigungen gesteigert.

Daher sollte der Auftrieb auch beim Serien-Pkw klein gehalten werden. Es erscheint aber nicht sinnvoll, die Karosserieform auf extremen Abtrieb auszulegen. Hierdurch werden nicht nur Kompromisse beim Design und Nutzraum erforderlich. Das Fahrwerk müsste für die Radlasten bei Höchstgeschwindigkeit dimensioniert werden. Es würden eine Niveauregulierung und/oder eine aktive Federung notwendig, um eine ausreichende Bodenfreiheit bei hoher Geschwindigkeit und einen hohen Fahrkomfort bei allen Geschwindigkeiten sicherzustellen. Die Reifen müssten größer dimensioniert werden. Hierdurch vergrößert sich der Rollwiderstand, der bei hohen Geschwindigkeiten durch die steigende Radlast weiter steigt und auch zu einem erhöhten Reifenverschleiß führt. Auf nasser Fahrbahn wird mit geringerer Geschwindigkeit gefahren, bei der sich die Abtriebskräfte kaum auswirken. Durch die größere Reifenbreite würde der Reifen dann schneller zum Aufschwimmen neigen, die Fahrsicherheit auf nasser Fahrbahn würde schlechter!

11.2.6 Querdynamik bei Nutzfahrzeugen

Bei der Behandlung der Querdynamik von Nutzfahrzeugen müssen ein paar Besonderheiten beachtet werden. Gehen wir zunächst vom einfachsten Fall des 2-Achs-Lkws aus, so ergeben sich zwei Unterschiede zum Pkw:
1. Durch die **Zwillingsbereifung** an der Hinterachse treten hier bei Kurvenfahrt vier unterschiedliche Radlasten auf. Zur analytischen Bestimmung der Radlasten gehen wir davon aus, dass die Reifenfederung linear ist und die Reifenfedersteifigkeit auch bei Kurvenfahrt an allen vier Rädern gleich ist. Bei einer üblichen Starrachse und einer ideal ebenen Fahrbahn wird die **Radlaständerung** proportional zur Spurweite:

$$\frac{\Delta F_{Nhi}}{\Delta F_{Nha}} = \frac{b_{hi}}{b_{ha}} \qquad \text{(Gl. 11.150)}$$

Zur Abstützung des **Wankmoments** steht damit zur Verfügung:

$$\Delta F_{Nhi} \cdot b_{hi} + \Delta F_{Nha} \cdot b_{ha} = \Delta F_{Nhi} \cdot \left(\frac{b_{hi}^2 + b_{ha}^2}{b_{hi}} \right) = \Delta F_{Nha} \cdot \left(\frac{b_{hi}^2 + b_{ha}^2}{b_{ha}} \right) \qquad \text{(Gl. 11.151)}$$

In Analogie zur Gl. 11.138 aus Kap. 11.2.3 gilt damit für die **Radlaständerungen** bei Kurvenfahrt an der Hinterachse:

$$\Delta F_{\text{Nhi}} \approx \frac{\varphi \cdot c_{\varphi\text{h}} + m_{\text{A}} \cdot \frac{l_{\text{vA}}}{l} \cdot a_y \cdot h_{\text{Rh}} + 2 \cdot m_{\text{Rh}} \cdot r_{\text{Gh}} \cdot (1 - k_{\varphi\text{h}}) \cdot a_y}{b_{\text{hi}}^2 + b_{\text{ha}}^2} \cdot b_{\text{hi}} \qquad \text{(Gl. 11.152)}$$

$$\Delta F_{\text{Nha}} \approx \frac{\varphi \cdot c_{\varphi\text{h}} + m_{\text{A}} \cdot \frac{l_{\text{vA}}}{l} \cdot a_y \cdot h_{\text{Rh}} + 2 \cdot m_{\text{Rh}} \cdot r_{\text{Gh}} \cdot (1 - k_{\varphi\text{h}}) \cdot a_y}{b_{\text{hi}}^2 + b_{\text{ha}}^2} \cdot b_{\text{ha}}\,. \qquad \text{(Gl. 11.153)}$$

Damit lassen sich die **dynamischen Radlasten** aus der statischen Radlast und der -änderung bestimmen:

$$F_{\text{Nhi}} \approx \left(\frac{m_{\text{A}} \cdot l_{\text{vA}}}{4 \cdot l} + m_{\text{Rh}} \right) \cdot g \pm \Delta F_{\text{Nhi}} \qquad \text{(Gl. 11.154)}$$

$$F_{\text{Nha}} \approx \left(\frac{m_{\text{A}} \cdot l_{\text{vA}}}{4 \cdot l} + m_{\text{Rh}} \right) \cdot g \pm \Delta F_{\text{Nha}} \qquad \text{(Gl. 11.155)}$$

– = kurveninnen, + = kurvenaußen

2. Der **Lkw-Rahmen** ist weich, d. h., wir können nicht davon ausgehen, dass die Wankwinkel an Vorder- und Hinterwagen gleich sind. Bei unterschiedlicher Wankabstützung an Vorder- und Hinterachse wird nämlich auch der Rahmen merklich tordiert. Bei Fahrdynamikmodellen wird daher gern der Fahrzeugaufbau in eine Teilmasse, die den Vorderwagen darstellt, und eine Teilmasse für den Hinterwagen zerlegt, vgl. Bild 11.39. Beide Teilmassen sind auf einer gemeinsamen Drehachse gelagert und mit einer Torsionsfeder drehelastisch gekoppelt. Durch die unterschiedliche Schwerpunktshöhe der beiden Teilmassen (im beladenen Zustand ist der Schwerpunkt des Vorderwagens durch den tiefliegenden Motor geringer als der Schwerpunkt des Hinterwagens mit einem hohen beladenen Kofferaufbau) ist die erforderliche Wankabstützung an Vorder- und Hinterachse unterschiedlich. Gehen wir von Starrachsen aus ($\varepsilon_\varphi = 0$) und setzen wir wie in Kap. 11.2.2 das Wankmoment und das Rückstellmoment, das von der Torsionsfedersteifigkeit der Achse und hier zusätzlich durch die Torsionssteifigkeit des Rahmens $c_{\varphi\text{Rahmen}}$ aufgebracht wird, gleich, so gilt näherungsweise für den **Vorderwagen**:

$$m_{\text{Av}} \cdot a_y \cdot (h_{\text{SAv}} - h_{\text{Rv}}) + m_{\text{Av}} \cdot g \cdot (h_{\text{SAv}} - h_{\text{Rv}}) \cdot \varphi_{\text{v}} \approx c_{\varphi\,\text{v}} \cdot \varphi_{\text{v}} - (\varphi_{\text{h}} - \varphi_{\text{v}}) \cdot c_{\varphi\,\text{Rahmen}} \qquad \text{(Gl. 11.156)}$$

und für den **Hinterwagen**:

$$m_{\text{Ah}} \cdot a_y \cdot (h_{\text{SAh}} - h_{\text{Rh}}) + m_{\text{Ah}} \cdot g \cdot (h_{\text{SAh}} - h_{\text{Rh}}) \cdot \varphi_{\text{h}} \approx c_{\varphi\,\text{h}} \cdot \varphi_{\text{h}} + (\varphi_{\text{h}} - \varphi_{\text{v}}) \cdot c_{\varphi\,\text{Rahmen}} \qquad \text{(Gl. 11.157)}$$

Wir haben zwei Gleichungen für die beiden Unbekannten φ_{v} und φ_{h}. Nach Umformen erhalten wir:

$$\varphi_{\text{v}} = \frac{(c_1 + c_2) \cdot c_{\varphi\,\text{Rahmen}} - c_1 \cdot (c_2 \cdot g - c_{\varphi\text{h}})}{(c_2 \cdot g - c_{\varphi\text{h}}) \cdot (c_1 \cdot g - c_{\varphi\text{v}} - c_{\varphi\,\text{Rahmen}}) - (c_1 \cdot g - c_{\varphi\,\text{v}})} \cdot a_y \qquad \text{(Gl. 11.158)}$$

und

$$\varphi_h = \frac{(c_1 + c_2) \cdot c_{\varphi\,\text{Rahmen}} - c_2 \cdot (c_1 \cdot g - c_{\varphi v})}{(c_1 \cdot g - c_{\varphi v}) \cdot (c_2 \cdot g - c_{\varphi h} - c_{\varphi\,\text{Rahmen}}) - (c_2 \cdot g - c_{\varphi h})} \cdot a_y \qquad \text{(Gl. 11.159)}$$

$$c_1 = m_{Av} \cdot (h_{SAv} - h_{Rv}),\; c_2 = m_{Ah} \cdot (h_{SAh} - h_{Rh})$$

Hieraus können wir mit den Gl. 11.152 bis Gl. 11.155 die dynamischen Radlasten hinten bestimmen. Zur Bestimmung der dynamischen Radlasten vorn werden die Gl. 11.137, 11.139 und 11.140 verwendet, wobei in Gl. 11.137 der Winkel φ durch φ_v ersetzt werden muss.

Bei Fahrzeugen mit mehr als zwei Achsen geht das Federungssystem in die Rechnung mit ein. Hier bieten sich zwei Möglichkeiten zur Behandlung der Querdynamik an:

- Für **qualitative Betrachtungen** fasst man die Wirkung mehrerer Achsen jeweils durch eine Achse mit annähernd gleichen Eigenschaften zusammen und reduziert das Fahrzeug auf ein Zweiachsfahrzeug.
- Für **analytische Behandlungen** geht man zu einem numerischen Simulationsmodell über, wie in Kap. 11.2 kurz angedeutet. Bei mehrgliedrigen Fahrzeugen (Lkw-Zug) ist dieses Vorgehen fast zwingend.

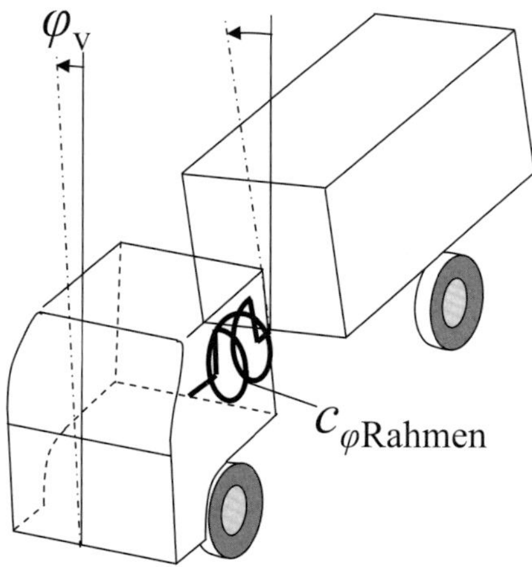

Bild 11.39: *Berücksichtigung der Nachgiebigkeit des Lkw-Rahmens beim Lkw-Fahrzeugmodell*

11.3 Vertikaldynamik

Beim Fahren über wellige Fahrbahn kommt es zu einem Ein- und Ausfedern der Räder und zu einer **Vertikalbeschleunigung** des Aufbaus. In Bezug auf den Fahrkomfort wird das als negativ empfunden. Darüber hinaus führt dies zu **Radlastschwankungen**. Wir stellen uns vor, wir fahren auf einer ebenen Kreisbahn mit konstanter Geschwindigkeit. An jedem Rad stellen sich eine konstante Radlast und ein konstanter Schräglaufwinkel ein. Bei einem konstanten Schräglaufwinkel erhalten wir die in Bild 11.40 dargestellte Funktion der Seitenkraft als Funktion der Radlast. Solange die Fahrbahn eben bleibt, haben wir die konstante Radlast F_{Nkonst} und können die übertragbare Seitenkraft F_{Skonst} aus dem Diagramm ablesen. Jetzt erreichen wir einen Teil der Kreisbahn, der in Längsrichtung wellig ist, sodass sich die Radlast sinusförmig ändert. Wir führen in Bild 11.40 eine Zeitachse nach unten ein und tragen die dynamische Radlast als Funktion der Zeit auf. Da die Radlaständerung relativ langsam vonstatten geht, können wir die übertragbare Seitenkraft näherungsweise aus dem Diagramm ablesen. Nach Einführen einer weiteren Zeitachse nach links, können wir die Seitenkraft als Funktion der Zeit auftragen. Wir erkennen, dass die übertragbare Seitenkraft im Mittel geringer wird, d. h., wir haben einen **Seitenkraftverlust durch Radlastschwankungen**. In der Praxis stellt sich ein größerer Schräglaufwinkel ein, und der Grenzbereich wird schneller erreicht. Bei Lkws können große Radlastschwankungen zusätzlich zu plastischen Verformungen der Fahrbahn führen.

Radlastschwankungen sind abträglich für:

- die Fahrsicherheit,
- die Straßenschonung bei Lkws und Omnibussen.

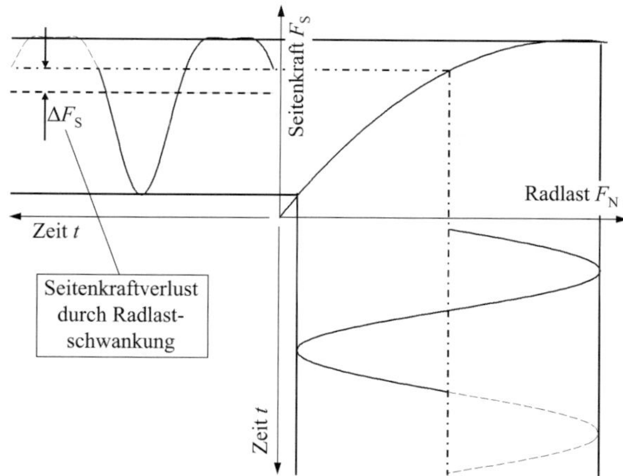

Bild 11.40: *Einfluss von Radlastschwankungen auf die im Mittel übertragbare Seitenkraft*

Wie können wir die auftretenden Vertikalbeschleunigungen und Radlastschwankungen durch die **Abstimmung** der **Federung** und **Dämpfung** beeinflussen?

Zur Analyse dieser Frage verwenden wir das bereits in Kap. 4.5 eingeführte **¼-Fahrzeug-Ersatzmodell**, vgl. Bild 4.97 a. Die Masse m_1 entspricht der so genannten **ungefederten Masse**. Hierzu zählen die Räder inklusive der Radbremsen und Anteile der Radführung, -federung und -dämpfung. Die **anteilige Aufbaumasse** m_2 können wir aus der statischen Radlast bestimmen:

$$m_2 = \frac{F_N}{g} - m_1 \qquad \text{(Gl. 11.160)}$$

Die Federkräfte sind abhängig vom Federweg, die Dämpferkräfte von der Einfedergeschwindigkeit. Damit ergeben sich folgende Bewegungsgleichungen:

$$m_2 \cdot \ddot{z}_2 = -c_2(z_2 - z_1) - k_2(\dot{z}_2 - \dot{z}_1) \qquad \text{(Gl. 11.161)}$$

$$m_1 \cdot \ddot{z}_1 = c_2(z_2 - z_1) + k_2(\dot{z}_2 - \dot{z}_1) - c_1(z_1 - h) - k_1(\dot{z}_1 - \dot{h}) \qquad \text{(Gl. 11.162)}$$

Die dynamische Radlast erhalten wir ebenfalls:

$$F_{\text{Ndyn}} = F_{\text{Nstat}} - c_1(z_1 - h) - k_1(\dot{z}_1 - \dot{h}) = m_1(g + \ddot{z}_1) + m_2(g + \ddot{z}_2) \qquad \text{(Gl. 11.163)}$$

Mithilfe dieser zwei Bewegungsgleichungen können wir die Amplitude der **Aufbaubeschleunigung** und der **dynamischen Radlast** als Funktion der **Erregerfrequenz** und **Erregeramplitude** bestimmen. Beziehen wir die am Aufbau und an den Rädern auftretenden Amplituden auf die Erregeramplitude, so erhalten wir die in Bild 11.41 und Bild 11.42 dargestellten Funktionen, die als **Übertragungsfunktion** oder auch als **Vergrößerungsfaktor** bezeichnet werden. In Bild 11.41 wird zur Bestimmung der Übertragungsfunktion die Aufbauamplitude noch mit der Kreisfrequenz der Anregungsamplitude multipliziert, damit die Auswirkungen bei hohen Frequenzen auf den Aufbau leichter erkennbar werden. Der Vergrößerungsfaktor der Aufbaubeschleunigung ist ein Maß für den Komfort. Der Vergrößerungsfaktor der dynamischen Radlastschwankung beschreibt hingegen den Einfluss auf die Fahrsicherheit.

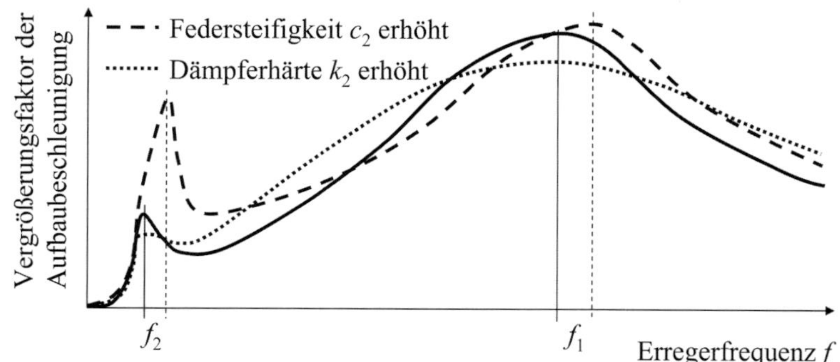

Bild 11.41: *Einfluss der Feder- und Dämpfersteifigkeit auf den Vergrößerungsfaktor der Aufbaubeschleunigung*

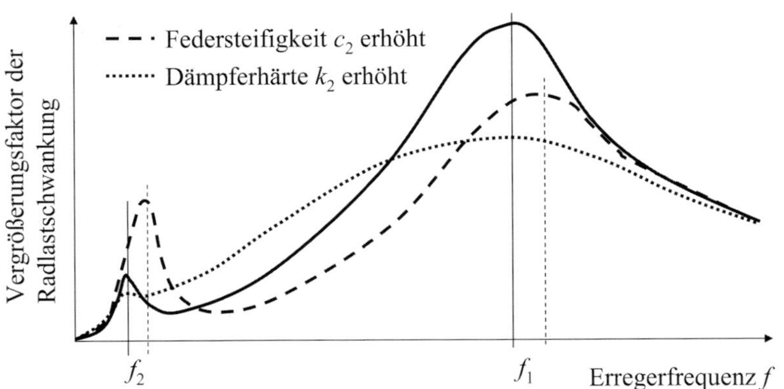

***Bild 11.42:** Einfluss der Feder- und Dämpfersteifigkeit auf den Vergrößerungsfaktor der dynamischen Radlastschwankung*

Unter der vereinfachten Annahme, dass die Federung linear und die Dämpfung proportional zur Federgeschwindigkeit sei, sind diese Übertragungsfunktionen unabhängig von der Anregungsamplitude. Dies bedeutet, wir erhalten die gleiche Übertragungsfunktion, wenn wir das Fahrzeug mit realen Fahrbahnunebenheiten anregen.

Die zwei auftretenden Hochpunkte in der Übertragungsfunktion entsprechen den **Eigenfrequenzen** von Aufbau und ungefederter Masse. Da die Aufbaumasse ungefähr das 10-fache der ungefederten Masse beträgt, ist diese erheblich träger. Schwingt die ungefederte Masse mit Eigenfrequenz, so ist die Aufbaumasse annähernd in Ruhe. Gedanklich fixieren wir daher die Aufbaumasse, vgl. Bild 11.43. Das System reduziert sich auf einen Einmassenschwinger. Da auf die ungefederte Masse Aufbaufeder und Reifenfeder einwirken, erhalten wir für die Eigenfrequenz der ungefederten Masse näherungsweise:

$$f_1 \approx \frac{1}{2\pi} \cdot \sqrt{\frac{c_1 + c_2}{m_1}} \qquad \text{(Gl. 11.164)}$$

(ca. 12 ... 18 Hz, je nach Fahrzeuggewichtsklasse)

Für die **Eigenfrequenz der Aufbaumasse** gilt näherungsweise (vgl. Herleitung in Kap. 4.5) und Bild 11.44:

$$f_2 \approx \frac{1}{2\pi} \cdot \sqrt{\frac{c_2}{m_2}} \qquad \text{(Gl. 11.165)}$$

(ca. 1 ... 2 Hz, je nach Fahrzeuggewichtsklasse und Beladungszustand)

Durch Verwendung härterer Federn erhöhen wir einerseits die Eigenfrequenzen, vgl. Gl. 11.164 und

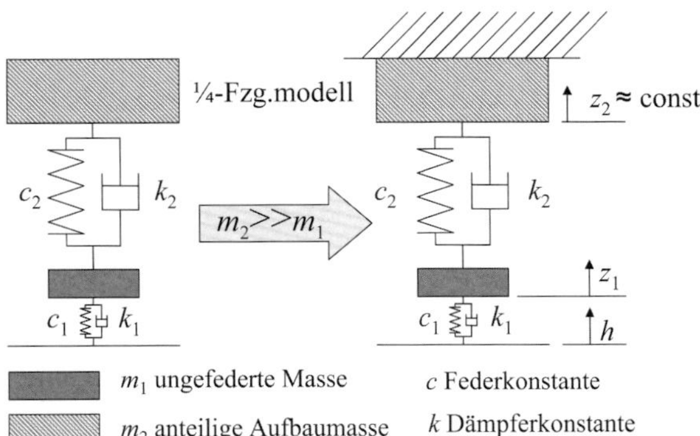

***Bild 11.43:** Reduzierung des ¼-Fahrzeugmodells auf einen Einmassenschwinger zur Bestimmung der Eigenfrequenz der ungefederten Masse*

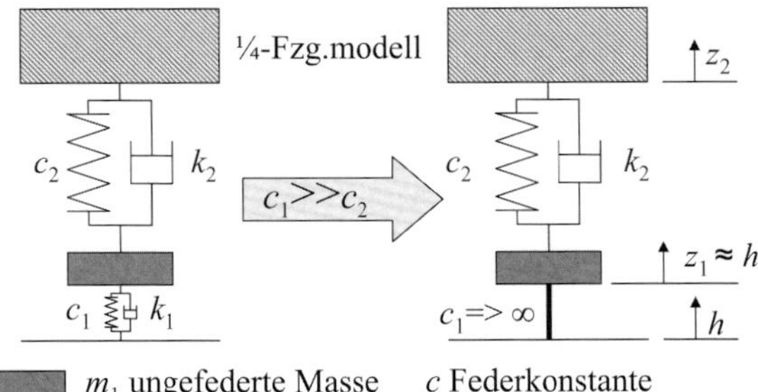

***Bild 11.44:** Reduzierung des ¼-Fahrzeugmodells auf einen Einmassenschwinger zur Bestimmung der Eigenfrequenz der anteiligen Aufbaumasse*

11.165, andererseits ändern sich auch die Übertragungsfunktionen, vgl. Bild 11.41 und Bild 11.42.

Durch die **härtere Federung**

- nimmt die Aufbaubeschleunigung in einem großen Frequenzbereich zu, d. h., der Fahrkomfort wird verschlechtert,
- nehmen die dynamischen Radlastschwankungen außer im Bereich der Aufbaueigenfrequenz ab, d. h., die Fahrsicherheit wird tendenziell erhöht.

Gleichzeitig können wir durch härtere Federn auftretende Nick- und Wankwinkel reduzieren, was sich ebenfalls positiv auf die Fahrsicherheit auswirkt.

Durch die Verwendung härterer **Dämpfer** werden die Schwingungsamplituden im Bereich der Eigenfrequenzen verringert, wobei die Eigenfrequenzen nahezu unabhängig von der Dämpfung sind. Die Aufbauschwingungen nehmen damit im Bereich der Aufbaueigenfrequenz ab, bei höheren Frequenzen nehmen aber die Amplituden der Aufbaubeschleunigung zu, da der härtere Dämpfer höhere Kräfte aufbringt und damit die Schwingungsamplituden der ungefederten Masse stärker weiterleitet. Die Radlastschwankungen nehmen hingegen sowohl im Bereich der Aufbaueigenfrequenz als auch im Bereich der Eigenfrequenz der ungefederten Masse ab.

Durch eine **härtere Dämpfung** wird

- der Fahrkomfort tendenziell schlechter,
- die Fahrsicherheit tendenziell besser.

Härtere Dämpfer führen auch bei dynamischen Fahrmanövern zu geringeren Nick- und Wankgeschwindigkeiten. Dies wirkt sich tendenziell ebenfalls positiv auf die Fahrsicherheit aus. Eine zu harte Dämpfung kann allerdings abträglich für die Fahrsicherheit sein, da dies zu einem vermehrten Abheben des Rades führt.

Umgekehrt kann auch eine zu weiche Dämpfung den Fahrkomfort verschlechtern, da diese große Aufbauschwingungen im Bereich der Aufbaueigenfrequenz zulässt.

In der Praxis gibt es ein paar Tricks um diese Widersprüche bei der **Dämpferauslegung** zu reduzieren. Durch einen lokal reduzierten Querschnitt der Kolbenstange des Dämpfers wird der Dämpfer im mittleren Arbeitsbereich weicher, d. h., bei kleinen Fahrbahnunebenheiten ist er weich und es wird ein hoher Fahrkomfort erzielt. Im restlichen Arbeitsbereich wird er hingegen härter als sonst üblich ausgelegt. Wird jetzt der Aufbau durch lange Bodenwellen im Bereich der Eigenfrequenz angeregt, so kommt es zu größeren Schwingungsamplituden. Der Dämpfer erreicht zeitweise den Bereich hoher Dämpfung und lässt damit keine großen Schwingungsamplituden der Aufbaueigenfrequenz aufkommen. Ähnliches Verhalten ergibt sich bei Kurvenfahrt oder beim Bremsen und Beschleunigen. Durch die auftretenden Wank- oder Nickwinkel federn die Räder aus bzw. ein, und die Dämpfer ermöglichen hohe Dämpfung. Die Fahrsicherheit wird erhöht.

Eine weitere Optimierung besteht in der **Auslegung der Dämpferkennlinie**, vgl. Bild 11.45. Durch die Verwendung mehrerer Ventile ist es möglich, Kennlinien mit degressivem, linearen oder progressivem Anteil zu realisieren. Da die Amplituden der Aufbaufederung in der Größenordnung von maximal 50 mm liegen, ergibt sich bei einer Aufbaueigenfrequenz von ca. 1,2 Hz eine maximale Radfedergeschwindigkeit von:

$$\hat{v} = A \cdot \omega_2 = 0{,}05\,\text{m} \cdot 2\pi \cdot 1{,}2\,\text{Hz} \approx 0{,}4\,\text{m/s} \qquad \text{(Gl. 11.166)}$$

Bei einer Eigenfrequenz der ungefederten Masse von ca. 14 Hz wird die gleiche maximale Radfedergeschwindigkeit bei folgender Amplitude erreicht:

$$A = \frac{\hat{v}}{\omega_1} \approx \frac{0{,}4\,\text{m/s}}{2\pi \cdot 14\,\text{Hz}} \approx 4{,}5\,\text{mm} \qquad \text{(Gl. 11.167)}$$

Da der Reifen bei statischer Belastung ungefähr 20 mm einfedert, bewirkt eine Schwingung der ungefederten Masse mit einer Amplitude von 4,5 mm bereits eine merkliche Radlastschwankung. Die Gefahr des Abhebens wird aber erst bei einer etwa 4-fach so hohen Amplitude und damit auch einer 4-fach so hohen Radfedergeschwindigkeit erreicht. Hieraus können wir ableiten:

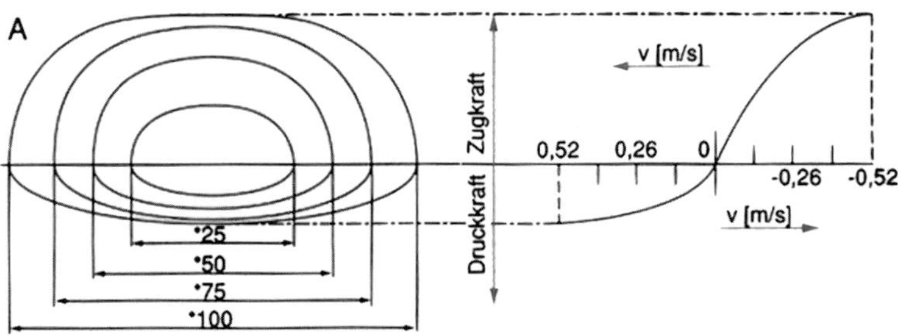

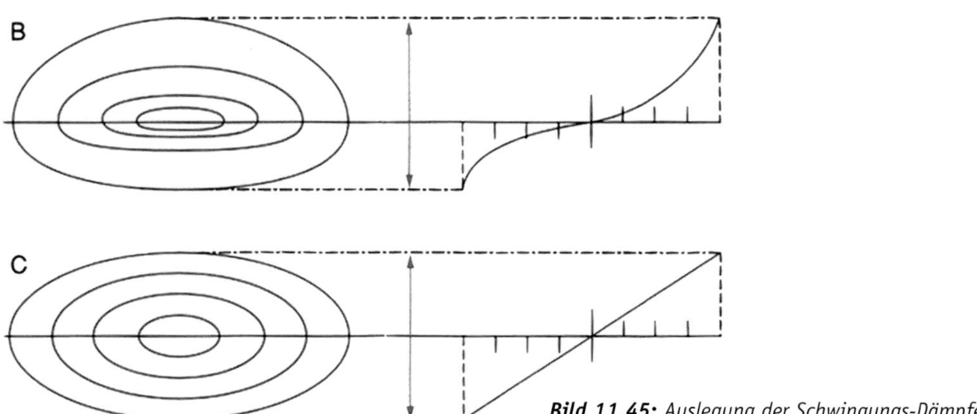

Bild 11.45: *Auslegung der Schwingungs-Dämpferkennlinie, aus [18]*

Zur Dämpfung des Aufbaus interessiert das **Dämpfungsmaß** bei Radfedergeschwindigkeiten bis ca. 0,4 m/s, während für die Dämpfung der ungefederten Masse die größeren Radfeder- und damit Dämpfergeschwindigkeiten von besonderem Interesse sind.

Beim herkömmlichen Dämpfer verbleibt dennoch ein Kompromiss zwischen Fahrkomfort und Fahrsicherheit. Daher sind seit einigen Jahren **variable Dämpfer** im Einsatz. Hierbei werden entweder die Ventile im Kolbenboden verstellt oder extern variable Ventile angebaut. Bei der Variante im Kolbenboden ist die Kolbenstange als Rohr ausgeführt. In diesem Rohr befindet sich eine Stange, die so mit den Ventilen gekoppelt wird, dass sie durch Verdrehen die Ventile verstellt. Als Beispiel für die zweite Variante ist in Bild 11.46 der **CDC-Dämpfer** von ZF Sachs dargestellt.

Je nach Fahrsituation wird die **Dämpferhärte** variiert. Als Parameter dienen hierbei:

- Fahrgeschwindigkeit,
- Lenkwinkel,
- Lenkwinkelgeschwindigkeit,
- Querbeschleunigung,
- Fahrpedalstellung,
- Bremsdruck.

Um hohen **Fahrkomfort** zu erzielen, wird der Dämpfer bei langsamer Geradeausfahrt sehr weich eingestellt und mit zunehmender Geschwindigkeit die Dämpferhärte erhöht. Sobald der Fahrer einen größeren Lenkwinkel oder eine hohe Lenkgeschwindigkeit einleitet, wird über den Lenkwinkelsensor erkennbar, dass der Anspruch an die Fahrdynamik

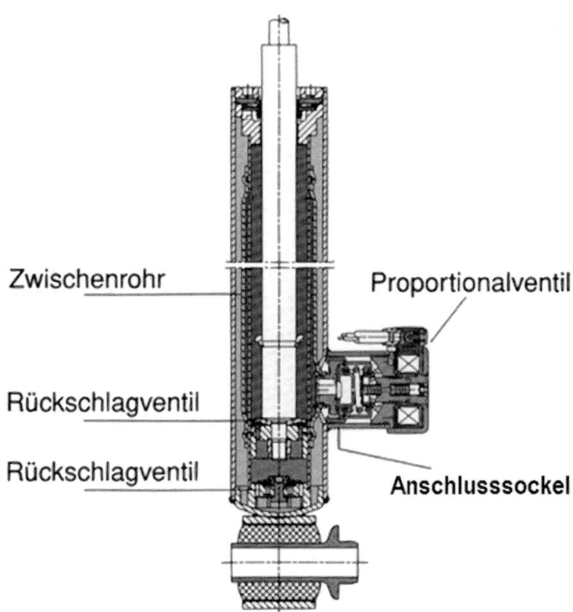

Bild 11.46: *Dämpfer mit variabler Dämpferkennlinie (CDC-Dämpfer von ZF Sachs) [18]*

steigt. Der Dämpfer wird entsprechend härter eingestellt. Ähnliches gilt bei Einleitung einer Bremsung oder bei maximaler Beschleunigung. Zusätzlich ist eine Kommunikation des Dämpfersteuergeräts mit anderen Fahrdynamiksteuergeräten sinnvoll, damit bei Eingriff der Fahrdynamikregelung die Dämpfung nach härter verstellt werden kann. Andernfalls würden die Dämpfer bei geringer Griffigkeit aufgrund der geringen möglichen Bremsverzögerung oder Querbeschleunigung stets auf weich eingestellt bleiben.

Beim Überfahren einer Bodenwelle muss das Rad sehr schnell einfedern können. Damit die dabei auftretenden Kräfte nicht zu einem Schaden am Fahrzeug führen, darf die **Druckstufe** des Dämpfers nicht zu hart gewählt werden. Würde man jetzt die **Zugstufe** so wie die Druckstufe auslegen, hätte dies keine ausreichende Dämpfung zur Folge. Daher gilt bei Fahrzeugdämpfern grundsätzlich:

> Die Druckstufe des Dämpfers (Einfedern) soll kleiner als die Zugstufe (Ausfedern) gewählt werden.

Dies führt natürlich dazu, dass das Rad beim Überfahren sehr welliger Fahrbahnen nicht schnell genug ausfedert und damit teilweise abhebt, was Einbußen bei der Fahrsicherheit bedeutet. Beim Überfahren von Schlaglöchern ist das bezüglich der Fahrzeugbeanspruchung von Vorteil.

Da die Fahrbahnen immer leicht uneben sind, federt das Fahrzeug ständig aus und ein. Durch die asymmetrische Dämpfung dominiert im zeitlichen Mittel die Zugkraft, d. h., der Fahrzeugaufbau senkt sich während der Fahrt relativ zur Fahrbahn.

11.4 Fahrdynamikregelsysteme

Zunächst wurde das **ABS** ergänzt durch eine **Automatische Schlupfregelung** (**ASR**), die das Anfahren und Beschleunigen bei nicht ausreichendem Kraftschluss erleichtert. Hierzu wird beim Durchdrehen beider Räder der Antriebsachse das Antriebsmoment zurückgenommen. Auf einseitig glatter Fahrbahn oder bei stark unterschiedlicher Radlast dreht häufig nur ein Rad der Antriebsachse durch. Das Achsdifferenzial bewirkt in diesem Fall, dass am gegenüberliegenden Rad auch kein größeres Antriebsmoment aufgebracht werden kann. In diesem Fall bremst das ASR das durchdrehende Rad aktiv. Jetzt wird ein höheres Antriebsmoment notwendig, um das gebremste Rad mit Fahrgeschwindigkeit zu drehen. Das Rad auf griffigem Untergrund erhält vom Differenzial ebenfalls das erhöhte Moment. Jetzt wird z. B. eine Steigungsfahrt auf einseitig glatter Fahrbahn ohne Sperrdifferenzial möglich. Nachteil gegenüber einem Sperrdifferenzial ist, dass die Antriebsenergie in der Bremse in Wärme umgewandelt wird (zusätzlicher Verschleiß der Bremse, höherer Kraftstoffverbrauch).

Heutige Fahrdynamikregelsysteme unterstützen den Fahrer zusätzlich im Kurvengrenzbereich durch **Bremseingriff** an einzelnen Rädern und durch Beeinflussung des Motormoments. Bevor wir auf die Komponenten der Fahrdynamikregelsysteme eingehen, betrachten wir zunächst die zwei physikalischen Grundprinzipien eines **Fahrdynamikregeleingriffs**:

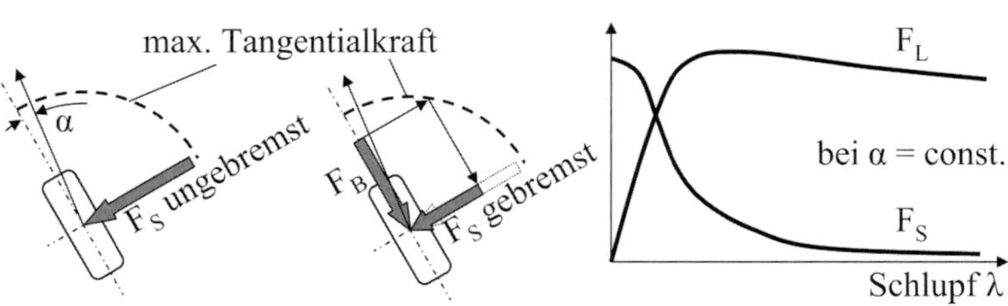

Bild 11.47: Einfluss des Bremsschlupfes auf die übertragbare Längs- und Seitenkraft

1. Wird ein unter Schräglaufwinkel abrollendes Rad gebremst, so nimmt die übertragbare Seitenkraft ab, vgl. Bild 11.47. Durch den Wankwinkel wird bei Einzelradaufhängung der Sturz am kurvenäußeren Rad vergrößert. Bei positivem Sturz wird die Seitenkraft durch eine Bremskraft noch stärker abgebaut und das Reifenrückstellmoment vergrößert. In der Praxis bedeutet dies: Bremsen wir nur an einer Achse, so reduziert sich zunächst an dieser Achse die Seitenkraft. Das Fahrzeug bewegt sich an dieser Achse stärker nach kurvenaußen. Der Schräglaufwinkel wird vergrößert, bis die Seitenkraft ausreichend ist um die Fliehkraft abzustützen.
2. Wird nur ein Rad einer Achse gebremst, haben wir die in Bild 11.48 dargestellten Verhältnisse. Die Trägheitskraft des Fahrzeugs wirkt im Schwerpunkt, d. h. in etwa in der Mitte der Spurweite. Die Bremskraft, in Bild 11.48 am linken Vorderrad wirkt gegenüber der Trägheitskraft um die halbe Spurweite vorne versetzt. Es wirkt auf das Fahrzeug ein Moment um die Fahrzeughochachse:

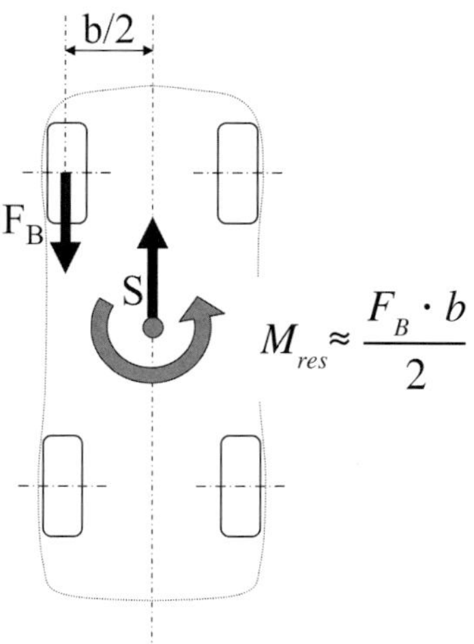

Bild 11.48: Entstehung eines Giermoments durch einseitiges Bremsen

$$M_\psi \approx F_{\text{Bvl}} \cdot \frac{b_v}{2} \qquad \text{(Gl. 11.168)}$$

Diese zwei Effekte werden bei der **Fahrdynamikregelung** gezielt kombiniert, wie anhand der folgenden zwei Beispiele gezeigt werden soll.

- Das Fahrzeug verhält sich vor dem Regeleingriff **übersteuernd**, vgl. Bild 11.49. Um das Fahrzeug auf den gewünschten Kurs zu halten, muss die **Gierbewegung abgeschwächt** werden, d. h., ein kurvenäußeres Rad muss gebremst werden. Da außerdem die **Seitenkraft** an der Vorderachse reduziert werden muss, wird das **kurvenäußere Vorderrad** abgebremst. Bei Fahrzeugen mit Frontantrieb kann der Regeleingriff durch das gleichzeitige Einleiten eines Antriebsmoments unterstützt werden. Durch das Differenzial wird am kurveninneren Rad eine Antriebskraft aufgebracht, während das kurvenäußere Rad gebremst bleibt. Die einseitige Antriebskraft verstärkt das Giermoment, welche das Fahrzeug zurück auf die Wunschbahnkurve bringt. Gleichzeitig wird die Seitenführungskraft auch am angetriebenen kurveninneren Vorderrad abgeschwächt, das Fahrzeug tendiert jetzt wieder zum Untersteuern.
- Das Fahrzeug verhält sich vor dem Regeleingriff stark **untersteuernd**, vgl. Bild 11.50. Jetzt müssen die kurveninneren Räder abgebremst werden, um ein in die Kurve hineindrehendes **Giermoment** zu erzeugen. Zusätzlich sollte die **Seitenführungskraft** an der Hinterachse abgeschwächt werden. Hierzu muss der Bremseingriff an der Hinterachse erfolgen. Zunächst wird also nur das

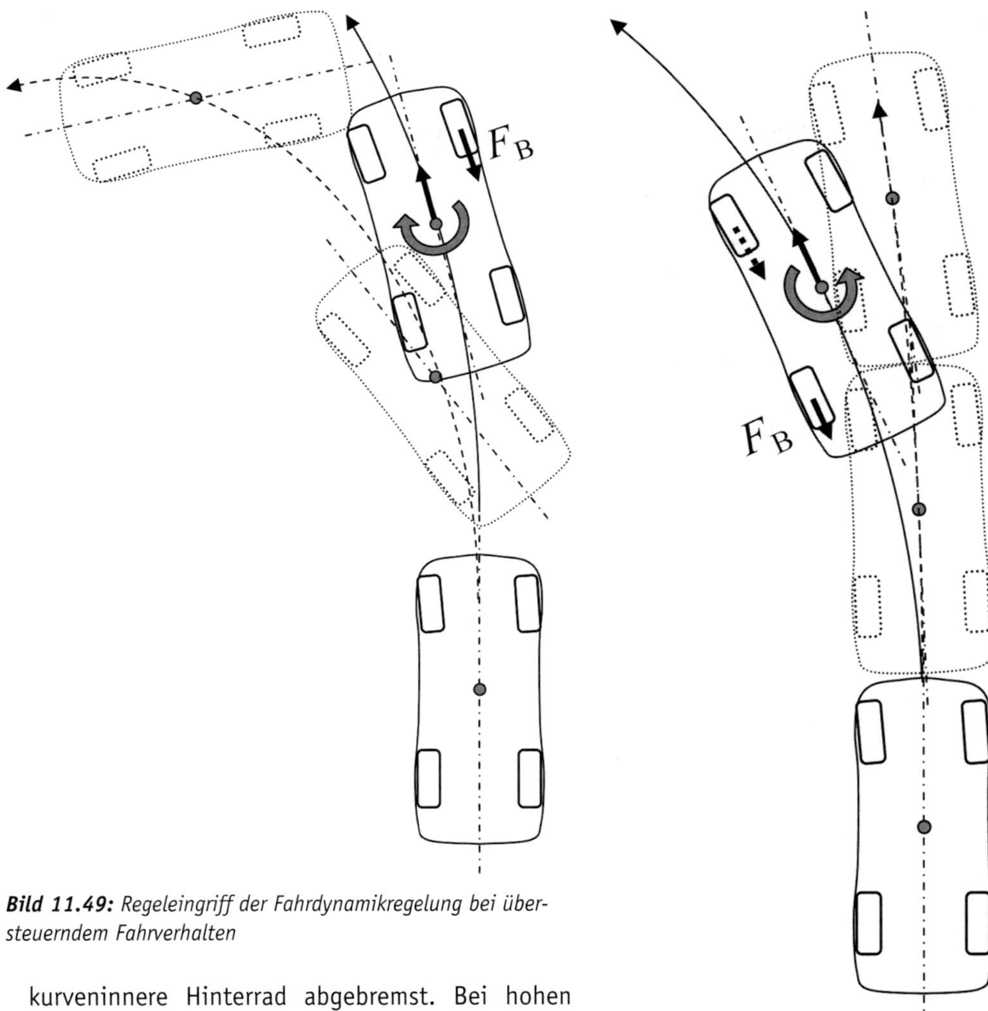

Bild 11.49: *Regeleingriff der Fahrdynamikregelung bei übersteuerndem Fahrverhalten*

Bild 11.50: *Regeleingriff der Fahrdynamikregelung bei untersteuerndem Fahrverhalten*

kurveninnere Hinterrad abgebremst. Bei hohen Querbeschleunigungen auf trockener Straße reduziert sich bei vielen Frontantriebsfahrzeugen aber die Radlast hinten kurveninnen sehr, im Extremfall, wie z. B. beim Golf II, hebt dieses Rad komplett ab, sodass ein Bremseingriff (fast) ohne Wirkung wäre. In diesem Fall wird zusätzlich das kurveninnere Vorderrad abgebremst. Durch die Bremsverzögerung erhöht sich die Radlast und somit auch die Seitenführung am kurvenäußeren Rad der Vorderachse, während sie an der Hinterachse abgeschwächt wird. Das Fahrzeug tendiert wieder zum Hineindrehen in die Kurve. Bei Fahrzeugen mit Hinterradantrieb kann jetzt durch eine gezielte Beibehaltung eines Restantriebsmoments eine Antriebskraft am kurvenäußeren Hinterrad erzielt werden, welche das in die Kurve hineindrehende Giermoment unterstützt.

Während des Regeleingriffs wird das Bremsmoment grundsätzlich stärker gewählt als eine eventuelle Erhöhung des Antriebsmoments. Hierdurch verliert das Fahrzeug an Geschwindigkeit, und die zum Aufbringen der Querbeschleunigung notwendigen Seitenkräfte nehmen ab.

Wie erkennt die Fahrdynamikregelung, welcher Bremseingriff notwendig ist? Das Fahrdynamikregelsystem ist mit einem **Lenkwinkelsensor** ausgestattet. Darüber hinaus nutzt es die **Drehzahlsensoren** des ABS, die an den Rädern angebracht sind, vgl. Kap. 11.1.5.3. Über den bekannten Radumfang liefern die Sensoren die Fahrgeschwindigkeit. Mithilfe eines vergleichsweise einfachen Fahrzeugmodells, das in Echtzeit rechnet, werden aus dem Lenkwinkel und der Fahrgeschwindigkeit ständig die **Bahnkurve** und der **Schwimmwinkel** errechnet, die sich bei ausreichender Griffigkeit einstellen. Man geht davon aus, dass diese Bahnkurve dem **Fahrerwunsch** entspricht.

Um die Fahrzeugbewegung zu bestimmen, werden ein **Beschleunigungs**- und **Gierratensensor** verwendet, der üblicherweise in der Nähe des Schwerpunkts montiert ist. Bei einer abweichenden Einbaulage kann aus den beiden Signalen die Querbeschleunigung im Schwerpunkt bestimmt werden. Allerdings summieren sich die Messfehler. Die tatsächliche Bahnkurve und der tatsächliche Schwimmwinkel werden aus den Sensorsignalen errechnet. Weichen diese vom Fahrerwunsch ab, wird ein entsprechender Eingriff eingeleitet. Da sich die Reifeneigenschaften durch Fahrbahnrauigkeit und bei

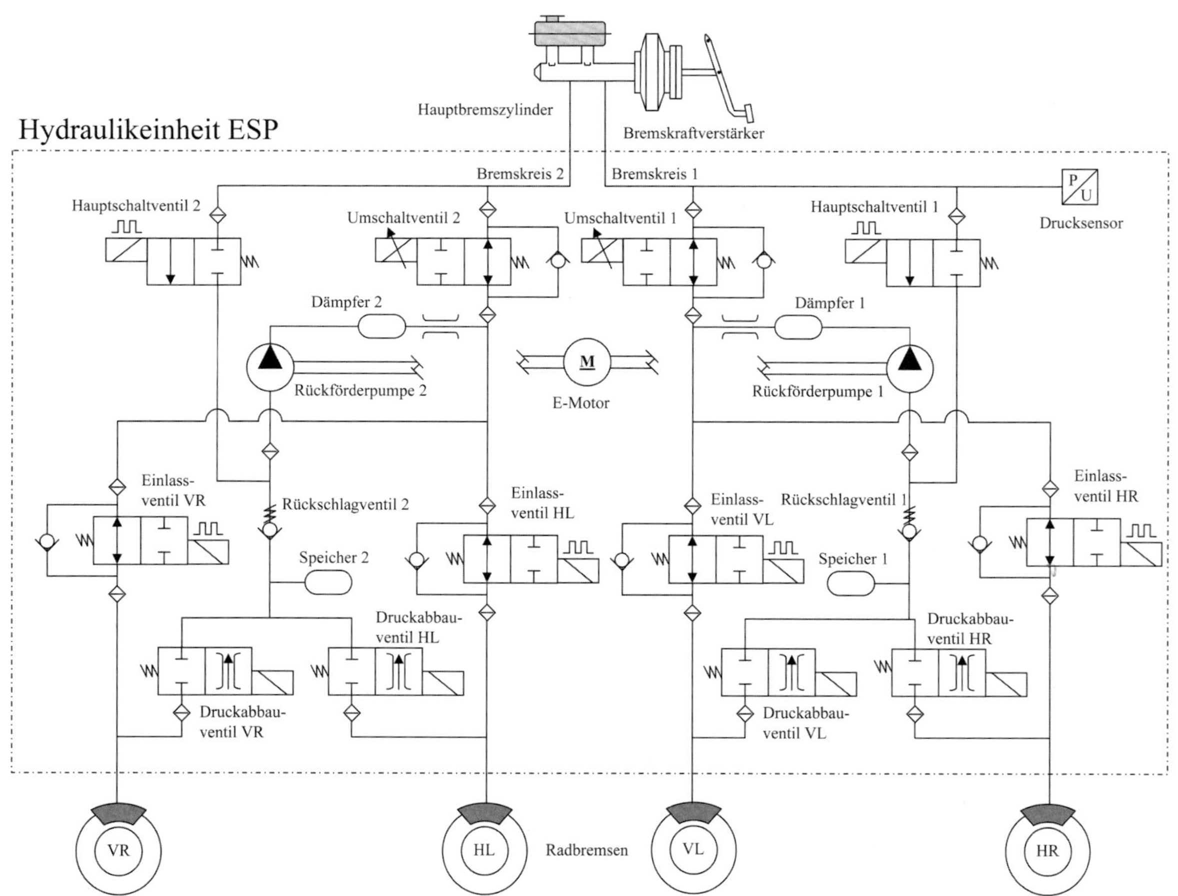

Bild 11.51: *Hydraulikschaltplan bei einer diagonalen Bremskreisaufteilung für eine Bremsanlage mit Fahrdynamikregelung (ESPlus von Bosch)*

Nässe ändern, kann die tatsächliche Bahnkurve von der mit dem Fahrzeugmodell errechneten Bahnkurve auch abweichen, ohne dass sich das Fahrzeug im Grenzbereich befindet. Daher wird ein Regeleingriff erst bei Überschreiten einer durch Fahrversuche festgelegten Abweichung vorgenommen. Diese zulässige Abweichung ist geschwindigkeits- und lenkwinkelabhängig definiert. Bei sportlich ausgelegten Fahrzeugen wählt man normalerweise eine größere zulässige Abweichung – die Möglichkeit eines beherrschbaren **Driftens** ist von Fahrern dieser Fahrzeugkategorie häufig erwünscht.

Zur Erzeugung eines **aktiven Bremseingriffs** ist der Aufbau eines Bremsdrucks erforderlich. Hierfür wurde bei den ersten Systemen eine separate **Vorladepumpe**, kombiniert mit einer **Ladekolbeneinheit**, verwendet. Bei den heutigen Systemen dient dazu die **Hydraulikpumpe** des ABS. In beiden Bremskreisen ist zwischen Hauptbremszylinder und der Zuleitung der Hydraulikpumpe ein **Umschaltventil** eingebaut, Bild 11.51. Dieses wird bei aktivem Bremseingriff geschlossen. Durch das parallel eingebaute Rückschlagventil ist jederzeit ein Bremsdruckaufbau durch den Fahrer möglich. Damit jeweils nur ein Rad beim aktiven Bremseingriff mit Bremsdruck beaufschlagt wird, wird das **Einlassventil** des zweiten Rades dieses Bremskreises geschlossen.

Die **Funktionsweise des Reglers** ist in Bild 11.52 stark vereinfacht dargestellt.

Auch die in jüngerer Zeit eingeführten **Abstandsregelsysteme** können zu den Fahrdynamikregelsystemen gezählt werden. Hierbei werden für die Lastregelung und den aktiven Bremseingriff die gleichen mechanischen Bauteile verwendet. Allerdings sind zumindest ein **Abstandsradar** und eine aufwendige Software zusätzlich erforderlich. Denkbar wären in Zukunft auch Geschwindigkeitsregelsysteme, die auf die Verkehrsbeschilderung reagieren oder bei zu hoch gewählter Geschwindigkeit vor Kurven aktiv bremsen. Mit Hilfe entsprechender Navigationssysteme und GPS ist der Kurvenverlauf bekannt. Inte-

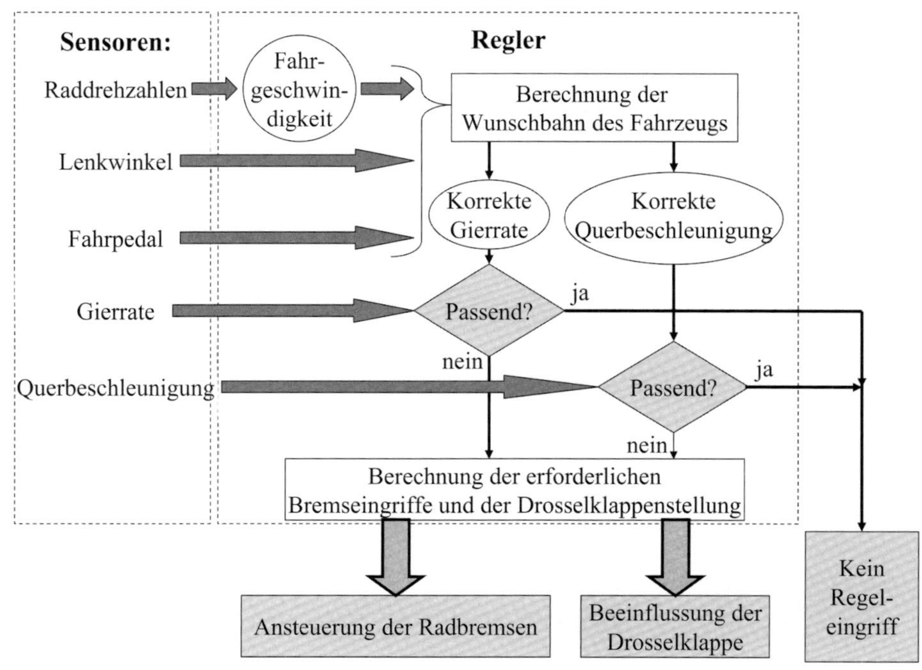

Bild 11.52: *Funktion des Fahrdynamikreglers*

ressant wären solche Systeme allerdings nur, wenn sie sich an die Griffigkeitsverhältnisse der Straße anpassen könnten. Dazu muss das Fahrzeug diese abschätzen können. Bei Kenntnis der Fahrbahngriffigkeit würde auch die Fahrdynamikregelung früher und harmonischer eingreifen. Daher wird seit einigen Jahren intensiv an diversen Sensoren zur Ermittlung der Fahrbahngriffigkeit gearbeitet.

12 Übungsaufgaben

Die folgenden Übungsaufgaben beziehen sich in erster Linie auf die Kap. 7 bis 11. Da z. B. der Kraftstoffverbrauch vom Fahrwiderstand und dem verwendeten Gang abhängig ist, sind zum Lösen der Aufgaben meist die Kenntnisse von mehreren der vorangegangenen Kapitel erforderlich. Um ein zügiges Nachschlagen zu ermöglichen, sind die jeweils zur Aufgabe passenden Kapitelnummern in Klammer hinter der Aufgabennummer angegeben. Die Aufgaben haben – wie im realen Leben – unterschiedliche Schwierigkeitsgrade. Aufgaben ohne Kennzeichnung dienen zur Prüfung des Grundverständnisses, die mit einem Stern * gekennzeichneten Aufgaben erfordern die selbstständige Kombination von mehreren Zusammenhängen. Mit zwei Sternen ** markierte Aufgaben sind zumindest teilweise knifflig, sicherlich auch abhängig von den persönlichen Neigungen des Lesers.
Zunächst werden die Fahrzeugdaten von vier **Beispielfahrzeugen** aufgeführt, auf die sich die Übungsaufgaben beziehen. Weichen einzelne Daten von diesen ab, so ist dies bei der entsprechenden Übungsaufgabe vermerkt.

12.1 Beispielfahrzeuge

Fahrzeug I:
Die Produktreihe eines Fahrzeugherstellers soll mit einem kleinen Sportwagen ergänzt werden. Der Motor wird aus einer anderen Fahrzeugreihe entnommen. Die Antriebsart (Front- oder Hinterradantrieb) und die Abstufung des Getriebes sollen festgelegt werden.

Fahrzeug:
Radwiderstandsbeiwert (an allen Rädern) 0,011
Bereifung 195/55 R 15 V (an allen Rädern)
Dynamischer Rollradius 0,279 m
Reifenschräglaufsteifigkeit 1100 N/°
Luftwiderstandsbeiwert 0,27
Auftriebsbeiwert vorn 0,0
Auftriebsbeiwert hinten 0,0
Fahrzeugstirnfläche 1,74 m^2
Radstand 2400 mm
Spurweite vorn und hinten 1520 mm
Fahrzeugmasse leer mit Fahrer 1000 kg
Statische Achslastverteilung
bei Frontantrieb VA/HA 0,60/0,40
bei Hinterradantrieb VA/HA 0,50/0,50
Schwerpunktshöhe 432 mm

Motor:
4-Zylinder-Viertakt-Ottomotor
Hubraum 1732 cm^3
Bohrung 82,5 mm
Hub 81 mm
Max. Leistung 104 kW
bei Nenndrehzahl 5500 min^{-1}
Max. Drehmoment 195 N m
bei 3500 min^{-1}
Motorhöchstdrehzahl 6300 min^{-1}
Kennlinie siehe Bild 12.1
Kraftstoffdichte 750 g/l

Antriebsstrang:
Mechanische Reibungskupplung mit 6-Gang-Handschaltgetriebe
Wirkungsgrad des Antriebsstrangs 0,88
Übersetzung des Achsgetriebes 3,10
Übersetzungen des Getriebes ? / ? / ? / 1,0 / ? / ?
Angenommene Drehmassenzuschläge bei
Fahrzeug leer mit Fahrer 0,45/0,18/0,10/0,08/0,07/0,06
im Leerlauf 0,05

Bremsanlage:
Antiblockiersystem (ABS)
Elektronischer Bremskraftverteiler (EBV)
Scheibenbremsen an Vorderachse und Hinterachse
Bremskraftverteilung siehe Bild 12.2

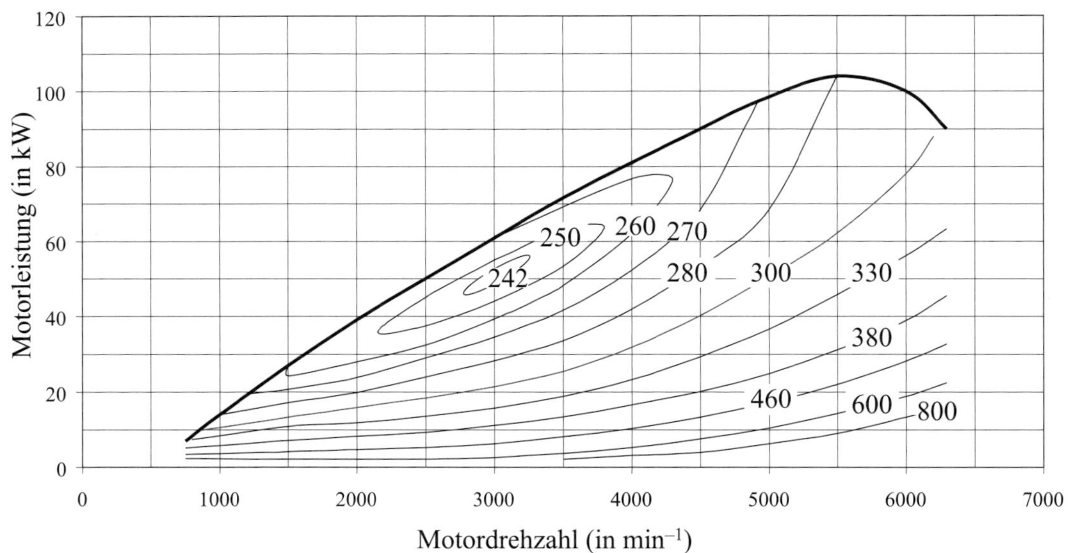

Bild 12.1: *Fahrzeug I – Motorleistung als Funktion der Motordrehzahl mit Linien konstanten Verbrauchs*

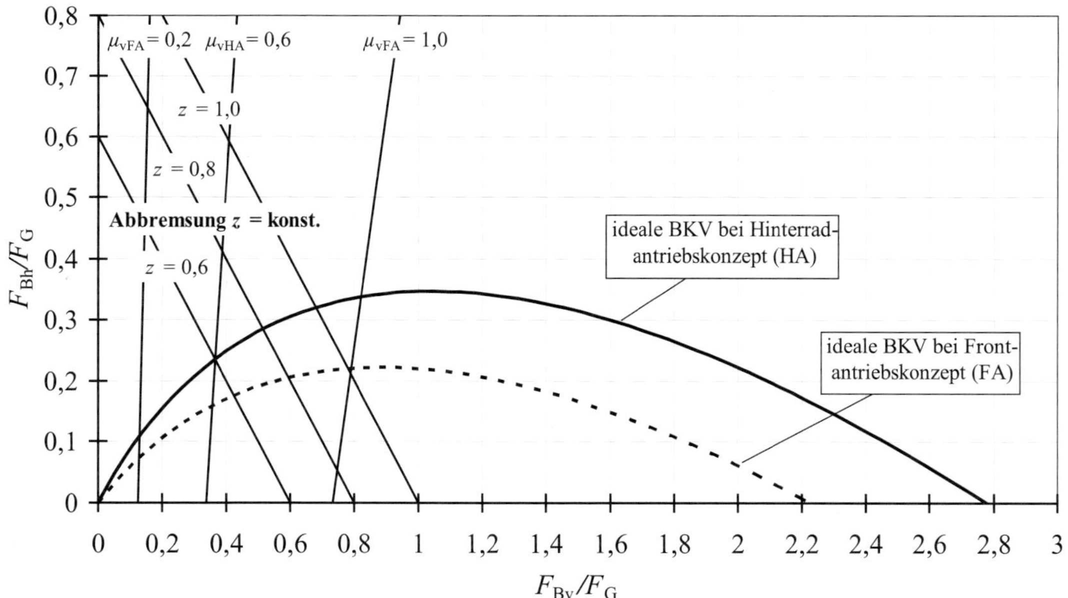

Bild 12.2: *Fahrzeug I – Bremskraftverteilungsdiagramm*

Fahrzeug II:
Rennsportfahrzeug

Fahrzeug:
Radwiderstandsbeiwert (an allen Rädern) 0,015
Luftwiderstandsbeiwert 0,45
Fahrzeugstirnfläche 1,1 m^2
Radstand 2400 mm
Fahrzeugmasse leer mit Fahrer 680 kg
Federrate bezogen auf die Einfederung am Rad
Vorn (pro Rad) 60 N/mm
Hinten (pro Rad) 80 N/mm
Drehmassenzuschlag im Leerlauf 0,10

Fahrzeug III:
Ein SUV (Sport Utility Vehicle) ist mit einem permanenten Allradantrieb mit einer festen Antriebsmomentverteilung Vorderachse zu Hinterachse (VA/HA) ausgestattet.

Fahrzeug:
Radwiderstandsbeiwert (an allen Rädern) 0,015
Bereifung 275/55 R 17 H (an allen Rädern)
Dynamischer Rollradius 0,355 m
Fahrzeugstirnfläche 2,68 m^2
Luftwiderstandsbeiwert 0,38
Dichte der Umgebungsluft 1,23 kg/m^3
Radstand 2840 mm
Fahrzeugmasse leer mit Fahrer 2420 kg
Statische Achslastverteilung VA/HA 0,55/0,45
Schwerpunktshöhe 710 mm

Motor:
8-Zylinder-Viertakt-Dieselmotor
Hubraum 3996 cm^3
Bohrung 86 mm
Hub 86 mm
Max. Leistung 184 kW
bei Nenndrehzahl 4000 min^{-1}
Max. Drehmoment 560 N m
bei 1800 ... 2500 min^{-1}
Kennfeld siehe Bild 12.3

Antriebsstrang:
Automatisierte Reibungskupplung mit 6-Gang-Handschaltgetriebe
Permanenter Allradantrieb mit Verteilerdifferenzial dadurch feste Antriebsmomentverteilung auf Vorder-/Hinterachse
Automatische Schlupfregelung (ASR)
Wirkungsgrad des Antriebsstrangs 0,85
Übersetzung des Achsgetriebes 2,91
Übersetzungen des Getriebes 4,90/2,77/1,71/1,18/0,90/0,78
Drehmassenzuschläge 0,45/0,19/0,12/0,09/0,08/0,08
Drehmassenzuschlag, ausgekuppelt 0,07

Bremsanlage:
Antiblockiersystem (ABS)
Scheibenbremsen an Vorder- und Hinterachse

Fahrzeug IV:
Das Fahrzeug III wird als preisgünstigere Variante mit Frontantrieb anstelle von Allradantrieb realisiert. Als Option soll ein Automatikgetriebe angeboten werden, das entweder mit einer automatisierten Kupplung oder einem Wandler kombiniert wird. Die sonstigen technischen Daten vom Fahrzeug und Motor entsprechen Fahrzeug III, bis auf:
Fahrzeugmasse leer 2350 kg
Statische Achslastverteilung leer VA/HA 0,58/0,42
Fahrzeugmasse voll beladen 2900 kg
Statische Achslastverteilung voll beladen VA/HA 0,55/0,45

Antriebsstrang:
Automatisierte Reibungskupplung oder Wandler mit 6-Gang-Automatikgetriebe
Wirkungsgrad des Antriebsstrangs ohne Wandler 0,88
Übersetzung des Achsgetriebes 2,91
Übersetzungen des Getriebes 3,68/2,24/1,49/1,09/0,88/0,78
Drehmassenzuschläge bei
Fahrzeug leer mit Fahrer 0,40/0,18/0,11/0,08/0,07/0,07
im Leerlauf 0,05

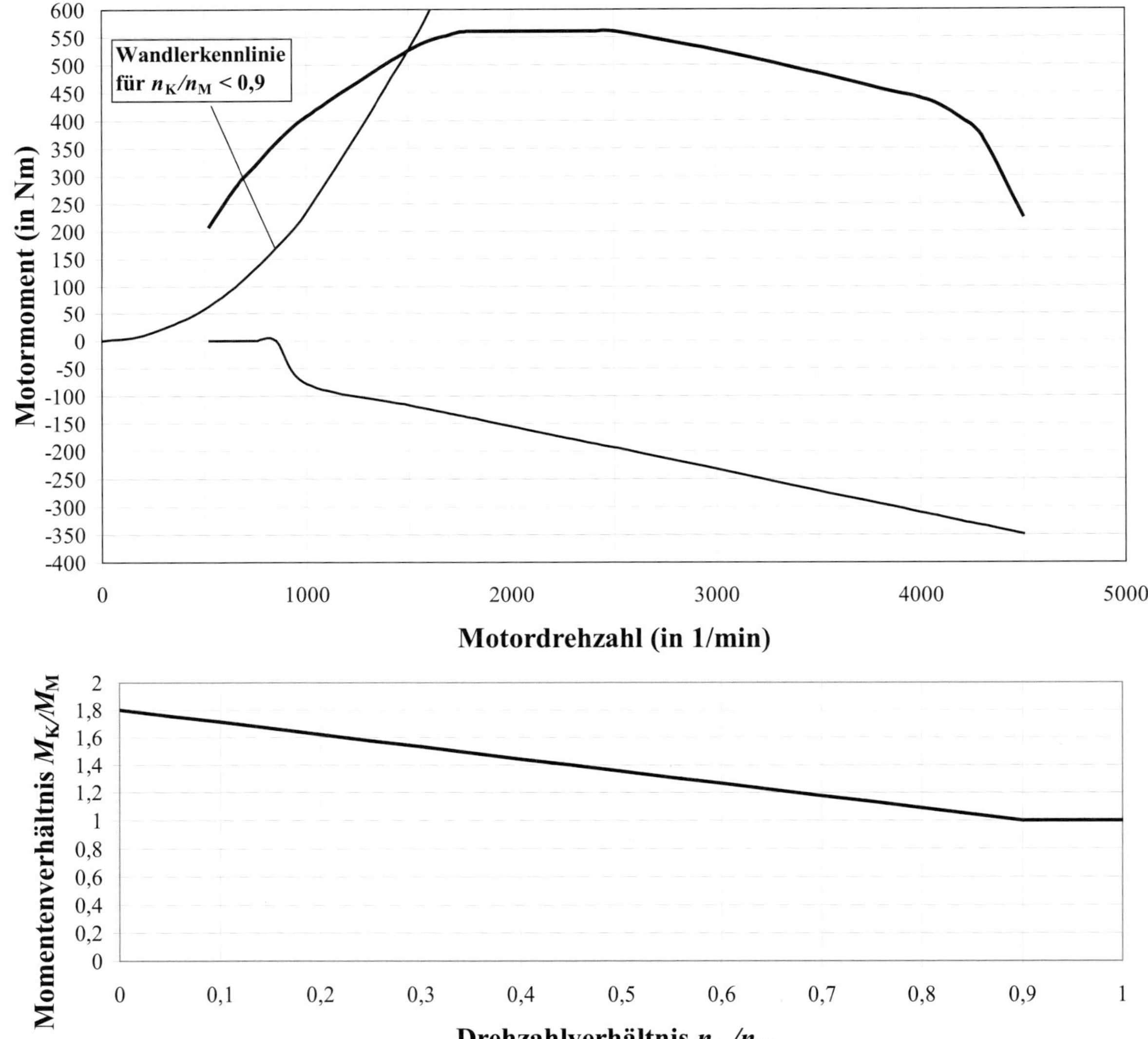

Bild 12.3: *Fahrzeug III – Motormoment/Motorbremsmoment als Funktion der Motordrehzahl und Wandlerkennlinien*

Bremsanlage mit ABS:

Scheibenbremsen vorn mit 4-Kolben-Festsattelbremse und hinten mit 2-Kolben-Festsattelbremse

Bremskraftverstärker mit Verstärkungsfaktor 3,8

Pedalübersetzung 2,5

Hauptbremszylinder – Durchmesser 11/8 Zoll (28,6 mm)

Radbremskolben – Durchmesser hinten 48 mm

Wirksamer Reibradius vorn 128 mm

Wirksamer Reibradius hinten 121 mm

Belagreibwert vorn und hinten 0,40

Wirkungsgrad der Radzylinder und des Hauptbremszylinders 0,95

Bremskraftverteilung siehe Bild 12.4

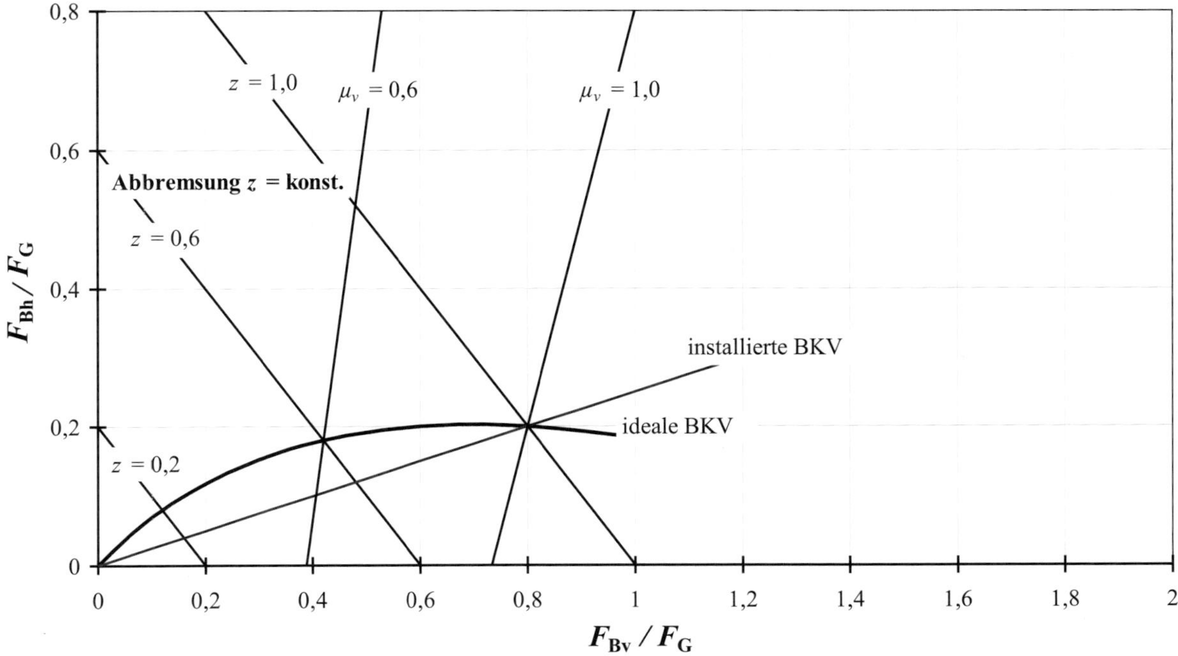

Bild 12.4: *Fahrzeug IV – Bremskraftverteilungsdiagramm*

12.2 Aufgaben

Wenn nichts anderes angegeben ist, darf von folgenden Bedingungen ausgegangen werden:

- windstill,
- Fahrzeug ist unbeladen (mit Fahrer),
- trockene Fahrbahn,
- keine Steigung,
- keine Kurvenfahrt.
- Erdbeschleunigung g = 9,81 m/s²,
- Luftdichte ρ = 1,23 kg/m³,
- der Schlupf ist zu vernachlässigen.

Die Aufgaben sind im Folgenden nach einzelnen Themenschwerpunkten aufgeteilt.

12.2.1 Aufgaben zum Fahrwiderstand

Aufgabe 1 (Kapitel 7) mit Fahrzeug I:
Bei welcher Geschwindigkeit in km/h sind Luft- und Rollwiderstand gleich?

Aufgabe 2 (7) mit Fahrzeug I:
Das Fahrzeug wird im Gefälle abgestellt. Ab wie viel Prozent Gefälle beginnt das Fahrzeug theoretisch zu rollen, wenn weder ein Gang eingelegt noch die Handbremse angezogen ist?

Aufgabe 3 (7) mit Fahrzeug I:
Mit dem Fahrzeug wird ein Ausrollversuch durchgeführt. Die gemessenen Verzögerungen betragen bei 108 km/h 0,44 m/s² und bei 36 km/h 0,165 m/s².

a) Welche Werte ergeben sich hieraus für den Luftwiderstandsbeiwert und den Rollwiderstandsbeiwert (Werte sind abweichend von den Angaben zu Fahrzeug I!)?

b) * Es wird nun davon ausgegangen, dass die zu Fahrzeug I angegebenen Werte c_w = 0,27 und f_R = 0,011 richtig sind, bei der Messung aber Umgebungswind geherrscht hat. Wie groß war theoretisch die Windgeschwindigkeit in m/s unter der vereinfachten Annahme, dass die Windrichtung genau entgegengesetzt zur Fahrtrichtung war?

c) * Alternativ zu b) wird jetzt davon ausgegangen, dass es windstill war, die Straße aber eine leichte Steigung hatte. Wie groß müsste die Steigung in % sein, damit die Werksangaben zu dem gemessenen Verzögerungswert bei 108 km/h passen? (Setzen Sie beim Term zum Rollwiderstand $\cos\alpha = 1$.)

d) * Wie in c) soll davon ausgegangen werden, dass es windstill war, die Straße aber eine leichte Steigung hatte. Jetzt soll allerdings mit dem Verzögerungswert bei 36 km/h die Steigung in % bestimmt werden. Warum ergibt sich jetzt eine kleinere Steigung?

Aufgabe 4 (7) mit Fahrzeug II:
Bei einem Rennsportfahrzeug sollen Auftriebsbeiwerte, Luftwiderstands- und Rollwiderstandsbeiwert im Fahrversuch ermittelt werden. (Der Radwiderstandsbeiwert f_R ist als radlastunabhängig anzunehmen, der Einfluss des Bodenabstandes auf das Produkt $c_w \cdot A$ ist ebenfalls zu vernachlässigen.)

a) * Zum Bestimmen der Auftriebsbeiwerte werden die Einfederwege gemessen. Um Einflüsse durch den Dämpfer gering zu halten, wird der Versuch auf einer absolut ebenen Teststrecke durchgeführt. Durch entsprechende Spoiler hat das Fahrzeug an beiden Achsen Abtrieb (die Achs-Auftriebsbeiwerte c_{zv} und c_{zh} werden negativ). Bei 200 km/h ergeben sich folgende Einfederwege gegenüber dem stehenden Fahrzeug: Vorderachse 4 mm, Hinterachse 5 mm. Bestimmen Sie die Achs-Auftriebsbeiwerte.

b) * Welche Verzögerungen werden bei einem Ausrollversuch theoretisch bei 180 km/h und bei 36 km/h gemessen, wenn der Luftwiderstandsbeiwert $c_w = 0{,}45$ und der Radwiderstand $f_R = 0{,}015$ beträgt? Berücksichtigen Sie bei der Bestimmung des Radwiderstands die dynamische Radlasterhöhung durch den Abtrieb.

c) Tatsächlich wird beim Bestimmen des Luft- und Radwiderstands beim Ausrollversuch der Abtrieb vernachlässigt. Welche Werte erhalten Sie dann, wenn Sie die errechneten Verzögerungen aus Aufgabe b) als Messwerte annehmen?

d) ** Warum wird nur der Luftwiderstandsbeiwert falsch bestimmt?

12.2.2 Aufgaben zur Höchstgeschwindigkeit

Aufgabe 5 (7, 8, 9.1, 11.2) mit Fahrzeug I:
Es ist bei den folgenden Aufgaben von einem Antriebsschlupf $\lambda_A = 2$ % auszugehen.

a) Welche Höchstgeschwindigkeit könnte das Fahrzeug aufgund der maximalen Motorleistung theoretisch erreichen?

b) * Tatsächlich erreicht das Fahrzeug im 5. Gang, der „überdrehend“ ausgelegt ist, nur eine Höchstgeschwindigkeit von 234 km/h. Welche Leistung gibt der Motor bei Höchstgeschwindigkeit ab?

c) Wie ist der 5. Gang übersetzt? (Leistungskurve beachten!)

d) Im 6. Gang, der als Schongang ausgelegt ist, wird die gleiche Höchstgeschwindigkeit erreicht. Welche Übersetzung hat der 6. Gang?

e) Auf das Fahrzeug werden Reifen mit einem 5 % größeren Abrollumfang montiert. Der Einfluss auf Luft- und Radwiderstand ist vernachlässigbar. Ändert sich hierdurch die Höchstgeschwindigkeit im 6. Gang? Wenn ja, wird die Höchstgeschwindigkeit im 6. Gang größer oder kleiner? Begründen Sie Ihre Antwort.

f) In den folgenden Aufgaben ist wieder die Originalbereifung montiert (entsprechend Daten Fahrzeug I). In einem Autobahngefälle erreicht der Fahrzeugmotor im 6. Gang die Nenndrehzahl. Wie schnell in km/h fährt das Fahrzeug jetzt?

g) Welches Gefälle in % ist mindestens erforderlich, damit die in d) errechnete Geschwindigkeit bei Windstille erreicht werden kann? (Setzen Sie beim Term zum Rollwiderstand $\cos\alpha = 1$.)

h) Nun wird wieder in der Ebene gefahren. Durch Gegenwind (Windrichtung exakt entgegen der Fahrtrichtung) reduziert sich die Höchstgeschwindigkeit im 6. Gang auf 198 km/h. Wie groß ist jetzt die Motorleistung?

i) Wie groß ist die Umgebungswindgeschwindigkeit in m/s?

j) Bleibt bei Gegenwind die erreichbare Höchstgeschwindigkeit durch Herunterschalten in den 5. Gang gleich oder wird sie größer oder geringer? Begründen Sie Ihre Antwort ohne Rechnung.

k) Die Aerodynamik des Serienfahrzeugs ist so optimiert, dass der Auftrieb an Vorderachse und Hinterachse jeweils null ist (vgl. Daten zu Fahrzeug 1, Abschnitt 12.1). Eine Tuningfirma bietet einen Frontspoiler an, der an der Vorderachse einen Abtrieb erzeugt (Auftriebsbeiwert c_{zv} = –0,25). Der Auftrieb an der Hinterachse bleibt null. Um wie viel Newton nimmt die Vorder-Achslast bei Höchstgeschwindigkeit (234 km/h) zu? Die Gewichtszunahme durch den Frontspoiler ist vernachlässigbar.

l) * Die Tuningfirma wirbt damit, dass durch ihren Frontspoiler auch der Luftwiderstand leicht reduziert wird. Die gemessene Höchstgeschwindigkeit des Fahrzeugs mit Spoiler bleibt aber gleich. Wie groß ist der Luftwiderstandsbeiwert des Fahrzeugs mit diesem Frontspoiler unter der Annahme, dass die Fahrzeugstirnfläche weder durch den Spoiler noch durch den Abtrieb verändert wird? (Hinweis: Der Abtrieb hat Einfluss auf den Radwiderstand.)

m) ** Ist die Aussage des Verkäufers richtig, dass durch die Reduzierung des Luftwiderstands aufgrund des Frontspoilers Kraftstoff eingespart werden kann? Begründen Sie kurz Ihre Antwort.

n) * Welchen Einfluss hat der Spoiler bei hohen Geschwindigkeiten auf das Eigenlenkverhalten?

o) * Warum ist dieser Einfluss bei hohen Geschwindigkeiten eher kritisch?

12.2.3 Aufgaben zur Steig- und Beschleunigungsfähigkeit

Aufgabe 6 (7, 8, 9.3, 11.1) mit Fahrzeug I:
Der Luftwiderstand ist in Aufgabe 6 zu vernachlässigen. Es ist ein Antriebsschlupf von 2 % zu berücksichtigen.

a) Welche Beschleunigung ist in der Ebene mit Frontantrieb bei einem Kraftschluss $\mu = 1{,}1$ bei ausreichender Antriebskraft maximal möglich?

b) Wie muss die Übersetzung des 1. Gangs gewählt werden, damit diese Beschleunigung im eingekuppelten Zustand im 1. Gang auch aufgrund der Antriebsleistung gerade erreicht werden kann?

c) * In Aufgabe c) soll das Steigvermögen mit der Version mit Hinterradantrieb verglichen werden. Bei Hinterradantrieb wird eine statische Achslastverteilung VA/HA von 0,50/0,50 angenommen (vgl. Fahrzeugdaten). Die sonstigen relevanten Größen wie Fahrzeugmasse, Radstand, Schwerpunktshöhe etc. sind für beide Versionen identisch! Bei welchem Kraftschluss haben beide Antriebskonzepte die gleiche Steigfähigkeit? Zur Erleichterung der Lösung darf bei dieser Teilaufgabe der Radwiderstand vernachlässigt werden!

d) Welche Steigung in % kann mit dem in c) berechneten Kraftschluss befahren werden? Vernachlässigen Sie auch bei dieser Teilaufgabe den Radwiderstand.

e) * In dieser Teilaufgabe soll die Übersetzung des 3. Gangs festgelegt werden. Um eine nahezu optimale Beschleunigung zu erzielen, soll die Übersetzung des 3. Gangs so gewählt werden, dass beim Hochschalten in den 4. Gang bei Erreichen der Motorhöchstdrehzahl kein Leistungsabfall entsteht. Schlupf und Geschwindigkeitsabfall während des Schaltvorgangs dürfen vernachlässigt werden. (Hinweis: Betrachten Sie zunächst die Motorleistung bei Höchstdrehzahl und bestimmen Sie daraus die Motordrehzahl im 4. Gang.)

f) * Die Übersetzung des 2. Gangs soll so gewählt werden, dass die Gänge 1 bis 4 progressiv nach Jante abgestimmt sind.

g) Nun soll in der Steigung aus Aufgabe d) das Beschleunigungsverhalten analysiert werden. Welche Beschleunigung ist im 2. Gang im eingekuppelten Zustand bei einer Fahrgeschwindigkeit von 36 km/h und ausreichendem Kraftschluss maximal möglich?

h) Welcher Kraftschluss ist bei der Version mit Hinterradantrieb und der bei den Fahrzeugdaten angegebenen Achslastverteilung in dieser Steigung bei gleicher Beschleunigung mindestens erforderlich? Das Trägheitsmoment der nicht angetriebenen Räder ist hierbei zu vernachlässigen.

i) * Ist der erforderliche Kraftschluss bei der Version mit Frontantrieb größer, gleich oder kleiner als bei Hinterradantrieb? Begründen Sie Ihre Antwort ohne Rechnung.

Um die beiden Antriebskonzepte weiter zu vergleichen, werden in den folgenden Teilaufgaben die Fahrzeuge auf einer Strecke mit 7 % Steigung und winterglatten Verhältnissen betrachtet.

j) Wie groß wird der Fahrwiderstand bei **leerem** Fahrzeug und konstanter Geschwindigkeit in 7 % Steigung?

k) Welcher Kraftschluss ist zum Befahren dieser Steigung mit konstanter Geschwindigkeit bei **leerem** Fahrzeug **mit Frontantrieb** mindestens erforderlich?

l) Welcher Kraftschluss ist zum Befahren dieser Steigung mit konstanter Geschwindigkeit bei **leerem** Fahrzeug **mit Standardantrieb** mindestens erforderlich?

m) ** Bei welcher Beladung benötigen beide Antriebskonzepte bei konstanter Fahrt in 7 % Steigung den gleichen Kraftschluss? Das Fahrzeug wird direkt über der Hinterachse beladen, d. h., in der Ebene bleibt die statische Achslast vorn konstant. Der Einfluss der Beladung auf die Schwerpunktshöhe darf vernachlässigt werden! (Hinweis: Der Fahrwiderstand steigt zwar durch die Beladung, er ist aber immer bei beiden Antriebskonzepten gleich groß.)

Aufgabe 7 (7, 8, 9, 11.1) mit Fahrzeug III:
In Aufgabe 7 ist der Luftwiderstand zu vernachlässigen und ein Antriebsschlupf von 3 % zu berücksichtigen.

In den ersten Teilaufgaben wird das Fahrzeug in einer Steigung von 70 % bei konstanter Fahrgeschwindigkeit untersucht.

a) Welches Motormoment ist im 1. Gang für eine konstante Geschwindigkeit in dieser Steigung erforderlich?

b) Wie schnell muss das Fahrzeug ohne schleifende Kupplung mindestens fahren, damit die Leistung des Motors ausreicht?

c) Welcher Kraftschluss ist notwendig, wenn die Antriebsmomentverteilung bei diesem Fahrzustand dem sog. idealen Allradantrieb entspricht?

d) * Wie muss die Antriebsmomentverteilung HA/VA ausgelegt sein, damit sie bei dieser Steigungsfahrt mit konstanter Geschwindigkeit dem idealen Allradantrieb entspricht? Geben Sie die Antriebsmomentverteilung jeweils in % vom gesamten Antriebsmoment an (z. B. 48 %/52 %).

In den folgenden Teilaufgaben ist in dieser Steigung von 70 % das Anfahrverhalten zu untersuchen. Die automatisierte Kupplung hält die Drehzahl während des Anfahrvorgangs konstant. (Hinweis: Durch das Verteilerdifferenzial ergibt sich ein festes Momentenverhältnis HA/VA. Die Achsdrehzahlen können aber unterschiedlich groß werden, um Kurven ohne Verspannung des Antriebs befahren zu können → Der notwendige Kraftschluss kann an beiden Achsen unterschiedlich groß werden.)

e) * Auf welche Mindestdrehzahl muss die automatisierte Kupplung bei Volllast (Vollgas) einregeln, um maximale Beschleunigung während des Anfahrvorgangs zu erreichen?

f) Welche maximale Beschleunigung stellt sich dann während des Anfahrvorgangs bei ausreichendem Kraftschluss ein?

g) Wie groß werden die Achslasten bei dem Anfahrvorgang in dieser Steigung?

h) * Wie groß werden die Antriebskräfte an Vorder- und Hinterachse? (Hinweis: Berücksichtigen Sie die Antriebsmomentverteilung VA/HA, die Sie in d) bestimmt haben.)

i) * Welcher Kraftschluss ist mindestens erforderlich, um in dieser Steigung die in f) berechnete Beschleunigung zu erreichen?

Aufgabe 8 (7, 8, 9.3, 11.1) mit Fahrzeug IV mit automatisierter Kupplung:

In dieser Aufgabe ist der Luftwiderstand zu vernachlässigen. Es ist ein Schlupf von 3 % anzusetzen. In einer Gebirgsstrecke mit 13 % Steigung werden Beschleunigungsversuche durchgeführt. Die automatisierte Kupplung hält die Motordrehzahl während des Einkuppelvorgangs konstant, wobei die Drehzahl lastabhängig gewählt wird.

a) Es wird zunächst im 1. Gang sehr sanft angefahren. Die automatisierte Kupplung hält hierbei die Drehzahl auf 650 min^{-1} konstant. Nach Beendigung des Einkuppelvorgangs wird voll beschleunigt. Welche maximale Beschleunigung wird bei ausreichendem Kraftschluss erreicht?

b) * Auf welche Drehzahl regelt die Kupplung beim Anfahren mit Volllast, damit während des Einkuppelvorgangs die gleiche Beschleunigung wie in a) erzielt wird (Kennfeld beachten)?

c) Theoretisch sind in Aufgabe b) zwei Drehzahlen denkbar. Warum wählt der Fahrzeughersteller die kleinere Drehzahl?

d) Welcher Kraftschluss ist mindestens erforderlich, damit die in a) bestimmte Beschleunigung auch wirklich erreicht werden kann?

e) * Der automatisierte Schaltvorgang vom 1. in den 2. Gang wird bei einer Motordrehzahl von 4400 min^{-1} eingeleitet und dauert 1,2 s. Welche Drehzahl ergibt sich im 2. Gang direkt nach dem Schaltvorgang? (Vernachlässigen Sie die kurzen Momente, in denen die Kupplung schleift.)

f) * Nun wird an das Fahrzeug ein Anhänger mit 2000 kg Masse angehängt und der Beschleunigungsversuch im 1. Gang wiederholt. Der Drehmassenzuschlag der Anhängerräder beträgt, bezogen auf die Anhängermasse, 0,04 und der Rollwiderstandsbeiwert entspricht dem der Zugfahrzeugräder. Welche Beschleunigung wird jetzt während des Einkuppelvorgangs mit der Drehzahl, die Sie in Aufgabe b) bestimmt haben, maximal erreicht?

g) * Wie lange dauert der Einkuppelvorgang?

h) * Wie viel Energie wird an der Kupplung während des Anfahrvorgangs in Wärme umgewandelt?

i) Nun wird diese Bergstrecke **abwärts** (13 % Gefälle) **mit Anhänger** im 2. Gang im Schubbetrieb (max. Motorbremse, keine Betriebsbremse) befahren. Welches Motorbremsmoment ist erforderlich, damit die Geschwindigkeit konstant bleibt?

j) Welche Geschwindigkeit stellt sich ein, wenn der Schlupf vernachlässigt wird (Kennfeld beachten)?

k) Wird die tatsächliche Geschwindigkeit theoretisch minimal größer oder kleiner, als in j) berechnet, wenn der Schlupf, der sich bei diesem Fahrzustand einstellt, berücksichtigt wird? Bitte begründen Sie kurz Ihre Antwort.

Aufgabe 9 (7, 8, 9, 11.1) mit Fahrzeug IV mit automatisierter Kupplung:

In Aufgabe 9 sind Rad- und Luftwiderstand zu vernachlässigen. Es wird das Steigvermögen mit dem **voll beladenen** Fahrzeug untersucht.

a) * Der angegebene Drehmassenzuschlag ε_0 gilt für das leere Fahrzeug. Wie groß ist dieser Drehmassenzuschlag für das voll beladene Fahrzeug?

b) * Die automatisierte Kupplung regelt die Motordrehzahl beim Anfahren mit Volllast auf 1200 min^{-1}, vgl. Aufgabe 8b). Wie groß darf die Steigung maximal werden, damit das Fahrzeug beim Anfahren noch eine Beschleunigung von 0,5 m/s^2 erreicht?

c) Welcher Kraftschluss ist mindestens erforderlich, damit in dieser Steigung auch tatsächlich mit

Frontantrieb eine Beschleunigung von 0,5 m/s² erreicht werden kann?

d) Welche Antriebskraft und welcher Kraftschluss sind erforderlich, um mit konstanter Geschwindigkeit in dieser Steigung mit Frontantrieb zu fahren?

Der Hersteller möchte das Fahrzeug optional mit einem Hybridantrieb ausstatten (kombinierter Antrieb aus Verbrennungsmotor und Elektromotor) und gleichzeitig die Steigfähigkeit verbessern. Hierfür sollen die Hinterräder über den Elektromotor angetrieben werden, sodass durch kurzzeitigen Betrieb beider Antriebe ein Allradantrieb realisiert wird. Man geht davon aus, dass die Schwerpunktslage des voll beladenen Fahrzeugs durch Einbau der Batterien im Vorbau gleich bleibt, das Fahrzeug aber 200 kg schwerer wird.

e) Welche Steigung in % kann mit dem in d) errechneten Kraftschluss maximal mit konstanter Geschwindigkeit befahren werden, wenn das Fahrzeug mit idealem Allradantrieb betrieben wird?

f) Welche Achslasten ergeben sich bei konstanter Fahrt in dieser Steigung? (Das Fahrzeug mit Allradantrieb wiegt 200 kg mehr, die Schwerpunktslage bleibt aber gleich, siehe oben.)

g) * Welche Antriebskraft muss durch den Elektromotor an der Hinterachse bereitgestellt werden, damit tatsächlich idealer Allradantrieb bei der in e) errechneten Steigung realisiert werden kann?

h) * Bestimmen Sie die Antriebskraft an der Vorderachse. Warum ist diese trotz 200 kg Mehrgewicht wesentlich geringer als in d), obwohl der Kraftschluss gleich geblieben ist?

Aufgabe 10 (7, 8, 9.3, 11.1) mit Fahrzeug IV:
In Aufgabe 10 sind der Luftwiderstand zu vernachlässigen und ein Antriebsschlupf von 3 % zu berücksichtigen. In dieser Aufgabe soll überprüft werden, ob bei Fahrzeug IV der 1. Gang durch Ersetzen der automatisierten Kupplung durch einen Wandler eingespart werden kann. Die Kennlinie Momentenverhältnis – Kupplungsmoment – Motormoment als Funktion des Drehzahlverhältnisses Kupplungsdrehzahl/Motordrehzahl ist bei den Fahrzeugdaten angegeben. Hierzu wird die Beschleunigung mit dem **voll beladenen Fahrzeug** in der Ebene betrachtet. Der Drehmassenzuschlag $\varepsilon_{\text{Obel}} = 0{,}04$.

a) * Es wird der Anfahrvorgang mit Wandler im **2. Gang** durchgeführt. Welche Motordrehzahl stellt sich bei Volllast aufgrund der Wandlerkennlinie ein?

b) Welches Moment gibt dabei der Motor ab?

c) * Um eine optimale Beschleunigung zu erzielen, wird zunächst die Bremse betätigt und Vollgas gegeben. Wie groß wird die Beschleunigung direkt beim Anfahren (Geschwindigkeit annähernd null) nach Lösen der Bremse bei ausreichendem Kraftschluss? Rechnen Sie die Beschleunigung vereinfacht mit einem Drehmassenzuschlag $\varepsilon = \varepsilon_{\text{Obel}} = 0{,}04$. (Kennlinien des Wandlers bei den Fahrzeugdaten beachten!)

d) Welcher Kraftschluss ist für die Beschleunigung in d) mindestens erforderlich?

e) * Ab welcher Geschwindigkeit in km/h arbeitet der Wandler nur noch als Föttinger-Kupplung? (Kennlinie des Wandlers bei den Fahrzeugdaten beachten.)

f) Welche maximale Beschleunigung stellt sich bei dieser Geschwindigkeit ein? (Rechnen Sie mit einem Drehmassenzuschlagsfaktor $\varepsilon = \varepsilon_{\text{Obel}} = 0{,}04$.)

g) ** Wie lange dauert der Beschleunigungsvorgang von null bis zu der in f) berechneten Geschwindigkeit?

h) ** Der Kraftschluss ist jetzt durch einsetzenden Regen auf $\mu = 0{,}7$ herabgesetzt, und es ist keine Schlupfregelung vorgesehen. Welche Motordrehzahl stellt sich bei Volllast ein, solange die Räder beim Beschleunigen durchdrehen?

i) ** Wie lange drehen die Räder theoretisch durch?

In den nächsten Teilaufgaben soll zum Vergleich die Beschleunigung im 1. Gang mit der automatisierten Kupplung, ebenfalls mit **voll beladenem Fahrzeug** in der Ebene betrachtet werden. (Gehen Sie von einem ausreichenden Kraftschluss aus.)

j) Die automatisierte Kupplung hält die Motordrehzahl während des Einkuppelvorgangs auf einer konstanten Drehzahl. Welche Drehzahl ist mindestens erforderlich, damit die maximale Beschleunigung erzielt wird?

k) Die Kupplung wird auf diese Mindestdrehzahl einprogrammiert. Welche Beschleunigung stellt sich während des Einkuppelvorgangs ein?

l) Bei welcher Geschwindigkeit in km/h ist der Einkuppelvorgang beendet?

m) Wie lange dauert der Einkuppelvorgang?

n) Wie groß ist die Beschleunigung direkt nach Beendigung des Einkuppelvorgangs?

o) Wie lange dauert der Beschleunigungsvorgang von null auf die unter f) berechnete Geschwindigkeit?

p) Welcher Kraftschluss ist bei der Version mit automatisierter Kupplung mindestens erforderlich, damit die Räder beim oben betrachteten Beschleunigungsvorgang nicht durchdrehen?

q) * Der Kraftschluss ist jetzt ebenfalls durch einsetzenden Regen auf $\mu = 0{,}7$ herabgesetzt, und es ist keine Schlupfregelung vorgesehen. Welche Motordrehzahl stellt sich bei Volllast ein, solange die Räder beim Beschleunigen durchdrehen?

Zur Festlegung der Leerlaufdrehzahl bei der Version mit Wandler wird in den folgenden Teilaufgaben eine Steigung von 10 % betrachtet. Es wird wieder im 2. Gang angefahren.

r) Welche Antriebskraft ist mindestens erforderlich, damit das Fahrzeug beim Lösen der Bremse in dieser Steigung vorwärts anfährt?

s) ** Welches Moment muss der Motor mindestens abgeben, damit das Fahrzeug **bei eingelegter Fahrstufe** beim Lösen der Bremse vorwärts anfährt? (Wandlerkennkurven bei den Fahrzeugdaten beachten.)

t) Auf welche Drehzahl muss der Leerlaufregler die Motordrehzahl regeln, damit dieses Moment vom Motor ohne Betätigung des Gaspedals abgegeben wird?

u) ** Auf welche Drehzahl muss der Leerlaufregler die Motordrehzahl mindestens regeln, damit das Fahrzeug in einer Steigung von 10 % beim Lösen der Bremse ohne Betätigung des Gaspedals **nicht zurückrollt**?

Aufgabe 11 (7, 8, 9.3) mit Fahrzeug I, teilweise mit stufenlosem Getriebe:

In Aufgabe 11 wird das Fahrzeug I zusätzlich zum Schaltgetriebe mit einem stufenlosen Getriebe (CVT) untersucht. Abgesehen von den fehlenden festen Getriebeübersetzungen sind sämtliche Daten bis auf den Wirkungsgrad des Antriebsstrangs $\eta_{ACVT} = 0{,}82$ bei der Version mit CVT-Getriebe gleich. In Aufgabe 11 sind, wenn nicht anders angegeben, Luft- und Radwiderstand und ein Antriebsschlupf von 2 % zu berücksichtigen.

In den ersten Teilaufgaben soll die maximal mögliche Beschleunigung bei 90 km/h in der Ebene für die zwei Getriebeversionen verglichen werden.

a) Welche Übersetzung muss am CVT-Getriebe gewählt werden, damit die Beschleunigung maximal wird?

b) Welche Beschleunigung kann dann mit dem CVT-Getriebe erreicht werden, wenn die Übersetzung während des Beschleunigungsvorgangs kontinuierlich variiert wird, sodass die Motordrehzahl konstant bleibt?

c) Welchen Gang würden Sie beim Schaltgetriebe wählen, um maximale Beschleunigung bei 90 km/h zu erreichen? Bitte begründen Sie Ihre Wahl rechnerisch.

d) Welche maximale Beschleunigung wird dann mit der Schaltgetriebe-Version bei 90 km/h erreicht?

e) Nennen Sie zwei Gründe, warum die Beschleunigung mit dem CVT-Getriebe größer ist als mit dem Schaltgetriebe, obwohl das CVT-Getriebe einen schlechteren Wirkungsgrad hat.

In den nächsten Teilaufgaben wird das Fahrzeug auf einer Teststrecke mit konstanter Steigung von 30 % betrachtet. Hierbei darf der Luftwiderstand vernachlässigt werden.

f) Wie groß ist der Fahrwiderstand bei konstanter Geschwindigkeit in dieser Steigung?

g) Zunächst wird die Version mit stufenlosem Getriebe betrachtet. Auf welche Motordrehzahl muss das stufenlose Getriebe geregelt werden, damit die maximal mögliche Geschwindigkeit in 30 % Steigung erreicht wird?

h) Welche Geschwindigkeit in km/h wird mit dem stufenlosen Getriebe maximal in 30 % Steigung erreicht?

i) Kann die gleiche Geschwindigkeit auch mit dem Fahrzeug mit Schaltgetriebe in dieser Steigung erreicht werden? Führen Sie einen rechnerischen Nachweis.

12.2.4 Aufgaben zum Kraftstoffverbrauch

Aufgabe 12 (7, 8, 10) mit Fahrzeug I:
Bei einem Versuch wird das Fahrzeug mit Hinterradantrieb in einer Steigung von 5 % mit konstanter Geschwindigkeit von 45 km/h gefahren.

a) Wie groß ist der Fahrwiderstand?

b) Welche Motorleistung ist erforderlich?

c) Diese Fahrt wird versuchsweise in allen Gängen durchgeführt. Welche Drehzahlen ergeben sich jeweils für die 6 Gänge? Rechnen Sie mit folgenden Getriebe-Übersetzungen: $i_1 = 4{,}13$, $i_2 = 2{,}25$, $i_3 = 1{,}4$, $i_4 = 1{,}0$, $i_5 = 0{,}85$, $i_6 = 0{,}73$).

d) Welchen spezifischen Verbrauch hat der Fahrzeugmotor jeweils (Interpolation zwischen den einzelnen Linien im Verbrauchskennfeld ist erforderlich)?

e) Welcher Streckenverbrauch stellt sich jeweils ein?

f) In welchem Gang wird der geringste Verbrauch erzielt? Der Verbrauch lässt sich in diesem Gang weiter reduzieren, indem diese Steigungsstrecke mit einer anderen konstanten Geschwindigkeit befahren wird. Muss die Geschwindigkeit höher oder geringer sein? Beweisen Sie dies, indem Sie den Streckenverbrauch in diesem Gang nach einer Geschwindigkeitsänderung um 15 km/h erneut bestimmen.

Aufgabe 13 (7, 8, 10) mit Fahrzeug I:
Für einen Dauerversuch wird das Fahrzeug auf einer ebenen Kreisbahn mit einem Radius von 500 m mit konstanter Geschwindigkeit von 150 km/h im 4. Gang gefahren. In dieser Aufgabe ist ein Antriebsschlupf von 2 % zu berücksichtigen.

a) Welcher Fahrwiderstand stellt sich bei Windstille ein?

b) Welchen spezifischen Kraftstoffverbrauch hat der Motor bei diesem Fahrzustand?

c) Welcher Streckenverbrauch in Liter/100 km stellt sich bei dieser Kreisfahrt ein?

d) * Nun wird eine andere Versuchsstrecke – ebenfalls mit Radius 500 m – aber mit Querneigung (Steilwandkurve) verwendet. Welche Querneigung muss die Fahrbahn haben, damit das Fahrzeug ohne Seitenkraft an den Rädern die Kurve durchfahren kann?

e) ** Liegt der Streckenverbrauch des Fahrzeugs nun höher oder tiefer als in c)? Weisen Sie Ihre Antwort rechnerisch nach! (Einflüsse durch die Steilwandkurve und durch Umgebungswind auf den Luftwiderstand können vernachlässigt werden!)

Aufgabe 14 (7, 8, 10) mit Fahrzeug I:
Bestimmen Sie den Kraftstoffverbrauch (in Liter je 100 km) bei 100 km/h in der Ebene im 4. Gang. (Der spezifische Verbrauch ist im Diagramm jeweils zu interpolieren.)

a) Das Fahrzeug ist unbeladen.

b) Mit dem Fahrzeug werden nun 600 kg Baumaterial transportiert. Diese Zuladung von 600 kg stellt für dieses Fahrzeug eine Überladung dar. Durch die starke Einfederung an der Hinterachse erhöht sich der Luftwiderstand um 10 %. Die Kinematik der Hinterachse bewirkt, dass sich an den Hinterrädern jeweils ein Vorspurwinkel von 1° einstellt. Wie groß wird nun der Fahrwiderstand bei 90 km/h in der Ebene?

c) Wie groß ist unter den Bedingungen aus b) der Kraftstoffverbrauch (Liter/100 km) im 4. Gang?

d) * Nun wird das Fahrzeug nicht beladen, sondern es wird ein Anhänger angehängt, der mit Ladung 750 kg wiegt. Der Anhänger ist so flach, dass der Einfluss des Anhängers auf den Gesamt-Luftwiderstand vernachlässigt werden darf. Die Stützlast beträgt während der Fahrt 50 kg (500 N). Auf den Anhänger sind Winterreifen montiert, und der Reifendruck ist zu gering, so dass die Anhängerräder einen Radwiderstandsbeiwert $f_R = 0{,}03$ haben. Wie groß ist jetzt der Fahrwiderstand bei 100 km/h?

e) Wie groß ist jetzt der Streckenverbrauch im 4. Gang?

f) Um wie viel Prozent haben durch die Beladung bzw. durch den Anhänger der Fahrwiderstand und der Verbrauch im 4. Gang jeweils zugenommen?

g) * Warum ist die prozentuale Zunahme des Verbrauchs jeweils geringer als die prozentuale Zunahme des Fahrwiderstands?

Aufgabe 15 (7, 8, 10) mit Fahrzeug I, teilweise mit stufenlosem Getriebe:
In dieser Aufgabe wird das Fahrzeug I zusätzlich zum Schaltgetriebe mit einem stufenlosen Getriebe (CVT) untersucht. Abgesehen von den fehlenden festen Getriebeübersetzungen, sind sämtliche Daten bis auf den Wirkungsgrad des Antriebsstrangs $\eta_{ACVT} = 0{,}82$ bei der Version mit CVT-Getriebe gleich.

Das Fahrzeug wird auf einer Strecke mit 7 % Steigung bei einer Fahrgeschwindigkeit von 90 km/h getestet.

a) Welcher Fahrwiderstand stellt sich bei Windstille ein?

b) Wie groß wird der Streckenverbrauch beim Fahrzeug mit Schaltgetriebe im 5. Gang mit $i_5 = 0{,}85$?

c) * Welche Übersetzung müsste beim Fahrzeug mit CVT-Getriebe eingestellt werden, damit der Verbrauch bei obigem Fahrzustand minimal wird?

d) Wie groß wird damit der Streckenverbrauch beim Fahrzeug mit CVT-Getriebe?

e) Welche Motordrehzahl wäre notwendig, um mit dem Fahrzeug optimal zu beschleunigen?

f) * Um das Fahrzeug mit CVT-Getriebe aus dem sparsamen Fahrzustand in c) maximal zu beschleunigen, muss die Motordrehzahl auf die Drehzahl, die Sie in e) bestimmt haben, angehoben werden. Wie lange braucht der Motor bei Volllast für diese Beschleunigung der Motordrehzahl, wenn das Getriebe so geregelt wird, dass das gesamte Motormoment zur Drehbeschleunigung des Motors herangezogen wird? Das Massenträgheitsmoment des Motors mit allen drehbeschleunigten Teilen (auch im CVT-Getriebe) beträgt 0,2 kg m^2. Rechnen Sie vereinfacht mit einem mittleren Motormoment von 180 N m.

g) * Wie müsste man das Getriebe regeln, um dieses relativ träge Ansprechen des Fahrzeugs auf Beschleunigungswünsche des Fahrers zu vermeiden?

12.2.5 Aufgaben zum Bremsverhalten

Aufgabe 16 (11.1) mit Fahrzeug I:
In Aufgabe 16 dürfen **Rad- und Luftwiderstand vernachlässigt** werden. Alle Teilaufgaben a) bis k) außer d) können auch mithilfe des Bremskraftverteilungsdiagramms gelöst werden.

a) Die Bremsanlage ist so ausgelegt, dass bei der Fahrzeugversion mit Hinterradantrieb bei einer Abbremsung von 1,0 die Kraftschlussausnutzung an Vorder- und Hinterachse gleich ist. Welche Bremskraftverteilung F_{Bh}/F_{Bv} ist im Fahrzeug installiert?

b) * Nun wird mit dem Fahrzeug mit Hinterradantrieb auf regennasser Fahrbahn die Bremsverzögerung in der Ebene langsam gesteigert. Ab welcher Abbremsung beginnt auf regennasser Fahrbahn bei einem Kraftschluss von $\mu = 0{,}6$ theoretisch, das ABS zu regeln?

c) Welche Achse wird das ABS in b) zuerst regeln?

d) * Nun wird der gleiche Versuch bei Rückwärtsfahrt wiederholt. Ab welcher Abbremsung beginnt jetzt bei einem Kraftschluss von $\mu = 0{,}6$ theoretisch, das ABS zu regeln? (Das im Fahrzeug installierte ABS arbeitet auch bei Rückwärtsfahrt.)

e) * Durch die Elektronische Bremskraftverteilung (EBV) ist es möglich, die gleiche Bremsanlage auch bei der Version mit Frontantrieb zu installieren. Ab welcher Abbremsung fängt die EBV **bei Frontantrieb** und einem Kraftschluss $\mu = 1{,}0$ idealer Weise an zu regeln?

f) Welche Achse würde bei der Version mit Frontantrieb bei Ausfall von ABS und EBV bei einem Kraftschluss $\mu = 1{,}0$ zuerst blockieren?

g) * Welche Abbremsung ergibt sich bei einem Kraftschluss $\mu = 1{,}0$ in f)?

h) Ist das Fahrzeug dann stabil oder instabil, wenn nur eine Achse blockiert?

i) Das EBV soll an der Version mit Frontantrieb durch einen Bremskraftbegrenzer an der HA-Bremse ersetzt werden, der bei der in e) bestimmten Abbremsung einsetzt. Welche Achse blockiert dann bei Ausfall vom ABS bei einem Kraftschluss $\mu = 1{,}0$?

j) * Welche Abbremsung ergibt sich dann in i)?

k) Ist das Fahrzeug dann stabil oder instabil wenn nur eine Achse blockiert?

In den nächsten Teilaufgaben wird eine Fahrt **in 30 % Gefälle** betrachtet.

l) Welche Achslasten stellen sich bei konstanter Fahrt bei dem Fahrzeug **mit Hinterradantrieb** ein?

m) ** Es soll die Geschwindigkeit bei der Version mit Hinterradantrieb mit der Motorbremse im 2. Gang und der Betriebsbremse konstant gehalten werden. Wie groß muss die Bremskraft an der Antriebsachse aufgrund der Motorbremswirkung sein, damit die Kraftschlussausnutzung an beiden Achsen gleich ist? (Hinweis: Bestimmen Sie zuerst die notwendige Bremskraft an der Vorderachse und beachten Sie die Bremskraftverteilung aus a).)

Aufgabe 17 (11.1) mit Fahrzeug I mit Frontantrieb:

In Aufgabe 17 dürfen Rad- und Luftwiderstand vernachlässigt werden. Die Aufgaben können zum Teil auch mithilfe des Bremskraftverteilungsdiagramms gelöst werden.

Auf einem Testgelände befinden sich mehrere Fahrstreifen mit unterschiedlichen Fahrbahnbelägen nebeneinander.

a) Bei einer Abbremsung $z = 0{,}6$ wird an beiden Achsen der gleiche Kraftschluss ausgenutzt. Wie groß ist die installierte Bremskraftverteilung F_{Bh}/F_{Bv}? (Anmerkung: Die Bremskraftverteilung ist anders als in Aufgabe 16 ausgelegt.)

b) Zuerst wird der Bremsdruck auf einem trockenen Fahrstreifen mit Asphaltbeton und einem Kraftschluss von $\mu = 1{,}2$ langsam gesteigert. Bei welcher Abbremsung muss die Regelung der elektronischen Bremskraftverteilung einsetzen, damit die Kraftschlussausnutzung an der Hinterachse nicht größer wird als an der Vorderachse?

In den folgenden zwei Teilaufgaben werden weitere Bremsversuche auf angenässter Fahrbahn durchgeführt. Hierzu wird auf einer Fahrbahn mit Kacheln gebremst. Diese besitzen einen Kraftschluss von $\mu = 0{,}2$ und simulieren damit eine winterglatte Fahrbahn. Auch hier wird wieder der Bremsdruck langsam gesteigert.

c) An welcher Achse setzt die ABS-Regelung theoretisch zuerst ein? Begründen Sie kurz Ihre Antwort.

d) Welche Abbremsung wird beim Einsetzen der ABS-Regelung theoretisch erreicht?

In den folgenden Teilaufgaben wird in einem weiteren Bremsversuch auf angenässter Fahrbahn mit den linken Rädern auf der Kachelfahrbahn mit einem Kraftschluss $\mu = 0{,}2$ gefahren und mit den rechten Rädern auf der Asphaltbetonstrecke, die durch die Annässung jetzt einen Kraftschluss $\mu = 0{,}8$ hat. Auch bei diesem Versuch wird der Bremsdruck langsam gesteigert.

e) * An welchem Rad wird die ABS-Regelung theoretisch zuerst einsetzen? Begründen Sie kurz Ihre Antwort.

f) Welche Abbremsung wird beim Einsetzen der ABS-Regelung theoretisch erreicht?

g) ** Wie groß werden die Bremskräfte bei einer Abbremsung von $z = 0{,}3$ an den einzelnen Rädern? Gehen Sie davon aus, dass an den linken Rädern bereits der maximale Kraftschluss ausgenutzt wird. (Hinweis: Bestimmen Sie zuerst die Radlasten und gehen Sie davon aus, dass die Radlasten einer Achse jeweils links und rechts gleich groß sind.)

h) Welche Abbremsung ist mit ABS-Regelung bei optimaler Ausnutzung des Kraftschlusses an allen Rädern theoretisch maximal möglich?

i) Erklären Sie mithilfe der Kurve Kraftschluss als Funktion des Schlupfes, warum sich bei der tatsächlichen ABS-Regelung im Allgemeinen im Mittel eine geringere Bremsverzögerung einstellt, als mit idealer ABS-Regelung angenommen wird.

j) * Durch die einseitig höhere Bremskraft entsteht bei der Bremsung entsprechend Aufgabe h) ein Giermoment. Wie groß ist dieses theoretisch, wenn an allen Rädern der maximale Kraftschluss ausgenutzt wird? (Hierbei dürfen Schräglaufwinkel an den Rädern vernachlässigt werden.)

k) * Wie viel Seitenkraft müssen aufgrund des Ergebnisses von i) die Räder einer Achse aufbringen, damit sich das Fahrzeug nicht dreht?

l) * Um diese Seitenkraft aufzubringen, muss der Fahrer (gegen-)lenken. Durch welche Strategie ermöglicht es die ABS-Regelung, dass der Fahrer auch bei schnellem Einleiten der Bremsung ausreichend Zeit zum Gegenlenken hat? Erläutern Sie diese Strategie.

Aufgabe 18 (11.1) mit Fahrzeug I mit Frontantrieb:

In Aufgabe 18 dürfen **Rad- und Luftwiderstand vernachlässigt** werden. Die Teilaufgaben a) bis c) können wahlweise **grafisch** mithilfe des Bremskraftverteilungsdiagramms (siehe Fahrzeugdaten) oder **rechnerisch** gelöst werden.

a) Die kritische Abbremsung z_{krit} beträgt 0,6 wie in Aufgabe 17. Welche Bremskraftverteilung ist installiert? Die ideale Bremskraftverteilung ist im Bremskraftverteilungsdiagramm eingetragen.

b) Der Kraftschluss beträgt $\mu = 0{,}8$. ABS und EBV sind ausgefallen. Welche Achse blockiert bei kontinuierlicher Steigerung des Bremsdrucks zuerst?

c) Welche Abbremsung ist theoretisch in b) ohne blockierte Räder maximal möglich?

In den folgenden Teilaufgaben soll das Bremsverhalten betrachtet werden, wenn neben ABS und EBV auch ein Bremskreis ausfällt. Es bremsen nur noch das rechte Vorderrad und das linke Hinterrad. Gehen Sie in den Teilaufgaben d) bis h) vereinfacht davon aus, dass die Radlasten an beiden Achsen auch beim Bremsen stets gleich bleiben.

d) * Welche Abbremsung ist jetzt bei einem Kraftschluss von $\mu = 0{,}8$ maximal möglich, ohne dass ein Rad blockiert? (Hinweis: Betrachten Sie zur Lösung der Aufgabe den im Mittel pro Achse ausnutzbaren Kraftschluss.)

e) Wie groß werden die Bremskräfte an den beiden gebremsten Rädern?

f) * Wie groß wird hierdurch das entstehende Giermoment?

g) * Wie groß müssen die Seitenkräfte pro Achse werden, damit das Fahrzeug noch stabil geradeaus fährt?

h) * Welches Rad wird in d) theoretisch bei weiterer Steigerung des Bremsdrucks ohne ABS-Regelung zuerst blockieren? Begründen Sie kurz Ihre Antwort.

In den folgenden Teilaufgaben wird das Nick- und Wankverhalten des Fahrzeugs beim Bremskreisausfall entsprechend oben betrachtet.

i) ** Vorder- und Hinterachse haben jeweils 50 % Bremsnickausgleich. Nickt das Fahrzeug beim Bremsen? Begründen Sie Ihre Antwort ohne Rechnung.

j) ** Wankt das Fahrzeug auch beim Bremsen mit Bremskreisausfall entsprechend Aufgabe i) und wenn ja, in welche Richtung? Begründen Sie Ihre Antwort ohne Rechnung.

Aufgabe 19 (11.1) mit Fahrzeug IV:
In Aufgabe 19 dürfen **Rad- und Luftwiderstand vernachlässigt** werden. Das Bremskraftverteilungsdiagramm bei den Fahrzeugdaten ist zu beachten! Da die Schwerpunktslage beim voll beladenen Fahrzeug mit Frontantrieb und Hybridantrieb gleich ist, gilt das Diagramm für beide Antriebsvarianten.

a) Die Linie der installierten Bremskraftverteilung ist im Bremskraftverteilungsdiagramm bei den Fahrzeugdaten bereits eingetragen. Wie groß ist die kritische Abbremsung z_{krit}?

b) Bestimmen Sie die Bremskraftverteilung F_{Bh}/F_{Bv} unter Verwendung des Bremskraftverteilungsdiagramms oder rein rechnerisch.

Beim Fahrzeug mit Hybridantrieb wird beim Bremsen der Elektromotor als Generator betrieben, um die Batterie wieder aufzuladen. Beim stärkeren Bremsen werden Betriebsbremse und der Generator kombiniert eingesetzt. Die Fahrzeugmasse beträgt voll beladen bei Hybridantrieb 3100 kg, die Schwerpunktslage ist gleich wie bei Frontantrieb.

c) ** Wie groß muss die durch den Generator zusätzlich verursachte Bremskraft an der Hinterachse werden, damit bei einer Abbremsung $z = 0{,}6$ die Kraftschlussausnutzung an beiden Achsen gleich wird? (Die Aufgabe kann wahlweise unter Verwendung des Bremskraftverteilungsdiagramms oder rein rechnerisch gelöst werden.)

d) * Die durch den Generator auf die Hinterachse wirkende Bremskraft wird jetzt auch bei weiterer Steigerung der Bremskraft konstant gehalten. Der Kraftschluss beträgt $\mu = 1{,}0$. An welcher Achse wird jetzt zuerst die ABS-Regelung einsetzen? Begründen Sie kurz Ihre Antwort!

e) ** Welche Abbremsung wird dabei maximal erreicht, bevor die ABS-Regelung einsetzt? (Diese Aufgabe ist leichter unter Anwendung des Bremskraftverteilungsdiagramms lösbar, wobei die Ablesegenauigkeit des Bremskraftverteilungsdiagramms als ausreichend betrachtet wird.)

Aufgabe 20 (11.1) mit Fahrzeug IV:
In Aufgabe 20 dürfen **Rad- und Luftwiderstand vernachlässigt** werden. Die Aufgaben können zum Teil auch mithilfe des Bremskraftverteilungsdiagramms (siehe Fahrzeugdaten) gelöst werden. Es wird das **voll beladene** Fahrzeug mit Frontantrieb betrachtet.

a) Die installierte Bremskraftverteilung F_{Bh}/F_{Bv} kann dem Bremskraftverteilungsdiagramm entnommen werden. Welche Bremskraftverteilung F_{Bh}/F_{Bv} ist installiert?

b) Welchen Durchmesser haben die vorderen Radbremskolben?

c) Bei der Auslegung der Bremsanlage soll die Situation des Bremskreisausfalls betrachtet werden. Das Fahrzeug ist mit einer Schwarz-Weiß-Aufteilung ausgestattet. Welche Bremskraft ist bei Ausfall des vorderen Bremskreises (d. h., es bremsen nur noch die Hinterräder) an der Hinterachse erforderlich, damit bei ausreichendem Kraftschluss eine Verzögerung von 3,0 m/s^2 erzielt wird?

d) Wie groß muss der Kraftschluss mindestens sein, damit diese Verzögerung auch tatsächlich erreicht wird?

e) Welche Betätigungskraft ist bei Ausfall des vorderen Bremskreises, vgl. c), erforderlich, damit bei ausreichendem Kraftschluss eine Verzögerung von 3,0 m/s^2 erzielt wird?

f) * Durch Verwendung eines Stufentandem-Hauptzylinders soll die Betätigungskraft in e) auf 400 N reduziert werden. Welchen Durchmesser muss der kleinere Kolben im Stufentandemzylinder haben?

g) * Warum wird mit einem Stufentandem-Hauptzylinder bei intakter Bremsanlage an beiden Bremskreisen (nahezu) der gleiche Bremsdruck erzeugt und warum wird bei Ausfall des vorderen Kreises die Betätigungskraft reduziert?

12.3 Lösungen

Anmerkung: Die angegebenen Zahlenwerte sind gerundet. Zur Weiterrechnung werden aber die exakten Zahlenwerte verwendet.

Aufgabe 1:

$F_{WL} = F_{WR} \rightarrow v_x = 69{,}57$ km/h

Aufgabe 2:

$FWR + FWS < 0 \rightarrow$ Gefälle $(-q) > 1{,}1$ %

Aufgabe 3:

a) Gl. 7.71 $\rightarrow c_x = 0{,}337$, Gl. 7.72 $\rightarrow f_R = 0{,}014$

b) In Gl. 7.68 v_x ersetzt durch $v_r = v_x + v_w \rightarrow v_w = 5$ m/s

c) Gl. 7.68 mit Steigungswiderstand ergänzt $\rightarrow q = 0{,}96$ %

d) $q = 0{,}37$ %, die Steigung geht linear ein, die Relativgeschwindigkeit hingegen quadratisch, d. h. $(v_x + v_w)^2 = v_x^2 + 2 \cdot v_x \cdot v_w + v_w^2$.

Aufgabe 4:

a) $2\ \Delta F_{Nv} = 480$ N $= -F_{ALv}$ in Gl. 7.39 $\rightarrow c_{zv} = -0{,}23$; $2\ \Delta F_{Nh} = 800$ N $\rightarrow c_{zh} = -0{,}38$

b) $FWR = (m \cdot g - F_{ALv} - F_{ALh}) \cdot f_R$ in Gl. 7.68 $\rightarrow a_{x180} = 1{,}172$ m/s², $a_{x36} = 0{,}1753$ m/s²

c) Gl. 7.71 $\rightarrow c_x = 0{,}459$, Gl. 7.72 $\rightarrow f_R = 0{,}015$

d) Der Rollwiderstand nimmt proportional zum Abtrieb, der wiederum proportional zum Quadrat der Fahrgeschwindigkeit steigt, zu. Damit ändert sich nichts am geschwindigkeitsunabhängigen Fahrwiderstand, der als Rollwiderstand gedeutet wird. Nur der mit dem Quadrat der Fahrgeschwindigkeit zunehmende Fahrwiderstand steigt, d. h., es wird ein zu großer Luftwiderstandsbeiwert angenommen.

Aufgabe 5:

a) Gl. 9.5 (Einheiten beachten!) $\rightarrow v_{xmaxtheor} = 237{,}14$ km/h

b) Gl. 7.57 $\rightarrow F_{W0} = 1328{,}6$ N in Gl. 8.10 $\rightarrow P_M = 100{,}1$ kW

c) P_M in Diagramm $\rightarrow n_M \approx 6000\ \text{min}^{-1}$ in Gl. 8.4, aufgelöst nach $i_G \rightarrow i_5 = 0{,}853$

d) Schongang, d. h. $n_M < n_{Mnenn}$, mit $P_M \rightarrow n_M \approx 5\,100\ \text{min}^{-1} \rightarrow i_6 = 0{,}725$

e) Da n_m abnimmt, weicht die Drehzahl noch stärker von der Nenndrehzahl ab, d. h., es steht weniger Motorleistung zur Verfügung $\rightarrow v_{xmax}$ wird geringer

f) $n_{Mnenn} = 5500\ \text{min}^{-1}$ in Gl. 8.4, aufgelöst nach $v_x \rightarrow v_x = 252{,}4$ km/h bzw. analog zum Drehzahl-Geschwindigkeits-Diagramm $\rightarrow v_x = 234$ km/h $\cdot$ 5500/5100

g) Gl. 8.10 $\rightarrow F_A = 1\,279{,}5$ N in Gl. 7.56 aufgelöst nach $\alpha \rightarrow q \leq 100$ % $\cdot \tan\alpha = -2{,}53$ %

h) n_M wie in 5f) bestimmt: $n_M = 4\,315\ \text{min}^{-1}$ in Diagramm $\rightarrow P_M \approx 87$ kW

i) Gl. 8.10 $\rightarrow F_A = 1364{,}2$ N in Gl. 7.56 und aufgelöst nach v_r, $v_w = v_r - v_x = 10{,}9$ m/s

j) v_{xmax} wird größer, da die Motordrehzahl abnimmt und damit im 5. Gang die Motorleistung steigt, während sie im 6. Gang abnimmt, d. h. $P_{M5.Gang} > P_{M6.Gang}$

k) Gl. 7.39 mit $2\ \Delta F_{Nv} = -F_{ALv} = 1\,130{,}3$ N

l) Aus Aufgabe 5b): $F_{W0} = 1\,328{,}6$ N $= (m \cdot g + 2\ \Delta F_{Nv}) \cdot f_R + F_{WL} \rightarrow c_{w\text{-}Spoiler} = 0{,}267$

m) Nein ist nicht richtig, da durch den Abtrieb bei jeder Geschwindigkeit der Radwiderstand um den gleichen Betrag zunimmt, wie der Luftwiderstand abnimmt.

n) Durch den Abtrieb kann an der Vorderachse bei gleichem Kraftschluss mehr Seitenkraft übertragen werden. $\rightarrow$ Das Eigenlenkverhalten verändert sich bei hohen Geschwindigkeiten in Richtung Übersteuern.

o) Ein untersteuerndes Fahrzeug stabilisiert sich im Grenzbereich ohne Lenkeingriff des Fahrers auf einem größeren Radius, ein übersteuerndes Fahrzeug wird hingegen instabil, vgl. Kap. 11.2.5

Aufgabe 6:

a) Gl. 11.30 $\rightarrow a_x = 5{,}36$ m/s²

b) Gl. 7.56 $\rightarrow F_A = 7879{,}3$ N in Gl. 8.12 aufgelöst nach $i_G \rightarrow i_1 = 4{,}13$

c) Gl. 11.30 mit Zahlenwerten vom Frontantrieb mit Gl. 11.32 mit Zahlenwerten für Hinterradantrieb gleichsetzen und nach μ auflösen, mit $f_R \approx 0 \rightarrow \mu = 0{,}505$

d) Lösung von 6c) in Gl. 11.30 bzw. 11.32 einsetzen $\rightarrow q = 27{,}8$ %
e) $P_M(n_{Mmax}) = 90$ kW $\rightarrow n_{M4.Gang} \approx 4500$ min^{-1} $\rightarrow i_3 = i_4 \cdot n_{Mmax}/4500 = 1{,}4$
f) $c_3 = i_3/i_4 = 1{,}4$ mit $i_1/i_3 = c_3^2 \cdot c_0^3 \rightarrow c_0 = 1{,}146$ und $i_2 = i_3 \cdot c_0 \cdot c_3 = 2{,}247$
g) Gl. 8.4 $\rightarrow n_M = 2\,432$ min^{-1} in Diagramm $\rightarrow P_M \approx 49$ kW in Gl. 8.10 $\rightarrow F_A = F_W = 4\,226$ N in Gl. 9.13 mit $\alpha = 15{,}5°$ $\rightarrow a_x = 1{,}27$ m/s²
h) Gl. 11.8 $\rightarrow 2\,F_{Nh} = 5\,427$ N in Gl. 11.37 $\rightarrow \mu = 0{,}727$
i) Da in der Steigung ohne Beschleunigung, siehe Aufgaben c) und d), der gleiche Kraftschluss nötig ist, bedeutet dies, dass die dynamischen Achslasten der Antriebsachsen dabei gleich sind. Da durch die Beschleunigung die Antriebsachse bei Frontantrieb zusätzlich entlastet und bei Hinterradantrieb belastet wird, wird bei Frontantrieb ein größerer Kraftschluss benötigt.
j) α = arctan (0,07) in Gl. 7.56 $\rightarrow F_W = 792{,}7$ N
k) Gl. 11.7 $\rightarrow 2\,F_{Nv} = 5\,748$ N in Gl. 11.37 $\rightarrow \mu = 0{,}127$
l) Gl. 11.8 $\rightarrow 2\,F_{Nh} = 4\,770$ N in Gl. 11.37 $\rightarrow \mu = 0{,}155$
m) dyn. Achslasten müssen gleich sein, d. h. Gl. 11.7 mit $l_{hFront}/l = m_v/(m + m_{ladg})$ und Gl. 11.8 mit $l_{vHinter}/l = (m_h + m_{ladg})/(m + m_{ladg})$ gleichsetzen und nach m_{ladg} auflösen $\rightarrow m_{ladg} = 73$ kg

Aufgabe 7:

a) α = arctan (0,70) = 35° in Gl. 7.56 $\rightarrow F_W = 13\,906$ N in Gl. 8.12, aufgelöst nach $M_M \rightarrow M_{Merf} = 407$ N m (oder direkte Lösung mit Gl. 9.1)
b) $M_{Merf} = 407$ N m ins Diagramm $\rightarrow n_M \approx 1000$ min^{-1} in Gl. 8.4, aufgelöst nach $v_x \rightarrow v_{xmin} = 9{,}1$ km/h
c) mit $F_{WL} \approx 0$ gilt bei idealem Allradantrieb μ = tan $\alpha = 0{,}7$, vgl. Gl. 11.38
d) bei idealem Allradantrieb gilt: $M_{Ah}/M_{Av} = 2\,F_{Nh}/2\,F_{Nv} = 62{,}5\,\%/37{,}5\,\%$ unter Verwendung der Gl. 11.7 und 11.8.
e) $M_M = M_{Mmax} \rightarrow n_{Mmin} = 1800$ min^{-1}
f) Gl. 9.1 mit $M_M = M_{Mmax}$, $\alpha = 35°$ und $\varepsilon = \varepsilon_0$ auflösen nach $a_x \rightarrow a_{xmax} = 2{,}01$ m/s²
g) Gl. 11.8 $\rightarrow 2\,F_{Nh} = 13\,374$ N, mit Gl. 11.7 $\rightarrow 2\,F_{Nv} = 6\,075$ N
h) Gl. 8.12 $\rightarrow F_A = 19\,119$ N, $F_{Ah} = 62{,}5\,\% \cdot F_A = 11\,949$ N, $F_{Av} = 37{,}5\,\% \cdot F_A = 7\,170$ N
i) Durch die zusätzliche dynamische Achslastverlagerung aufgrund der Beschleunigung ist die Kraftschlussausnutzung an der VA größer $\rightarrow$ Gl. 11.37 für VA mit $\varepsilon = \varepsilon_0/2 \rightarrow \mu_{min} = 1{,}14$

Aufgabe 8:

a) α = arctan (0,13) = 7,41°, a_{xmax} bei M_{Mmax} in Gl. 8.12 $\rightarrow F_{Amax} = 14\,866$ N in Gl. 9.13 $\rightarrow a_{xmax} = 3{,}51$ m/s²
b) n_M = const. $\rightarrow \varepsilon = \varepsilon_0$ in Gl. 7.56 $\rightarrow F_W = 11\,978$ N in Gl. 8.12 aufgelöst nach $M_M \rightarrow M_{Merf} = 451{,}2$ N m ins Diagramm $\rightarrow n_M \approx 1200$ min^{-1}
c) Um Verschleiß und Erwärmung der Kupplung klein zu halten
d) G. 11.7 $\rightarrow 2\,F_{Nv} = 10\,454$ N, in Gl. 11.37 $\rightarrow \mu_{erf} = 1{,}09$
e) $n_M = 4400$ min^{-1} in Gl. 8.4 $\rightarrow v_{1max} = 14{,}82$ m/s, Verzögerung während des Schaltvorgangs mit $F_A = 0$ und $\varepsilon = \varepsilon_0$ in Gl. 9.13 $\rightarrow a_x = -1{,}34$ m/s² $\rightarrow \Delta v = t_{schalt} \cdot a_x = -1{,}61$ m/s $\rightarrow v_{2min} = 13{,}2$ m/s in Gl. 8.4 $\rightarrow n_{M2min} = 2387$ min^{-1}
f) $F_{Wax=0} = (m + m_{Anh}) \cdot g \cdot (f_R \cdot \cos\alpha + \sin\alpha) = 6\,136$ N, mit $F_A = F_W$ aus c) gilt entsprechend Gl. 9.13: $a_x = (F_A - F_{wax=0})/[m \cdot (1 + \varepsilon_0) + m_{Anh} \cdot (1 + \varepsilon_{0Anh})] = 1{,}29$ m/s²
g) $n_M \approx 1200$ min^{-1} mit Gl. 8.4 bzw. mit Bild 8.10 $\rightarrow v_x = 4{,}04$ m/s $\rightarrow t_{kup} = v_x/a_x = 3{,}13$ s
h) Entsprechend Bild 8.10 gilt: $P_M = M_M \cdot n_m \cdot \pi/30 = 56{,}7$ kW $\rightarrow E_{reib} = P_M/2 \cdot t_{kup} = 88{,}785$ kJ
i) α = arctan (–0,13) = –7,41° damit F_W analog zu f) bestimmt $\rightarrow F_W = -4\,867$ N mit Gl. 9.17 $\rightarrow M_M = -233{,}2$ N m
j) M_M ins Diagramm $\rightarrow n_M \approx 3000$ min^{-1}, mit Gl. 8.4 bzw. entsprechend Bild 8.10 $\rightarrow v_x = 61{,}6$ km/h
k) Es entsteht Bremsschlupf, d. h., die Fahrgeschwindigkeit wird größer (als die Radumfangsgeschwindigkeit).

Aufgabe 9:

a) $\varepsilon_{0bel} = \varepsilon_0 \cdot m/m_{bel} = 0{,}0405$
b) $n_M = 1200$ min^{-1} ins Diagramm $\rightarrow M_M \approx 455$ N m in Gl. 8.12 $\rightarrow F_A = 12\,078$ N $= F_W$ mit $a_x = 0{,}5$

und $\varepsilon = 0{,}405$ in Gl. 7.56 und aufgelöst nach $\sin\alpha \rightarrow \alpha = 21{,}6° \rightarrow q = \arctan\alpha = 39{,}6$ %

c) Gl. 11.7 $\rightarrow$ $2\,F_{Nv} = 11\,569$ N in Gl. 11.37 $\rightarrow$ $\mu_{erf} = 1{,}02$

d) $F_A = F_{WS} = 10\,469$ N, analog zu c) mit $a_x = 0 \rightarrow \mu_{erf} = 0{,}86$

e) $q = \tan\alpha = \mu = 86$ %

f) $\alpha = \arctan(0{,}86) = 40{,}8°$ und $m = 3\,100$ kg in Gl. 11.7 $\rightarrow$ $2\,F_{Nv} = 7\,701$ N und in Gl. 11.8 $\rightarrow$ $2\,F_{Nh} = 15\,329$ N

g) $f_R \approx 0 \rightarrow F_{Ah} = \mu \cdot 2\,F_{Nh} = 13\,220$ N

h) $f_R \approx 0 \rightarrow F_{Av} = \mu \cdot 2\,F_{Nv} = 6\,641$ N, da durch die stärkere Steigung die dynamische Achslast wesentlich stärker abnimmt, als sie durch 200 kg Mehrgewicht des Fahrzeugs zunimmt.

Aufgabe 10:

a) Schnittpunkt Volllastlinie Motor – Wandlerkennlinie $\rightarrow n_M \approx 1500$ min^{-1}

b) $n_M \approx 1500$ min^{-1} $\rightarrow M_M \approx 525$ N m

c) $n_K/n_M = 0$ in Momentenverhältniskennlinie $\rightarrow$ $M_K/M_M = i_{wandler} = 1{,}8$ in Gl. 8.18 $\rightarrow F_A = 15\,270$ N in Gl. 9.13 $\rightarrow a_x = 4{,}92$ m/s²

d) Gl. 11.7 $\rightarrow$ $2\,F_{Nv} = 12\,079$ N in Gl. 11.37 $\rightarrow$ $\mu_{erf} = 1{,}20$

e) Ab $n_K/n_M = 0{,}9 \rightarrow n_K = 0{,}9 \cdot 1500$ min^{-1} $= 1350$ min^{-1} in Gl. 8.3 aufgelöst nach $v_x \rightarrow$ $v_x = 26{,}9$ km/h

f) $M_K = M_M \rightarrow$ Gl. 8.12 $\rightarrow F_A = 8\,483$ N in Gl. 9.13 $\rightarrow a_x = 2{,}67$ m/s²

g) a_x nimmt linear mit v_x ab $\rightarrow$ Gl. 9.16: $T = (26{,}9/3{,}6 - 0)/(2{,}67 - 4{,}92) \cdot \ln(2{,}67/4{,}92)$ s $= 2{,}0$ s

h) Gl. 11.30 $\rightarrow$ $a_x = 3{,}15$ m/s² in Gl. 7.56 $\rightarrow$ $F_W = 9\,921$ N mit Gl. 8.12 aufgelöst nach $M_M \rightarrow$ $M_{Kerf} = 614$ N m $> M_M \rightarrow$ Wandler arbeitet noch $\rightarrow n_M \approx 1500$ min^{-1}, vgl. a)

i) $i_{Wandler} = M_{Kerf}/M_M = 1{,}17$ ins Diagramm „Momentenverhältnis" $\rightarrow n_K/n_M \approx 0{,}7 \rightarrow$ analog zur Aufgabe e) $v_x = v_{xe} \cdot 0{,}7/0{,}9 = 20{,}9$ km/h $\rightarrow$ $t = v_x/a_x = 1{,}85$ s

j) a_{xmax} bei $M_{Mmax} \rightarrow n_{Mmin} = 1800$ min^{-1}

k) M_{Mmax} in Gl. 8.12 $\rightarrow F_A = 14\,866$ N in Gl. 9.13 $\rightarrow$ $a_x = 4{,}79$ m/s²

l) Gl. 8.4 bzw. Bild 8.10 mit $n_M = 1\,800$ min^{-1} $\rightarrow$ $v_x = 21{,}8$ km/h

m) $t = v_x/a_x = 1{,}27$ s

n) $\varepsilon_{1bel} = \varepsilon_1 \cdot m/m_{bel} = 0{,}324$ in Gl. 9.13 $\rightarrow$ $a_x = 3{,}76$ m/s²

o) $v_x = 26{,}9$ km/h in Gl. 8.4 $\rightarrow n_M = 2218$ min^{-1} $\rightarrow M = M_{Mmax}$, d. h. a_x bleibt konstant $\rightarrow$ $t = t_m + (v_{xe)} - v_{xl)})/a_x = 1{,}64$ s

p) $a_{xmax} = 4{,}79$ m/s² in Gl. 11.7 $\rightarrow 2\,F_{Nv} = 12\,921$ N in Gl. 11.37 $\rightarrow \mu_{erf} = 1{,}09$

q) Analog zu h) $\rightarrow$ $M_{Merf} = 374$ N m ins Diagramm $\rightarrow n_M \approx 4300$ min^{-1}

r) $\alpha = \arctan(0{,}10) = 5{,}71°$ in Gl. 7.56 $\rightarrow$ $F_W = 3\,255$ N

s) Da $n_K \approx 0 \rightarrow i_{Wandler} = 1{,}8$ mit $F_W = F_A$ in Gl. 8.18 aufgelöst nach $M_{MA} \rightarrow M_{Merf} = 112$ N m

t) M_{Merf} ins Diagramm $\rightarrow n_M \approx 700$ min^{-1}

o) $F_W = m \cdot g \cdot (-f_R \cdot \cos\alpha + \sin\alpha) = 2\,406$ N, mit $M_{Merf} = F_W \cdot \eta_A \cdot r_A/(i_{Wandler} \cdot i_1 \cdot i_A) = 64$ N m ins Diagramm $\rightarrow n_M \approx 525$ min^{-1}

Aufgabe 11:

a) a_{xmax} bei F_{Amax}, da i_G variabel, folgt aus Gl. 8.10: $P_M = P_{Mmax} \rightarrow n_M = n_{Mnenn} = 5500$ min^{-1} in Gl. 8.4 oder Bild 8.10 aufgelöst nach $i_G \rightarrow i_{CVT} = 2{,}03$

b) $n_M =$ konst. $\rightarrow \varepsilon = \varepsilon_0$, Gl. 8.10 aufgelöst nach $F_W = F_A \rightarrow F_A = 3\,343$ N in Gl. 9.13 $\rightarrow$ $a_x = 3{,}08$ m/s²

c) 2. oder 3. Gang bei 90 km/h, mit Gl. 8.4 $n_{M2} = 6\,036$ min^{-1} ins Diagramm $\rightarrow P_{M2} \approx 100$ kW, analog $n_{M3} = 3\,843$ min^{-1} und $P_{M3} \approx 78$ kW, da sich ε_2 und ε_3 wesentlich weniger unterscheiden als P_{M2} größer als P_{M3} ist, ist 2. Gang optimal!

d) Analog zu b) mit P_{M2}, ε_2 und $\eta_A = 0{,}88 \rightarrow$ $a_x = 2{,}83$ m/s²

e) Beim CVT-Getriebe wird die maximale Motorleistung ausgenutzt, und es entfällt die Drehbeschleunigung des Motors.

f) $\alpha = \arctan(0{,}30) = 16{,}7°$ in Gl. 7.56 $\rightarrow$ $F_W = 2\,922$ N

g) Analog zu b) auf $n_{Mnenn} = 5\,500$ min^{-1}

h) $P_M = P_{Mmax}$ in Gl. 8.10, aufgelöst nach $v_x \rightarrow$ $v_{xmax} = 103$ km/h

i) Gl. 8.4 oder mit $n_{M2} = n_{M2c)} \cdot 90/103 = 6\,905$ min^{-1} $> n_{Mmax}$, d. h. nicht möglich,

$n_{M3} = n_{M2} \cdot i_3/i_2 = 4\,397$ min^{-1} ins Diagramm → $P_{M3} \approx 78$ kW < $P_{Mmax} \cdot \eta_{ACVT}/\eta_A = 96{,}9$ kW → Leistung nicht ausreichend, also nicht möglich!

Aufgabe 12:

a) α = arctan (0,05) in Gl. 7.56 → $F_W = 643$ N
b) In Gl. 8.10 aufgelöst nach P_M → $P_M = 9{,}13$ kW
c) Gl. 8.4: $n_{M1} = 5\,478$ min^{-1}, $n_{M2} = 2\,984$ min^{-1}, $n_{M3} = 1\,857$ min^{-1}, $n_{M4} = 1326$ min^{-1}, $n_{M5} = 1\,127$ min^{-1}, $n_{M6} = 968$ min^{-1}
d) P_M, n_M ins Diagramm: $b_{e1} \approx 800$ g/kWh, $b_{e2} \approx 420$ g/kWh, $b_{e3} \approx 370$ g/kWh, $b_{e4} \approx 350$ g/kWh, $b_{e5} \approx 330$ g/kWh, $b_{e6} \approx 320$ g/kWh
e) Gl. 10.19 → $b_{100\text{-}1} \approx 21{,}6$ l/100 km, $b_{100\text{-}2} \approx 11{,}4$ l/100 km, $b_{100\text{-}3} \approx 10{,}0$ l/100 km, $b_{100\text{-}4} \approx 9{,}5$ l/100 km, $b_{100\text{-}5} \approx 8{,}9$ l/100 km, $b_{100\text{-}6} \approx 8{,}7$ l/100 km
f) 6. Gang bei 60 km/h, da F_W weniger steigt als b_e durch die größere Motorleistung sinkt. Analog F_W, P_M, n_M bestimmen und $b_{e6} \approx 295$ g/kWh ablesen → $b_{100\text{-}6} \approx 8{,}4$ l/100 km

Aufgabe 13:

a) Gl. 7.57 mit Kurvenwiderstand (Gl. 7.29 mit C_S in N/rad) ergänzt → $F_W = 657{,}3$ N
b) Gl. 8.10 → $P_M = 31{,}76$ kW, aus Gl. 8.4 → $n_M = 4511$ min^{-1} → Diagramm → $b_{e4} \approx 325$ g/kWh
c) In Gl. 10.19 → $b_{100\text{-}4} \approx 9{,}17$ l/100 km
d) Resultierende aus Gewichtskraft und Fliehkraft muss senkrecht zur Fahrbahn sein → $\tan \alpha = v^2/(g \cdot R)$ → $\alpha = 19{,}5°$
e) Kurvenwiderstand entfällt, Radlasten nehmen zu (Resultierende in d)) → $F_W = f_R \cdot \sum F_N + F_{WL} = 616{,}1$ N < $F_{WAufgabe\ a}$ → niedrigerer Streckenverbrauch

Aufgabe 14:

a) Gl. 7.57 → $F_{W0} = 330{,}8$ N in Gl. 8.10 → $P_M = 10{,}44$ kW, aus Gl. 8.4 → $n_M = 2\,947$ min^{-1} → Diagramm → $b_{e4} \approx 380$ g/kWh in Gl. 10.19 → $b_{100\text{-}4} \approx 5{,}29$ l/100 km
b) Gl. 7.57 mit $m = 1600$ kg und Vorspurwiderstand (2 × Gl. 7.17 mit C_S in N/rad und α in rad) ergänzt → $F_W = 434{,}0$ N
c) Analog zu a) → $P_M = 13{,}7$ kW; $b_{e4} \approx 350$ g/kWh → $b_{100\text{-}4} \approx 6{,}39$ l/100 km
d) $F_{WRFzg} = (1000 + 50)$ kg $\cdot g \cdot f_R$; $F_{WAnh} = (750 - 50)$ kg $\cdot g \cdot f_{RAnh}$ → $F_W = 542{,}3$ N
e) analog zu a) → $P_M = 17{,}1$ kW; $b_{e4} \approx 320$ g/kWh → $b_{100\text{-}4} \approx 7{,}3$ l/100 km
f) $\Delta F_{WbeI}/F_W = 31{,}2$ %; $\Delta F_{WAnh}/F_W = 63{,}9$ %; $\Delta b_{100beI}/b_{100} = 20{,}8$ %; $\Delta b_{100Anh}/b_{100} = 38$ %, höherer Fahrwiderstand → größere Motorleistung → Wirkungsgrad des Motors steigt

Aufgabe 15:

a) α = arctan (0,07) in Gl. 7.56 → $F_W = 792{,}7$ N (mit F_{WL}!)
b) In Gl. 8.10 und aufgelöst nach P_M → $P_M = 22{,}52$ kW und mit Gl. 8.4 → $n_M = 2255$ min^{-1}, P_M, n_M ins Diagramm → $b_e \approx 280$ g/kWh, mit Gl. 10.19 → $b_{100} = 9{,}34$ l/100 km
c) Analog mit Gl. 8.10 → $P_{MCVT} = 24{,}17$ kW ins Diagramm → b_{emin} bei $n_{MCVT} \approx 1500$ min^{-1} in Gl. 8.4 aufgelöst nach i_G → $i_{CVT} = 0{,}565$
d) P_{MCVT} und n_{MCVT} ins Diagramm → $b_e \approx 260$ g/kWh
e) a_{xmax} bei P_{Mmax} → $n_{M2} = n_{Mnenn} = 5500$ min^{-1}
f) $d\omega/dt = M_M/J_M = 900$ s^{-2} → $t = (\omega_2 - \omega_1)/900$ s^{-2} $= 2 \cdot \pi \cdot (n_{M2} - n_{MCVT})/900$ s^{-2} $= 0{,}47$ s
g) Die Getriebeübersetzung müsste langsamer verstellt werden. Hierdurch wird nur ein Teil des Motormomentes zum Drehbeschleunigen des Motors verbraucht, und der Rest sorgt bereits für eine Fahrzeugbeschleunigung. Da n_M geringer ist, sind aber auch P_M und a_x geringer, solange bis $n_M = n_{Mnenn}$ erreicht ist.

Aufgabe 16:

a) Aus Diagramm: $\varphi_B = F_{Bh}/F_{Bv} \approx 0{,}47/1 = 0{,}47$, bzw. rechnerisch mit $z_{krit} = 1{,}0$ in Gl. 11.47 → $\varphi_B = 0{,}47$
b) Linie konstanter Abbremsung durch Schnittpunkt zwischen installierter BKV und $\mu_{vHA} = 0{,}6$ legen, Wert auf der x- oder y-Achse ablesen → $z \approx 0{,}52$ oder rechnerisch: $\mu_{max} = 0{,}6 < z_{krit} = 1{,}0$ → Gl. 11.68 → $z = 0{,}524$
c) Die Voderachse, siehe b)

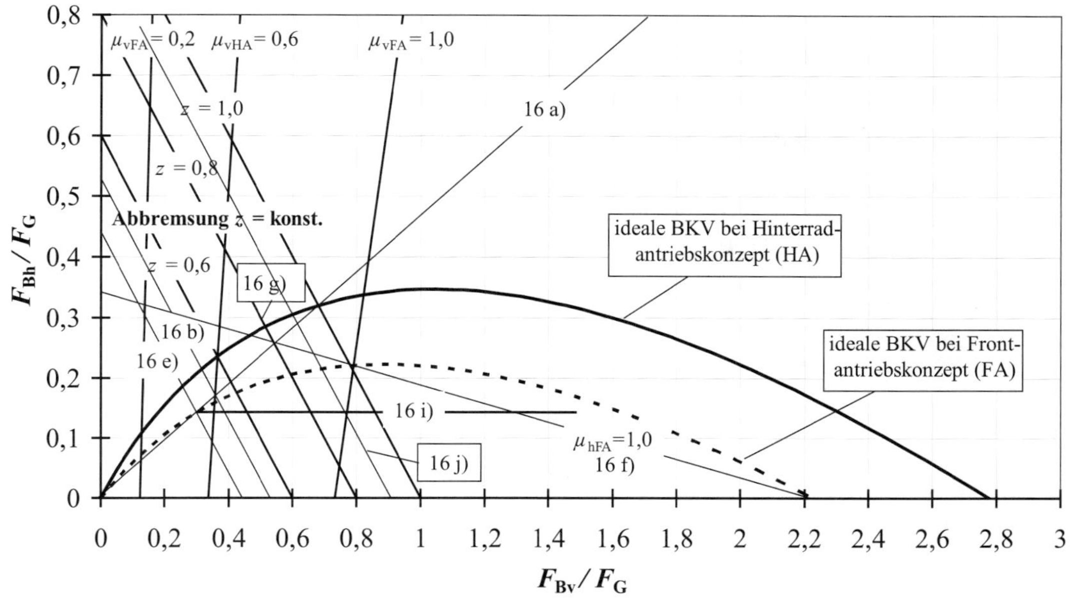

Bild 12.5: *Grafische Lösungen zur Aufgabe 16*

d) Gl. 11.68 mit μ_{max} = –0,6 → z = –0,381

e) Idealerweise bei gleicher Kraftschlussausnutzung vorne und hinten, d. h. bei z_{krit} → durch Schnittpunkt zwischen installierter BKV- und idealer BKV-Linie konstanter Abbremsung legen und Wert auf der x- oder y-Achse ablesen → $z_{krit} \approx 0{,}45$ oder mit Gl. 11.47 mit Schwerpunktslage Frontantrieb aufgelöst nach z → z_{krit} = 0,444

f) Die Hinterachse, da $\mu_{max} > z_{krit}$

g) Linie μ_h = 1,0 eintragen (geht durch die ideale BKV bei z = 1,0 und bei F_{Bh}/F_G = 0), Linie konstanter Abbremsung durch den Schnittpunkt zwischen μ_h = 1,0 und installierter BKV legen und Wert auf der x- oder y-Achse ablesen → $z \approx 0{,}80$ oder rechnerisch mit Gl. 11.65 → z_{max} = 0,8

h) Instabil

i) Vorderachse (da bei idealer BKV Bremskraft hinten noch steigt, durch Begrenzer aber nicht)

j) Linie konstanter Abbremsung durch den Schnittpunkt zwischen μ_{vFA} = 1,0 und installierter BKV legen und Wert auf der x- oder y-Achse ablesen → $z \approx 0{,}91$ oder rechnerisch mit $z = z_{krit}$ = 0,444 in Gl. 11.48 → F_{Bh}/F_G = 0,142 und mit μ_v = 1,0 in Gl. 11.54 → F_{Bv}/F_G = 0,763 → $z = F_{Bv}/F_G + F_{Bh}/F_G$ = 0,905

k) Stabil

l) α = arctan (–0,3) = –16,7° in Gl. 11.7 → $2\ F_{Nv}$ = 5 206 N und in Gl. 11.8 → $2\ F_{Nh}$ = 4 191 N

m) Analog zum idealen Allradantrieb gilt: $\mu_v = \mu_h$ = tan (|–0,3|) → $F_{Bv} = \mu_v \cdot 2\ F_{Nv}$ = 1 562 N, $F_{Bhbremse} = \varphi_B \cdot 2\ F_{Bv}$ = 734,9 N, $F_{BMotor} = \mu_h \cdot 2\ F_{Nh} - F_{Bhbremse}$ = 522,3 N

Aufgabe 17:

a) Aus Diagramm: $\varphi_B = F_{Bh}/F_{Bv} \approx 0{,}41/1 = 0{,}41$, bzw. rechnerisch mit z_{krit} = 0,6 in Gl. 11.47 → φ_B = 0,412

b) Bei $z = z_{krit}$ = 0,6

c) An der VA, da $\mu_{max} < z_{krit}$

d) Linie konstanter Abbremsung durch den Schnittpunkt zwischen μ_{vFA} = 0,2 und installierter BKV legen und Wert auf der x- oder y-Achse ablesen → $z \approx 0{,}18$ oder rechnerisch mit Gl. 11.68 → z = 0,178

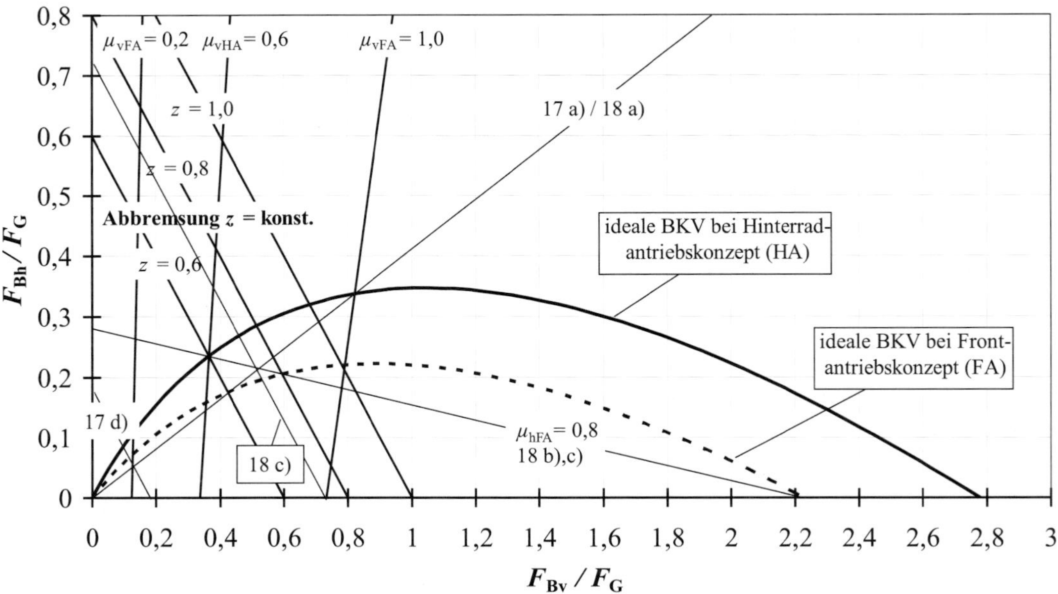

Bild 12.6: *Grafische Lösungen zu den Aufgaben 17 und 18*

e) Am linken Vorderrad, da wie in c) an VA größere Kraftschlussausnutzung und $\mu_{li} < \mu_{re}$

f) vgl. d) $z = 0{,}178$

g) Gl. 11.43 $\rightarrow F_{Nv} = 3\,208$ N, $F_{Nh} = 1\,697$ N, $F_{Bvli} = \mu_{li} \cdot F_{Nv} = 642$ N, $F_{Bhli} = \mu_{li} \cdot F_{Nh} = 339$ N, $F_{Bges} = z \cdot m \cdot g = 2\,943$ N $\rightarrow F_{Bre} = F_{Bges} - F_{Bvli} - F_{Bvre}$ $= 1\,962$ N aufgeteilt entsprechend der Bremskraftverteilung $\rightarrow F_{Bvre} = F_{Bre}/(1 + \varphi_B) = 1\,389$ N, $F_{Bhre} = \varphi_B \cdot F_{Bvre} = 573$ N

h) $z_{max} = (\mu_{li} + \mu_{re})/2 = 0{,}5$

i) z. B. Bild 4.17, nur bei einem Schlupfwert λ (μ_{max}) wird der maximale Kraftschluss ausgenutzt. ABS beginnt zu regeln, wenn die Raddrehverzögerung zu groß wird, dann ist aber $\lambda > \lambda\ (\mu_{max})$, wird die Raddrehzahl wieder schneller, wird erst wieder Bremsdruck aufgebaut, wenn $\lambda < \lambda\ (\mu_{max})$, d. h., die meiste Zeit ist $\lambda \neq \lambda\ (\mu_{max})$ und dadurch auch $\mu < \mu_{max}$.

j) $M_\Psi = (F_{Bre} - F_{Bli}) \cdot b/2 = (\mu_{re} - \mu_{li}) \cdot m/2 \cdot g \cdot b/2$ $= 2\,237$ N m

k) $F_{SAchse} = M_\Psi/l = 1\,471{,}5$ N

l) „Select-low"-Regelung, d. h., sobald das ABS beginnt, ein Rad einer Achse zu regeln, wird auch der Bremsdruck des gegenüberliegenden Rades langsamer gesteigert. Hierdurch baut sich das Giermoment verzögert auf (der Bremsweg verlängert sich allerdings auch).

Aufgabe 18:

a) Mit $z_{krit} = 0{,}6$ in Gl. 11.47 $\rightarrow \varphi_B = 0{,}412$

b) $\mu_{max} = 0{,}8 > z_{krit} = 0{,}6 \rightarrow$ HA blockiert zuerst

c) Linie $\mu_{hFA} = 0{,}8$ eintragen (geht durch die ideale BKV bei $z = 0{,}8$ und bei $F_{Bh}/F_G = 0$), Linie konstanter Abbremsung durch den Schnittpunkt zwischen $\mu_{hFA} = 0{,}8$ und installierter BKV legen und Wert auf der x- oder auf der y-Achse ablesen $\rightarrow z_{max} \approx 0{,}73$ oder rechnerisch mit Gl. 11.65 $\rightarrow z_{max} = 0{,}734$

d) $\mu_{wirksam} = \mu_{max}/2 < z_{krit} \rightarrow$ mit Gl. 11.66 $\rightarrow$ $z_{max} = 0{,}377$

e) $F_{Bges} = m \cdot g \cdot z_{max} = 3\,702$ N, $F_{Bvre} = F_{Bges}/(1 + \varphi_B)$ $= 2\,621$ N, $F_{Bhli} = \varphi_B \cdot F_{Bv} = 1\,081$ N

f) $M_\Psi = (F_{Bvre} - F_{Bhli}) \cdot b/2 = 1\,170$ N m

g) $F_{SAchse} = M_\Psi/l = 488$ N

h) Die dynamischen Radlasten ergeben sich aus der Abbremsung $z = 0{,}377$. Da $z < z_{krit} = 0{,}6$, blockiert das rechte Vorderrad zuerst.

i), j) Durch die doppelt so starke Bremskraft an den gebremsten Rädern, bezogen auf die Abbremsung, federn diese Räder (nahezu) gar nicht, die anderen Räder federn aber, als ob kein Bremsnickausgleich vorgesehen ist, d. h., das Fahrzeug nickt entsprechend 50 % Bremsnickausgleich und wankt wie in einer Rechtskurve.

Aufgabe 19:

a) Installierte und ideale BKV schneiden sich auf der Linie $z = 1{,}0$, d. h. $z_{krit} = 1{,}0$

b) Aus Diagramm: $\varphi_B = F_{Bh}/F_{Bv} = 0{,}2/0{,}8 = 0{,}25$, bzw. rechnerisch mit Gl. 11.47

c) Installierte BKV parallel verschieben, sodass sie durch den Schnittpunkt ideale BKV und Linie $z = 0{,}6$ geht. Schnittpunkt mit der y-Achse entspricht $F_{BHGen}/F_G \approx 0{,}08$ mit $F_G = 3\,100 \cdot 9{,}81$ N $\rightarrow$ $F_{BHGen} \approx 2\,433$ N oder rechnerisch: $z = 0{,}6$ mit Gl. 11.48 $\rightarrow$ $F_{Bhges}/F_G = 0{,}18$, mit Gl. 11.49 $\rightarrow$ $F_{Bv}/F_G = 0{,}42$ mit $\varphi_B = F_{BhBremse}/F_{Bv} \rightarrow F_{BhBremse} = 0{,}105$ mit $F_{Bhges}/F_G = F_{BhBremse}/F_G + F_{BhGen}/F_G \rightarrow$ $F_{BHGen}/F_G = 0{,}075 \rightarrow$ $F_{BHGen} = 3\,100 \cdot 9{,}81 \text{ N} \cdot 0{,}075 = 2\,281$ N

d) An der HA, da ohne die Bremskraft des Generators bei $z = 1{,}0$ die Kraftschlussausnutzung an beiden Achsen gleich ist, siehe a), und der Generator nur eine zusätzliche Bremskraft an der Hinterachse bewirkt.

e) Linie $\mu_h = 1{,}0$ eintragen, hierzu gilt für den Schnittpunkt mit der x-Achse: $F_{Bv}/F_G = l_v/h_S = 1{,}8$. Linie $\mu_h = 1{,}0$ schneidet installierte BKV mit Generator (parallel verschobene Linie). Linie konstanter Abbremsung durch diesen Schnittpunkt einzeichnen und Wert auf der x- oder auf der y-Achse ablesen $\rightarrow z \approx 0{,}87$ oder rechnerisch mit $F_{Bh}/F_G = F_{BhBremse}/F_G + F_{BhGen}/F_G$ und $z = F_{BhBremse}/F_G \cdot (1 + \varphi_B)/\varphi_B + F_{BhGen}/F_G$ eingesetzt in Gl. 11.44 und aufgelöst nach $F_{BhBremse} \rightarrow F_{BhBremse} = 0{,}1583$, oben eingesetzt $\rightarrow z = 0{,}867$

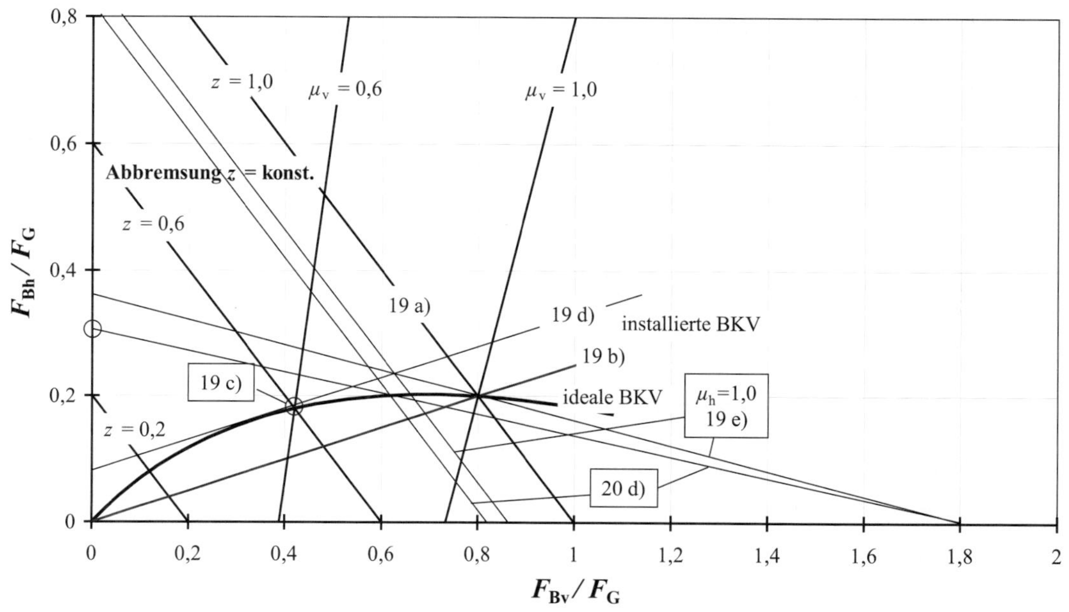

Bild 12.7: *Grafische Lösungen zu den Aufgaben 19 und 20*

Aufgabe 20:

a) Siehe Aufgabe 19a) und b)

b) Aus Bild 11.21 folgt bei intakter Bremse mit $p_v = p_h$, $r_{Ah} = r_{AV}$, $\eta_{RZh} = \eta_{RZv}$ und $C^*_h = C^*_v$: $A_{RZv} = r_{Brh} \cdot A_{RZh}/(2 \cdot r_{Brhv} \cdot \varphi_B) \rightarrow d_{RZv} = 66{,}0$ mm

c) $F_{Bh} = m \cdot (-a_x) = 8\,700$ N

d) Grafisch mit $z = 3/9{,}81 = 0{,}306$, mit $F_{Bv}/F_G = 0 \rightarrow F_{Bh}/F_G = z \rightarrow$ 1. Punkt eintragen auf y-Achse, 2. Punkt auf x-Achse bei $F_{Bv}/F_G = l_v/h_S \rightarrow$ Gerade durch diese zwei Punkte ergibt Linie konstanter Kraftschlussausnutzung μ_h, Schnittpunkt durch ideale BKV bestimmen und Linie konstanter Abbremsung eintragen und auf x- oder y-Achse Wert für z ablesen $\rightarrow z \approx 0{,}82$, auf idealer BKV gilt $\mu_h = z \approx 0{,}82$, d. h. $\mu_{herf} \approx 0{,}82$; rechnerisch mit Gl. 11.8 $\rightarrow 2\,F_{Nh} = 10\,627$ N, da F_{WR} und F_{WL} vernachlässigt, gilt $\mu_h = F_{Bh}/2\,F_{Nh} = 0{,}82$

e) Mit Bild 11.21 Formel links $\rightarrow p_h = 92{,}8$ bar, aus Formel rechts in Bild 11.21 $\rightarrow F_F = 661$ N

f) $F_F = 400$ N und $p_h = 92{,}8$ bar in Formel rechts in Bild 11.21 und aufgelöst nach $A_{HZ} \rightarrow A_{HZstufe} = 389$ mm² $\rightarrow d_{HZstufe} = 22{,}26$ mm $\approx 7/8$ Zoll oder direkt aus Verhältnis $F_F : d_{HZstufe}^{\,2} = (400/661) \cdot d_{HZ}^{\,2}$

g) Bei intakter Bremse sind (bei Vernachlässigung der Reibung) die Drücke auf beiden Seiten des schwimmenden Kolbens gleich, da er einen konstanten Durchmesser hat. Bei Ausfall des vorderen Kreises legt sich der vom Pedal mechanisch betätigte Kolben an den schwimmenden Kolben, d. h., der schwimmende Kolben wird direkt mechanisch betätigt. Da dieser einen kleineren Durchmesser als der sonst mechanisch betätigte Kolben hat, entsteht bei gleicher Kraft ein größerer Druck.

Literaturverzeichnis

[1] *Winkelmann, S.; Harmuth, H.:* Schaltbare Reibkupplungen. Konstruktionsbücher, Band 34. Berlin: Springer-Verlag 1984

[2] *Klement, W.:* Fahrzeuggetriebe. 3., aktualisierte Auflage. München: Carl Hanser Verlag 2011

[3] *Reimpell, J.; Sponagel, P.:* Fahrwerktechnik: Reifen und Räder. 2. Auflage. Würzburg: Vogel-Verlag 1988

[4] Bosch Taschenbuch GmbH: Kraftfahrtechnisches Taschenbuch. 27. Auflage. Wiesbaden: Vieweg-Verlag 2011

[5] *Braess, H.-H.; Seiffert, U.:* Handbuch Kraftfahrzeugtechnik. 5. Auflage. Wiesbaden: Vieweg-Verlag 2007

[6] *Kummer, H. W., Meyer, W. E.:* Kraftübertragung zwischen Reifen und Fahrbahn. ATZ 1964, S. 245 bis 250

[7] *Haken, K.-L.:* Konzeption und Anwendung eines Messfahrzeugs zur Ermittlung von Reifenkennfeldern auf öffentlichen Straßen. Dissertation, Stuttgart 1993

[8] *Kummer, H. W.; Meyer, W. E.:* Verbesserter Kraftschluß zwischen Reifen und Fahrbahn. ATZ 1967, S. 245 bis 251 und S. 382 bis 386.

[9] *Zomotor, A.:* Fahrwerktechnik: Fahrverhalten. 2. Auflage. Würzburg: Vogel-Verlag 1991

[10] *Wohanka, U.:* Ermittlung von Reifenkennfeldern auf realen und definiert angenäßten Fahrbahnen. Forschung Straßenbau und Straßenverkehrstechnik, Heft 740, 1997

[11] Robert Bosch GmbH: Konventionelle und elektronische Bremssysteme. 3. Ausgabe, 2003

[12] *Breuer, B.; Bill, K. H.:* Bremsenhandbuch – Grundlagen, Komponenten, Systeme, Fahrdynamik. 3. Auflage. Wiesbaden: Vieweg-Verlag 2006

[13] Robert Bosch GmbH: Sicherheits- und Komfortsysteme. 3. Auflage. Wiesbaden: Vieweg-Verlag 2004

[14] Ate-Bremsen-Handbuch – Berechnung, Funktion, Prüfung, Wartung und Instandsetzung, 9.1. Auflage. Ottobrunn: Autohaus-Verlag 1993

[15] *Henker, E.:* Fahrwerktechnik, Grundlagen, Bauelemente, Auslegung. Wiesbaden: Vieweg-Verlag 1993

[16] *Rhein, B.:* Fahrwerksysteme gezogener Fahrzeuge – Komponenten, Bauarten, Anwendungen. Die Bibliothek der Technik, Band 266. München: Verlag Moderne Industrie 2004

[17] *Reimpell, J.; Stoll, H.:* Fahrwerktechnik: Stoß- und Schwingungsdämpfer, 2. Auflage. Würzburg: Vogel-Verlag 1989

[18] *Causemann, P.:* Kraftfahrzeugstoßdämpfer – Funktionen, Bauarten, Anwendungen. Die Bibliothek der Technik, Band 185. München: Verlag Moderne Industrie 1999

[19] *Kieselbach, R. J. F.:* Stromlinienautos in Deutschland – Aerodynamik im PKW-Bau 1900 bis 1945. Stuttgart, Berlin, Köln, Mainz: Verlag W. Kohlhammer 1982

[20] *Vetter, H.:* Vortrag beim Seminar „Mechatronische Getriebesysteme“ an der Technischen Akademie Esslingen am 22. Februar 2006

[21] *Hucho, W.-H.:* Aerodynamik des Automobils. 5. Auflage. Wiesbaden: Vieweg-Verlag 2005

[22] *Hucho, W.-H.:* Aerodynamik des Automobils. 3. Auflage. Düsseldorf: VDI-Verlag 1994

[23] *Ott, G. :* Vorlesungsmanuskript Kraftfahrzeuge 2. FHT-Esslingen 1999

[24] *Kramer, U.:* Kraftfahrzeugführung. München: Carl Hanser Verlag 2008

[25] *Banholzer, D.; Wollny, B.:* Das Fahrwerk des neuen Golf. Automobiltechnische Zeitschrift (ATZ), 1984, S. 55

Formelzeichenverzeichnis

A	Fahrzeugstirnfläche	(m^2)
a_x	Längsbeschleunigung	(m/s^2)
a_y	Querbeschleunigung	(m/s^2)
a_z	Vertikalbeschleunigung	(m/s^2)
b	Spurweite	(m)
b_{100}	Streckenverbrauch	(l/100 km)
b_e	spezifischer Verbrauch	(g/kWh)
b_{leer}	Leerlaufverbrauch	(l/h)
c	Konstante	(-)
C^*	Bremsenkennung	(-)
c_1	Reifenfedersteifigkeit	(N/m)
c_A, c_2	Aufbaufedersteifigkeit	(N/m)
C_L	Längskraftsteifigkeit	(N/%)
c_L	(auf die Radlast) bezogene Längskraftsteifigkeit	(1/%)
c_R	Reifenfedersteifigkeit	(N/m)
C_S	Seitenkraftsteifigkeit	(N/rad)
c_S	(auf die Radlast) bezogene Seitenkraftsteifigkeit	(1/rad)
c_{St}	Stabilisatorsteifigkeit bei wechselseitigem Federn	(N/m)
c_w	Luftwiderstandsbeiwert ohne Schräganströmung	(-)
c_x	allgemeiner Luftwiderstandsbeiwert	(-)
c_y	aerodynamischer Seitenkraftbeiwert	(-)
c_z	Auftriebsbeiwert	(-)
C_α	Achsschräglaufsteifigkeit	(N/rad)
c_φ	Fahrzeugwankfedersteifigkeit	(N m/rad)
D	Durchmesser	(m)
E	Energie	(kWh)
e	Längsversatz der Radlast	(m)
e_0	Hebelarm der rollenden Reibung	(m)
EG	Eigenlenkgradient	($rads^2/m$)
F	Kraft	(N)
f	Federweg	(m)
f_1	Eigenfrequenz der ungefederten Masse	(1/s)
f_2, f_A	Eigenfrequenz der Aufbaumasse	(1/s)
F_A	Antriebskraft	(N)
F_{AL}	aerodynamischer Auftrieb	(N)
F_B	(Achs-)Bremskraft	(N)
F_G	Gewichtskraft	(N)
F_J	Längskraft durch Trägheitsmoment der Räder	(N)
f_K	Kurvenwiderstandsbeiwert	(-)
F_L	Längskraft	(N)
f_L	Lagerwiderstandsbeiwert	(-)
F_N	Radlast (Normalkraft)	(N)
F_{Ndyn}	dynamische Radlast	(N)
F_{Nstat}	statische Radlast	(N)
F_R	Federkraft am Rad	(N)
f_R	Rollwiderstandsbeiwert	(-)
F_S	Seitenkraft	(N)
F_{SL}	aerodynamische Seitenkraft	(N)
F_T	Trägheitskraft	(N)
$F_Ü$	Überschusskraft	(N)
f_V	Vorspurwiderstandsbeiwert	(-)
F_W	Fahrwiderstand(skraft)	(N)
F_{W0}	Normalfahrwiderstand	(N)
F_{WB}	Beschleunigungswiderstand	(N)
F_{WL}	Luftwiderstand	(N)
F_{WR}	Radwiderstand	(N)
F_{WRF}	Federungswiderstand	(N)
F_{WRK}	Kurvenwiderstand	(N)
F_{WRL}	Lagerwiderstand	(N)
F_{WRR}	Rollwiderstand	(N)
F_{WRS}	Schwallwiderstand	(N)
F_{WRV}	Vorspurwiderstand	(N)
F_{WS}	Steigungswiderstand	(N)
F_{WZ}	Zughakenwiderstand	(N)
F_Z	Zugkraft	(N)
g	Erdbeschleunigung	(m/s^2)

h'	Hebelarm der Fliehkraft	(m)
h_D	Höhe Druckpunkt	(m)
h_R	Höhe der Rollachse	(m)
h_S	Schwerpunktshöhe	(m)
h_{SA}	Aufbauschwerpunktshöhe	(m)
H_u	unterer Heizwert	(kJ/kg)
h_Z	Höhe Zughaken	(m)
i_A	Achsgetriebeübersetzung	(–)
i_F	Federübersetzung	(–)
$i_{G(1...6)}$	Getriebeübersetzung	(–)
i_S	Lenkübersetzung	(–)
$i_{Wandler}$	Übersetzung des Drehmomentwandlers	(–)
J	Trägheitsmoment	(kg m²)
J_{red}	auf Raddrehzahl reduziertes Trägheitsmoment	(kg m²)
k	Konstante	(–)
l	Radstand	(m)
l_{DS}	Abstand Druckpunkt/ Schwerpunkt in x-Richtung	(m)
l_h	Abstand Schwerpunkt/ Hinterachse in x-Richtung	(m)
l_{hA}	Abstand Aufbauschwerpunkt/ Hinterachse in x-Richtung	(m)
l_{SZ}	Abstand Schwerpunkt/ Zughaken in x-Richtung	(m)
l_v	Abstand Schwerpunkt/ Vorderachse in x-Richtung	(m)
l_{vA}	Abstand Aufbauschwerpunkt/ Vorderachse in x-Richtung	(m)
M	Moment	(N m)
m	Fahrzeugmasse	(kg)
m_1	ungefederte Masse	(kg)
m_2	anteilige Aufbaumasse	(kg)
M_A	Antriebsmoment	(N m)
m_A	Aufbaumasse	(kg)
m_K	Kraftstoffmasse	(kg)
m_R	Radmasse inkl. Nabe etc.	(kg)
M_B	Bremsmoment	(N m)
M_K	Kupplungsmoment	(N m)
M_R	Reifenrückstellmoment	(N m)
M_{Ty}	Reaktionsmoment in Fahrzeugquerrichtung durch Drehbeschleunigung	(N m)
M_{WRR}	Rollwiderstandsmoment	(N m)
M_Ψ	Moment um Fahrzeug-Hochachse	(N m)
n	Drehzahl	(1/min)
n_0	Leelaufdrehzahl	(1/min)
n_A	Antriebsachsendrehzahl	(1/min)
n_G	Getriebeausgangswellen-Drehzahl	(1/min)
n_K	Kupplungsdrehzahl	(1/min)
n_K	geometrischer Nachlauf (Nachlaufstrecke)	(m)
n_{nenn}	Nenndrehzahl	(1/min)
n_R	Reifennachlauf	(m)
n_τ	Nachlaufversatz	(m)
P	Leistung	(W)
p	Druck	(bar)
p_0	Gasdruck im Federsystem	(bar)
P_A	Antriebsleistung	(W)
p_a	Umgebungsdruck	(bar)
p_B	Bremsdruck	(bar)
P_{me}	spezifische Leistung	(W/m³)
p_{me}	effektiver Mitteldruck	(N/m²)
P_W	Fahrwiderstandsleistung	(W)
P_{W0}	Normalfahrwiderstands-leistung	(W)
P_{WB}	Beschleunigungs-widerstandsleistung	(W)
P_{WL}	Luftwiderstandsleistung	(W)
P_{WRR}	Rollwiderstandsleistung	(W)
P_{WR}	Radwiderstandsleistung	(W)
P_{WS}	Steigungswiderstandsleistung	(W)
q	Steigung	(%)
q_N	Querversatz der Radlast	(m)
R	Kurvenradius	(m)
r_A	dynamischer Radhalbmesser	(m)
r_L	Lenkrollradius	(m)
r_S	Störkrafthebelarm	(m)
r_{stat}	statischer Radhalbmesser	(m)

S	Fahrstrecke	(km)
s	Weg (allgemein)	(m)
s_B	Bremsweg	(m)
s_{ges}	Anhalteweg	(m)
t	Zeit	(s)
U_A	Reifenabrollumfang	(m)
v	Geschwindigkeit	(m/s)
V_0	Gasvolumen der Gasfederung in Normalstellung	(m^3)
v_0	Ausgangsgeschwindigkeit	(m/s)
v_A	(Antriebs-)Radumfangsgeschwindigkeit	(m/s)
V_H	Hubraum	(m^3)
V_K	Kraftstoffvolumen	(m^3)
v_r	Relativgeschwindigkeit	(m/s)
v_W	Windgeschwindigkeit	(m/s)
v_x	Fahrgeschwindigkeit	(m/s)
W	Arbeit	(N m)
w_{me}	spezifische Arbeit	(N/m^2)
z	Abbremsung und Zykluszahl	(–)
α	Steigungswinkel oder Schräglaufwinkel	(°)
α_R	Neigungswinkel der Rollachse	(°)
β	Schwimmwinkel	(°)
β_0	Schwimmwinkel bei langsamer Kreisfahrt	(°)
γ	Sturz(-winkel, bezogen auf die Fahrbahn)	(°)
γ_F	Sturzwinkel, bezogen auf den Fahrzeugaufbau	(°)
δ	Lenkwinkel	(°)
δ_A	Ackermann-Lenkwinkel	(°)
δ_0	Vorspurwinkel	(°)
ΔF_N	(dynamische) Radlast-Änderung	(N)
ε_A	Anfahrnickausgleichswinkel	(°)
ε_{A100}	100 % Anfahrnickausgleichswinkel	(°)
ε_B	Bremsnickausgleichswinkel	(°)
ε_{B100}	100 % Bremsnickausgleichswinkel	(°)
$\varepsilon_{(0...6)}$	Drehmassenzuschlagsfaktor	(–)
ε_φ	Wankwinkelzuschlagsfaktor	(–)
η	Wirkungsgrad	(–)
η_A	Wirkungsgrad des Antriebsstrangs	(–)
θ	Nickwinkel	(°)
λ_A	Antriebsschlupf	(%)
λ_B	Bremsschlupf	(%)
λ_K	Schlupf an der Kupplung	(%)
μ	Kraftschluss	(–)
μ_B	Reibwert der Bremsbeläge	(–)
μ_G	Gleitbeiwert	(–)
μ_h	Kraftschlussausnutzung hinten	(–)
μ_L	Reibungskoeffizient für Wälzlager	(–)
μ_v	Kraftschlussausnutzung vorn	(–)
ρ	(Luft-)Dichte	(kg/m^3)
ρ_K	Kraftstoffdichte	(g/l)
Φ	Achsbremskraft, bezogen auf Gesamtbremskraft	(–)
φ	Wankwinkel	(°)
φ_B	Bremskraftverteilung	(–)
φ_{B_ideal}	ideale Bremskraftverteilung	(–)
τ_r	Anströmwinkel	(°)
Ψ	Gierwinkel	(°)
ω_A	Winkelgeschwindigkeit der Antriebsachse	(1/s)
ω_R	Radwinkelgeschwindigkeit	(1/s)

Wichtige Indizes:

aA	angetriebene Achse
nA	nicht angetriebene Achse
Anh	Anhänger
v	vorn
h	hinten
HL	linkes Hinterrad
HR	rechtes Hinterrad
M	Motor
max	Maximal
li	links
re	rechts
VL	linkes Vorderrad
VR	rechtes Vorderrad

Wichtige Abkürzungen:

ABS	Antiblockiersystem
D	Druckpunkt
HA	Hinterachse
L	Längspol
S	Schwerpunkt
VA	Vorderachse

Sachwortverzeichnis